SHIPIN ANQUAN RENZHENG

食品安全认证

第二版

张妍　　赵欣　主编

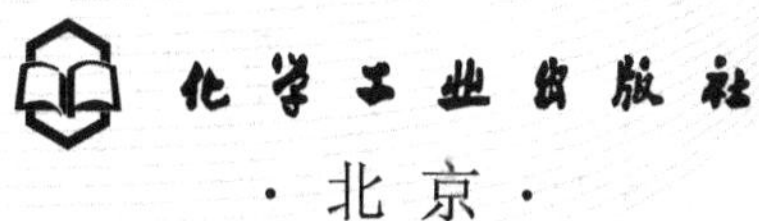

·北京·

食品安全问题是一个全球性的问题，本书紧紧围绕这一主题，系统地介绍了国内外食品安全认证体系的趋势与要求、具体认证方法。本书包括三个模块，模块一包括食品生产许可证制度（SC）、ISO 9001质量管理体系认证、食品GMP体系认证、HACCP体系认证、ISO 22000食品安全管理体系认证；模块二包括无公害农产品认证、绿色食品认证、有机食品认证、非转基因食品认证；模块三包括出口卫生备案制度、BRC（食品安全全球标准）认证、IFS Food（食品质量与食品安全的审核标准）认证等。

本书可作为食品安全相关人员（食品检验检疫人员、食品认证审核人员）和企业培训教材，也可作为食品质量与安全监管专业的教材。

图书在版编目（CIP）数据

食品安全认证/张妍，赵欣主编. —2版. —北京：化学工业出版社，2017.9（2019.7重印）
ISBN 978-7-122-30139-0

Ⅰ.①食… Ⅱ.①张…②赵… Ⅲ.①食品安全-质量管理体系-认证 Ⅳ.①TS201.6

中国版本图书馆CIP数据核字（2017）第164023号

责任编辑：张双进　　文字编辑：陈　雨
责任校对：吴　静　　装帧设计：王晓宇

出版发行：化学工业出版社（北京市东城区青年湖南街13号　邮政编码100011）
印　　装：北京虎彩文化传播有限公司
787mm×1092mm　1/16　印张30　字数767千字　2019年7月北京第2版第2次印刷

购书咨询：010-64518888　　售后服务：010-64518899
网　　址：http://www.cip.com.cn
凡购买本书，如有缺损质量问题，本社销售中心负责调换。

定　　价：88.00元

FOREWORD

前言

食品安全认证是指第三方依据程序对食品、生产过程及服务符合规定的要求给予书面保证或合格证。

目前的食品市场，国内有无公害蔬菜的认证，为确保产品的生产过程合理地使用化学农药及化学肥料，产品上的农药残余没有超过特定的标准。 但市场也有部分产品宣称是无公害蔬菜而未获认证的。

随着科学技术的进步和人们生活水平的提高，消费者在食品供应方面希望得到安全、优质、方便、快捷的服务。 目前对人类最大的健康危害来源于食品，消费者有权利要求安全优质的食品供应，政府和食品生产者应该了解这些并采取强有力的措施，实施强制性方案保护消费者。

中华人民共和国国民经济和社会发展“十三五”规划纲要中提出:大力发展生态友好型农业。 实施化肥农药使用量零增长行动，全面推广测土配方施肥、农药精准高效施用。 实施种养结合循环农业示范工程，推动种养业废弃物资源化利用、无害化处理。 开展农业面源污染综合防治。 开展耕地质量保护与提升行动，推进农产品主产区深耕深松整地，加强东北黑土地保护。 重点在地下水漏斗区、重金属污染区、生态严重退化地区，探索实行耕地轮作休耕制度试点。

适应国际市场需求变化，加快转变外贸发展方式，优化贸易结构，发挥出口对增长的促进作用。 加快培育以技术、标准、品牌、质量、服务为核心的对外经济新优势，推动高端装备出口，提高出口产品科技含量和附加值。 从中我们应该看到有机食品是今后的发展趋势。 对外出口食品也是我们的机遇，出口食品的认证工作需要高度重视。

食品安全问题是一个世界瞩目的全球性问题，涉及政治稳定、经济繁荣、人类健康、种族繁衍等重要方面。 就目前的生态环境而言，要保证食品的安全性必须从源头开始。

本书系统介绍了国内外食品安全认证。 模块一通用标准认证：食品生产许可证制度（SC）、ISO 9000 族质量管理体系认证、GMP 体系认证、HACCP 体系认证、ISO 22000 食品安全管理体系认证。 模块二国内食品标准认证：无公害农产品认证、绿色食品认证、有机食品认证、非转基因食品认证。 模块三国际标准认证：出口卫生备案制度、BRC（食品安全全球标准）认证、IFS Food（食品质量与食品安全的审核标准）认证等。

全书共十三个项目，黑龙江旅游职业技术学院王瑞，编写模块一项目一；惠州卫生职业技术学院陈贝玲，编写模块一项目二；甘肃燎原乳业集团唐延彬，编写模块一项目三、项目四；哈尔滨秋林饮料科技股份有限公司祁燕，编写模块一项目五及项目五的案例；黑龙江旅游职业技术学院张妍，编写模块二项目一、项目四及所有课后练习题；黑龙江民族职业学院费英敏，编写模块二项目二；黑龙江飞鹤乳业有限公司王玉君，编写模块二项目三；黑龙江农垦龙王食品有限公司王海利，编写模块二项目四案例；黑龙江旅游职业技术学院赵欣，编写模块三项目一、项目二、项目三及案例、实训一、实训二、实训三、实训四；黑龙江农垦职业学院吴槟，编写模块三项目四。

由于我们知识有限，文中内容有不妥之处，请指教。

编者

2017 年 3 月

FOREWORD 第一版前言

随着科学技术的进步和人们生活水平的提高，消费者在食品供应方面希望得到安全、优质、方便、快捷的服务。目前对人类最大的健康危害来源于食品，消费者有权利要求优质和安全的食品供应，政府和食品生产者应该了解这些并采取强有力的措施，实施强制性方案保护消费者。随着经济全球化进程的加快，人们对食品安全卫生要求越来越严格，食品的安全卫生问题也越来越重要。

《全国食品工业“十五”发展规划》强调指出；食品工业是人类的生命工程，要切实加强食品质量与安全的监管，要尽快建立和完善农产品原料和食品质量的安全监督检测体系和市场准入制度，以人为本，保障人民健康和人身安全，维护消费者的切身利益。近几年，我国许多高等院校认识到食品质量与安全的重要性，纷纷开设“食品质量与安全”专业，目的是为国家提供高质量的管理人才、品质控制人员、检验人员、规范的操作人员、安全认证人员等，确保食品在生产中的安全性，有效提高和控制食品质量和安全，打击假冒伪劣产品，保护消费者的合法权益。

食品安全问题是一个世界瞩目的全球性问题，涉及政治稳定、经济繁荣、人类健康、种族繁衍等重要方面。就目前的生态环境而言，要保证食品的安全性必须从源头开始。

本书系统地介绍了国内外食品安全的发展趋势与要求，食品生产企业 HACCP 体系的建立与实施、有机食品认证、无公害食品认证、绿色食品认证、IP 认证等。

本书可作为食品安全相关人员（如食品检验检疫人员、食品认证审核人员）和企业的培训教材，也可作为食品质量与安全专业的教材。

全书共七章，李紫微编写第一章第一节～第四节；李永学编写第二章；张甦编写第三章、第四章；张妍编写第一章第五节、第五章；王蕾编写第六章、第七章第一节～第五节；杨忠义编写第七章第六节；王瑞编写第七章第七节。同时感谢长城（天津）质量保证中心的大力支持，感谢主审任健老师的指导。

由于编者水平有限，书中难免出现不当之处，希望读者批评指正，在此表示感谢。

编者

2007 年 7 月

目 录

模块一 食品通用标准认证

模块二 国内食品标准认证

参考文献

模块一 食品通用标准认证

"民以食为天，食以安为先"，当今的社会是坚持以人为本的社会，是倡导健康消费、科学消费、安全消费、和谐消费的社会，食品安全问题涉及每个人的身体健康和生命，不安全的隐患就在我们身边。

食品安全认证是指第三方依据程序对食品、生产过程及服务符合规定的要求给予书面保证或合格证。

回顾近几年食品安全问题，相对于前几年，食品安全曝光问题大大减少。但是现状却不容乐观，食品中毒事件频频发生，工业盐中毒、细菌中毒、农残中毒等防不胜防，据统计2015年因为各种食品安全事件经济损失至少500亿元，死伤人数上万人。

下面盘点发生在我们身边的一些食品安全事件，这些事件对我们的生活又有哪些影响和改变。

①《中华人民共和国食品安全法》已由中华人民共和国第十二届全国人民代表大会常务委员会第十四次会议于2015年4月24日修订通过，修订后的《中华人民共和国食品安全法》公布，自2015年10月1日起施行。

② 世界卫生组织（WHO）属下的国际癌症研究机构（IARC）于2015年10月26日就食用加工肉类和红肉的致癌性发表了最新评估报告。IARC根据证据的力度（并非风险水平），把加工肉类归类为"令人类致癌"（第1组）；红肉则"可能令人类致癌"（第2A组）。世卫随后于10月29日发表声明澄清，2002年所提出"人们应节制进食保藏的肉制品，以减少患癌的风险"的建议仍然有效。

③ 2015年1月14日，国家卫计委网站刊登了《国家卫生计生委办公厅关于征求拟批准金箔为食品添加剂新品种意见的函》称，经审核，拟批准金箔为食品添加剂新品种，并对金箔加入白酒的用量、理化指标作出了明确规定。

④ 2015年6月1日，海关总署在国内14个省份统一组织，开展打击冻品走私专项行动，打掉专业走私冻品犯罪团伙21个，共查获42万吨僵尸肉，价值30多亿元，部分走私冻肉已经进入市场。

⑤ 央视财经记者随机在北京新发地农产品批发市场、美廉美超市、昌平采摘园以及路边的草莓摊，购买了8份草莓样品，送到北京农学院进行检测。经过工作人员初步检测，8份样品中全部都检测出了百菌清这种农药。进一步检测后，实验人员又检测出了另一种农药乙草胺，同样是8份样品中全部都有。新闻报道之后，引发红火的草莓销售市场迅速走冷，各地对草莓的恐慌迅速传导到主产区，导致种植户损失惨重。乙草胺是除草剂，它主要用在大田作物里面，如玉米、豆子、土豆，也可以在油菜里面登记使用。目前国家没有登记草莓

的残留标准，也就是说在草莓上不能使用。

针对食品安全的信息披露制度、企业的声誉形成机制和认证体系、标签管理制定等问题，各国政府以及相关领域的专家进行研究，并提出了相应方法策略。

随着食品加工工艺的不断发展和完善，加工中所涉及的环节越来越多，食品安全控制开始向体系化发展，食品安全体系认证应运而生，并成为食品安全控制的主要措施之一。

食品通用标准包括：食品生产许可证（SC）、ISO 9001 质量管理体系、GMP 体系、HACCP 体系、ISO 22000 食品安全管理体系。

项目一 食品生产许可证认证

任务一 食品生产许可证（SC）概述

一、SC 替代 QS 的演变过程

从 2015 年 10 月起，我国开始启用新版食品生产许可证。对公众来说最直观的变化是，食品包装袋上印制的“QS”标识（全国工业产品生产许可证），将被“SC”（食品生产许可证）替代。“QS”体现的是由政府部门担保的食品安全，“SC”则体现了食品生产企业在保证食品安全方面的主体地位，而监管部门则从单纯发证，变成了事前事中事后的持续监管。

为规范食品生产经营许可活动，加强食品生产经营监督管理，保障公众食品安全，2015 年 8 月 31 日，国家食药总局发布了《食品生产许可管理办法》和《食品经营许可管理办法》，自 2015 年 10 月 1 日起施行。这两部规章的主要内容包括以下 12 个方面。

（1）明确一企一证原则　即同一个食品生产者从事生产活动，取得一个生产许可证。

（2）管理部门权限增加　可根据食品类别和食品安全风险状况，确定市、县级食品药品监督管理部门的食品生产许可管理权限；负责保健食品、特殊医学用途配方食品、婴幼儿配方食品的生产许可；对地方特色食品等制定食品生产许可审查细则。

（3）主体资格扩大　企业法人、合伙企业、个人独资企业、个体工商户等，凡是以营业执照载明的主体都可作为申请人，囊括了个体工商户这一群体。

（4）食品类别增加　由 28 个类别增加到了 31 个类别，增加的是保健食品、特殊医学用途配方食品、婴幼儿配方食品。

（5）申请许可的范畴扩大　保健食品、食品添加剂、特殊医学用途食品、婴幼儿配方食品也都包含在内。

（6）许可证有效期增长　由 3 年增加到了 5 年。

（7）许可证载明事项增多　日常监督管理机构与人员、投诉举报电话、发证机关、签发人、发证日期、二维码等信息。

（8）许可证摆放强调正本　食品生产者需在生产场所的显著位置悬挂或摆放食品生产许可证正本，以往并无“正本”要求。

（9）换证程序有所简化　申请人声明生产条件未发生变化的，县级以上地方食品药品监督管理部门可以不再进行现场核查。

（10）补办证书降低要求　以往企业需在省级以上媒体发布声明，并及时申请补证。现在可提交在县级以上地方食品药品监督管理部门网站，或在其他县级以上主要媒体刊登遗失公告。

（11）监督检查力度更强　县级以上地方食品药品监督管理部门将食品生产许可颁发、许可事项检查、许可违法行为查处等情况计入食品生产者食品安全信用档案，并依法向社会公布；对不良信用记录的食品生产者，增加监督检查频次。必要时应当依法对相关食品仓储、物流企业进行检查。

（12）法律责任更加明晰

① 许可申请人隐瞒或提供虚假材料，警告后1年不得再次申请食品生产许可。

② 被许可人以不正当手段取得食品生产许可，则撤销许可，处1万～3万元罚款并3年内不得再次申请食品生产许可。

③ 食品生产商涂改、伪造、出借、转让、出租、倒卖食品生产许可证等，处1万～3万元罚款。未按规定悬挂或摆放食品生产许可证，责令改正。

④ 未按规定申请变更食品生产许可证者，给予警告，拒不改正则处2000元～1万元罚款；未按规定申请办理注销手续的，给予警告，拒不改正则处2000元以下罚款。

⑤ 被吊销生产许可证的食品生产者及法定代表人、直接负责人，自处罚决定作出之日起5年内不得申请食品生产经营许可，或从事食品生产经营管理工作、担任企业食品安全管理人员。

⑥ 食品安全犯罪判处有期徒刑以上刑罚人员终身禁止从业。

二、食品生产许可证发证范围及分类

1. SC代码的含义

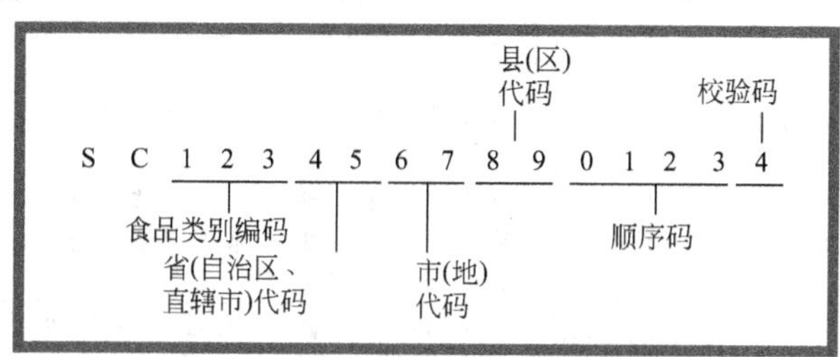

2015年10月1日起正式生效的《食品生产许可管理办法》规定，食品生产许可证编号应由“SC”（“生产”的汉语拼音字母缩写）和14位阿拉伯数字组成，有效期从3年延长至5年。许可证载明的事项增多，包括日常监管机构、日常监管人员、投诉举报电话、签发人、二维码等信息，副本还要载明外设仓库。

国家食药监总局在官网对新证做出解读。编号14个数字从左至右依次为：3位食品类别编码、2位省（自治区、直辖市）代码、2位市（地）代码、2位县（区）代码、4位顺序码、1位校验码。

食品、食品添加剂类别编码用第1～3位数字标识，具体为第1位数字代表食品、食品添加剂生产许可识别码，阿拉伯数字“1”代表食品、阿拉伯数字“2”代表食品添加剂；第2、3位数字代表食品、食品添加剂类别编号，“01”代表粮食加工品，“02”代表食用油、油脂及其制品，“03”代表调味品，以此类推……“27”代表保健食品，“28”代表特殊医学用途配方食品，“29”代表婴幼儿配方食品，“30”代表特殊膳食食品，“31”代表其他食品。而食品添加剂类别编号标识为：“01”代表食品添加剂，“02”代表食品用香精，“03”代表复配食品添加剂。

除婴幼儿配方乳粉、特殊医学用途食品、保健食品等重点食品原则上由省级食药监部门组织生产许可审查外，其余食品的生产许可审批权限可以下放到市、县级食品生产监管部门。各级食品药品监督管理部门建立并完善食品生产许可档案，详细记录食品生产者许可信息及生产的全部食品品种、日常监督管理机构、日常监督管理人员等内容。

新办法取消了食品生产许可审查收费。食品生产监管部门在接受企业生产许可包括换证申请、实施生产许可审查、发证产品检验审查时不得收取任何费用。

2. SC分类目录明细

食品、食品添加剂类别	类别编号	类别名称	品种明细	备注
粮食加工品	0101	小麦粉	1. 通用(特制一等小麦粉、特制二等小麦粉、标准粉、普通粉、高筋小麦粉、低筋小麦粉、营养强化小麦粉、全麦粉、其他) 2. 专用[面包用小麦粉、面条用小麦粉、饺子用小麦粉、馒头用小麦粉、发酵饼干用小麦粉、酥性饼干用小麦粉、蛋糕用小麦粉、糕点用小麦粉、自发小麦粉、小麦胚(胚片、胚粉)、其他]	
	0102	大米	大米(大米、糙米、其他)	
	0103	挂面	1. 普通挂面 2. 花色挂面 3. 手工面	
	0104	其他粮食加工品	1. 谷物加工品[高粱米、黍米、稷米、小米、黑米、紫米、红线米、小麦米、大麦米、裸大麦米、莜麦米(燕麦米)、荞麦米、薏仁米、蒸谷米、八宝米类、混合杂粮类、其他] 2. 谷物碾磨加工品[玉米碜、玉米粉、燕麦片、汤圆粉(糯米粉)、莜麦粉、玉米自发粉、小米粉、高粱粉、荞麦粉、大麦粉、青稞粉、杂面粉、大米粉、绿豆粉、黄豆粉、红豆粉、黑豆粉、豌豆粉、芸豆粉、蚕豆粉、黍米粉(大黄米粉)、稷米粉(糜子面)、混合杂粮粉、其他] 3. 谷物粉类制成品(生湿面制品、生干面制品、米粉制品、其他)	
食用油、油脂及其制品	0201	食用植物油	食用植物油(菜籽油、大豆油、花生油、葵花籽油、棉籽油、亚麻籽油、油茶籽油、玉米油、米糠油、芝麻油、棕榈油、橄榄油、食用调和油、其他)	
	0202	食用油脂制品	食用油脂制品[食用氢化油、人造奶油(人造黄油)、起酥油、代可可脂、植脂奶油、粉末油脂、植脂末]	
	0203	食用动物油脂	食用动物油脂(猪油、牛油、羊油、鸡油、鸭油、鹅油、骨髓油、鱼油、其他)	
调味品	0301	酱油	1. 酿造酱油 2. 配制酱油	
	0302	食醋	1. 酿造食醋 2. 配制食醋	
	0303	味精	1. 谷氨酸钠(99%味精) 2. 加盐味精 3. 增鲜味精	
	0304	酱类	酿造酱[稀甜面酱、甜面酱、大豆酱(黄酱)、蚕豆酱、豆瓣酱、大酱、其他]	
	0305	调味料	1. 液体调味料(鸡汁调味料、牛肉汁调味料、烧烤汁、鲍鱼汁、香辛料调味汁、糟卤、调味料酒、液态复合调味料、其他) 2. 半固态(酱)调味料[花生酱、芝麻酱、辣椒酱、番茄酱、风味酱、芥末酱、咖喱卤、油辣椒、火锅蘸料、火锅底料、排骨酱、叉烧酱、香辛料酱(泥)、复合调味酱、其他] 3. 固态调味料[鸡精调味料、鸡粉调味料、畜(禽)粉调味料、风味汤料、酱油粉、食醋粉、酱粉、咖喱粉、香辛料粉、复合调味粉、其他] 4. 食用调味油(香辛料调味油、复合调味油、其他) 5. 水产调味料(蚝油、鱼露、虾酱、鱼子酱、虾油、其他)	

续表

<table>
<tr><th>食品、食品添加剂类别</th><th>类别编号</th><th>类别名称</th><th>品种明细</th><th>备注</th></tr>
<tr><td rowspan="4">肉制品</td><td>0401</td><td>热加工熟肉制品</td><td>1. 酱卤肉制品(酱卤肉类、糟肉类、白煮类、其他)
2. 熏烧烤肉制品(熏肉、烤肉、烤鸡腿、烤鸭、叉烧肉、其他)
3. 肉灌制品(灌肠类、西式火腿、其他)
4. 油炸肉制品(炸鸡翅、炸肉丸、其他)
5. 熟肉干制品(肉松类、肉干类、肉铺、其他)
6. 其他熟肉制品(肉冻类、血豆腐、其他)</td><td></td></tr>
<tr><td>0402</td><td>发酵肉制品</td><td>1. 发酵灌制品
2. 发酵火腿制品</td><td></td></tr>
<tr><td>0403</td><td>预制调理肉制品</td><td>1. 冷藏预制调理肉类
2. 冷冻预制调理肉类</td><td></td></tr>
<tr><td>0404</td><td>腌腊肉制品</td><td>1. 肉灌制品
2. 腊肉制品
3. 火腿制品
4. 其他肉制品</td><td></td></tr>
<tr><td rowspan="3">乳制品</td><td>0501</td><td>液体乳</td><td>1. 巴氏杀菌乳
2. 调制乳
3. 灭菌乳
4. 发酵乳</td><td></td></tr>
<tr><td>0502</td><td>乳粉</td><td>1. 全脂乳粉
2. 脱脂乳粉
3. 部分脱脂乳粉
4. 调制乳粉
5. 牛初乳粉
6. 乳清粉</td><td></td></tr>
<tr><td>0503</td><td>其他乳制品</td><td>1. 炼乳
2. 奶油
3. 稀奶油
4. 无水奶油
5. 干酪
6. 再制干酪
7. 特色乳制品</td><td></td></tr>
<tr><td rowspan="4">饮料</td><td>0601</td><td>瓶(桶)装饮用水</td><td>1. 饮用天然矿泉水
2. 包装饮用水(饮用纯净水、饮用天然泉水、饮用天然水、其他饮用水)</td><td></td></tr>
<tr><td>0602</td><td>碳酸饮料(汽水)</td><td>碳酸饮料(汽水)(果汁型碳酸饮料、果味型碳酸饮料、可乐型碳酸饮料、其他型碳酸饮料)</td><td></td></tr>
<tr><td>0603</td><td>茶(类)饮料</td><td>1. 原茶汁(茶汤)
2. 茶浓缩液
3. 茶饮料
4. 果汁茶饮料
5. 奶茶饮料
6. 复合茶饮料
7. 混合茶饮料
8. 其他茶(类)饮料</td><td></td></tr>
<tr><td>0604</td><td>果蔬汁类及其饮料</td><td>1. 果蔬汁(浆)[原榨果汁(非复原果汁)、果汁(复原果汁)、蔬菜汁、果浆、蔬菜浆、复合果蔬汁、复合果蔬浆、其他]
2. 浓缩果蔬汁(浆)
3. 果蔬汁(浆)类饮料(果蔬汁饮料、果肉饮料、果浆饮料、复合果蔬汁饮料、果蔬汁饮料浓浆、发酵果蔬汁饮料、水果饮料、其他)</td><td></td></tr>
</table>

续表

食品、食品添加剂类别	类别编号	类别名称	品种明细	备注
饮料	0605	蛋白饮料	1. 含乳饮料 2. 植物蛋白饮料 3. 复合蛋白饮料	
	0606	固体饮料	1. 风味固体饮料 2. 蛋白固体饮料 3. 果蔬固体饮料 4. 茶固体饮料 5. 咖啡固体饮料 6. 可可粉固体饮料 7. 其他固体饮料(植物固体饮料、谷物固体饮料、营养素固体饮料、食用菌固体饮料、其他)	
	0607	其他饮料	1. 咖啡(类)饮料 2. 植物饮料 3. 风味饮料 4. 运动饮料 5. 营养素饮料 6. 能量饮料 7. 电解质饮料 8. 饮料浓浆 9. 其他类饮料	
方便食品	0701	方便面	1. 油炸方便面 2. 热风干燥方便面 3. 其他方便面	
	0702	其他方便食品	1. 主食类(方便米饭、方便粥、方便米粉、方便米线、方便粉丝、方便湿米粉、方便豆花、方便湿面、凉粉、其他) 2. 冲调类(麦片、黑芝麻糊、红枣羹、油茶、即食谷物粉、其他)	
	0703	调味面制品	调味面制品	
饼干	0801	饼干	饼干[酥性饼干、韧性饼干、发酵饼干、压缩饼干、曲奇饼干、夹心(注心)饼干、威化饼干、蛋圆饼干、蛋卷、煎饼、装饰饼干、水泡饼干、其他饼干]	
罐头	0901	畜禽水产罐头	畜禽水产罐头(火腿类罐头、肉类罐头、牛肉罐头、羊肉罐头、鱼类罐头、禽类罐头、肉酱类罐头、其他)	
	0902	果蔬罐头	1. 水果罐头(桃罐头、橘子罐头、菠萝罐头、荔枝罐头、梨罐头、其他) 2. 蔬菜罐头(食用菌罐头、竹笋罐头、莲藕罐头、番茄罐头、其他)	
	0903	其他罐头	其他罐头(果仁类罐头、八宝粥罐头、其他)	
冷冻饮品	1001	冷冻饮品	1. 冰淇淋 2. 雪糕 3. 雪泥 4. 冰棍 5. 食用冰 6. 甜味冰	
速冻食品	1101	速冻面米食品	1. 生制品(速冻饺子、速冻包子、速冻汤圆、速冻粽子、速冻面点、速冻其他面米制品、其他) 2. 熟制品(速冻饺子、速冻包子、速冻粽子、速冻其他面米制品、其他)	
	1102	速冻调制食品	1. 生制品(具体品种明细) 2. 熟制品(具体品种明细)	

续表

食品、食品添加剂类别	类别编号	类别名称	品种明细	备注
速冻食品	1103	速冻其他食品	1. 速冻肉制品 2. 速冻果蔬制品	
薯类和膨化食品	1201	膨化食品	1. 焙烤型 2. 油炸型 3. 直接挤压型 4. 花色型	
	1202	薯类食品	1. 干制薯类 2. 冷冻薯类 3. 薯泥(酱)类 4. 薯粉类 5. 其他薯类	
糖果制品	1301	糖果	1. 硬质糖果 2. 奶糖糖果 3. 夹心糖果 4. 酥质糖果 5. 焦香糖果(太妃糖果) 6. 充气糖果 7. 凝胶糖果 8. 胶基糖果 9. 压片糖果 10. 流质糖果 11. 膜片糖果 12. 花式糖果 13. 其他糖果	
	1302	巧克力及巧克力制品	1. 巧克力 2. 巧克力制品	
	1303	代可可脂巧克力及代可可脂巧克力制品	1. 代可可脂巧克力 2. 代可可脂巧克力制品	
	1304	果冻	果冻(果汁型果冻、果肉型果冻、果味型果冻、含乳型果冻、其他型果冻)	
茶叶及相关制品	1401	茶叶	1. 绿茶(龙井茶、珠茶、黄山毛峰、都匀毛尖、其他) 2. 红茶(祁门工夫红茶、小种红茶、红碎茶、其他) 3. 乌龙茶(铁观音茶、武夷岩茶、凤凰单枞茶、其他) 4. 白茶(白毫银针茶、白牡丹茶、贡眉茶、其他) 5. 黄茶(蒙顶黄芽茶、霍山黄芽茶、君山银针茶、其他) 6. 黑茶[普洱茶(熟茶)散茶、六堡茶散茶、其他] 7. 花茶(茉莉花茶、珠兰花茶、桂花茶、其他) 8. 袋泡茶(绿茶袋泡茶、红茶袋泡茶、花茶袋泡茶、其他) 9. 紧压茶[普洱茶(生茶)紧压茶、普洱茶(熟茶)紧压茶、六堡茶紧压茶、白茶紧压茶、其他]	
	1402	边销茶	边销茶(花砖茶、黑砖茶、茯砖茶、康砖茶、沱茶、紧茶、金尖茶、米砖茶、青砖茶、方包茶、其他)	
	1403	茶制品	1. 茶粉(绿茶粉、红茶粉、其他) 2. 固态速溶茶(速溶红茶、速溶绿茶、其他) 3. 茶浓缩液(红茶浓缩液、绿茶浓缩液、其他) 4. 茶膏(普洱茶膏、黑茶膏、其他) 5. 调味茶制品(调味茶粉、调味速溶茶、调味茶浓缩液、调味茶膏、其他) 6. 其他茶制品(表没食子儿茶素没食子酸酯、绿茶茶氨酸、其他)	

续表

食品、食品添加剂类别	类别编号	类别名称	品种明细	备注
茶叶及相关制品	1404	调味茶	1. 加料调味茶(八宝茶、三泡台、枸杞绿茶、玄米绿茶、其他) 2. 加香调味茶(柠檬红茶、草莓绿茶、其他) 3. 混合调味茶(柠檬枸杞茶、其他) 4. 袋泡调味茶(玫瑰袋泡红茶、其他) 5. 紧压调味茶(荷叶茯砖茶、其他)	
	1405	代用茶	1. 叶类代用茶(荷叶、桑叶、薄荷叶、苦丁茶、其他) 2. 花类代用茶(杭白菊、金银花、重瓣红玫瑰、其他) 3. 果实类代用茶(大麦茶、枸杞子、决明子、苦瓜片、罗汉果、柠檬片、其他) 4. 根茎类代用茶[甘草、牛蒡根、人参(人工种植)、其他] 5. 混合类代用茶(荷叶玫瑰茶、枸杞菊花茶、其他) 6. 袋泡代用茶(荷叶袋泡茶、桑叶袋泡茶、其他) 7. 紧压代用茶(紧压菊花、其他)	
酒类	1501	白酒	1. 白酒 2. 白酒(液态) 3. 白酒(原酒)	
	1502	葡萄酒及果酒	1. 葡萄酒(原酒、加工灌装) 2. 冰葡萄酒(原酒、加工灌装) 3. 其他特种葡萄酒(原酒、加工灌装) 4. 发酵型果酒(原酒、加工灌装)	
	1503	啤酒	1. 熟啤酒 2. 生啤酒 3. 鲜啤酒 4. 特种啤酒	
	1504	黄酒	黄酒(原酒、加工灌装)	
	1505	其他酒	1. 配制酒(露酒、枸杞酒、枇杷酒、其他) 2. 其他蒸馏酒(白兰地、威士忌、俄得克、朗姆酒、水果白兰地、水果蒸馏酒、其他) 3. 其他发酵酒[清酒、米酒(醪糟)、奶酒、其他]	
	1506	食用酒精	食用酒精	
蔬菜制品	1601	酱腌菜	酱腌菜(调味榨菜、腌萝卜、腌豇豆、酱渍菜、虾油渍菜、盐水渍菜、其他)	
	1602	蔬菜干制品	1. 自然干制蔬菜 2. 热风干燥蔬菜 3. 冷冻干燥蔬菜 4. 蔬菜脆片 5. 蔬菜粉及制品	
	1603	食用菌制品	1. 干制食用菌 2. 腌渍食用菌	
	1604	其他蔬菜制品	其他蔬菜制品	
水果制品	1701	蜜饯	1. 蜜饯类 2. 凉果类 3. 果脯类 4. 话化类 5. 果丹(饼)类 6. 果糕类	
	1702	水果制品	1. 水果干制品(葡萄干、水果脆片、荔枝干、桂圆、椰干、大枣干制品、其他) 2. 果酱(苹果酱、草莓酱、蓝莓酱、其他)	

续表

食品、食品添加剂类别	类别编号	类别名称	品种明细	备注
炒货食品及坚果制品	1801	炒货食品及坚果制品	1. 烘炒类(炒瓜子、炒花生、炒豌豆、其他) 2. 油炸类(油炸青豆、油炸琥珀桃仁、其他) 3. 其他类(水煮花生、糖炒花生、糖炒瓜子仁、裹衣花生、咸干花生、其他)	
蛋制品	1901	蛋制品	1. 再制蛋类(皮蛋、咸蛋、糟蛋、卤蛋、咸蛋黄、其他) 2. 干蛋类(巴氏杀菌鸡全蛋粉、鸡蛋黄粉、鸡蛋白片、其他) 3. 冰蛋类(巴氏杀菌冻鸡全蛋、冻鸡蛋黄、冰鸡蛋白、其他) 4. 其他类(热凝固蛋制品、蛋黄酱、色拉酱、其他)	
可可及焙烤咖啡产品	2001	可可制品	可可制品(可可粉、可可脂、可可液块、可可饼块、其他)	
	2002	焙炒咖啡	焙炒咖啡(焙炒咖啡豆、咖啡粉、其他)	
食糖	2101	糖	1. 白砂糖 2. 绵白糖 3. 赤砂糖 4. 冰糖(单晶体冰糖、多晶体冰糖) 5. 方糖 6. 冰片糖 7. 红糖 8. 其他糖(具体品种明细)	
水产制品	2201	非即食水产品	1. 干制水产品(虾米、虾皮、干贝、鱼干、鱿鱼干、干燥裙带菜、干海带、紫菜、干海参、干鲍鱼、其他) 2. 盐渍水产品(盐渍海带、盐渍裙带菜、盐渍海蜇皮、盐渍海蜇头、盐渍鱼、其他) 3. 鱼糜制品(鱼丸、虾丸、墨鱼丸、其他) 4. 水生动物油脂及制品 5. 其他水产品	
	2202	即食水产品	1. 风味熟制水产品(烤鱼片、鱿鱼丝、熏鱼、鱼松、炸鱼、即食海参、即食鲍鱼、其他) 2. 生食水产品[醉虾、醉泥螺、醉蚶、蟹酱(糊)、生鱼片、生螺片、海蜇丝、其他]	
淀粉及淀粉制品	2301	淀粉及淀粉制品	1. 淀粉[谷类淀粉(大米、玉米、高粱、麦、其他)、薯类淀粉(木薯、马铃薯、甘薯、芋头、其他)、豆类淀粉(绿豆、蚕豆、豇豆、豌豆、其他)、其他淀粉(藕、荸荠、百合、蕨根、其他)] 2. 淀粉制品(粉丝、粉条、粉皮、虾片、其他)	
	2302	淀粉糖	淀粉糖(葡萄糖、饴糖、麦芽糖、异构化糖、低聚异麦芽糖、果葡糖浆、麦芽糊精、葡萄糖浆、其他)	
糕点	2401	热加工糕点	1. 烘烤类糕点(酥类、松酥类、松脆类、酥层类、酥皮类、松酥皮类、糖浆皮类、硬皮类、水油皮类、发酵类、烤蛋糕类、烘糕类、烫面类、其他类) 2. 油炸类糕点(酥皮类、水油皮类、松酥类、酥层类、水调类、发酵类、其他类) 3. 蒸煮类糕点(蒸蛋糕类、印模糕类、韧糕类、发糕类、松糕类、粽子类、水油皮类、片糕类、其他类) 4. 炒制类糕点 5. 其他类[发酵面制品(馒头、花卷、包子、豆包、饺子、发糕、馅饼、其他)、油炸面制品(油条、油饼、炸糕、其他)、非发酵面米制品(窝头、烙饼、其他)、其他]	

续表

食品、食品添加剂类别	类别编号	类别名称	品种明细	备注
糕点	2402	冷加工糕点	1. 熟粉糕点(热调软糕类、冷调韧糕类、冷调松糕类、印模糕类、挤压糕点类、其他类) 2. 西式装饰蛋糕类 3. 上糖浆类 4. 夹心(注心)类 5. 糕团类 6. 其他类	
	2403	食品馅料	食品馅料(月饼馅料、其他)	
豆制品	2501	豆制品	1. 发酵性豆制品[腐乳(红腐乳、酱腐乳、白腐乳、青腐乳)、豆豉、纳豆、豆汁、其他] 2. 非发酵性豆制品(豆浆、豆腐、豆腐泡、熏干、豆腐脑、豆腐干、腐竹、豆腐皮、其他) 3. 其他豆制品(素肉、大豆组织蛋白、膨化豆制品、其他)	
蜂产品	2601	蜂蜜	蜂蜜	
	2602	蜂王浆(含蜂王浆冻干品)	蜂王浆、蜂王浆冻干品	
	2603	蜂花粉	蜂花粉	
	2604	蜂产品制品	蜂产品制品	
保健食品	2701	保健食品	保健食品产品名称	
特殊医学用途配方食品	2801	特殊医学用途配方食品	1. 全营养配方食品 2. 特定全营养配方食品(糖尿病全营养配方食品、呼吸系统病全营养配方食品、肾病全营养配方食品、肿瘤全营养配方食品、肝病全营养配方食品、肌肉衰减综合征全营养配方食品,创伤、感染、手术及其他应激状态全营养配方食品、炎性肠病全营养配方食品、胃肠道吸收障碍、胰腺炎全营养配方食品、脂肪酸代谢异常全营养配方食品,肥胖、减脂手术全营养配方食品)	产品(注册批准文号)
	2802	特殊医学用途婴儿配方食品	特殊医学用途婴儿配方食品(无乳糖配方或低乳糖配方、乳蛋白部分水解配方、乳蛋白深度水解配方或氨基酸配方、早产/低出生体重婴儿配方、氨基酸代谢障碍配方、母乳营养补充剂)	产品(注册批准文号)
婴幼儿配方食品	2901	婴幼儿配方乳粉	1. 婴儿配方乳粉(湿法工艺、干法工艺、干湿法复合工艺) 2. 较大婴儿配方乳粉(湿法工艺、干法工艺、干湿法复合工艺) 3. 幼儿配方乳粉(湿法工艺、干法工艺、干湿法复合工艺)	产品(配方注册批准文号)
特殊膳食食品	3001	婴幼儿谷类辅助食品	1. 婴幼儿谷物辅助食品(婴幼儿米粉、婴幼儿小米米粉、其他) 2. 婴幼儿高蛋白谷物辅助食品(高蛋白婴幼儿米粉、高蛋白婴幼儿小米米粉、其他) 3. 婴幼儿生制类谷物辅助食品(婴幼儿面条、婴幼儿颗粒面、其他) 4. 婴幼儿饼干或其他婴幼儿谷物辅助食品(婴幼儿饼干、婴幼儿米饼、婴幼儿磨牙棒、其他)	
	3002	婴幼儿罐装辅助食品	1. 泥(糊)状罐装食品(婴幼儿果蔬泥、婴幼儿肉泥、婴幼儿鱼泥、其他) 2. 颗粒状罐装食品(婴幼儿颗粒果蔬泥、婴幼儿颗粒肉泥、婴幼儿颗粒鱼泥、其他) 3. 汁类罐装食品(婴幼儿水果汁、婴幼儿蔬菜汁、其他)	

续表

食品、食品添加剂类别	类别编号	类别名称	品种明细	备注
特殊膳食食品	3003	其他特殊膳食食品	其他特殊膳食食品(辅助营养补充品、其他)	
其他食品	3101	其他食品	其他食品(具体品种明细)	
食品添加剂	3201	食品添加剂	食品添加剂产品名称(使用GB 2760、GB 14880或卫生计生委公告规定的食品添加剂名称;标准中对不同工艺有明确规定的应当在括号中标明;不包括食品用香精和复配食品添加剂)	
	3202	食品用香精	食品用香精[液体、乳化、浆(膏)状、粉末(拌和、胶囊)]	
	3203	复配食品添加剂	复配食品添加剂明细(使用GB 26687规定的名称)	

任务二　食品生产许可证认证建立与实施

一、SC认证的申请材料

序号	项　　目	国家发证	省发证
1	食品生产许可证审查流转单(省局留存)	1份	1份
2	食品生产许可证申请书	2份	1份
3	工商营业执照(复印件、审查员现场确认签字)	2份	1份
4	食品卫生许可证(复印件、审查员现场确认签字)	2份	1份
5	企业代码证书(复印件、审查员现场确认签字)(不需要办理代码证企业的除外)	2份	1份
6	企业法定代表人或负责人身份(复印件)	2份	1份
7	企业厂区布局图(省局留存)	1份	1份
8	标注关键设备和参数的企业生产工艺流程图(省局留存)	1份	1份
9	企业质量管理文件复印件	1份	1份
10	执行企业标准的企业要提供有效的标准文本(复印件,省局留存)	1份	1份
11	出口食品卫生注册(登记)证、HACCP体系认证证书(已获证企业提供。复印件、审查员现场确认签字)	2份	1份
12	水源评价报告、采矿许可证、取水证、水源水质跟踪监测报告(矿泉水生产企业提供,复印件、审查员现场确认签字)	2份	1份
13	食品生产加工企业必备条件现场核查报告	2份	1份
14	食品生产加工企业必备条件现场核查表	2份	1份
15	产品抽样单	2份(原件、复印件)	1份
16	发证检验报告	2份	1份
17	现场核查记录	1份	1份
18	交费票据复印件(省局留存)	1份	1份
19	不合格项改进表(省局留存,可单独上报)	1份	1份

说明：材料应按以上顺序整理，上报发证机关的材料除注明为复印件外，均为原件。

二、SC认证填写说明

为了确保地方各级食品药品监管部门颁发的食品生产许可证正本、副本及品种明细表的内容填写规范化，特作本说明。

1. 正本

1.1 生产者名称

应与生产者营业执照标注的名称保持一致。

1.2 社会信用代码（身份证号码）

应与生产者营业执照标注的社会信用代码内容保持一致，生产者为个体工商户的，则填写生产者有效身份证号码，并隐藏身份证号码中第11位到第14位的数字，以“＊＊＊＊”替代。

根据《国务院关于批转发展改革委等部门法人和其他组织统一社会信用代码制度建设总体方案的通知》（国发〔2015〕33号），自2015年10月1日起将推行实施社会信用代码。申请人在按规定取得社会信用代码之前，本证书社会信用代码可暂时填写组织机构代码。

1.3 法定代表人（负责人）

应与生产者营业执照保持一致。

1.4 住所

应与生产者营业执照保持一致。

1.5 生产地址

填写获证生产者实施食品、食品添加剂生产行为的实际地点。涉及多个生产地址的，应当全部标注，并以分号隔开。

1.6 食品类别

按照《食品生产许可管理办法》第十一条所列食品类别，依据许可决定据实逐一填写，生产食品添加剂的标注食品添加剂。

1.7 有效期至 年 月 日

自发证机关许可生效之日起，按照行政许可有效期5年计算，要求生产者终止生产行为的具体日期。有效期不得大于5年。

1.8 许可证编号

按照《食品生产许可管理办法》第二十九条规定填写，具体编号规则如下。

1.8.1 编号结构

食品生产许可证编号由SC（“生产”的汉语拼音字母缩写）和14位阿拉伯数字组成。数字从左至右依次为：3位食品类别编码、2位省（自治区、直辖市）代码、2位市（地）代码、2位县（区）代码、4位顺序码、1位校验码。

1.8.2 食品、食品添加剂类别编码

食品、食品添加剂类别编码用第1～3位数字标识，具体为：第1位数字代表食品、食品添加剂生产许可识别码，阿拉伯数字“1”代表食品、阿拉伯数字“2”代表食品添加剂。第2、3位数字代表食品、食品添加剂类别编号。其中，食品类别编号按照《食品生产许可管理办法》第十一条所列食品类别顺序依次标识，即：“01”代表粮食加工品，“02”代表食用油、油脂及其制品，“03”代表调味品，以此类推，“27”代表保健食品，“28”代表特殊医学用途配方食品，“29”代表婴幼儿配方食品，“30”代表特殊膳食食品，“31”代表其他食品。食品添加剂类别编号标识为：“01”代表食品添加剂，“02”代表食品用香精，“03”

代表复配食品添加剂。

1.8.3 省级行政区划代码

省级行政区划代码按《中华人民共和国行政区划代码》（GB/T 2260—2007）执行，按照该标准中表1省、自治区、直辖市、特别行政区代码表中的“数字码”的前两位数字取值，2位数字。

1.8.4 市级行政区划代码

市级行政区划代码按《中华人民共和国行政区划代码》（GB/T 2260—2007）执行，按照该标准中表2～表32各省、自治区、直辖市代码表中各地市的“数字码”中间两位数字取值，2位数字。

1.8.5 县级行政区划代码

县级行政区划代码按《中华人民共和国行政区划代码》（GB/T 2260—2007）执行，按照该标准中表2～表32各省、自治区、直辖市代码表中各区县的“数字码”后两位数字取值，2位数字。

1.8.6 顺序码

许可机关按照准予许可事项的先后顺序，依次编写许可证的流水号码，一个顺序码只能对应一个生产许可证，且不得出现空号。

1.8.7 校验码

用于检验本体码的正确性，采用GB/T 17710—1999中的规定的“MOD11，10”校验算法，1位数字。

1.8.8 食品生产许可证编号的赋码和使用

食品生产许可证编号应按照以下原则进行赋码和使用。

1.8.8.1 属地性

食品生产许可证编号坚持“属地编码”原则，第4位至第9位数字组合表示获证生产者的具体生产地址所在地县级行政区划代码，涉及两个及以上县级行政区划生产地址的，第8、9位代码可任选一个生产地址所在县级行政区划代码加以标识。

1.8.8.2 唯一性

食品生产许可证编号在全国范围内是唯一的，任何一个从事食品、食品添加剂生产活动的生产者只能拥有一个许可证编号，任何一个许可证编号只能赋给一个生产者。

1.8.8.3 不变性

生产者在从事食品、食品添加剂生产活动存续期间，许可证编号保持不变。

1.8.8.4 永久性

食品生产许可证注销后，该许可证编号不再赋给其他生产者。

1.9 日常监督管理机构

填写负责对获证生产者实施日常监督管理的县级以上地方人民政府食品药品监督管理部门的全称。

1.10 日常监督管理人员

填写负责获证生产者日常监管的县级以上地方人民政府食品药品监督管理部门的有关人员，日常监管人员不少于2名。

1.11 投诉举报电话：12331

统一填写食品药品监督管理部门投诉举报电话“12331”。

1.12 发证机关

填写颁发《食品生产许可证》的食品药品监督管理部门全称并加盖公章。

1.13 签发人

填写发证机关食品生产许可批准人姓名。

1.14 年月日

填写发证机关签发许可的日期。

1.15 二维码

证书部分载明事项的电子显示方式。码中记载生产者名称、社会信用代码（身份证号码）、法定代表人（负责人）、生产地址、仓库地址、食品类别、许可证编号、有效期及各省局向社会公开的食品、食品添加剂生产者相关信息网址。

2. 副本

应与正本各项填写内容保持一致。

3. 食品生产许可品种明细表

3.1 许可证编号

应与本说明 1.8 填写内容保持一致。

3.2 序号

获得生产许可的食品、食品添加剂类别的排列顺序号。

3.3 食品类别

按照《食品生产许可管理办法》第十一条所列食品类别，依据许可决定据实填写。生产食品添加剂的，按照“食品添加剂、食品用香精、复配食品添加剂”类别，依据许可决定据实填写。

3.4 类别编号

填写生产者生产的食品、食品添加剂所对应的产品类别编号，具体编号见《食品分类目录》。

3.5 类别名称

填写生产者生产的食品、食品添加剂所对应的产品类别名称，具体名称见《食品分类目录》。

3.6 品种明细

填写生产者生产的食品、食品添加剂所对应的具体品种、明细的名称，填写方式为“品种（明细）”，具体名称见《食品分类目录》。

3.7 备注

填写其他需要载明的事项，生产特殊医学用途配方食品、婴幼儿配方食品的需载明产品注册批准文号。

3.8 外设仓库

填写生产者在生产场所外设置的仓库（包括自有和租赁）的名称和具体地址。

任务三 食品生产许可证认证变更与延续换证

一、SC 认证变更

为了保证食品生产许可的平稳过渡，新《食品生产许可管理办法》规定，食品包括食品添加剂生产者在新《食品生产许可管理办法》施行前已经取得的生产许可证在有效期内继续有效。同时，国家食品药品监管总局在下发的《通知》中也提出了鼓励持有旧版证书的食品生产者提前换发新版食品生产许可证。

持有旧版生产许可证的生产者需要变更或者延续许可，应当向原发证部门提出申请，经审查符合要求的，一律换发新版食品生产许可证。持有多张旧版生产许可证的，按照“一企一证”的原则，可以一并申请，换发一张新证。也可以分批换发，具体是第一批换发一张新证后，其他旧版证书可以陆续在已换发的新证上通过“变更许可事项”的方式予以换发。换发新证后，持有的原许可证予以注销。新证书副本上应当一一标注原食品生产许可证编号。

二、SC认证延续换证

《食品生产许可管理办法》实施后，食品“QS”标志将取消。之前食品包装标注“QS”标志的法律依据是《工业产品生产许可证管理条例》，随着食品监督管理机构的调整和新的《食品安全法》的实施，《工业产品生产许可证管理条例》已不再作为食品生产许可的依据。因此取消食品“QS”，一是严格执行法律法规的要求，因为新的《食品安全法》明确规定食品包装上应当标注食品生产许可证编号，没有要求标注食品生产许可证标志。二是新的食品生产许可证编号完全可以达到识别、查询的目的，新的食品生产许可证编号是字母“SC”加上14位阿拉伯数字组成。三是取消“QS”标志有利于增强食品生产者食品安全主体责任意识。

《食品生产许可管理办法》实施后，新获证食品生产者应当在食品包装或者标签上标注新的食品生产许可证编号，不再标注“QS”标志。为了能既尽快全面实施新的生产许可制度，又尽量避免生产者包装材料和食品标签浪费，给予了生产者最长不超过三年过渡期，即2018年10月1日及以后生产的食品一律不得继续使用原包装和标签以及“QS”标志。鼓励并支持食品生产者尽快淘汰老包装启用新包装。2015年10月1日以后，带有“QS”标志的食品不会从市场上立刻消失，而是会随着时间的推移慢慢退出市场，这期间市场上带有“QS”标志老包装的食品和标有新的食品生产许可证编号的食品会同时存在。

思考练习题

判断题

1. 审查组应当给据审查情况及申请人的沟通情况，讨论形成审查结论，填写对申请人规定条件的审查报告。 审核报告中参加审核人员应一并签署，申请人不必署名或签署意见。(　　)

2. 审查组在核查生产设备设施时，主要核查所具有的生产设备设施是否与申请材料申述情况一致，以及对生产食品品种、数量的生产工艺的满足性。(　　)

3. 审查组在审核食品安全管理制度时，审核申请人制定的组织生产食品的各项质量安全管理制度是否完备，文本内容是否符合要求。(　　)

4. 审查组织部门根据申请生产食品单元，确定审查组长和成员，并通知确定的人员及其所在单位。(　　)

5. 审核岗位责任制度，是指申请人制定的专业技术人员、管理人员岗位分工是否与生产相适应，岗位职责文本内容、说明等对相关人员专业、经历等是否明确。 审核申请材料和现场核查必须分别进行。(　　)

6. 生产许可检验抽样单及样品封条应有抽样人员和申请人签字，并加盖县局印章。(　　)

7. 食品生产许可现场审查后，审查结论应报审查组织单位，审查组织单位应将审查结论书

面告知申请人。(　　)

8. 食品生产许可证审查工作和许可检验工作可以同时进行。(　　)

9. 收到申请人食品生产许可申请后，材料齐全并符合要求的，应当场发给申请人《食品生产许可申请受理决定书》。(　　)

10. 收到申请人食品生产许可申请后，材料齐全并符合要求的，发给申请人《食品生产许可申请受理决定书》，申请材料不符合要求，应一次告知申请人补正材料；不属于食品生产许可事项的或不符合法律法规要求的，应发给申请人《食品生产许可申请不予受理决定书》。(　　)

11. 现场核查相关技术人员时，主要核查专业技术人员与管理人员是否与申请材料申述情况一致。(　　)

12. 现场审核中，申请人有权提出回避要求，不必对全过程进行监督，并反馈现场核查意见。(　　)

13. 资料审核和现场审核结论符合规定要求的，许可证机关应当准予生产许可，并通知检验事项。(　　)

项目二　质量管理体系认证

任务一　质量管理体系概述

一、质量管理体系产生及实施的意义

1. ISO 9000 的产生

ISO 是国际标准化组织的简称，其英文全称是（International Organization for Standardization）。ISO 有 2856 个技术机构，它们的技术活动成果（产品）是“国际标准”。ISO 现已制定出国际标准共 10300 多个，主要涉及各行各业各种产品（包括服务产品、知识产品等）的技术规范。

ISO 的成员由来自世界上 100 多个国家的国家标准化团体组成，代表中国参加 ISO 的国家机构是中国国家技术监督局（CSBTS）。ISO 与国际电工委员会（IEC）有密切的联系，中国参加 IEC 的国家机构也是国家技术监督局。ISO 和 IEC 作为一个整体担负着制定全球协商一致的国际标准任务，都是非政府机构，它们制定的标准实质上是自愿的，这就意味着这些标准必须是优秀的标准，它们会给工业和服务业带来收益，所以生产者自觉使用这些标准。ISO 和 IEC 不是联合国机构，但它们与联合国的许多专门机构保持技术联络关系。ISO 和 IEC 还有约 3000 个工作组，每年制定和修订 1000 个国际标准。标准内容涉及广泛，从基础的紧固件、轴承及其各种原材料到半成品和成品，其技术领域涉及信息技术、交通运输、农业、保健和环境等。每个工作机构都有自己的工作计划，该计划列出需要制定的标准项目（试验方法、术语、规格、性能要求等）。ISO 的主要功能是为人们制定国际标准达成一致意见提供一种机制，其主要机构及运作规则都在《ISO/IEC 技术工作导则》的文件中予以规定，其技术结构为 1000 个技术委员会和分委员会，它们各有一个主席和一个秘书处，秘书处是由各成员国分别担任，目前承担秘书国工作的成员团体有 30 个，各秘书处与位于日内瓦的 ISO 中央秘书处保持直接联系。

ISO 制定出来的国际标准除了有规范的名称之外，还有编号，其格式是：ISO＋标准号

（杠＋分标准号）＋：＋发布年号（括号中的内容可有可无），例如：ISO 8402：1987、ISO 9000-1：1994 等，分别是某一个标准的编号。

ISO 9000 不是指一个标准，而是一族标准的统称。“ISO 9000 族标准”指由 ISO/TC 176 制定的所有国际标准。TC 176 即 ISO 中第 176 个技术委员会，全称是“质量保证技术委员会”，成立于 1979 年；1987 年更名为“质量管理和质量保证技术委员会”。TC 176 专门负责制定质量管理和质量保证技术的标准。1979 年，英国标准协会 BSI 向 ISO 组织提交了一份建议，倡议研究质量保证技术和管理经验的国际标准化问题。同年，ISO 批准成立质量管理和质量保证技术委员会 TC 176，专门负责制定质量管理和质量保证标准。TC 176 主要参照了英国 BS 5750 标准和加拿大 CASZ 299 标准，从一开始就注意使其制定的标准与许多国家的标准相衔接。

ISO 9000 是 ISO/TC 176 制定的第 9000 号标准文件。因此，综合起来讲，ISO 9000 是国际标准化组织质量管理和质量保证国际标准，是一套出色的指导文件。其本质是一套阐述质量体系的管理标准。

2. 实施 ISO 9000 的意义

（1）强化品质管理，提高企业效益，增强客户信心，扩大市场份额　负责 ISO 9000 质量管理体系认证的认证机构都是经过国家认可机构认可的权威机构，对企业的品质体系审核非常严格。对于企业内部来说，可按照经过严格审核的国际标准化品质体系进行品质管理，真正达到法治化、科学化的要求，极大地提高工作效率和产品合格率，迅速提高企业的经济效益和社会效益。对于企业外部来说，当顾客得知供方按照国际标准实行管理，取得了 ISO 9000 质量管理体系认证证书，并且有认证机构的严格审核和定期监督，就可以确信该企业是能够稳定地生产合格产品以至优秀产品，从而放心地与企业建立供销合同，扩大了企业的市场占有率。

（2）获得国际贸易“通行证”，消除国际贸易壁垒　许多国家为了保护自身的利益，设置了种种贸易壁垒，包括关税壁垒和非关税壁垒。其中非关税壁垒主要是技术壁垒，技术壁垒中，又主要是产品质量认证和 ISO 9000 质量管理体系认证的壁垒。特别是在世界贸易组织内，各成员国之间相互排除了关税壁垒，只能设置技术壁垒，所以获得认证是消除贸易壁垒的主要途径。

（3）节省了第二方审核的精力和费用　在现代贸易实践中，第二方审核早已成为惯例，但其存在很大的弊端：一方面，供方通常要为许多需方供货，第二方审核无疑会给供方带来沉重的负担；另一方面，需方也需支付相当的费用，同时还要考虑派出或雇佣人员的经验和水平问题，否则，花了费用也达不到预期的目的。唯有 ISO 9000 认证可以排除这样的弊端。因为作为第一方的生产企业申请了第三方的 ISO 9000 认证并获得了认证证书以后，众多第二方就不必要再对第一方进行审核，这样不管是对第一方还是对第二方都可以节省很多精力或费用。

（4）在产品质量竞争中永远立于不败之地　国际贸易竞争的手段主要是价格竞争和质量竞争。由于低价销售的方法不仅使利润锐减，如果构成倾销，还会受到贸易制裁，所以价格竞争的手段越来越不可取。

（5）有效地避免产品责任　按照各国产品责任法，如果厂方能够提供 ISO 9000 质量管理体系认证证书，便可免赔，否则，要败诉且要受到重罚。随着我国法治的完善，企业应该对“产品责任法”高度重视，尽早防范。

（6）有利于国际间的经济合作和技术交流　按照国际间经济合作和技术交流的惯例，合作双方必须在产品（包括服务）质量方面有共同的语言、统一的认识和共守的规范，方能进行合作与交流。ISO 9000 质量管理体系认证正好提供了这样的信任，有利于双方迅速达成协议。

二、ISO 9000：2000 标准的构成

1. ISO 9000：2000 标准的构成

2000 年版 ISO 9000 族国际标准包括四项核心标准和一项其他标准。

① ISO 9000:2000 质量管理体系——基本原则和术语（以下简称 ISO 9000）。

② ISO 9001:2000 质量管理体系——要求（以下简称 ISO 9001）。

③ ISO 9004:2000 质量管理体系——业绩改进指南（以下简称 ISO 9004）。

④ ISO 19011:2000 质量和环境审核指南（以下简称 ISO 19011）。

⑤ 其他附件和支持性文件：ISO 10012“测量控制系统”取代原 ISO 10012。

2. ISO 9000 族四个核心标准的作用

2000 版 ISO 9000 族标准可帮助各种类型和规模的组织实施并运行有效的质量管理体系，包括如下标准。

① ISO 9000 表述质量管理体系基本原则并规定质量管理体系术语。

② ISO 9001 规定质量管理体系要求，用于证实组织具有提供满足顾客要求和适用法规要求的产品的能力，目的在于增进顾客满意。

③ ISO 9004 提供考虑质量管理体系的有效性和效率两方面指南。该标准的目的是组织业绩的改进及其他相关方满意。

④ ISO 19011 提供审核质量和环境管理体系的指南。

上述标准共同构成了一组密切相关的质量管理体系标准，在国内和国际贸易中促进相互理解、相互遵守。

由此可见，ISO 9000 是阐明质量管理体系的理论基础标准；ISO 9001 是阐明质量管理体系基本要求的规范性文件，目的在于增进顾客满意；ISO 9004 是阐明质量管理体系更高要求的指南性文件，目的是组织业绩的改进及其他相关方满意；ISO 19011 则是实施 ISO 9000 质量管理体系审核（以及 ISO 14000 环境管理体系审核）的依据。

三、ISO 9001 的特点和作用

ISO 9001 是 ISO 9000 族质量保证模式标准之一，可作为供方质量保证工作的依据，也是评价供方质量体系的依据，以及企业申请 ISO 9000 族质量体系认证的依据，是开发、设计、生产、安装和服务的质量保证模式。用于对供方进行评价，为了确保供方提供的产品符合规定，要求供方保证在开发、设计、生产、安装和服务各个阶段符合规定要求的情况，并往往对供方的质量体系进行评价。对质量保证的要求最全，要求提供质量体系要素的证据最多。从合同评审开始到最终的售后服务，要求提供全过程严格控制的依据，要求供方贯彻“预防为主、检验把关相结合”的原则，健全质量体系，有完整的质量体系文件，并确保其有效运行。

四、质量管理的流程图

运行模式都以过程为基础，用“PDCA”循环的方法进行持续改进；都运用“过程方法”这一系统的管理思想；ISO 9001 标准要求形成文件的程序，可与其他管理体系共享，

同样强调了法律法规的重要（见图 1-1）。

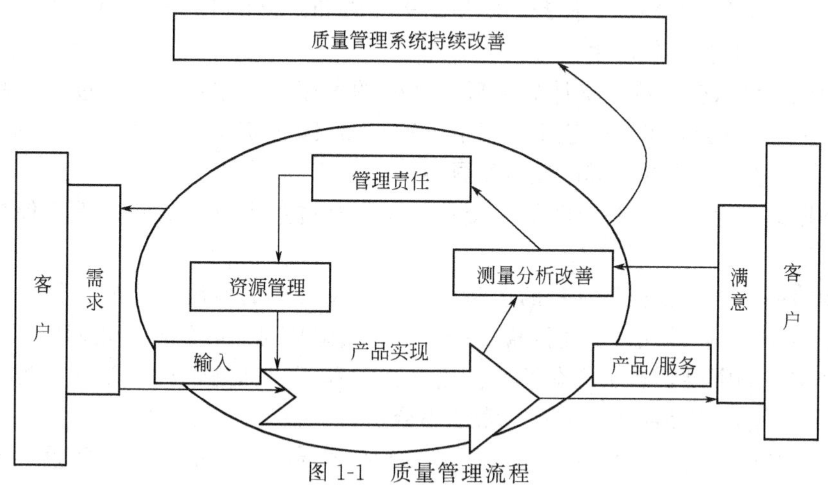

图 1-1　质量管理流程

任务二　质量管理体系建立与实施

一、ISO 9000 族的基本要求

产品质量是企业生存的关键。影响产品质量的因素很多，单纯依靠检验只不过是从生产出的产品中挑出合格的产品，这就不可能以最佳成本持续稳定地生产合格品。

一个组织所建立和实施的质量管理体系，应能满足组织规定的质量目标，确保影响产品质量的技术、管理和人的因素处于受控状态。无论是硬件、软件、流程性材料还是服务，所有的控制应针对减少、消除不合格，尤其是预防不合格。这是 ISO 9000 族的基本指导思想，具体体现在以下方面。

1. 控制所有过程的质量

ISO 9000 族标准是建立在“所有工作都是通过过程来完成的”这样一种认识基础上的。一个组织的质量管理就是通过对组织内各种过程进行管理来实现的，这是 ISO 9000 族标准关于质量管理的理论基础。当一个组织为了实施质量体系而进行质量体系策划时，首要的是结合本组织的具体情况确定应有哪些过程，然后分析每一个过程需要开展的质量活动，确定应采取的有效控制措施和方法。

2. 控制过程的出发点

控制过程的出发点是预防不合格。在产品寿命周期的所有阶段，从最初的识别市场需求到最终满足要求的所有过程控制都体现了预防为主的思想。

① 控制市场调研和营销的质量，在准确确定市场需求的基础上，开发新产品，防止盲目开发而造成不适合市场需要而滞销，浪费人力、物力。

② 控制设计过程的质量。通过开展设计评审、设计验证、设计确认等活动，确保设计输出满足输入要求，确保产品符合使用者的需求。防止因设计质量问题，造成产品质量先天性的不合格和缺陷，或者给以后的过程造成损失。

③ 控制采购的质量。选择合格的供货单位并控制其供货质量，确保生产所需的原材料、外购件、协作件等符合规定的质量要求，防止使用不合格外购产品而影响成品质量。

④ 控制生产过程的质量。确定并执行适宜的生产方法，使用适宜的设备，保持设备正常工作能力和所需的工作环境，控制影响质量的参数和人员技能，确保制造符合设计规定的质量要求，防止不合格品的产生。

⑤ 控制检验和试验。按质量计划和形成文件的程序进行进货检验、过程检验和成品检验，确保产品质量符合要求，防止不合格的外购产品投入生产，防止将不合格的工序产品转入下道工序，防止将不合格的成品交付给顾客。

⑥ 控制搬运、储存、包装、防护和交付。在所有这些环节采取有效措施保护产品，防止损坏和变质。

⑦ 控制检验、测量和实验设备的质量，确保使用合格的检测手段进行检验和试验，确保检验和试验结果的有效性，防止因检测手段不合格造成对产品质量不正确的判定。

⑧ 控制文件和资料，确保所有场所使用的文件和资料都是现行有效的，防止使用过时或作废的文件，造成产品或质量体系要素的不合格。

⑨ 纠正和预防措施。当发生不合格（包括产品或质量体系的）或顾客投诉时，即应查明原因，针对原因采取纠正措施以防止问题的再发生。还应通过各种质量信息的分析，主动地发现潜在问题，防止问题的出现，从而改进产品的质量。

⑩ 全员培训，所有从事对质量有影响的工作人员都应进行培训，确保他们能胜任本岗位的工作，防止因知识或技能不足，造成产品或质量体系的不合格。

3. 质量管理的中心任务是建立并实施文件化的质量管理体系

质量管理是在整个质量体系中运作的，所以实施质量管理必须建立质量管理体系。ISO 9000 族认为，质量管理体系是有影响的系统，具有很强的操作性和检查性。要求一个组织所建立的质量管理体系应形成文件并加以保持。典型质量体系文件的构成分为三个层次，即质量手册、质量管理体系程序和其他质量文件。质量手册是按组织规定的质量方针和适用的 ISO 9000 族标准描述质量管理体系的文件。质量手册可以包括质量管理体系程序，也可以指出质量管理体系程序在何处进行规定。质量管理体系程序是为了控制每个过程质量，对如何进行各项质量活动规定有效的措施和方法，是有关职能部门使用的文件。其他质量文件包括作业指导书、报告、表格等，是工作者使用的更加详细的作业文件。对质量管理体系文件内容的基本要求是：该做的要写到，写到的要做到，做的结果要有记录，即“写所需，做所写，记所做”的九字真言。

4. 持续的质量改进

质量改进是一个重要的质量体系要素，GB/T 19004.1 标准规定，当实施质量体系时，组织的管理者应确保其质量体系能够推动和促进持续的质量改进。质量改进包括产品质量改进和工作质量改进。争取使顾客满意和实现持续的质量改进，应是组织各级管理者追求的永恒目标。没有质量改进的质量体系只能维持质量。质量改进旨在提高质量，通过改进过程来实现，是一种以追求更高的过程效益和效率为目标。

5. 一个有效的质量管理体系应满足顾客和组织内部双方的需要和利益

对顾客而言，需要组织能具备交付期望的质量，并能持续保持该质量的能力；对组织而言，在经营上以适宜的成本，达到并保持所期望的质量。一个有效的质量管理体系应既满足顾客的需要和期望，又保护组织的利益。

6. 定期评价质量管理体系

其目的是确保各项质量活动的实施及其结果符合计划安排，确保质量管理体系持续的适宜性和有效性。评价时，必须对每一个被评价的过程提出如下 3 个基本问题：

① 过程是否被确定？过程程序是否恰当地形成文件？

② 过程是否被充分展开并按文件要求贯彻实施？

③ 在提供预期结果方面，过程是否有效？

7. 质量管理关键在领导

组织最高管理者在质量管理方面应做好下面5件事。

① 确定质量方针，由负有执行职责的管理者规定质量方针，包括质量目标和对质量的承诺。

② 确定各岗位的职责和权限。

③ 配备资源，包括财力、物力（其中包括人力）。

④ 指定一名管理者代表负责质量管理体系。

⑤ 负责管理评审，达到确保质量体系持续的适宜性和有效性。

二、ISO 9001认证适用行业

1 农业、渔业
2 采矿业及采石业
3 食品、饮料和烟草
4 纺织品及纺织产品
5 皮革及皮革制品
6 木材及木制品
7 纸浆、纸及纸制品
8 出版业
9 印刷业
10 焦碳及精炼石油制品
11 核燃料
12 化学品、化学制品及纤维
13 医药品
14 橡胶和塑料制品
15 非金属矿物制品
16 混凝土,水泥,石灰,石膏及其他
17 基础金属及金属制品
18 机械及设备
19 电子、电器及光电设备
20 造船
21 航空、航天
22 其他运输设备
23 其他未分类的制造业
24 废旧物质的回收
25 发电及供电
26 气的生产与供给
27 水的生产与供给
28 建设
29 批发及零售汽车、摩托车、个人及家庭用品的修理
30 宾馆及餐馆
31 运输、仓储及通讯
32 金融、房地产、出租服务
33 信息技术
34 科技服务
35 其他服务
36 公共行政管理
37 教育
38 卫生保健与社会公益事业
39 其他社会服务

三、质量管理体系的建立和实施

贯彻ISO 9000标准，是企业走向国际市场的需要，也是企业建立和完善自身质量管理体系的需要。在具体实施质量管理体系时，企业可以根据自身情况，采用不同的步骤和方法。从目前大多数企业的运作经验看，质量管理体系的建立和实施一般包括质量管理体系的确立、质量管理体系文件的编制、质量管理体系的实施运行和质量管理体系认证申请等。

1. 质量管理体系的确立

（1）最高管理者决策　首先最高管理者决定建立质量管理体系，并统一全公司的思想。

最高管理者应根据公司自身情况，制定出质量管理方针和质量目标，并把其作为企业进行质量管理、建立和实施质量体系、开展各项质量活动的根本准则。

（2）确定管理者代表，落实贯彻质量管理标准（贯标）小组成员　要求在企业管理层指定一名管理者代表，授权其负责安排并监督维持质量管理体系的运行。

（3）人员培训　对小组成员、各级领导、管理人员、技术人员及具体操作人员进行必要的培训，提高员工的质量意识，使其了解建立和实施质量管理体系的意义。

（4）提供必要的资源　资源是指人员、资金、设备、设施、技术和方法等，是质量管理体系的重要组成部分。企业应根据设计、开发、检验等活动的需要，积极引进先进的技术设备，提高设计、工艺水平，确保产品质量满足顾客的需要。同时，还要对涉及的软件和人员进行适当的调配和充实。

（5）职能分配　将所选择的质量要素进行分解，使其成为具体的质量活动，并将完成这些质量活动的相应职责和权限分配到各职能部门。

（6）制定工作计划　要使 ISO 9000 标准得到真正领会并付诸实施，就必须制定全面而周密的实施计划。制定计划时，应明确目标，控制进程，突出重点。

企业还应了解自身现状和当前存在的主要问题，这应是今后实施质量管理体系时要重点解决的内容。企业应广泛调查产品质量形成过程中各阶段、各环节的质量现状，存在的问题，各部门所承担的质量职责及完成情况，相互之间的协调关系及不协调情况。企业应搜集有关质量管理体系的标准文件或有关资料，以及以往合同中需方所提的一些要求；搜集同行中通过质量管理体系认证的企业资料；搜集本企业应遵循的法律、规定，以及与国际贸易有关的规定、协定、准则和惯例等。企业将搜集和调查结果与所选的模式进行逐条、逐项的对比分析，从而确定企业所需要的质量管理体系要素及采用程度。

2. 质量管理体系文件的编制

质量管理体系文件是企业开展质量管理和质量保证的基础，是质量管理体系审核和质量管理体系认证的主要依据，必须具有系统性、协调性、科学性和可操作性。质量管理体系文件由四部分组成：质量手册（纲领性文件）、程序文件（支持性文件）、其他文件（操作性文件）、记录（见证性文件）。

（1）编制质量手册　质量手册是企业开展质量活动的纲领性文件，是企业建立、实施和保持质量管理体系应长期遵循的文件。其至少包括以下内容：质量方针；对质量有影响的相关人员的职责、权限和相互关系；质量管理体系程序和说明；有关质量手册本身的信息。

（2）编制程序文件　质量管理体系程序文件是质量管理体系文件的重要组成部分。每个程序应包括下列内容：目的和范围，应做什么，由谁来做，何时、何地以及如何去做，应适用什么，如何进行控制和记录。

（3）编制作业指导书　它是质量管理体系文件中的操作性文件。企业根据自身的生产工艺和作业特点，制定指导员工具体如何操作的文件。作业指导书的制定应符合企业的实际状况，具有文字清晰明了，员工好学易懂，可操作性强的特点。

（4）记录　质量记录是为已完成的活动或达到的结果提供客观证据的文件。产品记录可反映产品质量形成过程的真实状况，为正确、有效地控制和评价产品质量提供客观证据。质量记录将如实地记录企业质量管理体系中每一要素、过程、活动的运动状态和结果，为评价质量管理体系的有效性，进一步健全质量管理体系提供依据。质量记录应具有系统性，以完整地反映企业的产品质量情况和质量管理体系的运行情况；质量记录应具有可追溯性；质量记录应满足企业内、外部质量保证的要求；质量记录的内容要真实、准确、可靠；质量记录应便于管理。

3. 质量管理体系的实施运行

质量管理体系的实施运行实质上是执行质量管理体系文件并达到预期目标的过程，其根本问题就是把质量管理体系中规定的职能和要求，按部门、按专业、按岗位加以落实，并严格执行。企业可以通过全员培训、组织协调、内部审核和管理评审达到这一目的。

（1）全员培训　在质量管理体系运行的阶段，首先应对全体员工进行培训。通过培训，在思想上使员工明白体系建立和实施的意义及对企业的益处，使员工真正融入到质量管理体系中。

（2）组织协调　组织协调主要是解决质量管理体系在运行过程中出现的问题。新建立的质量管理体系在全面实施运行之前可试运行。对于发现的问题，要及时研究解决，并对程序文件和质量手册中的内容做出相应的修改。质量管理体系的运行是动态的，而且涉及企业各个部门的各项活动，相互交织，因此协调工作就显得尤为重要。

（3）内部审核和管理评审　内部审核和管理评审是质量保障模式的重要内容，是质量管理体系运行的关键环节，也是质量管理体系运行的重要措施和手段。内部审核是指由企业自己来确定质量活动及其有关结果是否符合计划安排，以及这些安排是否有效并适合于达到目标的、有系统的、独立的审查。其中心内容是：审核质量管理体系程序是否与质量手册相协调；审核是否执行了文件中的有关规定；审核是否按规定要求、自身要求和环境条件变化需要改进的综合评价。管理评审一般是在内部审核结束后，由最高管理者主持并定期进行，确保持续有效性。管理评审的主要内容包括：组织结构的适宜性；质量保证模式标准的符合程度及质量管理体系的有效性；质量方针的贯彻情况；产品质量情况等。

有效地实施 ISO 9000 系列标准是构筑良好质量管理体系的基础，通过建立质量管理体系，规范了作业，完善了质量文件，减少了质量损失，提升了效率，开拓了市场，对企业而言是有很大的帮助。但是，质量管理体系也不是万能的。因为国际标准化组织为了让 ISO 9000 系列标准适用于不同国家和不同行业，制定的标准不够具体，缺乏针对性。同时 ISO 标准系列需要开展大量的书面工作，其中一些是大可不必的，因此也常常被抱怨有太多的官僚主义和缺乏效率。

4. 质量管理体系认证申请

企业在质量管理体系试运行以后，可以向认证机构申请质量管理体系认证，不同认证机构在其上级认可机构的要求下会有不同的个体要求，一般来说，获得 ISO 9000 认证需要以下条件。

① 建立了 ISO 9001:2000 标准要求的文件化的质量管理体系。

② 质量管理体系至少已运行 3 个月以上并被审核判定为有效。

③ 外部审核前至少完成了一次或一次以上全面有效的内部审核，并可提供有效的证据。

④ 外部审核前至少完成了一次或一次以上有效的管理评审，并可提供有效的证据。

⑤ 体系保持持续有效并同意接受认证机构每年的审核，每三年的复审作为对体系是否有效保持的监督。

任务三　ISO 9001认证注册程序

一、认证的概念和种类

认证是指由可以充分信任的第三方证实某一鉴定的产品或服务符合特定标准或规范性文

件的活动。认证包括产品认证和体系认证两大类。

1. 产品认证

产品认证是按产品规范对申请方的产品进行评价，并适当考虑保障产品质量的质量体系情况。

产品认证包括合格认证和安全认证两种。依据标准中的性能要求进行认证称作合格认证；依据标准中安全要求认证称作安全认证。前者是自愿的，后者是强制的，因此产品认证又包括强制性认证和非强制性认证。我国目前推行的3C标志认证即为产品认证。我国产品认证的基本要求为：产品符合技术规范；产品质量管理体系运行有效。

2. 体系认证

体系认证是指质量管理体系（QMS）认证。自1987年ISO 9000系列标准问世以来，为了加强质量管理，适应质量竞争的需要，各企业纷纷建立起质量管理体系，申请质量管理体系认证。目前，全世界已有150个国家和地区正在积极推广ISO 9000国际标准，近100个国家和地区开展了质量认证认可活动，50多万家企业拿到了ISO 9000质量管理体系认证证书。

凡是采纳国际质量管理标准的组织，不论类型和规模大小，均可申请体系认证。体系认证的准则是ISO 9000族标准，体系认证活动的主体是认证机构。申请质量管理体系认证组织的质量管理体系应符合ISO 9000标准的要求，体系运行达到了规定的目标和有关文件规定的结果。

质量管理体系认证是非分明，由第三方依据公开发布的质量管理体系标准，对企业的质量管理体系实施评定，评定合格的颁发质量管理体系认证证书，并予以注册公布，证明企业在特定的产品范围内具有必要的质量保证能力。

二、质量认证的实施程序

1. 认证的申请

申请认证的基本条件：申请方持有法律地位证明文件；申请方建立、实施和保持了文件化的质量管理体系。

2. 认证申请的提出

申请方应根据自身的需要和产品特点确定：申请认证的质量管理体系所覆盖的产品范围，申请质量管理体系认证所采用的质量保证模式。向质量管理体系认证机构正式提出申请后，应按要求填写申请书，提交所需的附件。申请书的附件是指说明申请方质量管理体系状况的文件。包括以下几个方面：覆盖所申请认证质量管理体系的质量手册；申请认证质量管理体系所覆盖的产品名录；申请方的基本情况。

3. 认证申请的受理和合同的签订

认证机构收到正式申请后，经审查若符合规定的申请要求，决定受理申请，并发出“受理申请通知书”，签订认证合同。

4. 建立审核组

在签订认证合同后，认证机构应建立审核组，审核组名单和计划一起向受审核方提供，由受审核方确定。审核组一般由2～4人组成，其正式成员必须是注册审核员，其中至少有一名熟悉申请方生产技术特点的成员。对于审核组的组成人员，若申请方认为会与本单位构成利害冲突时，可要求认证机构做出更换。

5. 质量管理体系文件的审查

质量管理体系文件审查的主要对象是申请方的质量手册及其他说明质量管理体系的材

料。审查的内容包括：了解申请方的基本情况；企业的产品；生产特点、人员、设备、检验手段、以往质量保证能力的业绩等；判定质量手册所描述的质量管理体系是否符合相应的质量保证模式标准的要求；是否具有明确的质量方针和质量目标；审查质量（管理）职能的落实情况；审核质量管理体系要素是否包含了相应质量保证模式所要求证实的全部质量管理体系要素；了解质量管理体系文件的总体构成状况。质量管理体系文件审查合格后，审核组到现场检查之前，质量管理体系文件不允许做任何修改。

6. 现场审核

（1）现场审核的准备　确定现场审核的日期，制定审核计划，并征求受审方意见；根据质量管理体系特点，编制现场检查表，明确检查项目与检查方法。

（2）现场审核　现场审核的目的是通过查证质量手册的实际执行情况，对质量管理体系运行的有效性做出评价，判定是否真正具有满足相应质量保证模式标准的能力。现场审核的程序如下。

① 首次会议：向审核方介绍审核组成员，确认审核目的、范围和依据文件，简要介绍审核的方法和程序。

② 现场检查：审核组按事先编制的检查表所制定的检查项目，并根据现场情况适当调整后，对受审方质量管理体系的建立情况和运行有效性进行细致的检查取证和评价。检查取证的方法：第一面谈，通过面谈，调查有关人员履行所承担质量职责、从事相应质量活动的能力；第二查阅文件和记录；第三观察，通过对工作现场和活动的观察，了解质量控制措施的执行情况和有效性。

③ 不合格的报告：对于现场检查过程中发现的不合格，审核组将向受审方提交书面的不合格报告，并需取得受审方的签字。

④ 不合格的原因：质量管理体系文件与选定的质量管理体系标准或法规、合同等的要求不符；未执行质量管理体系文件的规定或实际执行不符合质量管理体系文件的规定；虽按文件规定执行，但缺乏有效性。

⑤ 严重不合格：质量管理体系与约定的质量管理体系标准或文件的要求不符；造成系统性区域严重失效；可造成严重后果。

⑥ 一般不合格：孤立的人为错误；文件偶尔未被遵守，造成的后果不太严重；对系统不会产生重要影响等。

⑦ 审核组内部会议：由审核组全体成员研究检查情况，对检查结果进行评定，做出审核结论。审核结论有三种。第一，建议通过认证。第二，要求进行复审。要求对发现的不合格情况经过纠正措施后对效果进行现场复审，证实对不合格情况确实已采取了适当的纠正措施后，再建议通过认证。第三，要求进行重审，表示本次审核不能通过，若想通过认证，需要重新接受一次全面的质量管理体系审核。

⑧ 总结会议：是审核组在现场审核阶段的最后一次活动，是审核组与受审核方共同参加的会议。会议上应向受审方报告审核结果和审核结论。审核组应报告审核过程的总体情况、发现的不合格项、审核结果和审核结论、现场审核结束后的有关安排等。

7. 注册和发证

认证机构对审核组提出的报告进行全面审查，如果批准通过，由认证机构颁发质量管理体系认证证书并予以注册。

8. 年审和复审

认证机构每年对认证的组织进行审核，年审通常只对标准的部分要求进行抽样审查。复审是认证机构每三年对获得认证的组织进行审核，复审将覆盖标准的全部要求，复审合格后换发新证。

思考练习题

一、填空题

1. ISO 9001：2000主要由(　　)、(　　)、(　　)、(　　)、(　　)五大部分组成。

2. 用于证实组织具有提供满足顾客要求和适用法规要求的产品的能力的标准是(　　)。

3. 用于组织内部业绩改进，使顾客及其他相关方满意的标准是(　　)。

4. 质量目标是指(　　)。

5. 最高管理者应确保在组织的(　　)和(　　)建立质量目标，质量目标包括（　　）。质量目标应是(　　)的，并与质量方针保持一致。

6. 最高管理者应以(　　)为目的，确保顾客的需求和期望得以满足。

7. 管理者代表由(　　)指定。

8. 管理评审的输出应包括的措施有（　　）、（　　）、(　　)。

9. 人员能力需求包括(　　)。

10. 测量和监控主要包括(　　)。

11. 纠正措施指(　　)。

12. 预防措施指（　　）。

13. ISO是指（　　），由技术委员会通过的国际标准草案提交各成员团体表决需取得至少（　　）参加表决的成员团体的同意，才能作为国际标准正式发布。

14. 质量管理体系能够帮助组织(　　)。质量管理体系方法鼓励组织(　　)，规定（　　），并使其(　　)，以实现顾客能接受的产品。

15. 过程是指(　　)。

16. PDCA循环：P是指（　　），D是指（　　），C是指(　　)，A是指(　　)。

17. 质量的定义是(　　)。

18. 顾客满意是指(　　)。

19. 质量方针是指(　　)。

20. 质量策划是指(　　)。

21. 质量保证是指(　　)。

22. 质量改进是指(　　)。

23. 组织是指(　　)。

24. 返工是指(　　)。

25. 质量管理体系所需的过程应当包括与（　　）、（　　）、（　　）和（　　）有关的过程。

二、选择题

1. 公司内部使用的下列哪类文件可能不属于文件控制的范畴（　　）。

a. 质量手册　　b. 程序文件

c. 作业指导书　　d. 公司作息时间规定

2. 选择合格供方方法是（　　）。

a. 对其质量体系进行审核　　b. 对其样品进行认定

c. 对其过去的业绩进行评定　　d. 可以是以上的任一种

3. 合同修改后应(　　)。
a. 重新编写合同　b. 将合同修改的内容传递给相关部门
c. 重新对合同内容再评审　d. 无需对合同再评审
4. 下列哪些属于顾客沟通的范围：(　　)。
a. 产品信息　b. 合同或订单的处理
c. 顾客反馈　d. 上述都是
5. 对供方进行选择和评价的准则由(　　)制定。
a. 各部门经理　b. 总公司最高管理者
c. 业务员　d. 公司文件中规定的人员
6. 下列何种活动不一定需要进行记录：(　　)。
a. 管理评审　b. 采购　c. 搬运、包装　d. 内部质量审核
7. 对顾客满意度测量的方法可以通过：(　　)。
a. 调查表　b. 电话　c. 走访　d. 上述都可以
8. 下列哪些文件必须提交管理评审：(　　)。
a. 审核结果　b. 顾客投诉　c. 纠正和预防措施　d. 上述全部
9. 采取预防措施和主要目的是（　　）。
a. 对不合格加以分析处理　b. 消除不合格的原因
c. 消除潜在不合格的原因　d. 对纠正措施的有效性加以验证
10. 持续改进可以通过使用（　　）实现。
a. 质量目标　b. 数据分析　c. 管理评审　d. 上述全部
11. 质量管理体系文件的详略程度取决于(　　)。
a. 组织的规模和活动的类型　b. 过程的复杂程度和相互作用
c. 员工的能力　d. 上述全部
12. 下列那一项活动不是管理者承诺的证据(　　)。
a. 制定质量方针　b. 进行管理评审
c. 检查体系实施效果　d. 传达满足顾客要求的重要性
13. 以下哪个标准不是 ISO 9000 族的核心标准（　　）。
a. ISO 9001　b. ISO 9004　c. ISO 10012　d. ISO 19011
14. 质量管理体系方法是（　　）原则应用于质量管理体系研究的结果。
a. 过程方法　b. 管理的系统方法
c. 以顾客为关注焦点　d. 基于事实的决策方法
15. 阐明要求的文件是（　　）。
a. 质量手册　b. 质量计划
c. 规范　d. 形成文件的程序
16. 质量管理体系评价的活动方式有（　　）。
a. 管理评审　b. 内部审核　c. 自我评价　d. a+ b+ c
17. 由组织的相关方对组织进行的审核是（　　）。
a. 第一方审核　b. 第二方审核　c. 第三方审核　d. 管理评审
18. 为组织提供一种对其业绩和质量管理体系的成熟程序进行总体评价的方法是（　　）。
a. 管理评审　b. 内部审核　c. 自我评价　d . a + b+ c
19. 质量管理和质量控制在术语概念上构成（　　）。
a. 属种关系　b. 从属关系　c. 关联关系　d. 并列关系

20. 质量管理体系“要求”包括（　　）。

a. 明示的要求　　b. 通常隐含的要求

c. 必须履行的要求　　d. a + b+ c

21. 培训机构提供的产品是（　　）。

a. 硬件　　b. 软件　　c. 流程性材料　　d. 服务

22. 一组将输入转化为输出的相互关联或相互作用的活动是（　　）。

a. 产品　　b. 过程　　c. 程序　　d. 质量

23. 致力于增强满足质量要求的能力的活动是（　　）。

a. 质量策划　　b. 质量保证　　c. 质量控制　　d. 质量改进

24. ISO 9001 标准 7.3“设计和开发”指的是（　　）。

a. 产品的设计和开发　　b. 过程的设计和开发

c. 工艺的设计和开发　　d. 体系的设计和开发

25. 质量手册应包括(　　)。

a. 质量方针和质量目标

b. 质量管理体系程序

c. 质量管理体系的范围，包括任何删减的细节和合理性

d. a + b + c

26. 组织应控制的文件是（　　）。

a. 所有组织批准发放的文件　　b. 所有的外来文件

c. 与实施质量管理体系有关的所有文件　　d. a + b + c

27. ISO 9001 标准中要求必须编制并形成文件的程序是（　　）。

a. 管理评审程序　　b. 文件控制程序

c. 采购控制程序　　d. 培训控制程序

28. 质量目标应（　　）。

a. 依据质量方针制定和评审　　b. 包括满足产品要求所需的内容

c. 在相关职能和层次上进行分解和落实　　d. a + b + c

29. 与产品有关的要求应包括（　　）。

a. 顾客规定的要求　　b. 有关法律法规规定的要求

c. 组织识别或附加的要求　　d. a + b + c

30. 确保产品能够满足规定的使用要求或已知的预期用途的要求而开展的活动是（　　）。

a. 设计评审　　b. 设计验证

c. 设计确认　　d. 设计和开发的策划

31. 过程监视和测量的目的是（　　）。

a. 证实产品满足要求　　b. 证实质量管理体系有效运行

c. 证实过程具备实现预期结果的能力　　d. a + b + C

32. 对产品有关的要求进行评审应在（　　）进行。

a. 做出提供产品的承诺之前　　b. 签订合同之后

c. 将产品交付给顾客之前　　d. 采购产品之前

三、判断题

1. 所有质量体系文件在发布前需要经过批准。（　　）
2. 管理评审是对内部质量审核的复审。（　　）
3. 管理者代表的职责就是副总经理的职责。（　　）

4. 合同评审工作是在合同签订后执行。(　　)
5. 内部沟通指上级与下级就管理体系的过程及有效性的沟通。(　　)
6. 当文件失效或作废时都必须将这些文件从使用场所收回。(　　)
7. 所有质量记录需要规定保存期限。(　　)
8. 对人员能力的判定主要从教育及经验方面考虑。(　　)
9. 采购订单发放前需要经过批准。(　　)
10. 对供方的选择只要价格低就可以由采购人员自行决定。(　　)
11. 采购合同属于采购文件的一种。(　　)
12. 采购的产品如果供方已经验证合格，公司可以不再重复进行验证。(　　)
13. 在有可追溯性要求时，公司应控制和记录产品的唯一性标识。(　　)
14. 顾客满意和不满意的信息主要通过顾客投诉进行监控。(　　)
15. 内部质量审核由各部门经理自行完成。(　　)
16. 建立质量管理体系首先要识别质量管理体系所需的过程。(　　)
17. 质量管理体系所需的过程包括管理、资源和产品实现。(　　)
18. 标准要求形成文件的程序是指：要建立程序，形成文件，并加以实施和保持。(　　)
19. 客户提供的文件一般不需要控制。(　　)
20. 以顾客为中心，就是要确保满足顾客的所有要求。(　　)
21. “文件”与“质量手册”构成术语概念上的从属关系。(　　)
22. 过程本身也构成系统。(　　)
23. 实施 ISO 9001 标准的组织可根据自己提供的产品特点对标准中任何不适用的要求进行删减。(　　)
24. 质量方针和质量目标必须纳入组织编制的质量手册。(　　)
25. 质量目标应该是定量可测量的。(　　)
26. 质量管理体系策划包括产品实现的策划。(　　)
27. 顾客财产就是指由顾客提供给组织，用于生产顾客所需产品的原材料。(　　)
28. 内部审核的结果是管理评审的输入之一。(　　)
29. 对不合格品进行识别和控制以防止使用或交付不合格品。(　　)
30. 内审员不应对自己承担的工作进行审核，以确保审核的独立性。(　　)

实训一　组织机构与质量方针目标

一、实训目的

学习食品企业质量管理，组织机构建立与质量方针、质量目标建立。通过对食品企业的机构设置及职能的练习，质量方针、质量目标的分析，具有初步质量管理的能力。

二、食品企业概况

某食品企业质量安全方针如下：质量第一　安全第一　客户至上　　信誉至上

质量安全方针理解为：

质量第一——引进食品安全管理体系，保证产品质量安全。

安全第一——强化法律法规意识，确保产品安全。

客户至上——生产出满足客户要求的一流产品，使顾客满意。

信誉至上——树立精品意识，改进工艺，强化管理，维护企业和产品品牌的形象。

该公司的组织机构如下：

董事会
总经理
副总经理
副总经理
副总经理
各生产车间
办公室
品管部
动力设备部
进出口部
采供部
财务部
化验室
门卫
食堂
清洁组
驾驶班
机修班
冷库机房
锅炉房
发运站（成品库）
仓库

三、实训练习

请完成该食品厂的食品质量安全目标分析，填写质量安全目标考核表，并分析各个部分职能，完成职能分配表。

质量安全目标考核表

部门	质量目标	考核方法
总经理		
食品安全小组		
办公室		
进出口部		
采供部		
仓库		
生产部		
品管部		
动力设备部		

职能分配表

部门	职　能
总经理	
食品安全小组	
办公室	
进出口部	
采购部	

续表

部门	职 能
仓库	
生产部	
品管部	
动力设备部	

项目三 食品 GMP 体系认证

任务一 食品GMP体系概述

一、GMP 含义

“GMP”是英文 good manufacturing practice 的缩写，一般译为药品生产质量管理规范或最佳生产工艺规范。《药品生产质量管理规范》简称 GMP，是指在药品生产过程中，用以保证生产的产品保持一致性，符合质量标准，适用于其使用目的而进行生产和控制，并符合要求的管理制度。

二、GMP 发展历程

1963 年美国首先开始实施 GMP 制度。经过了几年的实践后，证明 GMP 确有实效，故 1967 年世界卫生组织（WHO）在《国际药典》的附录中收录了该制度，并在 1969 年的第 22 届世界卫生大会上建议各成员国采用 GMP 体系作为药品生产的监督制度。1979 年第 28 届世界卫生大会上世界卫生组织再次向成员国推荐 GMP，并确定为世界卫生组织的法规。

此后 30 年间，日本、英国以及大部分的欧洲国家都先后建立了本国的 GMP 制度。到目前为止，全世界一共有 100 多个国家颁布了有关 GMP 的法规。GMP 的诞生是制药工业史上的里程碑，它标志着制药业全面质量管理的开始。实施药品 GMP 认证是国家对药品生产企业监督检查的一种手段，是药品监督管理工作的重要内容。

我国提出在制药企业中推行 GMP 是在 20 世纪 80 年代初。1982 年，中国医药工业公司参照一些先进国家的 GMP 制定了《药品生产管理规范》(试行稿)，并开始在一些制药企业试行。

1988 年，根据《药品管理法》，卫生部颁布了我国第一部《药品生产质量管理规范》(1988 年版)，作为正式法规执行。

1992 年，卫生部又对《药品生产质量管理规范》(1988 年版）进行修订，颁布了《药品生产质量管理规范》(1992 年修订)。

1998 年，国家药品监督管理局总结几年来实施 GMP 的情况，对 1992 年修订的 GMP 进行修订，于 1999 年 6 月 18 日颁布了《药品生产质量管理规范》(1998 年修订)，1999 年 8 月 1 日起施行。

到 1999 年底，我国血液制品生产企业全部通过药品 GMP 认证；2000 年底，粉针剂、大容量注射剂实现全部在符合药品 GMP 的条件下生产；2002 年底，小容量注射剂药品实现全部在符合药品 GMP 的条件下生产。

通过一系列强有力的监督管理措施，我国监督实施药品 GMP 工作顺利实现了从 2004 年 7 月 1 日起所有的药品制剂和原料药均必须在符合 GMP 的条件下生产的目标，未通过认证的企业全部停产。

到 2011 年，推行了新版的《药品生产质量管理规范》(2010 年版)，并在 2011 年 3 月 1 日实施。通过实施药品 GMP，我国药品生产企业生产环境和生产条件发生了根本性转变，制药工业总体水平明显提高。药品生产秩序的逐步规范，从源头上提高了药品质量，有力地保证了人民群众用药的安全有效，同时也提高了我国制药企业及药品监督管理部门的国际声誉。

在药品 GMP 取得良好成效之后，GMP 很快就被应用到食品卫生质量管理中，并逐步发展形成了食品 GMP。

三、GMP 实施的意义

GMP 在许多国家和地区推广实践证明，GMP 是一种行之有效的科学而严密的生产管理系统。它的实施意义主要体现在以下几个方面。

(1) 确保食品质量　GMP 对从原料进厂直至成品的储运及销售的整个过程的各个环节均提出了具体控制措施、技术要求和相应的检测方法及程序，实施 GMP 管理系统是确保每件终产品合格的有效途径。

(2) 有效地提高食品行业的整体素质　GMP 要求食品企业必须具有良好的生产设备，科学合理的生产工艺，完善先进的检测手段，高水平的人员素质，严格的管理体系和制度。在食品企业推广和实施 GMP 的过程中必然要对原有的落后生产工艺、设备进行改进，对操作人员、管理人员和领导干部进行重新培训，无疑对食品企业整体素质的提高有极大的推动作用。

(3) 有利于食品参与国际贸易竞争　GMP 的原则已被世界上许多国家，特别是发达国家认可并采纳。推广和实施 GMP，在国际食品贸易中是必要条件，是衡量一个企业质量管理优劣的重要依据，因此实施 GMP 能提高食品产品在全环贸易中的竞争力。

(4) 提高卫生行政部门对食品企业进行监督的水平　对食品企业进行 GMP 监督检查，可使食品卫生监督工作更具科学性。

(5) 促进食品企业的公平竞争　食品企业实施 (GMP)，势必会大大提高产品的质量，从而带来良好的市场信誉和提高效益，同时也能起到示范作用，调动落后企业实施 GMP 的积极性。通过加强 GMP 的监督检查，还可淘汰一些不具备生产条件的企业，起到扶优汰劣的作用。

(6) 保障消费者的利益　GMP 充分体现了保障消费者权利的观念，保证食品安全也就是保障消费者的安全权利。有明确 GMP 标志，保障了消费者的认知权利和选择权利。同时该制度提供了消费者申述意见的途径，保障了消费者表达意见的权利。

任务二　食品的GMP规范

一、食品企业 GMP 规范

1. 良好生产规范的原则

GMP 是对食品生产过程中的各个环节、各个方面实行严格监控而提出的具体要求和采取必要的良好质量监控措施，从而形成和完善质量保证体系。GMP 是将保证食品质量的重点放在成品出厂前的整个生产过程的各个环节上，而不仅仅是着眼于最终产品上，其目的是从全过程入手，根本上保证食品质量。

GMP 制度是对生产企业及管理人员的长期保持实行有效控制和制约的措施，它体现如下基本原则。

① 食品生产企业必须有足够的资历，生产食品相适应的技术人员承担食品生产和质量管理，并清楚地了解自己的职责。

② 操作者应进行培训，以便正确地按照规程操作。

③ 按照规范化工艺规程进行生产。

④ 确保生产厂房、环境、生产设备符合卫生要求，并保持良好的生产状态。

⑤ 符合规定的物料、包装容器和标签。

⑥ 具备合适的储存、运输等设备条件。

⑦ 全生产过程严密而并有有效的质检和管理。

⑧ 合格的质量检验人员、设备和实验室。

⑨ 应对生产加工的关键步骤和加工发生的重要变化进行验证。

⑩ 生产中使用手工或记录仪进行生产记录，以证明所有生产步骤是按确定的规程和指令要求进行的，产品达到预期的数量和质量要求，出现的任何偏差都应记录并做好检查。

⑪ 保存生产记录及销售记录，以便根据这些记录追溯各批产品的全部历史。

⑫ 将产品储存和销售中影响质量的危险性降至最低限度。

⑬ 建立由销售和供应渠道收回任何一批产品的有效系统。

⑭ 了解市售产品的用户意见，调查出现质量问题的原因，提出处理意见。

2. 良好生产规范的内容

根据 FDA 的法规，GMP 分为 4 个部分：①总则；②建筑物与设施；③设备；④生产和加工控制。

GMP 适用于所有食品企业，是常识性的生产卫生要求，基本涉及与食品卫生质量有关的硬件设施维护和人员卫生管理。符合 GMP 要求是控制食品安全的第一步，其强调食品在生产和储运过程应避免微生物、化学性和物理性污染。我国食品卫生生产规范是在 GMP 的基础上建立起来的，并以强制性国家标准规定来实行，该规范适用于食品生产、加工的企业或工厂，并作为制定各类食品厂的专业卫生依据。

GMP 实际上是一种包括 4M 管理要素的质量保证制度，即选用规定要求的原料（material），以合乎标准的厂房设备（machines），由胜任的人员（man），按照既定的方法（methods），制造出既品质稳定又安全卫生的产品的一种质量保证制度。其实施的主要目的包括三方面：

① 降低食品制造过程中人为的错误；

② 防止食品在制造过程中遭受污染或品质劣变；

③ 要求建立完善的质量管理体系。

GMP 的重点是：

① 确认食品生产过程安全性；

② 防止物理、化学、生物性危害污染食品；

③ 实施双重检验制度；

④ 针对标签的管理、生产记录、报告的存档建立和实施完整的管理制度。

二、食品 GMP 规范要求与建立

食品生产企业应建立生产和质量管理机构，明确各级机构和人员的职责。组织机构和人员是组成企业的有机体，企业是依靠各部门和人员执行既定的职责而运作，人则是具体的执行者。因此，这里所讲的人，不仅仅是指企业的员工，同时包括企业的组织机构。

GMP 规定：食品生产企业应建立生产和质量管理机构

我们知道，在人、机、料、法、环五大因素中，人是影响食品质量诸因素中最活跃、最积极的因素，要把人这个因素管理起来，必须赋予他一定的权限和职责，这就形成了组织机构。组织机构是开展 GMP 工作的载体，也是 GMP 体系存在及运行的基础。因此，建立一个高效、合理的组织机构是开展 GMP 工作的前提。

组织机构设置根据企业规模、人员素质、经营方式等不同而不同，但其总原则只有一个，即“因事设人”，这样可避免出现组织机构重复设置、工作效率低。

既然组织机构是为了赋予人员一定的职责和权限而形成的，也就是说，一个食品企业的组织机构中，每个人都在组织机构中行使着一定的职责和相应的权限，只是分工不同而已。从表 1-1 中我们可以清楚地看到 GMP 规范与部门职责的关系。

表 1-1 GMP 规范与部门职责的关系

GMP 要素	生产部	质量部		物料部	设备部	营销部	办公室	财务部
		QA	QC					
机构与人员	★	★	★	★	★	▲	▲	▲
厂房设施	★	★	▲	▲	★	▲	▲	○
设备	★	★	★	▲	★	▲	▲	○
物料	★	★	★	★	▲	▲	▲	○
卫生	★	★	★	★	★	▲	▲	○
验证	★	★	★	▲	★	▲	▲	○
文件	★	★	★	★	★	★	★	○
生产管理	★	★	★	▲	★	▲	▲	○
质量管理	★	★	★	★	▲	▲	○	○
产品销售与收回	▲	★	★	★	▲	★	▲	▲
投诉与不良反应	▲	★	▲	▲	▲	▲	▲	○
自检	★	★	★	★	★	★	★	○

注：★表示与此部门紧密相关；▲表示与此部门相关；○表示与此部门无关。

由此可见，GMP 离我们并不遥远，其实它就在我们身边。作为企业的一员，首先要了解组织机构，只有找到自己在组织机构中的正确位置，才能履行自己的职责。

从表 1-1 中可以看到，在食品企业中，每个部门都会承担着相应职责。而工作范围最广、质量责任最大的部门是质量管理部，GMP 每个要素都与它紧密相关。其职能是确保企业所生产的食品对规定标准的符合性和有效性，其具体表现如下。

① 制定和修订物料、中间产品和成品的内控标准和检验操作规程，制定取样和留样制度。

② 制定检验用设备、仪器、试剂、试液、标准品（对照品）、滴定液、培养基等管理办法。

③ 决定物料和中间产品的使用。

④ 审核成品发放前批生产记录，决定成品发放。

⑤ 审核不合格品处理程序。

⑥ 对物料、中间产品和成品进行取样、检验、留样，并出具检验报告。

⑦ 监测洁净室（区）的微生物数。

⑧ 评价原料、中间产品和成品的质量稳定性，为确定物料储存期、食品保质期提供数据。

⑨ 制定质量管理和检验人员的职责。

质量管理部是整个GMP规范实施的核心组织和保障机构。没有它的有效运作，产品质量也就无法得到保证。因此，在日常GMP工作中，有许多的工作都需要质量管理部来参与、确认，提供一种质量信任，从而确保执行GMP的有效性、符合性、适宜性。

(一) 人

1. 人的工作质量决定着产品质量

人是GMP实施过程中的一个重要因素，其一切活动都决定着产品的质量。由此可见，人的工作质量对产品质量起着决定性作用，为保证产品质量，每个员工必须具备与岗位相适应的知识、技能和GMP意识，从而保证工作是高质量的。

2. 食品生产的五大要素

从人、机、料、法、环五大要素构成关系图来看（见图1-2），机、料、法、环均为人控制，无人就无机、无料、无环、无法，更无从谈食品的生产。由此可见，在食品生产过程中，人起着举足轻重的作用。

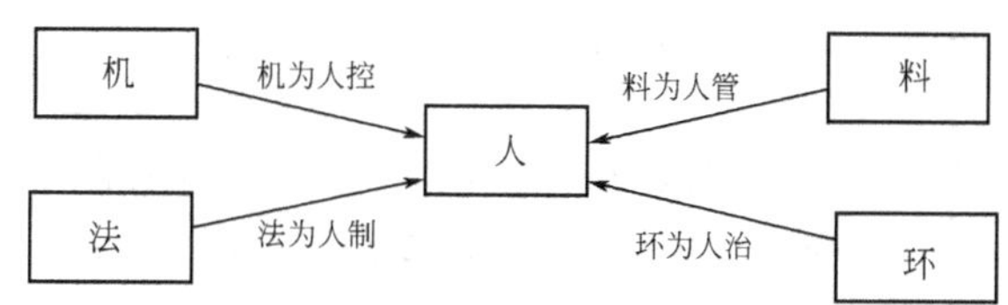

图1-2　食品生产五大要素构成图

3. GMP规定：从事食品生产操作必须具备有基础理论知识和实际操作技能

（1）专业知识与技能要求　员工必须是学习过相关知识或经过专业培训，实际操作考核合格者才能从事食品生产。

（2）职业道德要求　因为我们从事着一项特殊商品——食品的生产工作，所以作为食品生产行业的一名员工，必须遵守食品生产行业道德规范，提高食品质量，保证食品安全。

（3）培训　我们在前面已经提到，要保证产品质量，首先要保证每位员工具有一定的GMP意识、专业知识与技能。对从事食品生产的各级人员应按GMP规范要求进行培训和考核。食品生产行业的所有员工必须经过培训，合格后才能上岗。

① 培训及培训对象、目的

a. 培训对象包括在岗人员；新进人员；转岗、换岗人员；企业临时聘用的人员。

b. 培训的目的有：适应环境的变换；满足市场的需求；满足员工自我发展的需要；提高企业的效益。通过培训，不但自己得到了提高和发展，同样也促进了企业的发展。

② 培训内容、方式及考核

a. 食品生产企业员工培训内容包括：食品生产质量管理规范；岗位操作规程；职业道

德规范；安全知识。

b. 培训采取多种方式进行，学习和实践相结合，提高大家的兴趣。主要方式有：课堂教学方式；技能操作方式；参观学习方式；课堂教学与技能操作结合方式。

c. 培训效果确认：培训之后需对培训效果进行确认，确认的方式同样多种多样，包括操作技能确认；口试；笔试。当效果确认达不到要求时，应重新进行培训、考核。

③ 培训档案：当每次培训结束之后，需要建立培训档案，作为培训的原始依据。培训档案应公司与个人分别建档。公司培训档案包括培训卡；考试试卷；其他证明。个人培训档案包括培训计划；签到表；培训资料；培训结果分析。

图 1-3 的流程图可表示培训的过程。

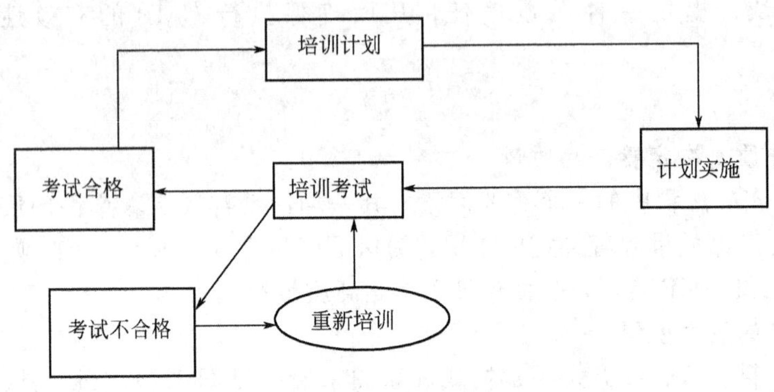

图 1-3 培训流程图

由此可见，培训是一个持续不断的过程，通过培训，不断地接受新的知识，不断进步，达到培训的最终目的，成为一名优秀的食品生产行业的人才。

(4) 合格员工经历

以上讲述了组织机构、人员要求以及上岗培训，结合上述因素分析，要成为一名合格的食品生产企业的员工，必须“过五关，斩六将”，其经历如图 1-4 所示。

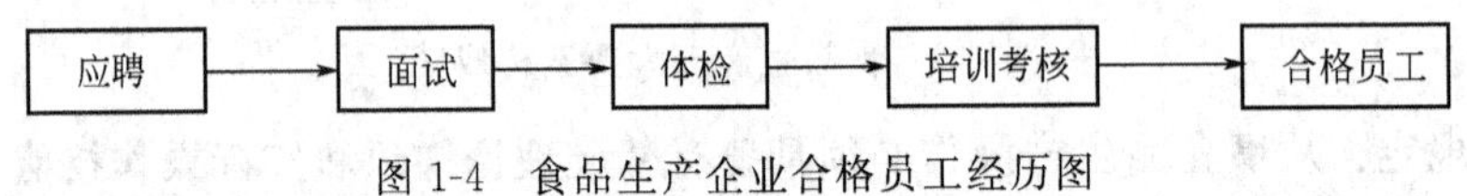

图 1-4 食品生产企业合格员工经历图

(二) 机

这里所讲的“机”就是产品形成涉及的所有设备、设施，也就是人们常说的硬件。硬件是基础，是产品的实现平台，没有硬件，根本无法谈及 GMP 的实施。设施、设备涉及非常广泛，包括厂房设施系统、生产设备、检验设备等。

1. 设施、设备的技术要求

我们知道，设施、设备用于食品的生产，其好坏直接影响产品的质量，所以对设施、设备的要求不会与其他行业一样，GMP 对设施、设备的技术有如下要求。

(1) 设施要求 GMP 规定：洁净室（区）的厂房内表面平整光滑、无裂缝、接口严密、无颗粒物脱落，便于清洁。

洁净室（区）：需要对尘埃粒子数和微生物数进行控制的房间（区域）。其建筑结构、装备及其用具均有减少该区域内污染的介入、产生和滞留功能。对于洁净室（区），GMP 规范有以下要求，温度、湿度、照度、压差、沉降菌、尘埃粒子等基本指标，只有当各项指标符合标准，才能进行生产。

洁净室 GMP 规范基本指标

项目		100级	1万级	10万级	30万级
温度/℃		—	18～26	18～26	18～26
相对湿度/%		—	18～26	18～26	18～26
照度/lx		≥300	≥300	≥300	≥300
沉降菌/[个/(ϕ90mm·0.5h)]		≤1	≤3	≤10	≤15
静压差/Pa	洁净区与非洁净区之间	—	>10	>10	>10
	洁净区不同级别房间之间	—	>5	>5	>5
尘埃粒子数/(个/m³)	≥5μm	0	≤2000	≤20000	≤60000
	≥0.5μm	≤3500	≤350000	≤3500000	≤10500000

GMP 规定：厂房应按照生产工艺流程及其所要求的空气洁净度级别进行合理布局。同一厂房内以及相邻厂房之间的生产操作不得相互妨碍。切记：不同品种、规格的生产操作不得在同一操作间同时进行。

GMP 还规定：厂房应有防止昆虫和其他动物进入的设施。所以在生产过程中，应采用风幕、纱窗、灭蝇灯、粘鼠板等防止昆虫和其他动物进入。

（2）设备要求

① GMP 规定：设备的设计选型、安装应符合生产要求，易于清洗、消毒或灭菌，便于生产操作和维修、保养，并能防止差错和减少污染。与食品直接接触的设备表面应光洁、平整、易于清洁或消毒、耐腐蚀，不与药品发生化学变化或吸附药品。设备所用的润滑剂、冷却剂等不得对药品或容器造成污染。

② GMP 规定：用于生产和检验的仪器、仪表、量具、衡具，其适用范围和精密度应符合生产和检验要求，有明显的合格标志，并定期校验。

2. 设施、设备的安全操作

GMP 对于设施、设备提出了技术要求，为达到对设备管理的最终目的，保持设备处于良好的状态，在生产过程中应该注意以下方面的问题。

（1）安全操作　在对设施、设备进行操作时，必须依“法”操作，确保安全。为了人身安全，在生产过程中一定要重视：离开时要关闭电源；设备在运行不得靠近；未经培训不得上岗。

切记要按 SOP 进行操作，人人关心安全，事事注意安全。

（2）在操作岗位中一定要做到“一平”、“二净”、“三见”、“四无”

一平：工房四周平整

二净：玻璃、门窗净，地面通道净。

三见：轴见光、沟见底、设备见本色。

四无：无油垢、无积水、无杂物、无垃圾。

3. 设施、设备的维护保养

（1）设施的维护保养　所有的设施应进行日常巡回检查，检查内容包括厂房内外墙面、地面、门窗、传递窗、照明器材、通风口等及其他辅助设施，巡查中发现损坏要立即汇报并按维修规程组织维修，填写维修记录，净化区内的墙面、地面修补应在未生产时开展，避免污染。每年定期对次墙体霉斑检查，以及对下水道、窨井进行清污工作。

（2）设备的维护保养　要保持产品质量就要保持设备处于良好的状态，要使用设备处于良好的工作状态就要对设备进行维护保养。因为设备像人一样，也需要关心、爱护，才能正常工作。

① 小修　日常保养是设备维护的基础，是预防事故发生的积极措施。使用部门操作人员应在每天上班后、下班前15～30min进行设备的日常保养，通过对设备的检查、清扫和擦拭，使设备处于整齐、清洁、安全、润滑良好的状态。

② 中修　3个月左右进行一次。电器部分由电器维修人员负责，其余部分由操作人员负责，机修人员辅助和指导保养内容。保养后做到：外观清洁，呈现本色，油路畅通，油窗明亮，润滑良好，使设备磨损减少，排除缺陷，消灭事故隐患，设备操作灵活，运转正常，保持完好状态。由电器维修人员负责清扫、检查、调整电器部分，确保电器接触良好。

③ 大修　一年进行一次，检查传动系统、修复、更换磨损件。清洗变速箱或传动箱，更换新油，消除漏油。调整检查各操作手柄，使其灵活可靠。清洗电机，更换润滑油，检查电机绝缘情况。整理电器线路，做到线路整齐安全，接地符合规定。对设备进行部分解体检查，调整、修复和更换必要的零部件。

切记检修前要做到“三定”、“四交流”、“五落实”。即：定项目、定时间、定人员。工程任务交底、设计图纸交底、检修标准交底。施工及安全措施交底；组织落实、资金落实、检修方案落实、材料落实、检修技术资料及工具落实。

4. 设施、设备状态标志

GMP规定：与设备连接的主要管道应标明管内物料名称、流向；生产设备应有明显的状态标志。因此，在生产过程中应做好环境设施、设备的状态标志。其目的是做到“我不伤害自己，我不伤害别人，我不愿被别人伤害”。由此可见，状态标志的重要性，它可以有效地防止差错的发生。

(1) 设备的状态标志　一般分为三类，见图1-5。

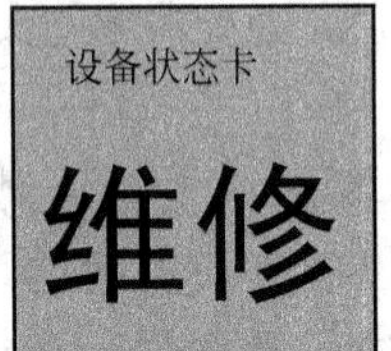

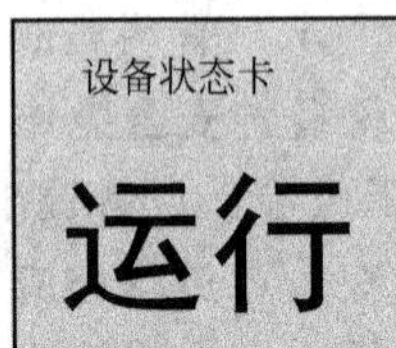

图1-5　设备的状态标志

完好：指设备性能完好，可以正常使用的状态（绿底黑字）。

维修：正在或待修理的状态（红底黑字）。

运行：设备正处于使用的状态（绿底黑字）。

(2) 设备的清洁状态标志　设备的清洁状态标志见图1-6。

已清洁：设备、容器等经过清洗处理，达到洁净的状态（绿底黑字）。

清洁状态卡
已清洁
清洁人：
清洁日期：
有效期至：

清洁状态卡
待清洁

图1-6　设备的清洁状态标志

待清洁：设备、容器等未经过清洗处理达到洁净的状态（红底黑字）。

（3）计量的状态标志　根据 GMP 对计量要求，计量器具必须要经校验合格后才能使用，并且有明显的合格状态标志。因此，经检定合格的仪器张贴绿色“合格”标记并定期校验。

（4）主要管线内容物名称及规定涂色　包括：饮用水水管涂绿色，压缩空气管道刷淡蓝色，真空管道涂刷白色，冷却水管道刷绿色，消防管道刷红色，排污管道刷黑色。

切记：状态标志一定要正确，置于设备明显位置，但不得影响设备的操作。

5. 设备记录

设备记录是追溯设备是否保持良好状态的唯一依据，它包括设备选型、开箱验收、维护保养、运行、清洁记录等，因此一定要做好设备的各项记录。

设备记录应能回答以下问题：设备何时来自何地；设备的用途。切记记录填写要及时准确。

任务三　食品GMP认证

一、认证申请

食品认证申报资料目录

资料一、申请报告

资料二、食品生产管理和自查情况

资料三、企业管理结构图

资料四、营业执照、食品批准证书的复印件

资料五、主要产品的配方、生产工艺和质量标准，工艺流程图

资料六、企业专职技术人员情况介绍

资料七、企业生产的产品及生产设备目录

资料八、企业总平面图及各生产车间布局平面图（包括人流、物流图，洁净区域划分图，净化空气流程图等）

资料九、检验室人员、设施、设备情况介绍

资料十、质量保证体系（包括企业生产管理、质量管理文件目录）

资料十一、企业符合消防和环保要求的证明文件

（一）申请报告

XXXX 省食品药品监督管理局：

XXXXX 生物科技有限公司组织机构健全，生产技术、质量管理人员学历合格，均具备丰富的生产质量管理经验，有能力解决食品生产中的实际问题，操作人员培训全面，持证上岗，厂房设施配套齐全，设备选型适中与生产工艺和生产规模相适应，设计安装合理，物料、卫生、文件管理严格到位，生产过程工艺合理。能够保证片剂、胶囊剂、滴丸剂和颗粒剂食品生产全过程的质量，经我公司食品 GMP 认证办公室组织的自检，认为符合食品 GMP 认证的条件，特提出申请。

XXX 有限公司

XX 年 XX 月 XX 日

（二）食品生产管理和自查情况

企业概况及历史沿革情况：

XXX生物科技有限公司于2008年经XXX省食品药品监督管理局和工商批准成立，是一家专门从事食品生产企业。主要以研究和生产奶粉、液态奶、酸奶等食品为主的单位。公司注册资本为5000万元，位于XXX省XX市人民路XX号，距世界闻名的所在地仅18公里。这里风景秀丽，生态环境非常良好、空气清新、交通便利，是理想的食品生产场所。

公司于2004年6月筹建，厂区占地130亩，于2004年8月完成土建，11月完成设备安装调试。生产车间完全按照GMP的标准和要求进行建造，配有硬件、软件和相应的技术人员；公司现有在职职工183人，其中大、中专以上专业技术人员82人，占总人数的50.31%，工程师以上职称员工15人。中层管理人员均具有本科以上学历。公司坚持“以人为本，人尽其才”的用人方针，充分发挥各类专业人才的聪明才智，为企业的发展提供了坚实的后盾。

为提高产品生产质量，公司于2007年10月开始组织食品GMP认证。成立了由总经理牵头，各部门负责人组成的自查小组，按照《食品良好生产规范》对生产车间的硬件和软件进行自查，并针对自查中不完善的地方进行了相应的整改。现将我公司食品GMP实施情况汇报如下。

一、机构与人员

公司按部门功能设立质量管理部、生产管理中心、销售部、财务部、办公室五个职能部门。各部门负责人均具有本科以上学历，并配有相应的专业人员，形成了高专业技术人员队伍。生产管理中心由XXX车间、XXX车间、XXX车间、XXX车间、工程部、物资管理部组成，负责产品日常的生产运营管理；工程部负责企业基础设施建设和设备的管理；物资管理部负责物资采购和仓储管理工作；质量管理部设QA办和QC办，负责质量管理和质量检验工作；财务部负责财务工作；办公室负责人事、培训和行政管理；销售部负责产品销售及市场推广工作。各部门职责明确，协作密切，保证了企业的正常运行和发展。

（一）人员简介

1. 总经理、法定代表人 XXX，公司实行总经理负责制。XXX，本科学历，工程师。1998年毕业于杭州大学，法学专业，历任XXX有限公司区域管理；任XXX有限公司销售经理，负责全国市场维护及拓展，具有丰富营销和企业管理经验。

2. 生产副总经理 XXX，XX大学本科毕业。先后从事过食品厂项目研究、产品试制工作、熟悉产品开发、注册报批等具体工作，具有多年的食品生产管理和丰富的产品研发管理经验。

3. 质量管理部部长 XXX，南京大学本科毕业。长期从事食品生产的质量管理工作，具有丰富的GMP质量管理实践经验，有能力对生产质量管理中的实际问题做出正确的判断和处理。从事质量管理和检验的人员均具有大专以上文化水平，并经相应专业技术培训和考核，持证上岗。

（二）人员培训

车间技术员以上管理人员均具备大专以上文化程度，有相应的生产管理经验，从事车间生产的人员均具有高中以上文化程度，并经食品GMP岗位培训，考试合格后持证上岗。

为了提高公司的管理水平和操作人员的实践技能，使之达到食品GMP规范的要求，从工厂筹建起，公司办公室按企业及员工的实际情况制定了员工年度培训计划，并经公司主管领导批准执行，分月度计划保证实施，按不同部门不同专业对GMP规范、食品安全管理、专业基础知识、微生物知识、卫生知识、洁净作业和企业规章制度、SSOP 以及设备仪器的操作、维修和保养等知识进行了培训。做到培训有计划、有针对性、目的性及考核的可操作性，切实使在岗员工实际技能得到提高。培训结束进行不同形式的考核，以加强培训效果，从而保证所有上岗人员能胜任本职工作。此外，部门负责人和员工一起探讨，讨论遇到的新知识、新问题，随时随地解决问题；在培训的同时，及时把学到的知识应用于实践中，并在实际操作中不断完善管理，提高全体员工的素质。培训开展以来，上至总经理，下至普通员工皆全面培训，人人把培训当做提高自己能力的一件大事。为保证食品生产质量，从增强公司实力和竞争力的角度出发，对管理人员的《食品安全法》、《食品认证条款》等知识进行了突出培训，操作人员侧重于食品安全法、生产工艺规程、岗位标准操作规程、卫生知识、管理规程等的培训，做到全面提高，讲求实效。在培训过程中，注重理论联系实际，并使每位员工认识到培训的必要性、重要性和长期性。

公司根据培训内容对员工进行考核，采取笔试、口试和现场考核的方法，考察员工对知识的掌握程度和应用能力。对管理人员，按其岗位要求和公司发展的实际需要，重点考核对 GMP 的理解，应用和管理能力，结合其实际表现，做到“能者上、平者让、庸者下”，一切以提高公司的管理水平和总体实力出发，使公司管理在 GMP 的基础上能有更大的发展。经过培训，员工对自己的本职工作有了一个新的、较全面的认识。所有生产员工均取得了上岗证，对特种作业的岗位，如电工、司炉工等，要求其获得有关管理部门颁发的上岗证，持证上岗。

公司每位员工都建有完善的教育培训档案，并纳入员工考核体系，作为对员工工作能力评估的一部分。各岗位人员均进行相应的培训，经考核合格后持证上岗。此外，公司还制定了严格的日常业绩考核制度，每月由上一级领导对下属进行工作绩效考核，不断提高员工的自我管理、自我更新、自我培训的自觉性，使公司业务水平和专业技能得到不断的提高。

二、卫生管理

1. 卫生管理及培训

公司制定了厂区环境卫生、生产区（洁净区和非洁净区）卫生、生产工艺卫生、设备清洁卫生和员工个人卫生等完善的管理制度和标准操作程序。厂区内道路平整、清洁，绿化草皮干净无杂草，并有专职的保洁工对厂区道路清洁和对绿化草皮进行修整、养护。为了杜绝污染源的产生，厂区内不设垃圾桶等易产生污染源的设施，产生的垃圾均及时运往环卫部门设置的垃圾中转站，下水道完全密封处理，有效地保证了厂区的环境卫生要求。

生产厂房为密闭式的建筑，采用双层固定密封式窗户。各进出门口采用密封胶处理的彩钢板门，门的闭合性良好。此外，在各对外的出入口设置了电子驱虫灯和捕鼠器等防虫、鼠设施。进入生产区和洁净区入口均设置了换鞋、更衣、清洗和消毒等设施，并经一更、二更和缓冲间才能进入洁净区。设备、设施、天棚、墙面、地面、工作台、容器和各种清洗工具等均制定了相适应的清洁标准操作程序；进入非洁净区、洁净区的人和物料严格按制定的标准操作程序进行，并按不同洁净级别区域要求着装。洁净区内设有工作服清洗间，配备了专门的洗衣机、烘干和灭菌器，负责洁净区的工作服、帽、口罩及鞋的清洗和整理。非洁净区工作服则集中于非洁净区洗衣间清洗。洁净区内还按工艺卫生要求设置了设备、容器和各种生产用具的清洗间和存放间。清洁工具配有专门的清洗存放间。

进入洁净区内的员工定期进行卫生和微生物学基础知识，洁净作业等方面的培训并考核，要求不得化妆，不得佩戴饰物，不得将非生产物品和个人物品带入生产区，必要时必须戴一次性手套方可接触物料。洁净区仅限该区域生产操作人员和经批准的人员进入，其他人员不得进入，经批准人员进入洁净区必须登记。进出洁净区必须随手关门，尽量减少污染，保证洁净级别。设备安装、维修、保养时，操作人员须穿洁净工作服进入洁净区进行操作，以保证产品质量。

2. 工作服

洁净工作服选用质地光滑、不产生静电、不脱落纤维和颗粒性物质的材料制作，耐清洗，工作服实行编号管理。工作服的更换、收集、发放、清洗周期均制定了相关的标准操作程序，以保证工作服的清洁卫生。

3. 洁净区卫生管理

洁净生产区制定了标准操作程序，定期进行清洁和消毒。选用消毒剂擦拭和浸泡洁净区表面、容器进行消毒。臭氧消毒作为空间消毒方法和地漏等的消毒剂。每天进行一次，交替使用，并按清洁消毒程序作好相应的清洁工作。所使用的消毒剂水溶性好、易清洗，不对设备、物料和成品造成污染，有效地保证了生产区域的清洁卫生。

生产区内的总更衣室、缓冲间和洗手池均位于洁净区的外环，与生产操作间完全隔离，并设有专人每天进行清洁、消毒，避免对洁净区造成影响。

公司每年安排一次健康检查，建立有个人健康档案，直接接触食品的人员均无传染病、隐性传染病和皮肤病等可能污染食品的疾病。进入生产区人员禁止化妆、佩戴手表及饰物。

三、物料管理

公司生产管理中心下设物料管理部，负责物料的进出入和储存管理。物料的采购、验收、储存、发放和使用等都制定了相应的物料管理制度和标准操作程序。生产用原辅料、包装材料的供应商均由质管部会同物料部组成审计小组，进行资质评估，经资质审查合格的方可向本公司供给物料，并可作为长期固定的物料供应商。各供应商均具备国家法规规定的许可证和经营资质证明，所供应的原材料和包装材料质量稳定，经检验均符合国家标准及其他有关标准。

物料按不同性质分别存放原料、辅料、包装材料和成品库，且分区存放，并根据各种物料的稳定性和储存要求控制相应的温湿度等。

仓库管理员按规定对到库物料进行初验、码垛离地储存，并统一编号，建立验货记录、货位卡、标有明显的状态标志。

仓库保管员按规定填写请验单送质管部，并经 QA 对每批物料进行评价后放行，具备“合格”牌的物料才可发放给车间使用。车间制定有物料管理制度，建立了产品的领取发放、清洁和不合格三个区域，使物料管理规范化。

标签、说明书、合格证、包装材料分类储存，标签、说明书设专库专柜储存并上锁。专人验收和保管。建有标签领用和使用台账，废签由专人负责在 QA 监督员的监督下销毁，并如实作出记录。

原辅料、包装材料按照生产指令单的消耗发料，按“先进先出”的原则安排发料，物料超过储存期或有效期的应给予警示并报告给主管领导。建立不合格物料台账，内容齐全、填写清楚；有退货产品储存区，并有明显标识，建立完整的退货记录和处理意见记录。

四、储存与运输

公司设专门的成品库、根据成品性质的不同配备空调排风设施对储存条件进行控制。成品库地面平整，货物的进出入由不产生污染的液压车运送。成品生产完成后移入待验区，挂持验标示牌，由 QC 员根据请验单取样检验，以 QA 检查员对批生产记录、批检验记录、检验报告书和质管部 QA 现场监督记录的综合评价后决定成品是否放行。评价结果签发成品放行审核表、成品合格证和相应的标示牌，通知仓库保管员。仓库保管员根据QA签发意见对成品按SOP作相应处理。成品发放执行严格的审批制度，必须具有质管部签发的合格检验报告书、成品合格证和成品发放审核表，同意发放的产品才能出厂销售。成品的发放有台账和销售记录，内容体现可追踪性，并按规定保存期保存。仓库按批号发货，由电脑自动按“先产先销”的原则安排发货，并对有可能超过有效期的成品提示警告。

五、厂房与设施

1. 厂区环境

XXX食品有限公司厂位于XXX市国家高新区内，周围绿树成荫，没有高大的建筑物，环境良好，周围无污染源，符合食品企业食品生产的环境。特别是上风侧没有散发粉尘、烟气和有害气体的污染源。自然环境和水质经XXX省环保部门和卫生防疫部门检测均能满足药厂生产的要求。

厂房周围无裸土面积，均用自下而上能力极强的草皮覆盖。厂区内生产、行政、生活和辅助区总体布局合理，没有互相妨碍之处。人流、物流分开，其道路皆为水泥硬化路面，道路两侧为草坪，有效地防止了尘埃对食品生产的污染。

2. 厂房

公司厂房是按照GMP要求设计和建造的。生产车间主体为轻钢框架结构，彩钢板进行分隔，平整、光滑、无缝隙，无颗粒物脱落，耐清洗和消毒，墙壁与地面交界处为弧形，没有死角，符合洁净要求；地面为环氧树脂自流平，耐磨损、不易褪色、保新性能好，易清洗消毒。洁净区与非洁净区按颜色分开，非洁净区颜色为深绿色；洁净区颜色为天蓝色。

洁净区内水、电、汽等工艺管线暗装于技术夹层中，穿越墙壁、顶棚及进入室内的管道、风口、灯具与墙壁或天棚的连接部位均用密封胶密封处理，符合洁净厂房标准（GB 50073—2001）的要求。

（1）生产车间布局和设备　食品生产车间按工艺流程采用模块合理布局，设置三十万级洁净区、一般生产区。三十万级区域设置了原辅料暂存间、称量间、备料间、制备室、填充间、洁具清洗区、容器清洗具存放间、洗衣间、缓冲间等功能独立的房间；一般生产区设置了空调机房、包装间等操作，避免了厂房内生产操作的相互妨碍。生产操作间由彩钢板及玻璃隔断组成，接缝处均以橡胶条或中性硅酮玻璃胶密封，使洁净区内表面平整光滑、无颗粒物脱落，并耐受清洗和消毒。墙壁之间、墙壁与天花板及墙壁与地面之间均以塑铝合金圆弧连接，既减少了灰尘产生，耐受清洗和消毒。各单个工艺过程在各自操作间内完成，人经人流通道进入各生产岗位，生产时需用的物料除去外包装后经缓冲间或传递窗进入洁净区。

（2）食品生产车间的空气净化系统　为集中式中央空调系统，该系统有一台制冷量为1100千瓦冷水机组成。可有效地保证洁净区内温度控制在18～26℃，相对湿度控制在45%～65%。洁净区内的气流以顶送侧回为主，产尘量大的房间设置除尘装置，回风经除尘后直接排出室外，密封处理且和相邻房间保持相对负压，以防止其污染整个区域。本套空气净化系统能使洁净区域空气洁净度达到相应级别标准，并能防止污染和交叉污染。

（3）食品车间净化流程

室外新风→初效过滤器→均流→表冷去湿→送风机→加热→均流→中效过滤器→臭氧消毒器→高效过滤器→洁净区→回风（或排风）

在车间的相关位置设置了安全门，并安装了规定数量的应急灯，洁净区各主要操作间的照度均达到300lx以上，符合国家安全消防要求。

生产操作间按生产工艺和各洁净区要求合理设计风量，洁净区换气次数：20次/h，洁净区与非洁净区保持10Pa的正压差；洁净区内人流、物流通道与操作间保持5Pa的负压差；产尘较大的洁净室与同级其他区域保持5Pa的相对负压。由车间卫生监督员定期监测洁净区内空气质量、表面微生物和尘埃粒子数，并记录存档。经验证：车间内的洁净空气，各项指标均达到GMP规范要求。

生产车间内的主要操作间均要有温、湿度计、微压差计等仪器。

(4) 中心物料库分区存放，与公司生产规模相适应　仓储区按生产需要设置了原辅料区、外包材区、内包材区、标签、说明书库、不合格品区、退化区、待验区、成品区；另设有阴凉库，用于储存稳定性差的原料和成品等，还设有与生产区洁净级别相同的取样库。在远讲卫生产区和仓库的区域设置了危险品库，用于存放乙醇等易燃、易爆或有毒的物品。仓库采用货架储存物料，向外分别设有物料进库和成品出库通道。进出的库门进行了密封处理，仓库内设有驱虫灯和捕鼠器等防虫鼠设施。此外还有防火、防盗、防潮、防霉变设施；

(5) 检验中心　设有中心检测室、精密仪器室、天平室、生测室、留样室、档案室和试剂储存室等。各检测室按要求设置防尘、防噪、防静电、净化等设施。配有高效液相色谱仪、紫外分光光度仪、气相色谱议、单人无菌操作台等与产品质量控制要求相适应的检验仪器和设施。菌检及其缓冲更衣间设置独立的恒温净化空调机一套。

3. 设备

(1) 设备的选型和设计　公司根据拟生产的产品生产工艺规程和剂型要求，选择相配套的设备和设施。各生产设备选型以符合GMP要求，以保证产品质量为原则，设备材质稳定性好、构造简便、易拆洗、操作方便、密闭性好、除尘良好、自动化程序高等作为选型依据。组织专门的设备选购小组，经过反复对比和筛选，采用了车内与生产相适应的生产设备。

以上选用的生产设备与食品直接接触部件材质均为SUS316L不锈钢，设备表面光洁、平整、无死角、易清洗、耐腐蚀、不与食品发生化学变化或吸附药品。各设备的安装均严格按安装要求进行，安装完毕后，进行了相应的运行确认和性能确认设备安装布局与工艺流程相适应，产尘操作间均设置了相应的单机除尘设备，各设备配电管线口都进行密封处理。

(2) 设备管理　公司的设备由工程部统一管理，各使用部门负责日常的操作保养。生产设备、压力容器及精密仪器按设备种类和安装位置制定了设备编号。每台设备均建立了完善的设备档案及设备台账和管理制度。设备选购、安装、验收、维修保养、清洁和使用均制定有严格的标准操作程序。设备的使用和维护保养实行专人负责制，并设有与设备管理制度和SOP相配套的记录和存档表格。设备的维护和发放实行严格的申请审批和验收制度。设备完好，无跑、冒、滴、漏、松、乱、锈、缺等现象。

用于生产和质量控制的仪器仪表、量具、衡器由公司工程部和质管部共同负责，定期送省计量所进行校正、检测。校正合格的有合格证，并建立计量器具台账和精密仪器档案，具有完善的检定、使用记录。

(3) 工艺用水系统　纯化水系统由机械过滤装置、增压泵、二级反渗透装置、储水装置和紫外线在线消毒等部分组成。产水量为3t/h，纯化水输送管道材质均为SUS316L不锈钢，该系统配备相应的在线清洗、消毒设施。制定了相应的标准操作程序和清洁、消毒、监测等标准操作规程。质管部定期检测和监控城市自来水、纯化水质量，保证纯化水、城市自来水的生产和使用严格按规范进行。纯化水系统经安装、运行和性能确认及连续三周的抽样检测，证实本公司生产的纯化水完全符合《中国药典》2015 年版纯化水质量标准，最大限度地减少污染。

各种物料管道和工艺管路制定了严格的工艺管理标准和流向标志，使物料管道和工艺管路的使用和维护严格按规范进行，防止差错。

六、生产管理

生产管理中心负责食品的生产管理。生产部门管理人员下达生产指令按标准程序书面下达。生产严格按照产品工艺规程、岗位操作规程进行。制定了相应的生产调度、物料的领发等管理制度。原辅料的预处理、称量、交接、投料、盛装、容器具的清洁等均制定了适用的标准操作程序。产品、包装好的成品存放严格按待验、合格、不合格品区分并有明显标志，车间物料员负责管理，并建立台账。每一产品都有产品的质量标准，生产过程中由质管部 QA 检查员严格控制监督，生产场所及生产设备均有明显的状态标志。

产品按规定划分生产批次，每批次产品均有一份反映各生产环节实际情况的批生产记录和批包装记录。各批记录填写内容及时全面、数据准确，并有操作人和复核人签字。记录由质量管理部专人审核按批号存档，并按 GMP 规定保存于有效期后一年。正式生产的产品均建立完整的技术档案。

更换生产品种或规格前，严格按照规定彻底清理生产场所，并填写清场记录。由 QA 监督员负责清场复查，复查合格后签字认可，发放“清场合格证”，方可进行生产。

生产车间按批生产指令领取原辅料，根据生产工艺规程的处方正确计算、称量和投料，投产前的原料和辅料进行严格的检查，核对品名、规格、数量，对于霉变、虫蛀、混有异物或其他感官性状异常、不符合质量标准要求的，不得投入生产中，固体原辅料均粉碎过筛至处方规定的细度。

中间产品的转移和存放用洁净的不锈钢桶，存放时间都有明确的规定。直接接触产品的内包装材料的供应商经过严格的评估，持有相关法定的资质。

贴签和包装由专人负责管理，每批产品的标签按批生产指令定量发放、领用。严格按照标准操作程序进行贴签和包装。剩余包装材料及时退库，报废的标签在 QA 监督员的监督下销毁并做好记录，余、次、不合格产品严格执行有关管理制度，使包装过程的混乱、交叉污染和差错降低到最小程度。产品说明书、标签的印制符合国家相关部门批准的内容。

七、品质管理

1. 质量管理机构

本公司质量管理部负责全公司的质量管理工作，实行部门经理负责制，直属总经理领导。质量管理部按职能分设质量监督管理（QA）和质量检测（QC）两部分，由助理人员各负其责，负责全公司的质量检验、生产现场质量监督、质量审计和质量档案、售后成品质量追踪监控等。车间设有 QA 检查员和质量分析室，负责车间生产过程的质量监督和中间产品的抽检；质量管理人员文化程度都在大本以上，都参加过省食品药品监督管理局举办的质量管理和 GMP 培训及经省质检所质量检验等相关专业技术培训，并考核合格后持证上岗。

2. 质量管理文件

建立了完善的产品生产环境监测、生产过程质量监督、物料流通监督、产品质量档案、产品留样观察制度及质量检验标准操作程序、各级品质管理人员岗位职责等质量管理文件。各项标准和制度由质量管理部会同有关部门进行制定和修订，并报经总经理授权负责人审查批准、签字，并注明执行日期。检验规程按规定的程序由专人编写、审批，并注明执行日期。

检验原始记录和报告书有编号，内容齐全、真实、字迹清晰、结论明确，并有检验人员、复核人及质检负责人签字（或盖章），并按规定保存归档。

3. 质量检验

质管部及车间QC检查人员检查必备的检验仪器和装置，检验仪器精密度、稳定性可满足检验要求，每台仪器均有使用和维修、校正记录，并由专人负责保养；标准品、对照品、检定菌、滴定液有专人负责保管和发放。检验按标准操作规程严格执行。质管部建有专门的留样观察室；有完整的观察记录和分析报告，留样观察期间出现异常质量变化，填写通知单报告质量管理部部长，并通知有关部门。

4. 质量监督与质量管理

质量管理部的QA人员按照标准程序对产品生产全过程的关键控制点定期质量监控、抽查，并填写质量监控记录。公司授予质量管理部和车间QA人员对生产过程的质量问题行使决定权和否决权，建立有完善的质量事故处理和报告制度。质量管理部质量评价组对生产用原辅料、中间产品及成品的发放进行综合评价、审核，质量管理部部长根据评价结果签发成品合格证和检验报告书。建有完善的发放审批制度，QA人员定期对工艺用水、洁净厂房洁净度、工艺卫生实行质量监控，并有记录，QA会同生产管理中心定期进行生产工艺查证，如发现工艺参数与规定标准有偏差则及时处理，有效地避免了质量事故的发生。

质量管理部由专人负责受理反映产品质量的用户来信、来函、来电，并及时按标准处理程序进行处理，逐级向有关领导和食品药品监督管理部门报告。定期开展用户访问活动，并向有关部门和领导及时反馈有关质量信息并有完整的记录；对质量问题和非质量问题引起的退换产品进行评价、复检，会同有关部门分析原因，提出处理办法和防范措施，并有记录。

各车间设有相应的化验室，对中间产品进行质量控制。车间QA人员对车间各生产工序进行质量监督。原辅料、包装材料和中间体含量、成品则由公司质检中心检验。

由于对上质量管理体系的建立，本公司产品的生产严格按标准操作程序进行，产品生产过程受到严格的控制。在产品生产的过程中未发现有产生质量问题的隐患，生产产品经检验符合国家标准。可见，在该系统的严格监控下生产出来的产品质量是可靠的。

5. 文件

为了保证产品质量，公司按照GMP规范和其他相关法规为准则，建立了较为完善的生产和质量管理文件系统。该系统由标准操作类文件（SOP）质量标准类文件（QS）和记录凭证类文件等共25个类别的文件组成。包括了标准操作程序、生产技术管理制度、岗位技术安全操作法、岗位责任制、工艺规程、批生产记录、厂房设施和设备的使用、维护、保养、检修制度和记录，物料的管理制度和记录，成品、中间产品和不合格品的管理制度和记录，卫生管理制度和记录，培训制度和记录，各项同质量管理制度和质量标准及记录等。各项文件的起草、修订、审核、批准、颁发严格按标准操作程序执行，并统一编号、专人负责登记发放、收回和存档。文件的执行情况由公司质量管理部门会同各有关部门负责人定期检查。

生产技术文件由生产管理中心指定专人负责起草，质管部QA审核，报总经理或主管生产管理的副总经理批准执行。

设备管理文件由工作部负责起草，质管部QA审核，报主管副总经理或总经理批准执行。

质量管理文件由质量管理部专人负责起草，质量管理部负责人审核，报总经理批准生效。

批准生效的文件按文件管理标准规范统一打印，总经理签发后统一存档，各使用部门使用均为复印件，并按有关规定审批发放使用。文件的发放和收回统一由GMP办公室管理，使文件管理按规范执行，避免了重复和差错。

产品销售由总经销商和销售部负责，产品的发货由物料部负责，建立有成品的存放，收回和销售等完善的管理制度，实行电脑自动跟踪管理。有完善的销售记录，内容完整，具有可追踪性，发现质量异常能根据销售记录及时收回全部产品。建立产品退货和收回的书面程序，并有记录，产品因质量问题或非质量问题的退货应严格按相应的标准操作执行。

八、自查总结

此次食品的GMP认证，我公司根据检查细则制定了自检项目和程序，将不足之处总结如下。

1. 人员培训需要继续加强

随着公司培训逐步开展与深入，员工整体素质全面提高，对GMP规范、食品安全法等的理解与认识也在加深，为了更好的提高管理水平，使公司的各项工作与GMP要求保持一致，我们还将进行更加有针对性、有实用性的技术培训。

2. 加大质量保证体系的管理力度，提高企业的综合管理水平

综上所述，本公司组织机构健全，管理人员资历合格，经验丰富，有能力解决食品生产中的实际问题和难题，操作人员培训全面、持证上岗，厂房设计安装合理，设施配套齐全，设备选型先进与生产规模相适应，物料、卫生、文件、质量管理严格到位，生产过程工艺合理。我公司认为已具备了本次GMP认证的条件。

（三）企业管理结构图

（注明各部门名称、相互关系、部门，略）

（四）营业执照、食品批准证书的复印件（略）

（五）食品GMP认证申报资料

XXXX的配方、生产工艺和质量标准，工艺流程图

XXX的配方、生产工艺和质量标准，工艺流程图

XXX的配方、生产工艺和质量标准，工艺流程图

XXXX的配方、生产工艺和质量标准，工艺流程图

（六）企业专职技术人员情况介绍

企业专职技术人员情况介绍

1. 质量管理部长 XXXX（ ）。毕业于XXX医学院，本科学历，执业药师。长期从事产品质量监控和检测工作，历经多次药监局的GMP认证，组织编写大量的软件工作，对药品、食品的生产质量管理具有丰富的工作经验，能对品质管理中出现的异常情况做出正确判断和处理。

2. 生产管理中心副部长 XXX（ ），2000年于XX食品工程专业本科毕业，长期从事食品生产管理，深刻理解GMP精神，完全能够按照规范对食品组织生产和管理；对生产中出现的异常情况能正确判断和处理。

3. 工程部部长 XXXX（ ），XXXX专业本科毕业，工程师。长期从事工程、设备管理工作，对企业的筹建工作具有丰富的实践经验，对设备管理工作、企业的筹建工作具有丰富的实践经验，对设备的性能具有深刻的了解，能熟练、快速地处理工程、设备方面的各项事务。

4. 物料管理部长 XXXX（ ），XXXX毕业，曾在XXXX医药股份有限公司任物流

配送经理、大区销售经理，具有资产管理和物料管理经验。

5. 办公室主任　XXX（　），1997 年毕业于 XXX 大学 X 专业，先后从事会计、行政和人力资源管理工作，有着较丰富的行政办公管理经验，能熟练地处理各项对内、对外行政事务。

6. 财务部经理　XXX（　），1990 年毕业于 XXX 专业，历任公司的财务科主管会计、科长和经理，对科学的财务管理经验丰富，对工作认真负责。

7. 食品车间主任　XXX（男），2000 年毕业于 XXX 大学生物技术专业，大专学历。2005 年至今一直在本公司担任研发技术员，现任食品车间主任。工作认真负责，具有高度的敬业精神，对新产品研究较多，具有丰富的产品生产经验，勤于车间人员管理，具有强烈的创新意识和能力。

8. QA 主管　XXX（　），2005 年毕业于 XXX 学院食品检测专业，大专学历，在本公司从事过产品质量研究工作，主要是申报资料的整理，样品的检验。对工作认真负责、踏实，业务熟练。

9. QA 主管　XXX（女），XXX 学历、车间化验员、公司化验员、质量部 QA。工作意识强烈。对生产一线中出现的异常情况能正常判断和处理。

食品车间人员名单

序号	姓名	性别	部门	岗位	学历	职称	毕业学校	所学专业
1		男	食品车间	车间主任	大专		XXX	
2		女	食品车间	操作员	中专		XXX	
3		男	食品车间	操作员	高中			
4		女	食品车间	操作员	高中			
5		女	食品车间	操作员	初中			
6		男	食品车间	操作员	高中			
7		男	食品车间	操作员	中专			
8		男	食品车间	操作员	中专			
9		女	食品车间	操作员	中专			
10		女	食品车间	操作员	大专			
11		男	食品车间	操作员	中专			

高、中、初技术人员比例情况表（全公司在岗人员总数：163 人）

职称	人数/人	占职工总数比例/%
高级工程师	2	0.81
工程师	16	9.59
助理工程师	5	4.07
技术员	30	20.47
其他	110	60.26

（七）食品 GMP 认证资料

食品模拟生产的产品目录

食品生产设备目录

一、食品申请认证模拟生产的产品目录

序号	品名	规格	质量标准	备注
1			企业标准	
2			企业标准	
3			企业标准	
4			企业标准	
5			企业标准	
以下空白				

二、食品生产设备目录

序号	设备名称	规格型号	单位	数量	生产能力	设备厂家
1			台	1		
2			台	1		
3			台	1		
4			台	1		
5			台	1		
6			台	1		
7			台	1		
8			台	1		
9			台	1		
10			台	2		
11			台	1		
12			台	1		
13			台	1		

（八）食品GMP认证申报资料

企业周围环境图（略）

企业总平面布置图（略）

仓储平面布置图（略）

质量检验场所平面布置图（略）

食品车间概况

工艺布局平面图（略）

（包括更衣室、盥洗间、人流和物流通道、气闸等，并标明人、物流向和空气洁净度等级）

净化空气流程图（空气净化系统的送风、回风、排风平面布置图，略）

工艺设备平面布置图（略）

食品生产车间概况：

XX有限公司食品车间于2000年6月筹建，2000年11月完工，施工和设计均严格按照国家GMP要求进行。

食品车间采用钢架结构，彩钢板墙面，总面积为12000m^2，地面为自流平，光洁美观，无粉尘，无静电；天花板、隔墙及墙与地面的交界处均为圆弧形设计，具有不积尘，易于清洗的特点。食品车间内部按照剂型的工艺流程合理布局，洁净区设置空调净化系统，净化级别为三十万级，实测结果达标，符合食品生产GMP的要求。为生产优良品质的产品提供了保障。

洁净区内人、物注分开，以减少交叉污染，对人、物进入洁净区制定有严格的管理程序，尽可能避免污染。车间员工均通过GMP相关知识的培训考核和资历审查，并在每个车间配备了专职的车间主任、QA员和相应生产能力的员工。全员上岗前均经过药品法规、企业规章制度、GMP、生产管理及现场监控、卫生管理及卫生知识、SOP等技术培训（详见员工培训档案），具备一定的理论基础和实践经验，完全有能力解决生产过程中出现的各种问题。

车间制定了详细的卫生管理规程，房间、设备、容器等的清洁规程，生产管理规程、质量管理等各类规程，确保生产过程符合GMP规范要求。

（九）食品GMP认证申报资料

检验室人员一览表

检验室设施及设备汇总表

XXX食品质量管理部人员

序号	姓名	性别	部门	岗位	学历	职称	毕业学校	所学专业
1			质量管理部	部长兼GMP办公室主任	大专			药学
2			质量管理部	GMP办公室主管	大专			药理
3			质量管理部	QA	大专			
4			质量管理部	QA主管	高中			
5			质量管理部	QA	大专			
6			质量管理部	QA	中专			
7			质量管理部	QC	中专			药学
8			质量管理部	QC	中专			检验
9			质量管理部	QC	中专			西医士专
10			质量管理部	QC	中专			医士
11			质量管理部	QC	大专			生物技术
12			质量管理部	QC	本科			化学
13			质量管理部	QC主管	大专			药学
14			质量管理部	QC	大专			生物制药
15			质量管理部	饲养员	大专			金融

检验仪器、仪表、量具、衡量校验情况一览表

序号	名称	型号	编号	证书编号	校验情况	使用部门	检定单位	校验时间	有效期至
1	真空干燥箱				已检验合格	质管部	省计量所		
2	电热恒温鼓风干燥箱				已检验合格	质管部	省计量所		
3	电子天平				已检验合格	质管部	省计量所		
4	电子天平				已检验合格	质管部	省计量所		
5	电子天平				已检验合格	质管部	省计量所		
6	液相色谱仪				已检验合格	质管部	省计量所		
7	酸度计				已检验合格	质管部	省计量所		
8	双光束紫外可见分光光度计				已检验合格	质管部	省计量所		
9	卡氏水分测定仪				已检验合格	质管部	省计量所		
10	液相色谱仪				已检验合格	质管部	省计量所		
11	液相色谱仪				已检验合格	质管部	省计量所		
12	自动旋光仪				已检验合格	质管部	省计量所		
13									
14									
15									
16									
17									

（十）食品GMP认证申报资料

企业生产管理文件目录

企业质量管理文件目录

生产管理文件目录

生产技术管理

文件编码

SMP-PM-011-01	生产工艺规程和岗位操作法的标准管理规程
SMP-PM-012-01	生产部门生产计划、指令管理的标准管理规程
SMP-PM-013-01	生产技术管理标准管理规程
SMP-PM-014-01	生产批号确定原则及管理规程
SMP-PM-015-01	生产日期、有效期管理规程
SMP-PM-016-01	批生产记录标准管理规程
SMP-PM-017-01	技术档案管理规程
SMP-PM-018-01	工艺查证标准管理规程
SMP-PM-019-01	生产过程管理规程
SMP-PM-010-01	生产调度的标准管理规程
SMP-PM-011-01	称量管理规程
SMP-PM-012-01	物料平衡管理规程
SMP-PM-013-01	各工序中间体标准管理规程
SMP-PM-014-01	车间交接班标准管理规程
SMP-PM-015-01	清场的标准管理规程
SMP-PM-016-01	生产过程偏差处理管理规程
SMP-PM-017-01	清洁工具的管理
SMP-PM-018-01	生产设备清洁的管理规程
SMP-PM-019-01	异常情况处理标准管理规程
SMP-PM-020-01	生产事故处理的标准管理规程
SMP-PM-021-01	包装和贴签过程的管理规程
SMP-PM-022-01	包装操作检查工作规程
SMP-PM-023-01	分装、包装残破食品处理标准管理规程
SMP-PM-024-01	产品返工、销毁管理规程
SMP-PM-025-01	原辅材料、能源消耗定额标准管理规程
SMP-PM-026-01	产品零头管理规程
SMP-PM-027-01	食品拼箱标准管理规程
SMP-PM-028-01	技术革新、改造标准管理规程
SMP-PM-029-01	新产品开发与投产的标准管理规程
SMP-PM-030-01	工艺用水管理规程
SMP-PM-031-01	紫外灯使用与管理规程
SMP-PM-032-01	传递窗使用管理规程
SMP-PM-033-01	虫鼠等动物的防范规程
SMP-PM-034-01	生产废弃物管理规程
SMP-PM-035-01	不合格食品销毁标准管理规程

SMP-PM-036-01 生产安全防护的管理规程
SMP-PM-037-01 消防安全的标准管理规程
SMP-PM-038-01 生产统计管理规程
SMP-PM-039-01 环境保护管理规程
SMP-PM-040-01 劳动保护用品管理规程
SMP-PM-041-01 污水处理站管理规程
SMP-PM-042-01 生产过程标示管理规程
SMP-PM-043-01 批生产记录填写管理规程
SMP-PM-044-01 技术分析会的标准管理规程
SMP-PM-045-01 生产指令流转工作管理规程
SMP-PM-046-01 领发料标准操作规程
SMP-PM-047-01 生产用包材的核对的标准管理规程
SMP-PM-048-01 车间标签使用与销毁管理规程
SMP-PM-049-01 特殊用品领用的标准管理规程
SMP-PM-050-01 车间物料接收检查管理规程
SMP-PM-051-01 车间结料、退料工作标准管理规程
SMP-PM-052-01 暂存间管理规程
SMP-PM-053-01 生产物料交接标准管理规程
SMP-PM-054-01 生产用容器具的管理
SMP-PM-055-01 不合格物料退库管理规程
SMP-PM-056-01 生产过程器具灭菌的状态标志
SMP-PM-057-01 搬运标准管理规程
SMP-PM-058-01 工艺纪律检查制度
SMP-PM-059-01 技术措施管理制度
SMP-PM-060-01 剩余包装材料管理规程
SMP-PM-061-01 生产模具管理规程

技术标准

TS-MF-018-00 婴儿乳粉Ⅰ段工艺规程
TS-MF-019-00 婴儿乳粉Ⅱ段工艺规程
TS-MF-020-00 婴儿乳粉Ⅲ段工艺规程
TS-MF-021-00 液奶工艺规程
TS-MF-011-00 酸奶工艺规程

生产卫生管理

SMP-HM-011-01 厂区环境卫生标准管理规程
SMP-HM-012-01 卫生管理工作规程
SMP-HM-013-01 一般生产区个人卫生标准管理规程
SMP-HM-014-01 一般生产区的环境卫生管理规程
SMP-HM-015-01 一般生产区的工艺卫生管理规程
SMP-HM-016-01 洁净区个人卫生标准管理规程
SMP-HM-017-01 洁净区环境卫生管理规程
SMP-HM-018-01 洁净区工艺卫生管理规程

SMP-HM-019-01 洁净室管理规程
SMP-HM-010-01 消毒剂与清洁剂的配制、使用管理规程
SMP-HM-011-01 洁净区操作间清洁管理规程
SMP-HM-012-01 洁净区走廊清洁管理规程
SMP-HM-013-01 垃圾、废弃包装物、厕所管理规程
SMP-HM-014-01 清洁工具清洁规程
SMP-HM-015-01 非生产人员进入生产区管理规程
SMP-HM-016-01 洁净区人员控制管理规程

卫生操作程序

SOP-HM-011-01 进出一般生产区更衣标准操作程序
SOP-HM-012-01 进出十万级洁净区更衣标准操作程序
SOP-HM-013-01 进出一万级洁净区更衣标准操作程序
SOP-HM-014-01 一般生产区设备清洁标准操作程序
SOP-HM-015-01 十万级洁净区清洁消毒标准操作程序
SOP-HM-016-01 一万级洁净区清洁消毒标准操作程序
SOP-HM-017-01 物料进出洁净清洁消毒标准操作程序
SOP-HM-018-01 十万级洁净区容器及用具清洁灭菌标准操作程序
SOP-HM-019-01 一万级洁净区容器及用具清洁灭菌标准操作程序
SOP-HM-010-01 生产区地漏清洁、消毒标准操作程序
SOP-HM-011-01 生产区洗手池清洁消毒标准操作程序
SOP-HM-012-01 传递窗清洁消毒的标准操作程序
SOP-HM-013-01 更衣室清洁消毒的标准操作程序
SOP-HM-014-01 缓冲间清洁的标准操作程序
SOP-HM-015-01 暂存间清洁的标准操作程序
SOP-HM-016-01 储罐、输送管道的清洁灭菌标准操作程序
SOP-HM-017-01 净化过滤器清洗更换标准操作程序
SOP-HM-018-01 工作服选材、清洗、发放标准操作程序
SOP-HM-019-01 工作鞋的清洗消毒标准操作程序
SOP-HM-020-01 消毒剂的配制及使用标准操作程序
SOP-HM-021-01 洁净区除尘罩清洁的标准操作程序
SOP-HM-022-01 洁净区回风口清洁的标准操作程序
SOP-HM-023-01 生产用布袋清洁的标准操作程序
SOP-HM-024-01 洁净区用清洁工具的清洗标准操作程序

质量管理文件目录

标准管理规程

（一）SMP-QA 部分

文件编号 文件名称
SMP-QA-011-01 GMP 自检规程
SMP-QA-012-01 产品留样观察管理规程
SMP-QA-013-01 用户访问制度
SMP-QA-014-01 质量申诉处理报告制度

SMP-QA-015-01　质量原因退货处理制度
SMP-QA-016-01　质量事故身处理制度
SMP-QA-017-01　不合格品管理制度
SMP-QA-018-01　洁净区洁净度监测规程
SMP-QA-019-01　工艺用水监测规程
SMP-QA-010-01　检验档案管理规程
SMP-QA-011-01　产品质量档案管理规程
SMP-QA-012-01　产品合格证发放和使用规程
SMP-QA-013-01　成品审核放行管理规程
SMP-QA-014-01　批生产质量管理规程
SMP-QA-015-01　请验、受检、报告、管理规程
SMP-QA-016-01　检验原始记录书写与报告书排版规则
SMP-QA-017-01　留样质量评价规程
SMP-QA-018-01　实行质量否决权管理程序
SMP-QA-019-01　用户来信来访投诉管理制度
SMP-QA-020-01　食品不良监察、报告、处理制度
SMP-QA-021-01　检验室安全管理规程
SMP-QA-022-01　QA 检查管理规程
SMP-QA-023-01　产品退货的销毁管理规程
SMP-QA-024-01　产品稳定的考察管理规程
SMP-QA-025-01　批生产记录的审核管理规程
SMP-QA-026-01　产品质量统计报告制度
SMP-QA-027-01　质量标准管理规程
SMP-QA-028-01　成品收回标准管理规程
SMP-QA-029-01　定期质量分析管理规程

（二）SMP-QC 部分

SMP-QC-011-01　中心化验室管理制度
SMP-QC-012-01　理化检验操作室管理规程
SMP-QC-013-01　精密仪器室管理规程
SMP-QC-014-01　微生物检查管理规程
SMP-QC-015-01　仓库洁净取样管理规程
SMP-QC-016-01　标准品、对照品、试药、菌种管理规程
SMP-QC-017-01　玻璃仪器管理规程
SMP-QC-018-01　滴定液、标准液、试液、指示液、缓冲液、菌液与培养基的使用与管理
SMP-QC-019-01　有毒化学物质的储存与使用规程
SMP-QC-010-01　小容量玻璃仪器的校验制度
SMP-QC-011-01　化学毒物的安全使用及中毒急救制度
SMP-QC-012-01　化验室防火防爆与灭火管理制度
SMP-QC-013-01　检验与实验控制方法
SMP-QC-014-01　检验结果异常情况审批管理规程

SMP-QC-015-01　实验室废弃物处理规程
SMP-QC-016-01　实验室个人卫生管理规程
SMP-QC-017-01　质量管理办公室的清洁
SMP-QC-018-01　玻璃仪器清洗规程
SMP-QC-019-01　化学试剂使用管理规程
SMP-QC-020-01　检测仪器、设备管理规程
SMP-QC-021-01　检验测试结果复核工作程序

（十一）食品 GMP 认证申报资料

企业符合消防和环保要求的证明文件

二、资料审查及评定方法

食品良好生产规范审查表

企业名称：＿＿＿＿＿＿＿＿审核人：＿＿＿＿＿＿＿＿审核日期：＿＿＿＿＿＿＿＿

审查条款	审查项目	审查项目的重要性	审查和评价方法	编号	结果判定（合格/不合格/不适用）
1　人员管理部分					
1.1　食品生产企业必须具有与所生产的食品相适应的具有食品科学（或生物学、医药学）等相关专业知识的技术人员和具有生产及组织能力的管理人员。专职技术人员的比例应不低于职工总数的5%	技术人员	*	检查技术人员学历证书，是否具备与该企业所生产的食品品种相适应的食品科学、生物学、医药学和其他相关学科的专业知识	1	
	专职技术人员的比例		检查企业职工档案，核准专职技术人员与从事保健食品生产的职工总数的比例是否不低于5%	2	
1.2　主管技术的企业负责人必须具有大专以上或相应的学历，并具有保健食品生产及质量、卫生管理的经验	企业主管技术负责人的资格资历		检查主要负责人学历证书，是否具有相关专业学历；查看该负责人档案，是否有2年以上从事保健食品管理工作经历	3	
1.3　食品生产和品质管理部门的负责人必须是专职人员，应具有与所从事专业相适应的大专以上或相应的学历，能够按本规范的要求组织生产或进行品质管理，有能力对食品生产和品质管理中出现的实际问题做出正确的判断和处理	企业生产部门负责人的资格资历		检查该负责人学历证书和相关专业经历	4	
	企业品质管理部门负责人的资格资历	*	检查该负责人是否有相关专业经历，是否有学历证书和相关专业经历	5	
1.4　食品生产企业必须有专职的质检人员。质检人员必须具有中专以上学历；采购人员应掌握鉴别原料是否符合质量、卫生要求的知识和技能	企业质检人员的资格资历		查看质检人员是否有职工登记表及学历证书或资质证书	6	
	采购人员的知识和技能		查阅记录，看采购人员是否经过相关培训，有本岗工作经验	7	
1.5　从业人员上岗前必须经过卫生法规教育及相应技术培训，企业应建立培训及考核档案，企业负责人及生产、品质管理部门负责人还应接受省级以上卫生监督部门有关食品的专业培训，并取得合格证书	卫生法规教育及相应技术培训；从业人员培训及考核档案	**	（1）检查企业从业人员上岗前是否有培训记录；（2）企业是否有从业人员考核档案	8	
	企业负责人及生产、品质管理部门负责人的资格资历	*	检查企业、生产、品管负责人是否有省级以上卫生监督部门培训所取得的合格证明	9	

续表

审查条款	审查项目	审查项目的重要性	审查和评价方法	编号	结果判定（合格/不合格/不适用）
1.6 从业人员必须进行健康检查，取得健康证明后方可上岗，以后每年须进行一次健康检查	从业人员的健康证明	*	现场随机抽查企业内一定比例从业人员，看其是否有效的健康证明。有一人没有健康证明，即为本项不符合	10	
1.7 从业人员必须按GB 14881的要求做好个人卫生	车间内从业人员衣着情况		查看车间内从业人员是否穿戴整洁一致的工作服、帽、靴、鞋、工作服盖住外衣，头发不露于帽外，有否穿工作服离开生产加工场所	11	
	直接与原料、半成品和成品接触的人员穿戴		查看直接与原料、半成品和成品接触的人员是否戴耳环、戒指、手镯、项链、手表、化浓妆、染指甲、喷洒香水进入车间	12	
	从业人员双手的保洁		查看从业人员在接触脏物，进厕所、吸烟、用餐后，是否洗净双手	13	
	车间内工作人员的行为		查看车间内工作人员是否有吸烟、饮酒、吃食物及做其他有碍食品卫生的行为	14	
	车间内的个人生活用品		查看车间内是否存有个人生活用品，如衣物、食品、烟酒、药品、化妆品等	15	
2 卫生管理部分					
工厂应按照GB 14881的要求，做好除虫、灭害、有毒有害物处理、饲养动物、污水污物处理、副产品处理等的卫生管理工作	除虫灭害的管理	*	(1)是否有除虫灭害的管理制度；(2)是否有除虫灭害的设施；(3)是否有除虫灭害的记录；(4)是否有鼠．蚊蝇等的滋生地；(5)检查是否有杀虫剂的使用制度； 有一项不符合即为本项不符合	16	
	有毒有害物品的管理	*	检查使用有害品是否符合国家相关规定	17	
	饲养动物的管理	*	(1)检查厂内是否有不符合规定的家畜家禽，实验动物是否按规定管理，不对食品造成污染，(2)检查工厂是否有相关管理办法和措施； (有一项不符合即为本项不符合)	18	
	副产品的管理		(1)检查是否有副产品处理的制度；(2)检查是否有专用的副产品处理设施，如仓库、车辆、工器具等；(3)检查是否有副产品处理记录、工器具清洗消毒记录	19	

续表

审查条款	审查项目	审查项目的重要性	审查和评价方法	编号	结果判定(合格/不合格/不适用)
3 原料部分					
3.1 食品生产所需要的原料的购入、使用等应制定验收、储存、使用、检验等制度,并由专人负责	原料的验收、储存、使用、检验等制度的制定		(1)检查是否有原料的验收、储存、使用、检验等制度,并检查执行情况记录;(2)原料验收、储存、使用、检验是否有专人负责	20	
3.2 原料必须符合食品卫生要求。原料的品种、来源、规格、质量应与批准的配方及产品企业标准相一致	检查原料符合食品卫生要求情况		检查原料是否符合国家、行业、地方或企业有关标准	21	
	检查有关原料的质量检验报告单与配方、标准的一致性	* *	(1)检查标准与配方是否一致;(2)检查有关原料的质量检验报告单与标准是否一致	22	
3.3 采购原料必须按有关规定索取有效的检验报告单;属食品新资源的原料需索取卫生部批准证书(复印件)	原料供货方有效的检验报告单	*	检查是否有供货方提供的有效的原料检验报告单	23	
	属食品新资源的原料的卫生部批准证书		检查是否有卫生部食品新资源的原料批准证书	24	
3.4 以菌类经人工发酵制得的菌丝体或菌丝体与发酵产物的混合物及微生态类原料必须索取菌株鉴定报告、稳定性报告及菌株不含耐药因子的证明资料	原料供货方的菌株鉴定报告,稳定性报告及菌株不含耐药因子的证明资料	* *	(1)索取原料供货方有效的菌株鉴定报告、稳定性报告及菌株不含耐药因子的证明资料;(2)检查现场使用的真菌类、益生菌类原料菌种属名、种名及菌种号是否与批准的菌种相一致	25	
3.5 以藻类、动物组织器官等为原料的,必须索取品种鉴定报告。从动、植物中提取的单一有效物质或以生物、化学合成物为原料的,应索取该物质的理化性质及含量的检测报告	以藻类等植物性原料的品种鉴定报告	* *	检查是否有供货方提供的相应原料品种鉴定报告	26	
	以动物组织器官为原料的品种鉴定及检疫证明	* *	检查是否有动物组织器官的品种鉴定及检疫证明	27	
	从动、植物中提取单一有效物质为原料的该物质理化性质及含量的检测报告	* *	检查是否有相关物质的理化性质及含量的质检报告。	28	
	以生物、化学合成物为原料的该物质理化性质及含量的检测报告	* *	检查是否有相关物质的理化性质及含量的质检报告	29	
3.6 含有兴奋剂或激素的原料,应索取其含量检测报告;经放射性辐射的原料,应索取辐照剂量的有关资料	含有兴奋剂或激素的原料的含量检测报告	*	检查是否有供货方提供的含有兴奋剂或激素原料的含量检测报告	30	
	经放射性辐射的原料的辐照剂量有关资料		检查是否有供货方提供的原料辐照剂量的有关资料	31	
3.7 原料的运输工具等应符合卫生要求。应根据原料特点,配备相应的保温、冷藏、保鲜、防雨防尘等设施,以保证质量和卫生需要。运输过程不得与有毒、有害物品同车或同一容器混装	原料的运输工具的卫生状况		检查原料运输工具是否符合卫生要求	32	
	相应的原料运输工具的保温、冷藏、保鲜、防雨防尘设施		检查对相应的原料运输工具的保温、冷藏、保鲜、防雨防尘设施及温度、湿度等参数	33	
	原料运输过程的卫生状况		检查原料运输是否与有毒、有害物混装混运	34	

续表

审查条款	审查项目	审查项目的重要性	审查和评价方法	编号	结果判定（合格/不合格/不适用）
3.8 原料购进后对来源、规格、包装情况进行初步检查，按验收制度的规定填写入库账、卡，入库后应向质检部门申请取样检验	原料来源、规格、包装情况		索取进货单，检查包装情况	35	
	原料入库账、卡		检查原料入库账、卡是否一致	36	
3.9 各种原料应按待检、合格、不合格分区离地存放，并有明显标志；合格备用的还应按不同批次分开存放，同一库内不得储存相互影响风味的原料	各类原料的存放		(1)检查原料是否都离地存放在货架上；(2)检查原料是否按待检、合格、不合格(包括过期原料)分区存放；(3)检查合格备用原料是否分批次存放；(4)检查不同类原料存放是否有明显标志	37	
3.10 对有温度、湿度及特殊要求的原料应按规定条件储存；一般原料的储存场所或仓库，应地面平整，便于通风换气，有防鼠、防虫设施	有温度、湿度及特殊要求的原料的储存条件		检查该原料库是否配备空调、去湿机等设施及设备运行记录	38	
	原料的储存场所或仓库的地面，通风换气及防鼠．防虫等设施	*	检查原料库是否地面平整，便于通风换气，是否有防鼠、防虫设施	39	
3.11 应制定原料的储存期，采用先进先出的原则。对不合格或过期原料应加注标志并及早处理	各种原料的储存期及进出库记录		(1)检查是否制定各种原料储存期；(2)检查是否有原料进出库记录表；(3)检查是否有不合格或过期原料的标志，索取处理记录	40	
3.12 以菌类经人工发酵制得的菌丝体或以微生态类为原料的应严格控制菌株保存条件，菌种应定期筛选、纯化，必要时进行鉴定，防止杂菌污染、菌种退化和变异产毒	菌种的专人管理		检查菌种是否由微生物专业的技术人员负责	41	
	菌株保存条件	*	检查是否有与菌种保存相适应的保存条件	42	
	菌种筛选、纯化或鉴定的相关材料	*	检查是否有菌种筛选、纯化实验室及制定菌株淘汰制度、相关操作记录	43	
4 储存与运输部分					
4.1 储存与运输的一般性卫生要求应符合 GB 14881 的要求	成品储存场所的条件		(1)检查成品库是否地面平整，便于通风换气，是否有防鼠、防虫设施；(2)检查成品库的容量是否与生产能力相适应	44	
	成品的运输工具		(1)检查运输工具是否符合卫生要求；(2)需要专门运输条件的成品是否有专门的运输工具，并符合相关规定	45	
4.2 成品储存方式及环境应避光、防雨淋，温度、湿度应控制在适当范围，并避免撞击与振动	环境的避光和防雨		检查场所是否避光、防雨	46	
	环境温、湿度的监控		(1)检查成品储存场所是否设有温、湿度监测和调节装置；(2)检查温湿度定期检测记录	47	此项仅适用于需要温湿度调控的产品
	成品的存放方式		检查成品是否离地、离墙存放	48	

续表

审查条款	审查项目	审查项目的重要性	审查和评价方法	编号	结果判定（合格/不合格/不适用）
4.3　含有生物活性物质的产品应采用相应的冷藏措施，并以冷链方式贮存和运输 4.4　非常温下保存的食品（如某些微生态类食品），应根据产品不同特性，按照要求的温度进行储运	非常温下保存的食品储运时的温度控制	*	（1）检查成品温控设备（如冷藏室）是否正常运行；（2）检查成品储存和运输过程中的储存方式（如冷链）和设备；（3）测试储存间及运输工具内温度等参数	49	
4.5　仓库应有收、发货检查制度。成品出厂应执行“先产先销”的原则	仓库的收、发货检查制度		检查仓库是否有收、发货检查制度	50	
4.6　成品入库应有存量记录；成品出库应有出货记录，内容至少包括批号、出货时间、地点、对象、数量等，以便发现问题及时回收	成品出入库记录，是否先进先出		检查成品出入库记录	51	
	产品的回收情况		检查产品的回收与处理记录	52	
5　设计与设施部分					
5.1　食品厂的总体设计、厂房与设施的一般性设计、建筑和卫生设施应符合GB14881的要求	选址、总体布局和厂房设计		（1）食品生产企业周围和厂区环境是否整洁，厂区地面、路面及运输等是否对食品生产会造成污染；（2）生产、行政、生活和辅助区总体布局是否合理，是否相互妨碍；（3）厂区周围是否有危及产品卫生的污染源，是否远离有害场所	53	
5.2.1　厂房应按生产工艺流程及所要求的洁净级别进行合理布局，同一厂房和邻近厂房进行的各项生产操作不得相互妨碍	厂房布局	*	（1）厂房是否按工艺流程合理布局；（2）洁净厂房的布局是否合理；（3）厂房的各项生产操作是否相互妨碍	54	
5.2.2　必须按照生产工艺和卫生、质量要求，划分洁净级别	洁净区级别划分是否符合要求	* *	（1）检查进入洁净区的空气是否按规定净化；（2）检查洁净区及非洁净区划分是否符合要求；（3）检查有效的检测报告	55	
	洁净区的空气		（1）检查洁净区的空气是否按规定监测；（2）检查空气监测结果是否记录存档	56	
5.2.3　洁净厂房的设计和安装应符合GB 50073—2001的要求	洁净区的内表面		检查洁净区的内表面是否平整光滑、无裂缝、接口严密、无颗粒物脱落、耐受清洗和消毒	57	
	洁净区的墙壁与地面的交界处		检查洁净区的墙壁与地面的交界处是否成弧形或采取其他措施	58	
	洁净区内各种管道、灯具、风口等公用设施		检查洁净区内各种管道、灯具、风口等公用设施是否清洁、安全、可靠	59	

续表

审查条款	审查项目	审查项目的重要性	审查和评价方法	编号	结果判定(合格/不合格/不适用)
5.2.3 洁净厂房的设计和安装应符合 GB 50073—2001 的要求	洁净区的照度		(1)检查洁净区的照度与生产要求是否相适应,厂房是否有应急照明设施;(2)检查照度检测记录	60	
	洁净区的窗户、天棚及进入室内的管道、风口、灯具与墙壁或天棚的连接部位	*	检查洁净区的窗户、天棚及进入室内的管道、风口、灯具与墙壁或天棚的连接部位是否密封	61	
	静压差	*	空气洁净度等级不同的或有相对负压要求的相邻厂房之间是否有指示压差的装置,静压差是否符合规定。 空气洁净级别不同的相邻厂房之间的静压差应大于 5Pa;与室外大气的静压差应大于 10Pa	62	
	生产固体食品的洁净区,粉尘较大的工房应避免交叉污染	* *	生产固体食品的洁净区,粉尘较大的工房应该保持相对负压,并设有除尘设施,一般情况回风不利用,避免交叉污染,如循环使用,应检查是否采取有效措施避免污染和交叉污染	63	
5.2.4 净化级别必须满足生产加工保健食品对空气净化的需要	固体食品净化级别;液体食品净化级别;特殊食品如益生菌类等产品净化级别;酒类产品净化级别	* *	检查有效的检测报告。 固体食品:按三十万级要求。 液体食品:饮料等最终产品可灭菌的按三十万级的要求,最终产品不灭菌的按十万级的要求。 特殊食品如益生菌类等产品为十万级。 酒类产品应有良好的除湿、排风、除尘、降温等设施,人员、物料进出及生产操作应参照洁净室(区)管理	64	
5.2.5 厂房、设备布局与工艺流程三者应衔接合理,建筑结构完善,并能满足生产工艺和质量、卫生的要求;厂房应有足够的空间和场所,以安置设备、物料;用于中间产品、待包装品的储存间应与生产要求相适应	生产区		现场查看生产区是否有与生产规模相适应的空间与面积	65	
	储存间和功能间		现场查看储存间和功能间是否有与生产规模相适应的面积与空间	66	
	储物区		现场查看储物区物料、中间产品、待检品的存放是否有能够防止差错和交叉污染的措施	67	
5.2.6 洁净厂房的温度和相对湿度应与生产工艺要求相适应	洁净厂房的温、湿度	*	根据工艺规程,查看现场是否有温、湿度测量仪和记录。要以生产工艺要求来检查,一般无特殊要求时温度控制在 18 ~ 26℃,湿度控制在 45%～65%	68	

续表

审查条款	审查项目	审查项目的重要性	审查和评价方法	编号	结果判定（合格/不合格/不适用）
5.2.7　洁净厂房内安装的下水道、洗手及其他卫生清洁设施不得对食品的生产带来污染	专用洁具清洗间和洁具存放间		(1)现场察看专用洁具洗消效果，消毒剂是否经卫生行政部门批准；(2)清洁工具专用并无纤维物脱落，消毒剂建立轮换制度保证灭菌效果	69	
	专用的工具容器清洗间和工具容器存放间		检查专用洁具是否与专用工具混放	70	
	地漏		检查地漏是否有水封，并是否放消毒剂	71	
5.2.8　洁净级别不同的厂房之间、厂房与通道之间应有缓冲设施。应分别设置与洁净级别相适应的人员和物料通道	生产车间人流入口个人卫生通过程序		(1)检查制度、记录；(2)现场观察个人卫生程序是否符合要求。生产车间人流入口为通过式：脱鞋-穿过渡鞋-脱外衣-穿工鞋-洗手-穿洁净工作衣-手消毒	72	
	缓冲设施；洁净区的人流、物流走向	**	检查洁净区与非洁净区之间、低级别洁净区与高级别洁净区之间，是否设置缓冲设施。洁净区是否有合理的人流、物流走向	73	
5.2.9　原料的前处理(如提取、浓缩等)应在与其生产规模和工艺要求相适应的场所进行，并装备有必要的通风、除尘、降温设施。原料的前处理不得与成品生产使用同一生产厂房	原材料的生产操作场所		检查原材料的前处理、提取浓缩、和动物脏器、组织的洗涤或处理等生产操作是否与其制剂生产严格分开	74	
	原材料处理的通风、除尘、除烟、降温等设施		检查原材料的蒸、炒等厂房是否有良好的通风、除尘、除烟、降温等设施	75	
	原材料的除尘、排风设施		检查原材料的筛选、切片、粉碎等操作是否有有效的除尘、排风设施	76	
	原材料的排风及防止污染和交叉污染等设施		检查原材料的提取、浓缩等厂房是否有良好的排风及防止污染和交叉污染等设施	77	
5.2.10　食品生产应设有备料室，备料室的洁净级别应与生产工艺要求相一致	洁净区的备料室空气洁净度等级		检查洁净区的称量室或备料室空气洁净度等级是否与生产要求一致，有防止交叉污染的设施	78	
5.2.11　洁净厂房的空气净化设施、设备应定期检修，检修过程中应采取适当措施，不得对食品的生产造成污染	洁净厂房的空气净化设施、设备的定期检修、检修		检查制度、记录和测试报告，查看是否定期洗涤和更换初效过滤器，是否定期更换中效、高效过滤器	79	
5.2.12　生产发酵产品应具备专用发酵车间，并应有与发酵、喷雾相应的专用设备	专用发酵车间及专用设备	*	检查生产发酵产品是否具备专用发酵车间及专用设备	80	
5.2.13　凡与原料、中间产品直接接触的生产用工具、设备应使用符合产品质量和卫生要求的材质	所用设备、工具		检查所用设备、工具是否使用符合食品卫生要求的材料	81	

续表

审查条款	审查项目	审查项目的重要性	审查和评价方法	编号	结果判定（合格/不合格/不适用）
6 生产过程部分					
6.1 制定生产操作规程 6.1.1 工厂应根据本规范要求并结合自身产品的生产工艺特点，制定生产工艺规程及岗位操作规程	工艺规程	＊＊	(1)检查工艺规程文件是否齐全；(2)工艺规程是否包括配方、工艺流程、加工过程的主要技术条件及关键工序的质量和卫生控制点、物料平衡的计算方法和标准	82	
	岗位操作规程		(1)检查岗位操作规程文件是否齐全；(2)岗位操作规程是否包括工序操作步骤及注意事项等；(3)现场抽查：操作人员是否掌握岗位规程	83	
6.1.2 各生产车间的生产技术和管理人员，应按照生产过程中各关键工序控制项目及检查要求，对每一批次产品从原料配制、中间产品产量、产品质量和卫生指标等情况进行记录	生产记录	＊	(1)有无生产记录；(2)生产记录是否真实和完整，有无随意涂改	84	
	操作情况		现场抽查：记录的填写及执行是否符合规程要求并核对记录的真实性	85	
6.2.1 投产前的原料必须进行严格的检查，核对品名、规格、数量，对于霉变、生虫、混有异物或其他感官性状异常、不符合质量标准要求的，不得投产使用。凡规定有储存期限的原料，过期不得使用。液体的原辅料应过滤除去异物；固体原辅料需粉碎、过筛的应粉碎至规定细度	投产前原料的检查和控制	＊	检查投料前原料是否具有合格标识	86	
6.2.2 车间按生产需要领取原辅料，根据配方正确计算、称量和投料，配方原料的计算、称量及投料须经二人复核后，记录备查	领料记录		是否具有生产指令及相应记录	87	
	投料记录	＊＊	(1)投料前复核合格标识、包装的完整性、物料感官性状是否符合质量要求；(2)投料记录是否完整并经第二人复核	88	
6.2.3 生产用水水质是否符合 GB 5749 的规定，工艺用水是否达到工艺规程要求	水质报告	＊	检查工艺用水的水质报告	89	
	水处理设备		(1)检查水处理生产记录，水处理系统图及运行情况；(2)水处理系统的运行情况	90	
6.3.1 投料前生产场所及设备设施是否按工艺规程要求进行清场或清洁	清场或清洁记录		(1)索取清场或清洁记录；(2)有无清洁状态标识	91	
	现场卫生情况		目测现场卫生状况，必要时作抽检	92	
6.3.2 生产布局、操作是否衔接合理，并能有效防止交叉污染，各类容器是否有明确标识	容器标识		(1)标识是否明显、牢固；(2)标识内容是否明确反映各容器及其内容物的状态	93	

续表

审查条款	审查项目	审查项目的重要性	审查和评价方法	编号	结果判定（合格/不合格/不适用）
6.3.3　生产操作人员个人卫生是否符合相应生产区的卫生要求。 各生产区工作服、鞋、帽是否符合相应生产区卫生要求。 不同洁净级别生产区的工作服、鞋、帽是否有区分标识	卫生设施		更衣、洗手、消毒卫生设施是否齐全有效	94	
	个人卫生管理规程		(1)是否具有生产人员个人卫生管理规程；(2)检查卫生规程执行情况	95	
	工作服卫生管理规程		(1)是否有合理的工服清洁、更换制度；(2)检查工服卫生管理规程执行情况	96	
	不同洁净级别生产区的区分		检查不同洁净级别生产区的工作服、鞋、帽是否具有明显区分标志	97	
6.3.4　进入生产区的物料是否按要求进行脱包或按规定要求进行清洁处理	进入一般生产区的物料		现场审查和查记录是否按工艺规程要求进行必要的清洁处理	98	
	进入洁净区的物料		现场审查和查记录是否在规定区域进行脱包或清洁处理	99	
6.3.5和6.3.6 各岗位操作是否符合工艺规程及岗位操作规程的要求	生产操作		现场审查和查记录生产操作是否符合规定要求	100	
	工艺参数	*	现场审查和查记录工艺参数是否在工艺规程范围内	101	
6.3.8　中间产品是否存放在洁净密闭的容器中，存放时间不得超过工艺规程规定的储存期限	中间产品		核对标识，检查容器及储存期限	102	
6.4.1　生产用食品容器、包装材料、洗涤剂、消毒剂是否符合卫生标准和卫生管理办法规定	索证情况		检查来料是否符合食品卫生标准，必要时进行索证	103	
	验收记录		检查是否有验收记录	104	
6.4.3　直接接触产品的内包装材料必须达到卫生要求，必要时应进行清洗、干燥和灭菌	检验报告		检查是否有合格检验报告	105	
6.5.1　各类产品是否按工艺要求选择合适有效的杀菌或灭菌方法	杀菌或灭菌操作规程	**	是否有杀菌或灭菌操作规程	106	
6.5.2　杀菌或灭菌设备是否定期进行有效性验证。 杀菌或灭菌操作是否严格按照操作规程进行并作相应记录	设备验证文件		检查设备验证文件	107	
	操作记录		检查是否有相应生产记录及该记录的真实性和完整性	108	
	操作过程		操作过程是否符合杀菌或灭菌操作规程	109	
6.6.1　中间产品是否按工艺要求进行检查；物料平衡是否符合工艺要求；偏差是否按规定要求进行处理	生产记录		(1)检测记录；(2)审查岗位操作记录；(3)审查偏差处理记录	110	
6.6.2　产品的灌装、装填必须使用自动机械设备	生产设备	*	(1)现场审查灌装、装填设备是否采用自动机械装置；(2)因工艺特殊，确实无法采用自动机械装置的，应有合理解释，并能保证产品质量	111	

续表

审查条款	审查项目	审查项目的重要性	审查和评价方法	编号	结果判定（合格/不合格/不适用）
6.6.4 需灯检的产品是否按要求进行灯检	场所及设施		现场审查是否具备灯检所需的场所和设施	112	
	灯检		现场审查是否按规程操作并检查灯检记录	113	
6.7.1 标签是否专人专库管理，每批产品的标签是否按生产指令定量发放、领用，报废的标签是否按规定程序销毁，是否有发放、领用及销毁记录	标签的发放、领用、销毁记录		检查相关记录	114	
	专库(柜)		检查是否专人专库	115	
6.8.1 产品标识必须符合《保健食品标识规定》和 GB 7718 的要求	产品标识		检查是否符合要求	116	
6.8.2 保健食品产品说明书、标签的印制是否符合卫生部批准的内容	产品说明书及标签内容	**	检查是否符合卫生部批准的有关内容要求	117	
7 品质管理部分					
7.1 工厂必须设置独立的与生产能力相适应的品质管理机构，直属工厂负责人领导。各车间设专职质检员，各班组设兼职质检员，形成一个完整而有效的品质监控体系，负责生产全过程的品质监督	品管组织机构文件	**	(1)检查组织机构工作计划、总结是否现行有效，查与实际情况是否相符；(2)检查组织机构中是否有品质管理机构；(3)检查品质管理机构是否直属企业领导人	118	
	企业质量管理图	*	(1)检查各车间是否设专职质监员；(2)检查各班组是否设兼职质检员	119	
	品质管理机构与生产能力的适应性		检查各级品质管理人员岗位职责，各级品质管理人员岗位职责是否明确(询问质检员)。质检员是否有上岗证	120	
7.2 品质管理制度的制定与执行 7.2.1 品质管理机构必须制定完善的管理制度，品质管理制度应包括以下内容。 a. 原辅料、中间产品、成品以及不合格品的管理制度； b. 原料鉴别与质量检查、中间产品的检查、成品的检验技术规程，如质量规格、检验项目、检验标准、抽样和检验方法的管理制度； c. 留样观察制度和实验室管理制度； d. 生产工艺操作核查制度； e. 清场管理制度； f. 各种原始记录和批生产记录管理制度； g. 档案管理制度	原辅料、中间产品及成品的不合格品管理制度	*	(1)检查不合格品管理制度，看是否涵盖了原辅料、中间产品及成品；(2)检查原辅料、中间产品及成品检验记录(或汇总)，查看不合格品记录(或不合格品处理报告)，看其处理方法是否有可能造成二次不合格	121	
	(2)原辅料进货检验、中间产品检验、成品检验管理制度及相应的质量标准、检验规程和抽样方案	**	(1)检查是否有原辅料进货检验、中间产品、成品检验管理制度及相应的质量标准、检验规程和抽样方案；(2)检查看是否每个产品都有相应的原辅料、中间产品及成品的质量标准、检验规程和抽样方案；(3)抽查产品的原辅料、中间产品及成品的质量标准、检验规程和抽样方案，看其是否切实可行、便于操作和检查	122	

续表

审查条款	审查项目	审查项目的重要性	审查和评价方法	编号	结果判定（合格/不合格/不适用）
7.2 品质管理制度的制定与执行 7.2.1 品质管理机构必须制定完善的管理制度，品质管理制度应包括以下内容。 a. 原辅料、中间产品、成品以及不合格品的管理制度； b. 原料鉴别与质量检查、中间产品的检查、成品的检验技术规程，如质量规格、检验项目、检验标准、抽样和检验方法的管理制度； c. 留样观察制度和实验室管理制度； d. 生产工艺操作核查制度； e. 清场管理制度； f. 各种原始记录和批生产记录管理制度； g. 档案管理制度	实验室管理制度		检查是否有实验室管理制度并切实可行	123	
	工艺查证制度	*	(1)检查是否有工艺查证制度，版本是否有效；(2)检查工艺查证记录，看是否有不符合情况，如果有，抽取1～3份不符合记录，检查是否采取了切实有效的纠偏措施	124	
	清场管理制度		(1)检查是否有清场管理制度，版本是否有效；(2)检查清场管理制度是否切实可行，便于操作	125	
	生产记录管理制度		(1)检查看是否有批生产记录管理制度；(2)抽取各产品批生产记录各1～2批，查看批生产记录是否完整；查看相应产品的工艺规程和质量标准，查看相关关键工艺指标与工艺规程和质量标准是否相符；如有不符则进一步检查是否采取了切实有效的纠偏措施	126	
	档案管理制度		(1)查看是否有档案管理制度；(2)查看档案是否有授权的保管人；(3)查看档案是否登记编号	127	
7.3 必须设置与生产产品种类相适应的检验室和化验室，应具备对原料、半成品、成品进行检验所需的房间、仪器、设备及器材，并定期鉴定，使其经常处于良好状态	与所生产产品种类相适应的检验室：对原料、半成品、成品进行检验所需的房间、仪器、设备及器材	*	(1)现场查看是否有符合要求的微生物和理化检验室及相应的仪器设备；(2)查看检查检验记录及现场提问，以了解是否有能力检测产品企业标准中规定的出厂检验指标	128	
	检测仪器定期检定或校准	*	(1)查看检验室仪器设备清单；(2)查看周期检定计划，查看检测设备是否都安排定期检定或校准；(3)抽取检测仪器，查看是否都有检定报告；(4)抽取检测仪器，查看是否贴校验标志	129	
7.5 加工过程的品质管理 7.5.1 找出加工过程中的质量、卫生关键控制点，至少要监控下列环节，并做好记录 7.5.1.1 投料的名称与重量(或体积) 7.5.1.2 有效成分提取工艺中的温度、压力、时间、pH等技术参数 7.5.1.3 中间产品的产出率及质量规格 7.5.1.4 成品的产出率及质量规格 7.5.1.5 直接接触食品的内包装材料的卫生状况 7.5.1.6 成品灭菌方法的技术参数	加工过程的质量、卫生关键控制点的确定，监控和记录	*	(1)查看各产品是否有质量、卫生关键控制点计划；(2)抽查各产品的质量、卫生关键控制点计划中的关键控制点1～3个，索取相应的监控记录3～5批，看是否有超出控制限的情况，如果有，是否进行了纠偏	130	

续表

审查条款	审查项目	审查项目的重要性	审查和评价方法	编号	结果判定（合格/不合格/不适用）
7.5.2　要对生产重要的生产设备和计量器具定期检修，用于灭菌设备的温度计、压力计至少半年检修一次，并做检修记录	生产用计量器具的定期检定或校准；用于灭菌设备的温度计、压力表的检定	*	(1)查看是否有计量器具清单周期检定计划及其检定记录；(2)查看重要的计量器具是否有唯一的编号，灭菌设备用温度计、压力表的检定周期是否至少半年一次；(3)现场随机记下3～5个计量器具编号，查看是否有相应的检定报告；其编号与周期检定计划或计量器具清单中是否一致	131	
7.5.3　应具备生产环境进行监测的能力，并定期对关键工艺环境的温度、湿度、空气净化度等指标进行监测	对生产环境进行检测的能力；定期对洁净室的温度、湿度、沉降菌/浮游菌、尘埃粒子、压差等进行静态监测的能力	*	(1)查看检测设备清单，查看是否有尘埃粒子计数器等生产环境检测仪器(或现场看)；(2)查看企业洁净车间示意图、编号(或名称)，近3个月的环境监测记录及有关生产环境监测的管理制度和标准，随机抽取3～10个洁净室，查看是否有相应周期的环境监测记录(或报告)；(3)如有环境监测不合格，进一步检查是否采取了相应的纠正措施	132	
7.5.4　应具备对生产用水的监测能力，并定期监测	对生产用水常规项目的监测能力		检查总进水口，每年是否有至少一份水质全项检验报告(可向外委托检测)	133	
7.6　成品的品质管理 7.6.1　必须逐批对成品进行感官、卫生及质量指标的检验，不合格者不得出厂	成品逐批检验	**	(1)查看各产品企业标准。同时查看各产品的型式检验报告(每个产品每年至少一次)是否都合格；(2)查看各产品近3个月的生产批号，每个产品随机抽2～4个批号，查看是否按企业标准规定的出厂检验项目进行了相应指标的检验；(3)查看各产品成品检验汇总，查看近3个月是否有不合格成品；如果有，查看产品发货记录，查看是否将不合格产品发送出厂	134	
7.6.2　应具备产品主要功效因子或功效成分的检测能力，并按每次投料所生产的产品功效因子或主要功效成分进行检测，不合格者不得出厂	对产品主要功效成分进行检测的能力		(1)查看各产品企业标准和卫生部批文，查看企业标准中的出厂检验项目是否包括了卫生部批文中的功效成分；(2)查看各产品出厂检验报告各一份，查看是否包括了产品主要功效成分及检测结果	135	

续表

审查条款	审查项目	审查项目的重要性	审查和评价方法	编号	结果判定（合格/不合格/不适用）
7.6.3　每批产品均应有留样，留样应存放于专设的留样库(或区)内，按品种、批号分类存放，并有明显标志	专设的留样库。每批产品的留样情况，按品种、批号分类存放，标识的情况		(1)检查是否有留样观察制度并切实实行；(2)查看各产品保质期前后及近期生产的产品批号，到留样室现场抽查3～10批，看是否都留样；(3)抽查产品的留样跟踪检验记录，看保质期内是否都合格？如有不合格是否立即采取了有效的纠正/预防措施；(4)现场观察是否有专设的留样室，留样是否按品种、批号分类存放，标识明确	136	
7.7　品质管理的其他要求 7.7.1　应对用户提出的质量意见和使用中出现的不良反应详细记录，并做好调查处理工作，并作记录备查	对用户提出的质量意见和使用中出现的不良反应的记录和所开展的调查处理工作的情况	*	(1)查看是否有有关客户投诉的管理制度，看是否有记录和调查处理的规定；(2)查看近3个月客户投诉及处理记录，检查客户投诉是否都已妥善处理	137	
7.7.2　必须建立完善的质量管理档案，设有档案柜和档案管理人员，各种记录分类归档，保存2-3年备查	质量管理档案		(1)查看是否有档案管理制度，并询问档案管理人姓名；(2)检查是否有档案柜，各种记录是否分类归档；(3)查看档案管理制度，看各种记录保存期是否有2～3年	138	
7.7.3　应定期对生产和质量进行全面检查，对生产和管理中的各项操作规程、岗位责任制进行验证。对检查或验证中发现的问题进行调整，定期向卫生行政部门汇报产品的生产质量情况	定期对生产和质量进行全面审查的情况；对检查中发现的问题制定纠正/预防措施的情况	*	(1)查看是否定期对生产和质量进行全面检查(可以是内部质量审核)，是否能提供相关记录；(2)检查记录中的问题，索取相关纠正措施记录，查看是否都制定了有效的纠正措施	139	
无	不合格产品召回制度		(1)到成品库房(或相关管理部门)检查是否有产品发货去向的记录；(2)抽取2～3个批号产品的入库单和发货记录，检查入库数量与发货数量是否相符；(3)询问是否有过不合格产品流入市场，同时索取顾客投诉记录，检查是否有某个批号产品的集中投诉；如果有，进一步检查是否召回已流入市场的产品	140	

注：**表示为关键项；*表示为重点项；其余为一般项。

思考练习题

一、填空题

1. 质量管理负责人和生产管理负责人不得互相兼任。质量管理负责人和（　　）兼任。

2. 质量风险管理是在（　　）中采用前瞻或回顾的方式，对质量风险进行评估、控制、沟通、审核的系统过程。

3. 与食品生产、质量有关的所有人员都应当经过培训，培训的内容应当与岗位的要求相适应。除进行本规范理论和实践的培训外，还应当有相关法规、相应岗位的（　　）、（　　）的培训，并（　　）培训的实际效果。

4. 洁净区与非洁净区之间、不同级别洁净区之间的压差应当不低于（　　）Pa。必要时，相同洁净度级别的不同功能区域（操作间）之间也应当保持适当的（　　）。

5. 成品放行前应当（　　）储存。

二、单选题

1. 下述活动也应当有相应的操作规程，其过程和结果应当有记录（　　）。

a. 确认和验证　　b. 厂房和设备的维护、清洁和消毒

c. 环境监测和变更控制　　d. 以上都是

2. 改变原辅料、与食品直接接触的包装材料、生产工艺、主要生产设备以及其他影响食品质量的主要因素时，还应当对变更实施后最初至少（　　）个批次的药品质量进行评估。

a. 2　　b. 3　　c. 4　　d. 以上都不是

3. 以下为质量控制实验室应当有的文件（　　）。

a. 质量标准、取样操作规程和记录、检验报告或证书

b. 检验操作规程和记录（包括检验记录或实验室工作记事簿）

c. 必要的检验方法验证报告和记录

d. 以上都是

4. 下列哪一项不是实施 GMP 的目标要素：（　　）。

a. 将人为的差错控制在最低的限度

b. 防止对药品的污染、交叉污染以及混淆、差错等风险

c. 建立严格的质量保证体系，确保产品质量

d. 与国际药品市场全面接轨

5. 物料必须从（　　）批准的供应商处采购。

a. 供应管理部门　　b. 生产管理部门

c. 质量管理部门　　d. 财务管理部门

6. 现有一批待检的成品，因市场需货，仓库（　　）。

a. 可以发放

b. 审核批生产记录无误后，即可发放

c. 检验合格、审核批生产记录无误后，方可发放

d. 检验合格即可发放

7. 密封，指将容器或器具用适宜的方式封闭，以防止外部（　　）侵入。

a. 微生物　　b. 水分　　c. 粉尘　　d. 空气

三、多项选择题

1. 物料应当根据其性质有序分批贮存和周转，发放及发运应当符合（　　）的原则。

a. 合格先出　　b. 先进先出　　c. 急用先出　　d. 近效期先出

2. 企业建立的食品质量管理体系涵盖（　　），包括确保食品质量符合预定用途的有组织、有计划的全部活动。

a. 人员　　b. 厂房　　c. 验证　　d. 自检

3. 批生产记录的每一页应当标注产品的（　　）。

a. 规格　　b. 数量　　c. 过滤　　d. 批号

4. 食品企业应当长期保存的重要文件和记录有（　　）。

a. 质量标准　　b. 操作规程

c. 设备运行记录　　d. 稳定性考察报告

5. 关于洁净区人员的卫生要求正确的是（　　）。

a. 进入洁净生产区的人员不得化妆和佩戴饰物

b. 操作人员应当避免裸手直接接触食品、与食品直接接触的包装材料和设备表面

c. 员工按规定更衣

d. 生产区、仓储区、办公区应当禁止吸烟和饮食，禁止存放食品、饮料、香烟和个人用食品等杂物和非生产用物品

6. 不符合储存和运输要求的退货，应当在（　　）监督下予以销毁。

a. 国家食品药品监督管理局　　b. 省食品药品监督管理局

c. 市食品药品监督管理局　　d. 质量管理部门

7. 具备下列哪些条件方可考虑将退货重新包装、重新发运销售（　　）。

a. 只有经检查、检验和调查，有证据证明退货质量未受影响

b. 食品外包装损坏

c. 对退货质量存有怀疑，但无证据证明

d. 经质量管理部门根据操作规程进行评价

8. 当影响产品质量的（　　）主要因素变更时，均应当进行确认或验证，必要时，还应当经食品监督管理部门批准。

a. 原辅料、与食品直接接触的包装材料变更

b. 生产设备、生产环境（或厂房）、生产工艺变更

c. 检验方法变更

d. 人员变更

9. 质量标准、工艺规程、操作规程、稳定性考察、确认、验证、变更等其他重要文件保存期限应当是（　　）。

a. 保存食品有效期后一年　　b. 三年

c. 五年　　d. 长期保存

10. 为实现质量目标提供必要的条件，企业应当配备足够的、符合要求（　　）。

a. 人员　　b. 厂房　　c. 设施　　d. 设备

11. 食品生产企业关键人员至少应当包括（　　）。

a. 企业负责人　　b. 生产管理负责人　　c. 质量管理负责人　　d. 总工程师

12. 厂房应当有适当的（　　），确保生产和储存的产品质量以及相关设备性能不会直接或间接地受到影响。

a. 照明　　b. 温度　　c. 湿度　　d. 通风

13. 只限于经批准的人员出入，应当隔离存放的物料或产品有（　　）。

a. 待验物料　　b. 不合格产品　　c. 退货　　d. 召回的产品

14. 设备管理中应当建立并保存相应设备（　　）记录。

a. 采购　　b. 确认　　c. 操作　　d. 维护

15. 中间产品和待包装产品应当有明确的标识，并至少必须标明内容有（　　）。

a. 产品名称　　b. 产品代码　　c. 生产工序　　d. 数量或重量

16. 厂房、设施、设备的验证通常需要确认下列过程（　　）。

a. 设计确认　　b. 安装确认　　c. 运行确认　　d. 性能确认

17. 每批或每次发放的与食品直接接触的包装材料或印刷包装材料，均应当有识别标志，标明（　　）。

a. 物料名称　　b. 物料批号

c. 所用产品的名称和批号　　d. 储存条件

18. 物料的质量标准一般应当包括（　　）。

a. 内部使用的物料代码　　b. 经批准的供应商

c. 取样方法　　d. 储存条件

19. GMP工厂审查140条要求规定，车间按生产需要领取原辅料，根据配方正确计算、称量和投料，配方原料的计算、称量及投料须（　　）。

a. 纪录备查　　b. 经二人复合后，纪录被查

c. 不需要复合　　d. 需要三个人以上复合

四、判断题（正确的标√，错误的标×）

1. 质量管理体系是质量保证的一部分。（　　）

2. 取样区的空气洁净度级别应当与生产要求一致。（　　）

3. 企业的厂房、设施、设备和检验仪器应当经过确认，应当采用经过验证的生产工艺、操作规程和检验方法进行生产、操作和检验，并保持持续的验证状态。（　　）

4. 不得在同一生产操作间同时进行不同品种和规格食品的生产操作，除非没有发生混淆或交叉污染的可能。（　　）

5. 应当建立物料供应商评估和批准的操作规程，明确供应商的资质、选择的原则、质量评估方式、评估标准、物料供应商批准的程序。（　　）

项目四　HACCP体系认证

任务一　HACCP体系概述

一、HACCP概念、特点和发展历史

HACCP是“hazard analysis critical control point”英文的字母缩写，意思是“危害分析与关键控制点”。它是一种科学、高效、简便、合理而又专业性很强的食品安全管理体。在20世纪60年代，美国的拜尔斯堡（Pillsbury）公司承担太空计划中宇航食品的开发任务，这项工作是由该公司的H. 77 Bauman博士领导的研究人员与美国陆军Natick实验室，以及美国国家航天航空局（NASA）共同承担。在开发过程中，研究人员认识到，完全依靠传统的质量控制技术和产品检验手段，在食品生产中并不能提供充分的安全措施来防止污染。为了减少生产过程中的风险，确保食品安全，他们不得不对最终产品进行大量检测。这样除了生产成本大大增加外，生产出来的每一批食品绝大部分都用来进行检验，用于检验的产品越多，最终导致提供的宇航食品越少。为了有效地解决这一难题，研究人员提出应该建立一个预防性体系，对生产全过程实施危害控制，加强生产过程的管理，从管理上来保证食品安全。拜尔斯堡公司率先提出了“危害分析与关键控制点”（HACCP）的概念（虽然当时不是这样命名的），但是在以后的事实证明，拜尔斯堡公司在正确使用这一预防性体系之

后生产出了高度安全的食品。尽管当时的HACCP原理只有三个，但从那时起，拜尔斯堡公司的预防性体系作为食品安全控制的有效方法被广泛认可。

1. 建立HACCP体系的特点

作为科学的预防性的食品安全体系，HACCP具有以下特点。

① HACCP是预防性的食品安全控制保证体系，而不是一个孤立的体系，它建立在现行的食品安全计划的基础上，例如GMP、SSOP等。

② 每个HACCP计划都反映了某种食品加工方法的专一特性，其重点在于预防，设计上在于防止危害进入食品。

③ HACCP体系作为食品安全控制方法也为全世界所认可，虽然HACCP不是零风险体系，HACCP可用于尽量减少食品安全危害的风险。

④ 恰如其分地肯定了食品行业对生产安全食品有基本责任，将保证食品安全的责任首先归于食品生产商/销售商。

⑤ HACCP强调的是理解加工过程，需要工厂与官方的交流、沟通。官方检验员通过确定危害是否正确地得到控制来验证工厂的HACCP实施，包括检查工厂、HACCP计划和记录。

⑥ 克服传统食品安全控制方法（现场检查和终成品测试）的缺陷。当食品管理官方将力量集中于HACCP计划制定和执行时，将使食品控制更加有效。

⑦ HACCP可使官方检验员在食品生产中将精力集中到加工过程中最易发生安全危害的环节上。传统的现场检查只能反映检查当时的情况，而HACCP可以使官员通过审查工厂的监控和纠正记录，了解在工厂发生的所有情况。

⑧ HACCP的概念可推广、延伸应用到食品质量的其他方面，控制各种食品缺陷。

上述诸多特点的根本在于HACCP是使食品生产厂商或供应商把对以最终产品检验为主要基础的控制观念转变为建立从收获到消费、鉴别并控制潜在危害、保证食品安全的全面的控制系统。

2. 建立HACCP体系的意义

① 可以提供给顾客或者下一级加工者更高的满意度，特别是个国际知名食品生产商或大公司的客户，或者是作为其原料的供应商以及希望成为大客户的供应商正接受安全评估时，这个体系的作用显得尤为重要。

② 成为其他食品生产商受欢迎的合作者。

③ 作为已经实施HACCP体系的生产商，会直接影响他们的原料供应商也采用相似的方法来控制食品安全。

④ 在预防性的防止的前提下，现场检查和成品抽样检查检验不再是作为产品安全的保证，而是作为验证的一种方法，其抽样的批次、频率和数量可以大大减少，即减少了破坏性地对成品的抽查检验，从而避免了严重的浪费。

⑤ 有助于改善生产商与官方当局的关系以及工厂与消费者之间的关系，增强消费者对食品安全的信心。

⑥ 可以更好地控制尚在厂内的产品和产品出厂，防止带有显著危害的产品进入销售渠道，避免了产品回收所花费的资金和被消费者投诉应承担的法律责任。

⑦ 使操作者能更好地了解产品的生产步骤以及应承担的安全责任，使得他们能更好地控制操作，优化生产过程，增强职员的责任感和成就感。这一点在实行SSOP时显得尤为突出。

⑧ 具备了改善食品质量的潜能，可以潜在地提高产品质量。建立 HACCP 体系后，产品的安全危害危险已能得到最大可能的降低，在此基础上，生产商可以利用其余的力量，加大对产品质量的改进。

⑨ 生产商的社会收益得到较大的提高。因为在实行 HACCP 计划时，生产商已经恰如其分地承担了食品安全的责任，而对于消费者而言，增强了该公司产品的信用，使企业和产品的知名度得到较大的提高。

二、GMP、SSOP、HACCP 体系、SRFFE 制度及 ISO 9000 质量体系之间的关系

1. HACCP、GMP、SSOP、SRFFE、ISO 9000 质量体系的含义

HACCP：hazard analysis critical control point，即危害分析和关键控制点。它是指导食品安全危害分析及其控制的理论体系，主要包括 7 个原理。HACCP 体系是食品加工企业应用 HACCP 原理建立的食品安全控制体系。

GMP：good manufacturing practice，即良好操作规范。一般是指规范食品加工企业硬件设施、加工工艺和卫生质量管理等的法规性文件。企业为了更好地执行 GMP 的规定，可以结合本企业的加工品种和工艺特点，在不违背法规性 GMP 的基础上制定自己的良好加工指导文件。GMP 所规定的内容，是食品加工企业必须达到的最基本条件。

SSOP：sanitation standard operating procedure，即卫生标准操作程序。指企业为了达到 GMP 所规定的要求，保证所加工的食品符合卫生要求而制定的指导食品生产加工过程中如何实施清洗、消毒和卫生保持的作业指导文件。

SRFFE 制度：sanitary registration for factories/storehouse of Food for Export，为我国官方出入境检验检疫机构对国内出口食品加工企业、国外输华食品加工企业实施的卫生注册登记管理制度。

ISO 9000：国际标准化组织（ISO）制定和通过的指导各类组织建立质量管理和质量保证体系的系列标准，这些标准被统称为 ISO 9000 族标准。ISO 9000 质量体系是各类组织按照 ISO 9000 族标准建立的质量管理和质量保证体系。

2. GMP 与 SSOP 的关系

GMP 一般是指政府强制性的食品生产加工卫生法规。GMP 的规定是原则性的，包括硬件和软件两个方面，是相关食品加工企业必须达到的基本条件。SSOP 的规定是具体的，主要是指导卫生操作和卫生管理的具体实施，相当于 ISO 9000 质量体系中过程控制程序中的“作业指导书”。制定 SSOP 计划的依据是 GMP，GMP 是 SSOP 的法律基础，使企业达到 GMP 的要求，生产出安全卫生的食品是制定和执行 SSOP 的最终目的。

SSOP 没有 GMP 的强制性，是企业内部的管理性文件。

3. GMP、SSOP 与 HACCP 的关系

根据 CAC/RCP1—1969，Rev. 3（1997）附录《HACCP 体系和应用准则》和美国 FDA 的 HACCP 体系应用指南中的论述，GMP、SSOP 是制定和实施 HACCP 计划的基础和前提。没有 GMP、SSOP，实施 HACCP 计划将成为一句空话。SSOP 计划中的某些内容也可以列入 HACCP 计划内加以重点控制。

GMP、SSOP 控制的是一般食品卫生方面的危害，HACCP 重点控制食品安全方面的显著性危害。仅仅满足 GMP 和 SSOP 的要求，企业要靠繁杂、低效率和不经济的最终产品检验来减少食品安全危害，给消费者带来的健康伤害（即所谓的事后检验）；而企业在满足

GMP和SSOP的基础上实施HACCP计划，可以将显著的食品安全危害控制和消灭在加工之前或加工过程中（即所谓的事先预防）。GMP、SSOP、HACCP的最终目的都是为了使企业具有充分、可靠的食品安全卫生质量保证体系，生产加工出安全卫生的食品，保障食品消费者的食用安全和身体健康。

4. SRFFE与GMP、SSOP、HACCP的关系

SRFFE是我国进出口食品卫生注册登记管理制度的简称。它包含了对进出口食品加工企业实施卫生注册制度的法律依据，卫生注册登记的申请、考核、审批、发证、日常监管、复查程序，卫生注册登记代号的管理等内容。

SRFFE中“卫生注册登记企业的卫生要求和卫生规范”，相当于上面讲到的GMP，是企业制定SSOP计划的依据。也就是说，卫生注册登记是HACCP的前提和基础。

SRFFE中的食品加工企业卫生注册，包括国内注册和国外注册（对外注册）。对外注册的评审、监管依据除了包括我国规定的“卫生要求”外，主要依据进口国的强制性规定。而像美国、欧盟等国的强制性要求中就包含了实施HACCP计划。因此从某种意义上说，HACCP是SRFFE的组成部分。也就是说，正在进行的对食品加工企业实施HACCP验证，是卫生注册登记的一部分，或者说是卫生注册登记的延续。

5. SRFFE与ISO 9000质量体系认证的关系

SRFFE是指我国现行的进出口食品加工企业卫生注册登记管理制度，它规定的是进出口食品加工企业如何申请卫生注册登记，申请企业应达到什么样的条件和管理水平，出入境检验检疫机构如何接受申请、对申请企业进行评审、审批、发证、监管、年审、复查以及对卫生注册登记代号如何管理等内容。它是我国实施的强制性管理制度。SRFFE的评审、发证方是政府机构，被评审方是出口食品加工企业和有关的国外输华食品加工企业。

ISO 9000质量体系认证是在任何组织自愿在其组织的内部按ISO 9000族标准建立质量管理和质量保证体系后，向具有相应认证资格的机构提出申请的基础上，相关认证机构对申请人组织的审核、发证、跟踪验证等活动的总称。也就是说，认证方以相应的证书证明并保证被认证方的质量控制和质量保证过程符合ISO 9000族标准中特定标准的要求所进行的申请受理、审核、跟踪验证、发证等程序。ISO 9000质量体系认证的认证方是独立于有关各方（供方和顾客）的、专门从事审核、发证的第三方（如CQC），被认证方是任何自愿接受认证审核的组织（工业企业、服务企业、事业单位、政府机关等）。ISO 9000质量体系认证完全建立在自愿的基础上。

SRFFE中的《出口食品厂、库卫生要求》和各类卫生注册规范中，均引入了ISO 9000质量体系的部分概念，特别是在质量文件的建立方面更是如此，出入境检验检疫机构鼓励企业按照ISO 9000族标准建立完善的质量管理和质量保证体系。SRFFE强调了从环境、车间设施、加工工艺到质量管理等各方面的要求，ISO 9000质量体系更侧重于文件化的管理，使各项工作更具严密性和可追溯性。因此，SRFFE和ISO 9000质量体系认证可以相互促进。另外，SRFFE中所涉及的文件、质量记录与ISO 9000质量体系中的质量文件和质量记录具有一致性，因此，出口食品卫生注册登记企业建立ISO 9000质量体系时，不应建立成两套相互独立的质量体系文件，而应将其建立成一个有机整体。

6. ISO 9000与GMP、SSOP、HACCP的关系

GMP规定了食品加工企业为满足政府规定的食品卫生要求而必须达到的基本要求，包括环境要求、硬件设施要求、卫生管理要求等。在其管理要求中也对卫生管理文件、质量记录作了明确的规定，在这方面，GMP与ISO 9000的要求是一致的。

SSOP是依据GMP的要求而制定的卫生管理作业文件，相当于ISO 9000过程控制中有关清洗、消毒、卫生控制等方面的作业指导书。

HACCP是建立在GMP、SSOP基础上的预防性食品安全控制体系。HACCP计划的目标是控制食品安全危害，它的特点是具有预防性，将安全方面的不合格因素消灭在过程之中。

ISO 9000质量体系是强调最大限度满足顾客要求的、全面的质量管理和质量保证体系，它的特点是文件化，即所谓的“怎么做就怎么写、怎么写就怎么做”，什么都得按文件上规定的做，做了以后要留下证据。对不合格产品，它更加强调的是纠正。

从体系文件的编写上看，ISO 9000质量体系是从上到下的编写次序，即质量手册、程序文件、其他质量文件；而HACCP的文件是从下而上，先有GMP、SSOP、危害分析，最后形成一个核心产物，即HACCP计划。

事实上，HACCP所控制的内容是ISO 9000体系中的一部分，食品安全应该是食品加工企业ISO 9000质量体系所控制的质量目标之一，但是由于ISO 9000质量体系过于庞大，而且没有强调危害分析的过程，因此仅仅建立了ISO 9000质量体系的企业往往会忽略食品安全方面的预防性控制。而HACCP则是抓住了重点中的重点，这充分体现出了HACCP体系的高效率和有效性。另外，从目前来看，HACCP验证多数是政府强制性要求，而ISO 9000认证则完全是自愿行为。

任务二　HACCP体系建立与实施

一、HACCP七个基本原理

1. 危害分析（hazard analysis，HA）

危害分析与预防控制措施是HACCP原理的基础，也是建立HACCP计划的第一步。企业应根据所掌握的食品中存在的危害以及控制方法，结合工艺特点，进行详细的分析，并找出潜在的危害。

“危害”是“可导致食品不安全消费的生物、化学或物理的特性”。被认定为危害的必须是自有的某种本性，以至于将危害消除或减小到可能的水平是生产安全食品的根本要求。对低风险的和不大可能发生的危害不必进一步考虑。危害分析有两个最基本的要素：第一是鉴别可损害消费者的有害物质或引起产品腐败的致病菌或任何病源；第二是详细了解这些危害是如何产生的。

危害评估分成两部分，根据五种危害特征将食品进行分类，随后基于这一分类确定风险程度的类别。

危害特征分类如下。

① 产品是否包含微生物的敏感成分。

② 加工中是否有有效消灭微生物的处理步骤。

③ 是否存在加工后微生物及其毒素污染的明确危害。

④ 是否有批发和消费者消费过程由于不良习惯造成危害的可能性。

⑤ 是否在包装后或家庭食用前不进行最后的加热处理。

基于以上五种特征的分类，应加以确定，这些危害导致的风险的类别程度及必须如何处理才能减少来自食品生产和批发所含有的危险。加工过程的危害评估程序应在提出了产品的加工说明、确定产品制备需要的原材料种类和成分、准备了产品生产过程工艺图之后进行。

2. 确定关键控制点（critical control point-CCP）

关键控制点（CCP）是能进行有效控制危害的加工点、步骤或程序，通过有效地控制防止发生、消除危害，使之降低到可接受水平。

关键控制点（CCP）可能是某个地点、程序或加工工序，在这里危害能被控制。关键控制点有两种类型：CCP-1 能保证完全控制某一危害，CCP-2 能减小但不能保证完全控制某一危害。在 HACCP 的范围内，某关键控制点上“控制”的含义是通过采取特别的预防措施减小或防止一个或多个危害发生的风险。一个关键控制点是某一点、步骤或程序，在这里可以采取控制手段影响某一食品安全的危害被防止或减小到可以接受水平（注意：CCP-1 和 CCP-2 之间无区别）。这样对每个被认作 CCP 的步骤、地点或程序，必须提供在该点所采取的预防措施的详尽描述。如在该点没有预防措施可采取，那么这点就不是 CCP。

确定某个加工步骤是否为 CCP 不是容易的事。如果在某工序对一个确定了的危害因素不具备预防措施（PM），那么在该工序就不存在 CCP 并在后面的加工工序继续提出这一问题。但如果存在预防措施，那么该工序是否是 CCP，则要对该工序危害的限制情况进行考察分析后再定。

可能作为 CCP 的有：原料接受、特定的加热、冷却过程、特别的卫生措施、调节食品 pH 或盐分含量到给定值、包装与再包装等工序。CCP 或 HACCP 是产品与加工过程的特异性决定的。如果出现工厂位置、配合、加工过程、仪器设备、配料供方、卫生控制和其他支持性计划，以及用户的改变，CCP 都可能改变。

3. 确定与各 CCP 相关的关键限值（CL）

关键限值是非常重要的，而且应该合理、适宜、可操作性强、符合实际和实用。如果关键限值过严，即使没有发生影响到食品安全的危害，也会要求去采取纠偏措施；如果过松，又会造成不安全的产品到了用户手中。

确定了关键控制点，知道在该点的危害程度与性质，知道需要控制什么，这还不够，还应明确将其控制到什么程度才能保证产品的安全。为更切合实际，需要详细地描述所有的关键控制点。这包括确定物理（如时间或温度条件）、化学（如最低盐分浓度）或生物（感官）属性的判定标准和专门的限度或特性，这些理化或生物的属性保证产品的安全性和可接收质量水平。

临界限值指标为一个或多个必须有效的规定量，若这些临界限值中的任何一个失控，则 CCP 失控，并存在一个潜在（可能）的危害。临界限值最常使用的判断数据是温度、时间、湿度、水分（Aw）、pH 值、滴定酸度、防腐剂、食盐浓度、有效氯、黏度等标准所规定的物理或化学的极限性状。在某些情况下，还有组织形态、气味、外观、感官性状等。一个 CCP 的安全控制可能需要许多不同种类的标准或规范。

确立临界限值时应包括被加工产品的内在因素和外部加工工序的两方面要求。例如，只做食品内部温度应达到某给定温度这样的表述是不充分的，必须确定使用有效的设备达到这一指标的严格操作过程条件。例如，在鱼罐头或鱼糕等鱼糜制品的加热灭菌工序，不仅规定产品内部应达温度，而且应明确规定灭菌设备须达到的温度（T）和这一温度持续的时间长短（t）这两个操作限值指标。

为了确定关键控制点的临界限值指标，应全面收集法规、技术标准的资料，从其中找出与产品性状及安全有关的限量，还应有产品加工的工艺技术、操作规范等方面的资料，从中确定操作过程中应控制的因素限制指标。

4. 确立CCP的监视程序，应用监视结果来调整及保持生产处于受控

企业应制定监控程序并执行，以确定产品的性质或加工过程是否符合关键限值。确立了关键控制点及其临界限值指标，随之而来的就是对其实施有效的监测措施，这是关键控制点成败的“关键”。

监测是对已确定的CCP进行观察或测试，将结果与临界限值指标进行比较，从而判定它是否得到完全控制（或是否发生失控）。从监控的观点来看，在被控制的一个CCP上发生失误是一个关键缺陷（criticle defect）。

监控结果必须记录与CCP监控有关的全部记录和文件，必须由监测者及负责的主管领导两人签字。很明显，监测是为了收集数据，然后根据这些信息资料做出判断，为后来采取某些措施提供依据。监测也可对失控的加工过程提出预警。即使是在加工完成后监测也能帮助防止产品的损耗或使损耗减少到最低限度。当加工完成或处理发生偏离要求时，监测还可帮助指出失控问题的原因，没有有效的监测和数据（信息）记录就没有HACCP体系。

既然监测是收集数据的行动，那么了解怎样收集数据是很重要的，下面是收集数据的十个步骤。

① 提出正确的问题。问题必须涉及需要的专门信息，否则很可能使收集的数据不完全，或者是错误问题的答案。

② 进行恰当的数据分析。对收集的原始数据要进行哪些分析才能与临界限度对比。

③ 确定在何处收集数据。

④ 选择公正的数据收集人员。

⑤ 了解对收集数据人员的要求。包括特殊环境的要求、培训和经验。

⑥ 设计简单而有效的数据收集表格。表格要简洁明了，恰当地记录所有的数据，并减少出错的机会。

⑦ 制定收集数据的操作规范。

⑧ 检查表格和操作规范，必要时加以修订。

⑨ 培训数据收集员。

⑩ 审查数据收集过程并证实其结果。管理部门审查过的表格都应签字。

总之，监测是要求管理部门重视的行动。其目的是收集数据作出有关临界限度的决定。监测要在最接近控制目标的地方进行。作为监测员，可以观察或测量，监测应全面记录。信任负责监测的人是非常重要的，监测员的培训和定期检查他们的执行情况也是很重要的。

5. 确立经监控认为关键控制点有失控时，应采取纠正措施（corrective actions）

当监测结果指出一个关键控制点失控时，HACCP系统必须允许立即采取改善措施，而且必须在偏差导致安全危害之前采取措施。改善措施包括四方面的活动：

① 利用监测的结果调整加工方法以便保持控制；

② 如果失控，必须处理不符合要求的产品；

③ 必须确定或改正不符合要求的原因；

④ 保留改正措施的记录。

重要的是指定一个人负责调整加工方法并告诉其他人发生了什么问题，对不符合要求的产品也列出五种处理措施供做选择：

① 放弃产品（如果产品是安全的则不是最明智的选择）；

② 重复检验产品；

③ 将产品转向安全的用途；

④ 将产品再加工；

⑤ 销毁产品。

由于不同食品 CCP 上的变化和可能偏差的差异，HACCP 中的每一个 CCP 必须建立专门的校正措施。如果出现偏差，在适当校正完成前，该批产品应予保留。在难于确定产品安全性的情况下，检验结果与最终处理必须由政府部门认可。在不涉及安全的情况下不需要通过政府主管部门，但必须在 HACCP 记录中注明以下内容：查明偏差的产品批次，采取保证这些批次安全性的校正措施，并在产品预定的保存期后将文件保留一个合理的时期。

当监控表明偏离关键限值或不符合关键限值时，采取的程序或行动。如有可能，纠正措施一般应是在 HACCP 计划中提前决定的。纠正措施一般包括两步：第一步，纠正或消除发生偏离 CL 的原因，重新加工控制；第二步，确定在偏离期间生产的产品，并决定如何处理。采取纠正措施包括产品的处理情况时应加以记录。

6. 验证程序（verification procedures）

用来确定 HACCP 体系是否按照 HACCP 计划运转，或者计划是否需要修改，以及再被确认生效使用的方法、程序、检测及审核手段。以上由五个环环相扣的步骤，显示了 HACCP 极强的科学性、逻辑性。最后一环是：核查已建立的 HACCP 系统是否正常运行。这与监测步骤上的使用生产线上数据、信息进行检查不同，它还可用另外的信息和方法。

一旦建立起 HACCP 体系，每个工厂需将其提供给具有管辖权的认证或监督机构获得批准。所有的关键控制点和监测的记录随后将由检查人员审核，只要严格遵照安全加工规范就容易获得通过。认证或监督机构也可能不定期进行复查，以进一步确保 HACCP 体系正常运行。

7. 记录保持程序（record-keeping procedures）

企业在实行 HACCP 体系的全过程中，必须有大量的技术文件和日常的监测记录，这些记录应是全面和严谨的。记录应包括：体系文件；HACCP 体系的记录；HACCP 小组的活动记录；HACCP 前提条件的执行、监控、检查和纠正记录。

在我国由于产品和企业的情况千差万别，因此很难由主管机构设计规定一套各方面都可适用的记录格式。美国食品药品管理局 FDA 也不主张加工企业使用统一和标准化的监控、纠偏、验证或者卫生记录格式，大企业可根据已有的记录模式自行设计，中小企业也可直接引用。无论如何，在进行记录时都应考虑到“5W”原则，即何时（When）、何地（Where）、何事（What）、为何发生（Why）、谁负责（Who）。建立科学完整的记录体系是 HACCP 成功的关键之一，记录不仅是重复的行为，也是提醒操作人员遵守规范、树立良好企业作风的必由之路。很难想象一个连记录都做不好的企业，其管理水平和职工素质会很高。我们应牢记：“没有记录的事件等于没有发生”这句在审核质量体系时常用的近乎苛刻却又是基本原则的话。

已批准的 HACCP 计划方案和有关记录应存档。HACCP 各阶段上的程序都应形成可提供的文件。应当明确负责保存记录的各级责任人员。所有的文件和记录均应装订成册以便法制机构的检查。

二、HACCP 实施的十二个步骤

尽管 HACCP 原理的逻辑性强，并且极为简明易懂，但在实际应用中仍需踏实地解决若干问题，特别是在大型食品加工企业中。因此，宜采用符合逻辑的循序渐进的方式推广 HACCP 体系。国际标准建议，实施 HACCP 应采取以下十二个步骤，现概述如下。

1. HACCP 体系策划

《HACCP 体系及其应用准则》要求“建立在科学性和系统性基础上的 HACCP，对特定危害予以识别规定了控制方法，以确保食品的安全性。”出口食品生产企业对 HACCP 体系策划是非常重要的，是基础的基础。策划必须由最高管理者亲自组织和参与，包括体系的框架结构、确定卫生质量方针和目标、GMP、SSOP 和 HACCP 计划等内容。确保策划满足 HACCP 原理及法律法规的要求，合理配备资源，集中力量解决关键问题。

在 HACCP 体系策划中常见的问题如下所述。

① 企业的最高管理者不亲自参与策划，而交给管理者代表全权办理。

② 管理层未认识到建立 HACCP 体系的重要性，并在人力、物力、财力和政策上未能给予全力支持。

2. HACCP 小组人员的确定

在建立 HACCP 体系时，出口食品生产企业领导要确定 HACCP 小组成员。组长应来自管理部门，对食品生产加工过程有实际经验，具有对微生物、化学和物理危害的基本知识，了解企业环境卫生状况，有一定的表达能力和组织能力；有助于推动和实施 HACCP 计划，能确保 HACCP 小组成员理解 HACCP 计划如何运作。成员由企业各部门代表组成，并熟悉生产现场，能掌握产品和加工工艺等方面的知识，能对产品与生产线制定 HACCP 计划。

在 HACCP 小组人员的确定中常见的问题是：

① 小组人员职责不明确；

② 小组人员未经培训就上岗；

③ 小组人员不熟悉生产现场和产品加工工艺。

评审员对 HACCP 体系验证时，需了解 HACCP 小组人员对企业 HACCP 计划的熟悉程度、执行 HACCP 计划有效性及 HACCP 小组内职责落实情况，验证 HACCP 小组人员是否真正到位发挥其作用，HACCP 小组活动是否保存记录等。

3. 确定卫生质量方针和目标

《出口食品生产企业卫生要求》第四条明确规定，卫生质量体系应当包括卫生质量方针和目标的内容。卫生质量方针和目标是出口食品生产企业就产品的卫生质量所提出的方向和基本要求，引导企业在卫生质量方面持续改进、不断完善。

在出口食品生产企业制定的卫生质量方针和目标中，常见的问题是：

① 卫生质量目标未包括满足食品安全卫生要求的内容；

② 目标不可测量；

③ 目标未与卫生质量方针保持一致。

HACCP 体系验证时，评审员应验证企业是否在相关职能部门和各级层次上建立食品安全卫生质量目标。

4. 进行危害分析识别显著危害

危害分析是 HACCP 体系的基础，HACCP 小组人员根据流程图的操作步骤，列出每个步骤有关的潜在危害，进行危害分析，并识别潜在危害是否是显著危害，对确定的潜在危害进行具体的分类，是属于物理的、化学的、还是生物的危害，采取控制措施。

HACCP 小组人员在进行危害分析时常见存在的问题是：

① 遗漏某一操作步骤的危害分析；

② 进行危害分析未正确识别显著危害；

③ 不能严格区别显著危害与危害。

评审员在HACCP体系验证时，审查企业产品描述是否全面准确；制定的危害分析工作单是否完整、准确；对每一个显著危害是否制定了相应的控制措施。

5. 确定关键控制点

HACCP小组应根据所控制的危害的风险与严重程度，科学合理选定关键控制点（CCP），这个CCP须是真正关键控制点。有些危害可以独立于HACCP计划的卫生标准操作程序（SSOP）来控制，如油浸烟熏贻贝罐头清洗、蒸煮、剥壳、取肉的生物危害致病菌生长、致病菌污染，企业可用SSOP控制，应考虑到卫生控制将它们划出去，确定哪些危害需要在HACCP计划中加以控制的显著危害。企业的SSOP计划和卫生控制记录能显示这些危害处于受控就可以了。HACCP强调CCP的控制，对所有潜在的生物的、物理的、化学的危害进行分析的基础上，确定那些显著危害找出关键控制点。

在确定CCP时常见存在的问题是：

① CCP确定过多，加重了HACCP计划的负担；

② CCP确定太少，对食品加工过程中最容易发生安全危害的环节上没有控制。

评审员在HACCP体系验证时，需进行危害分析，识别显著危害和关键控制点，审查企业HACCP计划中列明的显著危害和关键控制点的控制措施是否合理。

6. 确定每个CCP中的关键限值

每个关键限值（CL）应合理、适宜、实用、可操作性强。HACCP小组确定关键控制点，还需要确定CL，用来保证生产过程操作的安全性，可防止或消除所确定的食品安全危害发生，或将其降低到可接受水平。CL掌握既不能太松也不能太严。如果过严，造成即使没有发生影响到食品安全危害而去采取纠正措施；如果过松，又会造成不安全的食品。确定CL需要科学依据和参考资料，如危害分析及控制技术指南、有关的法律法规和标准规定及咨询专家等。

在确定关键限值时常见存在的问题是：

① CL未制定合理的参数；

② CL未有足够的科学依据。

评审员需注意HACCP计划中的CL是否合理，如通常采用的温度、时间、湿度等感官参数的合理性，建立CL是否有充分科学依据和参考资料，是否有对CL的监控程序等。

7. HACCP计划及其控制措施的有效性

HACCP并不是一个零风险的体系，但可以尽量减少食品安全危害的风险。出口食品生产企业建立HACCP计划，必须按照HACCP计划上的规定去执行，确定哪些潜在的危害必须列入HACCP计划加以控制，控制措施是否到位。是否只要CCP处于受控状态，就能将食品安全危害预防、消除或降低到可接受水平。是否确定为关键控制点的工艺过程、状态或参数等只要在CL允许的范围内就有效地控制已识别的所有显著危害。监控程序的四项活动：监控什么、如何监控、监控频率、监控人员的控制方法是否体现CCP处于控制之中。当CL发生偏离时是否采取纠正措施。验证活动是否对HACCP计划运行的有效性进行确定，证明在HACCP体系中确保食品的安全性。记录是否为确保食品的安全提供证据，是否有书面化的文件表明HACCP已有效运行。配合检验手段和卫生管理来控制食品安全。

在HACCP计划及其控制措施的有效性时常见存在的问题是：

① 计划中的原料验收工序设为CCP点，但现场无标识；

② 杀菌工序（CCP）蒸汽压力没有达到关键限值，未按计划采取纠正措施。

评审员验证HACCP体系时，特别注意企业HACCP计划应由最高管理者负责批准，计划中列明的显著危害和关键控制点是否有效进行控制，制定的控制措施是否合理，现场正在监控的 CCP 位置和数量与计划是否一致，监控设备是否处于良好的操作状态，评审 HACCP 体系运行情况是否符合 HACCP 计划。

8. 车间加工环境的卫生监控

车间加工卫生的要求直接影响产品的质量，范围广泛控制点多。涉及工艺卫生和个人卫生，进入加工车间的操作人员应按规定路线进入车间，穿戴好工作衣帽并进行洗手消毒程序，严格按照安全卫生工艺要求进行加工。企业在加工期间要采取足够的监控频率对卫生条件和操作进行监控，以确保产品符合卫生要求。

在车间加工环境的卫生监控时，常见存在的问题是：

① 车间入口处洗手消毒设施的数量不符合生产加工人员的需求；

② 漏填写操作人员卫生检查记录。

评审员在现场验证时，应注意车间入口处是否有手消毒设施，消毒剂浓度是否按规定监测。现场观察生产人员进入车间更衣、穿戴、洗手、消毒是否符合卫生要求。车间加工过程中有无交叉污染现象等。

9. 对纠正措施的实施

纠正措施是发生偏离或不符合关键限值时而采取的步骤，在生产过程中，当关键限值发生偏离时，企业必须采取纠正措施。按照 HACCP 计划制定的纠正措施运作。

在纠正措施的实施时常见存在的问题是：

① 发现余氯检测记录没有达到标准要求，未采取纠正措施；

② 偏离关键限值期间生产的产品未决定如何处理。

评审员在验证时，应关注现场操作人员是否掌握一旦发现偏离 CL 应立即报告，并采取纠正措施。查阅纠正措施的记录是否为消除纠正产生偏差的原因，并将 CCP 返回到受控状态。

10. HACCP 验证程序的开展

当企业的 HACCP 计划制定完毕并进行实际运行以后，由 HACCP 小组成员按 HACCP 原理在进行验证，并以书面形式附在 HACCP 计划的后面。验证报告包括以下内容。

① 确认：获取制定 HACCP 计划的科学依据。

② CCP 点验证活动：监控设备校正、记录复查，针对性取样检测，CCP 记录等复查。

③ HACCP 系统的验证：审核 HACCP 计划是否有效实施，及对最终样品的微生物检测。

在 HACCP 验证程序的开展时常见存在的问题是：

① 验证程序明确人员职责和职能部门未落实；

② 未见 CCP 的记录复查；

③ HACCP 计划未对工艺过程进行监控。

评审员应对企业开展 HACCP 验证程序的情况进行了解，查阅是否建立了完整的 HACCP 体系验证程序，是否验证了 HACCP 计划的适宜性：如危害分析是否充分，监控程序设置是否合理等；加工卫生实际操作的一致性：如监控程序、纠正程序和验证程序是否有效执行等；HACCP 体系对危害控制的有效性：如半成品、成品的检验和消费者反馈情况等；同时，验证的各项记录是否符合要求。

11. 不符合报告的关闭

评审员对 HACCP 体系验证后产生的不符合项报告，企业负责人需要现场签名确认不符合项报告，企业相关人员需对不符合项报告进行原因分析，采取纠正措施，并填写整改及纠正措施跟踪情况记录，对不符合项报告进行关闭。

在不符合报告关闭方面存在的问题是：

① 企业对产生不符合的原因分析不准确、不透彻；

② 企业针对不符合采取的措施与产生不符合的原因不对应；

③ 企业对采取措施的效果验证不充分。

12. 建立和保存记录

记录是为了证明 HACCP 体系按照 HACCP 计划上要求有效地运行，充分证明在实际操作中符合相关法律法规的要求。HACCP 原理规定应用 HACCP 体系必须有效、准确地保存记录。记录保持应合乎操作种类和规模。

在建立和保存记录时常见存在的问题是：

① 记录内容不真实；

② 记录内容流于形式；

③ 记录内容缺少项目。

评审员验证 HACCP 体系时，查阅所有与 HACCP 体系相关的活动记录是否建立和控制。如是否在规定时间内对重要记录进行审核，CCP 监控记录、纠偏记录、验证记录、监控设备的校准记录、成品及半成品的检测记录和卫生控制记录是否符合要求，记录内容是否真实，记录是否规定了保存期限。

三、HACCP 认证基本程序

认证机构作为第三方认证的基本程序一般包括五个阶段：认证资料审核受理、现场审核、纠正措施及跟踪、认证审核报告、认证后的监督。

企业根据自己的实际情况，按照规定提出认证申请，填写《HACCP 体系认证申请书》。在提出申请的同时应按认证机构的要求提交相关资料。认证机构对申请企业所递交的资料进行初步审核，决定是否受理其认证申请。认证文件资料的审核简称文审。文审是进行现场审核的基础。经资料初审可接受申请的，双方须签订认证合同，不予受理认证的，认证机构应发放不予接受申请的通知书。

签订认证合同后，认证机构组建审核小组，进入资料技术审核阶段。文件资料审核主要是对其符合性、系统性、充分性、适宜性、协调性进行的审核。根据审核情况，决定是否赴企业进行初访，初步了解企业 HACCP 体系运作情况，为审核的可靠性收集信息。在文件资料审核、初访的基础上，编制 HACCP 体系现场审核计划。

审核组由组长、审核员、专业审核员组成，组内至少配备一名有相关专业能力的成员。审核组要参加企业的见面会，按计划或方案进行现场审核。通过现场观察、记录审查、提问、抽查等方法，应对现场审核提出评审意见，归结审核证据，沟通审核结果，编写认证审核报告。

审核结论包括三种情况：推荐认证通过；推迟认证通过；不推荐认证通过。在 HACCP 的认证过程中，纠正措施一般有现场跟踪验证；对纠正措施的实施记录追踪检查；对纠正措施实施方案的跟踪；要求三个月内完成纠正措施。

根据《认证机构实施 HACCP 质量体系认证的认可》规定，认证机构需每年组织全部体系进行一次复评，复评至少包括一次文件审查和一次现场审核。认证机构可对获证企业进行监督审核，通常为半年一次，监督企业实施 HACCP 体系。

2001 年，按照国务院的授权，认证认可管理职能交给国家认证认可监督管理委员会承担，HACCP 体系认证工作实行了依法管理。2002 年 5 月，我国强制性要求六类产品生产出口企业，即生产水产品、肉及肉制品、速冻蔬菜、果蔬汁、含肉及水产品的速冻食品、罐头产品的企业实施 HACCP 体系，这一要求标志着我国在食品企业应用 HACCP 体系进入了强制性实施阶段。

思考练习题

一、填空题

1. HACCP 起源于（　　）年代（　　）国家，（　　）年首次公开，正式实施时间为（　　）HACCP 代表（　　），HA 代表（　　），CCP 代表（　　）。

2. HACCP 是一种（　　）体系，其重点控制的是（　　）危害，主要通过控制（　　）过程来控制危害。

3. 食品中存在的危害种类为（　　）、（　　）、（　　）。寄生虫属于（　　）危害，贝类毒素属于（　　）危害，组胺属于（　　）危害，黄曲霉毒素属于（　　）危害。

4. 判断显著危害的两个标准是（　　）和（　　）。

5. 目前，我国食品行业的 GMP 法规是（　　）。

6. 本厂所制定的质量体系文件的法律依据有（　　）。

7. 制定 SSOP 的依据是（　　），（　　）是 SSOP 的法律基础，制定和执行 SSOP 的最终目的是（　　）。

8. HACCP 原理应用的基础是（　　）和（　　）。

9. 食品安全与卫生的重要要求是（　　）和（　　）。

10. 验证主要包括（　　）、（　　）、（　　）、（　　）。

11. 制定 HACCP 计划的预先步骤有（　　）、（　　）、（　　）、（　　）、（　　）。

12. 一个好的监控程序包括：（　　）、（　　）、（　　）、（　　）。

13. 制定 HACCP 计划，除了必备程序（　　）和（　　）外，还包括前提计划，如（　　）、（　　）、（　　）、（　　）。

14. 确定 CCP 的常用方法有（　　）和（　　）。

二、判断题

1. 在 HACCP 计划实施之前要进行确认和验证。（　　）
2. 一个 CCP 点只能控制一种危害。（　　）
3. 当偏离关键限值和操作限值时均应采取纠偏措施。（　　）
4. 在 HACCP 计划中，确定的 CCP 点越多说明危害控制得越全面。（　　）
5. 每种产品的 HACCP 计划中都肯定有 CCP 点。（　　）
6. 工厂实施了 HACCP 体系就完全可以避免风险。（　　）
7. 在控制危害方面，HACCP 计划比 SSOP 更重要。（　　）
8. HACCP 体系是一个食品方面的质量管理体系。（　　）
9. HACCP 体系体现预防为主的管理理念。（　　）
10. HACCP 体系所关注的是食品的质量是否合格。（　　）
11. HACCP 体系的基础是企业是否建立 ISO 9001 质量管理体系。（　　）
12. 内审检查表可以透漏给受审方。（　　）
13. HACCP 体系所阐述的纠偏措施即纠正措施。（　　）

14. HACCP 体系所阐述的关键控制点即产品生产加工过程中的关键工序。（　　）

15. HACCP 体系所说的产品描述即通常所说的产品名称、规格/型号、数量、批号。（　　）

16. HACCP 体系所规定的流程描述即组织的产品生产工艺流程图。（　　）

17. 不合格产品一定有危害，反之亦然。（　　）

18. 合格产品一定没有危害，反之亦然。（　　）

19. HACCP 体系要求任何贯彻 HACCP 管理体系的组织必须完全消除食品中存在的一切危害因素。（　　）

20. HACCP 体系所谓的偏离即 ISO 9001：2000 的不合格。（　　）

21. HACCP 体系所谓的食品是否有危害即所谓的产品是否合格，非针对消费者而言。（　　）

22. 所谓的危害就是食品对消费者能够造成伤害。（　　）

23. 不合格报告没有必要让受审方确认，由审核组长签字确认即可。（　　）

24. 审核就是寻找受审方存在的不符合审核准则的证据。（　　）

25. 审核过程抽样可以由审核员与受审方协商确定。（　　）

26. 为了确保审核的公正性与客观性，不合格报告必须经审核方、审核委托方双方确认。（　　）

27. HACCP 体系与 ISO 9001：2000 质量管理体系都关注食品的质量问题，只是关注食品质量中对消费者有危害的方面。（　　）

三、单项选择题

1. 认证审核是指（　　）。

a. 第一方审核　　b. 以组织名义进行的审核

c. 以顾客或相关方名义进行的审核

d. 由与组织没有任何关系的机构进行的审核，证明组织的管理体系的符合性声明

2. 审核准备包括（　　）。

a. 编制审核计划　　b. 编制审核检查表

c. 组建审核组，任命审核组长　　d. a+ b+ c

3. 审核实施流程是（　　）。

a 首次会议—现场审核—末次会议

b. 审核准备—首次会议—现场审核—末次会议

c. 审核准备—首次会议—现场审核—末次会议—编制审核报告—不符合跟踪与验证

d. 审核准备—首次会议—现场审核—编制审核报告—末次会议—符合跟踪与验证

4. 管理体系审核类型包括（　　）。

a. 第一方审核+ 内部审核+ 外部审核　　b. 第二方审核+ 认证审核+ 第一方审核

c. 第二方审核+ 认证审核　　d. 相关方审核+ 内部审核

5. 内审对审核员的要求包括（　　）。

a. 不能审核自己的部门工作　　b. 有能力实施审核，严禁审核自己的工作

c. 与组织没有任何关系　　d. 以上没有正确的

6. 以下不属于 HACCP 原理的是（　　）。

a. 危害分析确立预防措施　　b. 描述产品流程图

c. 建立纠偏措施　　d. 确定关键控制点

7. 危害分类分为（　　）。

a. 2 类　　b. 5 类　　c. 3 类　　d. 6 类

8. 内审员（　　）。

a. 必须来自组织内部

b. 必须有总经理任命

c. 可以是组织内部人员也可以是来自外部人员担任

d. 上述都正确

9. HACCP（　　）。

a. 是一种预防为主的质量管理体系

b. 关注食品对消费者的危害

c. 强调食品的质量是否满足顾客的要求

d. 上述都对

项目五　ISO 22000 食品安全管理体系认证

任务五　ISO 22000食品安全管理体系概述

随着全球经济一体化进程的加快与世界人民对提高生活质量的不懈追求，人们对食品安全要求越来越严格，食用安全、适宜的食品是人们的基本权利。

然而，食品生产的机械化和集约化以及化学制剂和新技术的广泛使用，造成食品安全问题的日益复杂化，导致食源性疾病的频繁发生，食品面临着越来越多的不安全因素，食品的安全问题也逐渐成为社会公众关注的焦点。这不仅危害人们的健康和生活，而且严重影响个人、家庭、社会、商业乃至整个国家的经济利益。据世界卫生组织统计，全球每年发生食源性疾病病例达到十亿人次，发达国家每年约三分之一的人遭受食源性疾病的侵害，而发展中国家的情况更为严重。因此，食品安全不仅是一个重要的公共安全问题，而且已成为全球重大的战略性问题。确保食品的安全问题，已成为现代各国政府不断加大对食品安全行政监督管理力度的重要方向，也是食品行业所追求的核心管理目标。

面对日益突出的食品安全问题。我国积极地采取了食品企业整顿、小企业监管、严格生产许可准入，加大食品监管抽查力度等一系列控制措施。这些措施在一定程度上保障了食品的质量安全，改善了国内食品安全问题的状况。但是由于食品安全问题是涉及整个食品链的、全球范围内的大问题，受目前人们认识水平和沟通水平的限制，食品安全方面仍然不可避免地存在一些问题。

1. 食品安全管理体系的产生

（1）食品安全管理体系的提出　随着全球食品安全的形势日益严峻以及经济全球化的发展，为了确保本国的食品安全，已有越来越多的国家要求出口国食品企业开展基于HACCP的食品安全管理体系认证。同时，随着全球食品行业第三方认证制度的兴起，急需制定一项全球统一、整合现有的与食品安全相关的管理体系，既适用于食品链中的各类组织开展食品安全管理活动，又可用于审核与认证的食品安全管理体系国际标准。基于上述迫切需要，考虑到食品安全管理体系的重要性，ISO/TC 34于2000年成立了第8工作组，开始制定ISO 22000食品安全管理体系系列标准。2005年9月1日正式发布了ISO 22000:2005《食品安全管理体系——食品链中各类组织的要求》（以下简称“食品安全管理体系——要求”）。为了更好的保障我国消费者健康，提高食品企业安全管理水平，满足食品安全认证认可监督管理工作的需要，以及促进食品国际贸易，我国应尽可能与国际接轨，大力推行适合我国国情的食品安全管理体系。

（2）保障食品安全的有效途径 食品安全问题是由于生产技术条件落后、新技术使用和管理不善等多方面原因造成的。对于因生产条件落后而造成的事故和疾病问题，可以通过技术手段解决。新技术使用带来的食品安全风险问题，例如疯牛病、二噁英等问题会随着科学研究的发展，人们认识的进步得以解决。对于管理不善的问题，只能通过改进管理体制、提高管理水平等方式予以解决。多年来人们不断发现，纯粹由于技术条件达不到要求且无法避免的事故只占很小一部分，绝大多数事故原本是可以通过实行合理有效的管理而避免的。因此，只有加强食品安全管理，辅之以技术手段，才能最大限度地减少食品安全事故和食源性疾病的发生。通过建立行之有效的食品安全管理体系来保障食品安全是世界各国都在努力探索的科学方法。

2. 国内外食品安全管理体系的概况

加强食品安全的质量管理和控制，既是社会进步的需要，也是保障人民身体健康的大事。随着科学和技术的飞速进步，食品安全标准体系不断与时俱进。

从目前情况来看，根据各自国情，世界各国通过立法建立了不同类型但行之有效的食品安全监管机构体系。各国食品安全监管机构体系虽千差万别，但基本模式不外乎三种：第一种是由中央政府各部门按照不同职能共同监管的模式，这种模式以美国为首，而我国也大致相同；第二种是由中央政府的某一职能部门负责食品安全监管工作，并负责协调其他部门来对食品安全工作进行监管，这种模式的代表国家是加拿大；第三种是中央政府成立专门的、独立的食品安全监管机构，由其全权负责国家的食品安全监管工作，这种模式的代表国家是英国。

同时，各国对食品安全监管机构的设立有一个基本共识，即：食品由农产品的生产到最终用于消费是一个有机、连续的过程，对其管理也不能人为地割裂，应强调对农产品质量安全的全程性管理。这种全程性管理不仅强调要从农业投入品开始，对食品由生产到消费的各个环节进行管理，并且体现在尽可能地减少管理机关的数量，由尽可能少的机关对食品安全进行全程性管理。

国际组织和各发达国家地区的食品安全法规标准体系的构建原则基本一致，标准的制定均是以风险评估为依据。他们的体系框架内容主要涵盖基础（通用）标准、产品标准和过程控制规范三个方面，这与我国食品安全国家标准体系所涵盖的内容是基本一致的，但其更注重食品生产过程控制规范的建设，值得我国借鉴。

任务二 食品安全管理体系建立与实施

一、食品安全管理体系的策划

ISO 22000 指出，标准可以独立于其他管理体系标准之外单独使用，其实施可结合或整合组织已有的管理体系要求，同时组织也可利用现有的管理体系建立一个符合标准要求的食品安全管理体系。组织在已构建的管理体系框架内建立、运行和更新最有效的食品安全管理体系，并将其纳入组织的整体管理活动中，将为组织和相关方带来最大利益。因此，ISO 22000 并不排斥组织现有的管理方式，相反还倡导整合组织已有的管理体系。为了建立符合 ISO 22000 要求的食品安全管理体系，组织可能会改变现行的管理体系。

1. 初始状态评审

初始状态评审是食品安全管理体系建立的第一步。组织在建立食品安全管理体系之前，有必要对组织之前的食品安全管理状况进行一次全面的诊断。只有根据诊断的结果，组织才能将 ISO 22000 标准的要求纳入组织管理当中，建立起适合组织自身的食品安全管理体系。因此，初始评审的目的是评估现有的食品安全管理，确定适用的基本法律法规要求，为组织制定食品安全方针和目标及管理控制措施提供依据，使建立的食品安全管理体系与组织原有的管理相融合。

在初始状态评审过程当中，组织需要收集详细的食品安全管理方面的信息，如组织坐落的环境状况、产品农兽药残留的控制、交叉污染的预防、采购过程的管理、相关方的要求、产品的安全质量状况等。根据这些信息分析组织目前的管理现状是否稳定持续地符合有关法律法规的要求，达到的食品安全标准在什么水平，存在怎样的差距和不足。结合自身的管理思想、组织文化和战略目标，应该制定什么样的食品安全管理方针和食品安全目标，组织要按照 ISO 22000 标准进行体系的整体策划，策划工作的最终结果就是将标准要求的内容明确下来并具体化，最终形成可操作的文件。

初始状态评审的内容包括：获取并确定组织适用的法律法规和组织应遵守的顾客、消费者等其他有关食品安全要求；对照适用的法律法规要求对本组织的食品安全管理进行评价；收集并整理组织现行的与食品安全管理相关的管理制度（如 HACCP 体系），现有食品安全管理制度的有效性，并策划其与 ISO 22000 食品安全管理体系相融合的方案；评估已建立或拟建立的质量管理体系、环境管理体系、食品安全管理体系整合的可行性。

初始评审的范围应与所确定的食品安全管理体系覆盖范围一致。

2. 现有相关管理文件的调查和分析

食品安全管理体系的建立，不是一味抛弃组织过去的有关管理制度，而是要通过食品安全管理体系的建立，使那些管理制度更加系统化、规范化。通过食品安全管理体系这样一个平台，使之得到有效的实施。

（1）对现有管理方式的分析内容包括：

① 现行的机构设置、职责划分的合理性、充分性；

② 业务流程的合理性、符合性和有效性；

③ 现行的管理程序、方案的适用性和充分性；

④ 适用的法律法规充分性、时效性；

⑤ 绩效考核制度与管理办法；

⑥ 对供方及合同方质量表现的现行管理制度；

⑦ 业务方面取得竞争优势的机会；

⑧ 在产品的特性以及其他与食品质量相关的业务方面取得竞争优势的机会，对以往食品质量、安全事故及顾客意见、建议进行的调查和分析。

（2）对现行食品质量、安全管理文件的调查分析内容包括：

① 质量手册、GMP 文件或卫生质量手册、HACCP；

② 卫生管理操作性文件；

③ 人员培训控制；

④ 设施设备维修保养；

⑤ 产品回收；

⑥ 产品标志及可追溯性控制；

⑦ 文件及记录控制；

⑧ 内部审核；

⑨ 不合格品控制；

⑩ 纠正与纠正措施的应用。

其他支持性文件如过程网络图、内部沟通、质量计划和其他策划的输出、为了过程管理所必需形成文件的程序和外部文件等。

以上这些质量、HACCP 管理文件，经分析如果是有效的，可以直接引入食品安全管理体系中。如果需要修改、补充，可在修改、补充后或与新建立的体系文件结合后，形成食品安全管理体系文件的一部分。

（3）其他管理文件　其他方面的管理文件可根据内容整合到食品安全管理体系，作为食品安全管理体系文件的支持性文件。例如，对外公关宣传，外部投诉的处理，与食品安全管理体系中的信息交流相结合。原有的组织机构和职责的规定是建立食品安全管理机构和职责的基础。与各重要岗位有关的能力要求、培训需求以及培训计划，应在建立和实施食品安全管理体系时充分考虑。与食品安全有关的奖惩制度应纳入不符合、纠正和预防措施中。

3. 食品安全管理体系的策划

组织完成了初始状态评审，表明评估了现行食品安全管理现状、法律法规要求和其他应遵守的要求，完成了现有状况相关制度的调查，已清楚了现有管理状况与 ISO 22000 标准要求的差距。这里所讲的策划包括：制定食品安全方针、制定目标和控制措施、确定体系的结构和文件的结构，以及确定组织机构和职责等内容。严格地讲，适用法律法规要求的确定属于体系策划的内容，但由于这项工作内容庞杂，所以已单独在前提方案的建立一节中加以描述。

食品安全管理体系的策划为实施食品安全管理建立了一个整体框架，其包括以下内容：制定食品安全方针；制定食品安全目标；确定食品安全管理的各项职责；建立适于组织要求的前提方案；在危害分析基础上确立操作性前提方案和 HACCP 计划；确立操作性前提方案和 HACCP 计划的控制措施组合；建立、实施食品安全管理体系，定期评价食品安全管理体系，必要时更新；编制食品安全管理体系文件。

策划是一个持续进行的过程。在建立食品安全管理体系时需要进行策划，在实施食品安全管理体系的过程中也需要不断进行策划，以适应客观环境的变化、实现食品安全管理体系的有效运行和持续改进。

（1）食品安全方针的制定　食品安全方针是每个组织实施食品安全管理体系的基础。根据 ISO 22000 标准的定义，食品安全方针是“由组织的最高管理者正式发布的该组织总的食品安全宗旨和方向”。而食品安全管理体系是“用来制定和实施其食品安全方针并控制其食品安全危害因素”的。食品安全方针为建立食品安全目标提供了一个意图，确定了实施与改进组织食品安全管理体系的总体方向，具有保持和改进食品安全管理的作用。因此，食品安全方针是建立和实施食品安全管理体系的关键。

食品安全方针应形成文件并对其进行沟通。最高管理者应确保食品安全方针与组织在食品链中的作用相适宜，既符合法律法规要求，又符合与顾客商定的食品安全要求，在组织的各层次进行沟通、实施并保持，在持续适宜性方面得到评审，并由可测量的目标来支持。

① 制定的食品安全方针与组织的特点相适宜。应根据组织经营战略的要求、任务、核心价值观以及市场竞争的要求识别组织在食品链中的作用与地位；组织的产品、性质、规模；监管部门或其他相关方的要求，包括当地政府提出的规划以及食品链、消费者各类相关

方对组织的要求或期望；提出在食品安全管理方面的总方向。例如，组织可根据政府的食品安全目标制定自己的食品安全方针，方针使用容易理解的语言来表达，以利在组织的各层次进行沟通。制定的食品安全方针可与组织的其他方针（如质量、环境、职业健康安全方针）相协调。

② 食品安全方针能体现最高管理者的意图。在拟定方针前，应由最高管理者对食品安全管理的总体框架提出要求，并征求各方面的意见。最后，食品安全方针由最高管理者批准。由于方针是由可测量的目标来支持的，因此食品安全方针不能仅仅是一个空泛的口号，而应包含标准所要求的各项内容，以能指导食品安全目标的制定及食品安全管理体系的实施。

③ 根据食品安全管理体系标准的要求，策划食品安全方针的内容。遵守或超越适用法律、法规和顾客食品安全要求的承诺；与组织在食品链中的作用相适宜；充分体现沟通和对食品消费者健康、安全的责任。如从事食品原辅料的初级生产、食品加工清洗消毒剂的生产、直接食用的餐饮食品加工，其食品安全方针具有不同的内涵。

④ 应注意食品安全目标与方针之间的关联性，并保持一致。

（2）食品安全目标的制定　食品安全目标以支持食品安全方针为宗旨，规定了可测量的目标。可测量的活动可以包括识别和实施，以改进体系任何方面的活动。制定的食品安全目标宜具体、可测量、可获得和有时限。为了实现目标，组织应当规定相应的职责和权限、时间安排、具体方法，并配备适当的资源。

食品安全目标的制定可考虑如下因素：组织食品安全方针中的原则和承诺；适用的法律法规要求和组织应遵守的食品安全要求；组织需要控制的重要食品安全危害；可选技术方案及其可行性；组织运行及经营要求，包括市场竞争的要求；相关方的观点；组织公众形象的需要；组织的其他目标。

目标可以直接表述为一种具体的绩效水平，也可以是一般性的叙述，并进而规定为一个或多个包含具体绩效水平的指标。目标应当可测量，并纳入组织的整体管理目标。

食品安全目标涉及的内容可包括：不合格或潜在不合格出现的机会，降低召回或撤回的次数；严于国家或行业标准的具体食品安全标准；国内某类食品安全标准要求，如绿色食品标准；国际食品安全限量标准；某国食品安全标准。

（3）食品安全管理职责的确定　食品安全管理体系的实施需要组织所有人员的参与，上至组织的最高管理者，下至一般员工，甚至还包括所有为组织工作和代表组织工作的人员。

食品安全管理体系的成功建立、实施和保持，在很大程度上有赖于最高管理者在组织内部如何规定和分配职责和权限，规定食品安全小组组长、食品安全小组成员在建立和实施食品安全管理体系中的职责和权限，所以在体系策划时应充分重视这一工作。妥善规定管理体系中的关键作用和职责，并传达到为组织或代表组织工作的所有人员。当组织的机构发生变化时，应当对食品安全管理职责和权限予以评审和必要的修订。

① 食品安全小组组长的职责　食品安全小组组长是每个组织食品安全管理体系的核心，食品安全小组组长具备卫生管理和 HACCP 原理应用方面的知识，了解组织的食品安全问题。当食品安全小组组长在组织中另有职责时，不与食品安全的职责相冲突。

食品安全小组组长的具体职责包括：负责组织食品安全管理体系的建立、实施和保持；直接管理食品安全小组的工作，确保食品安全小组成员的相关培训和教育；主持体系的策划，文件的建立和体系的实施运行、保持和更新；食品安全目标的建立和实施；主持内部审核的实施，并向组织的最高管理者报告体系的有效性和适宜性；必要时，作为指定人员，负责与食品安全管理体系有关事宜的外部联络。

② 食品安全小组的职责　负责体系的建立、体系策划中的具体工作；负责体系文件的制定；负责体系实施运行中的组织工作和控制管理；实施组织内部审核；完成食品安全小组组长交办的工作。

③ 部门职责的确定　不能认为只有质控管理部门才承担食品安全方面的作用和职责。组织内的其他部门，如产品开发部门、生产部门、设备动力管理部门、行政总务部门、人力资源部门等也应承担各自的职责。要规定负责外部沟通的指定人员及法律法规获取和识别的管理部门；文件和记录的管理部门；人力资源与培训管理部门；体系验证部门；负责撤回/召回指定人员和部门；应急响应的主管部门等。

组织中与食品安全管理相关的部门在体系中的职责，针对生产型组织、其相关部门的职责可考虑如下方案。生产（含车间）部门：控制措施的实施活动；工艺技术部门：负责体系验证活动的实施；供应部门：负责对供方、合同方施加影响，负责原料管理和化学品管理；人力资源管理部门：负责培训管理以及岗位人员能力的确定和考核；产品开发部门：法规标准的管理，食品链相关方、顾客信息沟通等；行政总务部门：管理行政后勤活动中的因素，负责文件管理；销售部门：产品撤回、顾客意见反馈等。

二、食品安全管理体系建立的准备

食品安全管理体系的建立与实施，需要组织最高管理者做出承诺和决策，确定体系建立和实施的范围，做好思想、组织、资源方面的准备，并制定建立体系的相关计划。

1. 最高管理者的决策

食品安全管理体系的建立与实施是一件涉及范围广、工作量很大的工作。所以，组织建立食品安全管理体系时，首先需要最高管理者对改进组织的食品安全管理做出承诺，这种承诺可能源自不同的考虑：如组织主动地为了提高食品安全管理水平而做出的决策；顾客或产品市场的需要；监管部门的要求；提高企业管理规范的形象等。最高管理者对食品安全管理承诺的证据，可采用不同的方法，如树立员工食品安全卫生意识的各种方式，领导主动积极的行动等。不论何种方法，最高管理者的承诺和领导对食品安全管理体系的成功实施具有决定性作用。只有这样，才能保障提供所需的组织和资源的准备，将体系建立和实施纳入组织的正常工作任务。

2. 确定建立、实施食品安全管理体系的范围

在建立体系之前，最高管理者应确定食品安全管理体系的覆盖范围。ISO 22000 在总要求中规定："组织应确定食品安全管理体系的范围。该范围应规定食品安全管理体系中所涉及的产品或产品类别、过程和生产场地。"组织应依据此要求，确定实施食品安全管理体系的范围。首先应确定其体系的管理范围，包含哪些产品或产品类别、这些产品采用哪些生产过程、涉及哪些生产场地。对某一特定的拥有数条生产线的组织来说，体系可仅覆盖其中几条生产线，而不覆盖其他的生产线。

确定食品安全管理体系的范围，应包括以下三个方面的内容。

（1）组织的管理权限　体系的覆盖范围一般应包括组织法律责任范围以内的区域和活动，即体系的应用范围应该在组织法人经营范围之内，适用时在生产许可证范围内。

（2）组织的活动领域　指体系所包括的产品、活动和服务的领域范围，是初级生产过程、深加工，还是食品流通领域。

（3）组织的现场区域　体系所覆盖的生产场地，所覆盖的现场区域其食品安全影响应基本独立，而现场受外界的影响应相对较小，且具有应对外界影响的能力。

组织也可自行决定在特定的运行单位或生产单元实施标准要求，但组织所确定的特定运行单位，应符合“组织”的基本条件。即实施食品安全管理体系的“组织”或“组织的一部分”必须是具有自身职能和行政管理的运行单位。换句话说，一个不具备自身职能和行政管理的运行单位，是不能单独建立和实施食品安全管理体系的。例如，工厂的一个车间，如不具有人、财、物等的行政管理职能，无权制定和实施自己的食品安全方针和目标，因此它不能作为一个单独的组织实施食品安全管理体系。

为了保证组织食品安全管理的质量，建立和实施食品安全管理体系的组织应符合下列条件：

① 对本组织相关的所有食品安全保证负有管理责任；

② 可决定如何通过设定目标与方案实施并遵循其食品安全方针；

③ 有权调配适当的财力与人力资源实现食品安全管理的持续改进。

一个组织建立和实施食品安全管理体系，不能将自己的运行单位任意划在食品安全管理体系之外。为了确保体系的有效性，食品安全管理体系覆盖的范围应符合下列要求：

① 组织应界定自身的输入、输出的责任界限，责任界限之内的部分应纳入食品安全管理体系的范围之内；

② 组织中对食品安全有重要影响的活动或过程，不能任意划在食品安全管理体系范围之外；

③ 在确定体系覆盖范围时，组织应考虑监管部门准许的范围，如卫生许可证、生产许可证描述的范围。

实施食品安全管理体系的范围一经确定，组织在此范围内的所有活动、产品和服务，均须包括在食品安全管理体系内。

组织的最高管理者决策并确立了食品安全管理体系的范围之后，还应在思想、组织和资源三个方面，做好具体的准备工作。

3. 思想准备

思想准备是指组织领导层统一思想认识，充分认识到建立食品安全管理体系的必要性，要向全体员工宣传食品安全的重要性，让员工意识到体系的建立对于预防食品安全危害的重要意义。通过培训、教育等方式的实施，领导和员工在思想上提高食品安全意识和自我卫生意识，准备接受食品安全管理体系要求的各项规定。

4. 组织准备

组织准备是指组织健全各部门、岗位职责，建立体系管理机构——食品安全小组。小组的主要职责是建立、实施、保持和更新食品安全管理体系。

(1) 任命食品安全小组组长　最高管理者应任命食品安全小组组长。食品安全小组组长在食品安全管理体系的建立和实施中具有非常重要的作用，正确选择食品安全小组组长是建立和实施食品安全管理体系的关键。食品安全小组组长应具备的条件包括：在组织内具有一定的权威，能指挥与食品安全管理各相关职能和层次的工作；有足够的时间和精力领导食品安全小组，组长在具备必需的食品安全知识并得到授权时，可负责与食品安全管理体系有关事宜的外部沟通。

(2) 组成食品安全小组　为确保危害分析的充分性、科学性和有效性，组成小组应由多种专业和具备食品安全管理经验的人员组成，以确保食品安全相关知识和经验的互补。在组成成员中，应包括与产品相关的各专业、各职能部门人员。在生产型的组织中，一般应包括产品开发、工艺技术、生产管理、原辅材料管理、质量控制、动力管理、后勤管理、卫生监督、设备维修、产品销售和生产操作等方面的人员。这些人员的经验和知识可以与本组织体系所覆盖的产品、过程或设备相同，也可以借鉴与本组织不同的食品安全管理的经验和知识。这种知识和经验包括与产品、生产过程和生产设备有关的食品安全危害。食品安全小组组成形式可以考虑组织的规模和性质，规模较大的公司可以组成食品安全管理组并下设独立的分组管辖各产品组或车间。分组所管辖的产品组或车间的食品安全危害及其控制措施可能存在较大的差别，因此，组成分组人员的知识和经验的要求就存在差异。由于管理组的职责和分组的职责存在不同，管理组更注重于协调、组织、策划和验证食品安全管理体系，而分组则注重体系的实施和现场检查等执行方面的职责，因此，人员的要求也存在差异。对于小型或欠发达组织，或者组织缺乏某种专业的人员，其人员能力不能满足要求时，可以通过外聘专家的方式解决。聘请的外部专家可能是食品安全危害方面，也可能是设备维修方面的，还可能是管理体系方面的，无论哪方面专家，其能力需满足组织特定的需求。对于获取的此类专业人力资源，应以协议或合同的方式对其职责和权限做出规定，并将此协议或合同作为记录保存。

无论知识或经验，都是为确保食品安全管理体系策划、建立、实施和保持过程中人员能力满足需要的要求，因此，能够证明人员能力的证据（包括外聘专家），如学历证明、从业经验证明、技术职称或技能证书等，都要作为记录保存。

食品安全小组的人员可能具备不同的专业知识和教育背景，但仍需接受 HACCP 原理、危害评价和控制措施识别与评价等知识的培训，甚至再教育，使之具备实施危害分析或组织危害分析的能力。

此外，食品安全小组宜常设人员负责体系建立的日常事务。在较大型的组织内，为加强体系的建立和实施，可在各部门设一位内审员参与体系的建立工作，并作为该部门体系运行的骨干。

为使食品安全小组能正常开展体系建立的工作，应为其创造必要的条件。例如办公条件、组织现场验证的条件，以及必要的文件和基础资料需求等。

5. 资源准备

资源准备包括识别与产品有关的法律法规，并确定、制定前提方案要求的人力资源、基础设施设备、工作环境等。

（1）具备法律法规要求的资源条件　资源是组织建立食品安全管理体系，实现食品安全方针和目标的必要条件。资源可包括人员、信息、基础设施、工作环境，甚至文化环境等。组织应根据组织的性质、规模、方针、产品特性和相关方的要求，识别和确定组织在建立、实施、保持和更新食品安全管理体系的不同阶段所需资源，以达到生产安全食品和满足相关方要求的目的。

遵循基本的法律法规是组织在建立食品安全管理体系的基础，最高管理者有责任根据相关法律法规的要求，提供充足资源，以确保组织食品安全管理体系的实施。如《中华人民共和国食品安全法》、GB 14881《食品生产通用卫生规范》、《出口食品生产企业安全卫生要求》等适用的法律法规要求，提供相应的资源条件。

在组织守法（包括本国的，必要时，输出国的相关法规）的基础上，可以根据组织的方针、规模、性质、产品特性和相关方的要求，在确保生产安全产品的情况下，协调资源，确保资源的合理搭配，改进资源的分配状况，提高资源的利用效率。

（2）人力资源的储备　ISO 22000 标准要求食品安全小组和其他从事影响食品安全活动

的人员应是能够胜任的，并具有适当的教育、培训、技能和经验。组织中任何人员，如果其活动可能影响食品安全，那么就应具备必要的能力，以便胜任其所从事的工作，确保其活动不会对所生产的产品造成任何不良的健康风险。

组织生产经营管理的不同岗位，应确立不同的人员资质、能力要求。对其能力的评价可基于其受教育程度、接受的培训、具备的专业技能和从业经验来做出初步的判断。对其能力的要求可以是身体健康方面的，如没有传染病；也可以是学历和专业方面的，如食品加工专业本科以上学历；还可以是技能、经验和培训的要求，如化验员的要求可以是中专以上学历，食品检验专业，工作 2 年以上，熟练掌握食品分析测试方法，具备培训的执业证书。当人员具备基本能力，组织同时有特定要求时，可以通过继续教育和培训来补充特定要求的能力，如食品安全小组人员组成时，需要考虑多专业的互补性，对于小组中人员缺乏统计技术知识的，就可通过对有专业基础人员进行统计技术知识的培训，使之具备能利用统计技术知识进行食品安全危害的分析。

(3) 员工的能力、意识和培训　ISO 22000 规定组织应确定从事影响食品安全活动的人员所必需的能力，提供必要且适宜的培训或其他措施，以确保其具备必要的能力，使员工认识到其活动对实现食品安全的相关性和重要性，理解食品安全管理有效沟通的要求。

根据标准的要求，组织应确定其活动对食品安全有影响的具体人员。第一，识别并确定这些人员需具备的能力和技能，如所有与食品生产相关的人员需具备必要的健康要求，并具备基本的卫生知识和卫生操作知识，这种需具备的能力和技能可能是教育经历，也可能是在此方面的从业经验。当这些人员的能力或技能不能满足要求时，组织可以提供必要的教育或培训，以使其具备这些必要的能力。第二，对于确保负责监视食品安全过程的人员，除具备一般食品安全的能力外，还要接受专门的监视技术培训，使之了解被监视对象、监视频率；并在过程失控时采取必要的活动，包括向相关人员报告，将失控过程的产品隔离等。第三，为了弥补能力或技能的不足，而需接受培训或教育的人员，应对其培训或教育的效果进行评价，以确保其具备与其所从事的食品安全活动相适应的能力或技能。评价可能是书面考核、面试、对现场演示的评价方式等。

除了特定知识、必备能力的培训外，引导体系的宣贯和建立体系的培训也是必要的。由于食品安全管理体系的建立需要各部门、各级管理者的理解和支持，也需要全体员工的积极参与，所以需要对他们进行食品安全管理体系知识的培训，特别是对于直接负责或参与体系建立的工作人员，应该使他们较深入地了解标准要求以及体系建立的有关知识。因此，在食品安全管理体系建立的准备阶段，需要针对不同的对象分别进行各种不同内容的培训。例如，对管理人员的培训内容可包括 ISO 22000 系列标准的制定背景；ISO 22000 标准内容；如何实施食品安全管理体系；对管理者的要求等。对员工的培训内容，可包括食品安全、食品卫生知识；食品安全管理体系基本知识；组织建立食品安全管理体系的意义等。对负责和参与体系建立的工作人员、内部审核员的培训内容，可包括 ISO 22000 食品安全管理体系标准理解；与本组织相关的食品安全法律法规要求；食品安全管理体系的策划；体系文件的编制；食品安全管理体系试运行的要求等。通过以上形式培训，使组织中的各级管理者和员工了解有关食品安全和 ISO 22000 食品安全管理体系基本知识，以及建立和实施食品安全管理体系的要求。使直接负责或参与体系建立的工作人员，能较深入地了解食品安全管理体系标准以及体系建立的有关知识，能肩负起食品安全管理体系建立和实施的任务。

保存好所有影响食品安全的人员为满足食品安全能力或技能而涉及的教育、培训、技能和经验方面的记录。这些记录包括培训课程的签到记录表以及培训具体信息（项目/内容、教师姓名和资格、受培训人最终评定结果等），从业记录、证明教育背景的证书和专业学分等。

（4）提供资源以建立和保持所需的基础设施　组织需要提供适宜的基础设施，并对基础设施进行维护，以使之持续符合食品安全管理体系的要求。应根据组织所生产产品的性质和相关方的要求，参考国际（食品法典委员会）、国内相关的食品卫生规范和（或）食品链其他环节的要求，提供基础设施。适用时，基础设施可以包括但不限于建筑物和设施的布局、设计和建设；空气、水、能源和其他基础条件的提供；设备，包括其预防性维护、卫生设计和每个单元维护和清洁的可实现性；包括废弃物和排水处理的支持性服务。

基础设施因组织的产品特性而异。如对于餐饮配餐公司，其在基础设施的策划中应遵守《餐饮业和集体用餐配送单位卫生规范》“第二章加工经营场所的卫生条件”的要求；而乳制品企业，则应遵守 GB 12693—2010《乳制品企业良好生产规范》中“5. 厂房及设施”的要求来策划其基础设施。

（5）提供资源以建立、管理和保持所需的工作环境　工作环境是指工作时所处的一组条件。这种条件可以是物理的，如 GB14881《食品企业通用卫生规范》中“4.3.6 厂区绿化”的规定。同时，这种条件还可以是社会的，如员工福利和动物福利的要求；也可以是环境的因素，如有空调装置的饭馆（餐厅）遵循 GB 16153《饭馆（餐厅）卫生标准》中微小气候、空气质量、通风等环境条件。而卫生环境则是食品生产工作环境所必不可少的。

6. 制定体系建立的工作计划

制定体系建立的工作计划其目的是进行周密的策划，制定详细的工作进度和时间安排，内容包括：工作内容、负责人、需要多少资金、需要多长时间、什么时候完成什么内容、什么时候最后结束等。工作计划交最高管理者批准。

建立体系的整个过程中，所需完成的具体工作项目可包括：ISO 22000 的宣贯和培训；体系建立培训，包括体系策划、文件编写的培训等；进行食品安全管理体系的策划；体系文件的编制，食品安全管理手册、程序文件和必要的支持性文件等；食品安全管理体系文件的发布；食品安全管理体系文件的宣贯。

一般地，编制食品安全管理体系文件的工作完成后，即进入体系的实施运行阶段。在实施运行阶段也有对体系不断完善的内容。

如果组织在食品安全管理体系的建立过程中，需要聘请咨询机构或专家进行指导，应慎重选择权威的机构或有经验专家，以能切实地帮助组织实施各种培训和各项工作的指导。

三、食品安全管理体系文件的编制

1. 建立体系文件的目的和作用

组织将食品安全管理体系形文件至少可实现以下目标。

① 描述组织的食品安全管理体系，指导组织内员工对体系运行和实施的工作和活动。

② 为不同的部门提供信息，加深彼此的了解，为组织的秩序和平衡奠定基础。

③ 传达最高管理者的意图，将管理者对安全质量的承诺传达给员工，使管理者和员工达成共识。

④ 帮助员工理解其在组织中的作用，从而增强他们的责任感以及对其工作重要性的认识。

⑤ 为评价食品安全管理体系的有效性和持续适宜性提供依据，避免食品安全事故发生，降低产品成本，提高组织经济效益。

⑥ 提供明确和有效的运作框架，将过程形成文件以达到作业的一致性，并说明如何才能达到规定的要求，为上岗培训和岗位继续培训提供依据。

⑦ 提供表明已经满足规定要求的客观证据。

⑧ 为管理体系持续改进提供依据。

⑨ 在组织内向相关方证实其能力，明确对供方的要求，便于组织对外宣传和展示，通过体系文件为顾客提供信任。

组织实施食品安全管理，文件的作用是不容忽视的，将要求形成文件有利于沟通和操作，使所要求的活动更易于实施、检查、落实。但过于繁杂的文件也会给组织的管理活动带来障碍，所以组织在体系文件的编制上，要力求在保证有效性和效率的基础上，使文件数量尽可能少。

食品安全管理体系文件可采用任何载体，如硬拷贝或电子媒体，具有随时访问、易于更改、发放快捷、易于控制、远程访问、收回简单等优点。

2. 编写食品安全管理体系文件的原则

(1) 要符合标准的要求　ISO 22000 对文件的要求是组织编写食品安全管理体系文件的基本依据。组织应按标准的要求编写食品安全管理体系文件，凡标准要求的文件都必须包括在食品安全管理体系文件中。

(2) 结合组织的管理特色和工作特点　ISO/TS 22004 为组织依据 ISO 22000 建立与实施食品安全管理体系提供了指南，它适用于食品链的任何类型与规模的组织，以及各种地理、文化和社会条件。由于作为实施食品安全管理体系的组织千差万别，因此在进行食品安全管理体系文件编制时，应密切结合组织管理基础和工作活动特点，充分反映出组织的管理现状。标准只对组织实施食品安全管理体系提出了基本要求，也就是提出了应该做什么，但没有说明具体应当如何做。作为一个管理体系标准，它只规定了组织食品安全管理工作的框架，而未提出具体的技术要求和技术标准。这就需要组织根据自身食品安全管理的具体情况来策划和实施食品安全管理体系。在食品安全管理体系文件的编制中，也应充分体现这个特点，切忌体系文件的一般化。组织在过去的食品安全管理工作中，一定存在一些原有的有关管理文件，在食品安全管理体系文件的编制中，要充分结合、吸收原有文件的内容。

(3) 与其他管理体系文件的结合　ISO 22000 所规定的食品安全管理体系是组织全面管理体系的一个有机组成部分。由于食品安全管理体系要求与 GB/T 19001 所规定的质量管理体系要求结构相似，且标准附录列述了 ISO 22000 与 GB/T 19001—2016 之间的对应关系，已先期实施 GB/T 19001 的组织，可在其现行管理体系的基础上，对原有的一些体系要素加以修改，使之适合食品安全管理体系标准条款的要求，以建立食品安全管理体系。

将组织的各种管理体系文件进行有机结合，以逐步形成一个整合的管理体系文件系统，是对管理体系进行协同实施的重要课题之一。一般说来。任何一个组织，在其经营活动中都或多或少存在一些适合于其活动、产品和服务特点的管理制度、方法或体系，它们对组织生存和发展具有不可或缺的作用。现在，我国已经有很多组织实施了 GB/T 19001 规定的质量体系认证，从而进一步规范了组织的质量行为，改善了组织的质量绩效。而 ISO 22000 所规定的食品安全管理体系，采取了类似的管理体系模式，为做到体系在共同要素上的兼容提供了共同的基础。因此，组织在编制食品安全管理体系文件时，应充分考虑到各种管理体系兼容的需要，避免相互矛盾或重叠。对于不同管理体系中具有相同要求的要素，在编制程序文件时应给予充分的协调。但也应当看到，这些管理体系有共同之处，但差别也显然。例如，质量管理体系针对的是顾客需求，环境管理体系服务于众多相关方和社会对环境保护不断发展的需求，职业健康与安全管理体系则是为了维护员工的安全及健康需求，而食品安全管理体系则是针对满足顾客与法规的食品安全要求。由于体系的目的和相关方不同，不同的管理体系在管理要素的构成上差别很大，即使是一些共同的要素，其实际内容也会有较大的差异。

3. 食品安全管理体系文件的基本要求

食品安全管理体系文件是对一个组织食品安全管理体系的描述，是对食品安全卫生控制各项活动进行规定并提出要求的文件集合，既是组织食品安全管理体系运行的规范性指导文件，也是组织开展食品安全管理体系审核和认证的主要依据。组织食品安全管理的效果与所编制的食品安全管理体系文件的质量息息相关，而且所编制的食品安全管理体系文件要适用于不同层次、部门和人员，其种类也不尽相同。因此，组织应将编制食品安全管理体系文件作为一项重要工作来做，对编制的全过程进行整体策划和控制。在编制体系文件时，应满足以下基本要求。

（1）法规性和严肃性

① 编制食品安全管理体系文件的过程是组织结合自身特点将 ISO 22000 标准和相关食品安全法律法规要求具体化、文件化的过程，因此食品安全管理体系文件在总体上应遵循标准和法律法规的要求。

② 食品安全管理体系文件不仅是组织建立和运行食品安全管理体系的依据，也是组织对食品安全管理体系运行结果进行评价和改进的主要依据。它既是行为的准则，同时也是开展食品安全卫生控制培训的主要教材，因此应具有一定的规范性。

③ 食品安全管理体系文件一旦经授权人员批准正式颁发，就必须得到组织内上至最高管理者下至普通员工各级人员的严肃执行，决不允许随意或以各种理由、借口在执行中打折扣。因此，食品安全管理体系文件不是一般的指导性文件，而是必须严肃执行的法规性文件。

④ 现场只能使用食品安全管理体系文件的现行有效版本，对作废文件必须及时撤回并进行标志以防误用。文件更改只能按规定的程序和方法进行。

（2）唯一性

① 对一个组织的食品安全控制，其食品安全管理体系只有一个，对食品安全管理体系进行描述的体系文件也应是唯一的，即只允许唯一的食品安全管理体系文件来指导食品安全管理体系的建立和运行，系统的控制体系也是唯一的。

② 对食品安全管理体系内的每项控制活动，只能用唯一的程序来描述，绝不允许针对同一活动的相互矛盾的不同文件同时使用。

③ 不同组织的食品安全管理体系文件可具有不同的风格，但对文件的解释只能是唯一的，不允许对文件的含义产生多种解释而且各种解释都能成立。

（3）系统性

① 食品安全管理体系文件应从一个组织的食品安全控制总体出发，考虑食品安全管理体系的标准要求和与食品安全有关的法规要求，系统、条理地制定各项方针和程序，使与食品安全管理体系有关的各项活动均处于受控状态。

② 所有的文件应按事先规定的方法和格式编制。

③ 各层次的文件应涉及食品安全管理体系一个逻辑上独立的部分。

④ 各层次的文件之间应做到接口明确、分布合理、协调有序，共同构成一个有机整体，确保组织食品安全管理体系文件的实施和目标的实现。

(4) 协调性

① 组织作为一个经济实体，会涉及诸多方面的管理工作，食品安全管理工作只是其中的一部分，它与组织的其他管理工作是紧密相关的，它们共同构成了完整的体系。所编制的食品安全管理体系文件只有与组织的其他管理性文件和规定相互补充、相互协调，才能保证组织的总体系有效运行。

② 食品安全管理体系文件之间也应协调一致，即食品安全手册、各种程序以及支持性文件之间要相互协调；同时，手册各章节之间、程序文件之间以及支持性文件之间也要协调一致。

③ 体系文件应与各有关法规、技术标准之间相互协调。

④ 要认真处理好每个接口，对活动的衔接做出明确规定，避免由于接口描述不清而导致的不协调或职责不清。

(5) 适用性

① 不同的组织，由于其产品类型、生产和管理方式等存在不同，因此，各组织的食品安全管理体系文件可以按照各自习惯的语言和格式编制，不一定按统一的模式。

② 食品安全管理体系文件无论以何种方式及体裁印刷、装订或载入电子媒体（如储存于微机内），都不违背文件控制、记录控制和有关法规的要求。

③ 食品安全管理体系文件所涉及的范围和详细程序取决于工作的复杂性、采用的控制方法以及从事该项工作人员的素质、技能和培训等因素。如活动简单或人员素质较高的组织，与活动复杂或人员素质较低的组织相比，前者对食品安全管理体系文件的数量和详细程度的要求可能会低于后者。

(6) 可操作性　组织建立的食品安全管理体系能否取得实效，关键取决于所编制的食品安全管理体系文件能否得到有效的实施，这就要求所编制的体系文件具有可操作性，其具体表现如下。

① 所有的体系文件都应依据标准的要求和组织的实际制定，并应确保在实际工作中能够做到。这里可分为两种情况：一种是食品安全管理标准和法规有要求，但暂时做不到的，必须积极创造条件去达到要求；另一种是食品安全管理标准和法规没有要求且暂时做不到的，则不要在体系文件中规定。

② 体系文件的详细程度应与工作的复杂性和（或）组织中人员的素质、技能及培训程度相适应。

③ 体系文件应根据组织规模及生产活动的具体性质采取不同的形式，应尽可能按照组织已有的活动顺序描述，不要片面追求脱离实际的理想化文件。

④ 体系文件在定稿前一定要认真征求有关部门和人员的意见，特别是具体实施人员的意见，以确保文件符合实际并得到有效贯彻实施。

(7) 证实性

① 体系文件作为客观证据（适用性证据和有效性证据）向管理者、相关方（包括官方）、第三方审核机构证实本组织食品安全管理体系的运行情况。

② 对于审核来讲，食品安全管理体系文件可作为下列方面的客观证据。

a. 危害已进行分析、评价并得到控制。

b. 有关食品安全控制活动的程序已被确定并得到批准和实施。

c. 有关食品安全控制活动处于全面的监督检查之中。

③ 食品安全管理体系得到持续改进等。

4. 食品安全管理体系文件结构和内容

食品安全管理体系标准中并未对食品安全管理体系文件的结构提出具体要求，组织可依据食品安全管理体系标准要求，结合自身的管理特点，编制其食品安全管理体系文件。

对于组织食品安全管理体系文件的详尽程度，应当足以描述食品安全管理体系及其各部分协同运作的情况，并指示获取食品安全管理体系某一部分运行的更详细信息的途径。

对于不同的组织，食品安全管理体系文件的规模可能由于它们在以下方面的差别而各不相同：组织及其活动、产品或服务的规模和类型；过程及其相互作用的复杂程度；人员的能力。

不是为食品安全管理体系所制定的文件，如果认为需要，也可用于食品安全管理体系，但应指明其出处。

由于 ISO 22000 出于为用户提供灵活性的考虑，没有对文件编制提出很具体的要求，许多组织借鉴了 GB/T 19001 中对质量管理体系文件的结构要求，编制其食品安全管理体系文件。

食品安全管理体系的文件结构一般可分为以下三个层次。

① 食品安全管理手册。

② 食品安全管理体系程序文件。

③ 食品安全管理体系其他文件（如作业指导书、操作规程、工艺卡及其他有关规程）。

由于此种文件形式应用的广泛性，以下重点介绍其编写的方法。

5. 食品安全管理手册

食品安全管理手册是食品安全管理体系文件总体性的描述，通过食品安全管理手册可以向社会及相关方展示组织食品安全管理体系的框架，证实组织对食品安全危害控制、持续改进和遵守法律法规及其他要求的承诺。

食品安全管理手册是组织依据标准的要求，并针对组织活动、产品或服务的特点而编写的一套纲领性管理文件，也是组织申请实施第二方及第三方审核认证的重要依据。

食品安全管理手册对组织全体员工来说是法规性文件，必须严格遵照执行。

（1）食品安全管理手册的主要内容

① 食品安全管理体系建立和实施的依据。

② 术语和定义。

③ 体系文件的构成。

④ 体系适用范围：目的、用途，产品范围等描述。

⑤ 组织基本情况。

⑥ 组织的食品安全方针和食品安全目标。

⑦ 组织结构及食品安全管理工作的职责和权限。

⑧ 食品安全管理体系实施要点的描述。

⑨ 食品安全管理手册的审批、管理和修改的规定。

⑩ 附录：包括遵循的法律法规清单；食品安全管理程序文件清单；食品安全管理支持文件清单；食品安全管理记录表格清单；组织位置图；厂/场区平面图。

对于小型组织或生产过程简单的组织，也可将前提方案、操作性前提方案、HACCP 计划列入食品安全管理手册，这样可将相应的人流、物流、水流、气流图，虫鼠害防治图等列入手册的附录。

（2）食品安全管理手册的结构格式和要求　食品安全管理手册是组织实施食品安全管理

体系的概要性描述，是食品安全管理体系文件的“索引”。它的书写格式没有统一的要求，但应全面、准确、简明地阐述组织在食品安全管理方面的宗旨、要实现的目标，以及在规范组织食品安全管理行为中的实施要点。

食品安全管理手册的结构格式和要求如下。

① 发布令　首页应是由组织最高管理者签署的全面实施食品安全管理体系的发布令。从发布日起组织即按食品安全管理体系文件的要求来规范组织的食品安全管理行为，实施食品安全管理工作。

② 食品安全方针和目标　形成文件的食品安全方针和目标。

食品安全方针是每个组织食品安全管理体系的基础，它规定了可测量的目标和指标。可测量的活动可以包括识别和实施，以改进体系任何方面的活动，如降低召回或撤回的次数、减少外来异物的出现等。

目标宜是具体的、可测量的、可获得的、相关的和有时限的。

③ 组织基本情况　主要描述组织的概况，包括组织全称（含名称的演变），创建历史及发展过程，生产（业务）性质及所有制性质，组织的规模及其他背景情况；生产产品范围、性质及大的业务流程，生产能力、规模及在行业中的地位（国际、国内或本地区的位置）；地理位置及其优越性，占地面积及建筑面积；员工总数及构成，特别是专业人员的构成，组织的专业技术水平；组织结构及部门设置情况；固定资产总额，重点设备设施（科研、生产、监测）水平及工作环境状况；食品安全管理及其他管理情况，产品（服务）质量水平及所取得的绩效荣誉；组织的宗旨、质量宗旨及对外承诺；组织详细地址（含邮编）；通信联络方法（电话、传真、网址等）。

④ 食品安全管理体系建立的依据　主要列述食品安全管理体系建立依据的标准、法律法规名称。

⑤ 术语和定义　主要是列出行业中常用的和组织内部通用的术语定义，其目的是便于其他相关人员的理解。

⑥ 体系文件的构成　描述体系文件的结构、特点，与其他管理体系文件的结合等特点。针对 ISO 22000，有些要素中提出了文件要求，有些要素要求建立程序。

ISO 22000 所要求的食品安全管理体系文件包括如下。

a. 形成文件的食品安全方针和相关目标的声明。

b. 标准要求形成文件的程序：文件控制；记录控制；操作性前提方案（也可以是指导书或计划的形式）；处置受不合格影响的产品；纠正；纠正措施；潜在不安全产品的处置；撤回；内部审核。标准要求的程序：应急准备和响应；影响食品安全的过程步骤和控制措施的描述；操作性前提方案（OPRP）要求的监视测量程序；HACCP 计划要求的监视测量程序。

c. 标准明确文件化的要求：识别源于外部过程进行的控制；如何管理前提方案中所包括的活动；实施危害分析所需的所有相关信息；原料、辅料和与产品接触的材料特性；终产品特性；预期用途；控制措施的分类方法和参数；操作性前提方案（OPRPs，也可以是程序文件的形式）；HACCP 计划；关键限值选定的理由和依据；验证活动的目的、方法、频次和职责等。

对于只有文件要求，而没规定编制程序文件，则应列出该管理要素完成的文件化成果，如终产品特性、HACCP 计划表等。

d. 标准要求的执行文件的记录。

记录是食品安全管理体系运行有效性的证据，所以保持相应的记录是必需的。

⑦ 体系适用范围　简单的描述食品安全管理体系在组织活动、产品或服务过程中的实施目的和适用的活动、产品或服务的范围。

⑧ 组织结构及食品安全管理工作的职责和权限　列出实施食品安全管理的主管部门及相关部门，在原行政职责基础上，进一步明确食品安全管理职责及权限。

⑨ 食品安全管理体系实施要点的描述　由于食品安全手册是食品安全管理体系文件的概要性描述，组织可以通过食品安全管理手册向社会及相关方展示其全部食品安全管理活动。因此食品安全管理手册应依据食品安全管理体系标准的要求，并结合组织活动、产品或服务的特点，对标准中全部管理要素的实施要点进行描述，如食品安全小组组成及各项职责、资源管理要求等。

⑩ 食品安全管理手册的管理　由于食品安全管理体系文件是组织实施食品安全管理工作具有法规性质的文件，应当受控，以确保在有需要的岗位都有现行有效版本，防止作废版本的使用。因此，应对食品安全管理手册的评审、发放、使用、修改、回收、作废等工作制定一个手册的管理规定。

⑪ 附录　附录实际上是对食品安全管理手册的补充说明，其食品安全管理支持文件清单主要包括：研究试验报告和技术报告（危害分析技术报告）清单；工艺文件：作业指导书、设备操作规程、监控仪器校准规程、产品验收准则等文件清单；人员岗位职责和任职条件清单；其他管理制度清单。

6. 程序文件

GB/T 19000—2016 将程序定义为：“为进行某项活动或过程所规定的途径。”程序可以形成文件，也可以不形成文件。当程序形成文件时，通常称为“书面程序”或“形成文件的程序”，含有程序的文件可称为“程序文件”。

要证明一个程序是否已经文件化，主要从几个方面衡量：各活动的过程已被确定；对过程的控制方法步骤明确；程序已经被批准；程序处于更改受控之中。

程序文件是食品安全管理体系中第二个层次的文件，是组织实施食品安全管理体系、规范组织的食品安全管理活动的主要管理文件，程序能否得到有效实施，关系到组织能否很好地履行对污染预防、持续改进和遵守法律法规及其他要求的承诺，能否圆满地实现食品安全方针。

程序文件也是食品安全管理手册的支撑性文件，它进一步具体规定了组织实施食品安全管理工作的做法和要求。

（1）对程序文件的总体要求

① 程序文件要有针对性　每一个程序文件都应针对组织活动、产品或服务的特点，包含食品安全管理体系中一个逻辑上相对独立的内容，它可以是管理体系中的一个管理要素，也可以是管理中的一个活动，或是几个管理要素中具有相关要求的一组活动，程序文件必须具有针对性。

在确定程序文件数量和编制程序文件时，需满足 GB/T 22000 标准、法规和手册中规定的程序文件要求，要通过程序文件的规定，把标准、法规要求以及手册的原则要求落到实处，而不允许在程序文件中随意降低准则和法规要求或手册的原则要求。

② 程序文件要有可操作性　程序文件是组织有效实施食品安全管理体系的一组管理文件，其中规定了实施的目的和适用范围；规定了实施的主管部门和相关部门，明确了职责和权限；规定了实施的步骤、方法和要求或所涉及的支持性文件，确立必要的记录。按程序文

件实施就是使标准结合组织活动、产品或服务的特点有了可操作性的依据，因此程序文件一定要有可操作性。

程序文件的内容应符合5W1H原则，即要规定为什么做（why），做什么（what），什么时间做（when），在什么地方做（where），谁去做（who），怎样做（how）。

③ 程序文件要有可评价性和可检查性　食品安全管理体系实施的一个重要标志就是有效性的检验，实施过程中不断地评价是否改进了组织的食品安全管理；是否控制和减少了事故的产生；是否达到了预期的目标等。只有在不断地评价中才能完善食品安全管理体系，才能实现管理体系持续地改进。因此，程序文件中要体现可评价性和可检查性，需要时应附以相应的控制标准。

（2）程序文件的结构格式和内容　在食品安全管理体系程序文件中通常包括管理活动的目的和范围；谁来做和做什么；何时、何地以及如何做，采用什么原辅料、设备和技术；如何对活动进行控制和记录等内容。为便于规范组织的食品安全管理行为，程序文件建议采用如下结构格式。

① 程序文件的编号和程序文件名称　程序文件的编号应体现标准条款中管理要素的编号以及管理活动的层次，以便识别。程序文件名应明确说明开展的活动及其特点。如“潜在不安全产品处理程序”、“食品安全管理体系内部审核程序”等。

② 程序文件内容

a. 封面、更改记录、刊头刊尾　封面描述程序文件的名称、文件编号、版本、受控状态及编号、编制人、审核人及日期等。更改记录包括更改序号、更改章节、页数、更改次数、更改单号、更改人、更改日期、更改审批人等。刊头刊尾可描述文件名称、编号、页码、批准人、本页的更改状态等。

b. 目的和适用范围　简要说明提出编制此程序的目的、意图和使用该程序文件所涉及的区域、部门和活动。如：本程序适用于……本程序不适用于……。

c. 引用的标准及文件　引用的标准及文件包括国家、行业以及组织内部制定的与本程序实施相关联的文件。

d. 职责　确定实施该程序或控制某过程活动中主要责任部门和相关责任部门，指明实施该程序文件各部门、职责、权限、接口及相互关系。

e. 工作程序　列出实施此项管理活动的步骤，保持合理的编写顺序，明确输入、转移和输出的内容；明确各项活动的接口关系、职责、协调措施；明确每个过程中各项活动由谁干、什么时间干、什么场合（地点）干、怎么干、如何控制、所要达到的要求、须形成记录和报告的内容、出现例外情况时的处理措施等，必要时应辅以流程图。

f. 报告和记录格式　确定使用该程序时的记录和报告格式，记录和保存的期限。

g. 相关文件　列出与该程序文件相关的作业指导书、操作规程、工艺卡及其他有关规程等支撑性文件的清单。程序文件文字应简练、明确易懂，并得到主管部门负责人同意以及相关部门对接口关系的认可，经审批后实施。

（3）程序文件的编制　由于食品安全控制活动的特殊作用，决定了程序文件的编制质量，直接影响到体系的运行情况，因此在程序文件编制前要进行周密的规划、组织和准备，以使编写出的程序文件既切合实际又能达到圆满完成某项工作或功能的目的。

① 清理和分析原有规章制度　一般而言，组织在过去的食品安全管理活动中，都已建立了一些行之有效的标准、规章和制度等文件，有些也具有“程序”的性质。因此，组织可以通过对原有管理文件进行清理和分析，并根据标准的要求和有效运行食品安全管理体系的

需要，选取其中有用的内容，根据程序文件的内容及格式要求进行改写。

② 编制程序文件明细表　根据食品安全管理体系的总体策划，按标准要求逐级展开，首先制定出程序文件的明细表，明确程序文件的主管部门及相关部门的职责，对照已有的文件确定哪些文件需要重写、哪些文件需要改写或完善，并制定计划逐步完成。

③ 程序文件编写　程序文件的编写一般由该管理要素的主管部门负责，由相关部门派人参加，共同依据管理要素的基本要求参照组织原有相关的管理规定进行编写，直到完成初稿。如何使编写人员编写出切合实际的程序文件呢？这里介绍一些程序文件的编写方法，以供参考。

a. 工作要素分析法　工作要素分析法是将每一项活动（工作）分解成六个要素进行分析研究，即：

——从事该项活动的人员

主要考虑参加人员的职责、权限及相互关系，必要时考虑人员的工作能力、培训情况、工作技能及身体状况等内容。

——准备处理的项目

应考虑活动的目的、范围、频次、时间、应具备哪些条件（做哪些准备）等内容。

——用于活动的设备

考虑完成活动所使用的各类设备。包括设备的型号、维护保养、设备的校准等。设备是完成活动的条件，拥有不同的设备，其活动的描述方法和内容也将有所不同。

——进行活动的场所

考虑活动的地点及其所必须具备的环境要求等内容。如工作条件、实验条件、照明、温度/湿度、卫生状况等。

——可能使用的文件

考虑完成活动所需的其他指导性文件，尤其是支持性文件。另外，对如何确保所引用文件的有效性也应同时予以考虑。如文件的应用场所、文件标志、发布及更改状况、分发情况等。

——应该遵循的流程

考虑活动的完成步骤及顺序。应根据活动的特点及组织的实际情况对程序内容加以规定。

b. 流程图法　许多组织和专家习惯于使用绘制流程图的方法，事实证明，这种方法对于编制程序文件是非常有用的。基本方法是将做事的环节或开展的活动按先后次序加以排列，将各个活动连接在一起即构成了流程图。程序文件就是根据流程图做出的文字描述，这种方法最大优点是：当被用于描述活动过程时，它常常会迫使人们进行沉思，因而很容易发现所描述活动的特点，从而减少由于文件描述不适应所造成的工作失误。

c. 表格描述法　对于过程较多、要求相似、可能包括多个不同程序的操作性文件，可采用较直观的表格描述方法，如操作性前提方案、HACCP 计划等。

④ 讨论修改　定期组织相关部门人员进行讨论、修改，并逐步扩大讨论范围。这阶段的活动是很重要的，对参加讨论的人员来说，是不断学习、不断提高的过程；对组织来说也是使程序文件不断完善和扩大影响的过程，组织可以加速食品安全管理体系的试运行活动。

⑤ 组织专人定稿　在经过多次讨论、修改的基础上，最终应在组织内部挑选对组织活动、产品和服务的特点熟悉、了解组织的生产工艺流程、对食品安全管理体系的基本要求有较深的理解，并具有一定的写作能力的人员来定稿。目的是使食品安全管理体系文件前后协

调，避免发生矛盾；文字简练，易于理解，避免含糊不清，可能产生歧义的词句。

⑥ 审核　程序文件完成定稿，在正式发布前，应对其进行严格的审核，审核的内容至少应涉及以下几个方面。

a. 是否存在矛盾及不协调　各程序文件的内容应与手册的原则规定保持一致，并且不能与有关的技术文件、其他的管理性文件相互矛盾或不协调。

b. 是否具有可操作性及接口是否清楚　程序文件的目的及活动内容应明确；工作的责任部门或责任人及工作接口规定清楚，工作步骤的顺序安排合理；描述准确严谨，无含糊不清之处，以避免在执行过程中引起混淆。

c. 活动描述是否完整　各程序文件应完全覆盖手册所规定的原则要求，满足对各项食品安全活动的控制要求，对各项食品安全控制活动的描述应完整并形成闭环。

d. 其他内容审核　各程序文件应清楚规定要求保留的记录，以能够为事后的监督检查和计划的审核提供证据。另外，如有属严格保密的内容或已在其他文件中出现的内容，则可考虑不在程序文件中出现。

⑦ 会签并批准发布　程序文件一经审核符合要求，则应由文件有关的各相关部门负责人签署认可并由授权人员批准发布，以保证其严肃性。由于程序文件涉及面较广，常常描述跨部门的活动，因此通常由最高管理者指定的人员批准。

⑧ 修改完善　程序文件批准发布后，还应进行跟踪调查，发现不妥或不完整之处及时修改完善，以确保程序文件的正确、完整和可操作性。程序文件修改后，应按原审批程序重新进行审批。

7. 支持性文件

(1) 支持性文件的种类　支持性文件按其作用一般分为管理性文件和技术性操作文件。管理性文件包括各种管理制度、奖惩制度、管理办法、岗位责任制、岗位任职要求、准则和法规等；技术性文件包括为完成某项具体工作或活动规定的操作方法、技术要求、检查规范、设备操作规定、工艺文件、图纸等。

(2) 支持性文件的作用和要求　为了使各项活动具有可操作性，一个程序文件可分解成几个支持性文件，能在程序文件中交代清楚的活动，就不要再编制支持性文件。

支持性文件必须与程序文件相对应，它是对程序文件中整个程序或某些条款进行补充、细化。国家、行业、组织的技术准则、法规、规范不作为支持性文件。在支持性文件中，通常包括活动的目的和范围，做什么和谁来做，何时、何地以及如何做，应采用什么方法、设备和文件，需要什么条件，如何对活动进行控制和记录，即“5W1H”原则。支持性文件的内容描述的是实施程序文件涉及的各职能部门的具体活动。

(3) 支持性文件的内容和格式

① 文件编号和标题　编号可以根据活动的层次进行编排，同一层次的支持性文件应统一编号，以便于识别，标题应明确说明开展的活动及其特点。

② 目的和使用范围　一般简单说明开展这项活动的目的和所涉及的范围。

③ 职责　指明实施文件的部门、职责、权限、接口及相互关系。

④ 管理内容　是支持性文件的核心部分。应列出开展此项活动的步骤，保持合理的编写顺序，明确各项活动的接口关系、职责、协调措施，明确每个过程中各项活动由谁干、什么时间干、什么场合（地点）干、干什么、怎么干、如何控制及所要达到的要求、需形成记录和报告的内容、出现例外情况的处理措施等，必要时辅以流程图。

⑤ 相关程序、文件和记录　指需引用的或本支持性文件相关的程序、文件和记录。

（4）支持性文件的编制要求

① 与手册及程序文件的要求保持一致。

② 方法应具体清楚。

③ 支持性文件的格式应以实用为原则，要符合文件控制的要求。对于以文字描述为主的支持性文件，可以参照程序文件的格式和编排，对于以图表为主的支持性文件可以不拘格式。

④ 支持性文件的编写应以实际需要来定。不要强制规定每个岗位、每个活动都有支持性文件。

⑤ 支持性文件应符合5WIH原则，即在什么岗位（W）和什么活动使用（W）、什么人员使用（W）、作业的内容（W）、作业的目的（W）和如何完成作业（H）。

⑥ 支持性文件应以相应准则和法律法规为编写依据，最好应引用文件的出处和来源。

⑦ 说明执行该支持性文件时所产生的记录和报告格式，记录的保存部门和期限，写明记录的编号和名称。

⑧ 支持性文件必须操作性强，并得到本活动相关部门负责人的同意和接受，以及有关部门对接口关系的认可，经过审批再实施。

（5）支持性文件的编制步骤

① 现行文件的收集和分析　组织现行的各种管理制度、规定、办法等文件，很多具有支持性文件相同的功能，但也有其不足之处，应该以食品安全管理体系有效运行为前提，以支持性文件的要求为尺度，对这些文件进行一次清理和分析，摘其有用、删除无关，按支持性文件内容及格式要求进行改写。

② 人员培训　对所有挑选出参加支持性文件编制的人员进行必需的培训，以保证编制的质量。这些培训包括：标准的培训，食品安全手册和程序文件的培训，支持性文件编制方法的培训，以及其他有关知识的培训。

③ 确定支持性文件的种类和数量以及其使用范围　根据活动的复杂程度、涉及的使用人员、活动的业务特点等情况，来确定需要编制的支持性文件的种类和数量，以及支持性文件的使用范围。

④ 制定支持性文件编制的指导原则　为保证支持性文件格式和风格统一，文件的主管部门应制定支持性文件的编制规则，编制规则应对整个组织支持性文件的风格、格式、编号规则以及各部分内容要求等方面做出明确、统一的规定。

⑤ 落实支持性文件编制的组织工作　编制方法一般分为集中编制和分散编制两种。

集中编制就是将所有支持性文件集中让几个人或某个部门（如体系主管部门）统一编制。采用这种方法时，编制人员必须提前征求体系活动各主管部门的意见，并了解掌握各有关部门食品安全卫生活动的特点。这种方法一般适用于在全组织中使用的管理性支持性文件。

分散编制就是按所描述的食品安全卫生活动的内容及职责，让各活动完成的主管部门编制。从理论上讲，最有资格编制支持性文件的，应该是直接从事该活动的那些人，但对这部分人员必须进行必要的培训，才能保证支持性文件的编制质量。

⑥ 拟订编制计划　必须对全部准备编制的支持性文件拟订一份编制计划，以明确编制各支持性文件的主要责任者、规定编制进度、各作业的完成日期及编制过程的协调人等内容。

⑦ 明确内容及接口　各支持性文件编制人员接到任务后，应组织进行深入研究，明确

支持性文件描述的活动及所涉及的人员和他们的接口。同时，还必须明确以下内容。

a. 作业的内容，如生产的工序、所从事的活动等。

b. 使用的原辅料，包括质量要求和特性。

c. 使用的设备和工具，包括设备的名称和型号。

d. 从事作业所需的环境要求，包括各种有毒有害物质残留含量要求。

e. 执行该作业将引用的其他支持性文件。

f. 执行该支持性文件将产生的记录。

⑧ 完成草案并汇总讨论　由参加文件编制的所有编制组成员参加，主要讨论文件格式是否统一，各文件描述规定的内容和方法是否完整并不重复，对各活动的控制要求落实清楚、明确并不矛盾。

⑨ 征求意见　支持性文件编制完成后，首先应广泛征求有关部门及使用人员的意见(必要时，这项工作在支持性文件编制过程中就应进行)，这是保证将要发布的支持性文件具有可操作性的重要环节。

⑩ 审核　支持性文件在编制完成后，正式发布前，应对其进行严格的审核，审核的内容至少应涉及以下几个方面。

a. 是否存在矛盾及不协调　各支持性文件的内容应与手册、程序文件的原则规定保持一致，并且不能与有关的技术文件、其他的管理性文件相互矛盾或不协调。

b. 是否具有可操作性及方法是否明确　支持性文件的目的及活动内容应明确；工作的责任人及工作接口规定清楚，工作方法步骤的顺序安排合理；描述准确严谨，无含糊不清之处，以避免在执行过程中引起混淆。

c. 其他内容审核　各支持性文件应清楚规定要求保留的记录，以能够为事后的监督检查和计划的审核提供证据。另外，如有属严格保密的内容或已在其他文件中出现的内容，则可考虑不在支持性文件中出现。

⑪ 批准发布　支持性文件一经审核符合要求，则应由文件授权人员批准发布，以保证其严肃性。

⑫ 修改完善　支持性文件批准发布后，还应进行跟踪调查，发现不妥或不完整之处及时修改完善，以确保支持性文件的正确、完整和可操作性。

支持性文件修改后，应按原审批支持性文件重新进行审批。

任务三　食品安全管理体系文件的发布

一、发布体系文件

组织在完成食品安全管理体系文件的编制后，为了保证文件的适宜性，要经过相关部门的确认和主管领导的审批。审批后的体系文件应对其版本或修订状态做出标志，并正式发布体系文件。

组织要将适用文件发放到食品安全管理体系运行的各个相关岗位，应确保各个需要食品安全管理体系文件的岗位，都能得到适用文件的有效版本。文件的发放应保存记录。

各部门以及各个岗位在接到食品安全管理体系文件后，要组织学习并按照体系文件的要求实施。包括：①各部门组织实施本部门有关的体系文件，包括管理手册和运行控制文件；②各岗位应执行与本岗位有关的程序文件和作业指导书；③实施运行中按体系文件的要求进行各种例行监控；④按文件要求填写各种记录；⑤对文件实施中发现的问题应做好记录，并及时与食品安全小组进行交流，以便其进行评审和修订。

二、发布食品安全方针

在文件发布的同时，组织要将食品安全方针传达到所有员工，包括组织内员工以及在食品安全管理体系覆盖范围内其他为组织工作的人员。对合同方以及其他为组织工作的人员传达食品安全方针时，不必拘泥于传达食品安全方针的条文，而可采取其他适用的形式，如规则、指令、程序等，或仅传达方针中和它有关的部分。

食品安全方针应以适当的形式公开，例如，利用在网上发布本组织的食品安全方针等方式，使组织的相关方和其他公众在需要时能够获取到组织的食品安全方针。

三、实现食品安全管理目标

在食品安全管理体系实施运行阶段中，应落实并实现食品安全目标的方案。成功地实施食品安全管理体系，实现食品安全目标。

实现目标的方案应予以细化，并具体落实到组织运行的基本单元。组织应确定各层次和职能在实现目标方案中所起的作用，并将有关目标的信息提供给相关的部门，使每个员工了解自己在实现目标和方案中的职责。

组织与各个实现食品安全目标相关的部门和层次，均应进行下述工作。

① 各相关部门按食品安全方针和目标的要求落实详细的工作计划，并提供所需的资源。

② 各责任人按计划组织实施。

③ 各部门定期检查目标的实施情况，发现问题及时采取措施。

方案应当是动态的，当食品安全管理体系中的过程发生变化，或其他客观情况发生变化而可能影响到组织的方案实施时，应当对相关的管理方案进行评审和必要的修订。

四、落实各职能和层次的职责

在体系建立中，已经对食品安全管理体系运行中的作用、职责和权限做出了明确规定，并已形成文件。在体系开始运行后，应将所规定的职责和权限落实到各相关的部门，以至每个相关的个人，并将食品安全管理体系的职责和权限传达到体系覆盖范围内的所有相关部门和人员，使他们了解各部门所负的责任，以便进行沟通。

五、文件控制

① 在文件发布后，组织应按照文件控制程序的要求对文件进行管理。应确保适用的食品安全管理体系文件的有关版本发放到需要它们的岗位；各岗位所使用的文件应为现行有效版本。

② 现场的文件应有固定存放场所，以便于使用者随时可以使用。

③ 在实施运行中应注意了解文件的适用性，组织应充分征求使用者对文件适宜性的意见；必要时指定具有足够技术能力和职权的人员对文件进行评审。如需修订时，可由授权人员进行修订，文件修订后要重新进行审批。文件修订中，应对文件的修订部分和现行修订状态做出标志，以防不同版本文件之间的混用。

④ 在运行中应注意防止对过期文件的误用，过期文件应从使用场所收回，并及时销毁。

如出于某种目的需保留过期或失效文件，要做出适当的标志。

⑤ 对于在食品安全管理体系运行中所需的外部文件，应做出标志，并对其发放予以控制。

⑥ 文件的发放、修改、回收均应进行记录。

任务四　食品安全管理体系的运行

一、体系运行中的培训

为了确保从事影响食品安全活动的人员所必需的能力，确保负责管理体系监视，纠正、纠正措施的人员受到培训，组织首先应确定可能影响食品安全的重要岗位。在一个食品加工型组织中，影响食品安全的重要工作人员一般应包括：授权从事外部沟通的人员；能影响食品安全的重要岗位操作人员；从事产品开发、工艺设计以及从事其他技术工作的技术人员；负有与食品安全管理有关职能的各级管理干部。

确定了这些可能影响食品安全的重要岗位后，应进而确定这些岗位运作人员应具备什么能力，并按照这些能力要求评价这些岗位员工的能力是否满足要求。评价时应注意考察他们的能力是如何达到的，是否曾经受过相应的教育、接受过相应的培训，或者是具有相当的工作经历。在进行上述评价时，应依据相应的记录做出判断。

除了确定本组织可能影响食品安全的重要岗位外，还应确定负有职责和权限，代表其执行任务、可能具有重大食品安全影响的所有人员所需的知识和技能。

为了使所有员工能积极参与食品安全管理体系的实施，组织应按照培训程序和培训计划的规定，对工作的人员实施培训。组织应制定相应的培训方案，以实施对不同层次员工的培训。培训方案应体现接受培训者在食品安全管理体系中所处岗位的要求，并考虑到接受培训人员的现有知识水平。

食品安全管理体系的培训方案可包括：如何确定员工的培训需求；如何就所确定的培训需求制定培训计划；如何实施各种专题培训；如何对培训的实施进行监控；如何对培训效果进行评价等。

在食品安全管理体系运行中，针对不同层次的员工，实施不同内容的培训，通过培训使组织的全体员工获得或提高所需的意识、知识和技能。

二、控制措施及对供方、合同方施加影响

组织还应当考虑合同方或供方管理其食品安全的因素，实现食品安全目标，遵守适用的法律法规和要求，并对其施加影响。组织应当建立相应的控制程序（如合同方、供方原辅料管理程序）或通过合同、协议对供方和合同方施加影响，并将其管理内容与合同方和供方进行必要的沟通。

组织中的责任部门在对合同方、供方施加影响中应完成下列工作。

① 责任部门按合同方、供方管理程序的要求，针对其重要食品安全危害因素制定具体管理要求。

② 与合同方、供方签订协议或其他形式的文件，落实管理要求。

③ 检查合同方、供方执行相关协议的情况。

④ 调查合同方、供方对食品安全危害因素的控制状况及食品安全卫生控制指标等。

组织在实施运行中首先要对相关人员实施培训。使他们了解各个控制程序或作业指导书的要求，他们在实现食品安全管理体系要求方面的作用与职责，以及偏离规定的运行程序的潜在后果，使他们自觉地认真执行这些要求。

组织在运行中还应对这些控制程序的适用性及其有效性进行调查和分析，并在必要时对文件进行评审和修订。

三、应急准备和响应

ISO 22000 要求最高管理者应建立、实施并保持应急准备和响应程序，以管理能影响食品安全的潜在紧急情况和事故，并应与组织在食品链中的作用相适宜。每个组织都应根据自身情况制定应急准备和响应程序。以便当紧急情况或事故出现时，避免或减少所造成的食品安全影响，程序中应当考虑异常运行条件，以及当潜在紧急情况和事故出现时可能造成的后果。

首先应确定可能的紧急情况和事故，如火灾、洪水、生物恐怖主义、能源故障等潜在紧急情况和事故，针对这类情况，应采取必要的事前预防措施。在有关程序中规定紧急情况和事故发生时的应急办法，并预防或减少由此产生的不利影响。

在食品安全管理体系的实施运行中，应急准备应包括下述内容。

① 应急知识培训：在实施食品安全管理体系的过程中，应对有关人员进行应急准备和响应程序（或预案）的培训，使他们熟悉程序的要求和实施应急预案的技能。

② 落实应急设备设施及各种资源，按照应急准备和响应程序的要求，配备充分的设施设备以及其他必需的资源。

③ 在运行中对各种应急设施进行检查，使应急设施处于良好状态，例如消防设施和消防器材的定期检查等。

④ 对应急预案进行演练，并总结改进。对于所制定的应急预案和培训的有效性，应定期进行评价和试验。为此，应组织应急演练，在实际演练中检验应急响应程序的适用性以及相关人员的实际应急响应技能。

当紧急情况或事故发生时，要按照应急响应程序（或预案）的规定，冷静处理紧急情况或事故，保护现场人员并减少对食品安全的影响。事故发生后，要对应急准备和响应程序进行评审，以确定程序（或预案）的适用性和有效性，必要时对程序或预案进行修改。

四、体系实施运行中的内外沟通

为了确保食品安全管理体系的有效实施，应在体系运行中充分开展信息沟通交流。信息沟通分为内部沟通和外部沟通。沟通的内容应包括与食品安全管理体系有关的各种信息。

1. 组织内部各层次和职能间的沟通

组织内部各层次和职能间的沟通，对于有效实施食品安全管理体系是至关重要的。通畅而及时的沟通能协调各部门之间的行动，控制食品安全管理体系的实施运行状况，及时解决体系运行中的问题。

对组织的员工公布食品安全管理体系运行的有关信息，能够调动广大员工的积极性。使他们自觉遵守体系的规定、履行其职责。同时组织还应建立多种渠道，鼓励所有员工积极对体系的实施提出建议。

另外，向食品链相关方（如合同方和供方）提供食品安全管理体系运行中的信息也是很重要的，这可以使他们了解组织的要求，并努力做好本身的工作。

组织应根据自身的规模和性质确定适宜的交流方式。内部沟通可有多种方式，如例行的工作组会议，分发会议纪要，利用网站、公告板、内部通讯、内部简报或电子邮件等方式。对于有专门针对性的信息，可采用信息沟通单的方式。

2. 与外部相关方的沟通交流

与外部相关方进行沟通交流是食品安全管理的重要手段，积极主动地进行外部沟通交流能使食品安全管理体系运行更加有效。

(1) 外部沟通的益处　开展食品安全管理体系外部沟通的益处可包括如下内容

① 及时获得与食品安全有关的最新信息。

② 展示组织的食品安全方针及管理模式，树立组织的良好形象。

③ 增强与相关方的沟通并取得相关方的理解。

④ 接收、处理并答复相关方关注的问题，改进自身的食品安全管理绩效。

⑤ 对合同方、供方施加影响，促进其食品安全管理的持续改进。

⑥ 与应急机构沟通，提高应急响应能力，降低事故发生时对食品安全的影响。

外部信息沟通的对象可包括政府的食品安全行政主管部门、科研机构、大专院校、组织的顾客、为组织提供产品或提供服务的合同方、供方以及应急服务机构等。

(2) 外部沟通的内容

① 组织应实施并保持接收外部相关方信息的程序。组织应按照程序的规定，对来自相关方的信息进行接收、形成文件并做出响应，责成责任部门处理相关的问题，并将处理结果答复该相关方。对相关方信息的响应措施，可能会涉及组织运行中的食品安全危害方面的内容，在这种情况下，应充分识别评价相关的食品安全危害因素，并强化其控制措施。

② 组织应决定是否与外界主动交流它的食品安全危害，并将其决定形成文件。如决定进行外部交流，就应规定交流的方式并予以实施。

③ 组织可就食品安全的外部沟通，制定沟通程序。程序中应规定所交流的信息类型、交流的对象、交流的方式等。

组织在实施信息沟通时，应考虑到在发生紧急状况或事故时，所需的外部沟通或支持。在出现紧急情况时，能及时与应急机构沟通，取得应急机构的支持，提高应急响应能力，降低事故发生时的损失和影响。另外也需要与受事故影响、或对其关注的外部相关方进行信息沟通，得到他们的理解和配合。

(3) 外部沟通的方式　外部沟通可采用多种方式，例如：召集相关方座谈会，召开新闻发布会，出版食品安全通讯简报、年度报告等，利用网站、电子邮件、广告、热线电话等交流方式。

与合同方和供方有关的食品安全信息沟通，多采用签订合同或食品安全保障协议等方式。

任务五　食品安全管理体系运行的监视和检查

一、体系运行中的监视和测量

监视是指为评价控制措施是否按预期运行，对控制参数进行策划并实施的一系列的观察或测量活动。组织应根据监视和测量程序的规定，对食品安全管理体系的实际运行进行监视和测量，并按程序的规定监视其程序的实施，检查控制措施的失控。

监视和测量可定量，也可以定性。食品安全管理体系监视和测量的内容可包括：控制措施的实施；采用适宜的监视、测量方法和设备；对测量结果有效性的评估；用于监视和测量的计算机软件的确认，再次确认；对运行控制程序或作业文件的执行情况的检查等。

应当对测量和监视结果进行分析，以确定是否符合要求。如不符合要求则需采取纠正措施或实施改进措施。

组织监视和测量的实施可依照不同的职能和层次进行分工。例如各岗位执行的监视；各部门负责本部门有关运行控制的例行检查。执行监视和测量的人员应具有所需的资质或能力，并使用适当的测量方法。应当在受控的状况下进行测量，其过程应当能确保其测量结果的有效性。

二、不符合、纠正和预防措施

组织应按照不符合控制，纠正、纠正措施程序的规定对食品安全管理体系实施运行中发现的不符合进行纠正，并按程序要求制定纠正措施。在有条件时，应对可能出现的不符合采取预防措施，防止不符合的发生。

根据定义，不符合是指未满足要求。其所指的“要求”可以是管理体系的要求，也可以是食品安全质量指标的具体要求。

组织可以从监视和测量中发现不符合，也可以通过内部审核或外部审核发现不符合。在食品安全管理体系实施运行中，不符合的情况可包括如下内容。

① 未按照食品安全管理体系规定的要求实施。

② 未实现食品安全目标。

③ 监视的结果未满足标准或运行准则的要求。

④ 未按照程序文件的要求对食品安全危害进行控制。

不符合一经确定，应立即进行纠正，并调查确定其产生的原因，以便采取纠正措施，防止其再次发生。所采取的措施及其时间安排，应与不符合的性质、规模和食品安全影响相适应。对于有重大影响的不符合，应加大其纠正措施的力度。

对于可能形成不符合的潜在问题，如果有条件发现（如通过对连续监视结果的分析、发现的变化趋势、判断有可能产生的不符合），应采取不符合预防措施，以预防不符合的发生。

组织应记录纠正措施和预防措施的过程和结果，并对纠正结果进行验证。组织还应评审所采取的纠正措施和预防措施的有效性。

管理者应当确保不符合纠正，纠正措施和预防措施得到实施，并采取适当的后续措施，确保其有效性。

当所采取的纠正措施或预防措施会导致食品安全管理体系文件的变化时，应确保反映到相关的体系文件中。修改后的文件应重新得到批准，并按照文件控制程序的规定分发给所有相关人员。

三、记录控制

组织应根据记录控制程序的要求，在实施运行中建立并保持必要的记录，以用来证实其对食品安全管理体系要求的符合性，以及所取得的结果。有效地实施与保持记录，是成功地实施食品安全管理体系所必不可少的，记录为食品安全管理体系的实施运行和所取得的结果提供证据。

食品安全管理体系运行中可包括如下记录。

① 文件发放、更改记录。

② 沟通记录。要求记录食品链其他组织控制的食品安全危害，顾客和（或）主管部门与食品安全有关的要求。

③ 员工向指定人员汇报与食品安全管理体系有关的问题，指定人员采取措施的记录。

④ 潜在紧急情况和事故记录。

⑤ 管理评审记录。

⑥ 人员培训记录及证实食品安全小组具备所要求的知识和经验的记录。

⑦ 设施维护保养记录。

⑧ 人员卫生管理记录。

⑨ 人员/工器具清洗、消毒记录。

⑩ 有毒有害物质使用记录。

⑪ 虫害控制记录。

⑫ 危害分析记录，包括收集、保持和更新实施危害分析所需相关信息的记录；确定终产品中食品安全危害可接受水平依据和结果的记录；对每种食品安全危害进行评价所采用的方法、评价结果的记录。

⑬ 流程图验证记录。

⑭ 关键限值制定合理性依据。

(1) 控制措施识别和评价记录，即描述所使用控制措施的分类方法和参数、评估结果的记录，包括：可追溯性记录；监控记录；验证记录；纠正和纠正措施记录，其中纠正记录包括不符合的性质及其产生原因和后果，以及不合格批次的可追溯性信息；潜在不安全产品处置记录，含不符合操作性前提方案生产的产品评价、处置记录；撤回产品记录，包括撤回原因、范围和结果，以及撤回方案有效性的技术验证记录；监测装置校正记录，包括校准或检定依据的记录；当测量设备不符合时，对该设备以及任何受影响的产品进行评价，采取相应措施的记录。

(2) 前提方案的验证和更改的记录，包括：内部审核记录；单项验证、评价记录，验证活动结果的分析情况以及由此产生的活动记录；控制措施组合确认记录；体系更新活动记录；其他需要的记录。

食品安全记录应字迹清楚，标志明确，并具有可追溯性。组织应按照程序的要求，进行记录的标志、存放、保护、检索、留存和处置。

案例　发酵饮料企业食品安全管理体系认证案例

-XXXX 公司

质量/食品安全管理手册

版本号：A /01
编　　号：QLYL /SC 01—2016
受控状态：
发放编号：
持有者：

编制：
审核：
批准：
时间：

2016-09-01 实施

前言

XXXX公司食品小组组织说明。

一、组织架构

组长：（总经理）

副组长：（生产副总经理）（技术副总经理）

（行政副总经理）（财务总监）

（总经理助理）

成员：（品控经理）（面包车间主任）

（酿造车间主任）（包装车间主任）

（仓储部主任）（质检部主任）

二、食品安全委员会职责

负责本公司食品安全的领导工作；

负责监督食品安全办公室的工作；

负责对本公司食品安全预案及风险管理体系的审核工作；

负责对产品的食品安全状况进行评估；

负责对重大食品安全事件的处理工作；

负责对本公司产品召回过程的领导工作；

负责发出产品召回令；

负责根据产品召回流程执行撤回工作；

负责对召回记录的管理。

三、食品安全办公室职责

1. 食品安全工作办公室在XXXX公司食品小组的领导下开展工作。

2. 根据国家和地方有关食品安全管理的法律法规、规章条例以及公司食品安全管理规定要求，部署XXXX公司相关食品安全工作。

3. 负责制定XXXX公司食品安全应急预案。

4. 负责对重大食品安全事故的调查、分析、提出处理意见并报食品安全小组决策，以及后继工作的追踪。

5. 负责规范各相关部门/车间的食品安全管理制度，审定食品安全责任制，年度食品安全工作总结、年度食品安全技术措施、计划等。

6. 负责对XXXX公司食品安全专项检查工作，定期对各相关单位的食品安全隐患检查、整改措施的落实情况及食品安全管理效果进行评估。

7. 负责协调各相关单位的食品安全问题，并协助妥善处理。

8. 根据XXXX公司食品安全管理工作的需要，制定XXXX公司食品安全培训计划。

管理手册目录

8. 预防措施控制程序
9. 不合格品控制程序
10. 原材料采购控制程序
11. 应急准备与响应控制程序
12. 关键限值纠偏控制程序
13. 潜在不安全产品控制程序
14. 验证活动策划、实施和评价程序
15. 产品召回控制程序
16. 产品放行及追溯管理规定
17. 不合格品处理规定
18. 质量责任事故管理规定
19. 7S管理考核规定
20. 生产过程指标考核方案

文件控制程序

1. 目的

为了对公司质量/食品安全管理体系所要求的文件进行有效管理，确保文件使用部门能得到有效的文件版本，特制定本手册。

2. 适用范围

本程序适用于公司质量/食品安全管理体系所要求的所有文件的管理，包括：

质量/食品安全管理手册、程序文件和作业性文件；

适用于国家、行业的法律法规、标准和其他要求；

产品和生产技术文件、产品标准、试验方法及相关的管理规程；

质量/食品安全管理体系记录表样。

3. 职责

3.1　人事行政部是本过程的主控部门，负责质量/食品安全管理体系文件的统一编号和格式、汇总、发放和回收。

3.2　质量/食品安全管理手册：质检部组织编制，管理者代表/质量/食品安全管理小组组长审核，总经理批准。

3.3　作业性文件：由归口管理部门编制，部门负责人审核，由食品安全小组组长或管理者代表批准。

3.4　质检部负责识别并收集各部门使用的国家和行业标准和规范、国家和地方的法律法规，并对其有效性进行确认和再确认。

3.5　各部门负责人负责组织编制各部门所使用记录表样。

3.6　人事行政部负责所有记录表样的编目、备案。

3.7　各职能部门负责本部门使用文件的妥善保管。

3.8　人事行政部负责公司与行政主管部门的文件保管，如工商等相关文件和公司内部行政管理文件的起草和发放等。

4. 工作程序

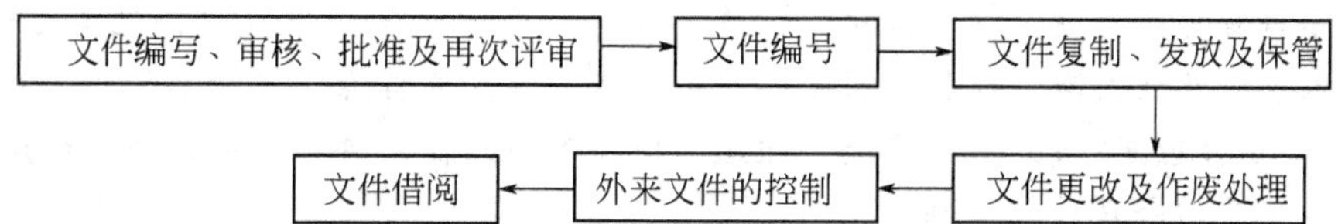

4.1 文件的编写、审核、批准及再次评审

4.1.1 文件的编写、审核及批准

4.1.1.1 依据总经理对质量/食品安全管理体系策划的要求，由质检部形成质量/食品安全管理体系文件框架图，依据职能分工由管理者代表/食品安全管理小组组长明确各类文件的编写人员。

4.1.1.2 由各职能部门负责编写相关的质量/食品安全管理体系文件，并按3.1至3.3条规定进行审批。

4.1.2 文件的定期评审

正常情况下，每年由人事行政部组织各部门对所有质量/食品安全管理体系文件的适宜性、有效性和充分性进行评审，各部门依据文件的评审结果由文件的原编写人进行修改，修改后的文件按3.1至3.3条规定重新进行审批，由人事行政部负责进行更换处理。

4.2 文件编号

4.2.1 质量/食品安全管理手册

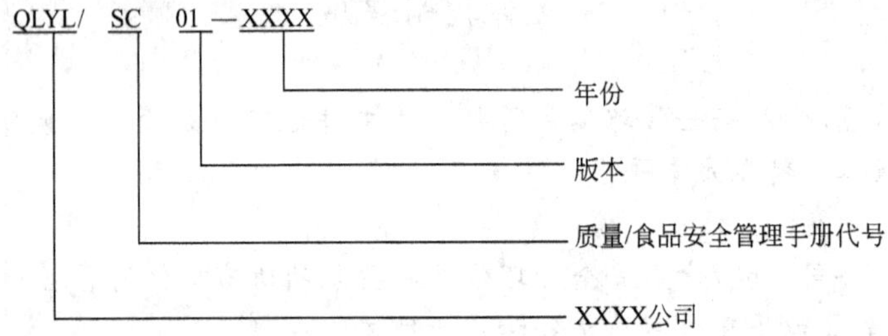

4.2.2 作业性文件

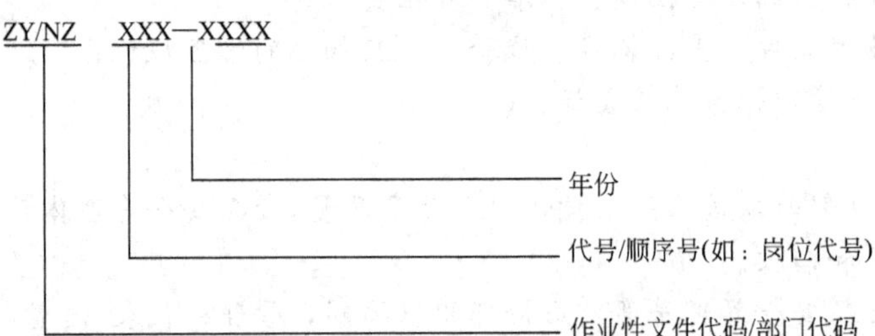

4.2.3 记录

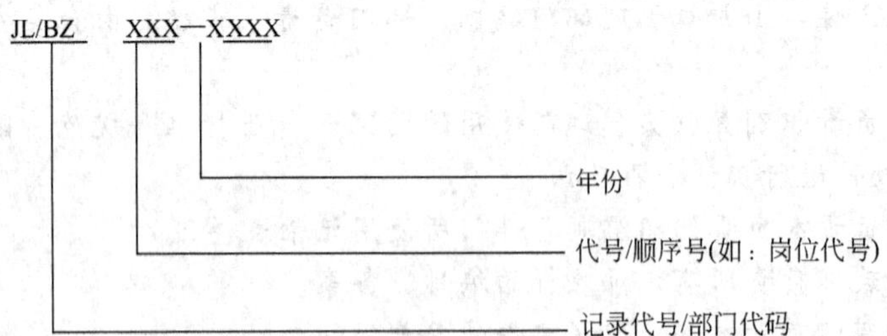

文件应注明版本及修改状态。

4.3 文件的复制、发放及保管

4.3.1 由各职能部门编写并经审批的质量/食品安全管理体系文件要汇总到人事行政部，由人事行政部登记在《第二级文件清单》、《部门受控文件清单》中，记录文件的名称、编号、版本、修改状态等，包括所引用的外来法律、法规及标准。

4.3.2 由管理者代表/食品安全小组组长依据部门的使用要求确定文件发放范围，由人事行政部按需要的分数进行复制。

4.3.3　由人事行政部发放文件，确保与食品安全管理体系相关的各部门、现场都获得相关文件的有效版本。当文件发放要受控时，必须在文件封面加盖“受控”印章，并注明分发号；不受控文件直接分发，领用人需签字，人事行政部不对其进行回收、换版。人事行政部保存《文件发放回收记录》。

4.3.4　任何部门、个人不得私借他人文件进行复印。如因需要而未发到者应提出OA签呈申请，经管理者代表/食品安全小组组长批准后，由人事行政部分发。

4.3.5　因破损而需要重新领用新文件，向人事行政部说明情况可领用新文件，并收回旧文件，分发号不变；因丢失而补发的文件，应给予新的分发号，并注明已丢失文件的分发号失效，人事行政部做好相应的发放、回收记录。

4.3.6　文件的保管

4.3.6.1　所有质量/食品安全管理体系文件的原稿均由人事行政部存档。

4.3.6.2　发放到各部门的文件由本部门制定，专人保管，必须分类存放在干燥通风、安全的地方。并确保文件清晰、整洁、完整。人事行政部每季度对各部门文件保管和使用情况进行检查。

4.3.6.3　任何人不得在有效文件上乱涂、乱画或私自外借，并确保文件的清晰，易于识别和检索。

4.4　文件的更改及作废处理

4.4.1　当需要对文件进行更改时，由提出者填写《文件更改申请》，经原审批人审批后由文件的原编写人进行更改，更改后的文件经重新审批后连同《文件更改申请》共同交给人事行政部，人事行政部保存《文件更改申请》。

4.4.2　由人事行政部调整《部门受控文件清单》，收回作废文件，并下发新文件，保存《文件发放回收记录》。

4.4.3　收回的作废文件经管理者代表/食品安全小组组长批准后，由人事行政部进行作废处理并保存《文件销毁清单》。对需保留的作废文件做出相应的标识，防止误用。

4.5　外来文件的控制

4.5.1　由质检部收集和确认适用国家、行业、地方标准及相应的外来资料。

4.5.2　人事行政部负责对收集来的外来文件进行有效性确认后加盖“有效”印章并受控分发到相关使用部门，发放前应由管理者代表/食品安全小组组长确认发放范围。当外来文件作废更新时，人事行政部负责将旧标准收回并将文件的有效版本发到各使用部门。

4.6　文件的借阅

人事行政部将所有质量/食品安全管理体系文件的有效版本（不加盖“受控”章）归档保管一份，以备使用部门丢失、损坏时备查及复制。

如需借阅质量/食品安全管理体系文件时，到人事行政部进行借阅、复制，下发受控文件一定加盖“受控”印章，并记录分发号，借阅文件时要填写《文件借阅、复制记录》。

4.7　记录及记录表样作为一种特殊形式的文件，其管理按《记录控制程序》中的规定执行。

5. 相关记录

文件发放回收记录

文件借阅、复制记录

部门受控文件清单

文件更改申请

文件销毁清单

第二级文件清单

外来文件清单

记录控制程序

1. 目的

为了对公司所有质量/食品安全管理体系有关的记录进行控制，确保其清晰、完整、准确、易于识别，以证实产品质量满足要求和质量/食品安全管理体系的有效运行，并为实现产品的可追溯性及采取纠正和预防措施提供依据。

2. 适用范围

适用于本公司产品质量记录和质量/食品安全管理体系运行记录。

3. 职责

3.1 人事行政部负责收集和备案所有的产品质量记录和质量/食品安全管理体系记录表样。

3.2 由各部门负责人组织编制并批准本部门使用的记录表样。

3.3 各部门指定专人负责收集、整理、保存本部门的记录。

4. 工作程序：

确定表格→表格控制→记录填写→记录保存→记录处理

4.1 确定表格

记录表样由各使用部门编制，部门负责人确定并批准，明确应填写的项目作为记录的标识。每份记录表格应由人事行政部统一赋予唯一编号。

4.2 表格的控制

4.2.1 各部门将本部门使用的记录表格登记在《部门表格清单》上并保存记录表样，同时汇总到人事行政部备案。

4.2.2 人事行政部将所有的记录表格登记在《记录表格清单》中，并保存所有的记录表样。

4.3 记录填写

由各部门按实际运行情况进行记录的填写，做到填写及时、真实、内容齐全、字迹清楚、不得随意涂改；如因笔误或计算错误要修改记录时，将填写错误的项目用单杠划去再填上正确的，并由更改人签字注明日期。

4.4 记录保管

4.4.1 各部门制定专人将所有的记录按类别及日期顺序整理好，存放于通风、干燥的地方，确保记录保存完好、不丢失、不损坏，所有的记录保持清洁。

4.4.2 各部门保管的记录应装订成册，并施加一定的保护，装订成册的记录要做好标识，并分类存放在固定的地方，便于查找和检索。

4.4.3 人事行政部每季度对各部门记录的填写及管理情况进行检查，将检查情况填写到《记录使用情况检查记录》上。

4.5 记录保存

4.5.1 产品记录的保存期不低于食品保质期，并符合法律法规和顾客的要求。

4.5.2 其余的质量/食品安全管理体系记录保存期限不得少于三年，具体详见《记录表单清单》中的规定。

4.6 记录处理

记录如超过保存期或特殊情况需要销毁时，由负责人填写《记录销毁记录》，经管理者代表/食品安全小组组长批准后，由授权人执行销毁，销毁人和监毁人同时在记录上签字。

信息沟通控制程序

1. 目的

为了及时、准确地收集、传递、交流有关质量/食品安全管理信息，规范信息交流及反馈的方法，确保质量/食品安全管理体系有效实施，特制定本程序。

2. 适用范围

适用于本公司内部信息的传递与处理，以及与外部食品链的信息交流。

3. 职责

3.1 总经理确保建立适当的信息沟通渠道和方法，指定与外部沟通交流的负责人。

3.2 人事行政部负责信息的收集和传递。

4. 工作程序

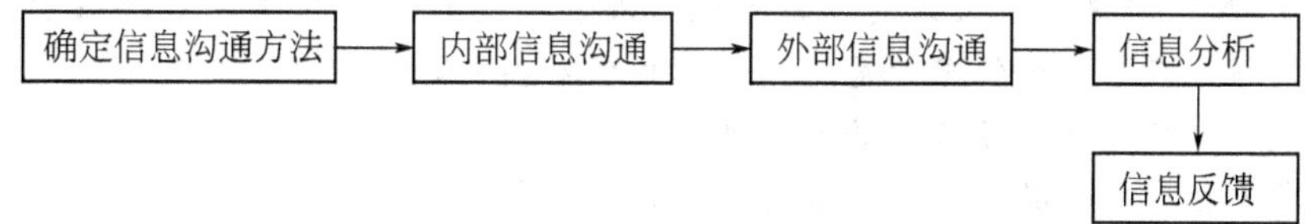

4.1 信息沟通的原则

4.1.1 信息沟通的形式可以是口头的，也可以是书面的，它可以利用任何的通讯和传输工具传输。

4.1.2 为了能更好的利用信息来完善和改进公司的质量/食品安全管理体系，人事行政部在接到信息后，应对信息的可靠性进行确认，确认信息的内容准确可靠后应及时传输。

4.1.3 对于紧急信息应当即进行确认，并立即进行传输。

4.1.4 信息沟通的记录应保持。

4.2 内部信息沟通

4.2.1 内部沟通的目的

确保公司内各层次人员都能获得充分的相关信息和数据，不同部门和层次人员包括上至总经理下至车间工人，应通过适当的方法及时沟通，以保证信息传递的正确性和及时性，有助于提高公司质量/食品安全管理体系运作效率；同时有利于公司的食品安全危害的识别与控制。

4.2.2 内部沟通方式

网络传递；

内部文件；

每天的早会/夕会；

口头或电话形式；

4.2.3 沟通内容

a. 产品或新产品信息；

b. 原料、辅料和服务；

c. 生产系统和设备的运行状况；

d. 生产场所，设备位置，周围环境；

e. 清洁和卫生计划落实信息；

f. 包装、储存和分销体系信息；

g. 人员资格水平、职责和权限分配；

h. 法律法规要求变更信息；

i. 与食品安全危害和控制措施有关的知识；

j. 公司应遵守的顾客、行业和其他要求；

k. 来自外部相关方面的有关问询；

l. 表明与产品有关的健康危害的抱怨；

m. 影响食品安全的其他条件。

4.2.4 由人事行政部做好信息收集和整理，并传递到相关部门和食品安全小组，涉及本部门做好相应信息记录并予以落实。

4.2.5 在内部沟通中，食品安全小组应确保识别到获得其所需信息，并作为体系更新和管理评审输入。

4.3 外部信息沟通

4.3.1 外部信息沟通对象和内容

4.3.1.1 原材料供应商及分包方的沟通 沿食品链的相互沟通，目的在于确保充分和相关知识的分享，以能有效的进行危害识别、评价和控制，既要在公司内部进行，也要在食品链中进行，控制应在必要可行时的所有其他一切环节中实施。

沟通内容包括有关食品安全危害和有关控制措施等内容。

4.3.1.2 与顾客互动沟通 目的在于提供满足顾客要求的食品安全水平的产品，有助于食品安全危害的识别与控制；沟通内容是顾客对食品安全危害控制要求，了解顾客对食品安全危害控制的最新要求。

4.3.1.3 与食品主管部门（立法和执法部门）间的沟通 目的在于为确定食品安全水平及公司有能力达到该水平提供信息。

4.3.1.4 对食品安全管理体系的有效性或更新具有影响或将受其影响的其他组织。如认证或咨询机构。

沟通内容包括国家或行业有关的食品安全控制要求和控制标准，了解同行业在食品安全危害方面的新信息。

4.3.2 由总经理指定食品安全小组组长负责外部沟通。

4.3.3 沟通方法：电话、网络沟通、收集有关资料等。

4.4 信息分析和汇总

由人事行政部将沟通得到的信息进行整理、分类和汇总；形成《信息联络处理单》，必要时对食品安全管理体系进行更新。

4.5 信息反馈

由人事行政部按各部门职责分工将信息分别传递到各职能部门，所有的信息全部传递到食品安全小组，作为质量/食品安全管理体系更新和管理评审的输入之一。

5. 相关记录

信息联络处理单。

人力资源控制程序

1. 目的

按企业发展和质量/食品安全管理体系的要求，所有与质量/食品安全活动有关人员都要接受培训，使其能掌握岗位技能和必要的管理知识，对从事特殊工作的人员进行资格考核，以保证质量/食品安全管理体系的有效运行。

2. 适用范围

适用于所有从事对质量/食品安全有影响的工作人员（含临时工、劳务工）的培训和特殊岗位工作人员资格考核。

3. 职责

3.1　人力资源部是本过程的归口管理部门，负责岗位入职要求的确定，培训计划的编写与实施、人员资格考核和培训档案的监理、保存与管理。

3.2　各部门负责本部门培训需求的确定及培训计划的实施。

3.3　总经理负责岗位入职要求得确认。

4. 工作程序

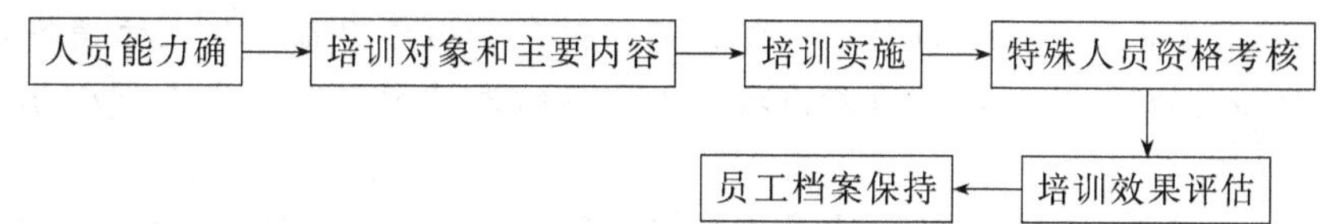

4.1　人员能力的确认

4.1.1　人事行政部组织相关人员制定质量/食品安全管理有关岗位人员的能力要求，形成《岗位入职要求》，经总经理批准后实施。

4.1.2　由管理者代表组织各部门负责人对各岗位上的人员进行能力确认，并保存《各岗位人员能力确认记录》。

4.2　培训对象和主要内容

4.2.1　管理层人员的培训内容

a. 企业管理知识和质量/食品安全管理标准。

b. 有关的法律法规及食品安全危害控制和预防的相关知识的培训。

4.2.2　专业技术人员培训的主要内容

a. 有关的国家法律法规及有关食品安全国家标准知识的培训。

b. 各类专业技术和知识的培训。

c. 新的工艺和行业新技术的培训。

d. 统计技术及应用方法的培训。

4.2.3　作业人员的培训

a. 岗位操作规程和相关的法律法规、标准。

b. 相关的食品安全危害控制措施。

c. 操作性前提方案的实施。

d. 本岗位中存在的潜在事故、事件及应急预案和响应措施。

4.2.4　特种作业人员培训的主要内容

包括上级主管部门要求进行资格考试的人员，如电工、焊工、司机，还包括食品检验人员（化验员）、关键控制点的监视人员（巡检员）、特殊工序操作人员等。

上述这些人员应接受如下内容培训：

a. 岗位所需要的质量、食品安全管理基础知识的培训；

b. 特殊工种、特殊过程所应具备的知识、技术合格技能的培训；

c. 监视人员（巡检员）还应接受适宜的监视技术和在过程失控时应采取必要措施的培训；

d. 参加上级主管部门或行业要求的特种作业人员的岗位资格培训。

4.3 培训实施

4.3.1 编制培训计划

4.3.1.1 各部门依据本部门的工作需要，于每年初提出部门的《培训需求申请》，经部门负责人批准后报备人力资源部。

4.3.1.2 人力资源部依据各部门提交的培训需求申请和人员素质现状及质量/食品安全管理体系运行和公司发展的需要，制定年度培训计划，培训计划中规定培训对象、培训时间、内容、培训教师、负责实施部门、考核方式。经营管理者代表批准后实施。

4.3.2 培训的组织管理

4.3.2.1 需派人员外出培训时，由相关部门提交外出学习报告，主管领导审核，经总经理审批后（报告应存档），派人员外出培训，学习结束持毕业或结业证到人力资源部登记备案。

4.3.2.2 按培训计划的要求，由负责实施部门组织进行，并保存培训记录及签到薄。

4.3.2.3 培训后由人事行政部组织进行考核，由主讲教师进行评分，将考核结果记录在《培训记录》中。

4.3.2.4 培训原则：

培训实施方案要结合实际切实可行，注重质量，按需施教，学用结合；

保证人员落实，对重要岗位人员应强化培训；

聘用有资格的教师，并编写合格的教案，有完整的授课记录；

严格考勤和课堂纪律，人力资源部应定期检查，以保持良好的学习环境；

培训结束考试，由人力资源部在任课教师拟卷的基础上组织开始，安排监考，并批卷；

每期培训结束所形成的记录和资料应及时整理，由人力资源部归档。

4.4 特殊人员资格考核

4.4.1 对特殊过程的操作人员，在培训的基础上进行考核，合格后发上岗证，持证上岗。

4.4.2 上级主管部门控制的特殊作业人员必须经过专业培训，考核后，由相应的发证机关发证，持证上岗作业。

4.5 培训效果评估

每年由人力资源部组织进行相关部门对所实施的培训进行效果评估，从教师水平、教学内容、考核结果和学员能力改进等方面进行评估，由人力资源部形成并保存《培训效果评估记录》，培训后确保处于所有员工都意识到如下内容。

4.5.1 质量方面，认识到所有从事的质量活动对最终产品质量的相关性和重要性，以及如何为实现质量目标做出贡献。

4.5.2 食品安全方面，认识到：符合前提方案和 HACCP 计划的重要性；工作活动中实际的或潜在的重大环境影响，以及个人工作的改进所带来的食品安全保障。

4.6 员工档案的保持

人力资源部负责建立员工档案，保存各类上岗资格证件的复印件。

5. 相关文件

岗位入职要求。

6. 相关记录

年度培训计划；培训记录表；员工能力评价表。

产品标识及可追溯性控制程序

1. 目的

为确保能够识别产品批次及其与原料批次、加工和分销记录的关系，建立可追溯性系统，特制定此程序。

2. 范围

适用于本公司所有原辅料，生产过程中的半成品、成品及仓储过程中的产品标识。

3. 职责

由生产部负责建立并实施可追溯性系统。

3.1　生产车间负责对生产过程中产品的标识，并对半成品和终产品进行标识。

3.2　仓库保管员负责原辅材料的标识。

3.3　仓储部负责装箱和分销过程中终产品的标识。

3.4　各部门负责本部门生产过程中的从原料、半成品、成品等标识的记录、检查、整理和保存。

4. 程序

4.1　采购产品标识

4.1.1　标识种类

a. 标签：指挂牌或贴签

b. 记录：记录本、台账、流程卡。

c. 记号

4.1.2　外购包装箱、袋、纸等产品要有明显的区分标识，并提供标识区分方法。

4.1.3　消毒液、清洗剂及化验用药品要有明显标识，标识内容：产地、品名、用途、进货日期等。

4.1.4　对外购原料仓库要根据质检部发出的原料检验报告单，主要内容挂牌标识，要有原料名称、等级、产地、型号、数量、入库时间、分供方名称等主要内容。

a. 对不同厂家相同原料及相同厂家不同原料要分别标识。

b. 对易燃易爆、有毒、腐蚀性物品要有明显标识。

c. 对易变质物品要有明显标识，保证定期检查。

4.2　生产过程标识

4.2.1　配料工序要求填写记录，内容为：物料量、生产产品名称、配料人，各种原材料及添加剂的添加量等。

4.2.2　杀菌等特殊工序和关键控制点人员要填写相应的操作记录。

4.2.3　对其他类产品生产过程的标识，执行各自的生产记录。

4.3　成品的标识

4.3.1　包装工序标识方法

4.3.1.1　喷码人员要根据要求，在包装指定位置上喷号。内容包括：生产日期、生产厂代号、喷码机号、生产批号等，并填写喷码工作记录，详细说明喷码工作的主要内容。

4.3.1.2　成品包装内放置《产品合格证》。合格证内容：生产厂家、产品名称、数量、执行标准、装箱人名或代号，便于最终追溯。

4.3.1.3　成品包装箱外要根据彩袋喷码内容进行喷号作业。

4.3.1.4　包装记录主要内容：本班工作人员、每批校对人员、称量人员等。

4.3.2　产品状态标识

4.3.2.1 可应用标识、标签区域来区分不同检验状态的产品，各岗位注意识别和保护标识，严格管理，不得涂改、丢失生产过程中严格管理状态变化的标识。凡是检验合格的有标识产品，可以不用状态标识，若没有产品标识应加合格标识。

4.3.2.2 检验和试验状态标识分类：

a. 未检；

b. 已检待定；

c. 已检不合格；

d. 合格。

4.3.2.3 原辅料、包装材料的标识 未经检验或待检的原辅料、包装材料仓库及车间应负责进行标识产地、产品名称、数量、规格及入库时间；经质检部判定为合格的原辅料、包装材料，仓库保管员应分别进行标识；

4.3.2.4 挂牌标识，标识内容在合格记录本上做好合格记录．不合格品执行《不合格控制程序》，并分别在合格记录本与不合格本上做好记录。

4.3.2.5 半成品的标识 由各车间进行状态标识的更换。标识方法：在半成品容器或苫盖物上编号，并由生产人员进行记录。

4.3.3 成品入库后的标识

4.3.3.1 成品入库后，仓库保管员应按入库量、班次、批号、挂牌标识。

4.3.3.2 根据检验结果，按彩包标识卡所代表的内容，保管员在接到检验通知单后挂标识。

4.4 保管员部根据市场发货，填写发货记录，列明产品去向。

4.5 标识控制

4.5.1 标识管理和发放

4.5.1.1 原料、材料成品库房的标识，由保管员统一印制、保管、发放。

4.5.1.2 生产过程的标识，由各生产部门印制保管和发放。

4.5.1.3 包装物的喷码记录，要由专人填写，要准确记录物品的来龙去脉。

4.5.2 无标识或标识不清产品的处理

4.5.2.1 由保管员组织有关部门进行签订，能签订的重新标识，无法定性的上报有关部门做报废处理。

4.5.2.2 成品无标识可拆箱查看后标识。

4.5.2.3 半成品无标识由化验取样进行分析，如无法判断，由质检部门提出处理意见。

4.5.3 所有标识，各单位要定期进行检查，生产部每月进行一次标识情况的检查，填写《标识实施情况检查记录》。

4.6 可追溯性

4.6.1 根据原料检验报告单，可追溯到原料供方、检验人。

4.6.2 根据《配料表》及相关的生产记录可追溯到原辅料添加量、配料人、配料时间，根据生产过程记录可追溯至杀菌等工序的工作时间运行状态等。

4.6.3 根据《包装记录》可追溯到产品的生产班组、包装人、检验人等。

4.6.4 成品分布情况的追溯

仓储部的保管员及发货员应在发货单上注明生产厂家、批号、种类、发往地区，以便追溯产品的流向。

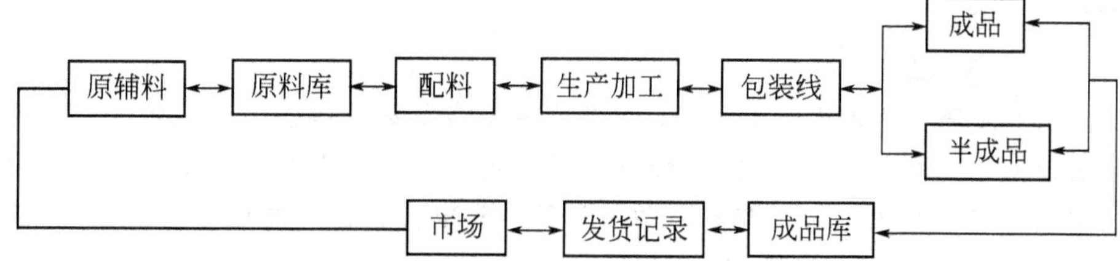

4.6.5　其他类产品的追溯

按相关的质量记录或台账进行追溯。

4.7　可追溯的路径

5. 记录

可追溯记录。

内部审核控制程序

1. 目的

本程序规定了本公司定期进行内部质量/食品安全管理体系审核活动的要求，确保其质量/食品安全管理体系实施并保持有效运行。

2. 适用范围

本程序适用于本公司内部审核活动的控制。

3. 职责

3.1　由管理者代表/食品安全小组组长制定《年度内部审核计划》，协调审核中出现的问题，任命审核组长和审核员。

3.2　审核组长负责编制每次《现场审核计划》，并负责审核工作的管理，负责对纠正和预防措施的确认及效果验证。

3.3　人事行政部负责内审资料的保管。

3.4　责任部门对审核中开具的不合格报告及时分析原因，制定纠正措施并实施。

4. 工作程序

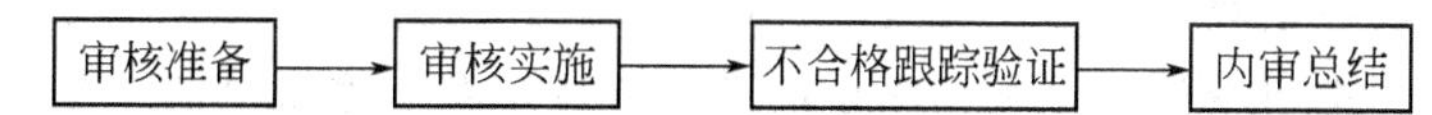

4.1　审核准备

4.1.1　审核计划

由管理者代表编制《年度内审计划》，由总经理审批后实施，编制年度内审计划时，应根据审核的活动、区域内容的重要性和现状来编制。一般情况，内部审核对本公司质量/食品安全管理体系所涉及的部门，至少每年审核一次并覆盖全部要素。当出现下述情况时，增加内审次数，组织特殊内容的审核：

公司的组织结构或程序有重大变动时；

产品质量和食品安全危害控制出现较大波动时；

顾客和相关方有重大投诉时。

4.1.2　由审核组长制定《审核实施计划》，并提前五天向受审核部门发出。《审核实施计划》内容包括：

a. 受审核部门、审核项目、范围、日期；

b. 审核依据文件；

c. 审核的主要项目及时间安排；

d. 审核员的分工。

4.1.3 组成审核组

管理者代表任命审核组长和审核员，确认审核组成员的资格。

a. 应经过 ISO 9001 和 ISO 22000 标准培训，并取得内审员资格证书；

b. 应与被审核区域无直接责任者，即审核员不能审核自己的工作。

4.1.4 由审核组长组织制定审核专用文件，包括：

a. 编制检查表、收集并审阅审核有关文件；

b. 准备内部管理体系审核所用表格等。

4.1.5 受审核部门收到《审核实施计划》后，如果对审核项目安排有异议，可在两天内通知审核组，审核组长将提出的情况上报管理者代表批准后调整。

4.1.6 受审核部门要确定陪同人员、审核实施，并须做好接受审核的准备工作。

4.2 审核实施

4.2.1 进行简短的首次会议，然后进行现场审核。

4.2.2 审核工作按照《内部检查表》进行，审核员通过交谈、查阅记录、文件、检查现场、随机抽样方式收集证据并做好《内部审核检查记录》。

4.2.3 审核员应记录审核的结果，包括：

a. 审核的活动、区域、过程和适当的产品和活动范围；

b. 审核发现的不合格之处；

c. 上次内审发现的不合格所采取纠正措施的结果；

d. 提出改进建议。

4.2.4 现场审核发现问题时，应及时得到受审核部门的确认。

4.2.5 上述审核结束后，由审核组长主持召开由审核部门负责人及相关人员参加的末次会议，说明不合格报告的数量和分类，并对其质量/食品安全管理体系运行情况做出恰当的总结。同时，还应宣布审核报告发布日期等，末次会议同首次会议相同，要签到和做《内审首（末）次会议签到表》。

4.2.6 按末次会议确定的不合格项，由审核组成员填写《不符合报告单》、《不合格项分布表》，并经受审部门确认，要求：不合格事实描述清楚、客观证据确凿；明确不合格类型及不符合的条款号。

4.2.7 末次会议后审核组结束现场审核。

4.3 不合格项封闭的跟踪、验证

4.3.1 出现不合格项的责任部门负责人组织分析不合格原因，制定纠正措施，报审核组审核，管理者代表批准。由责任部门组织实施。

4.3.2 审核员负责纠正措施实施情况的验证。

4.4 审核报告

4.4.1 由审核组长负责在末次会议结束后一周内，写出“内部审核的报告”并确认发放范围。

4.4.2 审核报告包括：

a. 审核的目的、范围、日期；

b. 审核组成员和受审部门及其负责人、主要参加人；

c. 审核依据的文件；

d. 不合格项的观察结果，全部不合格报告单附后；

e. 审核综述及质量体系运行有效性的结论性意见；

f. 薄弱环节及改进建议。

4.4.3 审核报告经管理者代表审核批准后，按已确定的分布范围，由人事行政部发至有关部门并填写发放记录。

4.4.4 审核报告发放范围：总经理、管理者代表；各受审核部门及生产车间和库房。

4.5.5 审核报告作为管理评审输入资料之一。

4.5 质量/食品安全管理体系的年度审核报告

4.5.1 年度审核计划完成后，对所有部门、所有要素的内部审核以后，管理者代表组织审核员，对整个管理/食品安全体系运行的情况进行一次总分析，写出一份全面的审核报告，并提交总经理作为管理评审的输入。

4.5.2 《内部管理/食品安全体系年度审核报告》的内容包括：

a. 内部质量/食品安全管理体系的审核年度计划完成情况；

b. 审核的目的和范围；

c. 审核的依据文件；

d. 各次审核的组长和审核员名单；

e. 各类不合格项数量；

f. 不合格项的说明及纠正措施完成情况；

g. 对整个质量/食品安全体系的总评价，并提出改进意见；

h. 审核报告的批准与分发范围等。

4.6 由人事行政部整理并保存所有的内部审核记录和有关资料。

5. 相关记录

年度内审计划；审核实施计划；内审检查表；不符合报告；内审报告。

纠正措施控制程序

1. 目的

本程序规定了公司针对已发生不合格现象进行调查、分析原因并制定纠正措施。防止不合格现象再发生，促进产品质量和质量/食品安全管理体系的持续改进。

2. 适用范围

本程序适用于公司对产品质量和质量/食品安全管理体系运行中已发生的不合格现象的分析和改进。

3. 职责

3.1 质检部是本程序的归口管理部门，负责组织责任部门对不合格现象分析原因，制定纠正措施，并对其实施效果进行验证。

3.2 其他有关部门负责对不合格现象的统计和分析，制定和实施纠正措施。

4. 工作程序

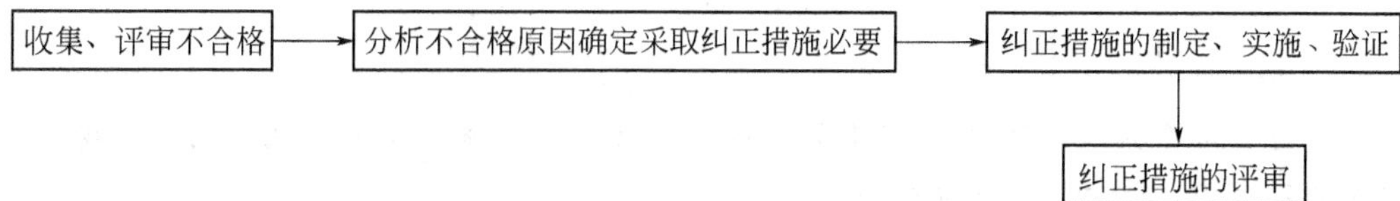

4.1 收集、评审不合格

4.1.1 本程序中所指不合格，包括：

a. 日常监督检查中发现的不合格项；

b. 产品质量检验中发现的不合格品；

c. 顾客抱怨或投诉。

4.1.2 各部门每月向质检部汇报本月所发生的产品质量和质量/食品安全管理体系中出现的不合格项和不合格品。

4.2 分析不合格原因，确定采取纠正措施必要性：

a. 内审发现的不合格必须采取纠正措施，执行《内部审核程序》；

b. 严重不合格产品及顾客投诉必须采取并制定纠正措施；

c. 产品质量连续发生两次以上一般不合格或轻微不合格时应制定纠正措施；

d. 属于下列不合格应采取纠正措施：

职责权限不清不全；

资源配备不合理；

能力不足；

目标或指标不合理；

体系文件不合理或未规定。

4.3 纠正措施的制定、实施和验证

4.3.1 内部审核发现的不合格

由不合格发生部门组织制定纠正措施，具体按相应的《内部审核程序》规定执行。纠正措施内容包括：纠正措施的项目和步骤、计划完成时间、执行部门及责任人。

4.3.2 产品不合格

由质检部组织相关责任部门制定纠正措施，并经部门经理确认后实施，由责任部门按经批准的纠正措施进行实施，质检部负责跟踪验证纠正措施的执行情况，并将实施情况和结果记录在《纠正和预防措施处理单》上，《纠正和预防措施处理单》由责任部门和质检部各保存一份。

4.3.3 生产过程不合格

由质检部组织相关责任部门制定纠正措施，经生产部负责人审核实施。

由生产车间按批准的纠正措施进行实施，质检部负责跟踪验证纠正措施的执行情况，并将实施情况和结果记录在《纠正和预防措施处理单》上，《纠正和预防措施处理单》由责任部门和生产部各保存一份。

4.4 纠正措施的评审

质检部负责人负责在每项纠正措施完成后对纠正措施的实施效果进行评审，确定是否需要采取更进一步的措施。依据评审的要求，在管理评审时需将纠正措施汇总提交管理评审。

5. 相关记录

纠正和预防措施处理单。

预防措施控制程序

1. 目的

通过对公司产品和质量/食品安全管理体系中潜在不合格因素采取相应的预防措施，消除潜在的不合格，避免潜在不合格的发生。

2. 适用范围

本程序适用于公司对潜在不合格因素采取预防措施的控制活动。

3. 职责

3.1　质检部负责组织识别和确定质量/食品安全管理体系中存在的潜在不合格因素及其原因，并组织制定相应的预防措施，跟踪和验证预防措施的执行，评审预防措施的实施效果。

3.2　质检部负责组织识别和确定产品和生产过程中存在的潜在不合格因素及其原因，并组织制定相应的预防措施，跟踪和验证预防措施的执行，评审预防措施的实施效果。

3.3　相关部门负责制定并实施预防措施。

3.4　管理者代表负责批准各部门制定的预防措施。

4. 工作程序

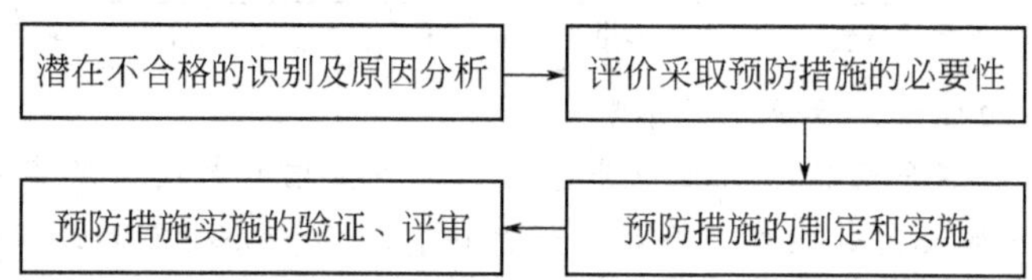

4.1　潜在不合格的识别及原因分析

质检部、生产部定期对各种相关记录及同行业的外部信息等采用统计方法进行全面的分析（主要是过程和产品的业绩及变化趋势），识别并确定潜在不合格。

当存在不良的趋势时，相关部门应深入分析便于发现潜在不合格产生的原因。

4.2　评价采取预防措施的必要性

采取预防措施前，由质检部经理组织相关部门根据所涉及的成本、风险、效益进行平衡分析，根据分析结果采取适当的预防措施。如不采取预防措施应做出结论，如需采取预防措施，则应按下述程序执行。

4.3　预防措施的制定和实施

4.3.1　由存在潜在不合格的责任部门确定消除潜在不合格所采取的预防措施，经质检部经理批准后实施。

4.3.2　相关部门按经批准的预防措施实施，实施情况记录在《纠正和预防措施处理单》中。预防措施需更改时，应重新制定并再次经管理者代表批准。

4.4　预防措施的验证、评审

质检部负责组织对相关部门预防措施的实施效果进行验证，同时保存《纠正和预防措施处理单》；并对预防措施实施的有效性进行评审，确定是否需要进一步采取其他措施。

4.5　按管理评审的要求，在管理评审前应将一段周期内的预防措施信息提交管理评审。

5. 相关记录

纠正和预防措施处理单。

不合格品控制程序

1. 目的

确保不合格品得到有效的标识、记录、评审和处置；防止所有不满足规定要求产品的非预期使用和交付。

2. 适用范围

适用于公司所有原辅料、半成品和成品的不合格品控制与处理。不合格品包括：不满足要求和未经确认或状态可疑的原材料、半成品、产品及未达到食品安全可接受水平的产品。

3. 职责

3.1　本过程的归口管理部门为质检部，负责组织对不合格品进行评审和评审后的验证。

3.2 生产部和生产车间负责参与对不合格的评审和处置办法的确定，其中质检部负责决定对不合格品处理的方法。

3.3 由化验室的化验员对不合格进行标识、发出通知，并对处置结果进行重新验收。

3.4 生产车间、采购部、销售部分别负责对各自管辖范围内产品不合格品处理。

4. 工作程序

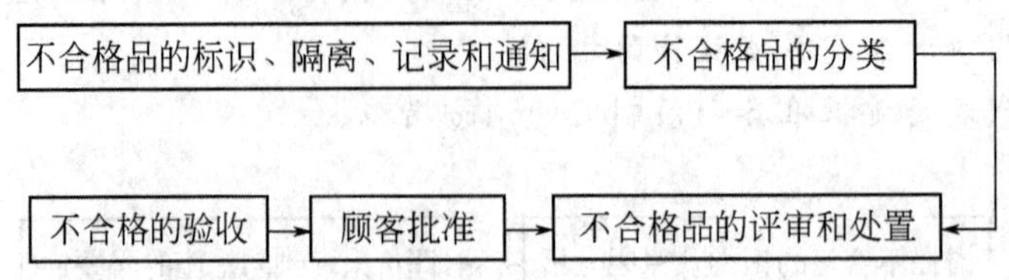

4.1 不合格品的标识、隔离、记录和通知

4.1.1 一旦发现不合格品，应立即进行标识，并由相关部门将其存放在不合格品区域内，由质检部负责组织相关部门对不合格品性质进行判定，并确定其评审和处置的人员。

4.1.2 对于没有经过确认合格的或状态可疑的产品，应确定为待检产品，并应进行待检标识。

4.1.3 不合格品必须进行隔离，其质量记录应单独保管，防止误用。

4.2 不合格品的分类规定

4.2.1 一般不合格品：属于外观或重量的轻微超差不合格，其营养成分和卫生指标没有发生变化。

4.2.2 严重不合格品：属于产品主要营养成分丧失或食品安全危害超出标准要求。

4.3 不合格品评审处置权限

4.3.1 轻微不合格品由生产部进行评审，决定处置办法。

4.3.2 对严重不合格品由质检部组织生产部、生产车间、销售部等共同进行评审，决定处置办法。

4.3.3 对于已经出厂的不合格品，人事行政部须与顾客进行协商，共同决定处置办法。

4.4 不合格品的处置方法

4.4.1 对原材料不合格品处置：不准使用、拒收或退货。

4.4.2 不合格的半成品或成品处置方法：

a. 不合格半成品不准转入下序；不合格成品不准交付和使用；

b. 进行返工处理的不合格品，应重新验收合格后方可使用；

c. 降级使用或让步接受并放行的不合格品，应经有关授权人批准，并得到顾客或其代表的批准。

d. 销毁或按废品处理。

4.5 不合格品处置后的验证

当不合格品得到纠正之后，应由专职检验员对其处理结果进行验证，以证实其符合要求，并保存《不合格品评审处置单》。

4.6 当产品交付和使用过程中发现不合格品时，由销售部立即启动产品撤回程序，不能追回时应立即通知顾客并采取相应的补救措施（如退换产品等）。

5. 相关文件

产品撤回程序。

6. 相关记录

不合格品评审处置记录。

原材料采购控制程序

1. 目的

选择合格的供应商并对采购活动进行管理，确保采购的原（辅）材料符合规定要求。

2. 范围

本程序适用于本公司所属产品的原材料、辅料的采购管理。

3. 职责

3.1　采购部是归口管理部门，负责组织相关部门对供方进行评价和选择，确定合格供方名录，并进行原（辅）材料的采购。

3.2　质检部负责提供原辅材料的质量标准，质检员和化验员对所采购的主要原材料进行验收。

3.3　采购部负责签订采购合同和制定采购计划并实施。

4. 工作程序选择供应商

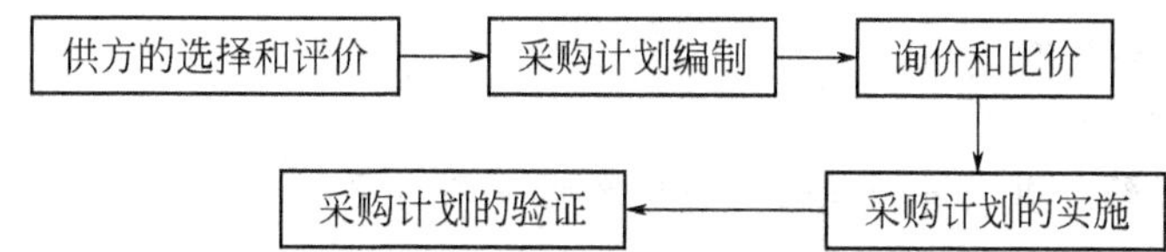

4.1　供方的选择和评价

4.1.1　采购部根据所采购材料对成品质量的影响程度，将其分为主要材料与辅助材料二类。

主要材料为形成产品主要功能，如面粉、各类添加剂等。

辅助材料为包装材料等

4.1.2　由采购部制定《供方选择、评价与再评价准则》，对供方的产品质量、生产能力、质量保证能力、交付能力及产品价格等做出规定，作为评价和选择供方的参考依据。

4.1.3　对于提供主要材料的供方，由采购部组织、质检部、生产部进行评审，并由采购部填写《供方评定记录》，质检部、生产部等签署意见。

4.1.4　对于提供辅助材料的供方，不需进行现场评审，只需进行书面评价，即进行产品质量信誉调查和有关证明文件的验证。

4.2　样件检验和产品质量确认

4.2.1　如需进行样品确认，由采购人员通知供方送交样品，采购人员需对样品提出详细的技术、质量要求，如名称、检验报告、包装方式等。

4.2.2　样品应为供方正常生产情况下的代表性产品。

4.2.3　样品送达公司后，由质检部、生产部、采购部对样品的质量进行检验和评价，并填写《主要原辅料进货检验（验证）记录》。

4.2.4　经确认合格的样品，要贴上样品标签并注明合格或不合格，标识检验状态。

4.3　确定《合格供方名单》

4.3.1　依据对供方质量保证能力评价结果和样品评价结果，对照《供方选择和评价准则》确定合格供方名录，并将其列入《合格供方名单》，交总经理批准。

4.3.2　原则上一种材料要有两家以上的合格供应商，以供采购材料时进行选择。

4.3.3　对于唯一的供方或独占市场的供方，可以直接列入《合格供方名单》。

4.3.4　每年由采购部对供方进行再评价后，依据评价后的结果重新修订《合格供方名单》，修订后的《合格供方名单》由总经理批准后生效。

4.4 采购信息

4.4.1 采购信息包括原辅材料质量标准、采购计划或采购合同。

4.4.2 主要材料采取《采购合同》方式进行，合同中必须注明如下内容。

a. 供方资料：名称、地址、联系人、联系方式、开户银行。

b. 采购材料的详细描述：品名、型号、规格、采购数量、计量单位、技术标准和验收标准，有特殊要求的应特别注明。

c. 价格：单价、合同总额、定金或预付款。

d. 付款方式。

e. 交付期，分批交付时应明确每批的交付时间和交付数量。

f. 供货地点、包装方式、运输方式、到达站港和费用负担。

g. 违约的罚则、解决合同纠纷的方式。

4.4.3 适当时，合同中还应包括如下信息。

a. 产品、程序、过程和设备的批准要求。

b. 操作人员资格要求。

c. 供方质量管理体系要求。

4.4.4 辅助材料采取《采购计划》的形式明确采购信息。

a. 其中规定产品质量标准。

b. 采购产品的数量。

c. 到货日期及供方等。

4.4.5 所有的采购信息经总经理审批后方可与供方进行沟通。

4.4.6 因技术要求、顾客要求、生产条件、市场需求变化需要更改合同时，采购人员需与供方协商达成一致，并以重新签订《采购合同》的形式进行合同更改，避免损失。

4.5 采购材料的验证

4.5.1 可由化验员进行化验判定质量情况。

4.5.2 对其他采购物品的质量检验

a. 采购员在供方处检查物资的外观情况，如有异议必须弄清，还应对物资“合格证”、“材质单”进行检验，当确认物资外观及随带的检验资料合格后，方可将物资运回。

b. 物资运到公司后由物资保管员进行外观、数量和随带的质量证明检验，如无异议，则进行初步接收和对物品进行标识并等待化验室的检验报告。

c. 在进行取样化验时，由化验员按相关要求进行取样化验，依据化验报告判定是否合格。当合格时，采购员和保管员可以办理入库；当不合格时，由化验员通知保管员和采购员按“不合格品控制程序”处理和标识。

d. 当顾客提出要到供方进行质量检验时，由采购员与供方联系完成，但本公司不能把这种验证作为对供方的产品质量已经进行了控制的证据。

e. 当采购员来不及检验物品时，由采购部经理提出“紧急放行申请”，经品控经理审核，可以提前使用，由质检员进行追溯性标识。

4.5.3 采购的材料由质检部依据《主要原辅料进货检验（验证）规程》进行入厂检验。

4.5.4 需要到现场验收采购的材料时，应在采购合同或采购计划中规定到供方现场的检验安排，并规定放行方式。

4.5.5 由质检部指定专人保存并整理《主要原辅料进货检验（验证）记录》。

4.6 物品保管及标识

4.6.1　保管员对库中物资发放建立台账，账物相符。

4.6.2　按物品的特点，相关规定，分类、分规格存放，同时做好防雨、防潮、防晒、防燃措施，对易然、易挥发的物品，做好特殊保管。

4.6.3　做好标识、用标牌法标清：物品名称、规格、供方、入库期、库存量等。

4.6.4　由采购部负责对采购部门所用物品的保管、使用情况进行监查并作记录。

4.7　物品使用

4.7.1　使用人员凭领料单将物品领出。

4.7.2　物品出库：本着先入先出的原则。

5. 相关文件

供方选择、评价与再评价准则；

主要原辅料进货检验（验证）规程；

过程产品检验规程；

生产成品的检验规程。

6. 相关记录

供方评定记录；

合格供方名单；

供方年度业绩评定表；

原材料采购计划；

主要原辅料进货检验（验证）记录；

采购合同。

应急准备与响应控制程序

1. 目的

识别可能发生的紧急情况，并制定相应的应急措施，避免紧急情况给产品带来危害和较大的经济损失。

2. 适用范围

适用于本公司采购、仓储、生产交接过程中所发生紧急情况的管理。

3. 职责

3.1　总经理负责组织生产车间、质检部、工程部、采购部和销售部识别在采购、生产和交接环节可能出现潜在紧急情况，并对应急措施进行审批。

3.2　生产车间是归口管理部门，负责组织识别紧急情况并组织制定应急措施和响应预案，同时负责紧急情况发生后启动紧急措施和应急预案。

3.3　总经理负责岗对应急措施和响应预案组织定期评审和演练。

4. 工作程序

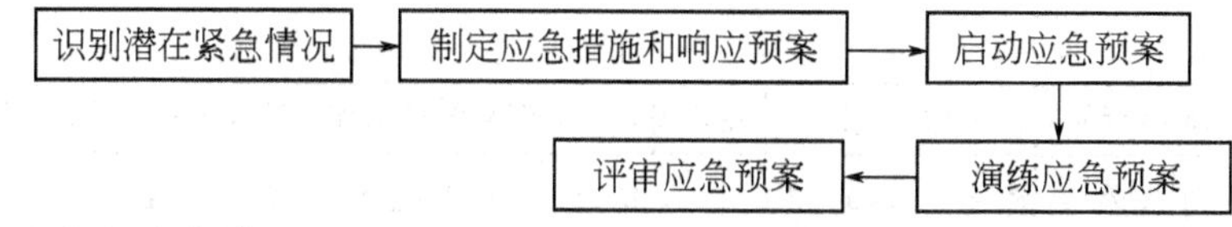

4.1　识别潜在紧急情况

由总经理组织生产车间、质检部、采购部、工程部和销售部等识别在采购、生产和交接过程中潜在的紧急情况，包括：突然停电、停水、设备故障、意外投毒、包装工序出现异物、丢失等紧急情况。

4.2 应急措施的响应预案制定

由生产车间组织针对上述紧急情况制定《应急措施和响应预案》，在应急措施和响应预案中包括如下内容：紧急情况处理程序和措施、负责人及配合人员的职责、联系电话、应配备的资源、善后事宜的处理等。

应急措施和响应预案由总经理组织生产车间、质检部、采购部和销售部等进行讨论，并经总经理批准后实施。

4.3 培训和演练

4.3.1 培训：由生产车间组织对有关人员进行应急措施和响应预案的培训，使所有有关人员都了解应急措施，确保当紧急情况发生后能及时启动应急预案，减少或避免由于紧急情况发生所带来的损失和影响。

4.3.2 演练：如可行，由生产车间组织进行应急措施响应预案的演练，以判断和证实应急措施和响应预案的有效性，在演练前由生产车间副总经理策划演练方案，演练结束后由生产车间副总经理组织对演练情况进行总结，同时对应急措施和响应预案的有效性和适宜性进行评审，并保存《应急措施和响应预案的演练记录》。

4.3 一旦紧急情况发生，负责部门应按响应措施做出响应，事后分析原因，对应急措施进行评审，必要时进行修订，由生产车间保存《应急情况（事故）处理记录》。

4.4 由总经理每年在管理评审中组织生产车间、质检部、工程部、采购部、销售部等对应急措施和响应预案进行评审。

5. 相关文件

应急措施和响应预案。

6. 相关记录

应急措施和响应预案的演练及评审记录；

应急情况（事故）处理记录。

关键限值纠偏控制程序

1. 目的

当关键限值发生超出和操作性前提方案失控时，采取措施防止关键限值再次发生偏离，同时采取措施对偏离期间生产的产品进行纠正，以满足食品安全危害的控制。

2. 适用范围

适用于对关键限值发生偏离和操作性前提方案失控期间所生产产品的控制。

3. 职责

3.1 生产车间负责纠偏措施的制定、执行情况检查、制定措施防止关键限值偏离。

3.2 质检部化验室负责纠偏措施实施过程的跟踪检测。

3.3 生产车间负责纠偏措施的实施。

4. 工作程序

4.1 受不符合影响的终产品的识别，包括在下列情况下生产的产品：

4.1.1 超出关键限值的条件下生产的产品，也为潜在不安全产品。

4.1.2 不符合操作性前提方案条件下生产的产品。

4.2 隔离、记录和存放

4.2.1 被识别的受不符合影响的产品与其他产品隔离，并立醒目标识。

4.2.2　向生产车间发出通知，并保持不符合的记录。

4.2.3　受不符合影响的产品待处理期间，由专人看管，防止误用。

4.3　受不符合影响产品的评审和处置

4.3.1　由生产车间视不符合情况，决定对不符合产品的评价方法和内容。

如为原材料验收关键控制点出现偏离，则对终产品委托外部检验机构进行终产品的化学和微生物指标的全项检验；

如杀菌关键控制点发生偏离，由内部化验室进行终产品的微生物检验；

如操作性前提方案发生偏离，由内部化验室进行终产品的微生物检验或内部综合评审。

4.3.2　受不符合影响产品按如下方式进行处置

在已经超出关键限值的条件下生产的产品也叫潜在不安全产品，按《潜在不安全产品处置程序》的规定进行处理。

对于不符合操作性前提方案条件下生产的产品，在评价中还要考虑不符合原因和由此对食品安全造成的后果，并在必要时按《潜在不安全产品处置程序》的规定进行处理。

4.4　由质检部（化验室）负责对处置后的产品进行验证，保存重新验证记录。

5. 相关记录

关键控制点的控制及纠偏记录。

潜在不安全产品控制程序

1. 目的

为确保潜在不安全产品得到有效控制，防止不安全产品误流和误用，特制定本程序。

2. 适用范围

适用于所有偏离状态运行程序和控制措施条件下生产的潜在不安全产品控制。

3. 职责

3.1　本过程的归口管理部门为生产车间，负责采取措施处理所有潜在不安全产品，防止不安全产品进入食品链。

3.2　化验室负责对潜在不安全产品进行验证。

3.3　质检部（食品安全小组）负责对不安全产品进行评估及参与处置方案的制定和评审。

4. 工作程序

4.1　确定潜在不安全产品

4.1.1　在超出关键限值的条件下生产的产品全部视为潜在不安全产品，由班组长、巡检员进行确定偏离产品范围，然后进行隔离并做出明确标识，同时由班组长、巡检员指定专人看管，防止误用或误流。

4.2　评估和检测

由质检部（食品安全小组）进行产品安全危害评估，决定是否超出确定的可接受水平，依据评估结果由实验室对潜在不安全产品进行抽样检测，并将检测结果传递到质检部（食品安全小组），由质检部（食品安全小组）经理组织评审决定潜在不安全产品处理办法。

4.2.1　经评审受不符合影响的产品满足如下情况时，可进入食品链。

4.2.1.1　相关的食品安全危害已降至规定的可接受水平。

4.2.1.2　相关的食品安全危害在产品进入食品链前将降至确定的可接受水平。

4.2.1.3 尽管不符合，但产品仍能满足相关的食品安全危害规定的可接受水平。

4.2.2 经评审受不符合影响的产品满足如下情况时，受不符合影响的每批产品在分销前可作为安全产品放行。

4.2.2.1 除监视系统外的其他证据证实控制措施有效。

4.2.2.2 证据显示，针对特定产品控制措施的整体作用达到预期效果。

4.2.2.3 充分抽样、分析和充分的验证结果证实受影响的批次产品符合被怀疑失控食品安全危害确定的可接受水平。

4.2.3 不符合4.2.1和4.2.2条规定的情况时，所有潜在不安全产品应按《不合格品控制程序》执行，一般采用如下方法进行处理。

4.2.3.1 在公司内或公司外重新加工或进一步加工，以保证食品安全危害消除或降至可接受水平；

4.2.3.2 销毁和按报废处理。

4.3 潜在不安全产品处理后，由质检部（食品安全小组）对其食品安全危害水平重新进行验证，并保持《潜在不安全产品评审处理和验证记录》。

4.4 在对受不符合影响产品按上述要求评价时，所有受不符合影响的批次产品应由生产车间进行隔离存放，并由专人看管，以防丢失或误流。

4.5 当确定为不安全的不合格产品已经不在公司控制范围内时，由销售部启动产品撤回程序。

5. 相关记录

潜在不安全产品评审处理和验证记录。

验证活动策划、实施和评价程序

1. 目的

本公司制定验证活动策划、实施和评价程序，确保适时地验证食品安全管理活动实施的适宜性、充分性和有效性。

2. 适用范围

适用于公司食品安全管理体系验证活动的策划、实施和评价。

3. 职责

3.1 食品安全小组组长是验证活动的最高领导，负责批准验证计划、验证报告和验证后的改进计划。

3.2 小组成员负责策划和领导验证的具体工作。

3.3 有关部门按计划要求配合验证工作及验证后的改进工作。

4. 工作程序

4.1 验证策划

4.1.1 验证活动包括食品安全管理体系审核和单项食品管理活动的验证；食品安全管理体系审核执行《内部审核程序》，本程序中只对单项验证活动进行策划、实施和评价。

4.1.2 验证内容

4.1.2.1 危害分析的输入信息是否得到持续更新。

4.1.2.2 操作性前提方案和HACCP计划中的要素是否得以实施并取得预期效果。

4.1.2.3　经验证的基础设施和维护方案是否得以实施。

4.1.2.4　所采用的控制措施是否将食品中的危害水平降低到可接受水平。

4.1.2.5　质量/食品安全管理体系所要求的其他程序是否得以有效实施。

4.1.3　验证方法

4.1.3.1　质量/食品安全管理体系审核；执行《内部审核程序》对食品安全管理活动审核的内容主要包括：

检查产品说明和生产流程图的准确性；

检查关键控制点是否按 HACCP 计划的要求被监控；

检查工艺过程是否符合关键限值的要求；

检查记录是否准确并按要求的时间完成。

4.1.3.2　关键控制点验证，主要包括以下内容：

监控设备的校准；

校准记录的复查；

关键控制点上监控记录和纠正、预防措施记录的复查。

4.1.3.3　针对性的取样检测

4.1.4　验证频率

4.1.4.1　质量/食品安全管理体系审核为每年 1～2 次，当发生特殊情况时追加审核。

4.1.4.2　关键控制点的记录复查为每月 1 次，由食品安全小组进行，对监控设备检定的复查周期与监控设备检定周期相同；

4.1.4.3　最终产品的微生物检测周期应符合产品标准中规定的质量监督周期。

4.1.5　职责

验证活动由食品安全小组进行策划、组织实施和评价，相关部门予以配合。

4.1.6　记录

由食品安全小组保存所有验证活动实施和评价记录，包括：

《关键控制点记录的复查记录》；

《监控装置检定记录》；

《原料和终产品微生物检测记录》；

4.2　验证活动的实施及单项验证结果评价

4.2.1　由食品安全小组实施验证活动并保存相关的验证记录。

4.2.2　由食品安全小组组长每年组织进行一次单项验证结果的评价，质量/食品安全管理体系审核结果的评价由管理评审活动实施评价，形成《验证策划输出及单次验证结果评价表》。

4.2.3　验证结果评价内容

4.2.3.1　危害分析的输入是否持续更新。

4.2.3.2　操作性前提方案和 HACCP 计划中的要素是否得以实施且有效。

4.2.3.3　基础设施和维护方案是否已实施。

4.2.3.4　食品安全危害是否已降低到确定的可接受水平。

4.2.3.5　公司制定的其他与食品安全有关的程序是否得以实施且有效。

4.2.4　当验证结果评价表明与食品安全控制策划的要求不符合时，由食品安全小组组织责任部门进行原因分析并制定纠正措施，由食品安全小组组长对纠正措施的有效性进行验证。所制定的纠正措施包括如下几方面但不限于这些方面：

a. 对当前的更新程序和沟通渠道；

b. 对危害分析结论、已建立的前提方案、证实确定操作性前提方案和HACCP计划；

c. 前提方案；

d. 对人力资源管理和培训活动有效性。

4.2.6 由食品安全小组保存《验证策划输出及单次验证结果评价表》和《纠正和预防措施实施记录》。

4.2.7 当采取对终产品进行样品检验的方法进行验证时，如测试的结果表明样品不满足食品安全危害的可接受水平时，受影响批次的产品应按《潜在不安全产品处理程序》处理。

4.3 验证活动结果分析

4.3.1 由食品安全小组对验证活动结果进行分析，包括单项验证活动结果和内部审核结果，经过分析确认以下内容：

a. 确认体系的整体运行是否满足策划的安排，是否满足ISO 22000标准的要求和公司所建立的质量/食品安全管理体系的要求；

b. 识别质量/食品安全管理体系改进或（和）更新的需求；

c. 识别表明潜在不安全产品高事故风险的趋势；

d. 收集并保存信息，便于策划与受审核区域状况和重要性有关的内部审核方案；

e. 提供证据证明已采取纠正和纠正措施的有效性。

4.3.2 由食品安全小组保存《验证策划输出及单次验证结果评价表》。

5. 相关记录

5.1 控制措施综合确认报告

5.2 验证策划输出及单次验证结果评价表

5.3 改进计划

5.4 食品安全管理体系更新活动记录

5.5 原料和终产品微生物检测记录

产品召回控制程序

1. 目的

为了加强本公司产品生产过程的食品安全监管，避免和减少不安全食品的危害，保护消费者的身体健康和生命安全，根据《中华人民共和国食品质量法》、《中华人民共和国食品质量法》等法律法规，制定本控制程序。

2. 适用范围

适用于公司内生产、销售的食品召回及其监督管理活动（召回是指食品生产者按照规定程序，对由其生产原因造成的某一批次或类别的不安全食品，通过换货、退货、补充或修正消费说明等方式，及时消除或减小食品安全危害的活动）。

3. 职责

3.1 食品安全小组组长是产品召回的最高领导，负责批准召回指令。

3.2 质检部依照有关法律法规进行食品安全危害调查和评估。

3.3 有关部门配合召回工作的顺利进行。

4. 工作程序

食品安全危害调查和评估 → 召回的实施

4.1 食品安全危害调查和评估

根据食品安全危害的严重程度，食品召回级别分为三级。

4.1.1 一级召回：已经或可能诱发食品污染、食源性疾病等对人体健康造成严重危害甚至死亡的，或者流通范围广、社会影响大的不安全食品的召回。

4.1.2 二级召回：已经或可能诱发食品污染、食源性疾病等对人体健康造成危害，危害程度一般或流通范围小、社会影响较小的不安全食品的召回。

4.1.3 三级召回：已经或可能诱发食品污染、食源性疾病等对人体健康造成危害，危害程度轻微的，或者是含有对特定人群可能引发健康危害的成分而在食品标签和说明书上未予以标识，或标识不全、不明确的食品。

4.2 召回的实施

4.2.1 主动召回流程

4.2.1.1 确认食品属于应当召回的不安全食品的，食品生产者应当立即停止生产和销售不安全食品。

4.2.1.2 自确认食品属于应当召回的不安全食品之日起，一级召回应当在1日内，二级召回应当在2日内，三级召回应当在3日内，通知有关销售者停止销售，通知消费者停止消费。

4.2.1.3 食品生产者向社会发布食品召回有关信息，应当按照有关法律法规和国家质检总局有关规定，向省级以上质监部门报告。

4.2.1.4 自确认食品属于应当召回的不安全食品之日起，一级召回应当在3日内，二级召回应当在5日内，三级召回应当在7日内，食品生产者通过所在地的市级质监部门向省级质监部门提交食品召回计划。

4.2.1.5 食品生产者提交的食品召回计划主要内容包括：

① 停止生产不安全食品的情况。

② 通知销售者停止销售不安全食品的情况。

③ 通知消费者停止消费不安全食品的情况。

④ 食品安全危害的种类、产生原因、可能受影响的人群、严重和紧急程度。

⑤ 召回措施的内容，包括实施组织、联系方式一级召回的具有措施、范围和时限等。

⑥ 召回的预期效果。

⑦ 召回食品后的处理措施。

4.2.1.6 自召回实施之日起，一级召回每3日，二级召回每7日，三级召回每15日，通过所在地的市级质监部门向省级质监部门提交食品召回阶段性进展报告。食品生产者对召回计划有变更的，应当在食品召回阶段性进展中说明。所在地的市级以上质监部门应当对食品召回阶段性进展报告提出处理意见，通知食品生产者并上报所在地的省级质监部门。

4.2.2 责令召回流程

4.2.2.1 经确认有以下情况之一的，国家质检总局应当责令食品生产者召回不安全食品，并可以发布有关食品安全信息和消费警示信息，或采取其他避免危害发生的措施。

① 食品生产者故意隐瞒食品安全危害，或者食品生产者应当主动召回而不采取召回行动的。

② 由于食品生产者的过错造成食品安全危害扩大或再度发生的。

③ 国家监督抽查中发现食品生产者生产的食品存在安全隐患，可能对人体健康和生命安全造成损害的。

食品生产者接到责令召回通知书后，应当立即停止生产和销售不安全食品。

4.2.2.2 食品生产者应当在接到责令召回通知书后，按照主动召回流程中的第2条规定发出通知。

食品生产者应当同时按照主动召回流程中的第5条制定食品召回报告，按照主动召回流程中的第4条规定的时限通过所在地的省级质监部门报告国家质检总局核准后，立即实施召回；食品召回报告未通过核准的，食品生产者应当修改报告后，按照要求实施召回。

4.2.2.3 食品生产者应当按照主动召回流程中的第6条规定，提交食品召回阶段性进展报告。

所在地的市级以上质监部门应当按照主动召回流程中的第6条规定对召回阶段性进展报告提出处理意见，并将有关情况逐级上报国家质检总局。

5. 相关记录

《食品召回记录》(包括召回批次、数量、比例、原因、结果等)。

产品放行及追溯管理规定

1. 目的

通过本文件规范生产过程标识与记录、储存标识与记录、出库发放的流程、记录，使产品从生产、储存、运输到销售的流通过程中具有可追溯性。

2. 适用范围

2.1 产品的标识适用于我厂所有的产品。

2.2 产品的追溯性适用于我公司所有生产、物流过程。

3. 权责

3.1 质检部

负责及时提供相关的检测数据，在产品检验结果异常时，提出追回产品的具体生产时间段。负责对产品的可否发货从品控的角度进行确认，并对正常发货的产品提出可予发货的通知。

3.2 仓储部

依质检部的通知进行发货；需紧急发货时，提出紧急发货的请求，并在质检部确认合格后进行，对发货品做好《销售记录》，并对发货品进行运输、储存地的控制。发生异常后对异常品进行暂存，并根据品控的意见对产品做最终处理。

3.3 市场部

市售产品异常时，负责根据仓储部提供的发货记录，将异常品召回。

4. 定义

4.1 正常发货

在产品的检测结果合格后才正式发货的一种发货方式。

4.2 紧急发货

由于市场需求，产品正在进行检测的同时就申请发货的发货方式。

5. 作业内容

5.1 产品发放作业流程图

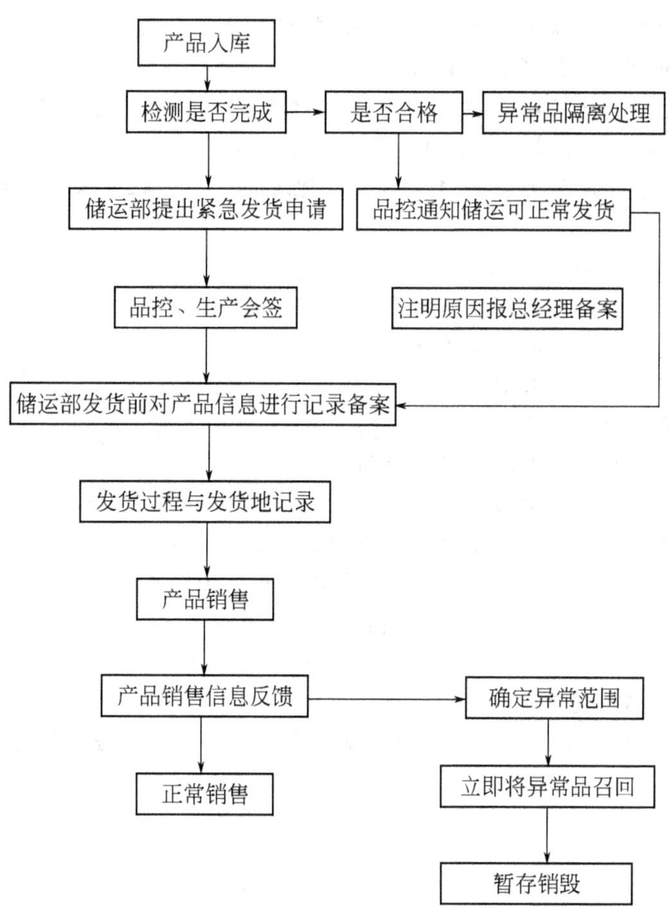

5.2　产品的标识与发货流程

5.2.1　产品标识

产品上应由包装车间按标准喷码注明：生产年月日、生产时间、生产线别、产地编码、合格状况。

HN20160728A

05：12：31

HN——产地编码　　20160728——2016年7月28日　　05：12：31——5时12分31秒

5.2.2　产品的发货流程

5.2.2.1　产品发货申请的提出

仓储部根据客户需求（邮件、电话、提货单），根据实际库存状况，制定发货计划。

5.2.2.2　产品发货申请的确认

正常发货：仓储部依据质检部的检验合格证，安排检测合格的产品发货。

紧急发货：仓储部填写紧急发货申请单，由质检部、生产领导会签确认后，安排发货。如质检部或生产领导对紧急发货产品持不同意见，在紧急发货申请单上相应意见栏中注明原因，并由仓储部将此单报请总经理。

5.2.2.3　发货前产品信息的记录与备案

① 产品信息的记录：产品发货前，由仓储部安排人员对将出库的产品的生产时间、生产班次、流水号及每托产品喷码的起止时间进行登记。

② 产品信息的备案：以上记录内容由仓储部登记后交专人保管，以备查阅。

5.2.2.4 发货过程与发货地的记录

① 产品发货过程的记录：发货时由仓储部记录货车车号、货车车主姓名和联系方式、货车的预计到货时间、货车装载产品时间段及产品批号。

② 发货地的记录：发货时由仓储部记录到货地的名称、联系人、联系电话、产品时间段及产品批号。

5.2.2.5 紧急发货时产品销售

① 产品发送到经销商处由经销商暂存。

② 经销商收到我司出厂检验报告单后销售。

5.2.2.6 产品销售信息反馈

① 由销售部定时向经销商询问销售中的问题。

② 联系销售商及时反馈产品销售中的问题。

5.2.2.7 异常发生后的处理

① 在产品市售期内产品质量出现异常状况，首先通过销售部反馈信息、仓储部查找产品发货记录、质检部留样室留样检测及查找异常品生产记录确定异常品范围。

② 根据确定的异常品范围，依据仓储部发货的各项上述记录，由销售部联系相关销售商将市场上的异常品召回。

5.2.2.8 异常品的处理

异常品召回后，由仓储部安排人员依据质检部意见对异常品进行暂存和销毁处理。

6. 相关记录

销售记录。

不合格品处理规定

1. 目的

制定不合格品处理规定，以防止不合格品流入市场，确保公司产品质量的良好。

2. 适用范围

适用于本公司的原物料、半成品、成品中不合格品的控制。

3. 权责

3.1 不合格品的鉴别、评审由质检部负责。

3.2 不合格原物料标识、隔离和处置由仓储部负责。

3.3 不合格半成品标识、隔离和处置由生产车间负责。

3.4 不合格成品标识、隔离和处置由仓储部负责。

3.5 制造中由于机械及产品本身特性而造成的废次品，标识、记录、控制与处置均归于生产车间管理。

4. 定义

不合格品：经检验，与公司所规定的品质要求不一致的产品。

5. 作业内容

5.1 不合格品管制

经质检部判定的不合格品，在未做处理前不得领用或使用。

5.2 原辅料不合格品管制

5.2.1 进厂原辅料不合格品的管制

5.2.1.1 若进料检验判定为不合格时，由进料检验人员填写《原辅料异常处理报告单》，提出处理意见交品控经理审核后，送采购部或相关部门处理。

5.2.1.2 相关部门根据意见做如下处理。

(1) 挑选

① 如原辅料只有小部分不合格，由采购部联系供应商，可由供应商进行挑选。

② 挑选完毕后通知质检部进料检验人员进行检验，若检验合格则在检验报告上加盖“合格品”章，若不合格则退货（具有企业专有标识、文字的商标、瓶盖、纸箱等原则不得退货，只能销毁处理）。

(2) 让步接收

① 如原辅料不合格，但对公司的质量、生产影响较小时，由采购部门与供应商协商，扣款后办理让步接收。

② 物料接收员凭《让步审批单》进行物料接收。

(3) 退货

① 如原辅料不合格项目对公司的生产影响较大时，质检部提出退货意见，经品控经理审批后则由采购部门联系供应商，将该批物料作退货处理，由储运部办理退货手续（具有企业专有标识、文字的商标、瓶盖、纸箱等原则不得退货，只能经同供应商协商销毁处理）。

② 进料检验人员在检验报告上加盖“不合格品”章，仓储部人员将其置于不合格区暂存保管。

5.2.2 仓储中原辅料不合格品的管制

5.2.2.1 仓储部人员如发现库房中原辅料异常时，应填写检验通知单通知质检部检验人员进行检验，确认不合格后交品控经理、技术副总审批，同时由仓储部人员进行隔离。

5.2.2.2 依据相应审批意见，由仓储部做如下处理。

(1) 挑选

如原辅料只有小部分不合格，则由仓储部联系生产部门，由生产部门人员进行挑选。

(2) 让步使用

① 如原辅料不合格，且非我公司责任（存储管理责任）但对公司的生产影响较小时，则由采购部门联系供应商，同时办理让步使用。

② 进料检验人员在检验报告上加盖“让步使用”章。

(3) 退货

① 如原辅料不合格情况严重且非我公司责任（存储管理责任、操作使用责任）时，则由采购部联系供应商将该批原物料作退货处理，由仓储部办理退货。

② 进料检验人员在检验报告上加盖“不合格品”章，注明退货，仓储部人员将其置于不合格区。

(4) 报废

① 如原物料不合格情况严重且为公司责任时，则由质检部检验人员填写《原辅料异常处理报告单》提出处理意见交品控部经理、技术副总审核后，仓储部按质检部要求处理。

② 进料检验人员在检验报告上加盖“不合格品”章，并注明报废。

5.2.3 生产中原辅料不合格品的管制

5.2.3.1 如在生产中发现原物料异常，生产使用人员应立即通知品控员，由品控员做出判断，必要时由检验员协助进行判断。

5.2.3.2 确认不合格后，生产车间人员填写《原辅料领（退）料单》并注明退货原因及厂商，由质检部品控员签字确认后退至仓库，仓储部于《原辅料标识卡》上进行标识，并将其置于退料区。

5.2.3.3 相关部门根据退料情况作如下处理。

(1) 报废

① 如原物料不合格情况严重为公司责任时，由质检部检验人员填写《原物料异常处理报告单》提出处理意见，交品控经理、技术副总审核后，仓储部按品控部要求处理。

② 检验人员加盖“不合格品”章，注明报废，仓储部人员将其置于不合格区。

(2) 退（换）货

① 如为供应商责任且已付款时，由采购部门与供应商进行退货或换货处理。

② 检验人员加盖“不合格品”章，注明退货，仓储部人员将其置于不合格区。

5.3 半成品、不合格品的管制

5.3.1 生产中出现异常产品时，在线巡检员负责对异常时间段产品进行隔离，给每托或每列（以实际码垛情况而定）异常产品贴上《隔离单》，注明隔离原因、隔离日期和隔离数量等，并签名。同时QC开出《产品隔离通知单》，注明隔离原因、隔离日期、隔离数量、托盘号以及隔离品存放区域，并由QC、责任车间、仓储三方人员确认，一式三联，各部门留存一联。

5.3.2 隔离品处理由仓储部负责，质检部负责配合执行并确认最终翻检效果。

5.3.2.1 由仓库，生产部门各派一名人员清点异常产品数量。

5.3.2.2 由仓库安排叉车将异常产品运至适当地点进行翻检。

5.3.2.3 由质检部向生产部门人员讲解隔离原因，翻检方式及注意事项。

5.3.2.4 生产部门人员负责翻检，品控人员负责监控。

5.3.2.5 翻检结束后由质检部、生产、仓储清点数字，在线巡检员确认合格品和不合格品数量，并填写《隔离品处理单》，并由三方签字。

5.3.2.6 不合格品贴上隔离单，注明原因及数量，暂存入隔离区。品控出具《不合格品处理报告单》，由品控经理、技术副总给出处理意见，并由责任部门经理及总经理签字确认后，方可对不合格品进行处理，并将处理结果记录于报告单上。

质量责任事故管理规定

1. 目的

为提高质量管理水平，明确质量异常、事故责任，加强对产品质量的管理，强化全体员工的质量责任意识，降低质量成本，避免产品质量、食品安全事故的发生，特制定本规定。

2. 适用范围

本标准规定了质量事故的范围、种类、及质量事故的处理程序、办法及职责分工等。

本标准适用于XXXX公司在岗中所有员工。

3. 定义

3.1 质量异常

是指人为因素致使过程未按工艺规程或操作手册要求执行，使质量指标产生相应波动和影响以及在一段时间内过程产品、成品某项指标连续出现单向偏差的现象。

3.2 质量事故

在采购、生产、仓储、运输过程中因人为过失，使进厂原辅材料、备件、半成品、成品的质量特征和特性不能满足企业标准及因产品质量原因导致企业遭受损失。质量事故按经济损失的额度和产品数量及质量改变程度分为五类，即轻微质量事故、一般质量事故、较大质量事故、重大质量事故、特大质量事故。

3.3 经济损失

是指因质量事故所造成的财产损失。

4. 管理内容与方法

4.1 质量事故范围

4.1.1 进厂原辅材料、包装材料未按规定进行检验或检验结果出现错误，导致不合格原料投入生产，对产品质量造成影响的。

4.1.2 成品包装出现包装批量不合格的（10包以上）或超出其他标准界定范围的。

4.1.3 完全人为因素造成的重大质量异常。

4.1.4 中间生产过程出现不合格品，无法补救或补救需发生费用的，及经补救后质量发生改变的。

4.1.5 售出产品在保质期内出现批量（10包以上）质量不合格的。

4.1.6 出现批量不合格品、超保质期产品人为投入市场的。

4.1.7 因质量原因给产品销售造成一定影响或损失的。

4.2 质量事故分类

4.2.1 轻微质量事故

4.2.1.1 造成经济损失不足1000元的。

4.2.1.2 成品一次出现10～50包不合格品的。

4.2.1.3 因违反工艺规程和公司其他规定，对质量产生一定影响，但修复后质量影响不明显的。

4.2.1.4 包装车间水头水尾控制不稳定，出现10包以上糖度低于正常糖度标准O.2BX以上的。

4.2.1.5 因生产过程中关键控制点工艺参数的偏差，造成产品理化、微生物、外包装各项指标异常，对质量产生一定隐患的。

4.2.2 一般质量事故

4.2.2.1 造成经济损失1000～10000元的。

4.2.2.2 成品一次出现51～500包不合格品的。

4.2.2.3 因人为因素造成面包粉、浸泡液、糖化液、种子液、发酵液、配料液、过滤液、后贮液理化指标严重超标或口感异常的；修复后质量影响不明显的。

4.2.2.4 违反工艺规程和公司其他规定给产品质量造成一定影响的。

4.2.2.5 因生产过程中关键控制点的工艺参数偏差造成产品理化、微生物、外包装各项指标异常，对质量产生一定影响，修复后质量影响不明显的。

4.2.3 较大质量事故

4.2.3.1 造成经济损失10000～30000元的。

4.2.3.2 成品一次出现501～1500包不合格品的。

4.2.3.3 因人为因素造成面包粉、浸泡液、糖化液、种子液、发酵液、配料液、过滤液、后贮液出现严重质量问题，修复后对质量依然存在影响的。

4.2.3.4 严重违反生产工艺规程给产品质量造成明显影响的。

4.2.3.5 因生产过程中关键控制点工艺参数的偏差，造成产品理化、微生物、外包装各项指标异常，对质量产生一定影响，修复后对质量依然存在影响的。

4.2.4 重大质量事故

4.2.4.1 造成经济损失30001～60000元的。

4.2.4.2 成品一次出现1501～3000包不合格品的。

4.2.4.3 因人为因素造成面包粉、浸泡液、糖化液、种子液、发酵液、配料液、过滤液、后贮液出现严重质量问题，不易修复的。

4.2.4.4 严重违反生产工艺规程给产品质量造成较大影响的。

4.2.4.5 因生产过程中关键控制点工艺参数的偏差，造成产品理化、微生物、外包装各项指标异常，对质量产生一定影响，已经无法修复的。

4.2.5 特大质量事故

4.2.5.1 造成经济损失60000元以上的。

4.2.5.2 成品一次出现3001包以上不合格品的。

4.2.5.3 因人为因素造成面包粉、浸泡液、糖化液、种子液、发酵液、配料液、过滤液、后贮液整批报废的。

4.2.5.4 严重违反生产工艺规程给公司产品质量造成很大影响的。

4.2.5.5 因生产过程中关键控制点工艺参数的偏差，造成产品理化、微生物、外包装各项指标异常，对质量产生很大影响，已经无法修复的。

4.3 处理程序与方法

4.3.1 质量异常及质量事故的申报程序

4.3.1.1 所有人都负有质量责任，发现质量异常及质量事故应在第一时间向车间领导及相关部门领导汇报，如涉及产品主要理化指标和外包装的质量问题，部门领导向主管领导报告，主管领导按照质量传递程序报告至总经理。

4.3.1.2 发现质量异常及质量事故后，操作人员或巡检员在按程序汇报的同时，必须采取果断措施减少损失，能单独存放的不合格品必须单独存放，等待处理。出现紧急情况时，需马上采取措施进行补救时，生产车间要立即向质检部请示，并同时报告公司主管副总，制定补救方案，由车间、质检部和其他相关部门共同实施。质检部需在4小时内向总经理汇报和请示事故处理进展情况。

4.3.1.3 责任部门/车间须在24小时内将质量异常或质量事故书面报告提交至质检部，事故报告要写明事故发生的原因、经过和责任者，事故可能和已造成的损失和危害以及处理意见、改进措施等，责任部门未及时提交报告的扣当月考核分5分（三级连挂制：主任、班组长、当事人）。

4.3.1.4 发生批量不合格产品的销售区域负责人应在第一时间将信息传递至销售公司，销售公司营管部门要求质检部、生产车间有关人员须在12小时内到现场对产品进行确认。

4.3.2 质量异常和质量事故的调查和处理程序

4.3.2.1 质量异常的调查：由质检部组织相关部门进行调查，查明原因，制定整改措施，并限期整改。

4.3.2.2 质量异常的处理：由质检部根据质量异常的性质、责任等因素和《员工守则》等相关管理文件的规定对责任部门和人员提出处理意见，上报公司人事行政部；构成质量事故的，由质检部按本规定的处理程序进行处理。

4.3.2.3 质量事故的调查：质检部在接到责任部门/车间事故报告后组织相关部门进行调查，召开事故分析会，查明原因，确定、落实责任，下发整改通知单限期整改。

4.3.2.4 质量事故的处理：质检部负责根据相关文件提出对质量事故责任单位和责任人的处理意见，上报公司，同时对避免质量事故发生和发展的有功人员提出奖励意见。

4.4 处罚标准

4.4.1　轻微质量事故：对直接责任人给予罚款100元，写事情经过及检讨书；主任、班组长考核分扣4分。

4.4.2　一般质量事故：对直接责任人给予罚款200～400元，写事情经过及检讨书；主任、班组长考核分扣8分。

4.4.3　较大质量事故：视情节轻重对直接责任人给予罚款500～800元，写事情经过及检讨书；主任、班组长考核分扣12分。

4.4.4　重大质量事故：视情节轻重对直接责任人给予罚款800～1000元，并调离原岗位；主任、班组长考核分扣16分，并留岗查看。每年超过2次重大质量事故，辞退处理。

4.4.5　特大质量事故：视情节轻重对直接责任人给予罚款1000～2000元。严重者辞退，主任、班组长考核分扣20分，并留岗查看。每年超过1次重大质量事故，辞退处理。

4.4.6　其他处罚规定

4.4.6.1　负次要责任的责任人视情节按对责任人处罚档次降一至二挡给予处罚。

4.4.6.2　造成经济损失的，由直接责任人承担经济损失的5%～10%，未向公司赔付、接受罚款的给予调离岗位或解除劳动合同。

4.4.6.3　发生质量事故的责任部门及职能管理部门，若属管理不到位、制度不健全、违章指挥的，视情节按公司《员工守则》的相关规定对相关管理人员给予联挂50%处分或处罚，严重者予以免职。

4.4.7　在质量事故的调查和处理过程中，若有隐瞒事实、营私舞弊者，给予从重处罚。

4.4.8　对已发生的质量事故隐瞒不报、营私舞弊者，给予从重处罚。

4.5　奖励

在突发情况下，避免发生质量异常和质量事故的，或非本职工作范围内发现和终止质量异常和质量事故，避免公司遭受更大损失的，对有功人员给予嘉奖，200～500元的奖励。

5. 组织机构

公司成立质量事故处理领导（奖惩）小组，负责领导对公司各部门的质量异常和质量事故的调查及处理工作，对有功人员的奖励判定工作。

组长：行政副总经理

副组长：品控经理

成员：质检部、工程部、安保部、财务部、人事行政部、各车间主任

本规定的未尽事宜由质检部负责解释；本规定从下发之日起实施。

6. 检查与考核

本规定的实施情况，由人力资源部或质检部和相关部门及领导依照相关的规定进行检查与考核。

XXXX 公司

企业标准

Q/HRBQLYL G. 06—2015

7S 管理考核规定

2015-06-26 发布 **2015-07-01 实施**

XXXX 公司 发布

7S管理考核规定

一、7S管理检查小组及检查频次

1 7S管理检查小组成员

组长：生产副总经理

组员：各部门经理/主任

7S管理检查小组办公室：质检部

2. 检查频次

每天进行一次检查，每次检查成员不得少于4人。

二、7S管理考核规定具体内容

1 考核程序

1.1 考核内容

考核内容分为：安全、整理、整顿、清扫、清洁、素养、节约7部分，包含了安全管理、5S现场管理的内容，对检查结果及时反馈责任部门并进行公司内通报，要求各部门及时整改，整改不彻底的加倍考核。

1.2 检查内容

安全、整理、整顿、清扫、清洁、素养、节约的相关检查内容详见附表。

1.3 考核标准

质检部每天对各部门工作场所的安全、整理、整顿、清扫、清洁、素养、节约进行检查，并对检查情况进行打分。执行三级连带制（当事人、班组长、主任）。

生产部门/车间（面包车间、发酵车间、包装车间、仓储部）现场每发现一处不符合7S管理要求的扣1分；通报后未整改，第2次检查仍不符合要求的扣2分。执行三级连带制（当事人、班组长、主任）同时考核。

职能部门办公室7S检查每发现一处不合格的扣1分，通报后未整改，第2次检查仍不符合要求的扣2分。

对于7S现场管理方面做得较突出的，质检部可酌情给予当月考核分1～2分的奖励。
所有部门人员进出生产区应按《人员进出生产区标准操作规程》执行。

考核总评分：月检查累计得分。

质检部将考核结果在每月5日前上报公司人力资源实施考核。

2. 各部门7S考核主要内容

部门	考核内容	考核依据
包装车间	办公室	附表1,附表7,附表13
	包装车间现场	附表2,附表8
发酵车间	办公室	附表1,附表7,附表13
	发酵车间现场	附表2,附表9
面包车间	办公室	附表1,附表7,附表13
	面包车间现场	附表3
仓储部	办公室	附表1,附表7,附表13
	仓储部现场	附表2,附表10
工程部	办公室	附表1,附表7,附表13
	施工现场	附表6,附表11

续表

部门	考核内容	考核依据
行政部	办公室	附表 1,附表 7,附表 13
	食堂、卫生间	附表 4,附表 12
财务部	办公室	附表 1;附表 7;附表 13
质检部	办公室	附表 1,附表 7,附表 13
	化验室现场	附表 5
采购部	办公室	附表 1,附表 7,附表 13

三、附录一

表 1　办公室 5S 日常规范

项目	检查内容
整理	随时整理文件、图纸、用品,及时清理“不要物”
	按规定处理必要物和废弃物,现场无不要物和不明之物,墙报、公告板上等无过期或无用的资讯
	现场无与工作无关的物品和私人非必要物,如报纸、书刊等
整顿	文件分类装入文件夹或文件袋,重要的归档管理,文件夹、档案盒、文件柜应运用颜色管理、目视管理进行统一明确标识
	办公桌上、抽屉内等物品摆放整齐;下班时,不零乱
	所需文件、图纸、档案、电子文档能分类摆放,一目了然,取用便捷
	人短期离位应将桌面物品稍作整理,长期离位或下班应将物品放入抽屉、文件夹或柜内,椅子推靠桌边
	个人衣物、雨具、提包等私人物品放入指定位置,不得外显在办公桌或占用办公室通道
	办公室内不得悬挂和张贴与工作无关的物品、纸张
清扫	责任区域内地面
	墙面、办公桌、電脑设备、抽屉、电话等应干净、整洁
	图纸、文档、档案、资料无破损、脏乱现象
	下班前,工作区应打扫卫生,及时处理垃圾
清洁	办公室内无卫生死角,每周末有大清扫
	每天坚持班前班后 7S 活动,保持一颗清洁的心
素养	语言礼貌、举止文明、着装规范、工作热情主动、有团队观念、不大声喧哗、调侃,有早会时应积极参加早会
	有集体荣誉感和敬业精神,上班不做与工作无关的事
	节约用电、用水,有效利用纸张、文具
	最后离开办公室应关灯、电脑、空调、电扇等,应检查锁上门窗
	不断加强自身及组内成员 7S 的学习和理解,寻求改善点

表 2　部门/生产现场 5S 日常规范

项目	检查内容
整理	责任区域、各班组工作现场所每天随时整理,公共区及时整理
	按规定分类处理必要物和废弃物,现场无不要物和不明之物
	现场无与工作无关的物品和私人非必要物,如报纸、书刊等

续表

项目	检查内容
整顿	有符合规范的通道线、物品物料放置定位线、禁止堆放区的“斑马线”标识线(例如消防栓、电闸前面),并保持清晰可见
	通道随时通畅无阻,“斑马线”内无物品,占用应标志,不可长期占用
	车间物料、零部件、设备、工夹具、手推车、登高梯、清扫工具等物品定位,标志摆放
	所有物料、物品、资料分类清晰、高效摆放,做好防滑、防尘、防锈“三防”措施
	有机溶剂、剧烈物品有遮盖物,无蒸发、溢流、泄漏现象
	机械、电气传送设备安全标示、措施完备,具备安全罩、联锁等装置
	车间所有物品下班或不用时全部归位,整齐放置
	物料架、工具柜、工作台、抽屉内物品分类摆放、标识清晰、不零乱
清扫	有责任区域图、值日安排表,责任落实到人,没有无人负责的区域
	责任区域物料架、工作台、工具柜每天保持干净,无脏污
	各工作区域内地面每天有清扫,每周末安排大清扫
	图纸、档案资料分类、标识、立放、易查找,工艺卡片需要用夹板统一定位或悬挂,图纸、资料、工艺卡片无脏污、无破损
	设备、工装每天下班前清扫干净,做好设备日常点检保养工装,维修有记录
	工作时尽量做到垃圾不直接落地,工作区域产生的垃圾应及时分类清扫、清除
清洁	坚持班前班后整理、整顿、清扫工装,有检查各班组的记录
	开展日清、周清、月清循环活动,有安排记录和检查记录
素养	语言礼貌、举止文明、着装规范、工作热情主动、有团队观念和协作精神
	严格执行公司劳动纪律和工艺纪律,无将食物带入工作场所、无提前等待下班等现象

表 3 仓储部现场 5S 日常规范

项目	检查内容
整理	库内物品、工作岗位随时整理,区域内保证无不明之物、不要物
	现场与工作无关的私人物品,如报纸、书刊等
	按照规定处理不要物和废弃物,及时处理呆滞品、不合格品,暂且不能处理的挂红牌标识
整顿	货架、材料、零备件等所有物品按照功能、种类定位、分类标识、整齐摆放、寻找便捷,物品尽量上架,物资出入做到先进先出
	所有物料、物品、资料分类清晰、高效摆放,做好防滑、防尘、防锈“三防”措施,零配件不能直接露地,合格、不合格、危险品及时分离,严格分开,标志清晰,未按标准要求每次扣 1 分
	不准占用通道、“斑马线”,占道应标识,放置应整齐,不可长期占用
	有机溶剂、剧烈物品有遮盖物,无蒸发、溢流、泄漏现象
	机械、电气传送设备安全标示、措施完备,具备安全罩
	私人衣物、必用品整齐放入指定场所或柜内,不得外放在现场
	所有单据、账簿、办公桌上、抽屉内物品分类摆放整齐,标识清晰,取用便捷
清扫	库内货品、货架、办公桌,电脑、地面保持干净、无灰尘、脏污
	库内地面、办公桌面、地面每天下班有清扫,每周末大扫除,无卫生死角
	账单、单据(含电子文档)有分类、标识、立放,易查找,记录准确、清楚
	工作时尽量做到垃圾不直接落地,工作区域产生的垃圾应及时分类清扫、清除
	下班之前,责任区域内保证有清洁工作,地面干净,无垃圾

续表

项目	检查内容
清洁	责任区域内有明确人员的值日安排表，有日清、周清、月清循环活动
	组内坚持上下班整理、整顿、清扫工作，每周有一次检查记录
素养	语言礼貌、举止文明、着装规范、工作热情主动、有团队观念和协作精神
	严格执行公司劳动纪律和工艺纪律，无将食物带入工作场所、无提前等待下班等现象

表4 食堂、卫生间5S日常规范

项目	检查内容
整理	工作区每天在规定时间内整理，工作岗位随时整理，及时清除不要物
	按照规定处理不要物和废弃物，现场无不要物和不明之物
整顿	有符合规范的通道线，所有消防栓、消防器材有标识，食堂、各洗手处有适当引导、宣传标语
	通道楼梯随时通畅无阻，斑马线内无物品，占用须标识，但不可长期占用
	物资、清扫工具、工作台面、私人必要物等分类定位摆放，标识清楚，取用方便，不零乱
	工作时，人员佩戴必备的劳保用具、卫生用具等，如：口罩、一次性手套等
	所有物品下班或不用时全部归位，整齐放置
清扫	有责任区域图、值日安排表，责任落实到人，没有无人负责的区域
	责任区域工作台、柜子每天保持干净、无脏污
	各工作区域内地面每天有清扫，每周末安排大清扫，无卫生死角
	设备（灶具、蒸汽机等）每天下班前清扫干净，做好设备日常点检保养工作，维修有记录
	工作时，尽量做到垃圾不直接落地，工作区域产生的垃圾应及时分类清扫、清除
清洁	每天坚持班前班后5S活动，有值日安排表
	有日清、周清、月清的5S活动，保持一颗清洁的心
素养	语言礼貌、举止文明、着装规范、工作热情主动、有团队观念和协作精神
	有集体荣誉感和敬业精神，上班不做与工作无关的事（无谈天、说笑、离开工作岗位、呆坐、看小说、打瞌睡）
	节约用电、用水，有效利用洗涤用品、清洁工作等
	最后离开工作场地时应关灯、关设备、空调、电扇等，并检查门窗是否关闭和上锁

表5 质检部化验室5S日常规范

项目	检查内容
整理	工作区每天在规定时间内整理，工作岗位随时整理，及时清除不要物
	按照规定处理不要物和废弃物，现场无不要物和不明之物
整顿	管路配线整齐，电话线、电源线固定得当，各类文件、记录应存放在指定的文件夹中，文件夹放在书架中，私有品整齐地放置于个人区域内
	药品试剂按化学性质分类堆放，所有药品试剂附有与实际相符的标识
	物资、清扫工具、工作台面等分类定位摆放，标识清楚，取用方便，不零乱
	工作时，遵照规定着装，工作服、口罩、手套等穿戴整齐
	所有物品下班或不用时全部归位，整齐放置
清扫	有责任区域图、值日安排表，责任落实到人，没有无人负责的区域
	责任区域地面、门窗、工作台、柜子每天保持干净、无脏污

续表

项目	检查内容
清扫	各工作区域内地面每天有清扫，每周末安排大清扫，无卫生死角
	测量设备定期点检，并进行设备日常维护和管理，保持设备整洁
	工作时，尽量做到垃圾不直接落地，工作区域产生的垃圾应及时分类清扫、清除
清洁	每天坚持班前班后5S活动，下班前，清理岗位卫生，处理试验残液，物放有序，保持工作岗位环境清洁
	有日清、周清、月清的5S活动，保持一颗清洁的心
素养	语言礼貌、举止文明、着装规范、工作热情主动、有团队观念和协作精神
	有集体荣誉感和敬业精神，上班不做与工作无关的事(无谈天、说笑、离开工作岗位、呆坐、看小说、打瞌睡)
	节约用电、用水、有效利用洗涤用品、清洁工作等
	最后离开工作场地时应关灯、关设备、空调、电扇等，并检查门窗是否关闭和上锁

表6 施工现场5S日常规范

序号	检查内容
1	施工现场施工不影响工厂正常工作运作，如道路占用等现象
2	施工结束后现场整洁，物资堆放不零乱垃圾及时清理
3	施工时按规定摆放工具以免造成安全隐患

表7 安全管理

序号	项目	标准要求
1	公司安全管理制度	在工厂和车间会议上应有宣贯的文字体现；现场检查员工(2～5人)是否了解制度规定的内容
2	安全管理标准	标准文件宣贯落实情况；现场检查培训的文字材料，培训试卷(要求有成绩)
3	岗位安全作业(工作)标准	提供文字版岗位安全作业(工作)标准；现场检查员工(1～5人)是否掌握；岗位安全作业(工作)标准应张贴在主要的设备机台附件
4	安全生产责任制	现场抽查相关人员(2～5人)了解本岗位的安全职责
5	应急预案	现场处置方案存放在相应的班组
6	管理人员持证上岗情况	总经理、主管安全副总、主管、专职安全员有安全资质证书
7	特种作业人员持证上岗情况	电工、金属焊接、切割工、厂内机动车辆驾驶人员、冷冻工、空压工、二氧化碳工、起重工(包括电动葫芦)、电梯工、危险化学品保管人员有特种作业人员资质证书
8	新上岗人员安全教育培训	有新上岗人员的三级安全教育培训登记目录、培训课件、笔试答题及成绩
9	工伤人员复工教育	由工厂主管安全部门进行，有三级教育培训档案
10	病、事、产假三个月以上人员复工教育	由员工所在车间进行，有二级教育培训档案
11	调岗员工安全教育	有相应的二级或三级安全教育培训档案
12	劳务工安全教育培训	重点培训工作，有相应的三级安全教育培训课件及试卷和成绩
13	相关方安全生产教育培训	包括所有进入厂区的人员，如送物资人员、拉货人员、参观人员、实习人员应有相应的安全教育记录
14	车间/部门安全例会	每周召开一次，有记录及参加人员签字、内容符合安全生产例会要求
15	班组安全例会	每周召开一次，有记录及参加人员签字、内容符合安全生产例会要求
16	定期安全检查	车间每周的文字版安全检查通报；班组每日的文字版安全检查通报

续表

序号	项目	标准要求
17	安全标志	主要危险地点应设置安全标志牌；所有扶梯的底部应有“安全通道，慢上慢下”、加碱口有“危险、防止飞溅”、“加碱口”；洗眼器处有“安全冲洗装置”，机械转动部位有“禁止靠近”，检修时断路器处有“禁止合闸”，包装车间防护门（灌装机、塑包机、纸箱机）外部防护门上有“运行中禁止开启”，厂区主要路段有限速标志牌
18	安全生产合同管理要求	工厂与承包方因工程建设项目签订的安全施工协议
19	安全防护单和工作票管理	检修应履行安全防护单程序，停送电应履行工作票程序
20	劳动防护用品管理	检查特种劳动防护用品“三证”和“一标志”的复印件；劳动防护用品发放标准应覆盖所有岗位；建立劳动防护用品发放登记档案
21	施工单位管理	检查：施工单位安全资质齐全；有完善的安全管理体系和健全的安全规章制度；施工前对施工方的教育档案；施工单位的项目经理、安全员、特种作业人员持证上岗；至少每周对施工单位进行一次安全检查，要求有记录
22	危险化学品管理	检查：易制毒管理制度；经营危险化学品的单位经营许可证复印件；危险化学品使用或者储存处是有安全技术说明书；是否建立易制毒发放和使用记录
23	危险源管理	检查重大危险源的登记建档等情况；重大危险源的安全评估、检测、监控情况；重大危险源设备危害、保养和定期检查情况

表8 包装车间现场安全管理

序号	危险源	危险源分类	危害	标准要求
1	制瓶工序	制瓶机	传动运转装置无防护装置	传动部位加装防护罩并保持完好
			操作平台无护栏或护栏缺失	操作平台应安装符合标准的护栏
			高温加热部位保温缺失，无安全防护及安全提示	高温加热部位有保温防护并有高温防烫伤提示标识
		作业操作	人员作业时未按要求穿戴防护用品	作业时，必须穿戴防护用品
			运行操作过程中用手代替工具	操作过程中应使用专用工具，禁止用手代替工具
2	灌装工序	灌装机	冲瓶机、灌装机、旋盖机等机械的外露旋转部位都应有防护罩	冲瓶机、灌装机、旋盖机等机械的外露旋转部位都应有防护罩
		作业操作	消杀操作人员没有佩戴防护服或面罩	操作人员必须佩戴护防服或面罩
3	贴标工序	贴标机	防护门无连锁装置或装置失效	防护门应安装连锁装置并保持完好
		作业操作	贴标操作过程中用手代替工具清理标板或合成胶辊	清理标板或合成胶辊必须停机，且使用专用工具
			戴手套进行贴标操作	严禁戴手套进行贴标操作
			操作人员的装束不规范，如长发外露、未穿三紧工作服等	操作人员的装束必须按规定规范
			在调整贴标过程中，使防护门与主机连锁失效	在调整贴标过程中，严禁调整人员采取任何方式使防护门与主机连锁失效
			高温附近操作人员没有配戴防护用品	操作人员必须配戴防护用品
4	膜包、纸包机工序	膜包机	接膜操作时防止烫伤	操作人员配戴防护用品；手严禁直接接触加热棒
		纸包机	防护门没有安装停机连锁装置或装置失效	防护门应安装连锁装置并保持完好
			热熔机熔胶加胶防止烫伤	加胶配戴防护用品

续表

<table>
<tr><th>序号</th><th>危险源</th><th>危险源分类</th><th>危害</th><th>标准要求</th></tr>
<tr><td rowspan="5">5</td><td rowspan="5">码垛工序</td><td rowspan="3">码垛机</td><td>码垛机外露机械旋转部位都没有安装防护罩，人可触及链条等提升危险部位也没有安装防护装置</td><td>码垛机外露机械旋转部位都应有牢固的防护罩，人可触及链条等提升危险部位也应有防护装置</td></tr>
<tr><td>主机的立柱两侧应有急停按钮，但未与箱垛输箱装置程序连锁</td><td>主机的立柱两侧应有急停按钮，同时与箱垛输箱装置程序连锁</td></tr>
<tr><td>在机械工作区内，没有安装可靠、适用的光电保护装置</td><td>在机械工作区内应安装可靠、适用的光电保护装置</td></tr>
<tr><td rowspan="2">作业操作</td><td>操作过程中用手代替工具处理卡包、瓶</td><td>操作过程中应使用专用工具，禁止用手代替工具</td></tr>
<tr><td>操作过程中使限位光电失效</td><td>操作过程中要保证限位光电保持完好</td></tr>
<tr><td>6</td><td colspan="2">输瓶链道</td><td>传动轴头无防护</td><td>对传动轴头加装防护罩</td></tr>
</table>

表9 发酵车间安全现场管理

<table>
<tr><th>序号</th><th>危险源</th><th>危险源分类</th><th>危害</th><th>标准要求</th></tr>
<tr><td rowspan="4">1</td><td rowspan="4">送料工序（送面包粉）</td><td>风输送机</td><td>2m高度以下、人可触及有旋转部位无防护装置或装置失效</td><td>2m高度以下、人可触及有旋转部位应安装防护装置并保持完好</td></tr>
<tr><td rowspan="2">贮仓</td><td>设备的机械传动部位未采取相应的安全防护措施；</td><td>设备的机械传动部位应安装防护装置并保持完好</td></tr>
<tr><td>粉仓直梯没有安装护笼或失效</td><td>粉仓直梯高度超过3m以上部分应安装护笼，护笼应达到规定标准</td></tr>
<tr><td>作业环境</td><td>送料系统粉尘浓度高，照明没有采用防尘灯具</td><td>送料系统粉尘浓度高，照明应采用防尘灯具</td></tr>
<tr><td rowspan="2">2</td><td rowspan="2">粉碎工序</td><td>粉碎机</td><td>机械传动处露的皮带、皮带轮、齿轮等部位没有安装可靠的防护装置或装置失效</td><td>机械传动处露的皮带、皮带轮、齿轮等部位应安装可靠的防护装置并保持完好</td></tr>
<tr><td>作业环境</td><td>粉碎工序没有设置“严禁烟火”、“易燃易爆”警示标识</td><td>粉碎工序应设置“严禁烟火”、“易燃易爆”警示标识</td></tr>
<tr><td rowspan="4">3</td><td rowspan="4">浸泡糖化工序</td><td rowspan="2">安全附件</td><td>锅、槽底部的机械减速、传动机构外露的旋转部位没有安装牢固的防护装置</td><td>锅、槽底部的机械减速、传动机构外露的旋转部位应安装牢固的防护装置并保持完好</td></tr>
<tr><td>各锅、槽使用的照明电压不是安全电压</td><td>各锅、槽的照明应使用安全电压</td></tr>
<tr><td rowspan="2">作业操作</td><td>在糊化锅升温加热过程中，糊化锅人孔门未关，造成醪液溢锅</td><td>在糊化锅升温加热过程中，应关闭糊化锅人孔门</td></tr>
<tr><td>在添加剂称量、使用过程中，操作不当造成添加剂腐蚀皮肤或眼睛</td><td>在添加剂称量、使用过程中，应规范操作，配戴相应的防护用品，避免皮肤或眼睛受到伤害</td></tr>
<tr><td rowspan="2">4</td><td rowspan="2">发酵工序</td><td>发酵罐（包括前后储罐）安全附件</td><td>罐体较高，罐罐相连，上罐的直梯、斜梯达不到国家标准要求</td><td>罐体较高，罐罐相连，上罐的直梯、斜梯应有护栏（护笼），结构应符合国家标准要求</td></tr>
<tr><td>作业环境</td><td>上罐的直梯、斜梯、平台等处没有设置“小心高处坠落”警示标志</td><td>上罐的直梯、斜梯、平台等处应在醒目处设置“小心高处坠落”警示标志</td></tr>
<tr><td rowspan="3">5</td><td rowspan="3">过滤工序</td><td>板框过滤机</td><td>过滤机电器设备达不到防水标准</td><td>过滤机电器设备应防水，电器元件符合潮湿环境工作</td></tr>
<tr><td>涡轮过滤机</td><td>传动机构外露的旋转部位没有安装牢固的防护装置</td><td>传动机构外露的旋转部位应安装牢固的防护装置并保持完好</td></tr>
<tr><td>烛式过滤机</td><td>背压过高</td><td>严格按工艺要求备压，同时要保证安全阀完好</td></tr>
</table>

续表

序号	危险源	危险源分类	危害	标准要求
6	CIP工序	热水罐（包括碱罐）	热水罐腐蚀严重或罐体龟裂	修复或更换CIP罐
		加酸碱	加酸、碱操作未配戴防护用品	按操作规程进行加酸、碱操作并配戴防护用品
		作业环境	作业现场无应急清洗装置或失效	应安装应急清洗装置，在醒目处设立警示标志
7	硅藻土干燥工序	硅藻土干燥机	电机、减速机转动部位防护或装置失效	电机、减速机转动部位应安装可靠的防护罩并保持完好
			干燥机绞笼无防护	干燥机绞笼应安装防护网并保持完好
			压力表、安全阀失效或超过检验期使用	系统中使用的安全阀、压力表应每年检验一次并铅封；安全阀、压力表应保持完好有效；
8	配料工序	配料操作	配料进行料液的升降温处理	严格按配料工艺要求进行料液的升降温处理，并配戴劳动保护用品防止烫伤
		配料添加	登高添加作业、高温作业	登高作业配戴安全带并有人进行现场监护；高温添加要配戴劳动保护用品
9	UHT杀菌	蒸汽使用	压力表、安全阀失效或超过检验期使用	系统中使用的安全阀、压力表应每年检验一次并铅封；安全阀、压力表应保持完好有效
		操作	蒸汽管线；换热板、高温物料管线	蒸汽管线有保温防护；换热板、高温物料管线有明显安全警示标识
			设备CIP清洗、物料杀菌操作	严格按安全操作规程进行

表10　仓储部现场安全管理

序号	危险源	危险源分类	危害	标准要求
1	卸车工序	作业操作	在卸车过程中，未按从上到下或从前到后的顺序卸货，造成货物倒垛	在卸车过程中要严格执行规定程序
			在装卸碱、酸等危化品时，装卸人员没有穿戴防护用品	在装卸碱、酸等危化品时，装卸人员应穿戴防护用品
2	危化品储存库	气瓶储存	空、实瓶没有分开放置或保持间距达不到规定要求	空、实瓶应分开放置，有明显的标记，且保持间距1.5m
			气瓶放置整齐，但没有戴好瓶帽	气瓶放置应整齐，戴好瓶帽。立放时，要妥善固定，有可靠的防倾倒措施；卧放时，应部朝同一方向
			氧气瓶、乙炔瓶等混放一库	氧气瓶、乙炔瓶等气瓶应单独存放且空瓶与满瓶分离
			将氧气瓶或强氧化剂气瓶瓶体或瓶阀沾有油脂的入库保存	气瓶入库前须对瓶体进行检查，对氧气瓶或强氧化剂气瓶的瓶体或瓶阀沾有油脂的严禁入库保存
			库存氧气瓶、乙炔瓶等气瓶安全附件不全	库存氧气瓶、乙炔瓶等气瓶安全附件应齐全
			过氧乙酸、甲醛与可燃物混放同一库房	应将过氧乙酸、甲醛专库存放
		危险化学品储存	过氧乙酸库、甲醛库没有安装防爆照明	应使用防爆照明，防止库房空气中过氧乙酸浓度过高遇明火发生爆炸
			化学品库内未设置消防器材防火警示、指示标志	化学品库内消防器材防火警示、指示标志应漆色醒目、完好
			在危险化学品储存区域内堆积可燃废弃物	禁止在危险化学品储存区域内堆积可燃废弃物

表 11　工程部现场安全管理

序号	危险源	危险源分类	危害	控制措施
1	空压工序	安全附件	空气储罐安全阀、压力表未检验，调节失效	按国家规定要求进行检验，发现缺陷及时进行更换
			空压机组旁未设紧急停车装置或保护开关	空压机组旁应设紧急停车装置或保护开关
		空压机	空压机传动部位无防护、防护装置和设施缺陷、防护不当、防护距离不够	空压机传动部位应安装防护装置，防护装置应达到标准要求
			压空机冷却水水温过高或停冷却水	应对压空机安装冷却水水温过高或停冷却水报警装置
2	二氧化碳	安全附件	压力表、安全阀失效或超过检验期使用	系统中使用的安全阀、压力表应每年检验一次并铅封；压力表的精度不低于 1.5 级，表盘应有最高工作标志；安全阀、压力表应保持完好有效；
		气囊	气囊运行过程中黏合处出现爆裂	气囊底部应有防护网或其他安全措施
		二氧化碳压缩机	压缩机、制冷机冷却水水温过高或停冷却水	应对压空机安装冷却水水温过高或停冷却水报警装置
		作业环境	作业环境没有应急通风装置	要保持作业环境通风良好并在操作室安装机械通风装置
			操作间、充装间没有安装低氧报警装置	操作间、充装间应安装低氧报警装置
			操作间没有配备有氧呼吸器	操作间内须配备有氧呼吸器并保持完好状态
3	制冷工序	重大危险源管理	制冷系统未按重大危险源进行管理	制冷系统应按重大危险源相关规定进行管理
			制冷现场没有现场应急处置方案	制冷现场应制定现场应急处置方案，并定期演练
		共用安全附件	压力表、安全阀失效或超过检验期使用	系统中使用的安全阀、压力表应每年检验一次并铅封；安全阀、压力表应保持完好有效
			安全阀没有设置泄放管或泄放管没有引到室外安全处	安全阀应设置泄放管并引至安全处
		制冷压缩机	制冷机、水泵等转动设备部件外露，防护措施及必要的安全装置不完善	制冷机、水泵等转动设备部件设置完善的安全防护装置并保持完好
			压缩机超温超压时，电气控制系统不自动停机，也没有声光报警装置	压缩机超温超压时，电气控制系统能自动停机并有声光报警装置
			没有安装冷却水停用声光报警装置	应安装冷却水停用声光报警装置
		其他压力容器	安全阀与容器间截止阀没有“开”或“关”的明显标志并铅封	安全阀与容器间截止阀应有“开”或“关”的明显标志并铅封
			未在氨、氟里昂、溴化锂等制冷剂储罐(槽)出口处安装紧急切断阀	应在氨、氟里昂、溴化锂等制冷剂储罐(槽)出口处安装紧急切断阀
			没有安装应急泄氨器	系统应安装应急泄氨器并保持完好
			氨储罐液位最高超过 70%，最少低于 30%	氨储罐液位正常保持在 40%～60%，最高不超过 70%，最低不低于 30%；
			氨液储罐没有采取防太阳直晒措施	氨液储罐须采取防太阳直晒措施
		作业环境	压缩机、制冷剂储罐室没有装防爆电气(照明)	压缩机、制冷剂储罐室应当装防爆电气
			压缩机室、冷却剂储罐(槽)室未安装机械通风	压缩机室、冷却剂储罐(槽)室须安装机械通风
			制冷站操作间现场没有防毒面具	制冷站操作间现场操作人员应每人配备一个防毒面具
			压缩机房未设“严禁烟火”“闲人免进”等警示标志	压缩机房应有“严禁烟火”“闲人免进”等警示标志

续表

序号	危险源	危险源分类	危害	控制措施
3	制冷工序	作业环境	制冷机所使用的润滑机油存放在制冷机室	制冷机所使用的润滑机油遇高热或明火发生火灾、爆炸，严禁将润滑机油存放在制冷机室，应单独存放
			制冷站没有安装漏氨报警装置	制冷站须安装漏氨报警装置
4	供水工序	水井、水池、水塔	深水井、各级水池边护栏、登高梯台及活性碳等处理罐顶的护栏达不到标准要求	深水井、各级水池边护栏、登高梯台及活性碳等处理罐顶的护栏应达到标准要求
		水处理站	各水池、水箱、处理罐的入孔、检查孔未设有可靠稳固的盖板	各水池、水箱、处理罐的入孔、检查孔应设有可靠稳固的盖板
			酸、碱使用现场未设安全冲洗装置	酸、碱使用现场应设安全冲洗装置
5	污水处理工序	供水泵集水池（井）、调节池、好氧池、污泥浓缩池	各种泵的联轴节未设安全防护装置； 集水池、调节池的检查孔、粗细格栅处的入口处等未设有可靠稳固的盖板或护栏	各种泵的联轴节应装设安全防护装置； 集水池、调节池的检查孔、粗细格栅处的入口处等应设有可靠稳固的盖板或护栏
			好氧池护栏、登高梯台达不到标准要求	池边护栏、登高梯台应达到标准要求
			室外登高梯台、各种护栏腐蚀没有及时维护	室外登高梯台、各种护栏腐蚀应定期检查维护并保持完好
		室内UASB	厌氧装置室内未装设机械通风	厌氧装置室内应装设机械通风
			厌氧装置室内未安装防爆电气	厌氧装置室内应安装防爆电气
			厌氧装置室没有醒目的警示标志	厌氧装置室应设醒目的防火防爆警示标志
		污泥压榨	污泥压榨机传动部位部位无防护或失效	污泥压榨机传动部位部位应安装防护装置并保持完好
			未安装封闭式配电柜和防水开关	应安装封闭式配电柜和防水开关
		作业环境	酸、碱使用现场未设安全冲洗装置	酸、碱使用现场应设安全冲洗装置
6	送变电系统	变压器、发电机（柴油）	露天或半露天变电所的变压器四周未设不低于1.7m高的固定围栏	露天或半露天变电所的变压器四周应设不低于1.7m高的固定围栏，变压器外廓与围栏（墙）的净距不应小于0.8m，变压器底部距地面不应小于0.3m
			变压器室或车间内及露天变压器安装地点附近，没设置明显醒目的警示标志	变压器室或车间内及露天变压器安装地点附近，应设置符合国家标准的明显醒目的警示标志
			变压器、发电机当高压母线距地面高度只有1.8m，没有遮栏不准通行或装设防护罩隔离	变压器、发电机当高压母线距地面高度只有1.8m，须设遮栏不准通行或装设防护罩隔离
		配电箱（柜、板）	在触电危险性大或作业环境较差的车间、供水系统等场所未安装封闭式配电柜	在触电危险性大或作业环境较差的车间、供水系统等场所应安装封闭式配电柜
			有导电性粉尘或产生易燃易爆气体的危险作业场所，没有采用密闭或防爆型设施	有导电性粉尘或产生易燃易爆气体的危险作业场所，必须采用密闭或防爆型设施
			箱（柜、板）内插座接线不规范，没有配置漏电保护器	箱（柜、板）内插座接线应规范，并配置漏电保护器
		固定线路	在有酸碱腐蚀的场所使用金属管布线（绝缘导线）	在有酸碱腐蚀的场所应使用塑料管和塑料线槽布线（绝缘导线）
			塑料管暗敷或埋地敷设时，引出地（楼）面的一段管路，没有采取防止机械损伤的措施	塑料管暗敷或埋地敷设时，引出地（楼）面的一段管路，应采取防止机械损伤的措施
		临时线路	沿地面敷设的临时用线没有采取防止受外力损坏的保护措施	沿地面敷设的临时用线应有采取防止受外力损坏的保护措施
			临时接线没有总开关控制，也没有安装漏电保护器	临时接线必须装有总开关控制和漏电保护装置，每一分路应装设与负荷匹配的熔断器

续表

序号	危险源	危险源分类	危害	控制措施
6	送变电系统	作业操作	操作人员无证上岗	操作人员应经过当地政府专业部门的培训，经考核合格后持证上岗
		作业环境	变压器室、配电室、电容器室等未设置防止雨、雪及蛇、鼠类小动物从采光窗、通风窗、门、电缆沟等进入室内的设施	变压器室、配电室、电容器室等应设置防止雨、雪及蛇、鼠类小动物从采光窗、通风窗、门、电缆沟等进入室内的设施
			控制室和配电室内的采暖装置，未采用钢管焊接	控制室和配电室内的采暖装置，宜采用钢管焊接，且不应有法兰、螺纹接头和阀门等
			变电所未设警示标志，无关人员进入变电所	变电所应设警示标志，禁止无关人员进入变电所

表 12　工程部检修安全管理

序号	危险源	危险源分类	危害	标准要求
1	焊接与切割作业	电焊机	电源线、焊接电缆与焊机连接处的裸露接板未采取安全防护措施	电源线、焊接电缆与焊机连接处的裸露接板均应安装安全防护罩或防护板
			焊机一次线长度过长而未采取防护措施	焊机一次线长度不超过 3m，确需使用长导线时，必须将其架高距地面 2.5m 以上并尽可能沿墙布设，并在焊机近旁加设专用开关，不许将导线随意拖于地面
		气瓶	气瓶专用爆破片、安全阀、易熔合金塞、瓶阀、瓶帽、防震圈等安全附件不全或失效	气瓶专用爆破片、安全阀、易熔合金塞、瓶阀、瓶帽、防震圈等齐全有效
			气瓶立放时没有采取防止倾倒措施	气瓶立放时，应有采取可靠的防止倾倒措施
			乙炔瓶没有配减压器或失效	乙炔瓶必须配减压器方可使用
		作业操作	非特种作业人员操作	操作者必须经过专业培训，经专业部门考核合格后持证上岗
			气瓶靠近热源，与明火的距离应小于 10m	气瓶不得靠近热源，与明火的距离应大于 10m，严禁用温度超过 40℃的热源对气瓶加热
			瓶体没有防震圈，野蛮装卸	瓶体要有防震圈，应轻装轻卸，避免受到剧烈震动和接地，以防止因气体膨胀而发生爆炸
			乙炔瓶卧式使用	乙炔瓶必须直立使用，禁止卧式使用
			焊接工作结束后，焊钳上的电焊条没有及时取下	焊接工作结束后，电焊条必须从焊钳上取下
			在进行焊接与切割作业过程中，作业人员未按规定配戴防护用品或防护用品失效	在进行焊接与切割作业过程中，作业人员应按规定配戴防护用品
			气瓶运输过程中没有使用专用运输工具或在地面滚动	气瓶运输过程中应使用专用运输工具，禁止在地面滚动
2	起重作业	起重机械	在钢丝绳易脱钩的工作环境中使用的吊钩，没有防脱钩的保险装置	在钢丝绳易脱钩的工作环境中使用的吊钩，应有防脱钩的保险装置
			制动器存在缺陷，或磨损件超标使用	制动器工作可靠，磨损件无超标使用，安装与制动力矩符合要求
			各类行程限位、限量开关与联锁保护装置存在缺陷	各类行程限位、限量开关与联锁保护装置完好可靠
			紧停开关、缓冲器和终端止挡器等停车保护装置使用失效	紧停开关、缓冲器和终端止挡器等停车保护装置使用有效
			起重机械上外露的、有卷绕伤人的开式齿轮、各种外部螺栓连接的联轴器、链轮、与链条、传动带、皮带轮等转动构件，没有安装防护罩或盖	起重机械上外露的、有卷绕伤人的开式齿轮、各种外部螺栓连接的联轴器、链轮、与链条、传动带、皮带轮等转动构件，均应安装防护罩或盖

续表

序号	危险源	危险源分类	危害	标准要求
2	起重作业	起重操作	当起重臂、吊钩、或吊物下面有人，吊物上有人或浮置物时进行起重操作	当起重臂、吊钩、或吊物下面有人，吊物上有人或浮置物时严禁进行起重操作
			起吊后，地面人员随便站在地面指挥	起吊后，地面人员必须站在安全区域，如斜面的话，应站在斜面上方
3	高处作业	作业操作	高处作业人员未佩戴安全带直接操作	高处作业人员必须佩戴安全带，要悬挂在作业者垂直上方，且无尖锐、锋利棱角的构件上，不能低挂高用
			高处作业人员没有配戴安全帽作业或配戴不规范	高处作业时安全帽必须戴稳，系好帽带
			登高作业使用的各种梯子不符合标准	登高作业使用的各种梯子要坚固，放置要平稳，立梯坡度一般以60°～70°度为宜，应设防滑装置，梯顶无搭钩、梯脚不能固定时，须有人扶梯监护
			高处作业人员没有配带工具袋，传递物品时抛掷	高处作业人员应配带工具袋，较大的工具应系保险绳，传递物品时严禁抛掷
			两人同时在一个梯子上进行高空作业	高空作业只能一人在一个梯子上操作，并且最高的两档不能站人
		作业环境	高处作业的平台、走道、斜道等未安有防护栏杆，也没设立安全防护网	高处作业应设有1.05m高的防护栏杆和18cm高的挡脚板或设防护立网
			坑、井、沟、池、吊装孔等没有栏杆杆围护或盖板盖严	坑、井、沟、池、吊装孔等必须有栏杆围护或盖板盖严，盖板必须坚固，几何尺寸要符合安全要求
4	手持工具（包括电动工具）	手持电动工具	对工具的电源线任意拉长或拆换	工具的电源线不得任意拉长或拆换；当电源离工具操作点距离较远而电源线长度不够时，应采用耦合器进行连接
			随意拆除或调换工具电源线上的插头	工具电源线上的插头不得任意拆除或调换
			工具的插头、插座应未按规定正确接线	工具的插头、插座应按规定正确接线，插头、插座中的保护接地在任何情况下只能单独连接保护接地线（PE）；严禁在插头、插座内用导线直接将保护接地与工作中性线连接起来
			使用电动工具的作业人员未穿戴安全防护用品	使用电动工具的作业人员必须穿戴完好的安全防护用品
			电源线有绝缘护套破损，中间有接头	绝缘良好，不得有接头

表13　行政部现场安全管理

序号	危险源	危险源分类	危害	标准要求
1	食堂	炊事机械	炊事机械传动部位没有安装可靠的防护装置或装置失效	炊事机械传动部位应安装可靠的防护装置并保持完好
			炊事机械搅拌操作的容器未加盖密闭并且盖与机没有连锁	炊事机械搅拌操作的容器必须加盖密闭并且盖与机连锁
			几台炊事机械共同使用一个控制开关	炊事机械电源控制开关应单机单设，不许几台设备共用一个开关或用距离较远的闸刀控制
			炊事机械有碾、绞、压、挤、切伤可能的部位没有可靠的防护或防护失效	炊事机械有碾、绞、压、挤、切伤可能的部位应有可靠的防护并保持完好
			炊事机械没有安装漏电保护器和保护接地	炊事机械应安装漏电保护器和保护接地

续表

序号	危险源	危险源分类	危害	标准要求
1	食堂	液化气	液化气管老化,有裂痕,没有及时更换	应对液化气管及时更换
			使用超过检验期限的液化气罐或液化气罐外表面有明显的缺陷	使用的液化气罐必须在规定的检验期内,且外表面没有明显的缺陷
		柴油灶	储存柴油的储存室应急使用的砂箱或数量少	储存柴油的储存室存放足够的应急使用的砂箱
		作业操作	和面机没有断电,用手掏面	和面机没有断电时严禁用手掏面

表 14 宿舍 5S 日常规范

项目	检查内容
整理	随时整理个人用品,及时清理不要物
	按规定处理必要物和废弃物,现场无不要物和不明物
	地面应保持平整、光亮、达到六无(无尘、油污、痰迹、积水、烟蒂、杂物)
	通道畅通、无占用通道的
	床铺物品整齐划一,及时整理被褥
整顿	个人物品摆放整齐,严禁混放、乱放、目视整齐、统一规范
	用后个人物品应及时归位,整理箱、盆等生活用品做到整齐摆放
	无尘、无油污、衣物柜上保持清洁,明确标识
清扫	晾晒衣服不要凌乱
	做好卫生分担区划分,合理制定卫生值日轮流表
	床铺、地面、桌椅、抽屉、衣柜等应干净整洁
清洁	生活区域室内无卫生死角,每周末有大清扫
素养	语言礼貌、举止文明
	早出晚归不打扰别人休息,应轻声开关门
	节约用电、用水、有效利用室内能源
	最后离开宿舍应关灯、电脑等,应检查锁上门窗
	不带场外人员进入宿舍,男女宿舍不能混进

发酵车间质量指标绩效考核方案(生产过程)

序号	KPI 指标	权重	指标说明	目标值	考核方案	考核周期	考核部门
1	工艺执行情况		严格遵守食品工艺流程、遵守操作流程,不因工艺执行不达标影响产品质量稳定,否则给予扣分	99.6%			
①	投料、收料量		标准投料:浸泡液收量≥13t/20个料; 糖化液收量≥7t/20个料(糊化罐内量) 发酵液收量:≥18.5t/20个料; 后储液收量:收率1.01	99%	完成98%~99%不考核;低于98%每低1%扣1分,高于99%加1分	月考核	财务

续表

序号	KPI 指标	权重	指标说明	目标值	考核方案	考核周期	考核部门
②	关键参数时间控制		浸泡时间 5h；糖化时间 5h；发酵时间 36～48h；沉降时间 18～20h；前储、后储清空周期≤48h(包装与发酵分责)	99%	完成目标加 2 分；每低于目标 1%扣 1 分	月考核	质检部
	关键参数温度控制		符合企业标准	100%	每低于目标 1%扣 1 分	月考核	质检部
③	CIP 执行		按《格瓦斯发酵车间管道清洗操作规程》执行	100%	每低于目标 1%扣 1 分	月考核	质检部
④	工序操作执行		按工序岗作操作规程进行操作，包括糖化、发酵的合格率	100%	每低于目标 1%扣 1 分	月考核	质检部
2	质量指标		严格按质量指标标准进行控制操作	96%			
①	浸泡合格率		糖度 1.0～1.2°brix；酸度 0.2～0.6°T(如受面包原料质量影响则可在确认后从考核中剔除)	90%	完成目标加 2 分；85%～90%不考核；低于 85%每 1%扣 1 分	月考核	质检部
②	糖化出产合格率		糖度≥10.5°brix；酸度 1.0～1.5°T	90%	超出目标加 2 分；85%～90%不考核；低于 85%每 1%扣 1 分	月考核	质检部
③	RO 水微生物指标		微生物不得检出	100%	一次不合格扣 1 分	月考核	质检部
	RO 水理化指标		电导率 6～8S/s；硬度 0～3mg/L	100%	一次不合格扣 1 分	月考核	质检部
④	暂存水微生物		细菌≤100CFU/1mL；霉菌、酵母菌≤10CFU/mL；大肠菌群≤3MPN/100mL	100%	一次不合格扣 1 分	月考核	质检部
	暂存水理化指标		pH 7.3～7.8；电导率≤600S/s；硬度 132～139mg/L	85%	低于目标值每 1%扣 1 分	月考核	质检部
⑤	糖化液浊度合格率		符合企业标准：清亮、透明	100%	一次不合格扣 1 分	月考核	质检部
⑥	发酵前理化指标合格率		糖度 4.5～5.5°brix；酸度 0.4～0.6°T	95%	低于目标一次不合格扣 0.5 分	月考核	质检部
⑦	发酵理论指标合格率		糖度 4.0～5.0°brix；酸度 2.6～3°T；酒精≤1.4%(体积)	95%	达到目标加 2 分；85%～95%不考核；低于 85%每次扣 0.2 分	月考核	质检部
⑧	种子液、发酵液杀菌后微生物指标合格率		微生物不得检出	100%	一次不合格扣 0.5 分	月考核	质检部
⑨	配料后理化指标合格率		糖度 11～11.5°brix；酸度 6.0～7.00°T；色度 30～33EBC	95%	达到目标加 2 分；90%～95%不考核；低于 90%每次扣 1 分	月考核	质检部
⑩	烛式后浊度合格率		90°≤0.5EBC；25°≤0.5EBC	100%	一次不合格扣 0.5 分	月考核	质检部

续表

序号	KPI指标	权重	指标说明	目标值	考核方案	考核周期	考核部门
⑪	后储料理化指标合格率		糖度10.5～11°brix；酸度6.0～7.0°T；色度22～25EBC；浊度90°≤0.6EBC	95%	达到目标加2分；90%～95%不考核；低于90%每次扣1分	月考核	质检部
	后储料微生物指标合格率		霉菌、酵母菌0CFU/mL；细菌≤20CFU/mL；大肠≤3MPN/100mL	100%	一次不合格扣0.5分	月考核	质检部
⑫	CIP微生物指标合格率		细菌≤50CFU/1mL；霉菌、酵母菌0CFU/mL；大肠菌群≤3MPU/100mL	95%	一次不合格扣0.2分	月考核	质检部
3	6S整改执行情况		生产场所环境卫生、物品定位摆放，包括车间生产场所、人员流动场所及个人卫生，每次不合格给予扣分	100%	每次扣0.5分	月考核	质检部
4	食品添加剂使用工艺记录		严格按工艺配料标准进行食品添加剂的批次使用；不使用不合法、过期、包装不合格产品；使用记录填加内容齐全、及时、清晰、准确；不得发生二次污染	100%	每次扣2分	月考核	质检部

四、附录二　人员进出生产区标准操作规程

1. 目的

建立进出三大车间生产区人员的更衣标准操作规程，确保生产环境符合工艺要求。

2. 范围

本标准适用于进出三大车间生产区人员的更衣管理。

3. 责任

进出一般生产区、洁净区（无菌灌装间）的人员，包括生产操作人员、质检部检验员、设备维护人员等对本标准的实施负责。

4. 程序

4.1　进出一般生产区程序（车间走廊及除无菌灌装间以外区域）

4.1.1　所有员工在进入车间大厅之前须在门外擦去粘在鞋底上的尘土。

4.1.2　用手轻轻拍打自己的衣裤，拍掉身上的灰尘。

4.1.3　如果是雨天，则在门外收拢雨具，甩去雨具上的水滴，处理掉鞋上的泥水，将自己雨具挂在雨具架上。

4.1.4　轻轻推开门进入车间，再轻轻关上门；进入门厅坐在更鞋柜上先脱下自己鞋子，放入更鞋柜外侧，然后在鞋柜内侧换上一般生产区的工作鞋（统一白色工作鞋）；一般生产区工作鞋不得拿出鞋柜外侧，注意必须及时将鞋子整齐放进柜内。

4.1.5　进入一般生产区更衣室，除去佩带的各种饰物，如戒指、手链、项链、耳环等。

4.1.6　更衣：从衣柜中取出在一般生产区穿着的洁净工作服穿好，扣好扣子，帽子完全罩住头发。按照由上到下的更衣顺序更换（帽子、口罩、工服、工靴）。

4.1.7　戴上工作帽，应确保将所有的头发均放入帽子内，不得外露。

4.1.8　离开更衣室及时关好所经过区域的门。

4.1.9　进入洗手清洁区，必须严格按照员工进出车间洗手消毒流程进行操作。

4.1.10 经风淋门通往生产区时严格按照风淋须知要求操作，出入关门。

4.1.11 离开一般生产区时，按进入时的逆向顺序更衣，将工作服换下，放入更衣柜中，两个工作日后，集中放置，统一收集、洗涤。

4.2 进出灌装间、无菌室一般程序

4.2.1 通过门禁进入换鞋室（缓冲1），脱下一般生产区工作服，坐在鞋柜上脱下一般生产区工作鞋，放进鞋柜外侧柜中→开门进入更衣室（缓冲2）。

4.2.2 穿好无菌服，注意头发不得露出帽外；穿好无菌服后，脱下过渡鞋，换上洁净鞋。

4.2.3 进入缓冲间3，手部消毒→开门进入灌装区。

4.2.4 因工作原因需暂时离开某一洁净工作间而不离开洁净区时，应按洁净工作间门上的“拉”标识用手将门拉开，再离开洁净工作间；返回洁净工作间时应在手消毒间洗手、消毒后，用肩部将门推开然后进入洁净工作间。

4.2.5 退出灌装区时，按进入时逆向顺序进行，换下的工作服放入原衣袋中，由专人收集送往洗衣房进行清洗、消毒（每周两次）。

4.2.6 进出各室时应随时关门，严禁同一室的工序门同时打开。

5. 考核结果的反馈与归档

考核结果于考核结束一个工作日内反馈给被考核部门，并做好考核资料的归档保管工作。

6. 本规程由质检部起草并负责解释。

7. 本规程自签字下发之日起执行。

实训二 内审和管理评审

一、实训目的

学习内审和管理评审要求。通过对食品企业内审核管理评审的联系，具备内审核管理评审计划及实施的能力。

二、食品企业概况

某食品企业建立了ISO 22000食品安全管理体系，计划于10月25～26日完成内审，12月13～14日完成管理评审。

该食品企业内审员情况如下：

部门	内审员
品管部	
生产部	
设备部	
办公室	

三、实训练习

请根据ISO 22000食品安全管理体系标准要求，完成该食品企业的内审计划，填写内审计划表，完成该食品企业的管理评审报告，填写报告表。

内审计划表

审核目的	本公司根据 ISO 22000：2005 所建立的食品安全管理体系的符合性、及各部门的实施情况		
审核依据	□ISO 9001　□ISO 14001□　ISO 22000　□BRC V7 □其他食品安全管理体系文件		
审核范围			
审核组长			
组员			
被审核部门	审核日期	审核员	审核内容 （ISO 22000 对应条款从略）
会议安排	日期	时间	地点
见面会			
总结会			

管理评审报告

目的	
管理评审输入内容	
管理评审人员	主持： 参加人员：
时间 地点	
管理评审输出内容	
决议及时间框架	
填表人	
审核人	

思考练习题

一、单选题

1. 前提方案要获得（　　）批准。

a. 食品安全小组　b. 最高管理者　c. 食品安全小组组长　d. 管理者代表

2. 在超出关键限值或不符合操作性前提方案情况下生产的产品是（　　）。

a. 潜在不安全产品　b. 不安全产品　c. 不合格品　d. 安全产品

3. 以下说法正确的是（　　）。

a. 在某些产品加工中可能识别不出关键控制点

b. 任何产品加工中都一定会存在关键控制点

c. 同一危害由一个关键控制点实施控制

d. 一个关键控制点只能控制一个危害

4. 下列有关关键限值的描述正确的是（　　）。

a. 确定关键限值的目的是保证关键控制点受控，确保终产品的安全危害在可接受水平之内

b. 对于由关键控制点设立的监视参数,有的应确定其关键值;有的应按 OPRP 控制

c. 关键限值是一个具体的值,不能是主观信息

d. 以上都正确

5. 食品厂洁净区墙壁应采用浅颜色的瓷砖，其高度应不低于（　　）米。

a. 1.5　　b. 1.2　　c. 2.0　　d. 没有要求

6. 终产品中食品安全危害可接受水平的确定应考虑（　　）。

a. 法律法规要求　　b. 顾客食品安全要求和食品的预期用途

c. 其他相关数据　　d. 以上都是

7. 前提方案应得到（　　）的批准。

a. 总经理　　b. 总工程师　　c. 授权人员　　d. 食品安全小组

8. 以下哪种说法是不正确的（　　）。

a. 当关键限值发生偏离时，应采取纠正措施

b. 当不符合操作性前提方案时，应采取纠正措施

c. 只要是在关键限值已经偏离的条件下生产的产品，就应按潜在不安全产品进行处理

d. 只要是在不符合操作性前提方案条件下生产的产品，就应按潜在不安全产品进行处理

e. 以上都不对

9. 纠正措施指（　　）。

a. 为消除已发现的不合格所采取的措施

b. 为消除已发现的不合格或其他不期望情况的原因所采取的措施

c. 为防止或消除食品安全危害或将其降低到可接受水平的而采取的措施

d. 以上都是

10. 食品厂通用卫生规范规定在（　　）处应设置洗手、消毒设施。

a. 车间入口处　　b. 卫生间出口处　　c. 洁净区工作场所　　d. 上述都应

二、判断题

1. 前提方案无论是普遍适用还是适用于特定产品或生产线，应在整个生产系统中实施。（　　）

2. GB/T 22000—2006 要求对所识别出的食品安全危害均应制定控制措施。（　　）

3. 食品厂加工后的废弃物存放应远离生产车间，且不得位于生产车间上风向。（　　）

4. 食品厂的临时工作因为不属于正式工作人员，所以不必要求他们取得健康证。（　　）

5. 同一危害可以由 HACCP 计划和操作性前提方案共同来控制。（　　）

6. 流程图可以按照产品绘制，也可以按照过程绘制。（　　）

7. 食品安全危害与加工车间的情况没有关系。（　　）

8. 所谓外包过程是指对食品安全有影响，但又不在组织管理体系范围内的过程，不论该过程是由本组织管理还是由其他组织管理，都应按照外包过程进行控制。（　　）

9. 食品安全管理体系中的控制措施，包括 HACCP 计划和操作性前提方案两类。（　　）

10. 监视可以采用测试设备，也可以用观察的手段进行。(　　)

11. 食品安全小组成员不论其是否有能力，只要其肯干就行。(　　)

12. 关键限值不能是主观判断的信息。(　　)

13. 食品中的某些特性可以对危害进行控制。(　　)

14. 食品在 0～4℃冷藏是安全的措施，因为致病菌在此温度下就不生长了。(　　)

15. 瓜子产品因为微生物指标从来没有出过问题，所以可以没有洁净区。(　　)

16. 因为公司在贯彻质量管理体系时已经对供应商进行了评价，所以原来合格的供应商一定也能满足食品安全的要求，就不用再进行评价了。(　　)

17. 食品安全小组应系统的评价每一个验证结果。(　　)

18. 组织的每一个员工都有责任报告工作中涉及的食品安全方面的问题的。(　　)

19. 对危害进行评估时，应考虑安全危害造成不良健康后果的严重性及其发生的可能性。(　　)

20. 车间内的空气不属于与食品接触的表面。(　　)

三、多选题

1. 实施危害分析的必备预备步骤包括（　　）。

a. 任命食品安全小组　　b. 产品特性描述，识别预期用途

c. 确定终产品中食品安全危害的可接受水平　　d. 绘制流程图，描述过程步骤和控制措施

2. 影响微生物的环境条件包括（　　）。

a. 氧气　　b. 温度　　c. 空气湿度　　d. 环境中的营养物质

3. 在进行危害评估时，可考虑几个（　　）方面。

a. 危害的来源　　b. 危害发生的概率　　c. 危害的性质

d. 危害可能导致的不良健康影响的严重程度

4. 可追溯性系统应能够识别（　　）。

a. 原辅料的直接供应方　　b. 原辅料的间接供应方

c. 终产品的直接分销商　　d. 终产品的间接分销商

5. 常见的有毒化学物质包括：（　　）。

a. 清洁剂　　b. 消毒剂　　c. 杀虫剂　　d. 食品添加剂

四、填空题

1. 车间入口处应配备非手动的水龙头，（　　）人以内，每（　　）人应配备一个。

2. 为保证食品安全，（　　）及（　　）中位于食品上方的灯具应配备防护罩。

3. 危害从其性质上分为（　　）危害、（　　）危害和（　　）危害。

4. 车间除了设备占地面积外，人均占有面积应不少于（　　）平方米。

5. 车间内部人员流动的方向应该从（　　）区流向（　　）区。

6. 车间内部的窗台应该向（　　）倾斜。

7. 组织应与于（　　）、（　　）、（　　）和（　　）等外部进行沟通。

8. 组织内部各部门应将变更的信息与（　　）进行沟通。

9. 组织的管理者应识别可能存在（　　）和（　　），制定应急预案并验证其有效性。

10. 对撤回程序的有效性可以通过（　　）和（　　）的方式，验证其有效性。

模块二 国内食品标准认证

项目一 无公害农产品认证

任务一 无公害农产品概述

一、无公害农产品和无公害食品的概述及标志的含义

我国政府对农产品的质量安全非常重视，在国家“十五”规划发展中提出“加快建立农产品市场信息、食品安全和质量标准体系”。农业部于2001年组织实施了“无公害食品行动计划”，该计划以全面提高我国农产品质量安全水平为核心，从产地和市场两个环节入手，通过对农产品实行“从农田到餐桌”全过程质量安全控制，用8～10年的时间，基本实现全国主要农产品生产和消费无公害。

按照农业部和国家质量监督检验检疫总局发布的《无公害农产品管理办法》第一章第二条的定义，无公害农产品是指产地环境、生产过程和产品质量符合国家有关标准和规范的要求，经认证合格获得认证证书并允许使用无公害农产品标志的未经加工或者初加工的食用农产品。

无公害食品标准主要包括无公害食品行业标准和农产品安全质量国家标准，二者同时颁布。无公害食品行业标准由农业部制定，是无公害农产品认证的主要依据；农产品安全质量国家标准由国家质量技术监督检验检疫总局制定。

无公害食品是农产品安全质量保障体系的产物。无公害食品的质量是依靠一整套质量标准体系来保证的，即农产品安全质量标准体系（GB 18406；GB/T 18407）和无公害产品NY 5000系列行业标准，从农产品产地环境要求到生产技术规范，从安全质量标准到产品质量标准都有具体的规定：农产品安全质量检测检验体系，对农产品、食品、农业投入品、农业生态环境等与无公害食品相关因素进行监督管理和检测工作；农产品安全质量认证体系，以无公害农产品生产基地认定和标识认证为基础，并逐步推行GMP（良好制造规范）、HACCP（危害分析和关键控制点）、ISO 9000系列标准（质量管理和质量保证体系）；农产品质量安全执法监督。有关管理部门开展农产品产地定点监测、农业投入品监督检验、无公害食品安全质量监督抽查工作。从农田到餐桌实施工程全过程质量安全控制，环环相扣，以保证无公害食品的安全质量得到充分的保证。

无公害农产品标志由绿色和橙色组成。

无公害农产品标志图案主要由麦穗、对勾和无公害农产品字样组成，标志整体为绿色，其中麦穗与对勾为金色。绿色象征环保和安全，金色寓意成熟和丰收，麦穗代表农产品，对勾表示合格。标志图案直观、简洁、易于识别，涵义通俗易懂。

二、无公害食品与无公害农产品的特点

无公害食品指有害有毒物质控制在安全允许范围内的产品，具有安全性、优质性、高附加值三个明显特征。

1. 安全性

无公害食品严格参照国家标准，执行省地方标准，具体有三个保证体系。

① 生产全过程监控，产前、产中、产后三个生产环节严格把关，发现问题及时处理、纠正，直至取消无公害食品标志。实行综合检测，保证各项指标符合标准。

② 实行归口专项管理：根据规定，省农业行政主管部门的农业环境监测机构，对无公害农产品基地环境质量进行监测和评价。

③ 实行抽查复查和标志有效期制度。

2. 优质性

由于无公害农产品（食品）在初级生产阶段严格控制化肥、农药用量，禁用高毒、高残留农药，建议施用生物肥药、具有环保认证标志肥药及有机肥。严格控制农用水质（要达到Ⅲ类以上水质），因此生产的食品无异味，口感好，色泽鲜艳，在加工食品过程中无有毒、有害添加成分。

3. 高附加值

无公害农产品（食品）是由省农业环境监测机构认定的标志产品，在省内具有较大影响力，价格较同类产品高。

无公害农产品应具备以下特点。

(1) 目标定位　规范农业生产，保障基本安全厂满足大众消费。

(2) 质量水平　普通农产品质量水平。

(3) 运作方式　政府运作，公益性认证；认证标志、程序、产品目录等由政府统一发布；产地认定与产品认证相结合。

(4) 认证方法　依据标准，强调从土地到餐桌的全过程质量控制。检查检测并重，注重产品质量。

无公害农产品是绿色食品和有机食品发展的基础，绿色食品和有机食品是在无公害农产品基础上的进一步提高。无公害农产品必须达到以下要求：一是产地生态环境质量必须达到农产品安全生产要求；二是必须按照无公害农产品管理部门规定的生产方式进行生产；三是产品必须对人体安全、符合有关卫生标准；四是无公害农产品的品质还应是优质的；五是必

须取得无公害农产品管理部门颁发的标志或证书。因此，无公害农产品的特点可以概括为无污染、安全、优质、营养并通过管理部门认证的农产品。

三、发展无公害农产品的背景和意义

经过20多年的改革开放和经济建设，我国已经成为世界上农副产品生产和消费大国。农产品供应的基本平衡、丰年有余，人民生活水平的日益提高，农产品国际贸易的快速发展，标志着我国农业和农村经济已经进入到新阶段，对农产品提出了多样化、专用化、优质化、安全化的发展趋势，人们对农产品的质量要求越来越高。随着科技的发展，农药、兽药、饲料和添加剂、动植物激素等农资的使用，为农业生产的发展和农产品数量的增加发挥了积极的作用，同时也给农产品的安全性带来了隐患。工业三废和城市垃圾的不合理的排放，造成了农产品中有毒有害物质残留量越来越高，有些已超过了卫生标准的限量要求，直接危害到人们的身体健康。可以说，农产品安全性问题的存在，不仅是我国农业和农村经济结构调整的严重障碍，也直接影响我国农产品的出口和国际市场的竞争力，已成为我国农业可持续发展的一个主要障碍。

大力提高农产品质量是现阶段农业发展的一项主要任务，也是促进农业结构调整、增加农民收入和农业可持续发展的需要，是保证城乡居民消费安全的需要，有利于提高农业的整体素质和效益，也是规范和整顿市场秩序的需要。大力发展无公害农产品生产，提高农产品卫生质量，确保食用安全，是全国人民生活总体水平进入小康阶段以后对农产品质量的起码要求，是农产品市场准入的最低标准，对于保障人民身体健康、扩大农产品出口、增加农民收入和维护我国的国际形象都具有重大的现实意义。

任务二　无公害产品具体管理内容

一、农产品安全质量国家标准

当前，随着我国农业和农村经济发展进入新的阶段，农产品质量安全问题已成为农业发展的一个主要矛盾。农药、兽药、饲料添加剂、动植物激素等农资的使用，为农业生产和农产品数量的增长发挥了积极的作用，与此同时也给农产品质量安全带来了隐患，加之环境污染等其他方面的原因，我国农产品污染问题也日渐突出。农产品因农药残留、兽药残留和其他有毒有害物质超标造成的餐桌污染和引发的中毒事件时有发生。

为提高果、肉、蛋、奶、水产品的食用安全性，保证产品的质量，保护人体健康，发展无公害农产品，促进农业和农村经济可持续发展，国家质量监督检验检疫总局特制定农产品安全质量 GB/T 18406 和 GB/T 18407，以提供无公害农产品产地环境和产品质量国家标准。农产品安全质量分为两部分，无公害农产品产地环境要求和无公害农产品产品安全要求。

1. 无公害农产品产地环境要求

《农产品安全质量》产地环境要求 GB/T 18407—2001 分为以下四个部分。

①《农产品安全质量——无公害蔬菜产地环境要求》(GB/T 18407.1—2001)，该标准对影响无公害蔬菜生产的水、空气、土壤等环境条件按照现行国家标准的有关要求，结合无公害蔬菜生产的实际做出了规定，为无公害蔬菜产地的选择提供了环境质量依据。

②《农产品安全质量——无公害水果产地环境要求》(GB/T 18407.2—2001)，该标准对影响无公害水果生产的水、空气、土壤等环境条件按照现行国家标准的有关要求，结合无

公害水果生产的实际做出了规定，为无公害水果产地的选择提供了环境质量依据。

③《农产品安全质量——无公害畜禽肉产地环境要求》(GB/T 18407.3—2001)，该标准对影响畜禽生产的养殖场、屠宰和畜禽类产品加工厂的选址和设施，畜禽饮用水、环境空气质量、畜禽场空气环境质量及加工厂水质指标及相应的试验方法，防疫制度及消毒措施按照现行标准的有关要求，结合无公害畜禽生产的实际做出了规定。从而促进我国畜禽产品质量的提高，加强产品安全质量管理，规范市场，促进农产品贸易的发展，保障人民身体健康，维护生产者、经营者和消费者的合法权益。

④《农产品安全质量——无公害水产品产地环境要求》(GB/T 18407.4—2001)，该标准对影响水产品生产的养殖场、水质和地质的指标及相应的试验方法按照现行标准的有关要求，结合无公害水产品生产的实际做出了规定。从而规范我国无公害水产品的生产环境，保证无公害水产品正常的生长和水产品的安全质量，促进我国无公害水产品生产。

2. 无公害农产品产品安全要求

《农产品安全质量》产品安全要求 GB 18406—2001 分为以下四个部分。

①《农产品安全质量——无公害蔬菜安全要求》(GB 18406.1—2001)，本标准对无公害蔬菜中重金属、硝酸盐、亚硝酸盐和农药残留给出了限量要求和试验方法，这些限量要求和试验方法采用了现行的国家标准，同时也对各地开展农药残留监督管理而开发的农药残留量简易测定给出了方法原理，旨在推动农药残留简易测定法的探索与完善。

②《农产品安全质量——无公害水果安全要求》(GB 18406.2—2001) 本标准对无公害水果中重金属、硝酸盐、亚硝酸盐和农药残留给出了限量要求和试验方法，这些限量要求和试验方法采用了现行的国家标准。

③《农产品安全质量——无公害畜禽肉安全要求》(GB 18406.3—2001)，本标准对无公害畜禽肉产品中重金属、亚硝酸盐、农药和兽药残留给出了限量要求和试验方法，并对畜禽肉产品微生物指标给出了要求，这些有毒有害物质限量要求、微生物指标和试验方法采用了现行的国家标准和相关的行业标准。

④《农产品安全质量——无公害水产品安全要求》(GB 18406.4—2001)，本标准对无公害水产品中的感官、鲜度及微生物指标做了要求，并给出了相应的试验方法，这些要求和试验方法采用了现行的国家标准和相关的行业标准、产地环境标准。

二、无公害食品的质量标准体系

无公害食品生产的质量安全标准体系是农产品质量安全的基础，也是工作的基础。无公害食品产品标准中规定的安全指标一般都严于现行国家标准和行业标准的规定，基本体现了“无污染、安全、优质、营养”的特征。在无公害标准体系中，国家标准是我国标准体系中的主体，它是对全国技术经济发展有重大意义而且必须在全国范围内统一的标准。国家质量监督检验检疫总局于 2001 年批准发布了 8 项有关农产品安全质量的国家标准，分别是：《无公害蔬菜安全要求》、《无公害蔬菜产地环境要求》、《无公害水果安全要求》、《无公害水果产地环境要求》、《无公害畜禽肉产品安全要求》、《无公害畜禽肉产品产地环境要求》、《无公害水产品安全要求》、《无公害水产品产地环境要求》。这批标准从 2001 年 10 月 1 日起在全国正式实施。

行业标准对无公害农产品的生产具有更全面的指导意义。为了突出无公害农产品的重要性，农业部在原有农业行业标准管理框架的基础上，单独设立了无公害食品行业标准系列，颁发 NY 5000 系列标准。标准涉及产地环境、生产技术规范和产品质量安全。无公害产品质量安全标准即产品标准，它是生产者组织生产的依据，是消费者用以了解产品质量优劣，从而引导消费的依据，也是产品质量检验机构进行产品质量检验和判定的依据。其确定无公害农产品质量等级、污染物检验、检验方法以及标志（标识）、包装、运输和储存等技术要求；生产技术规范规定了无公害农产品生产过程中的技术要求，包括肥料、药物使用，病虫害防治、基地建设、产品采摘等；产地环境质量标准规定了生产、加工无公害食品所要求的水源、大气质量、土壤环境质量标准和检测方法。无公害动物性食品作为特殊的无公害食品，其质量标准有特殊的要求，主要包括畜禽饮用水水质标准、加工用水水质标准、产品标准、饲养管理准则、饲料使用准则、兽药使用准则以及兽医防疫准则等。目前农业部已经组织制定了两批无公害农产品行业标准共 199 项，其中动物以及产品（含水生动物）106 项，涉及产品 32 类。

地方标准和企业标准也在无公害农产品生产中起着重要作用，是无公害农产品质量标准体系不可分割的重要部分。目前，许多省（市）和企业已开始按照农产品质量安全体系的要求，制定、修订地方和企业无公害食品标准。基本实现主要农产品从农田到餐桌全过程、全方位按照安全质量标准组织生产。

农产品质量安全标准分为两类，一类是关系农产品安全要求的，这是强制性的，是国家依法强制推行，各地区、各部门、各单位必须无条件执行；另一类是关系产地环境要求的，由于我国幅员辽阔，各地情况千差万别，因此这类标准是推荐性的，国家鼓励各地积极实行。

无公害食品标准体系结构图如下

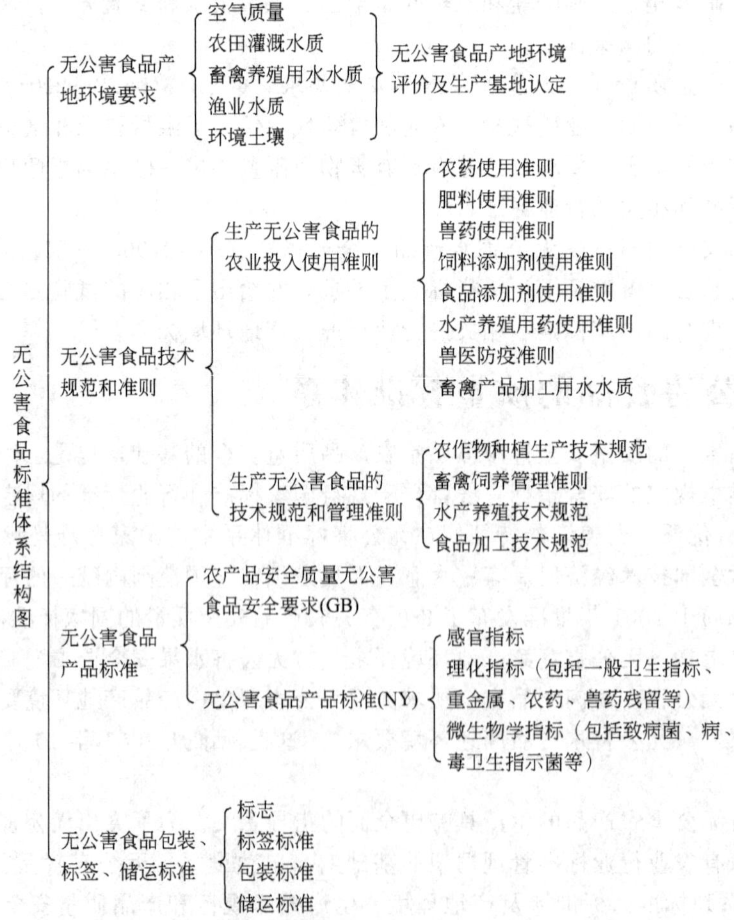

下面以无公害蔬菜的质量标准为例，说明无公害产品的品质。

1. 项目标准

无公害蔬菜的质量检测，由技术监督局按一个指标体系构成的两个系统标准对申报单位进行检测，生产基地环境检测共有 29 项。

农田灌溉水指标 9 项：pH 值、汞、镉、铅、砷、铬、氟化物、氯化物、氰化物。

生产加工水质量指标 9 项。

大气质量指标 4 项：总颗粒物、二氧化碳、氮氧化物、氟化物。

土壤质量指标 7 项：汞、砷、铅、镉、铬、六六六、DDT。

产品质量检测共 23 项：砷、氟、汞、镉、铅、铬、六六六、滴滴涕（DDT）、甲拌磷、甲胺磷、对硫磷、辛硫磷、马拉硫磷、倍硫磷、敌敌畏、乐果、溴氰菊酯、氰戊菊酯、百菌清、多菌灵、黄曲霉毒素、苯并芘、亚硝酸盐。

2. 感官质量标准

一般的消费者无须用仪器、检测设备，即用感官进行测试，也可对蔬菜产品进行质量标准的确认。

三、无公害食品生产管理技术与要求

无公害食品管理标准以全程质量控制为核心，主要包括产地环境质量标准、生产技术标准和产品标准三个方面，无公害食品标准主要参考绿色食品标准的框架而制定。

1. 无公害食品产地环境质量标准

无公害食品的生产首先受地域环境质量的制约，即只有在生态环境良好的农业生产区域内才能生产出优质、安全的无公害食品。因此，无公害食品产地环境质量标准对产地的空气、农田灌溉水质、渔业水质、畜禽养殖用水和土壤等各项指标以及浓度限值做出规定，一是强调无公害食品必须产自良好的生态环境地域，以保证无公害食品最终产品的无污染、安全性，二是促进对无公害食品产地环境的保护和改善。

无公害食品产地环境质量标准与绿色食品产地环境质量标准的主要区别是：无公害食品是同一类产品不同品种制定了不同的环境标准，而这些环境标准之间没有或有很小的差异，其指标主要参考了绿色食品产地环境质量标准；绿色食品是同一类产品制定一个通用的环境标准，可操作性更强。

2. 无公害食品生产技术标准

无公害食品生产过程的控制是无公害食品质量控制的关键环节，无公害食品生产技术操作规程按作物种类、畜禽种类等与不同农业区域的生产特性分别制定，用于指导无公害食品生产活动，规范无公害食品生产，包括农产品种植、畜禽饲养、水产养殖和食品加工等技术操作规程。

从事无公害农产品生产的单位或者个人，应当严格按规定使用农业投入品。禁止使用国家禁用、淘汰的农业投入品。

无公害食品生产技术标准与绿色食品生产技术标准的主要区别是：无公害食品生产技术标准主要是无公害食品生产技术规程标准，只有部分产品有生产资料使用准则，其生产技术规程标准在产品认证时仅供参考，由于无公害食品的广泛性决定了无公害食品生产技术标准无法坚持到位。绿色食品生产技术标准包括了绿色食品生产资料使用准则和绿色食品生产技术规程两部分，这是绿色食品的核心标准，绿色食品认证和管理重点是坚持绿色食品生产技术标准到位，也只有绿色食品生产技术标准到位才能真正保证绿色食品质量。

3. 无公害食品产品标准

无公害食品产品标准是衡量无公害食品终产品质量的指标尺度。它虽然与普通食品的国家标准一样，规定了食品的外观品质和卫生品质等内容，但其卫生指标不高于国家标准，重点突出了安全指标，安全指标的制定与当前生产实际紧密结合。无公害食品产品标准反映了无公害食品生产、管理和控制的水平，突出了无公害食品无污染、食用安全的特性。

无公害食品产品标准与绿色食品产品标准的主要区别是：二者卫生指标差异很大，绿色食品产品卫生指标明显严于无公害食品产品卫生指标。

任务三　无公害食品认证的建立与实施方案

一、申请无公害食品认证的前提条件

在企业准备上交无公害申请书前，应先准备好以下材料。

① 认真准确填写《无公害农产品产地认定与产品认证申请书》。

② 国家法律法规规定申请者必须具备的资质证明文件。

③ 无公害农产品质量控制措施。

④ 无公害农产品生产操作规程。

⑤《产地环境检验报告》和《产地环境现状评价报告》或符合无公害农产品产地要求的《产地环境调查报告》。

⑥《产品检验报告》(一年之内)。

⑦ 要求提交的其他有关材料。

二、无公害食品（农产品）的生产实施

1. 无公害食品（农产品）**生产条件**

无公害农产品（食品）生产基地或企业必须具备四条标准。

① 产品或产品原料产地必须符合无公害农产品（食品）的生态环境标准。

② 农作物种植畜禽养殖及食品加工等必须符合无公害食品的生产操作规程。

③ 产品必须符合无公害食品的质量和安全标准。

④ 产品的标签必须符合《无公害食品标志设计标准手册》中的规定。

农药使用准则：提倡生物防治和生物生化防治、应使用高效、低毒、低残留农药。使用的农药应三证齐全，包括农药生产登记证、农药生产批准证、执行标准号。每种有机合成农药在一种作物的生长期内避免重复使用。禁止使用禁用目录中（含砷、锌、汞）的农药。

肥料使用准则：禁止使用未经国家或省农业部门登记的化学和生物肥料。肥料使用总量（尤其是氮化肥总量）必须控制在土壤地下水硝酸盐含量在40mg/L以下。必须按照平衡施肥技术，氮、磷、钾要达到合适比例，以优质有机肥为主。肥料使用结构中有机肥所占比例不低于1∶1（纯养分计算）。

2. 无公害农产品生产的技术规程

（1）农业综合防治措施

① 选用抗病良种。选择适合当地生产的高产、抗病虫、抗逆性强的优良品种，少施药

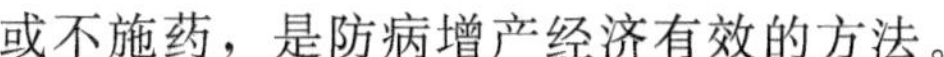

或不施药，是防病增产经济有效的方法。

② 栽培管理措施。一是保护地蔬菜实行轮作倒茬，如瓜类的轮作不仅可明显的减轻病害，而且有良好的增产效果；温室大棚蔬菜种植两年后，在夏季种一季大葱也有很好的防病效果。二是清洁田园，彻底消除病株残体、病果和杂草，集中销毁或深埋，切断传播途径。三是采取地膜覆盖，膜下灌水，降低大棚湿度。四是实行配方施肥，增施腐熟好的有机肥，配合施用磷肥，控制氮肥的施用量，生长后期可使用硝态氮抑制剂双氰胺，防止蔬菜中硝酸盐的积累和污染。五是在棚室通风口设置细纱网，以防白粉虱、蚜虫等害虫的入侵。六是深耕改土、垅土法等改进栽培措施。七是推广无土栽培和净沙栽培。

③ 生态防治措施。主要通过调节棚内温湿度、改善光照条件、调节空气等生态措施，促进蔬菜健康成长，抑制病虫害的发生。一是“五改一增加”，即改有滴膜为无滴膜，改棚内露地为地膜全覆盖种植，改平畦栽培为高垅栽培，改明水灌溉为膜下暗灌，改大棚中部放风为棚脊高处放风；增加棚前沿防水沟，集棚膜水于沟内排除渗入地下，减少棚内水分蒸发。二是在冬季大棚的灌水上，掌握“三不浇三浇三控”技术，即阴天不浇晴天浇，下午不浇上午浇，明水不浇暗水浇；苗期控制浇水，连阴天控制浇水，低温控制浇水。三是在防治病虫害上，能用烟雾剂和粉尘剂防治的不用喷雾防治，减少棚内湿度。四是常擦拭棚膜，保持棚膜的良好透光，增加光照，提高温度，降低相对湿度。五是在防冻害上，通过加厚墙体、双膜覆盖，采用压膜线压膜减少孔洞、加大棚体、挖防寒沟等措施，提高棚室的保温效果，能使相对湿度降到80%以下，可提高棚温3～4℃，从而有效减轻蔬菜的冻害和生理病害。

(2) 物理防治措施

① 晒种、温水浸种。播种或浸种催芽前，将种子晒2～3天，可利用阳光杀灭附在种子上的病菌；茄、瓜、果类的种子用55℃温水浸种10～15min，均能起到消毒杀菌的作用；用10%的盐水浸种10min，可将混入芸豆、豆角种子里的菌核病残体及病菌漂出和杀灭，然后用清水冲洗种子，播种，可防菌核病，用此法也可防治线虫病。

② 利用太阳能高温消毒、灭病灭虫。菜农常用方法是高温闷棚或烤棚，夏季休闲期间，将大棚覆盖后密闭选晴天闷晒增温，可达60～70℃、高温闷棚5～7天杀灭土壤中的多种病虫害。

③ 嫁接栽培。利用黑籽南瓜嫁接黄瓜、西葫芦，能有效地防治枯萎病、灰霉病，且抗病性和丰产性高。

④ 诱杀。利用白粉虱、蚜虫的趋黄性，在棚内设置黄油板、黄水盆等诱杀害虫。

⑤ 喷洒无毒保护剂和保健剂。蔬菜叶面喷洒巴母兰400～500倍液，可使叶面形成高分子无毒脂膜，起预防污染效果；叶面喷施植物健生素，可增加植株抗虫病害能力，且无腐蚀、无污染，安全方便。

(3) 科学合理施用农药

① 严禁在蔬菜上使用高毒、高残留农药，如呋喃丹、3911、1605、甲基1605、1059、甲基异柳磷、久效磷、磷胺、甲胺磷、氧化乐果、磷化锌、磷化铝杀虫脒、氟乙酸胺、六六六、DDT、有机汞制剂等都禁止在蔬菜上使用，并作为一项严格法规来对待，违者罚款，造成恶果者，追究刑事责任。

② 选用高效低毒低残留农药。如敌百虫、辛硫磷、马拉硫磷、多菌灵、托布津等。严格执行农药的安全使用标准，控制用药次数、用药浓度和注意用药安全间隔期，特别注意在安全采收期采收食用。

任务四　无公害农产品认证

一、无公害农产品的管理机构与监督管理

全国无公害农产品的管理及质量监督工作，由农业部门、国家质量监督检验检疫部门和国家认证认可监督管理委员会按照各自的职责和国务院的有关规定，分工负责。

各级农业行政主管部门和质量监督检验检疫部门在政策、资金、技术等方面扶持无公害农产品的发展，组织无公害农产品新技术的研究、开发和推广。

农业部、国家质量监督检验检疫总局、国家认证认可监督管理委员会和国务院有关部门根据职责分工，依法组织对无公害农产品的生产、销售和无公害农产品标志使用等活动进行监督管理。

无公害农产品的认证机构由国家认证认可监督管理委员会审批，并获得国家认证认可委员会授权的认可机构资格认定后，方可从事无公害农产品认证活动。认证机构对获得认证的产品进行跟踪检查，受理有关的投诉、申诉工作。

二、无公害农产品认证与标志的管理

1. 无公害农产品产地认证和生产管理条件

省级农业行政主管部门根据《无公害农产品管理办法》的规定负责组织实施本辖区内无公害农产品产地的认定工作。无公害农产品产地应符合下列条件。

① 产地环境符合无公害农产品产地环境的标准（GB/T 18407.1—2001 农产品安全质量——无公害蔬菜产地环境要求、GB/T 18407.2—2001 农产品安全质量——无公害水果产地环境要求、GB/T 18407.3—2001 农产品安全质量——无公害畜禽肉产地环境要求、GB/T 18407.4—2001 农产品安全质量——无公害水产品产地环境要求）要求；

② 区域范围明确；

③ 具备一定的生产规模。

无公害农产品的生产管理应当符合下列条件：

① 生产过程符合无公害农产品生产技术的标准要求；

② 有相应的专业技术和管理人员；

③ 有完善的质量控制措施，并有完整的生产和销售记录档案；

④ 从事无公害农产品生产的单位或者个人，应当严格按规定使用农业投入品，禁止使用国家禁用、淘汰的农业投入品；

⑤ 无公害农产品产地应当树立标示牌，标示范围、产品品种和责任人。

2. 无公害农产品标志管理

农业部、国家质量监督检验检疫总局、国家认证认可监督管理委员会和国务院有关部门根据职责分工，依法组织对无公害农产品的生产、销售和无公害农产品标志使用等活动进行监督管理。具体内容包括：

① 查阅或者要求生产者、销售者提供有关材料；

② 对无公害农产品产地认定工作进行监督；

③ 对无公害农产品认定机构的认定工作进行监督；

④ 对无公害农产品检测机构的检测工作进行检查；

⑤ 对使用无公害农产品标志的产品进行检查、检验和鉴定；

⑥ 必要时对无公害农产品经营场所进行检查。

无公害农产品标志（以下简称标志）是由农业部和国家认证认可监督管理委员会联合制定并发布的，是获得无公害农产品认证的产品或其外包装上的证明性标志。该标志的使用涉及政府对无公害农产品质量的保证和对生产者、经营者及消费者合法权益的维护，是国家有关部门对无公害农产品进行有效监督和管理的重要手段。农业部农产品质量安全中心负责标志的申请、审核、发放及跟踪检查工作。

农业部和国家认证认可监督管理委员会制定并发布《无公害农产品标志管理办法》。无公害农产品标志应当在认证的品种、数量等范围内使用。

获得无公害农产品认证证书的单位或者个人，可以在证书规定的产品、包装、标签、广告、说明书上使用无公害农产品标志。

认证机构对获得认证的产品进行跟踪检查，受理有关的投诉、申诉工作。任何单位和个人不得伪造、冒用、转让、买卖无公害农产品产地认定证书、产品认证证书和标志。

获得无公害农产品产地认定证书的单位或者个人违反本办法，有下列情形之一的，由省级农业行政主管部门予以警告，并责令限期改正；逾期未改正的，撤销其无公害农产品产地认定证书：

① 无公害农产品产地被污染或者产地环境达不到标准要求的；

② 无公害农产品产地使用的农业投入品不符合无公害农产品相关标准要求的；

③ 擅自扩大无公害农产品产地范围的。

违反《无公害农产品标志管理办法》第三十五条规定的，由县级以上农业行政主管部门和各地质量监督检验检疫部门根据各自的职责分工责令其停止，并可处以违法所得1倍以上3倍以下的罚款，但最高罚款不得超过3万元；没收违法所得的，可处以1万元以下的罚款。

获得无公害农产品认证并加贴标志的产品，经检查、检测、鉴定，不符合无公害农产品质量标准要求的，由县级以上农业行政主管部门或者各地质量监督检验检疫部门责令停止使用无公害农产品标志，由认证机构暂停或者撤销认证证书。

无公害农产品认证证书有效期为3年。期满需要继续使用的，应当在有效期满90日前按照本办法规定的无公害农产品认证程序，重新办理。

在有效期内生产无公害农产品认证证书以外的产品品种，应当向原无公害农产品认证机构办理认证证书的变更手续。

无公害农产品产地认定证书、产品认证证书格式由农业部、国家认证认可监督管理委员会规定。

三、无公害农产品认证标志的申请

1. 无公害农产品认证申请书（种植业产品）

申请人（单位或个人）必须保证遵守《中华人民共和国产品质量法》和《无公害农产品管理办法》及相关法律、法规的要求，接受农业部农产品质量安全中心对本单位的认证检查。认真填写《申请书》，并提供以下材料：

① 申报材料目录（注明名称、页数和份数）；

②《无公害农产品产地认定证书》（复印件）；

③ 产地《环境检验报告》和《环境现状评价报告》（2年内的）；

④ 产地区域范围和生产规模；

⑤ 无公害农产品生产计划（三年内的生产计划、面积、种植开始日期、生长期、产品产出日期和产品数量）；

⑥ 无公害农产品质量控制措施（申请人制定的本单位的质量控制技术文件）；

⑦ 无公害农产品生产操作规程（申请人制定的本单位的生产操作规程）；

⑧ 专业技术人员的资质证明（专业技术职务任职资格证书复印件）；

⑨ 无公害农产品的有关培训情况和计划；

⑩ 申请认证产品上个生产周期的生产过程记录档案样本（投入品的使用记录和病虫草鼠害防治记录）；

⑪ “公司加农户”形式的申请人应当提供公司和农户签订的购销合同范本、农户名单以及管理措施；

⑫ 营业执照、注册商标（复印件）；

⑬ 外购原料需附购销合同复印件；

⑭ 产地区域及周围环境示意图和说明；

⑮ 初级产品加工厂卫生许可证复印件。

2. 无公害农产品认证申请书（畜牧业产品）

申请人（单位或个人）必须保证遵守《中华人民共和国产品质量法》和《无公害农产品管理办法》及相关法律、法规的要求，接受农业部农产品质量安全中心对本单位的认证检查。认真填写《申请书》，并提供以下材料：

① 申报材料目录（注明名称、页数和份数）；

②《无公害农产品产地认定证书》（复印件）；

③ 产地《环境检验报告》和《环境现状评价报告》（2 年内的）；

④ 产地区域范围和生产规模；

⑤ 无公害农产品生产计划（三年内的生产计划、面积、种植开始日期、生长期、产品产出日期和产品数量）；

⑥ 无公害农产品质量控制措施（申请人制定的本单位的质量控制技术文件）；

⑦ 无公害农产品生产操作规程（申请人制定的本单位的生产操作规程）；

⑧ 专业技术人员的资质证明（专业技术职务任职资格证书复印件）；

⑨ 无公害农产品的有关培训情况和计划；

⑩ 申请认证产品上个生产周期的生产过程记录档案样本（养殖、防疫、屠宰、加工记录）；

⑪ “公司加农户”形式的申请人应当提供公司和农户签订的购销合同范本、农户名单以及管理措施；

⑫ 营业执照、注册商标（复印件）；

⑬ 外购原料需附购销合同复印件；

⑭ 产地区域及周围环境示意图和说明；

⑮ 畜禽饮用水水质检验报告；

⑯ 畜禽产品加工用水水质检验报告；

⑰ 初级产品加工厂卫生许可证复印件。

3. 无公害农产品认证申请书（渔业产品）

申请人（单位或个人）必须保证遵守《中华人民共和国产品质量法》和《无公害农产品

管理办法》及相关法律、法规的要求，且产品质量符合国家标准(GB/T 18406.1—2001 农产品安全质量——无公害蔬菜安全要求、GB/T 18406.2—2001 农产品安全质量——无公害水果安全要求、GB/T 18406.3—2001 农产品安全质量——无公害畜禽安全要求、GB/T 18406.4—2001 农产品安全质量-无公害水产品安全要求）以及无公害食品行业标准的规定要求，同时接受农业部农产品质量安全中心对本单位的认证检查。认真填写《申请书》，并提供以下材料：

① 申报材料目录（注明名称、页数和份数）；

②《无公害农产品产地认定证书》(复印件)；

③ 产地《环境检验报告》和《环境现状评价报告》(2 年内的)；

④ 产地区域范围和生产规模；

⑤ 无公害农产品生产计划（三年内的生产计划，面积，养殖开始日期，生长期，产品产出日期和产品数量)；

⑥ 无公害农产品质量控制措施（申请人制定的本单位的质量控制技术文件)；

⑦ 无公害农产品生产操作规程（申请人制定的本单位的生产操作规程)；

⑧ 专业技术人员的资质证明（专业技术职务任职资格证书复印件)；

⑨ 无公害农产品的有关培训情况和计划；

⑩ 申请认证产品上个生产周期的生产过程记录档案样本（养殖记录和污染防治记录及防疫记录)；

⑪ “公司加农户”形式的申请人应当提供公司和农户签订的购销合同范本、农户名单以及管理措施；

⑫ 营业执照、注册商标（复印件)；

⑬ 外购原料需附购销合同复印件；

⑭ 产地区域及周围环境示意图和说明；

⑮ 渔用配合饲料检验报告；

⑯ 初级产品加工厂卫生许可证复印件。

四、无公害农产品的认证程序

1. 无公害农产品的申报条件

(1) 产地认定申请　申请人向所在地县级以上人民政府农业行政主管部门申领《无公害农产品产地认定申请书》和相关资料，或者从中国农业信息网站（www.agri.gov.cn）下载获取。申请人向产地所在地县级人民政府农业行政主管部门（以下简称县级农业行政主管部门）提出申请，并提交以下材料：

①《无公害农产品产地认定申请书》；

② 产地的区域范围、生产规模；

③ 产地环境状况说明；

④ 无公害农产品生产计划；

⑤ 无公害农产品质量控制措施；

⑥ 专业技术人员的资质证明；

⑦ 保证执行无公害农产品标准和规范的声明；

⑧ 要求提交的其他有关材料。

(2) 产地认定材料审查和现场检查

① 县级农业行政主管部门自受理之日起 30 日内，对申请人的申请材料进行形式审查。符合要求的，出具推荐意见，连同产地认定申请材料逐级上报省级农业行政主管部门；不符合要求的，应当书面通知申请人。

② 省级农业行政主管部门应当自收到推荐意见和产地认定申请材料之日起 30 日内，组织有资质的检查员对产地认定申请材料进行审查。

③ 材料审查不符合要求的，应当书面通知申请人。

④ 材料审查符合要求的，省级农业行政主管部门组织有资质的检查员参加的检查组对产地进行现场检查。

⑤ 现场检查不符合要求的，应当书面通知申请人。

（3）环境检测

① 申请材料和现场检查符合要求的，省级农业行政主管部门通知申请人委托具有资质的检测机构对其产地环境进行抽样检验。

② 检测机构应当按照标准进行检验，出具环境检验报告和环境评价报告，分送省级农业行政主管部门和申请人。

③ 环境检验不合格或者环境评价不符合要求的，省级农业行政主管部门应当书面通知申请人。

（4）产地认定评审及颁证

① 省级农业行政主管部门对材料审查、现场检查、环境检验和环境现状评价符合要求的，进行全面评审，并作出认定终审结论。

② 符合颁证条件的，颁发《无公害农产品产地认定证书》。

③ 不符合颁证条件的，应当书面通知申请人。

④《无公害农产品产地认定证书》有效期为 3 年。期满后需要继续使用的，证书持有人应当在有效期满前 90 日内按照本程序重新办理。

2. 无公害农产品产地认定与产品认证程序

无公害农产品产地认定与产品认证一体化审查流程图

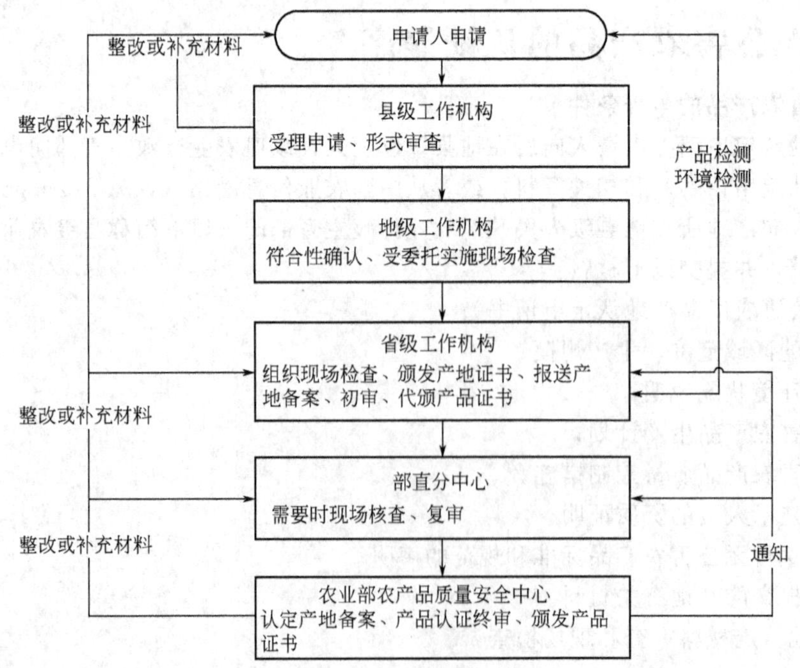

思考练习题

一、填空题

1. 经国务院批准，农业部于 2001 年 4 月启动（　　），并于（　　）开展了全国统一标志的无公害农产品认证工作。

2. 受农业部委托，农产品质量安全中心按照（　　）、（　　）、（　　）、（　　）、（　　）监督原则，组织开展全国的无公害农产品认证工作。

3. 截止 2008 年 12 月底，农业部共制定无公害食品标准（　　）个。

4. 内检员有权对本单位无公害农产品的（　　）、（　　）及（　　）等活动进行监督检查。

5. 无公害标志特性有（　　）、（　　）、（　　）。

6. 生产质量管理体系一般由（　　）、（　　）、（　　）和（　　）等几部分组成。

7. 《农产品质量安全法》自（　　）起实施。

8. 农产品生产者应当合理使用（　　）、（　　）、（　　）、（　　）等化工产品，防止对农产品产地造成污染。

9. NY 5001—2001 是（　　）产品适应标准。NY 5003—2001 是（　　）产品适应标准。

10. 无公害标志图案由（　　）、（　　）、（　　）组成。图案（　　）、（　　）、易于识别。

11. 无公害蔬菜生产的核心技术是（　　）和（　　）。

12. 无公害花园土壤 pH 值适宜范围是（　　）。定期监测土壤肥力水平和重金属元素含量，一般要求每（　　）年监测一次。

13. 在无公害农产品中，（　　）是产品认证的前提条件。

二、判断题

1. 无公害鱼类生产技术中，品种的选择是关键技术。（　　）

2. 无公害蔬菜生产在追肥时，收获前 20 天不应使用速效氮肥。（　　）

3. 农产品质量安全监管的重点是农产品产地环境、农业投入品、农业生产过程、包装标识和市场准入等五个环节。（　　）

4. 凡不在《实施无公害农产品认证的产品目录》范围内的和达不到产地认定准入规模标准的无公害农产品认证申请，一律不受理。（　　）

5. 现场检查结束后，检查组应在 10 个工作日内将《现场检查报告》报负责实施现场检查的工作机构。（　　）

6. 发生农产品质量安全事故时，有关单位和个人应当采取控制措施，及时向所在地乡级人民政府和县级人民政府农业行政主管部门报告；收到报告的机关应当及时处理并报上一级人民政府和有关部门。发生重大农产品质量安全事故时，农业行政主管部门应当及时通报同级食品药品监督管理部门。（　　）

7. 乡镇人民政府、村民委员会和非生产性的农技推广、科学研究机构不能申请无公害农产品认证。（　　）

8. 凡产地认定证书有效期届满未复查换证的，各省级无公害农产品工作机构要及时提请农业行政主管厅(局、委、办)撤销产地认定证书，并及时报部中心备案，以便部中心依法对相应获证无公害农产品进行后续处理。（　　）

9. 拥有经培训合格的无公害农产品内检员的主体才能申请无公害农产品认证。（　　）

10. 复查换证申报材料包括:《无公害农产品产地认定与产品认证申请和审查报告》、《无公害农产品产地认定证书》、《无公害农产品认证现场检查报告》和《无公害农产品认证信息登录表》(电子版)等4份材料，申报及审查程序同首次认证。(　　)

11. 无公害种植业产品产地应选择生态条件良好，远离污染源，并具有可持续生产能力的农业生产区域。(　　)

12. 无公害种植业产品申请认证产品的实际生产规模必须与产地认定规模一致。(　　)

13. 自2009年10月1日起，除卫生用、玉米等部分旱田种子包衣剂外，在我国境内停止销售和使用用于其他方面的含氟虫腈成分的农药制剂。(　　)

14. 剧毒、高毒农药不得用于防治卫生害虫，不得用于蔬菜、瓜果、茶叶和中草药材。(　　)

15. 使用农药应当遵守国家有关农药安全、合理使用的规定，按照规定的用药量、用药次数、用药方法和安全间隔期施药，防止污染农副产品。(　　)

16. 申报认证的生猪养殖场建筑布局应该严格执行生产区与生活区、行政区相隔离的原则。(　　)

17. 兽药批准文号的有效期为3年。(　　)

18. 种畜禽、饲料可以申报无公害畜产品认证。(　　)

19. 填写《现场检查报告》时，关键项如果是合格的情况时，可不必在相应的“情况描述”栏内作详细说明。(　　)

20. 活鱼、贝类、活虾和鲜海参产品可不申请使用标志。(　　)

21. 提倡生态养殖，人畜粪便可直接排入养殖池塘用于肥水。(　　)

22. 大水面放养的产品，其食用安全性肯定没问题。(　　)

23. 申请认证的单位只要不使用禁用药，就可以推荐认证。(　　)

三、选择题

1. 无公害水稻生产技术的核心是(　　)。

a. 品种的管理　　b. 水的管理　　c. 肥料的作用　　d. 病虫害的预防

2. 无公害农产品认证采取(　　)的工作模式。

a. ISO 9000认证　　b. 产地认定与产品认证相结合

c. 产品认证与商标管理相结合　　d. HACCP认证

3. 在无公害种植业产品生产过程中，可以作为肥料使用的有(　　)。

a. 生活垃圾　　b. 污泥　　c. 绿肥　　d. 城乡工业废渣

4. 农产品生产记录应当保留(　　)时间。

a. 1年　　b. 2年　　c. 3年　　d. 5年

5.《无公害农产品认证现场检查规范》(修订稿)中规定，检查评定项目出现以下哪种情况判定为限期整改(　　)。

a. 有1项以上(含)，30%以下一般项目不合格的

b. 15%—30%一般项目不合格的

c. 超过30%(含)一般项目不合格的　　d. 1项以上(含)关键项目不合格的

6. 在无公害农产品监督抽检中，不合格产品生产单位可以于收到检测结果(　　)日内提出复检要求。

a. 5　　b. 10　　c. 15　　d. 30

7.《无公害农产品认证现场检查报告》的内容必须(　　)。

a. 用钢笔或蓝黑色签字笔填　　b. 打印

c. 手填和打印皆可

8. 中华人民共和国农业部第 278 号公告对“氟苯尼考粉”的停药期规定是（　　）。

a. 猪 20 日，鸡 5 日　　b. 猪 5 日，鸡产蛋期禁用

c. 猪 5 日，鸡 20 日　　d. 无规定

9. 某农民经济合作组织申报鲜鸡蛋产品时，申报材料中至少需提供（　　）个下属养殖户的相关记录(复印件)。

a. 0　　b. 1　　c. 2　　d. 5

10. 认证审查工作中，对以下哪些情况不予受理（　　）。

a. 申报材料齐全的

b. 申请人资质证明材料不在有效期内或业务范围不包含申报产品事项的

c. 申报材料填(编)写完整的

d. 最近生产周期使用农药(兽药、渔药)生产记录不完整的

四、多选题

1. 无公害农产品生产管理应当符合以下哪些条件（　　）。

a. 生产过程符合无公害农产品生产技术的标准要求

b. 有相应的专业技术和管理人员

c. 有完善的质量控制措施

d. 有完整的生产和销售记录档案

2. 以农民合作经济组织及“公司＋农户”形式申报的无公害农产品认证，要求附报与合作农户签署的含有产品质量安全措施的合作协议和农户名册，包括（　　）。

a. 农户名单　　b. 地址

c. 种植或养殖产品、规模等

3. 获得产品证书的，有下列情况之一发生的，部中心将撤销其证书。（　　）

a. 擅自扩大无公害农产品标志使用范围

b. 生产过程发生变化，产品达不到无公害农产品标准要求

c. 转让、买卖证书和无公害农产品标志

d. 获证产品在质量抽检中检出禁用药物。

4. 获证单位使用无公害农产品标志应遵守哪些规定?（　　）

a. 在证书规定的产品上或者其包装上加贴标志

b. 对标志的使用情况如实记录　　c. 不得超范围和逾期使用

d. 不得买卖和转让

5. 无公害农产品申(投)诉受理范围主要包括:（　　）。

a. 存在异议的无公害农产品认证结论　　b. 无公害农产品质量安全事件隐患

c. 相关责任部门、单位、人员不履行或者不按规定履行无公害农产品信证管理职责

6. 在无公害种植业产品生产过程中，农药使用必须符合《农药合理使用准则》规定的（　　）等方面的要求。

a. 登记作物　　b. 使用剂量　　c. 使用次数　　d. 安全间隔期

7. 在蔬菜、果树、茶叶、中草药材上不得使用和限制使用的农药有（　　）。

a. 甲胺磷　　b. 对硫磷　　c. 久效磷

d. 克百威　　e. 敌枯双

8. 现场检查是无公害农产品认证制度的一部分，通过组织有资质的检查员对（　　）等进行现场检查，以保证认证工作的可靠有效。

a. 申请主体资质及能力　　b. 产地环境及设施条件
c. 质量控制措施及生产操作规程的建立实施
d. 农业投入品使用及管理　　e. 生产过程记录及存档

9. 自 2007 年 1 月 1 日起，除保留出口和应急所需的生产能力外,全面在国内禁止销售和使用的高毒有机磷农药有（　　）。
a. 甲胺磷　　b. 对硫磷　　c. 甲基对硫磷
d. 久效磷　　e. 磷胺

10. 按照现行有关规定,（　　）畜产品属于暂不适宜用标产品范围。
a. 生鲜牛乳　　b. 活羊　　c. 活禽
d. 生猪　　e. 活牛

11. 无公害畜产品质量控制措施及规程包括（　　）。
a. 质量控制组织机构及其职能　　b. 疫病防治措施
c. 药物使用管理措施　　d. 饲料使用管理措施

12. 畜产品养殖中国家禁用的药品有（　　）。
a. 磺胺噻唑　　b. 恩诺沙星　　c. 红霉素　　d. 环丙沙星

13. 渔业产品发现下述（　　）现象时，现场检查不能通过
a. 现场发现禁用药包装　　b. 进排水渠道没有分开设置
c. 合作社只收购产品，不参与养殖户的生产过程管理
d. 投喂鲜活饵料

14. 下列产品不符合受理条件的有（　　）。
a. 河豚　　b. 稻田养殖的河蟹　　c. 鱼苗　　d. 滩涂鱼

15. 判定渔业产品企业所用药品是否为禁用药品时,应依据（　　）。
a. 农业部公告第 193 号（附录 4）　　b. 农业部公告第 560 号（附件）
c. NY 5071—2002《无公害食品渔用药物使用准则》

16. 外购苗种，池塘精养的质量安全控制关键关节为（　　）。
a. 环境管理　　b. 苗种采购　　c. 饲料采购
d. 渔药采购　　e. 休药期控制

项目二　绿色食品认证

任务一　绿色食品概述

一、绿色食品的概念

绿色食品是指遵循可持续发展原则，按照特定生产方式生产，经专门机构认定，许可使用绿色食品标志商标的，无污染的安全、优质、营养类食品。由于与环境保护有关的事物国际上通常都冠之以“绿色”，为了更加突出这类食品出自良好生态环境，因此定名为绿色食品。

我国规定绿色食品分为 AA 级和 A 级两类。

AA 级绿色食品是指生产环境符合 NY/T 391—2013（中国农业部《绿色食品产地环境技术条件》）的要求，生产过程中不使用任何有害化学合成物质，按特定的生产操作规程生

产、加工，产品质量及包装经检测、检查符合特定标准，经中国绿色食品发展中心认定并允许使用绿色食品标志的产品。

A 级绿色食品是指生产产地的环境符合 NY/T 391—2013 的要求，在生产过程中严格按照绿色食品生产资料使用准则和生产操作规程要求，限量使用限定的化学合成生产资料，产品质量符合绿色食品产品标准，经专门机构认定，许可使用 A 级绿色食品标志的产品。

从 1996 年开始，在绿色食品的申报审批过程中将区分 AA 级和 A 级绿色食品，其中 AA 级绿色食品完全与国际接轨，各项标准均达到或严于国际同类食品，但在我国现有条件下，大量开发 AA 级绿色食品有一定的难度，将 A 级绿色食品作为向 AA 级绿色食品过渡的一个过渡期产品，它不仅在国内市场上有很强的竞争力，在国外普通食品市场上也有很强的竞争力。AA 级和 A 级绿色食品的区别如表 2-1 所示。

表 2-1 绿色食品分级标准的区别

评价体系	AA 级绿色食品	A 级绿色食品
环境评价	采用单项指数法,各项数据均不得超过有关标准	采用综合指数法,各项环境监测的综合污染指数不得超过 1
生产过程	生产过程中禁止使用任何化学合成肥料、化学农药及化学合成食品添加剂	生产过程中允许限量、限时间、限定方法使用限定品种的化学合成物质
产品	各种化学合成农药及合成食品添加剂均不得检出	允许限定使用的化学合成物质的残留量仅为国家或国家标准的 1/2,其他禁止使用的化学物质不得检出
包装标识与编制编号	标志和标准字体为绿色,底色为白色,防伪标签的底色为蓝色,标志编号以双数结尾	标志和标准字体为白色,底色为绿色,防伪标签的底色为绿色,标志编号以单数结尾

二、绿色食品的标志

绿色食品标志是指“绿色食品”、“Green Food”，绿色食品标志图形及这三者相互组合的四种形式，注册在以食品为主的产品上，并扩展到肥料等与绿色食品相关的产品上。

绿色食品标志作为一种产品质量的证明商标，其商标专用权受《中华人民共和国商标法》保护。标志使用是食品通过专门机构认证，许可企业依法使用。

绿色食品商标由特定的图形（图 2-1）来表示。绿色食品标志由三部分构成：即上方的太阳，下方的叶片和中心的蓓蕾，象征自然生态；颜色为绿色，象征着生命、农业、环保；图形为正圆形，意为保护。AA 级绿色食品标志与字体为绿色，底色为白色，A 级绿色食品标志与字体为白色，底色为绿色。整个图形描绘了一幅明媚阳光照耀下的和谐生机，告诉人们绿色食品出自纯净、良好生态环境的安全、无污染食品，能给人们带来蓬勃的生命力。绿色食品标志还提醒人们要保护环境、防止污染，通过改善人与环境的关系，创造自然界的和谐。

图 2-1 绿色食品商标

绿色食品标志管理的手段包括技术手段和法律手段。技术手段是指按照绿色食品标准体系对绿色食品产地环境、生产过程及产品质量进行认证，只有符合绿色食品标准的企业和产品才能使用绿色食品标志商标。法律手段是指对使用绿色食品标志的企业和产品实行商标管理。绿色食品标志商标已由中国绿色食品发展中心在国家工商行政管理局注册，专用权受《中华人民共和国商标法》保护。

三、绿色食品的特点

无污染、安全、优质、营养是绿色食品的基本特征。无污染是指在绿色食品生产、加工过程中，通过严密监测、控制、防范农药残留、放射性物质、重金属、有害细菌等对食品生产各个环节的污染，以确保绿色食品产品的洁净。绿色食品的优质特性不仅包括产品的外表包装水平高，而且包括内在质量水准高；产品的内在质量又包括两方面：一是内在品质优良，二是营养价值和卫生安全指标高。绿色食品与普通食品相比较，具有三个显著特征。

1. 强调产品出自最佳生态环境

绿色食品生产从原料产地的生态环境入手，通过对原料产地及其周围的生态环境因子严格监测，判断是否具备生产绿色食品的基础条件。

2. 对产品实行全程质量控制

绿色食品生产实施“从土地到餐桌”全程质量控制。通过产前环节的环境监测和原料检测，产品环节具体生产、加工操作规程的落实，以及产后环节产品质量、卫生指标、包装、保鲜、运输、储藏、销售控制，确保绿色食品的整体产品质量，并提高整个生产过程的技术含量。

3. 对产品依法实行标志管理

绿色食品标志是一个质量证明商标，属知识产权范畴，受《中华人民共和国商标法》保护。

四、绿色食品的发展现状与前景展望

我国于1990年正式开始发展绿色食品，到现在经历了20多年时间，其间建立和推广了绿色食品生产和管理体系，取得了积极成效，而且目前仍保持较快的发展势头。

中国绿色食品发展中心现已在全国31个省、市、自治区委托了38个分支管理机构、定点委托绿色食品产地环境监测机构56个、绿色食品产品质量检测机构9个，从而形成了一个覆盖全国的绿色食品认证管理、技术服务和质量监督网络。

参照有机农业运动国际联盟（IFOAM）有机农业及生产加工基本标准、欧盟有机农业2092/91号标准以及世界食品法典委员会有机生产标准，结合中国国情制定了绿色食品产地环境标准、肥料、农药、兽药、水产养殖用药、食品添加剂、饲料添加剂等生产资料使用准则、全国七大地理区域72种农作物绿色食品生产技术规程、一批绿色食品产品标准以及AA级绿色食品认证准则等，绿色食品“从土地到餐桌”全程质量控制标准体系已初步建立和完善。

1996年，中国绿色食品发展中心在中国国家工商行政管理局完成了绿色食品标志图形、中英文及图形、文字组合等4种形式在9大类商品上共33件证明商标的注册工作；中国农业部制定并颁布了《绿色食品标志管理办法》，标志着绿色食品作为一项拥有自主知识产权的产业在中国的形成，同时也表明中国绿色食品开发和管理步入了法制化、规范化的轨道。

截止2006年底，全国共开发绿色食品生产企业总数已达3695家，认证产品总数达到9728个。现已开发的绿色食品产品涵盖了中国农产品分类标准中的7大类、29个分类，包括粮油、果品、蔬菜、畜禽蛋奶、水海产品、酒类、饮料类等，其中初级产品占30%，加工产品70%。绿色食品生产企业和产品分布中国各地，许多企业是大型知名企业，许多产品是中国名牌产品。1998 年，中国参与绿色食品开发的企业有 619 个，企业年生产总值达 402 亿元人民币，年销售额为 285 亿元人民币，税后利润 17 亿元人民币，其中 80%以上的企业由于开发绿色食品经济效益均有不同程度的提高。

绿色食品市场建设已初显成效。目前，北京、上海、天津、哈尔滨、南京、西安、深圳等大中城市相继组建了绿色食品专业营销网点和流通渠道，绿色食品以其鲜明的形象、过硬的质量、合理的价位赢得了广大消费者的好评，市场覆盖面日益扩大，市场占有率越来越高；相当一部分绿色食品已成功进入日本、美国、欧洲、中东等国家和地区的市场，并显示出了在技术、质量、价格、品牌上的明显优势，展示出了绿色食品广阔的出口前景。

绿色食品国际交流与合作取得重大进展。1993 年，中国绿色食品发展中心加入有机农业运动国际联盟（IFOAM），奠定了中国绿色食品与国际相关行业交流与合作的基础。目前，“中心”已与 90 个国家、近 500 个相关机构建立了联系，并与许多国家的政府部门、科研机构以及国际组织在质量标准、技术规范、认证管理、贸易准则等方面进行了深入的合作与交流，不仅确立中国绿色食品的国际地位，广泛吸引了外资，而且有力地促进了生产开发和国际贸易。1998 年，联合国亚太经济与社会委员会（UNESCAP）重点向亚太地区的发展中国家介绍和推广了中国绿色食品开发和管理的模式。

五、绿色食品标准体系和内容

绿色食品标准以全程质量控制为核心，由以下几个部分构成（图 2-2）。

1. 绿色食品产地环境质量标准

制定这项标准的目的，一是强调绿色生产必须产自良好的生态环境地域，以保证绿色食品最终产品的无污染、安全性；二是促进对绿色食品产地环境的保护和改善。

绿色食品产地环境质量标准规定了产地的空气质量标准、农田灌溉水质标准和土壤环境质量标准的各项指标以及浓度限值、监测和评价方法。提出了绿色食品产地土壤肥力分级和土壤质量综合评价方法。对于一个给定的污染物在全国范围内其标准是统一的，必要时可增设项目，适用于绿色食品（AA 级和 A 级）生产的农田、菜地、果园、牧场、养殖场和加工厂。

2. 绿色食品生产技术标准

绿色食品生产过程的控制是绿色食品质量控制的关键环节。绿色食品生产技术标准是绿色食品标准体系的核心，它包括绿色食品生产资料使用准则和绿色食品生产技术操作规程两部分。绿色食品生产资料使用准则是对生产绿色食品过程中物质投入的一个原则性规定，它包括生产绿色食品的农药、肥料、食品添加剂、饲料添加剂、兽药和水产养殖药的使用准则，对允许、限量和禁止使用的生产资料及其使用方法、使用剂量、使用次数和休药期等做出了明确规定。绿色食品生产技术操作规程是以上述准则为依据，按农作物种类、畜禽种类和不同农业区域的生产特性分别制定的，用于指导绿色食品生产活动，规范绿色食品生产技术的操作规范，包括农产品种植、畜禽饲养、水产养殖和食品加工等技术操作规范。

3. 绿色食品产品标准

该标准是衡量绿色食品最终产品质量的指标尺度。它虽然与普通食品的标准一样，规定了食品的外观品质、营养品质和卫生品质等内容，但其卫生品质要求高于国家现行标准，主要表现在对农药残留和重金属的检测项目种类多、指标严。而且，使用的主要原料必须来自绿色食品产地、按绿色食品生产技术操作规程生产出来的产品。绿色食品产品标准反映了绿色食品生产、管理和质量控制的水平，突出了绿色食品产品无污染、安全的卫生品质。

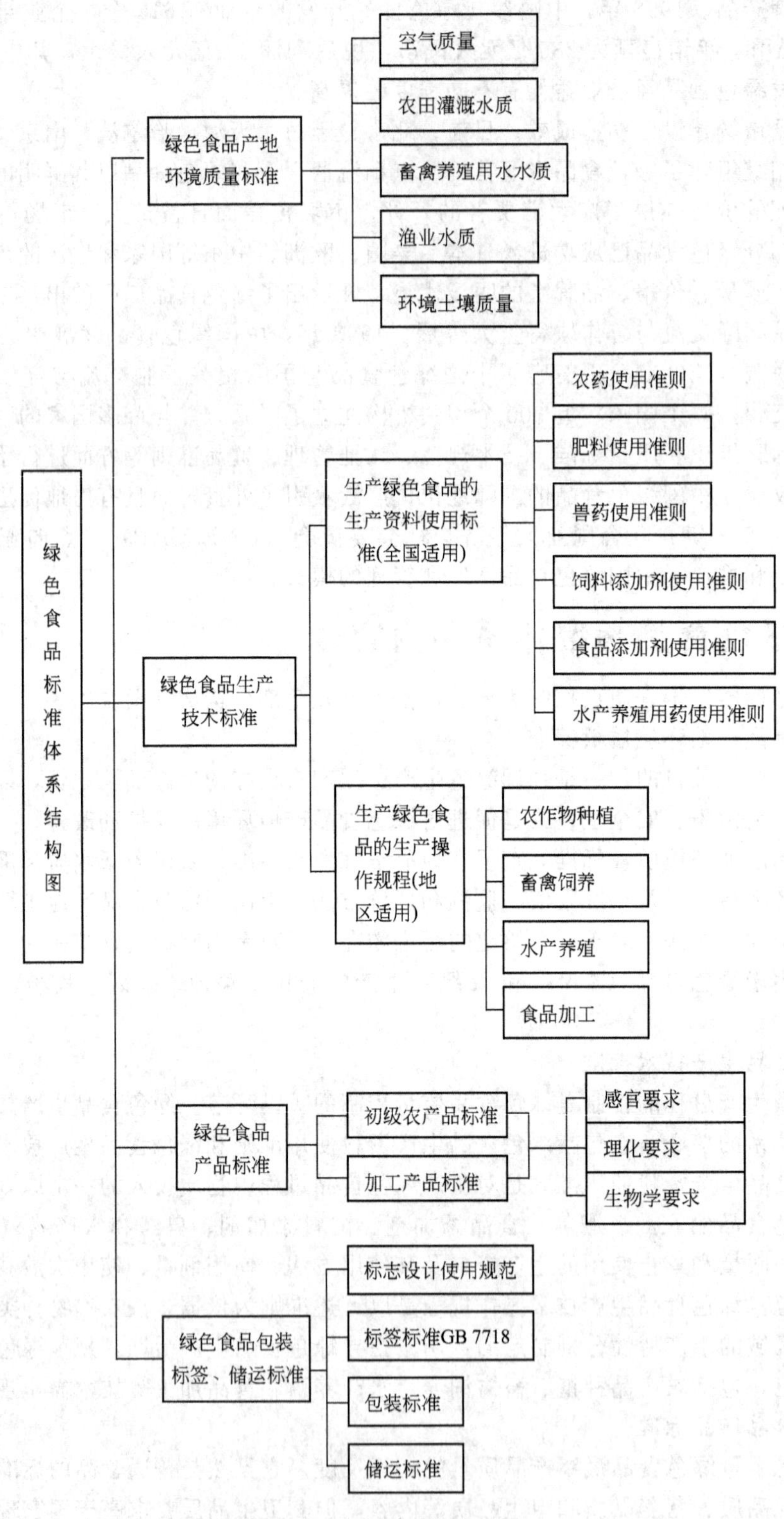

图 2-2　绿色食品标准体系结构

4. 绿色食品包装标签标准

该标准规定了进行绿色食品产品包装时应遵守的原则，包装材料选用的范围、种类，包装上的标识内容等。要求产品包装从原料、产品制造、使用、回收和废弃的整个过程都应有利于食品安全和环境保护，包括包装材料的安全、牢固性，节省资源、能源，减少或避免废弃物产生，易回收循环利用，可降解等具体要求和内容。绿色食品产品标签除要求符合《食品标签通用标准》外，还要求符合《中国绿色食品商标标志设计使用规范手册》规定，该手册对绿色食品的标准图形、标准字形、图形和字体的规范组合、标准色、广告用语以及在产品包装标签上的规范应用均做了具体规定。

5. 绿色食品储存、运输标准

该项标准对绿色食品储运的条件、方法、时间做出规定，以保证绿色食品在储运过中不遭受污染、不改变品质，并有利于环保、节能。

6. 绿色食品其他相关标准

绿色食品其他相关标准包括“绿色食品生产资料”认定标准、“绿色食品生产基地”认定标准等，这些标准都是促进绿色食品质量控制管理的辅助标准。

以上标准对绿色食品产前、产中和产后即“从农田到餐桌”全过程质量控制技术和指标做了全面的规定，构成了一个科学、完整的绿色食品标准体系。

任务二　绿色食品的生产与实施

一、绿色食品生产标准的内容

1. 相关标准和准则

(1) 绿色食品产地环境质量标准　农业部行业标准《绿色食品产地环境技术条件》NY/Y 391—2013 规定，绿色食品生产基地应选择在无污染和生态条件良好的地区。基地选点应远离工矿区和公路铁路干线，避开工业和城市污染源的影响，同时绿色食品生产基地应具有可持续的生产能力。

① 空气环境质量要求　绿色食品产地空气质量中各项污染物含量应符合表 2-2 的规定要求。

表 2-2　空气中各项污染物的指标（标准状态）

项目		指标	
		日平均	1h 平均
总悬浮颗粒物(TSP)/(mg/m³)	≤	0.30	—
二氧化硫(SO_2)/(mg/m³)	≤	0.15	0.50
氮氧化物(NO_X)/(mg/m³)	≤	0.10	0.15
氟化物(F)	≤	7μg/dm³	20μg/dm³

注：1. 日平均指任何一日的平均指标。

2. 1h 平均指任何 1h 的平均指标。

3. 连续 3 天采样，一日 3 次，辰、午和夕各一次。

4. 氟化物采样可用动力采样滤膜法或石灰滤纸挂片法，分别按各自规定的指标执行，石灰滤纸挂片法置 7 天。

② 农田灌溉水质要求　绿色食品产地农田灌溉水中各项污染物含量应符合表 2-3 的规定要求。

③ 渔业水质要求　绿色食品产地渔业用水中各项污染物含量应符合表 2-4 所列指标的要求。

表 2-3 农田灌溉水中各项污染物的指标要求

项目		指标	项目		指标
pH 值		5.5～8.5	总铅/(mg/L)	≤	0.1
总汞/(mg/L)	≤	0.001	六价铬/(mg/L)	≤	0.1
总镉/(mg/L)	≤	0.005	氟化物/(mg/L)	≤	2.0
总砷/(mg/L)	≤	0.05	粪大肠杆菌/(个/L)	≤	10000

注：灌溉菜园用的地表水需测定粪大肠杆菌，其他情况不测大肠杆菌。

表 2-4 渔业用水中各项污染物的指标要求

项目		指标
色、臭、味		不得使水产品带异色、异臭和异味
漂浮物质		水面不得出现油膜或浮沫
悬浮物/(mg/L)		人为增加的量不得超过 10
pH 值		淡水 6.5～8.5，海水 7.0～8.5
溶解氧/(mg/L)	>	5
生化需氧量/(mg/L)	≤	5
总大肠菌群/(个/L)	≤	5000(贝类 500)
总汞/(mg/L)	≤	0.0005
总镉/(mg/L)	≤	0.005
总砷/(mg/L)	≤	0.05
总铅/(mg/L)	≤	0.05
总铜/(mg/L)	≤	0.01
六价铬/(mg/L)	≤	0.1
挥发酚/(mg/L)	≤	0.005
石油类/(mg/L)	≤	0.05

④ 畜禽养殖用水要求 绿色食品产地畜禽养殖用水中各项污染物应符合表 2-5 中指标的规定。

表 2-5 畜禽养殖用水中各项污染物指标要求

项目		指标
色度		15°，并不得呈现其他异色
浑浊度		3°
臭和味		不得有异臭和异味
肉眼可见物		不得含有
pH 值		6.5～8.5
氟化物/(mg/L)	≤	1.0
氰化物/(mg/L)	≤	0.05
总汞/(mg/L)	≤	0.001
总镉/(mg/L)	≤	0.01
总砷/(mg/L)	≤	0.05
总铅/(mg/L)	≤	0.05
六价铬/(mg/L)	≤	0.05
细菌总数/(个/mg)	≤	100
总大肠菌群/(个/L)	≤	3

⑤ 土壤环境质量要求 绿色食品产地环境技术条件（NY/T 391—2000）行业标准将土壤按照耕作方式的不同分为旱田和水田两大类，每类又根据土壤 pH 值的高低分为 3 种情况，即 pH＜6.5，pH＝6.5～7.5，pH＞7.5。绿色食品产地各种不同土壤中的各项污染物含量不应超过表 2-6 中所列的限值。

表 2-6 土壤中各项污染物的指标限值

耕作方式	旱田/(mg/L)			水田/(mg/L)		
pH 值	<6.5	6.5～7.5	>7.5	<6.5	6.5～7.5	>7.5
镉 ≤	0.30	0.30	0.40	0.30	0.30	0.40
汞 ≤	0.25	0.30	0.35	0.30	0.40	0.40
砷 ≤	25	20	20	20	20	15
铅 ≤	50	50	50	50	50	50
铬 ≤	120	120	120	120	120	120
铜 ≤	50	60	60	50	60	60

注：1. 果园土壤中的铜限量比旱田中的铜限量的高 1 倍。

2. 水旱轮作的标准取严不取宽。

为了促进绿色食品生产基地不断提高土壤肥力，生产者就必须增施有机肥，生产 AA 级绿色食品时，转化后的耕地土壤肥力要达到土壤肥力分级 1～2 指标（见表 2-7)。生产 A 级绿色食品时，土壤肥力作为参考指标。

表 2-7 绿色食品土壤肥力分级参考指标

项目	级别	旱地	水地	菜地	园地	牧地
有机质/(g/mg)	Ⅰ	>15	>25	>30	>20	>20
	Ⅱ	10～15	20～25	20～30	15～20	15～20
	Ⅲ	<10	<20	<20	<15	<15
全氮/(g/mg)	Ⅰ	>1.0	>1.2	>1.2	>1.0	—
	Ⅱ	0.8～1.0	1.0～1.2	1.0～1.2	0.8～1.0	—
	Ⅲ	<5	<10	<20	<5	<5
有效磷/(g/mg)	Ⅰ	>10	>15	>40	>10	>10
	Ⅱ	5～10	10～15	20～40	5～10	5～10
	Ⅲ	<5	<10	<20	<5	<5
有效钾/(g/mg)	Ⅰ	>120	>100	>150	>100	—
	Ⅱ	80～120	50～100	100～150	50～100	—
	Ⅲ	<80	<50	<100	<50	—
阳离子交换量/(mol/kg)	Ⅰ	>20	>20	>20	>15	—
	Ⅱ	15～20	15～20	15～20	15～20	—
	Ⅲ	<15	<15	<15	<15	—
质地	Ⅰ	轻壤中壤	中壤重壤	轻壤	轻壤	砂壤中壤
	Ⅱ	砂壤重壤	砂壤轻黏壤	砂壤中壤	砂壤中壤	重壤
	Ⅲ	砂土黏土	砂土黏土	砂土黏土	砂土黏土	砂土黏土

注：土壤肥力级别Ⅰ为优良，Ⅱ为尚可，Ⅲ为较差。

(2) 绿色食品中食品添加剂使用准则 《NY/T 392—2000 绿色食品 食品添加剂使用准则》标准规定了生产绿色食品所允许使用的食品添加剂的种类、使用范围和最大使用量。绿色食品生产中食品添加剂和加工助剂使用的目的有 3 条：一是保持和提高产品的营养价值；二是提高产品的耐储性和稳定性；三是改善产品的成分、品质和感官，提高加工性能。绿色食品生产中食品添加剂和加工助剂的使用原则有以下 7 条：

① 如果不使用添加剂或加工助剂就不能生产出类似的产品；

② AA 级绿色食品中允许使用“AA 级绿色食品生产资料”食品添加剂类产品，在此产品不能满足生产需要的情况下，允许使用天然食品添加剂；

③ A 级绿色食品中允许使用“AA 级绿色食品生产资料”食品添加剂类产品和“A 级绿色食品生产资料”食品添加剂类产品，在这类产品均不能满足生产需要的情况下，允许使

用除⑦以外的化学合成食品添加剂；

④ 所用食品添加剂的产品质量必须符合相应的行业标准和国家标准；

⑤ 允许使用食品添加剂的使用量应符合 GB 2760、GB 144880 的规定；

⑥ 不得对消费者隐瞒绿色食品中所用食品添加剂的性质、成分和使用量；

⑦ 在任何情况下，绿色食品中不得使用下列食品添加剂。具体见表 2-8。

表 2-8 生产绿色食品不得使用的食品添加剂

类别	食品添加剂名称	类别	食品添加剂名称
抗结剂	亚铁氰化钾	抗氧化剂	4-己基间苯二酚
膨松剂	硫酸铝钾(钾明矾) 硫酸铝铵(铵明矾)	甜味剂	糖精钠 环己基氨基磺酸钠(甜蜜素)
护色剂	硝酸钠(钾) 亚硝酸钠(钾)	面粉处理剂	过氧化苯甲酰 溴酸钾
着色剂	赤藓红 赤藓红铝色淀 新红 新红铝色淀 二氧化钛 焦糖色(亚硫酸铵法) 焦糖色(加氨生产)	乳化剂	山梨醇酐单油酸酯(司盘 80) 山梨醇酐单棕榈酸酯(司盘 40) 山梨醇酐单月桂酸酯(司盘 20) 聚氧乙烯山梨醇酐单油酸酯(吐温 80) 聚氧乙烯(20)-山梨醇酐单棕榈酸酯(吐温 40) 聚氧乙烯(20)-山梨醇酐单月桂酸酯(吐温 20)
防腐剂	苯甲酸 苯甲酸钠 乙氧基喹 仲丁胺 桂醛 噻苯咪唑 过氧化氢(或过碳酸钠)	防腐剂	乙萘酚 2-苯基苯酚钠盐 联苯醚 4-苯基苯酚 五碳双缩醛(戊二醛) 十二烷基二甲基溴化胺(新洁而灭) 2,4-二氯苯氧乙酸
漂白剂	硫黄		

2. 绿色食品生产中农药使用准则

《NY/T 393—2000 绿色食品 农药使用准则》标准规定了 AA 级绿色食品及 A 级绿色食品生产中允许使用的农药种类、毒性分级和使用准则。绿色食品生产应从作物、病虫害等整个生态系统出发，综合运用各种防治措施，创造不利于病虫害、草害滋生和有利于各类天敌繁衍的环境条件，保护农业生态系统的平衡和生物多样性，从而减少各类病虫害、草害所引起的损失。绿色食品的生产应优先采用农业措施，通过选用抗虫、抗病品种，非化学农药种子处理，培育壮苗，加强栽培管理，中耕除草，秋季深翻晒土，轮作倒茬、间作套种等一系列农业生产具体措施来防治病虫害和草害。绿色食品生产还应利用物理方法如灯光、色彩诱杀害虫，利用机械方法和人工方法捕捉害虫，采用机械和人工进行除草等措施。

在特殊情况下必须使用农药时，应遵循以下准则。

(1) AA 级绿色食品的农药使用准则

① 应首先使用 AA 级绿色食品生产资料农药类产品。

② 在 AA 级绿色食品生产资料农药类不能满足植保各种需要的情况下，允许使用以下农药及方法：

a. 中等毒性以下植物源杀虫剂、杀菌剂、驱避剂和增效剂，如除虫菊素、鱼藤根、烟草水、大蒜素、芝麻素等；

b. 释放寄生性捕食性天敌动物，昆虫、捕食螨、蜘蛛及昆虫病原线虫等；

c. 在害虫捕捉器中允许使用昆虫信息素及植物源引诱剂；

d. 允许使用矿物油和植物油制剂；

e. 允许使用矿物源农药中的硫制剂、铜制剂；

f. 经专门机构核准，允许有限度的使用活体微生物农药，如真菌制剂、细菌制剂、病毒制剂、放线菌、拮抗菌剂、昆虫病原线虫、原虫等；

g. 允许有限度地使用农用抗生素，如春雷毒素、多抗毒素、井冈毒素、农抗120、中生菌素、浏阳霉素等。

③ 禁止使用有机合成的化学杀虫剂、杀螨剂、杀菌剂、杀线虫剂、除草剂和植物生长调节剂。

④ 禁止使用生物源、矿物源农药中混配有机合成农药的各种制剂。

⑤ 严禁使用基因工程品种（产品）及制剂。

（2）生产A级绿色食品的农药使用准则

① 应首先使用AA级和A级绿色食品生产资料农药类产品。

② 在AA级和A级绿色食品生产资料农药类产品不能满足植保工作需要的情况下，允许使用以下农药及方法。

a. 中等毒性以下植物源农药、动物源农药和微生物源农药；

b. 在矿质源农药中允许使用硫制剂、铜制剂；

c. 可以有限度地使用部分有机合成农药，并按GB 4285、GB 8321.1、GB 8321.2、GB 8321.3、GB 8321.4、GB 8321.5的要求执行，此外还要严格执行下述规定：一是应选用上述标准中列出的低毒农药和中等毒性农药，二是严禁使用剧毒、高毒、高残留或具有三致毒性（致癌、致畸、致突变）的农药（见表2-9），三是每种有机合成农药（含A级绿色食品生产资料农药类的有机合成产品）在一种作物的生长期内只允许使用一次（其中菊酯类农药在作物生长期只允许使用一次）；

d. 应按照GB 4285、GB 8321.1、GB 8321.2、GB 8321.3、GB 8321.4、GB 8321.5的要求控制施药量与安全间隔期；

e. 有机合成农药在农产品中的最终残留应符合GB 4285、GB 8321.1、GB 8321.2、GB 8321.3、GB 8321.4、GB 8321.5的最高残留限量（MRL）要求。

③ 严禁使用高毒、高残留农药防治储藏期病虫害。

④ 严禁使用基因工程品种（产品）制剂。

表2-9　生产A级绿色食品禁止使用的农药

种类	农药名称	禁用作物	禁用原因
有机氯杀虫剂	滴滴涕(DDT)、六六六、林丹、甲氧滴滴涕、硫丹	所有作物	高残毒
有机氯杀螨剂	三氯杀螨醇	蔬菜、果树、茶叶	工业品中含有一定数量的滴滴涕
有机磷杀虫剂	甲拌磷、一拌磷、久效磷、对硫磷、甲基对硫磷、甲胺磷、甲基异硫磷、治螟磷、氧化乐果、磷胺、滴虫硫磷、灭克磷(益收宝)、水胺硫磷、氯唑磷、硫线磷、杀扑磷、特丁硫磷、克线丹、苯线磷、甲基硫环磷	所有作物	剧毒、高毒
氨基甲酸酯杀虫剂	涕灭威、克百威、灭多威、丁硫克百威、病硫克百威	所有作物	剧毒、高毒或代谢物高毒
二甲基甲脒类杀虫杀螨剂	杀虫脒	所有作物	慢性毒性、致癌
拟除虫菊酯类杀虫剂	所有拟除虫菊酯类杀虫剂	水稻及其他水生作物	对水生作物毒性大

续表

种类	农药名称	禁用作物	禁用原因
卤代烷类熏蒸杀虫剂	二溴乙烷、环氧乙烷、二溴氯丙烷、溴甲烷	所有作物	致癌、致畸、高毒
阿维菌素		蔬菜、果树	高毒
克螨特		蔬菜、果树	慢性毒性
有机砷杀菌剂	甲基胂酸锌(稻脚青)、甲基胂酸钙胂(稻宁)、甲基胂酸铁铵(田安)、福美甲胂、福美胂	所有作物	高残毒
有机锡杀菌剂	三苯基醋酸锡(薯瘟锡)、三苯基氯化锡、三苯基羟基锡(毒菌锡)	所有作物	高残留、慢性毒性
有机汞杀菌剂	氯化乙基汞(西力生)、醋酸苯汞(赛力散)	所有作物	剧毒、高残毒
有机磷杀菌剂	稻瘟净、异稻瘟净	水稻	异臭
取代苯类杀菌剂	五氯硝基苯、稻瘟醇(五氯苯甲醇)	所有作物	致癌、高残留
2，4-D类化合物	除草剂或植物生长调节剂	所有作物	杂质致癌
二苯醚类除草剂	除草醚、草枯醚	所有作物	慢性毒性
植物生长调节剂	有机合成的植物生长调节剂	所有作物	
除草剂	各类除草剂	蔬菜生长期(可用于土壤处理与芽前处理)	

(3) 绿色食品生产允许使用的农药种类

① 生物源农药

a. 微生物源农药　农用抗生素：灭瘟素、春雷霉素、多抗霉素（多氧霉素）、井冈霉素、农抗120、中生菌素等防治真菌病害类和浏阳霉素、华光霉素等防治螨类。

活体微生物农药：蜡蚧轮枝菌等真菌剂；苏云金杆菌、蜡质芽孢杆菌等细菌剂；拮抗菌剂；昆虫病原线虫；微孢子；核多角体病毒等病毒类。

b. 动物源农药　性信息素等昆虫信息素（或昆虫外激素）；寄生性、捕食性的天敌动物等活体制剂。

c. 植物源农药　除虫菊素、鱼藤酮、烟碱、植物油等杀虫剂；大蒜素杀菌剂；芝麻素等增效剂。

② 矿物源农药

a. 无机杀螨杀菌剂　硫悬乳剂、可湿性硫、石硫合剂等硫制剂；硫酸铜、王铜、氢氧化铜、波尔多液等铜制剂。

b. 矿质油乳剂　菜油乳剂等。

③ 有机合成农药　由人工研制合成，并由有机化学工业生产的商品化的一类农药，包括中等毒和低毒类杀虫杀螨剂、杀菌剂、除草剂。

(4) 绿色食品肥料使用准则　《绿色食品　肥料使用准则》(NY/T 394—2000) 标准规定了AA级绿色食品和A级绿色食品生产中允许使用的肥料种类、组成及使用准则。肥料使用必须满足作物对营养元素的需要，使足够数量的有机物质返回土壤，以保持或增加土壤肥力及土壤生物活性。所有有机或无机（矿质）肥料，尤其是富含氮的肥料应对环境和作物（营养、味道、品质和植物抗性）不产生不良后果方可使用。

（5）生产 AA 级绿色食品的肥料使用原则

① 必须选用生产 AA 级绿色食品允许使用的肥料种类，禁止使用任何化学合成肥料。

② 禁止使用城市垃圾和污泥、医院的粪便垃圾和含有害物质（如毒气、病原微生物、重金属等）的垃圾。

③ 各地可因地制宜采用秸秆还田、过腹还田、直接还田等形式。

④ 利用覆盖、翻压、堆沤等方式合理利用绿肥。绿肥应在盛花期翻压，翻埋深度为 15cm 左右，盖土要严，翻后耙匀。压青后 15～20 天才能进行播种和移苗。

⑤ 腐熟的沼气液、残渣及人畜粪便可用作追肥，严禁施用未腐熟的人粪尿。

⑥ 饼肥优先用于水果、蔬菜等，禁止施用未腐熟的饼肥。

⑦ 叶面肥料质量应符合国家标准规定或表 2-10 的技术要求，按使用说明要求稀释，在作物生长期内喷施 2～3 次。

⑧ 微生物肥料可用于拌种，也可作底肥和追肥使用。使用时应严格按照使用说明书的要求操作，微生物肥料的有效活菌数应符合农业部行业标准（NY 227—1994）的要求。

⑨ 选用无机（矿质）肥料中的煅烧磷酸盐、硫酸钾，质量应按表 2-11 的技术指标要求。

表 2-10　腐植酸叶面肥料技术要求

营养成分	技术指标/%	营养成分	技术指标/%
腐植酸　≥	8.0	Cd　≤	0.01
微量元素　≥	6.0	As　≤	0.002
		Pb　≤	0.002

表 2-11　矿质肥料技术指标

矿质肥料与营养成分	技术指标/%	杂质	控制指标/%
煅烧磷酸盐 有效 P_2O_5　≥ （碱性柠檬酸铵提取）	12.0	Cd	0.004
		As	0.01
		Pb	0.002
硫酸钾 K_2O　≥	50.0	As	0.004
		CL	3.0
		H_2SO_4	0.5

（6）生产 A 级绿色食品的肥料使用原则

① 必须使用生产 A 级绿色食品允许使用的肥料种类，在 A 级绿色食品使用肥料种类不能满足需要时，可以使用按一定比例组配的有机无机混肥，但禁止使用硝态氮肥。

② 化肥必须与有机肥配合使用，有机氮与无机氮之比不超过 1∶1，对叶菜最后一次追肥必须在收获前 30 天进行。

③ 化肥也可与有机肥、复合微生物肥料配合使用，厩肥 1000kg，加尿素 5～10kg 或磷酸二铵 20kg，复合微生物肥料 60kg；最后一次追肥必须在收获前 30 天进行。

④ 城市生活垃圾一定要经过无害化处理，质量达到城市垃圾农用控制国家标准的技术要求才能使用；每年每亩农田控制用量，黏性土不超过 3000kg，砂性土壤不超过 2000kg。

⑤ 在实行秸秆还田时，允许少量氮素化肥调节碳氮比。

⑥ 其他原则与 AA 级绿色食品肥料使用原则相同。

（7）允许使用的肥料种类

① AA级绿色食品生产允许使用的肥料种类　农家肥料：AA级绿色食品生产资料肥料类产品；在农家肥料和AA级绿色食品生产资料肥料类产品不能满足需要的情况下，允许使用商品肥料。

② A级绿色食品生产允许使用的肥料种类　AA级绿色食品生产允许使用所有的肥料；A级绿色食品生产允许使用的肥料种类产品；在AA级和A级绿色食品生产允许使用的肥料种类产品不能满足A级绿色食品生产需要的情况下，允许使用掺合肥（有机氮与无机氮之比不超过1∶1）。

生产绿色食品的农家肥料无论采用何种原料（包括人畜禽粪尿、秸秆、杂草、泥炭等）制作堆肥，必须高温发酵，以杀灭各种寄生虫卵和病原菌、杂草种子，使之达到无害化卫生标准（表2-12）要求。

表2-12　绿色食品肥料卫生标准要求

类别	编号	项目	卫生标准及要求
高温堆肥	1	堆肥温度	最高温度达50～55℃，持续5～7d
	2	蛔虫卵死亡率	95%～100%
	3	粪大肠菌值	10^{-2}～10^{-1}
	4	苍蝇	有效地控制苍蝇滋生，堆肥周围没有活的蛆，蛹或新羽化成的苍蝇
沼气发酵肥	1	密封储存期	30天以上
	2	高温沼气发酵温度	(53±2)℃持续2天
	3	寄生虫卵沉降率	95%以上
	4	血吸虫卵和钩虫卵	在使用粪液中不得检出活的血吸虫卵和钩虫卵
	5	粪大肠菌值	普通沼气发酵10^{-4}，高温发酵10^{-2}～10^{-1}
	6	蚊子、苍蝇	有效地控制蚊蝇滋生，粪液中无孑孓，池的周围无活的蛆蛹或新羽化的成蝇。
	7	沼气池残渣	经无害化处理后方可用做农肥。

农家肥料原则上就地生产就地使用，外来农家肥料应确认符合要求后才能使用，商品肥料及新型肥料必须通过国家有关部门的登记认证及生产许可，质量指标达到国家有关标准的要求。

因施肥造成土壤污染、水源污染，或影响农作物生长、农产品达不到卫生标准时，要停止施用该肥料，并向专门管理机构报告。用其生产的食品也不能继续使用绿色食品标志。

二、绿色食品种植规程编制与产地环境质量评价

1. 种植技术规程的编制

种植技术规程是绿色食品申报中审查的核心部分，规程中反映了农作物种植过程中农药、肥料的使用情况，往往结合“农药及肥料的使用情况”进行综合审查。编制绿色食品种植规程的几点要求。

① 应根据申报产品或产品原料的特点，因地制宜编制具有科学性和可操作性的种植技术规程。

② 规程的编制应体现绿色食品生产的特点。病虫草害的防治应以生物、物理、机械防治为主，施肥应以有机肥为基础，以维持或增强土壤肥力为核心。

③ 规程编制的内容应包括：当地条件（环境质量、肥力水平等）、品种与茬口、育苗与移栽、种植密度、田间管理（包括肥、水等）、病虫草鼠害的防治、收获等。

④ 对病虫草鼠害的防治，应根据近三年的植保概况制定较全面的防治措施，“农药及肥料的使用情况”的内容在规程中应全部体现。

⑤ 规程中农药的使用应包括农药名称、剂型规格、使用目的、使用方法、全年使用次数、安全间隔期等内容。

⑥ 正式打印文本，并加盖种植单位或技术推广单位公章。

2. 产地环境质量评价

产地环境质量是影响绿色食品产品质量最重要的因素之一。判断环境质量的好坏，必须按有关规定选取具有代表实际环境质量状况的各种数据，即各种污染因素在一定范围内的时空分布。环境监测是用科学方法监测和检测代表环境质量及发展变化趋势的各种数据的全过程。环境监测及环境质量评价是绿色食品申报材料的重要组成部分。

（1）申报产品产地环境监测　产地是指申报产品或产品主原料的生长地。申报产品产地环境监测主要监测申报产品或产品主原料产地土壤、大气和水三个环境因素。监测工作由省绿色食品管理机构委托指定的环境监测机构（必须是在中国绿色食品发展中心备案的）承担。监测费用由环境监测单位收取。

（2）有关绿色食品产地环境监测的几点规定

① 监测时间　绿色食品产地环境监测时间要求安排在生物生长期内。

② 布点数　布点数原则上按《绿色食品产地环境质量现状评价纲要》的有关规定执行强调现场调查研究（必须出具环境监测单位的调查研究报告），坚持优化布点。

③ 特殊产品检测　依据产品生产工艺特点，某些环境因素如土壤、大气、水可以不进行监测，但须事先报中国绿色食品发展中心正式文字批准。根据几年来的监测实践经验及产品的特点，对以下几种产品的环境监测做如下规定：矿泉水环境监测只要求对水源进行水质监测，土壤、大气可不必监测；深海产品只要求对加工水进行监测；野生产品的环境监测可以适当减少布点；深山野生产品及深山蜂产品，水质及大气不要求监测；蘑菇等特殊产品监测要依据具体原料来源情况，经监测单位与中国绿色食品发展中心商量后确定。

④ 续报产品环境监测　在第一个使用周期有效期满前提出续报的产品，如申报规模没变，可以不做环境监测。该产品在第二个使用周期满前仍继续申报时，须做环境监测，但经监测单位和省绿色食品办公室考察后，如果没有新的污染源，可以适当减少布点。自第三个使用周期起，环境监测的有效期为六年。

⑤ 仲裁　如果企业在申报时，认为监测单位出具的监测结果有疑问，经企业与监测单位协商后，可以请求中国绿色食品发展中心进行仲裁。

⑥ 任务书　各省、自治区市绿色食品办公室要对所辖行政区域内申报产品的环境监测实行统一编号，对监测单位下发委托任务书。监测单位只有接到当地省绿色食品办公室的委托任务书后，才能进行环境监测。环境质量现状评价报告中要求附报绿色食品办公室委托任务书的复印件。

⑦ 出具报告时间　监测单位自接到省绿色食品办公室的委托任务书后，须于45天内出具环境监测及环境质量现状评价报告。

三、绿色食品的包装、标签与储运

1. 绿色食品的包装

（1）绿色食品包装的概念　食品包装是指为了在食品流通过程中保护产品、方便储运、促进销售，按一定技术而采用的容器、材料及辅助物的总称，也指为了在达到上述目的而采用容器、材料和辅助物的过程中施加一定的技术方法等的操作活动。

绿色食品包装应在符合食品包装的基础之上，还应具有安全性、可降解性和可重复利用性。它与传统的包装主要区别在于保持食品最好的原有质量、感官、风味的同时，最大限度防止污染，降低对环境的二次污染。

（2）食品包装的功能及基本要求

① 功能

a. 保护食品：保护食品是包装最重要的功能，食品包装必须防机械损伤、防潮、防污染、防微生物作用，有些食品还需防冷、防热、避光等。

b. 提供方便：食品包装是标准化、商品化的重要措施，它为食品的装卸、运输、储藏、识别、零售和消费提供方便。

c. 促进销售：通过食品包装装潢艺术，吸引、刺激消费者的消费心理，从而达到宣传、介绍和推销食品的目的。

② 基本要求　较长的保质期（货架寿命）；不带来二次污染；减少损失原有的营养及风味；包装成本要低；储藏运输方便、安全；增加美感，引起食欲。

（3）绿色食品的包装要求

① 绿色食品的包装容器要求

a. 保护功能　在装饰、运输、堆码中有较好的机械强度，防止食品受挤压碰撞而影响品质。

b. 良好的通透性能　利于鲜活产品如水果等呼吸放出的热量及氧、二氧化碳、乙烯等气体的交换。

c. 防潮性能　避免由于容器的吸水变形而导致内部产品腐烂。

d. 清洁、卫生、无污染、无异味、无有害化学物质。

e. 容器内壁应光滑。

f. 容器应美观、重量轻、成本低，便于取材、易回收。

② 绿色食品包装材料的要求：包装材料从原料、产品制造、使用、回收和废弃的整个过程都应符合环境保护的要求，它包括节省资源、能量，减少、避免废弃物产生，易回收利用，再循环利用，可降解等具体要求和内容。做到“3R”（Reduce 减量化、Reuse 重复使用、Recycle 再循环）和“1D”（Degradable 再降解）原则。

a. 安全性　即包装材料本身无毒，不会释放有毒物质，污染食品，影响人的身体健康。

b. 可降解性　即食品在消费完以后，剩余包装可降解，不对人的健康产生有害影响和对环境造成污染。

c. 可重复利用性　即要求绿色食品产品在消费完以后，剩余包装材料可重复利用，既节约了资源，又可减少垃圾的产生，减轻对环境的污染，符合可持续发展原则。

绿色食品在选择包装材料方面，还要求根据产品特点，选择相应的包装材料。

③ 绿色食品包装　在选择了合适的包装材料后，绿色食品在包装过程中也不能对产品引入污染及对环境造成污染，这就要求包装环境条件良好，卫生安全；包装设备性能安全良好，不会对产品质量有影响；包装过程不对人员身体健康有害，不对环境造成污染。

④ 包装的种类和规格　食品的包装一般可分为外包装和内包装。

a. 外包装　外包装材料现在已多样化，如高密度聚乙烯、聚苯乙烯、纸箱、木板条等都可以用于外包装。包装容器的长宽尺寸在国家有关标准（如 GB 4892—2008《硬质直立体运输包装尺寸系列》）中可以查阅，高度可根据产品特点自行确定；具体形状则以利于销售、运输、堆码为标准。

各种外包装材料各有优缺点：塑料箱轻便防潮，但造价高；筐的价格低廉，大小却难以一致，而且容易刺伤产品；木箱大小规格便于一致，能长期周转使用，但较沉重，易致产品碰伤、擦伤等；纸箱是应用最广的一种，它重量轻，可折叠平放，便于运输，能印刷各种图案，外观美观，便于宣传与竞争；通过上蜡，可提高其防水防潮性能，受潮、受湿后仍具有很好的强度而不变形。目前的纸箱几乎都是瓦楞纸制成。瓦楞纸板是在波形纸板的一侧或两侧，用黏合剂黏合平板纸而成，由于平板纸与瓦楞纸芯的组合不同，可形成多种纸板，常用的有单面、双面及双层瓦楞纸板三种。单层纸板多用做箱内的缓冲材料，双面及双层瓦楞纸板是制造纸箱的主要纸板。纸箱的形式和规格可多种多样，一般呈长方形，大小按产品要求的容量、堆垛方式及箱子的抗力而定。经营者可根据自身产品的特点及经济状况进行合理的选择。

b. 内包装　在良好的外包装情况下，内包装可进一步防止产品受震荡、碰幢、摩擦而引起的机械伤害。可以通过在底部加衬垫、浅盘杯、薄垫片或改进包装材料，减少堆叠层数来解决。除防震作用外，内包装还具有一定的防失水、调节小范围气体成分浓度的作用，见表 2-13。

表 2-13　食品包装常用各种支撑物或衬垫物

包装材料的种类	主要作用
纸	衬垫、包装及化学药剂的载体，缓冲挤压
纸或塑料托盘	分离产品及衬垫，减少碰撞
瓦楞叉板	分离产品，增大支撑强度
泡沫塑料	衬垫，减少碰撞，缓冲震荡
塑料薄膜袋	控制失水和呼吸
塑料薄膜	保护产品，控制失水

聚乙烯包裹或聚乙烯薄膜袋的内包装材料，可以有效地减少水分和气体交换，缺点是不易回收，难以重新利用，导致环境污染。绿色食品包装要求用纸包装取代塑料薄膜袋的包装。

2. 绿色食品包装的标签

（1）食品标签的作用

① 引导、指导消费者选购食品　消费者可以通过食品标签上的文字、图形、符号等了解食品的本质，如含有什么营养成分、含量是多少、厂家、保质期及质量等级等，从而决定是否购买。

② 保护消费者的利益和健康　食品的质量和安全性关系到每一个消费者的利益，而产品的质量和安全能在食品标签上展现出来。当消费者食用后出现问题，可根据食品标签，找到相应的责任人，便于投诉，维护合法权益。

③ 维护食品制造者的合法权益　经销者或消费者如未按标签上的标明条件或期限进行储藏、销售和食用，导致意外发生，制造者不承担责任。因此，食品标签是维护食品制造者合法权益的一种方式。

④ 促进销售　食品标签犹如一个广告宣传栏，能够展示产品的特性和优越性，宣传产品的独特风格，吸引消费者购买。

（2）绿色食品标签标准

① 食品标签标准　我国《食品安全国家标准　预包装食品标签通则》（GB 7718—2011）

规定食品标签上必须标注以下内容：食品名称；配料表；净含量及固形物含量；制造者、经营者的名称和地址；日期标志（生产日期、保质期或保存期）和储藏指南；产品类型；产品（品质）等级；产品标准号；特殊标注内容。

② 绿色食品标签标准　绿色食品包装，除食品包装基本要求外，在包装装潢上应符合《绿色食品标志设计标准手册》的要求。已获得绿色食品标志使用权的单位，必须将绿色食品标志用于产品的内外包装，其中绿色食品标志的图形、文字、标准色、广告用语及编号等必须按照规定严格执行。

③ 绿色食品防伪标签标准　绿色食品防伪标签对绿色食品具有保护和监控作用。防伪标签具有技术上的先进性、使用的专用性、价格的合理性，标签类型多样，可以满足不同的产品包装。防伪标签的标准规定如下：许可使用绿色食品标签的产品必须加贴绿色食品标志防伪标签；绿色食品标志防伪标签只能使用在同一编号的绿色食品产品上。非绿色食品或与绿色食品防伪标签编号不一致的绿色食品产品不得使用该标签；绿色食品标志防伪标签应贴于食品标签或其包装正面的显著位置，不得掩盖原有绿标、编号等绿色食品的整体形象；企业同一种产品贴用防伪标签的位置及外包装箱封箱用的大型标签的位置应固定，不得随意变化。

3. 绿色食品的贮藏储输

（1）绿色食品储藏

①绿色食品储藏应遵循的原则　绿色食品的储藏应在防止物理、化学和微生物污染的条件下进行，并要防止产品及容器变质，以及储存产品时应避免损坏包装而对包装内容物造成不良影响。绿色食品在储藏时必须遵循以下原则：

a. 储藏环境必须洁净卫生，不能对绿色食品产生污染；

b. 针对产品储藏特性，选择适当的储藏方法；

c. 在储藏中，绿色食品不能与非绿色食品混堆储存；

d. A 级绿色食品与 AA 级绿色食品必须分开储藏；

e. 加强储存食品的出入库管理，采用“先进先出”的原则，尽量缩短储存期；

f. 建立严格的管理规章制度，对入库食品要认真验收，定期检查，发现问题及时处理。

② 绿色食品储藏技术规范

a. 仓库要求：应做好防霉、防虫、防鼠工作，严禁使用人工合成的杀虫剂；仓库要建立清洁卫生制度，定期进行清扫；周围环境必须清洁卫生，并远离污染源；对冷库要定期除霜，常保持冷凝管上不积霜；成品仓库不允许存放有毒的、危险的或易燃和有腐蚀性的材料；仓库内应有可定期检查记录的湿度计和温度计；仓库管理必须采用物理与机械的方法和措施，绿色食品的储藏必须采用干燥、低温、密封与通风、低氧（充二氧化碳或氮气）、紫外光消毒等物理或机械方法，禁止使用任何人工合成化学物品以及有潜在危害的物品。

b. 禁止使用会对绿色食品产生污染或潜在污染的建筑材料与物品。严禁食品与化学合成物质接触。

c. 食品入库前应进行必要的检查，严禁与受到污染、变质以及标签、账号与货号不一致的食品混存。

d. 食品按照入库先后、生产日期、批号分别存放，禁止不同生产日期的产品混放。绿色食品与普通食品应分开储藏。

e. 管理和工作人员必须遵守卫生操作规定。所有设备在工作和使用前均要进行灭菌。

f. 食品储藏期限不能超过保质期，包装上应有明确的生产、储藏日期。

g. 储藏仓库必须与相应的装卸、搬运等设施相配套，防止产品在装卸、搬运等过程中受到损坏与污染。

h. 绿色食品在入仓堆放时，必须留出一定的墙距、柱距、货距与顶距，不允许直接放在地面上，保证储藏的货物之间有足够的通风。禁止不同种类绿色产品混放。

i. 建立严格的仓库管理记录档案，详细记载进、出库食品的种类、数量和时间。

j. 根据不同食品的储藏要求，做好仓库温度、湿度和管理，采取通风、密封、吸潮、降温等措施，并经常检查食品温、湿度、水分以及虫害发生情况。

③ 绿色食品常用储存技术　绿色食品的储藏应尽可能地保存食品的天然营养特性。通过采取一系列特殊工艺，防止或尽量减少储藏期营养物质的流失、氧化和降解，最大限度地保留其营养价值。在储藏期内，要通过科学的管理，严格控制可能的污染源，不带来二次污染，降低损耗，节省费用，促进食品流通，以满足人们对绿色食品的需求。目前常用的储藏技术主要有以下几种。

a. 低温储藏　冷藏：温度一般控制在0～10℃，多用于水果、蔬菜的保鲜储藏。冷冻储藏：先将食品于冰点以下的低温条件下冻结（一般控制在－30～－18℃），然后再于－18℃以下进行冷冻储藏；常用于肉类、鱼类、冷饮的冷冻保藏以及果蔬速冻品的加工及储藏。微冻储藏：将食品于－3～－2℃处于微冻状态，多用于食品的短期储藏或运输中的冷藏，如菠菜、芹菜的冻藏以及肉类、鱼类等的短途运输等。

b. 气调储藏是一种通过调节和控制储藏环境中气体成分的储藏方法。其基本原理是在适宜的低温下，改变储藏库或包装中正常空气的组成，降低氧气含量，增加二氧化碳的含量，以减弱鲜活食品的呼吸强度，抑制微生物的生长繁殖和食品中的化学成分的变化，从而达到延长储藏期和提高储藏效果的目的。气调储藏除了用于果蔬的储藏外，而且也开始用于粮食、油料、肉类制品、鱼类和鲜蛋等多种食品的储藏。

c. 化学储藏　食品化学储藏是指在生产和储运过程中，添加某种对人体无害的化学物质，增强食品的储藏性能和保持食品品质的方法。按化学储藏剂的储藏原理不同，可分为三类：防腐剂、杀菌剂、抗氧化剂。食品化学储藏的卫生安全是人们最为关注的问题，因此生产和选用化学储藏剂时，必须符合绿色食品产品添加剂使用标准的要求。

d. 干燥储藏　食品经干燥脱水后，不易腐败变质，延长了储藏期，而且由于体积与重量显著减小，而便于运输。

e. 腌渍和烟熏储藏　食品的腌渍储藏主要是利用食盐或食糖溶液产生的高渗透压和低水分活度，或通过微生物的正常发酵，降低环境的pH值，以抑制有害微生物的活动，增进储藏性能。烟熏储藏是在腌制的基础上，利用木料不完全燃烧时所产生的烟气熏制食品的方法，在获得食品的特殊风味的同时，延长产品的储藏寿命。

f. 罐藏　将食品密封于包装容器内，经排气、密封、杀菌后，杀死食品中的致病菌及大部分微生物，破坏酶的活性，以使食品得以长期储藏，主要用于罐头类食品。

g. 涂料处理储藏　涂料处理是目前应用广泛的一项储藏技术。通过涂料处理，在一定时期内不但可以减少食品的水分损失，保持新鲜度，而且可以增加光泽，改善外观品质，提高产品的商品价值。

（2）绿色食品运输

① 绿色食品运输原则　绿色食品运输除符合国家对食品运输的要求外，还要遵循以下原则。

a. 防止绿色食品在运输过程中污染。运输绿色食品的工具应保持清洁卫生，直接入口的绿色食品应用专用容器加盖运输，以防尘、防蝇。

b. 应尽量利用冷藏车和集装箱运输，做到专车专用。

c. 不要将生熟绿色食品、易吸收气味的绿色食品与有特殊气味的绿色食品同车装运。

d. 不能将农药、化肥等物质与绿色食品同车装运，也不能使用装过农药、化肥等有毒物品的运输工具装运绿色食品。

e. 绿色食品与非绿色食品不能混堆一起运输。

f. 绿色食品 A 级的和 AA 级产品不能混堆一起。

② 绿色食品的运输要求

a. 必须根据绿色食品的类型、特性、运输季节、距离以及产品保质储藏的要求选择不同的运输工具。

b. 用来运输食品的工具，包括车辆、轮船、飞机等，在装入绿色食品之前必须清洗干净，必要时进行灭菌消毒，必须用无污染的材料装运绿色食品。

c. 装运前必须进行食品质量检验，在食品、标签与账单三者相符合的情况下才能装运。

d. 装运过程中所有的工具应清洁卫生，不允许含有化学物品。禁止带入有污染或潜在污染的化学物品。

e. 运输包装必须符合绿色食品的包装规定，在运输包装的两端，应有明确的运输标志。内容包括始发站、到达站（港）名称、品名、数量、重量、收（发）货单位名称及绿色食品的标志。

f. 不同种类的绿色食品运输时必须严格分开，不允许性质相反和互相串味的食品混装。

g. 填写绿色食品运输单据时，要做到字迹清楚、内容准确、项目齐全。

h. 绿色食品装车（船、箱）前，应认真检查车（船、箱）体情况。对不清洁、不安全、装过化学品、危险品或者未按规定提供的车（船、箱），应及时提交有关部门处理，直到符合要求后才能使用。

i. 绿色食品的运输车辆应该做到专车专用。尤其是长途运输的粮食、蔬菜和鱼类必须有严格的管理措施。在无专车的情况下，必须采用密闭的包装容器。容易腐败的食品如肉、鱼必须用密封冷藏车装运。运输活的绿色禽、畜和肉制品的车辆，应与其他车辆分开。

j. 绿色乳制品应在低温下或冷藏条件下运输，严禁与任何化学或其他有害、有毒、有气味的物品混装运输。

四、绿色食品的加工

1. 绿色食品加工的基本原则

绿色食品的加工不同于普通食品的加工，要求安全、优质、营养和无污染，因此要对原料和生产过程的要求控制得更加严格，不仅考虑到产品本身，还应在绿色食品加工时必须尽量节约能源，兼顾对环境的影响，即将加工过程对于环境造成的影响降到最低程度。在绿色食品加工中应遵循以下原则。

（1）可持续发展原则　在全球范围内，生态环境退化、食物和能源短缺是整个人类目前所面临的共同问题。为了给子孙后代留下一个可持续发展的地球，必须实施可持续发展战略。以食物物资为原料进行的绿色食品加工，必须坚持可持续发展的原则，节约能源，综合利用原料。

（2）保持食品的天然营养特性的原则　绿色食品加工应最大程度地保持原料的营养成分，使营养物质的损失达到最小程度。应采取系列特殊加工工艺，防止或尽量减少加工中营养物质的流失。

（3）加工过程无污染原则　食品加工过程中，原料的污染、不良的卫生状况、有害的洗涤液、添加剂的使用、机械设备材料污染、生产人员操作不当都有可能造成最终产品的污染。因此，对于加工的每一环节、步骤都必须严格控制，防止加工中的二次污染。

（4）不对环境造成污染与危害的原则　绿色食品企业不仅要注意自身的洁净，还须考虑对环境的影响，应避免对环境造成污染。加工后生产的废水、废气、废渣等都需要进行无害处理，以免对环境产生污染。

2. 绿色食品生产加工规程的编写

（1）绿色食品生产操作规程的编写　绿色食品加工生产操作规程主要包括以下内容：

① 加工区环境卫生必须达到绿色食品生产要求；

② 加工用水必须符合绿色食品加工用水标准；

③ 加工原料主要来源于绿色食品产地；

④ 加工所用设备及产品包装材料的选用必须具备安全无污染的条件；

⑤ 在食品加工过程中，食品添加剂的使用必须符合《生产绿色食品的食品添加剂使用准则》。

（2）绿色食品加工规程的编写　绿色食品加工操作规程应包括以下内容：

① 生产工艺流程；

② 对原、辅料的要求、来源，原辅料进厂验收标准（感官指标、理化指标），进厂后的储存及预处理等；

③ 生产工艺应根据生产工艺流程将加工的每个环节用简要的文字表述出来，其中有关温度、浓度、杀菌的方法及添加剂的使用等应详细说明；

④ 主要设备及清洗；

⑤ 成品检验制度；

⑥ 储藏（储藏的方法、地点等）。

3. 绿色食品加工的过程要求

（1）绿色食品加工原料　食品加工方法较多，其性质相差较大，不同的加工方法和制品对原料均有一定的要求，在加工工艺和设备条件一定的情况下，原料的好坏直接决定着制品的质量。食品加工对原料总的要求是要有合适的种类、品种，适当的成熟度和良好、新鲜完整的状态。

① 绿色食品加工原料的特殊要求　绿色食品加工的原料应有明确的原产地、生产企业或经销商的情况。固定、良好的原料基地能为企业提供质量和数量有保证的加工原料。现在，有些食品加工企业投资建立自己的原料基地，有利于质量的控制和企业的发展。

绿色食品加工产品的主要原料要求应是已经认证的绿色产品。

水是食品加工中的重要原料和助剂，不必经认证，但加工用水必须符合我国饮用水卫生标准，同样需要检测，出具合法的检验报告。转基因生物来源的食品加工原料是严格禁止在绿色食品加工中使用的。

非主要原料若尚无已认证的产品，则可以使用中国绿色食品发展中心批准、有固定来源并已检验的原料。非农、牧业来源的辅料，如盐和其他调味品等，须严格管理，在符合国际标准（如世界卫生组织标准）和国家标准的条件下尽量减少用量。绿色食品严禁用辐射、微波等方法处理。

② 绿色食品加工原料成分的标准及命名　目前，绿色食品标签标准对于产品的命名没

有特殊规定，但必须标明原料各成分的确切含量，可按成分不同而采用以下的方法标注。

a. 加工品（混合成分）中最高标准的成分占50%以上时，可命名为由不同标准认证的成分混合成的混合物。例如，命名为含A、B两级标准的混合成分，则只能含A、B两级标准的成分，且A级标准的成分要求必须占50%以上；含A、B、C级成分的混合物，必须含50%以上A级成分。含B、C级成分的化合物，必须含50%以上B级成分。

b. 如果该化合物中最高成分含量不足50%，则该化合物不能称为混合成分，而要按含量高的低级标准成分命名。例如，含B、C级标准混合物，B级占40%，C级占60%，则该化合物被称为C级标准成分。

(2) 绿色食品加工工艺　绿色食品加工工艺应采用食品加工的先进工艺，只有技术先进、工艺合理，才能最大限度地保留食品的自然属性及营养，并避免食品在加工中受到二次污染，但先进工艺必须符合绿色食品的加工原则。

① 绿色食品加工工艺的特殊要求　根据绿色食品加工的原则，绿色食品加工工艺应采用先进的工艺，最大限度地保持食品的营养成分，加工过程不能造成再次污染，并不能对环境造成污染。

a. 绿色食品加工工艺和方法适当，以最大限度地保持食品原料的营养价值和色、香、味等品质。

b. 绿色食品的加工，严禁使用辐射技术和石油馏出物。利用辐射的方法保藏食品原料和成品的杀菌，是目前食品生产中经常采用的方法。采用辐照处理块茎、鳞茎类蔬菜和马铃薯、洋葱、大蒜和生姜等对抑制储藏期发芽有效；辐射处理调味品，可杀菌并很好地保存其风味和品质。但由于国际上对于该方法还存在一定争议，在绿色食品的加工和储藏处理中不允许使用该技术，主要目的是为了消除人们对射线残留的担心。有机物质如香精的萃取，不能使用石油馏出物作为溶剂，这就需要选择良好的工艺，如超临界萃取技术，可解决有机溶剂的残留问题。用二氧化碳超临界萃取技术既可获得生产植物油，又可解决普通工艺中有机溶剂残存的问题。

c. 不许使用人工合成的食品添加剂，但可以使用天然的香料、防腐剂、抗氧化剂、发色剂等。

因此，绿色食品加工必须针对自身特点，采用适合的新技术、新工艺，提高绿色食品产品品质及加工率。

② 绿色食品加工工艺中可采用的先进技术

a. 生物技术。主要包括基因工程、酶工程和发酵工程。因绿色食品对基因工程是采取摒弃的态度，不能采用，故只对酶工程及发酵工程简要介绍。酶工程是利用生物手段合成，降解或转化某些物质，从而使原料转化成附加值高的食品（如酶法生产糊精、麦芽糖等），或者用酶法修饰植物蛋白，改良其营养价值和风味，还可用于果汁生产中分解果胶提高出汁率等。发酵工程是利用微生物进行工业生产的技术，除传统食品外，还取得了许多新成就。

b. 膜分离技术。包括反渗透、超滤和电渗析。反渗透是借助半渗透膜，在压力作用下进行水和溶于水中物质（无机盐、胶体物质）的分隔。可用于牛奶、豆浆、酱油、果蔬汁的冷浓缩；超滤是利用人工合成膜在一定压力下对物质进行分离的一种技术。

c. 工程食品技术。即用现代技术，从农副产品中提取有效成分，然后以此为配料，根据人体营养需要重新组合，加工配制成新的食品，其特点是可以扩大食物资源，提高营养价值。

d. 冷冻干燥（又称冷冻或升华干燥）。即湿物料先冻结至冰点以下，使水分变成固态冰，然后在较高的真空度上，将冰直接转化为蒸汽使物料得到干燥。如加工得当，多数可长期保藏且原有物理、化学、生物学等感官性质不变，需要时加水，可恢复到原有的形状和结构。

e. 超临界提取技术。即利用某些溶剂的临界温度和临界压力去分离多组分的混合物。例如二氧化碳超临界萃取沙棘油，其工艺过程无任何有害物质加入，完全符合绿色食品加工原则。

此外，挤压膨化、无菌包装、低温浓缩等技术也都可以应用到绿色食品生产中。

4. 绿色食品加工的环境要求

绿色食品加工的环境条件是绿色食品产品质量的有力保障，特别是企业良好的位置和合理的布局构成绿色食品加工环境条件的基础。

(1) 绿色食品企业厂（场）址的选择

① 基本要求　绿色食品企业在新建、扩建、改建过程中，食品厂的选址应满足食品生产的基本要求。

a. 地势高燥：为防止地下水对建筑物墙基的浸泡和便于废水排放，厂址应选择地势较高并有一定坡度的地区。

b. 水源丰富，水质良好：食品加工需要大量的生产用水，建厂时应该考虑供水方便和充足的地方。使用自备水源的企业，需对地下丰水期和枯水期的水质、水量经过全面的检验分析，证明能满足需要后才能定址，水质要符合表 2-14 的要求。另外，用于绿色食品生产的容器、设备的洗涤用水也必须符合国家饮用水标准。

表 2-14　加工用水各项污染物的浓度限值

序号	项目	浓度限值/(mg/L)
1	pH 值	6.5～8.5
2	总汞	0.001
3	总镉	0.01
4	总铅	0.05
5	总砷	0.05
6	六价铬	0.05
7	氟化物	1.0
8	氯化物	250
9	氰化物	0.05
10	细菌总数	100 个/L
11	总大肠菌群	3 个/L

c. 土质良好，便于绿化：良好的土质适于植物的生长，也便于绿化。绿化树木和花草不仅可以美化环境，而且可以吸收灰尘、减少噪声、分解污染物，形成防止污染的良好屏障。

d. 交通便利：绿色食品加工企业应选择在交通方便但与公路有一定距离的地方，以便于食品原辅材料和产品的运输。

② 环境要求　绿色食品企业在厂址选择时，除了基本要求外，还要考虑周围环境对企业的影响和企业对周边环境的影响。

a. 远离污染源：一般情况下，绿色食品企业选址时，应远离重工业区。如果必须在重工业区选址时，要根据污染范围设 500～1000m 防护林带。在居民区选址时，25m 以内不得有排放尘、毒作业场所及暴露的垃圾堆、坑或露天厕所，500m 以内不得有粪场和传染病医院。为了减少污染的可能，厂址还应根据常年主导风向，选在污染源的上风向。

b. 防止企业对环境的污染：某些食品企业生产过程中排放的污水、污物、污气等会污染环境，因此要求这些企业不仅设立“三废”净化处理装置，在工厂选址时，还应远离居民区。间隔的距离可根据企业的性质、规模大小，按工业企业设计卫生标准的规定执行，最好在1km以上，其位置还应在居民区主导风向的下风向和饮用水水源的下游。

(2) 绿色食品企业的建筑设计与卫生条件

① 建筑布局　根据原料和工艺的不同，食品加工厂一般设有原料预处理、加工、包装、储藏等场所，以及配套的锅炉房、化验室、容器、清洗室、消毒室、辅助用房和生活用房等。各部分的建筑设计要有连续性，避免原料、半成品、成品和污染物交叉感染。锅炉房应建在生产车间的下风向，厕所应为便冲式并远离生产车间。

② 卫生设施　绿色食品工厂必须具备一定的卫生设施，以保证生产达到食品清洁卫生，无交叉污染。加工车间必须具备以下卫生设备。

a. 通风换气设备：为保证足够的通风量，驱除蒸汽、油烟和二氧化碳等气体，通入新鲜洁净的空气，工厂一般设置自然通风口或安装机械通风设备。

b. 照明设备：利用自然光照明要求窗户采光好，适宜的门窗与地面的面积比例为1∶5。人工照明一般要求达50lx的亮度，而检查操作台等位置要求达到300lx. 照明灯泡或灯管要求防护罩，以防护玻璃破碎进入食品。

c. 防尘、防蝇、防鼠设备：食品车间需要安装纱门、纱窗、货物频繁出入口可安装排风幕或防蝇道，车间外可设诱蝇灯，车间内外墙角处可设捕鼠器，产品原料和成品要有一定的包装，减少裸露时间。

d. 卫生缓冲车间：根据企业卫生要求，工人在上班以前在生产卫生室内完成个人卫生处理后再进入车间。卫生缓冲间是工人从车间外进入车间的通道，工人可以在此完成个人卫生处理。卫生缓冲车间内设有更衣室和厕所。工人穿戴鞋、帽、工作服和口罩等后，先进入洗手消毒室洗手消毒，在某些食品如冷饮、罐头、乳制品等加工车间入口处设置低于地面10cm、宽1m、长2m的鞋消毒池。

e. 工具、器具清洗消毒车间：工具、容器等的消毒是保证食品卫生的重要环节。消毒车间要有浸泡、刷剔、冲洗、消毒等处理的设备，消毒后的工具、容器要有足够的储藏室，严禁露天存放。

③ 地面、墙面处理　地面应由耐水、耐热、耐腐蚀的材料铺设而成，地面还应有一定的坡度以便排水，地面有地漏和排水管道。

墙壁表面要涂被一层光滑、色浅、抗腐蚀的防水材料，离地面2m以下的部分要铺设白瓷砖或其他材料作为墙裙，生产车间四壁与屋顶交界处应呈弧形以防结垢和便于清洗。

④ 污水、垃圾和废弃物排放处理　绿色食品加工厂在设计时更要求加强废弃物的处理能力，防止污染对工厂的污染和周围环境的污染。

5. 绿色食品加工的设备要求

生产高质量的食品必须抓住原料、工艺、设备和包装四个环节。科学的加工工艺必须由相应的设备来体现，因此机械设备在食品加工中占有十分重要的地位。

(1) 材料要求　不同食品加工对设备的要求不同，对机械设备材料的构成不能一概而论。不锈钢、尼龙、玻璃、食品加工专用塑料等材料制成的设备都可用于绿色食品的加工中。但是从严格意义上讲，与食品接触的机械部分一般要求采用不锈钢材料，并遵照执行不锈钢食具食品卫生标准与管理办法。

在常温常压下、pH中性条件下使用的器皿、管道、阀门等，可采用玻璃、铝制品、聚乙烯或其他无毒的塑料制品代替。

食品加工器具中，表面镀锡的铁管、挂釉陶瓷器皿、搪瓷器皿、镀锡铜锅及焊锡焊接的薄铁皮盘等，都容易导致铅的溶出，特别是接触酸性的食品原料和添加剂时，溶出更多。所以要避免和减少上述器具的使用。

另外，电镀制品含有镉和砷，陶瓷制品中也含有砷，酸性条件镉和砷都容易溶出；食盐对铝制品有强烈的腐蚀作用，都应严加防范。

(2) 设备润滑剂　绿色食品加工设备的轴承、枢纽部分所用的润滑剂部位应进行全封闭，润滑剂应尽量使用食用油，严禁使用多氯联苯。

(3) 设备布局与安装　食品机械设备布局要合理，符合工艺流程要求，便于操作，防止交叉污染。设备管道应设有观察口，并便于拆卸检修，管道拐弯处应呈弧形以利于冲洗消毒。设备要求有一定的生产效率，以有利于连续作业、降低劳动强度、保证食品卫生要求和加工工艺要求。

任务三　绿色食品的申报程序与认证

一、申报绿色食品认证的前提条件

1. 绿色食品标志申报范围

绿色食品标志是经中国绿色食品发展中心在国家工商行政管理局商标局注册的质量证明商标，按国家商标类别划分的第29、30、31、32、33类中的大多数产品均可申报绿色食品标志，如第29类的肉、家禽、水产品、奶及奶制品、食用油脂等，第30类的食盐、酱油、醋、米、面粉及其他谷物类制品、豆制品、调味用香料等，第31类的新鲜蔬菜、水果、干果、种子、活生物等，第32类的啤酒、矿泉水、水果饮料及果汁、固体饮料等，第33类的含酒精饮料。

新近开发的一些新产品，只要经卫生部以"食"或"健"字登记的，均可申报绿色食品标志。经卫生部公告的既是食品又是药品的品种，如紫苏、菊花、陈皮、红花等，也可申报绿色食品标志。药品、香烟不可申报绿色食品标志。

按照绿色食品标准，暂不受理蕨菜、方便面、火腿肠、叶菜类酱菜的申报。但酱菜类成品符合下述条件的可以受理申报A级绿色食品：

① 原料为非叶菜类蔬菜产品；

② 原料蔬菜收获后必须及时加工，在常温条件下储藏运输时间不超过48h，在冷藏条件下储藏运输时间不超过96h；

③ 不得在酱腌菜中使用化学合成添加剂；

④ 生产企业必须执行GMP规定；

⑤ 酱腌菜成品的亚硝酸盐含量必须$<$4mg/kg。

2. 申报绿色食品企业的条件

按照《绿色食品标志管理办法》第五条中规定："凡具有绿色食品生产条件的单位和个人均可作为绿色食品标志使用权的申请人"。为了进一步规范管理，对标志申请人条件具体做了如下规定。

① 申请人必须要能控制产品生产过程，落实绿色食品生产操作规程，确保产品质量符

合绿色食品标准要求。

② 申报企业要具有一定规模，能承担绿色食品标志使用费。

③ 乡、镇以下从事生产管理、服务的企业作为申请人，必须要有生产基地，并直接组织生产；乡、镇以上的经营、服务企业必须要有隶属于本企业，稳定的生产基地。

④ 申报加工产品企业的生产经营须一年以上。

为了推动绿色食品事业的发展，1992 年 11 月，经国家人事部批准成立中国绿色食品的发展中心，为绿色食品的具体管理部门。并先后在全国 29 个省市、自治区成立了绿色食品管理机构，开展绿色食品的质量检验和绿色食品标志使用的审核工作。在受理的几千个产品品种中，按照《绿色食品标志管理办法》的规定严格审定，到 2000 年底，全国有 5 大类 1000 多个产品获得了绿色食品标志使用权，使绿色食品开发数量迅速增加。根据《绿色食品标志管理办法》第六条的规定，申请在产品上使用绿色食品标志的程序是：第一、申请人填写《绿色食品标志使用申请书》一式两份（含附报材料），报所在省（自治区、直辖市、计划单列市，下同）绿色食品管理部门；第二、省绿色食品管理部门委托通过省级以上计量认证的环境保护监测机构，对该项产品或产品原料的产地进行环境评价；第三、省绿色食品管理部门对申请材料进行初审，并将初审合格的材料报中国绿色食品发展中心；第四、中国绿色食品发展中心会同权威的环境保护机构，对上述材料进行审核，合格的由中国绿色食品发展中心指定的食品监测机构对其申报产品进行抽样、并依据绿色食品质量和卫生标准进行检测，对不合格的，当年不再受理其申请；第五、中国绿色食品发展中心对质量和卫生检测合格的产品进行综合审查（含实地核查），并与符合条件的申请人签订“绿色食品标志使用协议”，由农业部颁发绿色食品标志使用证书及编号，报国家工商行政管理局商标局备案，同时公告于众。对卫生检测不合格的产品，当年不再受理其申请。

中国绿色食品发展中心对企业的申报材料进行审核，如材料合格，将书面通知省绿色食品管理机构并委托对申报产品进行抽样。省绿色食品管理机构接到中心的委托抽样单后，将委派 2 名或 2 名以上绿色食品标志专职管理员赴申报企业进行抽样，并将抽样品送绿色食品定点食品监测中心。依据技术监测报告，得出终审结果。终审合格后，中国绿色食品发展中心将书面通知申报企业前往中国绿色食品发展中心办理领证手续，并交纳标志服务费，原则上每个产品 1 万元（系列产品优惠）。

绿色食品标志管理人员对所辖区域内绿色食品生产企业每年至少进行一次监督检查，将企业种植、养殖、加工等规程执行情况向中心汇报。

中国绿色食品发展中心每年年初下达抽检任务，指定定点的食品监测机构、环境监测机构对企业使用标志的产品及其原料产地生态环境质量进行抽检，抽检不合格者取消其标志使用权，并公告于众。所有消费者对绿色食品都有监督的权利。消费者有权了解市场中绿色食品的真假，对有质量问题的产品可直接向中心举报。

二、绿色食品认证程序

1. 绿色食品分类与全国行政区代号

（1）绿色食品分类　绿色食品的分类可以分成农业产品、林产品、畜产品、渔业产品、加工食品、饲料和饲料（添加剂）7 大类，产品可以分成 53 小类，见表 2-15。

（2）绿色食品全国行政区代号　按照中国绿色食品发展中心的规定，全国绿色食品行政区代号的具体规定见表 2-16。

表 2-15 绿色食品编号分类规则

绿色食品大类	小类编号	产品名称
一、农业产品	01	粮食作物
	02	油料作物
	03	糖料作物
	04	蔬菜
	05	食用菌及山菜
	06	杂类农产品
二、林产品	07	果类
	08	林产饮料品
	09	林产调味品
三、畜产品	10	人工饲养动物
	11	肉类
	12	人工饲养动物下水及副产品
四、渔业产品	13	海水、淡水养殖动、植物苗(种)类
	14	海水动物产品
	15	海水植物产品
	16	淡水动物产品
	17	水生动物冷冻品
五、加工食品	18	粮食加工品
	19	食用植物油及其制品
	20	肉加工品
	21	蛋制品
	22	水产加工品
	23	糖
	24	加工糖
	25	糖果
	26	蜜饯果脯
	27	糕点
	28	饼干
	29	方便主食品
	30	乳制品
	31	消毒液体奶
	32	酸奶
	33	乳饮料
	34	代乳品
	35	罐头
	36	调味品
	37	加工盐
	38	其他加工食品

续表

绿色食品大类	小类编号	产品名称
六、饮料	39	酒类
	40	非酒精饮料
	41	冷冻饮品
	42	茶叶
	43	咖啡
	44	可可
	45	其他饮料
七、饲料	46	配合饲料
	47	混合饲料
	48	浓缩饲料
	49	蛋白质饲料
	50	矿物质饲料
	51	含钙磷饲料
	52	预混合饲料
	53	其他饲料

表 2-16 绿色食品省份代码

行政区	代号	行政区	代号	行政区	代号
北京	01	天津	02	河北	03
山西	04	内蒙古	05	辽宁	06
吉林	07	黑龙江	08	上海	09
江苏	10	浙江	11	安徽	12
福建	13	江西	14	山东	15
河南	16	湖北	17	湖南	18
广东	19	广西	20	河南	21
四川	22	贵州	23	云南	24
西藏	25	陕西	26	甘肃	27
宁夏	28	青海	29	新疆	30
香港	31	澳门	32	台湾	33
重庆	34				

2. 绿色食品认证程序

为规范绿色食品认证工作，依据《绿色食品标志管理办法》，制定本程序。凡具有绿色食品生产条件的国内企业均可按本程序申请绿色食品认证。境外企业另行规定。

(1) 认证申请

① 申请人向中国绿色食品发展中心（以下简称中心）及其所在省（自治区、直辖市）绿色食品办公室、绿色食品发展中心（以下简称省绿办）领取《绿色食品标志使用申请书》、《企业及生产情况调查表》及有关资料，或从中心网站（网址：www.greenfood.org.cn）下载。

② 申请人填写并向所在省绿办递交《绿色食品标志使用申请书》、《企业及生产情况调查表》及以下材料：保证执行绿色食品标准和规范的声明；生产操作规程（种植规程、养殖规程、加工规程）；公司对“基地＋农户”的质量控制体系（包括合同、基地图、基地和农户清单、管理制度）；产品执行标准；产品注册商标文本（复印件）；企业营业执照（复印件）；企业质量管理手册；要求提供的其他材料（通过体系认证的，附证书复印件）。

（2）受理及文审

① 省绿办收到上述申请材料后，进行登记、编号，5 个工作日内完成对申请认证材料的审查工作，并向申请人发出《文审意见通知单》，同时抄送中心认证处。

② 申请认证材料不齐全的，要求申请人收到《文审意见通知单》后 10 个工作日提交补充材料。

③ 申请认证材料不合格的，通知申请人本生长周期不再受理其申请。

④ 申请认证材料合格的，执行第 3 条。

（3）现场检查、产品抽样

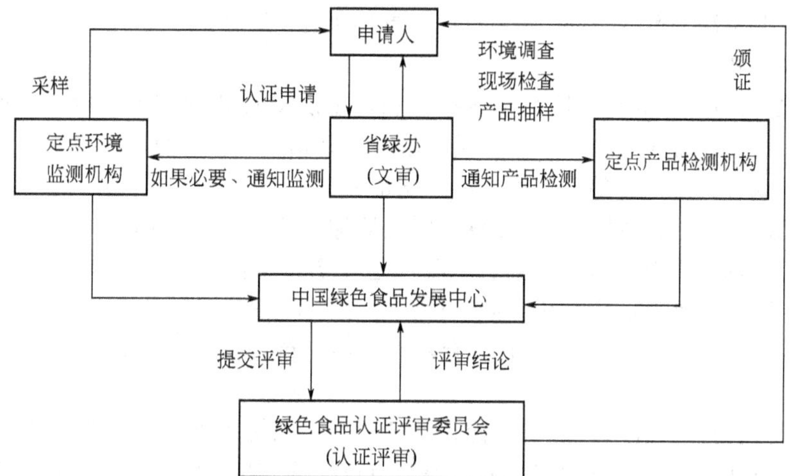

① 省绿办应在《文审意见通知单》中明确现场检查计划，并在计划得到申请人确认后委派 2 名或 2 名以上检查员进行现场检查。

② 检查员根据《绿色食品检查员工作手册（试行）》和《绿色食品产地环境质量现状调查技术规范（试行）》中规定的有关项目进行逐项检查。每位检查员单独填写现场检查表和检查意见。现场检查和环境质量现状调查工作在 5 个工作日内完成，完成后 5 个工作日内向省绿办递交现场检查评估报告和环境质量现状调查报告及有关调查资料。

③ 现场检查合格，可以安排产品抽样。凡申请人提供了近一年内绿色食品定点产品监测机构出具的产品质量检测报告，并经检查员确认，符合绿色食品产品检测项目和质量要求的，免产品抽样检测。

④ 现场检查合格，需要抽样检测的产品安排产品抽样。

a. 当时可以抽到适抽产品的，检查员依据《绿色食品产品抽样技术规范》进行产品抽样，并填写《绿色食品产品抽样单》，同时将抽样单抄送中心认证处。特殊产品（如动物性产品等）另行规定。

b. 当时无适抽产品的，检查员与申请人当场确定抽样计划，同时将抽样计划抄送中心认证处。

c. 申请人将样品、产品执行标准、《绿色食品产品抽样单》和检测费寄送绿色食品定点产品监测机构。

⑤ 现场检查不合格，不安排产品抽样。

（4）环境监测

① 绿色食品产地环境质量现状调查由检查员在现场检查时同步完成。

② 经调查确认，产地环境质量符合《绿色食品　产地环境质量现状调查技术规范》规定的免测条件，免做环境监测。

③ 根据《绿色食品　产地环境质量现状调查技术规范》的有关规定，经调查确认，必要进行环境监测的，省绿办自收到调查报告 2 个工作日内以书面形式通知绿色食品定点环境监测机构进行环境监测，同时将通知单抄送中心认证处。

④ 定点环境监测机构收到通知单后，40 个工作日内出具环境监测报告，连同填写的《绿色食品环境监测情况表》，直接报送中心认证处，同时抄送省绿办。

（5）产品检测　绿色食品定点产品监测机构自收到样品、产品执行标准、《绿色食品产品抽样单》、检测费后，20 个工作日内完成检测工作，出具产品检测报告，连同填写的《绿色食品产品检测情况表》，报送中心认证处，同时抄送省绿办。

（6）认证审核

① 省绿办收到检查员现场检查评估报告和环境质量现状调查报告后，3 个工作日内签署审查意见，并将认证申请材料、检查员现场检查评估报告、环境质量现状调查报告及《省绿办绿色食品认证情况表》等材料报送中心认证处。

② 中心认证处收到省绿办报送材料、环境监测报告、产品检测报告及申请人直接寄送的《申请绿色食品认证基本情况调查表》后，进行登记、编号，在确认收到最后一份材料后 2 个工作日内下发受理通知书，书面通知申请人，并抄送省绿办。

③ 中心认证处组织审查人员及有关专家对上述材料进行审核，20 个工作日内做出审核结论。

④ 审核结论为“有疑问，需现场检查”的，中心认证处在 2 个工作日内完成现场检查计划，书面通知申请人，并抄送省绿办。得到申请人确认后，5 个工作日内派检查员再次进行现场检查。

⑤ 审核结论为“材料不完整或需要补充说明”的，中心认证处向申请人发送《绿色食品认证审核通知单》，同时抄送省绿办。申请人需在 20 个工作日内将补充材料报送中心认证处，并抄送省绿办。

⑥ 审核结论为“合格”或“不合格”的，中心认证处将认证材料、认证审核意见报送绿色食品评审委员会。

（7）认证评审

① 绿色食品评审委员会自收到认证材料、认证处审核意见后 10 个工作日内进行全面评审，并做出认证终审结论。

② 认证终审结论分为两种情况：a. 认证合格；b. 认证不合格。

③ 结论为“认证合格”，执行第 8 条。

④ 结论为“认证不合格”，评审委员会秘书处在做出终审结论 2 个工作日内，将《认证结论通知单》发送申请人，并抄送省绿办。本生产周期内不再受理其申请。

（8）颁证

① 中心在 5 个工作日内将办证的有关文件寄送“认证合格”申请人，并抄送省绿办。申请人在 60 个工作日内与中心签订《绿色食品标志商标使用许可合同》。

② 中心主任签发证书。

三、绿色食品认证的申请材料及填写

1. 申报管理

只有完善的科学的申报管理，才能保证绿色食品生产基地的申报和审核符合绿色食品生产的各项条件。申报管理包括以下内容。

（1）申请人的资格　凡自认为符合绿色食品基地标准的绿色食品生产单位，均可作为绿色食品生产基地的申请人。申请人可以是事业单位，也可以是企业单位，也可以是行政单位，如乡、村、县农业局等。

① 为了进一步规范管理，对标志申请人条件做如下规定。

a. 申请人必须能控制产品生产过程，落实绿色食品生产操作规程，确保产品质量符合绿色食品标准。

b. 申报企业要具有一定规模，能承担绿色食品标志使用费。

c. 乡、镇以下从事生产管理、服务的企业作为申请人，必须要有生产基地，并直接组织生产。

d. 乡、镇以上的经营、服务企业必须要有隶属于本企业，且稳定的生产基地。

e. 申报加工产品的企业需生产经营一年以上。

② 下列情况之一的，不能作为申请人。

a. 与中国绿色食品发展中心及各级绿色食品委托管理机构有经济和其他利益关系的。

b. 能够引起消费者对产品（原料）来源产生误解或不信任的企业，如批发市场、粮库等。

c. 纯属商业经营的企业。

d. 政府和行政机构。

（2）申报材料

① 企业的申请报告：《绿色食品标志使用申请书》（一式两份）；《企业生产情况调查表》；《农业环境质量监测报告》及《农业环境质量现状评价报告》；省委托管理机构考察报告及《企业情况调查表》；产品及产品原料种植（养殖）规程、加工规程；企业营业执照复印件、商标注册证复印件；企业质量管理手册；加工产品的现用包装式样及产品标签；原料购销合同（原件、附购销发票复印件）；其他。

② 实地考察　省绿色食品委托管理机构在接到申请单位申请书一个月内，派绿色食品基地监督员赴申报单位实地考察，核实生产规模、管理、生态环境及产品质量控制情况，写出正式考察报告并署名盖章。

考察报告的主要内容应包括：申报单位的基本概况、产品的基本情况、生产规模、管理技术水平、生产操作规程、病虫害及肥料的使用情况（添加剂的使用情况）、获得标志后产品的市场情况、农业生态环境质量状况、产品质量控制及发展前景等内容。

③ 审核　审核的主要项目有：申报材料是否齐全；填报材料是否真实、规范；环境检测材料是否有效（时间上是否有效、监控面积是否能控制整个基地面积）；生产操作是否符合绿色食品生产操作规程；基地示意图是否明晰、规范；省委托管理机构考察报告是否符合要求等。如材料合格，将书面通知省绿色食品委托管理机构对申报产品进行抽样。

④ 评估、确定、编号　终审合格后，中国绿色食品发展中心将书面通知企业前往中心办理领证手续。3 个月内未办理手续者，视为自动放弃。

绿色食品生产基地申报得到确认并取得有关证书后，绿色食品生产基地即可进入建设和生产阶段。在建设和生产过程中，同样要加强管理，以保证“从土地到餐桌”的各个环节都符合“绿色”标准。我国一些“绿色食品”不“绿色”，这种情形一般不发生在申报过程中，而发生在投入生产以后的各个环节中。因此，加强生产基地的管理非常重要。

2002 年 10 月农业部绿色食品管理办公室和中国绿色食品发展中心对绿色产品的编号做了修订，编号形式如下：

LB-XX-XX		XX	XX		XXXX	A(AA)
绿标	产品类别	认证年份	认证月份	省别（国别）	产品序号	产品级别

编号形式规定：产品类别代码为两位数，产品分类为 5 大类 53 小类，并按小类编号；认证时间包括年份和月份；省别按行政区划的序号编码，国外产品则从第 51 号开始，中国不编代码。

2. 关于主要申报材料的填写

《绿色食品标志使用申请书》的填写详见表 2-17。

①“申请单位全称”要与申报单位公章上的全称一致。

②“产品名称”必须填写申报产品的商品名，系列产品不可作为一个产品申报，如不能以“奶粉”、“蔬菜”等集合名词申报。产品名称需采用食品真实属性的专用名称，名称必须反映食品本身固有的特性、性质、特征。一栏内不可多个产品混填。

③“产品特点简介”主要填写产品的营养特征、无污染特征及区别同类普通产品的不同点。

④“原料生产环境简介”主要填写初级产品或加工产品原料生长环境土壤、大气及水等环境因子的污染情况及气候特征，产地历史上使用垃圾及农药、肥料的情况，产地周围工业污染情况及产地的生物的多样性等。

表 2-17 绿色食品标志使用申请书

申请单位全称			
英文名称			
详细地址			
产品名称		英文名称	
包装方式		包装规格	
注册商标名称		注册商标编号	
产品特点简介			
原料生产环境简介			
省级绿色食品办意见			
中国绿色食品发展中心审批结论			
绿色食品证书编号及使用期限			
年度抽检记录			
备注			

3.《企业及生产情况调查表》的填写

（1）生产企业概况的填写　见表 2-18。

“原料供应单位情况”项：主要填写申报企业与生产基地、加工企业与原料生产基地或供应单位间的关系。

表 2-18 生产企业概况

填表日期： 年 月 日（盖章）				
企业情况	企业全称		法人代表	
	邮政编码		联系电话	
	省内主管部门		经济性质	
	领取营业执照时间		执照编号	
	职工人数		技术人员数	
	流动资金		固定资产	
	经营范围	主营		
		兼营		
	年生产总值		年利润	
申请使用标志产品情况	产品名称		商标	
	设计年生产规模		实际年生产规模	
	平均批发价		当地零售价	
	年销售量		年出口量	
	主要销售范围			
	获奖情况			
原料供应单位情况	单位名称		生产规模	
	经济性质		年供应量	
	原料供应形式			
填表人：				

常见的形式有：申报企业本身就是生产单位，如农场、果园等，属于此种情况的在“原料供应形式”一栏中填写“自给”；申报企业属于技术推广或经营单位，但有固定的生产基地，如某某乡技术推广站、某某县果品公司，属此种情况的在“原料供应形式”一栏填写“协议供应形式”，并附协议复印件；申报企业购买绿色食品原料，属此种情况的在“原料供应形式”一栏填写“合同供应形式”，并附报合同原件，发票复印件。

（2）农药与肥料使用情况的填写和要求 详见表 2-19。

a. 必须由种植单位或当地技术推广的主要技术负责人填写、签字，并加盖种植单位或技术推广单位公章。

b. “主要病虫害”一栏填写申报产品或产品原料当年发生的病、虫、草、鼠害。

c. “农药、肥料使用情况”栏填写申报产品或产品原料当年农药、肥料的使用情况。

d. 每项内容必须认真填写，不得涂改（如有笔误，实行杠改并加盖红章），否则一律视为不合格。如生产中不使用农药、肥料，在“农药、肥料使用情况”栏应填写未使用的理由；如使用的农药非常规农药，需附报产品标签说明书。

e. 对大田作物，农药“每次用量”每 667 平方米单位用克（毫克）或升（毫升），不得用稀释倍数；对果树、茶叶类，可以用稀释倍数表示，如4000倍。

f. 一张表只允许填写一种产品或产品原料的农药、肥料使用情况，不得多个产品或产品原料混填。

表 2-19 农药、肥料使用情况

填表日期： 年 月 日(盖章)							
作物 (饲料名称)				种植面积			
年生产量				收获时间			
主要病虫害							
农药使用 情况	农药名称	剂型规格	日期	使用方法	每次用量(或浓度)	全年使用次数	末次 使用时间
每667米^{2}肥料使用 情况(千克)	肥料名称	类别	使用方法	使用时间	每次用量	全年用量	末次 使用时间
附报:作物种植规程,对主要病虫害及其他公害控制技术及措施							
填表人：			种植单位负责人：				

(3) 畜（禽、水）产品饲养（养殖）情况表的填写和要求（见表2-20）

① 必须由饲养（养殖）单位的主要技术负责人填写、签字，并加盖饲养（养殖）单位公章。

② “饲养（养殖）规模”要求填写多少只、尾、条等个体单位。

③ “饲料构成情况”栏“饲料成分”要求将饲料的全部成分具体列出，不得用“其他”等含糊字样。如生长期各阶段的饲料成分有所区别，应分别填写。“比例”应填写百分数，不得填写具体的量化数。“来源”应详细填写，不可填写“来自基地”或“来自外地”，或外购等不明确的术语。

④ 每项内容必须认真填写，不得涂改（如有笔误，实行杠改并加盖红章），否则一律视为不合格材料。不使用药剂应说明理由，如使用非常规药剂，需附报产品标签声明书。

表 2-20 畜（禽、水）产品饲养（养殖）情况表

填表日期： 年 月 日(盖章)					
畜(禽、水)产品			饲养(养殖)规模		
饲料构成情况					
成分名称		比例	年用量		来源
药剂(含激素)使用情况					
药剂名称	用途	使用时间	使用方法	使用量	备注
附报:畜(禽、水)产品主要病虫害的防疫措施					
填表人：					

⑤“药剂使用情况”栏“使用量”应填写平均每只（条、尾）所使用的药剂量（支、毫升）。如饲养（养殖）中不使用药剂，应说明理由；如使用非常规药剂，需附报产品标签说明书。

⑥ 一张表只允许填写一种产品或产品原料的农药、肥料使用情况，不得多个产品或原料混填。

（4）加工产品生产情况的填写　见表 2-21。

① 表 2-21 必须由加工企业具体技术负责人填写，并加盖加工企业单位公章。

②“产品名称”应与申请书上一致，采用产品的商品名。

③ 企业执行标准包括国标、行标、地方标准、企标。如执行行标、地方标准、企标，需附报标准复印件。

④“原料基本情况”栏“名称”项应填写全部产品原料，如“苹果汁饮料”应填写苹果汁、白砂糖、水等成分。按用量大小，由大到小填。“比例”填百分数。“年用量”注意是填写全年的用量。“来源”不可填写“外购”等不具体类的术语。

表 2-21　加工产品生产情况

填表日期：　年　月　日(盖章)			
产品名称		执行标准	
设计年产量		实际年产量	
原料基本情况			
名称	比例	年用量	来源
添加剂、防腐剂使用情况			
名称	用途	用量	备注
加工工艺基本情况			
工艺流程简图			
主要设备名称、型号及制造单位：			
填表人：			

⑤“添加剂使用情况”栏“名称”项必须使用《食品添加剂使用标准》中的添加剂名称，不可缩写（如 CMC）、填写“俗称”等，也不可填写“甜味剂”、“色素”、“增稠剂”、

“香精”等集合名称。“用途”必须填写，如漂白、防腐、乳化、增稠等。“用量”必须用千分数（或 g/kg），不可用全年的量，如“kg”、“t”之类的术语。非常规所用的添加剂，需附报产品标签说明书复印件或原件。

⑥“加工工艺基本情况”栏将加工中的重点工序用简要文字表述出来。

⑦“主要设备名称、型号及制造单位”栏一定程度上反映了企业生产能力及设备质量。每台设备上都有铭牌，按铭牌上标注的内容填写即可。

四、绿色食品质量检验、颁证与管理

中国绿色食品发展中心对申报材料进行审核，如材料合格，将书面通知省绿色食品管理机构委托对申报产品进行抽样。省绿色食品管理机构委托接到中心的抽样单后，将委派 2 名或 2 名以上绿色食品标志专职管理人员赴申报企业进行抽样。抽样由抽样人员与被抽样单位当事人共同执行。抽取样品 4kg，并于样品包装物上贴好封条，由双方在抽样单上签字、加盖公章。抽样后，申报企业带上检测费、产品执行标准复印件、绿色食品抽样单、抽检样品送至绿色食品定点食品监测中心。绿色食品定点监测中心依据绿色食品产品标准检测申报产品。监测中心应于收到样品 3 周内出具检验报告，并将结果直接寄至中心标志管理处，不得直接交给企业。对于违反程序、无抽样单的产品，监测中心应不予检测；否则，检测结果一律视为无效。

（1）绿色食品证书的发放　终审合格后，中国绿色食品发展中心将书面通知申报企业前往中国绿色食品发展中心办理领证手续。三个月内未前往中国绿色食品发展中心办理手续者，视为自动放弃。领取绿色食品标志使用证书时，需同时办理如下手续：

① 交纳标志服务费，原则上每个产品 1 万元（系列产品优惠）；

② 送审产品使用绿色食品标志的包装设计样图；

③ 如不是法人代表本人来办理，需出示法人代表的委托书；

④ 订制绿色食品标志防伪标签；

⑤ 与中国绿色食品发展中心签订《绿色食品标志许可使用合同》。中国绿色食品发展中心将对履行了上述手续的产品实行统一编号，并颁发绿色食品使用证书，证书的有效期为三年。

（2）绿色食品标志的管理

① 中国绿色食品发展中心对企业的监督管理。

a. 企业的监督检查绿色食品标志专职管理人员对所辖区域内绿色食品生产企业每年至少一次监督检查，并将企业履行合同情况，种植、养殖、加工等规程执行情况向中心汇报。

b. 产品及环境抽检：中国绿色食品发展中心每年年初下达抽检任务，指定定点的食品监测机构、环境监测机构对企业使用标志的产品及其原料产地生态环境质量进行抽检，抽检不合格者取消其标志使用权，并公告于众。

c. 市场监督：所有消费者对市场上的绿色食品都有监督的权利。消费者有权了解市场中绿色食品的真假，对有质量问题的产品向中心举报。

d. 出口产品使用绿色食品标志的管理：获得绿色食品标志使用权的企业，在其出口产品上使用绿色食品标志时，必须经中国绿色食品发展中心许可，并在中心备案。

e. 中国绿色食品发展中心在新的绿色食品标准（产品、农药、肥料、食品添加剂及操作规程等）出台后，应及时提供给企业，并在技术上、信息方面给企业以支持。

② 获得绿色食品标志使用权的企业应做到如下要求。

a. 企业必须严格履行《绿色食品标志许可使用合同》，按期交纳标志使用费，对于未如期交纳费用的企业，中国绿色食品发展中心有权取消其标志使用权，并公告于众。

b. 绿色食品标志许可使用有效期为三年。若欲到期后继续使用绿色食品标志，必须在使用期满前三个月重新申报。未重新申报者，视为自动放弃使用权，收回绿色食品证书，并进行公告。

c. 企业应积极参加各级绿色食品管理部门的绿色食品知识、技术及相关业务的培训。

d. 企业应按照中国绿色食品发展中心要求，定期提供有关获得标志使用权的产品的当年产量，原料供应情况，肥料、农药的使用种类、方法、用量，添加剂使用情况，产品价格，防伪标签使用情况等内容。

e. 获得绿色食品标志使用权的企业不得擅自改变生产条件、产品标准及工艺。企业名称、法人代表等变更须及时报中国绿色食品发展中心备案。

思考练习题

一、单选题

1. 绿色食品开发和管理工作是经国务院批准，由（　　）在全国组织实施的。

a. 中华人民共和国农业部　　b. 国家环境保护总局

c. 国家工商行政管理总局　　d. 中华人民共和国卫生部

2. 绿色食品事业创立于（　　）。

a. 1990 年　　b. 1991 年　　c. 1992 年　　d. 1993 年

3. 中国绿色食品发展中心是负责全国绿色食品开发和管理工作的专门机构，隶属（　　），与农业部绿色食品管理办公室合署办公。全国各地设立各级绿色食品管理机构、绿色食品产品质量检测机构和产地环境质量监测机构。

a. 中华人民共和国农业部　　b. 中华人民共和国卫生部

c. 国家林业局　　d. 国家环境保护总局

4. 中国共产党第（　　）三中全会《中共中央关于推进农村改革发展若干重大问题的决定》提出支持发展绿色食品。

a. 第十一届　　b. 第十四届　　c. 第十五届　　d. 第十七届

5. 使用绿色食品标志商标必须经（　　）审核许可。

a. 中华人民共和国农业部　　b. 农业部绿色食品管理办公室

c. 中国绿色食品发展中心　　d. 中国绿色食品协会

6. 绿色食品标志商标是在国家商标局注册的我国第一例（　　）。

a. 产品商标　　b. 服务商标　　c. 证明商标　　d. 集体商标

7. 绿色食品标志商标是在我国注册的（　　）证明商标。

a. 第 1 例　　b. 第 2 例　　c. 第 5 例　　d. 第 10 例

8. 绿色食品标志商标的注册人是（　　）。

a. 中华人民共和国农业部　　b. 中国绿色食品发展中心

c. 中国绿色食品协会　　d. 绿色食品生产企业

9. 绿色食品标志商标是（　　）注册的。

a. 1990 年　　b. 1992 年　　c. 1996 年　　d. 2006 年

10. 绿色食品商标在（　　）商品上进行了注册。

a.《商标注册用商品和服务国际分类》中的 1、3、5、29、30、31、32、33 等八大类。

b.《商标注册用商品和服务国际分类》中的 1、2、3、5、29、30、31、32、33 等九大类。

c.《商标注册用商品和服务国际分类》中的 29、30、31、32、33 等五大类。

d.《商标注册用商品和服务国际分类》中的 1、3、5、29、30、31、等六大类。

11. 在产品包装及广告宣传上使用绿色食品标志，必须获得（　　）许可。

a. 中国绿色食品发展中心　　b. 国家食品药品监督管理局

c. 国家工商行政管理总局　　d. 国家质量监督检验检疫总局

12. 企业使用绿色食品标志申请获得批准后可（　　），使用期满须办理续展后方可继续使用。

a. 长期使用　　b. 使用 5 年　　c. 使用 3 年　　d. 使用 10 年

13. 消费者在市场上选购绿色食品时，应该选择产品包装上同时具备（　　）的商品。

a. 绿色食品标志图形、绿色食品编号

b. 绿色食品标志图形、“绿色食品”字样、绿色食品编号。

c. 绿色食品标志图形　　d. 绿色食品标志图形、绿色食品四个字。

14. 获得绿色食品标志使用权的企业，当企业名称、产品名称或商标发生变化时，应办理（　　）手续。

a. 证书变更　　b. 重新申报　　c. 申请备案　　d. 公告声明

15. 对授权使用绿色食品标志的企业和产品，各地绿色食品管理机构每年都组织（　　）。

a. 产品展示　　b. 年度检查　　c. 问卷调查　　d. 市场追踪

16. 中国绿色食品发展中心每年对绿色食品产品质量进行（　　）。

a. 市场调查　　b. 专家鉴定　　c. 抽样检验　　d. 企业调查

17. 各地绿色食品管理机构每年都组织开展（　　）活动，检查绿色食品企业使用绿色食品标志的规范性，打击假冒绿色食品行为，以维护市场秩序,保护消费者权益。

a. 市场监察　　b. 产品展销　　c. 质量评比　　d. 市场调查

18. 中国绿色食品发展中心（　　）通过媒体向社会发布绿色食品重要事项及产品信息。

a. 每个月　　b. 每季度　　c. 每年　　d. 不定期

19. 企业对绿色食品产品抽检结论如有异议，应于收到“报告”或“通知”之日(以当地邮局邮戳日期为准)起（　　）内向中国绿色食品发展中心提出书面复议或仲裁申请。

a. 10 天　　b. 15 天　　c. 20 天　　d. 25 天

20. 年检合格的企业应于绿色食品标志年度使用期满前（　　）向所在地省级绿办申请核准证书。

a. 10 天　　b. 15 天　　c. 20 天　　d. 30 天

21. 绿色食品证书须在年检后（　　）方为有效。

a. 加盖“年检合格章”　　b. 重新换发

c. 领取副证　　d. 企业自行标注

22. 绿色食品产品包装上从（　　）开始使用“企业信息码”代替原“绿色食品标志编号”，过渡期为 3 年。

a. 2000 年 1 月 1 日　　b. 2005 年 7 月 1 日　　c. 2006 年 8 月 1 日　　d. 2009 年 8 月 1 日

23. 绿色食品证书有效期为 3 年，企业续展须在证书有效期满前（　　）提出申请。

a. 1 个月　　b. 3 个月　　c. 5 个月　　d. 6 个月

24. 绿色食品产品标准属于下列哪个层级的标准？（　　）

a. 国家标准　　b. 行业标准　　c. 地方标准　　d. 企业标准。

25. 绿色食品标准是由（　　）组织制定的。

a. 中华人民共和国商务部　　b. 中华人民共和国卫生部

c. 中华人民共和国农业部　　d. 中华人民共和国国家发展与改革委员会

26. 绿色食品标准的代号是（　　）。

a. GB/T　　b. NY　　c. QB　　d. NY/T

27. 绿色食品标准中安全卫生项目和指标的水平定位是 A。

a. 达到发达国家同类食品要求　　b. 达到国家标准同类食品要求

c. 达到本行业同类食品要求　　d. 达到本行业领先企业标准要求

28. 绿色食品产品标准的质量特征指标的水平定位是（　　）。

a. 达到本地区同类食品品质要求　　b. 达到国内同类食品优级或一级品质要求

c. 达到本行业同类食品基本品质要求　　d. 达到本企业标准的优级品要求

29. 绿色食品产品质量检验工作由（　　）承担。

a. 各级质量监督部门的质检机构　　b. 有检验资质的食品质检机构

c. 农业部下属的农产品质检机构

d. 中国绿色食品发展中心委托的具有政府授权资质的绿色食品定点检测机构

二、多选题

1. 绿色食品遵循可持续发展原则，产自优良环境，实行全程质量控制，具有（　　）的特性。

a. 无污染　　b. 安全　　c. 优质　　d. 保健

2. 发展绿色食品的意义是（　　）。

a. 保护生态环境　　b. 提高农产品质量安全水平

c. 增进人民身体健康　　d. 促进企业增效、农民增收

3. 绿色食品的安全性主要体现在（　　）。

a. 通过产地环境和产品质量的两端监测，把住生产源头的环境质量关和消费者直接消费的产品质量关。

b. 通过对生产过程的监督管理和指导，把住生产中的投入品关，并控制其他可能产生的危害。

c. 减少或完全去除食品产品上的农药残留、兽药残留、食品添加剂残留。

d. 将食品中重金属含量、生物自身或生产中自然产生的毒素或有害物质的含量控制到最低程度。

4. 绿色食品质量管理工作的原则是（　　）。

a. 坚持标准　　b. 规范认证　　c. 加强监管　　d. 风险预警

5. 绿色食品实施“从土地到餐桌”全程质量控制，主要环节有（　　）。

a. 产地环境监测　　b. 生产过程控制

c. 产品质量检测　　d. 产品包装、储藏、运输管理

6. 绿色食品品牌的公信力主要体现在（　　）。

a. 标准科学、认证有效、监管严格　　b. 产品质量稳定可靠

c. 企业使用标志规范　　d. 市场秩序良好

7. 绿色食品标志商标在国家工商行政管理总局商标局注册的商标形式包括以下（　　）。

a. 绿色食品标志图形　b. 中文：绿色食品　c. 英文：GREEN FOOD

d. 绿色食品标志图形、绿色食品、GREENFOOD 三者组合

8. 绿色食品标志商标除在中国境内注册外，还在以下（　　）等国家和地区进行了注册。

a. 美国　　b. 日本　　c. 中国香港　　d. 越南

9. 各级绿色食品管理机构依据中华人民共和国（ ）和农业部颁发的（ ）等国家有关法律、法规及规定实施绿色食品管理。

a.《中华人民共和国农产品质量安全法》 b.《中华人民共和国商标法》
c.《中华人民共和国食品安全法》 d.《绿色食品标志管理办法》

10. 消费者在市场上买到带有绿色食品标志的产品，可通过（ ）方式查询真伪。

a. 登录中国绿色食品网 b. 打电话给消费者协会
c. 向中国绿色食品发展中心查询 d. 直接询问销售商

11. 中国绿色食品发展中心对（ ）产品进行公告。

a. 通过认证产品 b. 企业年检不合格产品
c. 产品抽检不合格产品 d. 逾期未续展产品

12. 绿色食品产品公告在（ ）等媒体上发布。

a. 中国绿色食品网 b. 农民日报 c. 中国食品报 d. 文摘报

13. 绿色食品企业信息码 GF XXXXXX XX XXXX 的含义按顺序依次为（ ）。

a. 当年通过认证企业的顺序号 b. GREEN FOOD 缩写
c. 企业通过认证的年份 d. 企业所在地区的数字代码

14. 绿色食品年检主要是检查企业（ ）。

a. 质量控制是否健全 b. 使用绿色食品标志是否规范
c. 加工产品的原料是否符合绿色食品要求 d. 产品质量是否合格

15. 对绿色食品畜禽养殖企业进行年检时，监管员应重点检查企业的（ ）。

a. 防疫、检疫制度的建立和执行情况 b. 药品的使用情况
c. 饲料及饲料添加剂来源和使用情况 d. 育种情况

16. 对绿色食品加工企业进行年检时，监管员应重点检查企业（ ）。

a. 原料采购合同执行情况 b. 厂区的绿化情况
c. 添加剂使用情况 d. 生产工艺有无改变

17. 对绿色食品种植企业进行年检时，监管员应重点检查企业（ ）。

a. 农药使用情况 b. 肥料使用情况
c. 产品价格情况 d. 病虫草害防治情况

18. 企业使用绿色食品标志期间，当发生下列（ ）情况，中国绿色食品发展中心立即取消其标志使用权，并公告于众。

a. 产品抽检质量安全指标不合格
b. 生产条件发生变化，不符合绿色食品生产要求
c. 无正当理由拒绝接受绿色食品管理机构组织的监督检查
d. 企业不履行《绿色食品标志使用许可合同》有关规定

19. 中国绿色食品发展中心及各地绿色食品管理机构采用（ ）等多种形式对使用绿色食品标志的企业和产品进行监督管理。

a. 产品抽检 b. 市场监察 c. 随机问卷调查 d. 企业年检

20. 消费者在市场上选购绿色食品时，应注意（ ）等包装特征。

a. 有无绿色食品标志 b. 包装是否美观
c. 包装的大小、形状 d. 是否有绿色食品编号

21. 绿色食品认证依据包括（ ）。

a. 国家相关法律法规 b. 国家相关强制性技术规范
c. 绿色食品准则、标准 d. 绿色食品相关技术规范

22. 绿色食品认证程序主要包括（　　）。
a. 环境监测　　b. 现场检查
c. 产品检测　　d. 认证审核和专家评审
23. 绿色食品种植业产品生产应做到（　　）。
a. 种植基地土壤、大气和灌溉水应达到绿色食品相关标准要求
b. 种植过程中农药、肥料等农业投入品的使用应符合绿色食品相关准则的要求，投入品对环境和种植产品不产生污染
c. 产品质量应达到绿色食品产品质量标准要求，安全、优质
d. 产品包装、储运应达到绿色食品包装和储运准则要求
24. 为保证绿色食品认证的规范性和有效性，所坚持的基本原则主要包括（　　）。
a. 客观独立　　b. 公开公正　　c. 诚实信用　　d. 依法行政审批
25. 认证绿色食品种植业产品，需要对生产企业实施现场检查，主要内容包括（　　）。
a. 种植基地环境质量状况　　b. 种植过程农药、肥料等投入品使用情况
c. 产品的包装、储藏和运输情况　　d. 整个生产过程相关记录
26. 绿色食品畜禽产品生产的（　　）环节，要符合绿色食品标准要求生产。
a. 饲料原料种植　　b. 饲料组成、加工
c. 养殖过程　　d. 屠宰加工及包装、贮运
27. 认证绿色食品产品，需对产品及产品原料产地环境质量进行监测。 主要监测的环境因子包括（　　）。
a. 土壤　　b. 大气　　c. 灌溉水　　d. 生物多样性
28. 创建绿色食品原料标准化生产基地的目标是（　　）。
a. 全面执行绿色食品标准化生产和全程质量控制
b. 促进农产品区域化布局、产业化经营、标准化生产和市场化发展
c. 提高农业综合生产能力，增强农产品市场竞争力
d. 促进农民增收、农业增效和县域经济发展
29. 绿色食品原料标准化生产基地应建立健全完善的管理体系，主要包括（　　）。
a. 组织管理体系和监督管理体系　　b. 基础设施体系
c. 生产管理体系　　d. 农业投入品管理体系和技术服务体系
30. 绿色食品标准的基本特点主要有（　　）。
a. 坚持“从土地到餐桌”的全程质量控制技术路线
b. 符合保护生态环境的可持续发展原则
c. 强调产品安全、优质　　d. 突出产品的外观要求
31. 绿色食品标准体系包括（　　）。
a. 产地环境质量标准　　b. 生产过程中的技术标准
c. 产品标准　　d. 包装、储藏运输标准
32. 绿色食品种植业产品生产过程中必须严格执行（　　）。
a.《绿色食品　产地环境技术条件》　　b.《绿色食品　农药使用准则》
c.《绿色食品　肥料使用准则》　　d.《绿色食品　饲料和饲料添加剂使用准则》
33. 绿色食品生产中对纸类包装要求包括（　　）。
a. 可重复使用回收利用或可降解　　b. 表面不允许涂蜡和上油
c. 不允许涂塑料等防潮材料
d. 纸箱连接药采取粘合方式，不允许用扁丝钉钉合

34. 绿色食品畜禽养殖过程中必须严格执行（　　）。

a.《绿色食品　动物卫生准则》 b.《绿色食品　兽药使用准则》

c.《绿色食品　饲料及饲料添加剂使用准则》 d.《绿色食品　食品添加剂使用准则》

35. 查找绿色食品标准的途径有（　　）。

a. 直接到农业出版社购买标准文本(2003年以前的标准到中国标准出版社购买)

b. 通过中国绿色食品发展中心查询

c. 通过各省级绿色食品管理机构查询

d. 通过中国绿色食品发展中心委托的产品质量定点监测机构查询

36. 绿色食品产品标准中的安全卫生指标主要包括（　　）。

a. 重金属指标 b. 农药残留、兽药残留

c. 食品添加剂限量 d. 微生物指标

37. 绿色食品标准的作用和意义是（　　）。

a. 绿色食品质量认证和质量体系认证的依据

b. 开展绿色食品生产和管理活动的技术、行为规范

c. 维护绿色食品生产者和消费者利益的技术和法律依据

d. 促进我国农业及食品加工业生产技术水平的提升

38. 在绿色食品标准制定过程中，必须进行的工作包括（　　）。

a. 企业、市场调研 b. 国内外相关标准查询

c. 请消费者参与制定 d. 项目指标、数据实验验证

三、判断题

1. 绿色食品实施“以技术标准为基础、质量认证为形式、商标管理为手段”的基本管理制度。（　　）

2. 绿色食品的“绿色”表明生产过程保护生态环境和产品产自优良环境。（　　）

3. 野生食品、天然食品就是绿色食品。（　　）

4. 绿色食品是一项公益性事业。（　　）

5. 绿色食品推行“以品牌为纽带、企业为主体、基地为依托、农户为基础”的产业发展模式。（　　）

6. 绿色食品只强调产品无污染、安全的特性，对品质没有要求。（　　）

7. 施用农家肥的产品都是绿色食品。（　　）

8. 绿色食品标志图形由三部分构成，即上方的太阳、下方的叶片和中心的蓓蕾。（　　）

9. 绿色食品标志图形为圆形，意为保护、安全。（　　）

10. 绿色食品标志商标和企业的注册商标可以同时在产品包装上使用。（　　）

11. 获证企业的单位名称、产品名称、商标和批准产量等发生改变时，企业要及时到中国绿色食品发展中心办理相关变更手续。（　　）

12. 绿色食品产品编号用于绿色食品证书，形式为 LB—XX—XX XX XX XXXX A，其含义按顺序是：“绿标”汉语拼音缩写、产品分类、批准年度、批准月份、省份(国别)、产品序号、产品分级。（　　）

13. 中国绿色食品发展中心是绿色食品证书的唯一颁证机构。（　　）

14. 绿色食品企业可在自愿互利的条件下，将绿色食品标志转让或许可给第三者使用。（　　）

15. 绿色食品企业信息码启用后，它将在产品包装上取代原绿色食品产品编号。（　　）

16. 中国绿色食品发展中心对获得和取消绿色食品标志使用权的企业和产品都进行公告。

（　　）

17. 企业获得绿色食品标志使用权后可无限期使用。（　　）

18. 绿色食品产品抽检可以到生产企业抽样，也可以到市场上采样。（　　）

19. 消费者发现假冒绿色食品可向当地工商部门和绿色食品管理部门举报。（　　）

20. 企业部分产品获得绿色食品认证，其它未获认证产品不能使用绿色食品标志。（　　）

21. 只要产品质量达到绿色食品标准就可认证为绿色食品。（　　）

22. 所有的农产品及加工品均可申请绿色食品认证。（　　）

23. 对于申请绿色食品猪肉产品企业，只对养殖场和屠宰场进行现场检查。（　　）

24. 所有企业可以申请绿色食品认证。（　　）

25. 绿色食品认证虽属于产品认证的范畴，但其遵循全程质量控制的认证过程也同时融入了体系认证的理念。（　　）

26. 境外产品也可申请绿色食品认证。（　　）

27. 境外产品在申请认证时，需派注册检查员进行现场检查。（　　）

28. 实施产品认证时，应有注册检查员赴申请企业进行现场检查。（　　）

29. 申请绿色食品认证的产品，虽然其原料产地环境达不到绿色食品环境质量要求，但其产品质量达到了相应的绿色食品产品标准要求，可以获得绿色食品认证证书。（　　）

30. 绿色食品原料标准化生产基地产出的产品使用绿色食品标志，必须另行申请并通过绿色食品认证。（　　）

31. 被取消绿色食品标志使用权的产品，一年内不再受理其绿色食品认证申请。（　　）

32. 未通过绿色食品认证审核的产品，本生产周期内不再受理其认证申请。（　　）

33. 绿色食品原料标准化生产基地建设工作是农业标准化工作的重要组成部分。（　　）

34. 创建绿色食品原料标准化生产基地是扩大绿色食品生产规模的有效途径。（　　）

35. 绿色食品禁止使用用基因工程方法生产的农药和兽药等投入品。（　　）

36. 食品包装上标称执行绿色食品标准的产品一定是绿色食品。（　　）

37. 绿色食品蔬菜在生长期内禁止使用各类除草剂。（　　）

38. 绿色食品生产中禁止使用化学合成的植物生长调节剂。（　　）

39. 绿色食品标准对绿色食品生产企业而言是强制性的。（　　）

40. 绿色食品标准是由农业部统一制定和发布的。（　　）

项目三　有机食品认证

随着人类发展、社会进步及生活水平的提高，人们对环境、生态及健康问题更加关注，对食品从数量满足转变为质量的要求，对农业提出可持续发展的要求。因此，可持续发展农业（生态或有机农业）及纯天然、无污染、高质量、富营养的食品（有机食品）成为世界农业及食品行业的发展方向。

任务一　有机食品概述

一、有机农业的起源

1. 有机农业的产生阶段

1905 年，欧洲科学家提出了“天然有机农业”的概念。英国植物学家阿尔伯特·霍华德对此贡献突出，被称为“天然有机农业之父”。

1909 年，美国农学家 F-H-金到中国、韩国和日本调查学习古代传统农业方式。1911 年，他发表了调查报告，提出了参考东方古代传统农业方式来发展现代天然有机农业的主张。

1924 年，德国学者鲁道夫·施泰纳发表作品《农业重建的精神基础》并开设“农业发展的社会科学基础”课程，其理论核心为：人类作为宇宙平衡的一部分，为了生存必须与环境协调一致；企业作为个体和有机体，要求饲养反刍动物、使用生物动力制剂、重视宇宙周期。他强调天然有机农业发展必须强化对农民的指导、强调植物和土壤的互动作用及其自然平衡。德国的普法伊费尔在农业上应用这些原理，从而产生了生物动力农业。至 20 世纪 20 年代末，生物动力农业在德国、瑞士、英国、丹麦和荷兰得到了发展。

20 世纪 30 年代，瑞士的汉斯·米勒推进了有机生物农业。他的目标是：保证小农户不依赖外部投入而在经济上能独立进行生产，施用厩肥以保持土壤肥力。玛丽亚·米勒将汉斯·米勒的理论应用到果园生产系统。拉什强调厩肥对培肥地力的作用，丰富了通过土壤生物保持土壤肥力、促进有机物质循环的理论。汉斯·米勒和拉什为有机生物农业奠定了理论基础，使有机生物农业在德语国家和地区得到发展。

1935 年，英国的霍华德爵士总结了在印度长达 25 年的研究结果，出版了《农业圣典》一书，论述了土壤健康与植物、动物健康的关系，奠定了堆肥的科学基础。他被认为是现代有机农业的奠基人。

1935 年，日本的冈田茂吉创立了自然农业，提出在农业生产中尊重自然，重视土壤，协调人与自然关系的思想，主张通过增加土壤有机质，不施用化肥和农药。20 世纪 60 年代日益恶化的环境和健康问题促进了自然农业在日本的兴起。自然农业技术纲要成为日本有机产品标准的重要内容。

1939 年，“有机农业”一词成为学界和农界正式使用的术语，以此区别于化工农业和古代农业。

1940 年，美国的罗代尔受霍华德爵士的影响，开始了有机园艺的研究和实践，1942 年出版了《有机园艺》一书。英国的伊夫·鲍尔费夫人第一个开展了常规农业与自然农业方法比较的长期试验。

1943 年，鲍尔费夫人的天然有机农业科研实验室方式得到国际社会的公认，导致了天然有机农业国际学术研讨组织“土壤协会”的成立。

1946 年，英国土壤协会建立，成员包括农民、科学家和营养学家；研讨活动的主题是人类与自然生物圈的有机关系及其环境保护。该协会根据霍华德爵士的理论，提倡返还给土壤有机质，保持土壤肥力，以保持生物平衡。该协会于 20 世纪 70 年代在国际上率先创立了有机产品的标识、认证和质量控制体系。

1947 年，在法国，医学界和消费者针对第二次世界大战大量使用生化武器并兼用于农田农药而导致癌症和精神失常的状况，提出抵制化工农业和致力发展天然有机农业的主张(这也是后来法国格外反对和抵制转基因化工农业及其食品的历史缘故之一)。

1950 年，美国学者 J.I. 罗戴尔系统地提出了“长期可持续发展”的农业政策主张，借助天然有机农业实验园艺向社会和消费者介绍相关知识和方法，对天然有机农业科学知识和普及做出了突出贡献。

1953 年，专职于天然有机粮食生产供应的联营公司在美国德州成立。

1959 年，法国成立了天然有机农民协会组织。

1962 年，著名自然主义者、女科学家雷切尔·路易丝·卡森发表《寂静的春天》，对滴滴涕等化学农药造成的严重危害提出了控诉式批评，获得了整个西方社会的巨大同情和支持。许多人认为，她的作品是美国立法禁止使用滴滴涕等化学农药、促使西方社会后现代运动更深刻地反思“化工主义”和倡导“自然主义”的关键因素。

2. 有机农业的扩展阶段

20 世纪 60 年代后，有机农业的理论研究和实践在世界范围内得到了扩展。特别是 70 年代的石油危机，以及与之相关的农业和生态环境问题，如高投入低效益、农产品品质下降和环境污染加剧等，促使人们对现代农业进行反思，探索新的出路。以合理利用资源、有效保护环境、低投入、高效率、食品安全为宗旨，回归自然、寻找替代以及持续农业的思潮和模式，包括有机农业、有机生物农业、生物动力农业、生态农业、自然农业等概念得到扩展，研究更加深入，实践活动活跃。

二、有机农业相关概念

1. 有机农业（organic agriculture）

遵照特定的农业生产原则，在生产中不采用基因工程获得的生物及其产物，不使用化学合成的农药、化肥、生长调节剂、饲料添加剂等物质，遵循自然规律和生态学原理，协调种植业和养殖业的平衡，采用一系列可持续的农业技术以维持持续稳定的农业生产体系的一种农业生产方式。

2. 有机产品（organic product）

按照本标准生产、加工、销售的供人类消费、动物食用的产品。

3. 常规（conventional）

生产体系及其产品未按照本标准实施管理的。

4. 生物多样性（biodiversity）

地球上生命形式和生态系统类型的多样性，包括基因的多样性、物种的多样性和生态系统的多样性。

5. 基因工程技术(转基因技术)［genetic engineering（genetic modification)］

指通过自然发生的交配与自然重组以外的方式对遗传材料进行改变的技术，包括但不限于重组脱氧核糖核酸、细胞融合、微注射与宏注射、封装、基因删除和基因加倍。

6. 基因工程生物（转基因生物）［genetically engineered organism（genetically modified organism)］

通过基因工程技术/转基因技术改变了其基因的植物、动物、微生物。不包括接合生殖、转导与杂交等技术得到的生物体。

三、我国有机食品发展的概述

1990 年，浙江省临安县的裴后茶园和临安茶厂获得荷兰有机认证机构 SKAL 的有机认证证书，这是中国大陆第一次获得有机认证证书。1994 年，国家环境保护总局有机食品发展中心（简称 OFDC）在南京成立，成为我国有机食品标准制定、认证和管理的机构。2003 年，国家认证认可监督管理委员会（简称国家认监委）接管有机产品的认证认可管理职能后，组织有关部门进行有机产品国家标准的制定及有机产品认证管理办法的起草工作，于 2005 年 4 月 1 日起实施 GB/T 19630—2005 有机产品国家标准，我国的有机食品发展从此进入规范、快速发展阶段。

近年来，随着我国经济的不断发展，居民人均收入也在逐步增加，人们对消费品的要求由最初的“量”逐步向“质”的方向转变，且随着网购的出现，食品安全事故的不断发生，这也就增加了人们对健康食品的需求，因此我国绿色食品及有机食品的市场需求在不断增加。目前，我国有机食品产业已具备了一定的发展基础，品牌影响力不断扩大，并形成了以有机豆类为主的东北地区、以有机蔬菜为主的山东省、以有机茶叶为主的江浙皖赣等几大集中生产区域。

在政府部门的合理引导下，在市场需求的有力拉动下，我国有机食品产业依托部分地区的生态条件、环境优势和资源特色，保持了较快的发展态势，已成为富有活力和成长性的朝阳产业。有机产品的销售价格是同类普通食品的200%以上。截至2013年，已认证有机食品企业731家，产品3081个，认证面积达2644.7万亩，年销售额134.8亿元，出口额2000万美元；认证境外企业14家，产品86个。2015年，中国有机农产品消费将达到248亿～594亿元的市场规模，有机食品将以年均15%的增速发展。

尽管市场空间较大，但是结合目前我国有机产品的市场来看，有机产品市场依然存在较多问题，如市场推广力度不够，很多消费者只是对所谓的有机食品有所耳闻，并不知道真正意义上的“有机”概念；而且我国有机产品的消费者主要集中在收入较高、经济条件比较富裕或受过高等教育的知识阶层人群，其他的普通收入人群对有机产品的消费能力则较差，这主要还是因为有机产品价格通常比普通农产品价格高出许多所致，而且消费者对我国有机食品的信任度缺乏，一般的消费者都不太相信市场上所谓的“有机食品”，因此也就更不会去购买比普通产品价格高出许多的有机食品。除此之外，在产品的质量管控上也应该加大力度，因为目前市场上很多有机产品质量不过关，尽管通过了某些认证，但还不是真正意义上的有机产品，质量不过关，最终会失去大量的忠实消费者。

任务二 有机产品认证的相关法规和要求

我国的认证认可体系由法规和标准体系、认证认可制度体系、从业机构体系、监督管理体系、国际合作体系、外部环境体系六大单元组成。法规和标准体系是由一系列规范认证认可活动的法规、管理制度、办法与技术标准组成的、具有约束力的法律规范和制度的总称。目前我国的认证认可法规和标准体系有以下几个层次组成。

一、法律

目前主要有四部法律涉及认证认可活动。分别是：《产品质量法》、《进出口商品检验法》、《标准化法》和《计量法》。四部法律分别对管理体系和产品质量认证、进出口商品的检验和认证、产品的质量和技术标准、计量器具与计量检定等相关活动的开展和相关规范的制定实施、监督管理以及法律责任做出了规定。

二、行政法规

目前规范认证认可活动的行政法规主要由三部国务院制定和发布的条例组成，分别是：《中华人民共和国认证认可条例》、《进出口商品检验法实施条例》和《计量法实施细则》等。《认证认可条例》是目前规范我国认证认可活动的主要法规。该条例作为专门规范认证认可活动的法规，集中和系统地对开展认证认可活动所涉及的相关方面做出了较为明确的规定，是细化相关法律规定、规范认证认可活动和指导制定具体规章和办法的主体和依据，是认证认可法规体系的核心。

三、部门规章

部门规章主要是国务院认证认可行政主管部门和相关部门制定实施的规范认证认可活动的相关规定和办法。主要包括：《认证机构管理办法》、《强制性产品认证管理规定》、《无公害农产品管理办法》、《进口食品国外生产企业卫生注册管理规定》、《出口食品企业卫生注册管理规定》、《认证违法行为处罚暂行规定》、《认证及认证培训、咨询人员管理办法》、《认证证书和认证标志管理办法》、《强制性产品认证机构、检查机构和实验室管理办法》、《有机产品认证管理办法》、《能源效率标识管理规定》、《认证培训机构管理办法》、《认证咨询机构管理办法》及《实验室和检查机构资质认定管理办法》等。

《有机产品认证管理办法》（国家质检总局 2013 年第 155 号令）是我国现行对有机产品认证、流通、标识、监督管理的强制性要求，明确了有机产品的定义、有机产品标准和合格评定程序的要求，对有机产品的监督管理体制、适用范围等进行了具体规定；提出了从事有机产品认证活动的认证机构及其人员的具体要求；对从事有机产品产地（基地）环境检测、产品样品检测活动机构的资质要求做出了规定；规定了有机产品认证证书的基本格式、内容以及标志的基本式样，并明确了有机产品认证证书和标志在使用中的具体要求；规定了认监委和地方质检部门对有机产品监督检查工作中的具体监管方式；规定了对有机产品认证认可活动中违法行为的处罚。

四、行政规范性文件

行政规范性文件主要是由国家认证认可监督管理委员会制定实施的规范认证认可活动的相关规定和办法。涉及有机产品认证的行政规范性文件主要有：《认证技术规范管理办法》、《认证机构、检查机构、实验室获得境外认可备案办法》、《认证认可行政处罚若干规定》、《认证机构及认证培训、咨询机构审批登记与监督管理办法》、《国家认可机构监督管理办法》、《认证认可申诉、投诉处理办法》、《有机产品认证实施规则》等。

《有机产品认证实施规则》（国家认监委 2014 年第 11 号令）是对认证机构开展有机产品认证程序的统一要求，分别对认证申请、受理、现场检查的要求、提交材料和步骤、样品和产地环境检测的条件和程序、检查报告的记录与编写、做出认证决定的条件和程序、认证证书和标志的发放与管理方式、收费标准等做出了具体规定。

《有机产品认证目录》（认监委 2012 年第 2 号公告）规定了可以进行有机产品认证的产品范围，只有在目录中的产品才可以进行有机产品认证。

五、技术标准

我国现行的认证认可标准体系由规范认证认可活动的标准、导则、指南等标准类文件和认证依据的标准、技术规范类文件组成。有机产品认证活动依据为《有机产品》GB/T 19630，《有机产品》GB/T 19630

分为四个部分：GB/T 19630.1—2011《有机产品 第 1 部分：生产》，GB/T 19630.2—2011《有机产品 第 2 部分：加工》，GB/T 19630.3—2011《有机产品 第 3 部分：标识与销售》，GB/T 19630.4—2011《有机产品 第 4 部分：管理体系》。

《有机产品》GB/T 19630 从有机产品的生产、加工、标识与销售以及管理体系等四个方面均提出了技术要求，是有机产品认证必须依据的标准。需要注意的是，国家标准化管理委员会2014年3月6日中华人民共和国国家标准第3号公告批准发布了GB/T 19630.1—2011《有机产品 第1部分：生产》国家标准第1号修改单，GB/T 19630.2—2011《有机产品 第2部分：加工》国家标准第1号修改单，GB/T 19630.3—2011《有机产品 第3部分：标识与销售》国家标准第1号修改单，自2014年4月1日起实施。因此原2011版有机产品标准的相关内容需按修改单要求进行修改使用。

另外需关注，在《有机产品》国家标准中涉及到产地的环境质量标准：土壤环境质量符合GB 15618中的二级标准；农田灌溉用水水质符合GB 5084的规定；环境空气质量符合GB 3095中二级标准和GB 9137的规定。

任务三 有机产品标准的理解

本书所述说明如下：对有机标准的理解要点均以某奶牛养殖牧场有机认证为例进行描述。本书所述相关法规、标准要求均为现行有效版本，这些法规、标准会适时进行修改，因此不管何时，均应按当时有效版本的要求执行。

一、GB/T 19630.1—2011《有机产品 第1部分：生产》标准及理解要点

> 4.1 生产单元范围
>
> 有机生产单元的边界应清晰，所有权和经营权应明确，并且已按照GB/T 19630.4的要求建立并实施了有机生产管理体系。

理解要点：有机生产单元应有合法的营业执照、土地使用证明、组织机构代码证等。

> 4.2 转换期
>
> 由常规生产向有机生产发展需要经过转换，经过转换期后播种或收获的植物产品或经过转换期后的动物产品才可作为有机产品销售。生产者在转换期间应完全符合有机生产要求。

理解要点：转换期是有机产品认证中非常重要的要求之一。植物生产的转换期执行5.1条款要求，植物生产除了野生采集（如天然野生羊草）、食用菌栽培（土培和覆土之外）、芽苗菜生产以外，均有转换期。

畜禽养殖的转换期执行8.1条款要求。

有机转换期间的产品不能进行销售；从认证委托人开始按照有机标准进行管理，必须符合有机生产要求，包括在转换期期间。

> 4.3 基因工程生物/转基因生物
>
> 4.3.1 不应在有机生产体系中引入或在有机产品上使用基因工程生物/转基因生物及其衍生物，包括植物、动物、微生物、种子、花粉、精子、卵子、其他繁殖材料及肥料、土壤改良物质、植物保护产品、植物生长调节剂、饲料、动物生长调节剂、兽药、渔药等农业投入品。
>
> 4.3.2 同时存在有机和非有机生产的生产单元，其常规生产部分也不得引入或使用基因工程生物/转基因生物。

理解要点：以牧场为例，从认证委托人按照有机标准进行管理开始，作物种植基地就不允许使用转基因的种子，牧场就不得饲喂转基因的饲料等，所有使用的物质和材料都不得是转基因的。如果存在平行生产，作物种植基地和牧场的常规生产部分也不得引入或使用基因工程生物/转基因生物。

> 4.4　辐照
>
> 不应在有机生产中使用辐照技术。

理解要点：辐照是放射性核素高能量的放射，能改变食品的分子结构，以控制食品中的微生物、病菌、寄生虫和害虫，达到保存食品或抑制诸如发芽或成熟等生理过程。

如果使用辐照技术，就改变了食品的分子结构，违背了“遵循自然规律和生态学原理”的有机农业要求。

> 4.5　投入品
>
> 4.5.1　生产者应选择并实施栽培和/或养殖管理措施，以维持或改善土壤理化和生物性状，减少土壤侵蚀，保护植物和养殖动物的健康。
>
> 4.5.2　在栽培和/或养殖管理措施不足以维持土壤肥力和保证植物和养殖动物健康，需要使用有机生产体系外投入品时，可以使用附录A和附录B列出的投入品，但应按照规定的条件使用。在附录A和附录B涉及有机农业中用于土壤培肥和改良、植物保护、动物养殖的物质不能满足要求的情况下，可以参照附录C描述的评估准则对有机农业中使用除附录A和附录B以外的其他投入品进行评估。
>
> 4.5.3　作为植物保护产品的复合制剂的有效成分应是附录A表A.2列出的物质，不应使用具有致癌、致畸、致突变性和神经毒性的物质作为助剂。
>
> 4.5.4　不应使用化学合成的植物保护产品。
>
> 4.5.5　不应使用化学合成的肥料和城市污水污泥。
>
> 4.5.6　认证的产品中不得检出有机生产中禁用物质。

理解要点：投入品是有机产品认证中非常重要的要求之一。

以牧场为例，饲料基地的投入品如种子、有机肥、除草除虫剂等，牧场的投入品有饲草、饲料等均需按照本标准附录A和B使用投入品，如果必须使用附录A或B以外的投入品时，必须参照附录C的评估准则，由认证评估允许后方可使用。常规生产中使用的化学合成农药和化肥等均不可以使用，根据表A.2，杀虫剂可使用天然除虫菊素（除虫菊科植物提取液）。

> 5.1　转换期
>
> 5.1.1　一年生植物的转换期至少为播种前的24个月，草场和多年生饲料作物的转换期至少为有机饲料收获前的24个月，饲料作物以外的其他多年生植物的转换期至少为收获前的36个月。转换期内应按照本标准的要求进行管理。
>
> 5.1.2　新开垦的、撂荒36个月以上的或有充分证据证明36个月以上未使用本标准禁用物质的地块，也应经过至少12个月的转换期。
>
> 5.1.3　可延长本标准禁用物质污染的地块的转换期。

> 5.1.4 对于已经经过转换或正处于转换期的地块，如果使用了有机生产中禁止使用的物质，应重新开始转换。当地块使用的禁用物质是当地政府机构为处理某种病害或虫害而强制使用时，可以缩短5.1.1规定的转换期，但应关注施用产品中禁用物质的降解情况，确保在转换期结束之前，土壤中或多年生作物体内的残留达到非显著水平，所收获产品不应作为有机产品或有机转换产品销售。
>
> 5.1.5 野生采集、食用菌栽培（土培和覆土栽培除外）、芽苗菜生产可以免除转换期。

理解要点：必须注意几种不同类型植物的不同转换期及其计算时间：一年生植物，如玉米、大豆等，它们的转换期需从播种前计算，因此作物种植基地如果想尽量缩短转换期的时间，提高效益，必须做好认证计划，尤其是东北需要休耕，一年只种一季，如果计划不好，就会浪费一年的时间。比如东北大豆播种时间是每年的5月上旬（10月左右收割）。

认证公司认证通过后下发有机转换证书时，有机转换的起始时间是从审查认证委托人材料符合要求同意受理的日期开始计算。

认证机构受理有机产品认证申请的条件之一是认证委托人建立和实施了文件化的有机产品管理体系，并有效运行3个月以上。认证机构审查认证委托人提交的申请材料决定是否受理的时间是在10日内。

如果某奶牛养殖牧场种植基地计划转换期从2016年5月1日前开始（播种前，如果播种日期提前，需往前顺延时间），那么往前推，留出给认证公司审查材料的10天时间，即为4月20日；再留出体系有效运行的3个月时间，即为1月20日；如果再考虑可能会因一些特殊情况需要预留一些时间，比如预留一个月的时间，这样比较稳妥。所以认证委托人的体系建立和实施时间最好是在2015年的12月20日前，向认证公司提交申请的时间最好是2016年3月20日前。这样的话，当认证公司认证合格后，为认证委托人颁发的认证证书上的有机转换日期就会在播种前。

按照5.1.1一年生植物的转换期至少为播种前24个月的要求，18年秋季收获的大豆通过有机认证后即可获得有机认证证书。因为在5月播种前体系文件已经策划好，所有相关事项均可按有机标准实施，尤其是选种给企业赢得了时间。如果因体系未建立、管理失控而选择了经化学物质浸泡过的种子，或是转基因的种子，或是使用了禁用的化肥、农药等物质，那么2016年就不能认证了，只能从2017年开始认证了，就会足足耽误一年的时间。关于“播种前”的时间计算方法，具体的还需与认证公司沟通，不同的认证公司计算方法可能会略微不同。多年生饲料作物：如草场、苜蓿等，转换期是从收获前计算的，至少为有机饲料收获前的24个月。多年生非饲料作物：饲料作物以外的其他多年生植物，如果树类的转换期至少为收获前的36个月。

新开垦的、撂荒的地块需要两个条件，一是至少在36个月以上未使用有机产品标准禁用物质；二是要提供充分的证据，比如提供当地相关的政府部门的证明等；三是即使满足以上两个条件，也应经过至少12个月的转换期。

可免除转换期的作物：一是野生采集，如天然野生羊草，在管理中也不经过任何人工处理，全部是天然野生的，可直接认证为有机产品，不需要转换期（具体要求参见条款6）；二是食用菌栽培（土培和覆土栽培除外，具体要求参见条款7）；三是芽苗菜生产（相关要求参见条款5.9.2）。

使用本标准禁用物质的地块的处理方式可以延长其转换期。

对于已经经过转换或正处于转换期的地块，应重新开始转换。对于此要求又分为两种情况。一是主动使用禁用物质的，毫无疑问，就需要重新开始转换。二是被迫使用禁用物质的，也就是当地块使用的禁用物质是当地政府机构为处理某种病害或虫害而强制使用时，可以缩短 5.1.1 规定的转换期，但应关注施用产品中禁用物质的降解情况，确保在转换期结束之前，土壤中或多年生作物体内的残留达到非显著水平，所收获产品不应作为有机产品或有机转换产品销售。因此当进行有机畜禽养殖认证时，因根据 5.1 条款要求的转换期时间，再结合之后条款所述的畜禽转换期，综合评估出合理的有机作物和有机养殖认证时间，防止因有机作物认证过早，有机养殖未认证下来，造成常规畜禽、有机转换畜禽长期饲喂有机饲料而给企业造成的经济损失，以及因有机养殖认证过早，但因 12 个月后无法获得有机作物，而给认证的持续性带来困难的现象发生。

5.2　平行生产

5.2.1　在同一个生产单元中可同时生产易于区分的有机和非有机植物，但该单元的有机和非有机生产部分（包括地块、生产设施和工具）应能够完全分开，并能够采取适当措施避免与非有机产品混杂和被禁用物质污染。

5.2.2　在同一生产单元内，一年生植物不应存在平行生产。

5.2.3　在同一生产单元内，多年生植物不应存在平行生产，除非同时满足以下条件：

a. 生产者应制定有机转换计划，计划中应承诺在可能的最短时间内开始对同一单元中相关非有机生产区域实施转换，该时间最多不能超过 5 年；

b. 采取适当的措施以保证从有机和非有机生产区域收获的产品能够得到严格分离。

理解要点：在同一生产单元中，同时生产相同或难以区分的有机、有机转换或常规产品的情况。

当存在平行生产时要注意防止交叉污染，产品应易于区分。比如：地块、生产设施和工具应能够完全分开，并防止被禁用物质污染：两块相邻的地块，一块是常规的，一块是有机或有机转换的，当常规地块使用农药、化肥时，应能避免因风、土壤渗透、水流等的作用，使禁用物质对有机地块或有机转换地块产品污染。

收获的常规产品、有机转换产品、有机产品必须严格分离。如使用不同的车辆运输，使用不同的库房进行储存。

对一年生作物和多年生作物的不同要求：一年生作物在同一单元内不应存在平行生产，多年生作物，与一年生作物有同样的要求，但是当同时满足两个条件时可以例外，即常规作物在 5 年内实施转换，同时产品能进行严格分离。

5.3　产地环境要求

有机生产需要在适宜的环境条件下进行。有机生产基地应远离城区、工矿区、交通主干线、工业污染源、生活垃圾场等。

产地的环境质量应符合以下要求：

a. 土壤环境质量符合 GB 15618 中的二级标准；

b. 农田灌溉用水水质符合 GB 5084 的规定；

c. 环境空气质量符合 GB 3095 中二级标准和 GB 9137 的规定。

理解要点：产地环境要求也是有机产品认证中非常重要的要求之一。

选址：根据此条款要求，种植基地、牧场等认证单元的选址是非常重要的，如果选址不符合此条要求，会直接导致认证失败。

检测：在向认证公司提交的申请材料中，必须提供产地环境质量检验报告或证明。如种植基地必须提供土壤检测报告、环境空气质量检验报告或证明，当使用深井水等水源灌溉农田时，还需提供水质检验报告，检测的结果需符合5.3条款要求的国家标准。

> 5.4 缓冲带
>
> 应对有机生产区域受到邻近常规生产区域污染的风险进行分析。在存在风险的情况下，则应在有机和常规生产区域之间设置有效的缓冲带或物理屏障，以防止有机生产地块受到污染。缓冲带上种植的植物不能认证为有机产品。

理解要点：缓冲带的概念是在有机和常规地块之间有目的设置的、可明确界定的用来限制或阻挡邻近田块的禁用物质漂移的过渡区域。

风险评估：缓冲带的距离、宽度没有具体的要求，因此需要对污染的风险进行评估。如种植基地，邻近的常规地块使用的农药、化肥，以及不符合有机标准的土壤和水等，如果没有适宜的缓冲带，都可能通过风、地下水的流动等作用污染到有机地块。因此有机种植基地与常规地块之间，通常会有排水沟、林带、道路等作为缓冲带，以防止交叉污染。

缓冲带的作用：就是防止邻近常规生产区域对有机生产区域造成污染。需注意的一点，缓冲带上种植的植物不能认证为有机产品。

> 5.5 种子和植物繁殖材料
>
> 5.5.1 应选择适应当地的土壤和气候条件、抗病虫害的植物种类及品种。在品种的选择上应充分考虑保护植物的遗传多样性。
>
> 5.5.2 应选择有机种子或植物繁殖材料。当从市场上无法获得有机种子或植物繁殖材料时，可选用未经禁止使用物质处理过的常规种子或植物繁殖材料，并制定和实施获得有机种子和植物繁殖材料的计划。
>
> 5.5.3 应采取有机生产方式培育一年生植物的种苗。
>
> 5.5.4 不应使用经禁用物质和方法处理过的种子和植物繁殖材料。

理解要点：在植物种类及品种的选择上应满足三个要求。

适应性：选择适应当地土壤和气候条件的，如东北和南方选择的品种会不同。

抗性：选择抗病虫害的，这点相对于常规产品的种植来说更为重要，因为有机作物不能选择农药，所选择的植物保护产品（参见附表A.2）的效果是大多数农户未亲自验证过的，而且价格一般也会比普通农药价格高很多，因此选择抗病虫害的植物种类及品种，可降低后期使用植物保护产品可能会带来的风险。

多样性：考虑保护植物的遗传多样性。

选择有机种子、植物繁殖材料的要求：首选选择有机种子或植物繁殖材料。当从市场上无法获得有机种子或植物繁殖材料时，可选用未经禁用物质和方法处理过的常规种子或植物繁殖材料，同时要制定和实施获得有机种子和植物繁殖材料的计划。一年生植物的种苗应采取有机生产方式培育，如水稻的种植需要育苗，那么从水稻种子的选择到育苗的过程中，都需要按照有机生产方式进行。

5.6　栽培

5.6.1　一年生植物应进行三种以上作物轮作，一年种植多季水稻的地区可以采取两种作物轮作，冬季休耕的地区可不进行轮作。轮作植物包括但不限于种植豆科植物、绿肥、覆盖植物等。

5.6.2　宜通过间套作等方式增加生物多样性、提高土壤肥力、增强有机植物的抗病能力。

5.6.3　应根据当地情况制定合理的灌溉方式（如滴灌、喷灌、渗灌等）。

理解要点：需注意对一年生作物轮作的要求，进行三种以上作物轮作，比如第一茬种玉米、第二茬种大豆、第三茬种小麦；合理轮作有助于抑制杂草及病虫害，也有利于改善植物养分的供给，防止土壤流失，降低水资源的污染。连作（指在同一田地上连年种植相同作物的种植方式）会使土壤养分偏耗、有毒物质积累、土壤物理性质恶化、病虫草害加重、减产等。

一年种植多季水稻的地区可以采取两种作物轮作。冬季休耕的地区可不进行轮作，如东北地区就是春季播种、秋季收获、冬季休耕，农作物可以不进行轮作。

5.7　土肥管理

5.7.1　应通过适当的耕作与栽培措施维持和提高土壤肥力，包括：

a）回收、再生和补充土壤有机质和养分来补充因植物收获而从土壤带走的有机质和土壤养分；

b）采用种植豆科植物、免耕或土地休闲等措施进行土壤肥力的恢复。

5.7.2　当5.7.1描述的措施无法满足植物生长需求时，可施用有机肥以维持和提高土壤的肥力、营养平衡和土壤生物活性，同时应避免过度施用有机肥，造成环境污染。应优先使用本单元或其他有机生产单元的有机肥。如外购肥料，应经认证机构按照附录C评估后许可使用。

5.7.3　不应在叶菜类、块茎类和块根类植物上施用人粪尿；在其他植物上需要使用时，应当进行充分腐熟和无害化处理，并不得与植物食用部分接触。

5.7.4　可使用溶解性小的天然矿物肥料，但不得将此类肥料作为系统中营养循环的替代物。矿物肥料只能作为长效肥料并保持其天然组分，不应采用化学处理提高其溶解性。不应使用矿物氮肥。

5.7.5　可使用生物肥料；为使堆肥充分腐熟，可在堆制过程中添加来自于自然界的微生物，但不应使用转基因生物及其产品。

5.7.6　有机植物生产中允许使用的土壤培肥和改良物质见附录A表A.1。

理解要点：土肥使用参见附表A.1土壤培肥和改良物质。常用的有：植物材料（秸秆、绿肥等），如秸秆还田是当今世界上普遍重视的一项培肥地力的增产措施，是把不宜直接作饲料的秸秆（麦秸、玉米秸和水稻秸秆等）直接或堆积腐熟后施入土壤中的一种方法。秸秆还田在杜绝了秸秆焚烧所造成大气污染的同时，还有增肥增产的作用。秸秆还田能增加土壤有机质，改良土壤结构，使土壤疏松，孔隙度增加，容量减轻，促进微生物活力和作物根系的发育。秸秆还田增肥增产作用显著，一般可增产5%～10%，但若方法不当，也会导致土壤病菌增加、作物病害加重及缺苗（僵苗）等不良现象。因此采取合理的秸秆还田措施，才能起到良好的还田效果，要注意秸秆还田一般作基肥用、秸秆还田数量要适中、秸秆施用要均匀等技术要求。

畜禽粪便及其堆肥（使用条件：经过堆制并充分腐熟）。堆肥是利用各种植物残体（作物秸秆、杂草、树叶、泥炭、垃圾以及其他废弃物等）为主要原料，混合人畜粪尿经堆制腐解而成的有机肥料。由于它的堆制材料、堆制原理和其肥分的组成及性质与厩肥相类似，所以又称人工厩肥。堆肥是一种有机肥料，所含营养物质比较丰富，且肥效长而稳定，同时有利于促进土壤固粒结构的形成，能增加土壤保水、保温、透气、保肥的能力，避免因长期单一使用化肥使土壤板结，保水、保肥性能减退的缺陷。

畜禽粪便和植物材料的厌氧发酵产品（沼肥）。沼肥由沼液及沼渣组成，沼液及治渣总称为沼肥，是生物质经沼气池厌氧发酵的产物。沼液中含有丰富的氮、磷、钾、钠、钙等营养元素。沼渣中除含上述成分外，还含有有机质、腐植酸等。此外，沼液和沼渣中还含有微量元素和17种氨基酸以及多种微生物和酶类，对促进作物和畜、禽、鱼的新陈代谢，以及防治某些作物病虫害有显著作用。在农业生产中，沼液及沼渣常用于浸种、叶面施肥、防虫、喂猪、盆栽、种柑橘、种梨、种西瓜、种蔬菜、旱士有积、种水稻、种烤烟、种花生、养鱼、栽培蘑菇、养殖蚯蚓等。在实际生产中，堆肥和沼肥制作难度较大，因此也可采用外购有机肥的方法，但是外购前应对供应商进行评价，该有机肥生产应经过认证公司的评估、许可，供应商能提供相关证明，并需提供营业执照等相关资质证明，必要时应到供应商现场进行审核，确保有机肥的生产符合有机标准要求。

5.8 病虫草害防治

5.8.1 病虫草害防治的基本原则应从农业生态系统出发，综合运用各种防治措施，创造不利于病虫草害滋生和有利于各类天敌繁衍的环境条件，保持农业生态系统的平衡和生物多样化，减少各类病虫草害所造成的损失。应优先采用农业措施，通过选用抗病抗虫品种、非化学药剂种子处理、培育壮苗、加强栽培管理、中耕除草、耕翻晒垡、清洁田园、轮作倒茬、间作套种等一系列措施起到防治病虫草害的作用。还应尽量利用灯光、色彩诱杀害虫，机械捕捉害虫，机械或人工除草等措施，防治病虫草害。

5.8.2 5.8.1提及的方法不能有效控制病虫草害时，可使用附录A表A.2所列出的植物保护产品。

理解要点：病虫草害防治原则，优先次序为农业措施、物理措施、生物措施、药物措施。应优先采用农业措施，通过选用抗病抗虫品种、非化学药剂种子处理、培育壮苗、加强栽培管理、中耕除草、耕翻晒垡、清洁田园、轮作倒茬、间作套种等一系列措施，起到防治病虫草害的作用。如中耕除草是指对土壤进行浅层翻倒、疏松表层土壤，是传统的除草方法，生长在作物田间的杂草通过人工中耕和机械中耕可及时防除杂草。中耕除草针对性强，干净彻底，技术简单，不但可以防除杂草，而且给作物提供了良好生长条件。在作物生长的整个过程中，根据需要可进行多次中耕除草，除草时要抓住有利时机，除早、除小、除彻底，不得留下小草，以免引起后患。中耕可疏松表土、增加土壤通气性、提高地温，促进好气微生物活动和养分有效化、去除杂草、促使根系伸展、调节土壤水分状况。

物理措施：尽量利用灯光、色彩诱杀害虫，机械捕捉害虫，机械或人工除草等措施，防治病虫草害。如利用灯光诱杀害虫即是利用一些昆虫具有趋光性的特点，我国农林业使用灯光诱扑害虫已有悠久历史，采用的光源从火把、油灯、汽灯到现在的黑光灯、高压电网和新式频振杀虫灯。近代科学的发展，研究了昆虫的视觉神径，发现多种农林业害虫对不同波长的光敏感程度不同，这是由于这些昆虫眼睛的网膜上有一种色素，这种色素只吸收一种特殊波长的光，然后引起光反应，刺激视觉神经，通过神经系统影响运动器官，从而引起足或翅的运动，飞向光源。灯光诱杀是一项重要的农林有害生物无公害防治技术，该技术操作简便，并能有效地杀死害虫，显著降低林间、田间虫卵量和虫口基数，减少农药用量，节本增效。以上方法不能有效控制病虫草害时，可使用附录 A 表 A.2 所列出的植物保护产品，其中包括生物措施和药物措施。

5.9　其他植物生产

5.9.1　设施栽培

5.9.1.1　应使用土壤或基质进行植物生产，不应通过营养液栽培的方式生产。不应使用禁用物质处理设施农业的建筑材料和栽培容器。转换期应符合 5.1 的要求。

5.9.1.2　应使用附录 A 表 A.1 列出的有机植物生产中允许使用的土壤培肥和改良物质作为基质，不应含有禁用的物质。

使用动物粪肥作为养分的来源时应堆制。可使用附录 A 表 A.1 列出的物质作为辅助肥源。可使用加热气体或水的方法取得辅助热源，也可以使用辅助光源。

5.9.1.3　可采用以下措施和方法：

a. 使用附录 A 表 A.1 列出的土壤培肥和改良物质作为辅助肥源。使用动物粪肥作为养分来源时应堆制；

b. 使用火焰、发酵、制作堆肥和使用压缩气体提高二氧化碳浓度；

c. 使用蒸汽和附录 A 表 A.3 列出的清洁剂和消毒剂对栽培容器进行清洁和消毒；

d. 通过控制温度和光照或使用天然植物生长调节剂调节生长和发育。

5.9.1.4　应采用土壤再生和循环使用措施。在生产过程中，可采用以下方法替代轮作：

a. 与抗病植株的嫁接栽培；

b. 夏季和冬季耕翻晒垡；

c. 通过施用可生物降解的植物覆盖物（如作物秸秆和干草）来使土壤再生；

d. 部分或全部更换温室土壤，但被替换的土壤应再用于其他的植物生产活动。

5.9.1.5　在可能的情况下，应使用可回收或循环使用的栽培容器。

5.9.2　芽苗菜生产

5.9.2.1　应使用有机生产的种子生产芽苗菜。

5.9.2.2　生产用水水质应符合 GB 5749。

5.9.2.3　应采取预防措施防止病虫害，可使用蒸汽和附录 A 表 A.3 列出的清洁剂和消毒剂对培养容器和生产场地进行清洁和消毒。

理解要点：设施栽培不应通过营养液栽培的方式生产、不应使用禁用物质。转换期与作物一致；注意肥源的使用要求，轮作的替代方式。

芽苗菜生产注意种子的要求、水质要求及清洁消毒要求。

5.10 分选、清洗及其他收获后处理

5.10.1 植物收获后在场的清洁、分拣、脱粒、脱壳、切割、保鲜、干燥等简单加工过程应采用物理、生物的方法，不应使用 GB/T 19630.2—2XXX 附录 A 以外的化学物质进行处理。

5.10.2 用于处理非有机植物的设备应在处理有机植物前清理干净。对不易清理的处理设备可采取冲顶措施。

5.10.3 产品和设备器具应保证清洁，不得对产品造成污染。

5.10.4 如使用清洁剂或消毒剂清洁设备设施时，应避免对产品的污染。

5.10.5 收获后处理过程中的有害生物防治，应遵守 GB/T 19630.2—2XXX 中 4.2.3 的规定。

理解要点：植物收获后的处理优先采用物理、生物的方法，如果使用化学物质进行处理，必须符合 GB/T 19630.2 附录 A 的要求。植物收获后防止交叉污染的措施。

设备的物理清洁：种植基地常规生产和有机生产的设备常常使用同一套设备，或租用常规生产设备进行有机生产，因此在设备使用前需通过清扫、清洁等方法，将常规生产设备彻底处理干净，以防止对有机产品的交叉污染。使用清洁剂或消毒剂清洁设备设施，当用物理措施不能彻底清洁设备时，可以按照附表 A.3 的要求使用清洁剂或消毒剂，使用后应该用清水将清洁剂或消毒剂清洗干净，防止残留给有机产品带来风险。

设备的冲顶措施：对不易处理的设备可以采用冲顶措施，即先处理少量有机作物，将残存在设备里的常规物质清理出去，冲顶处理的产品不能作为有机产品销售。冲顶应保留记录。

植物收获后处理过程中的有害生物防治：参见 GB/T 19630.2 中 4.2.3 的规定。

5.11 污染控制

5.11.1 应采取措施防止常规农田的水渗透或漫入有机地块。

5.11.2 应避免因施用外部来源的肥料造成禁用物质对有机生产的污染。

5.11.3 常规农业系统中的设备在用于有机生产前，应采取清洁措施，避免常规产品混杂和禁用物质污染。

5.11.4 在使用保护性的建筑覆盖物、塑料薄膜、防虫网时，不应使用聚氯类产品，宜选择聚乙烯、聚丙烯或聚碳酸酯类产品，并且使用后应从土壤中清除，不应焚烧。

理解要点：可采用缓冲带隔离、排水等措施防止常规农田的水渗透或漫入有机地块。使用外部来源的肥料前，需对供应商进行审核、评价，弄清楚肥料的成分、生产工艺等，看是否会存在禁用物质的污染，必要时索取认证公司的评估证书。

设备的清洁措施可参见 5.10 的要求。

使用保护性的建筑覆盖物、塑料薄膜、防虫网，是一个容易被忽略的问题，应严格执行 5.11.4 的要求。

5.12 水土保持和生物多样性保护

5.12.1 应采取措施，防止水土流失、土壤沙化和盐碱化。应充分考虑土壤和水资源的可持续利用。

5.12.2 应采取措施，保护天敌及其栖息地。

5.12.3 应充分利用作物秸秆，不应焚烧处理，除非因控制病虫害的需要。

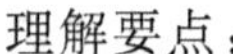

理解要点：

（1）水土保持：指对自然因素和人为活动造成水土流失所采取的预防和治理措施。工程措施、生物措施和蓄水保土耕作措施是水土保持的主要措施。

（2）水土保持工程措施：指防治水土流失危害，保护和合理利用水土资源而修筑的各项工程设施，包括治坡工程（各类梯田、台地、水平沟、鱼鳞坑等）、治沟工程（如淤地坝、拦沙坝、谷坊、沟头防护等）和小型水利工程（如水池、水窖、排水系统和灌溉系统等）。

（3）水土保持生物措施：指为防治水土流失，保护与合理利用水土资源，采取造林种草及管护的办法，增加植被覆盖率，维护和提高土地生产力的一种水土保持措施。主要包括造林、种草和封山育林、育草。

（4）水土保持蓄水保土：指以改变坡面微小地形，增加植被覆盖或增强土壤有机质抗蚀力等方法，保土蓄水，改良土壤，以提高农业生产的技术措施，如等高耕作、等高带状间作、沟垄耕作少耕、免耕等。开展水土保持就是要以小流域为单元，根据自然规律，在全面规划的基础上，因地制宜、因害设防，合理安排工程、生物、蓄水保土三大水土保持措施，实施山、水、林、田、路综合治理，最大限度地控制水土流失，从而达到保护和合理利用水土资源，实现经济社会的可持续发展。因此，水土保持是一项适应自然、改造自然的战略性措施，也是合理利用水土资源的必要途径；水土保持工作不仅是人类对自然界水土流失原因和规律认识的概括和总结，也是人类改造自然和利用自然能力的体现。

（5）生物多样性：地球上生命形式和生态系统类型的多样性，包括基因的多样性、物种的多样性和生态系统的多样性。

由于自然资源的合理利用和生态环境的保护是人类实现可持续发展的基础，因此生物多样性的研究和保护已经成为世界各国普遍重视的一个问题。而在本标准本条款中对生物多样性的保护要求，主要是采取措施，保护天敌及其栖息地。

（6）天敌：指自然界中某种动物专门捕食或危害另一种动物，从生物群落中的种间关系分析可以是捕食关系或是寄生关系，如猫是鼠的天敌，寄生蜂是某些作物害虫的天敌，噬菌体是某些细菌的天敌。天敌是生物链中不可缺少的一部分。

保护、利用天敌已成为人类的重要使命，我国是世界最早利用天敌防治害虫的国家，如利用赤眼蜂防治玉米螟、甘蔗螟虫、稻纵卷叶螟、棉铃虫、松毛虫等害虫；利用家鸡防治蝗虫；利用蜘蛛防治稻田飞虱、螟虫；稻田养鱼治虫等，已经在生产上应用，并且收到了较好的效果。保护利用天敌防治害虫，具有安全、简便、经济、有效的特点，是减轻有毒化学农药的污染，保持生态平衡，发展有机、绿色食品，保护人身健康的重要手段。

（7）保护天敌的措施：加强宣传和科技培训，增强广大农民对天敌在自然界中控制害虫的作用和意义的认识，提高对天敌的识别能力和保护利用意识。

保护天敌的生存环境不受破坏，并且创造适宜天敌生存的栖息条件，如扩大植树造林和草原面积，调整农作物种植比例，适宜天敌的延续繁殖生存。严禁捕杀天敌，如我国很多省市政府，对保护鸟类、蛙等，都行文提出了保护的要求和奖罚规定，对保护利用天敌起到了重要作用。积极使用已在生产上应用的繁殖生产害虫天敌的生防技术，建立生产基地增加天敌的群体数量，弥补自然界天敌数量的不足，提高天敌捕杀害虫的作用。如人工繁殖赤眼蜂、蜘蛛、蛙类、鸟类等。

6. 野生植物采集

6.1 野生植物采集区域应边界清晰，并处于稳定和可持续的生产状态。

6.2 野生植物采集区应是在采集之前的36个月内没有受到任何禁用物质污染的地区。

6.3 野生植物采集区应保持有效的缓冲带。

6.4 采集活动不应对环境产生不利影响或对动植物物种造成威胁，采集量不应超过生态系统可持续生产的产量。

6.5 应制定和提交有机野生植物采集区可持续生产的管理方案。

6.6 野生植物采集后的处理应符合5.10的要求。

理解要点：野生是指动植物在野外自然生长而非经人工驯养或培植。

可持续性要求：6.1、6.4、6.5要求提出了野生植物采集区的可持续生产要求，并需制定和提交有机野生植物采集区可持续生产的管理方案。

采集野生植物应遵循“严格保护、合理采集、可持续利用的原则”，采集数量不得危害该野生植物种群的生长发展，采集方法不得破坏野生植物资源及生存环境，采集用途不得违反国家或省市有关规定。

野生植物采集区应是在采集之前的36个月内没有受到任何禁用物质污染的地区。

野生植物采集区应保持有效的缓冲带。

7. 食用菌栽培

7.1 与常规农田邻近的食用菌栽培区应设置缓冲带或物理屏障，以避免禁用物质的影响。水源水质应符合GB 5749的要求。

7.2 应采用有机菌种。如无法获取有机来源的菌种，可以使用未被禁用物质处理的非有机菌种。

7.3 应使用天然材料或有机生产的基质，并可添加以下辅料：

a) 来自有机生产的农家肥和畜禽粪便；当无法得到有机生产的农家肥和动物粪便时，可使用附录A表A.1土壤培肥和改良物质中规定的物质，但不应超过基质总干重的25%，且不应含有人粪尿和集约化养殖场的畜禽粪便；

b) 农业来源的产品应是除7.3中a.所涉及的产品外的其他按有机方式生产的产品；

c) 未经化学处理的泥炭；

d) 砍伐后未经化学产品处理的木材；

e) 表A.1土壤培肥和改良物质中列出的矿物来源的物质。

7.4 土培或覆土栽培食用菌的转换期同一年生植物的转换期，应符合5.1的要求。

7.5 木料和接种位使用的涂料应是食用级的产品，不应使用石油炼制的涂料、乳胶漆和油漆等。

7.6 应采用预防性的管理措施，保持清洁卫生，进行适当的空气交换，去除受感染的菌簇。

7.7 在非栽培期，可使用蒸汽和附录A表A.3列出的清洁剂和消毒剂对培养场地进行清洁和消毒。

7.8 食用菌收获后的处理应符合5.10的要求。

理解要点：略

8. 畜禽养殖

8.1　转换期

8.1.1　饲料生产基地的转换期应符合 5.1 的要求；如牧场和草场仅供非草食动物使用，则转换期可缩短为 12 个月。如有充分证据证明 12 个月以上未使用禁用物质，则转换期可缩短到 6 个月。

8.1.2　畜禽应经过以下的转换期：

a. 肉用牛、马属动物、驼，12 个月；

b. 肉用羊和猪，6 个月；

c. 乳用畜，6 个月；

d. 肉用家禽，10 周；

e. 蛋用家禽，6 周；

f. 其他种类的转换期长于其养殖期的 3/4。

理解要点：此条款是有机认证的重要条款之一，认证委托人可依据 5.1、6、8.1、8.4.1、8.4.2、8.4.4 要求综合考虑，确定有机转换认证、有机认证的排期。如某东北奶牛养殖牧场计划 2016 年开始进行有机认证，可选择一个部门作为主责部门牵头组织相关工作，制定有机转换认证、有机认证的排期。

按照奶牛饲喂配方中所需的有机精饲料（购买）和有机精饲料（青贮、苜蓿、羊草）的量，同时需考虑奶牛因繁殖引起头数增加所需要的饲料量，并依据 8.4.1 畜禽应以有机饲料饲养。饲料中至少应有 50%来自本养殖场饲料种植基地的要求（有地区有合作关系的农场不适用 8.4.2 条款要求），计算种植基地需认证的地块的面积。下面以 100%认证为例制定排期，如果认证少于 100%的量，需确保其他量可以持续购买到，并且下面排期中有机牧场进行有机转换和有机认证的日期向后顺延半年，以确保认证后的奶牛有足够的有机饲料供应。

同时下面的排期按照 5.1.1 条款的转换期要求进行制定，如果根据 5.1.2 新开垦的、撂荒 36 个月以上的或有充分证据证明 36 个月以上未使用本标准禁用物质的地块，也应经过至少 12 个月的转换期的要求，可以缩短有机转换期为 12 个月时，下面排期中牧场进行有机转换和有机认证的日期以及羊草进行有机认证的日期提前 1 年。

该养殖牧场饲料种植基地需认证有机青贮玉米、有机苜蓿、有机羊草（以野生采集为例），并进行牧场认证，认证排期如下。

序号	工作事项	工作内容	排期
1	有机管理体系建立	依据 5.1 条款理解要点，日建立	2015.12.20（依据 5.1 条款理解要点）
2	寻找到有机精饲料、有机饲草供应商	在认证前需确保能持续购买到有机精饲料，以及种植量不够的有机饲草	2016.3.20 前
3	提交申请	向认证公司提交青贮玉米、苜蓿有机转换认证申请材料[根据根据 5.1.1，青贮玉米的转换期至少为播种前的 24 个月；草场和多年生饲料作物（如苜蓿）的转换期至少为有机饲料收获前的 24 个月]	2016.3.20
4	青贮玉米、苜蓿有机转换认证	8.4.1　畜禽应以有机饲料饲养。饲料中至少应有 50%来自本养殖场饲料种植基地或本地区有合作关系的有机农场。饲料生产和使用应符合第 5 章植物生产和表 B.1 的要求。 8.4.2　在养殖场实行有机管理的前 12 个月内，本养殖场饲料种植基地按照本标准要求生产的饲料可以作为有机饲料饲喂本养殖场的畜禽，但不得作为有机饲料销售	2016.6 月-8 月作物长出-收获前均可

续表

序号	工作事项	工作内容	排期
5	提交申请	向认证公司提交青贮玉米、苜蓿、牧场奶牛有机转换认证申请材料；提交羊草有机认证申请材料（以野生采集为例，依据条款6不需要转换期）	2017.4月或6月（计划认证前3个月）
6	青贮玉米、苜蓿有机转换认证；羊草有机认证		2017.6月-8月作物长出-收获前均可
7	牧场奶牛有机转换认证	根据8.1.2条款，乳用畜转换期为6个月。 根据8.4.1、8.4.2条款要求，有机畜禽从有机转换认证前后可以有12个月，饲喂本牧场按有机标准要求生产的饲草，如果这些种植基地生产的有机饲料的数量不足时，至少占所需数量的50%，其他不足部分可购买有机饲草进行饲喂	2017.9（有机青贮玉米、苜蓿、羊草收获后）
8	提交申请	向认证公司提交牧场奶牛有机认证申请材料	2018.1
9	牧场奶牛有机认证		2018.3
10	提交申请	向认证公司提交青贮玉米、苜蓿、羊草（一年一换证）有机认证申请材料	2018.4月或6月（计划认证前3个月）
11	青贮玉米、苜蓿、羊草有机认证	此次获得有机认证证书后，根据8.4.2要求，有机牧场奶牛在12个月内饲喂本基地自种的有机转换饲草后，即可持续获得有机饲草	2018.6月-8月作物长出-收获前均可

8.2 平行生产

如果一个养殖场同时以有机及非有机方式养殖同一品种或难以区分的畜禽品种，则应满足下列条件，其有机养殖的畜禽或其产品才可以作为有机产品销售：

a. 有机畜禽和非有机畜禽的圈栏、运动场地和牧场完全分开，或者有机畜禽和非有机畜禽是易于区分的品种；

b. 储存饲料的仓库或区域应分开并设置了明显的标记；

c. 有机畜禽不能接触非有机饲料和禁用物质的储藏区域。

理解要点：要注意平行生产的三个条件。

1. 物理隔离

有机畜禽和非有机畜禽的圈栏、运动场地和牧场完全分开，这就要求畜禽养殖基地有足够大的面积才可以。或者有机畜禽和非有机畜禽是易于区分的品种，此要求对于同一品种的畜禽是很难办到的，比如奶牛长得都很相似，是难于区分的。

2. 饲料区分

储存饲料的仓库或区域应分开并设置了明显的标记，防止有机饲料和非有机饲料被错用、误用，同时避免有机畜禽接触到非有机饲料。

3. 禁用物质看管

非有机畜禽饲养过程中如果使用禁用物质，禁用物质必须储存在有机畜禽不能接触到的物质，并且需防止人为地将禁用物质带入到有机畜禽的养殖区域。

4. 其他

除了以上要求，在实际生产中还需要配备运输饲料、饲草、清除粪便等的设备、工器具，这就要求配备两套供有机畜禽和非有机畜禽分别使用的，如果因成本高配备不了两套的话，那么在用于有机畜禽管理时，必须将设备、工器具进行彻底清洁或消毒后方可使用。

8.3　畜禽的引入

8.3.1　应引入有机畜禽。当不能得到有机畜禽时，可引入常规畜禽，但应符合以下条件：

a. 肉牛、马属动物、驼，不超过6月龄且已断乳；

b. 猪、羊，不超过6周龄且已断乳；

c. 乳用牛，不超过4周龄，接受过初乳喂养且主要是以全乳喂养的犊牛；

d. 肉用鸡，不超过2日龄（其他禽类可放宽到2周龄）；

e. 蛋用鸡，不超过18周龄。

8.3.2　可引入常规种母畜，牛、马、驼每年引入的数量不应超过同种成年有机母畜总量的10%，猪、羊每年引入的数量不应超过同种成年有机母畜总量的20%。以下情况，经认证机构许可该比例可放宽到40%：

a. 不可预见的严重自然灾害或人为事故；

b. 养殖场规模大幅度扩大；

c. 养殖场发展新的畜禽品种。

所有引入的常规畜禽都应经过相应的转换期。

8.3.3　可引入常规种公畜，引入后应立即按照有机方式饲养。

理解要点：应引入有机畜禽。当不能得到有机畜禽时，引入常规畜禽，所有引入的常规畜禽都应经过相应的转换期。

在实际管理中，直接引入有机畜禽是有难度的，比如，很难找到卖有机奶牛的牧场，因此只能引入常规畜禽，而符合8.3.1要求的常规畜禽转换为有机畜禽的时间长，要求物理隔离的面积也大，成本非常高。因此，最好在认证初期设计时就存栏足够的数量，日后靠繁殖增加数量。如果不得以必须引入常规畜禽，需按8.2平行生产的要求进行饲养（在有机转换期如果也使用有机饲料，饲料的储存就不需要单独设置区域了）。

8.4　饲料

8.4.1　畜禽应以有机饲料饲养。饲料中至少应有50%来自本养殖场饲料种植基地或本地区有合作关系的有机农场。饲料生产和使用应符合第5章植物生产和表B.1的要求。

8.4.2　在养殖场实行有机管理的前12个月内，本养殖场饲料种植基地按照本标准要求生产的饲料可以作为有机饲料饲喂本养殖场的畜禽，但不得作为有机饲料销售。

饲料生产基地、牧场及草场与周围常规生产区域应设置有效的缓冲带或物理屏障，避免受到污染。

8.4.3　当有机饲料短缺时，可饲喂常规饲料。但每种动物的常规饲料消费量在全年消费量中所占比例不得超过以下百分比：

a. 草食动物（以干物质计）　10%；

b. 非草食动物（以干物质计）　15%。

畜禽日粮中常规饲料的比例不得超过总量的25%（以干物质计）。

出现不可预见的严重自然灾害或人为事故时，可在一定时间期限内饲喂超过以上比例的常规饲料。

饲喂常规饲料应事先获得认证机构的许可。

8.4.4 应保证草食动物每天都能得到满足其基础营养需要的粗饲料。在其日粮中，粗饲料、鲜草、青干草、或者青贮饲料所占的比例不能低于60%（以干物质计）。对于泌乳期前3个月的乳用畜，此比例可降低为50%（以干物质计）。在杂食动物和家禽的日粮中应配以粗饲料、鲜草或青干草、或者青贮饲料。

理解要点：饲料是本标准非常重要的条款之一。

对于8.4.1、8.4.2的要求请参见8.1的理解要点。另外，本地区有合作关系的有机农场不适用于8.4.2条款，与有机农场需签订合同。

当有机饲料短缺时，或出现不可预见的严重自然灾害或人为事故时，可饲喂常规饲料，但是饲喂量需满足8.4.3要求，并且应事先获得认证机构的许可。

8.4.3、8.4.4是有机饲喂配方编制的依据。草食动物饲料要求：依据8.4.3，饲喂配方中有机饲料的比例，草食动物（以干物质计）大于90%；依据8.4.4草食动物，在其日粮中，粗饲料、鲜草、青干草或者青贮饲料所占的比例不能低于60%（以干物质计）。对于泌乳期前3个月的乳用畜，此比例可降低为50%（以干物质计）。如制定草食动物，如奶牛饲喂配方，需据此考虑有机饲料的总占比（以干物质计）以及同时考虑其中粗饲料的占比（以干物质计），这两个条件均需满足要求。非草食动物饲料要求：依据8.4.3，饲喂配方中有机饲料的比例，非草食动物（以干物质计）大于85%。依据8.4.4在杂食动物和家禽的日粮中应配以粗饲料、鲜草或青干草、或者青贮饲料。

8.4.5 初乳期幼畜应由母畜带养，并能吃到足量的初乳。可用同种类的有机奶喂养哺乳期幼畜。在无法获得有机奶的情况下，可以使用同种类的非有机奶。

不应早期断乳，或用代乳品喂养幼畜。在紧急情况下可使用代乳品补饲，但其中不得含有抗生素、化学合成的添加剂（表B.1中允许使用的物质除外）或动物屠宰产品。哺乳期至少需要：

a. 牛、马属动物、驼，3个月；

b. 山羊和绵羊，45天；

c. 猪，40天。

理解要点：本条款需注意哺乳期的规定，如奶牛，哺乳期至少需要3个月，不能提早断乳。

8.4.6 在生产饲料、饲料配料、饲料添加剂时均不应使用转基因（基因工程）生物或其产品。

8.4.7 不应使用以下方法和物质：

a. 以动物及其制品饲喂反刍动物，或给畜禽饲喂同种动物及其制品；

b. 未经加工或经过加工的任何形式的动物粪便；

c. 经化学溶剂提取的或添加了化学合成物质的饲料，但使用水、乙醇、动植物油、醋、二氧化碳、氮或羧酸提取的除外。

8.4.8 使用的饲料添加剂应在农业行政主管部门发布的饲料添加剂品种目录中，并批准销售的产品，同时应符合本部分的相关要求。

8.4.9 可使用氧化镁、绿砂等天然矿物质；不能满足畜禽营养需求时，可使用表B.1中列出的矿物质和微量元素。

8.4.10 添加的维生素应来自发芽的粮食、鱼肝油、酿酒用酵母或其他天然物质；不能满足畜禽营养需求时，可使用人工合成的维生素。

8.4.11 不应使用以下物质（表B.1中允许使用的物质除外）：

a. 化学合成的生长促进剂（包括用于促进生长的抗生素、抗寄生虫药和激素）；

b. 化学合成的调味剂和香料；

c. 防腐剂（作为加工助剂时例外）；

d. 化学合成的着色剂；

e. 非蛋白氮（如尿素）；

f. 化学提纯氨基酸；

g. 抗氧化剂；

h. 黏合剂。

理解要点：本条款规定饲料中可使用的物质和不可使用的物质，必须严格执行。

8.5 饲养条件

8.5.1 畜禽的饲养环境（圈舍、围栏等）应满足下列条件，以适应畜禽的生理和行为需要：

a. 符合附录D的要求的畜禽活动空间和充足的睡眠时间；畜禽运动场地可以有部分遮蔽；水禽应能在溪流、水池、湖泊或池塘等水体中活动；

b. 空气流通，自然光照充足，但应避免过度的太阳照射；

c. 保持适当的温度和湿度，避免受风、雨、雪等侵袭；

d. 如垫料可能被养殖动物啃食，则垫料应符合8.4对饲料的要求；

e. 足够的饮水和饲料，畜禽饮用水水质应达到GB 5749要求；

f. 不使用对人或畜禽健康明显有害的建筑材料和设备；

g. 避免畜禽遭到野兽的侵害。

理解要点：这是畜禽饲养条件的通用要求。

畜禽活动空间参见附录D，如圈养奶牛，室内面积6m^2/头，室外面积4.5m^2/头，在建厂时需严格按照此面积进行计算，并且需考虑到繁殖的计划和速度，预留出空间。如某奶牛养殖牧场，采购500头奶牛，计划未来繁殖到1000头奶牛，那么室内牛舍面积必须大于6000m^2/头，室外运动场面积必须大于4500m^2/头。或者如果遇到资金不够等情况时，也可计算出1年的繁殖量，根据500头+1年繁殖头数所需的面积建立牛舍和运动场，第二年以后再分期扩建牛舍和运动场。但如果奶牛可以每天放牧，关于运动场的要求可于认证公司进行沟通、确认。垫料要求根据8.5.1中d.要求，如垫料可能被养殖动物啃食，则垫料应符合8.4对饲料的要求。这一条很容易被忽视，如奶牛有啃食垫料的习惯，那么垫料可采用有机饲草，如有机羊草，但绝不能使用常规饲草。

8.5.2 饲养蛋禽可用人工照明来延长光照时间，但每天的总光照时间不得超过16h。生产者可根据蛋禽健康情况或所处生长期（如新生禽取暖）等原因，适当增加光照时间。

8.5.3 应使所有畜禽在适当的季节能够到户外自由运动。但以下情况可例外：

a. 特殊的畜禽舍结构使得畜禽暂时无法在户外运动，但应限期改进；

b. 圈养比放牧更有利于土地资源的持续利用。

8.5.4 肉牛最后的育肥阶段可采取舍饲，但育肥阶段不应超过其养殖期的1/5，且最长不超过3个月。

8.5.5 不应采取使畜禽无法接触土地的笼养和完全圈养、舍饲、拴养等限制畜禽自然行为的饲养方式。

8.5.6 群居性畜禽不应单栏饲养，但患病的畜禽、成年雄性家畜及妊娠后期的家畜例外。

8.5.7 不应强迫喂食。

理解要点：要注意考虑畜禽的自然行为，必须能够接触到土地。

8.6 疾病防治

8.6.1 疾病预防应依据以下原则进行：

a. 根据地区特点选择适应性强、抗性强的品种；

b. 提供优质饲料、适当的营养及合适的运动等饲养管理方法，增强畜禽的非特异性免疫力；

c. 加强设施和环境卫生管理，并保持适宜的畜禽饲养密度。

理解要点：疾病防治同饲料一样，也是有机认证中重要的标准之一，是养殖过程的关键控制点，建立畜禽病害控制的预防措施是疾病控制的核心。

本条款提出了疾病控制的三个原则：品种选择；增强畜禽的非特异性免疫力；保持适宜的饲养密度：按照附录D的要求确保动物生活的室内面积和运动所需的室外面积，满足动物行为和动物福利的密度，避免由于拥挤引起的健康问题。

8.6.2 可在畜禽饲养场所使用附录B表B.2中所列的消毒剂。消毒处理时，应将畜禽迁出处理区。应定期清理畜禽粪便。

8.6.3 可采用植物源制剂、微量元素和中兽医、针灸、顺势治疗等疗法医治畜禽疾病。

8.6.4 可使用疫苗预防接种，不应使用基因工程疫苗（国家强制免疫的疫苗除外）。当养殖场有发生某种疾病的危险而又不能用其他方法控制时，可紧急预防接种（包括为了促使母源体抗体物质的产生而采取的接种）。

理解要点：

(1) 保持畜禽养殖场所的清洁卫生是防止畜禽疾病发生的最重要保障之一。应及时清理畜禽粪便，需要注意粪便的处理不能污染环境，如牧场可建立足够大的化粪池，用于处理粪便，也可科学使用粪便，如进行堆肥用于作物种植等减少粪便对环境的污染。

(2) 本标准附录B表B.2列出了允许在有机畜禽饲养场所使用的消毒剂，其中包括次氯酸钠、过氧化氢、氢氧化钾、氢氧化钠，酸类、熟石灰和石灰水等。使用消毒剂时，应将畜禽迁出处理区，避免与动物接触。

（3）接种是一种预防措施，可建立疫苗接种的程序，遵守国家法规。

> 8.6.5　不应使用抗生素或化学合成的兽药对畜禽进行预防性治疗。
>
> 8.6.6　当采用多种预防措施仍无法控制畜禽疾病或伤痛时，可在兽医的指导下对患病畜禽使用常规兽药，但应经过该药物的休药期的 2 倍时间（如果 2 倍休药期不足 48h，则应达到 48h）之后，这些畜禽及其产品才能作为有机产品出售。

理解要点：预防性治疗禁止使用的兽药有抗生素和化学合成的兽药。

必要时采用常规兽药的要求：需注意休药期的规定，这是和常规畜禽不一样的要求，应经过该药物的休药期的 2 倍时间（如果 2 倍休药期不足 48h，则应达到 48h）。另外，使用兽药时应符合国家相关规定，如奶牛饲养中所使用的兽药需执行《兽药管理条例》、中华人民共和国农业部公告第 235 号《动物性食品中兽药最高残留限量》等法规，不得使用国家禁止使用的兽药。

> 8.6.7　不应为了刺激畜禽生长而使用抗生素、化学合成的抗寄生虫药或其他生长促进剂。不应使用激素控制畜禽的生殖行为（例如诱导发情、同期发情、超数排卵等），但激素可在兽医监督下用于对个别动物进行疾病治疗。
>
> 8.6.8　除法定的疫苗接种、驱除寄生虫治疗外，养殖期不足 12 个月的畜禽只可接受一个疗程的抗生素或化学合成的兽药治疗；养殖期超过 12 个月的，每 12 个月最多可接受三个疗程的抗生素或化学合成的兽药治疗。超过允许疗程的，应再经过规定的转换期。
>
> 8.6.9　对于接受过抗生素或化学合成的兽药治疗的畜禽，大型动物应逐个标记，家禽和小型动物则可按群批标记。

理解要点：本条款需关注禁止使用的物质，以及允许使用的兽药疗程的规定，千万不能违反此规定，否则超过允许疗程的，应再经过规定的转换期。

> 8.7　非治疗性手术
>
> 8.7.1　有机养殖强调尊重动物的个性特征。应尽量养殖不需要采取非治疗性手术的品种。在尽量减少畜禽痛苦的前提下，可对畜禽采用以下非治疗性手术，必要时可使用麻醉剂：
>
> a. 物理阉割；
>
> b. 断角；
>
> c. 在仔猪出生后 24h 内对犬齿进行钝化处理；
>
> d. 羔羊断尾；
>
> e. 剪羽；
>
> f. 扣环。
>
> 8.7.2　不应进行以下非治疗性手术：
>
> a. 断尾（除羔羊外）；
>
> b. 断喙、断趾；

> c. 烙翅；
> d. 仔猪断牙；
> e. 其他没有明确允许采取的非治疗性手术。

理解要点

(1) 必要的非治疗性手术是为了动物福利和健康，免受不良的干扰和伤害。如物理阉割的目的在于使畜禽按照养殖者的意图控制繁殖和生产出更多需要的产品；断角的目的是为了防止动物在争斗中互相伤害（而在自然状态下，动物的争斗是生存和繁殖的需要，是优胜劣汰的手段）、奶牛即可进行断角处理；仔猪乳牙钝化处理是为了防止伤害母猪乳房；羔羊断尾是为了防止绵羊在长大后其尾部的褶皱引发蝇蛆病；剪羽有的是为了防止家禽乱飞，有的则是为了使蛋鸡增加食欲，提高产蛋量；扣环则是为了进行标识。

(2) 要注意不应进行以下非治疗性手术的相关要求，如羔羊可以断尾，但其他畜禽是不可以的，有些常规牧场对奶牛进行了断尾手术，但是在有机牧场中是不允许的。

> 8.8 繁殖
> 8.8.1 宜采取自然繁殖方式。
> 8.8.2 可采用人工授精等不会对畜禽遗传多样性产生严重影响的各种繁殖方法。
> 8.8.3 不应使用胚胎移植、克隆等对畜禽的遗传多样性会产生严重影响的人工或辅助性繁殖技术。
> 8.8.4 除非为了治疗目的，不应使用生殖激素促进畜禽排卵和分娩
> 8.8.5 如母畜在妊娠期的后1/3时段内接受了禁用物质处理，其后代应经过相应的转换期。

理解要点：自然繁殖方式：符合自然规律和生物伦理，遗传基因的多样性；以自然交配和分娩的品种为基础；

人工授精：虽然不是一种自然繁殖的方法，但它不涉及生物基因工程技术，不会改变畜禽的遗传特性。

胚胎移植、克隆是禁止的。

> 8.9 运输和屠宰
> 8.9.1 畜禽在装卸、运输、待宰和屠宰期间都应有清楚的标记，易于识别；其他畜禽产品在装卸、运输、出入库时也应有清楚的标记，易于识别。
> 8.9.2 畜禽在装卸、运输和待宰期间应有专人负责管理。
> 8.9.3 应提供适当的运输条件，例如：
> a. 避免畜禽通过视觉、听觉和嗅觉接触到正在屠宰或已死亡的动物；
> b. 避免混合不同群体的畜禽；有机畜禽产品应避免与常规产品混杂，并有明显的标识；
> c. 提供缓解应激的休息时间；
> d. 确保运输方式和操作设备的质量和适合性；运输工具应清洁并适合所运输的畜禽，并且没有尖突的部位，以免伤害畜禽；
> e. 运输途中应避免畜禽饥渴，如有需要，应给畜禽喂食、喂水；

> f. 考虑并尽量满足畜禽的个体需要；
>
> g. 提供合适的温度和相对湿度；
>
> h. 装载和卸载时对畜禽的应激应最小。
>
> 8.9.4　运输和宰杀动物的操作应力求平和，并合乎动物福利原则。不应使用电棍及类似设备驱赶动物。不应在运输前和运输过程中对动物使用化学合成的镇静剂。
>
> 8.9.5　应在政府批准的或具有资质的屠宰场进行屠宰，且应确保良好的卫生条件。
>
> 8.9.6　应就近屠宰。除非从养殖场到屠宰场的距离太远，一般情况下运输畜禽的时间不超过8h。
>
> 8.9.7　不应在畜禽失去知觉之前就进行捆绑、悬吊和屠宰，小型禽类和其他小型动物除外。用于使畜禽在屠宰前失去知觉的工具应随时处于良好的工作状态。如因宗教或文化原因不允许在屠宰前先使畜禽失去知觉，而必须直接屠宰，则应在平和的环境下以尽可能短的时间进行。
>
> 8.9.8　有机畜禽和常规畜禽应分开屠宰，屠宰后的产品应分开贮藏并清楚标记。用于畜体标记的颜料应符合国家的食品卫生规定。

理解要点：待宰的动物应该享受动物福利，如给畜禽喂食、喂水，提供合适的温度和相对湿度等。

应激：是指动物在外界和内在环境中，一些具有损伤性的生物、物理、化学以及特种心理上的强烈刺激（如创伤、烧伤、冻伤、感染、中毒、发热、放射线作用、出血、缺氧、环境过冷、环境过热、手术、疼痛、体力消耗、饥饿、疲劳、情绪紧张、忧虑、恐惧、盛怒、激动等）作用于机体后，随即在动物身上产生的一系列非特异性反应的总和，它是在激源强度超过一定阈值时发生的以交感神经兴奋和垂体-肾上腺皮质分泌增多为主的一系列神经内分泌反应，以及由此而引起的各种机能和代谢的改变。

应激会造成动物生理、心理和行为的变化，也会影响动物产品质量的变化，应减少应激反应。

> 8.10　有害生物防治
>
> 有害生物防治应按照优先次序采用以下方法：
>
> a. 预防措施；
>
> b. 机械、物理和生物控制方法；
>
> c. 可在畜禽饲养场所，以对畜禽安全的方式使用国家批准使用的杀鼠剂和附录A表A.2中的物质。

理解要点：

1. 有害生物

是指在一定条件下，对人类的生活、生产甚至生存产生危害的生物；是由数量多而导致圈养动物和栽培作物、花卉、苗木受到重大损害的生物。狭义上仅指动物，广义上包括动物、植物、微生物乃至病毒。时至今日，在全球范围内，虫害和鼠害在种植、养殖、加工、储存和运输过程中仍然是严重的威胁，尤其是在工业加工中，除化学和物理污染外，与虫害相关的影响会造成庞大的经济损失和巨大的权利要求。

有害生物根据其危害可以大致分为以下几类：可以传播疾病的有害生物，也称病媒生物(Vector)，如蚊、蝇、蚤、鼠、蜚蠊（蟑螂）、蜱、螨、蠓等。

由境外传入的非本地（或一定自然区域内）的原有生物，可能对我国生态环境造成破坏的动物、植物、微生物及病毒等，如红火蚁、松材线虫、豚草、水葫芦等。

危害建筑和建筑材料的有害生物，如白蚁、木材甲虫等。

仓储有害生物，如面粉甲虫、谷物蛀虫等。

纺织品害虫，如地毯甲虫、衣鱼等。还有些生物，偶尔进入人类居住场所，引起居民不安，也可列入有害生物，如蜈蚣、蝎子、蟑螂等。

危害农林作物，并能造成显著损失的生物，如蝗虫、蚜虫等。

2. 有害生物防治方法

依据 8.10 条款要求，有害生物防治应按照优先次序采用以下方法：如破坏有害生物栖息场所，保持环境清洁卫生，消除有害生物生存的食物、温度、湿度等生存条件。

机械、物理和生物控制方法。机械方法：如使用捕鼠器、鼠饵站捕杀老鼠。物理方法：如使用灭蝇灯捕杀蚊蝇。

生物控制方法：如保护、繁殖、引进、移植天敌控制害虫。生物防治是利用一种生物对付另外一种生物的方法。生物防治大致可以分为以虫治虫、以鸟治虫和以菌治虫三大类。它是降低杂草和害虫等有害生物种群密度的一种方法。

可在畜禽饲养场所以对畜禽安全的方式使用国家批准使用的杀鼠剂和附录 A 表 A.2 中的物质。

> 8.11 环境影响
>
> 8.11.1 应充分考虑饲料生产能力、畜禽健康和对环境的影响，保证饲养的畜禽数量不超过其养殖范围的最大载畜量。应采取措施，避免过度放牧对环境产生不利影响。
>
> 8.11.2 应保证畜禽粪便的贮存设施有足够的容量，并得到及时处理和合理利用，所有粪便储存、处理设施在设计、施工、操作时都应避免引起地下及地表水的污染。养殖场污染物的排放应符合 GB 18596 的规定。

理解要点：保护人类健康和保护环境，保护环境包括不使环境受到污染，不使生态受到破坏。本标准要求提出了以下四个方面的要求：控制最大载畜量；避免过度放牧；及时处理和合理利用畜禽粪便；养殖场污染物的排放。

> 9. 水产养殖
>
> 9.1 转换期
>
> 9.1.1 非开放性水域养殖场从常规养殖过渡到有机养殖至少应经过 12 个月的转换期。
>
> 9.1.2 位于同一非开放性水域内的生产单元的各部分不应分开认证，只有整个水体都完全符合有机认证标准后才能获得有机认证。

理解要点：有机水产养殖的目的是保护水生生态环境、减少水生生物发病率、科学投饵节约资源，进而保证食品安全和提高水产品的品质。

需注意转换期的时间以及非开放性水域内整体认证的要求。

> 9.1.3　如果一个生产单元不能对其管辖下的各水产养殖水体同时实行有机转换，则应制定严格的平行生产管理体系。该管理体系应满足下列要求：
>
> a. 有机和常规养殖单元之间应采取物理隔离措施；对于开放水域生长的固着性水生生物，其有机养殖区域应和常规养殖区域、常规农业或工业污染源之间保持一定的距离；
>
> b. 有机水产养殖体系，包括水质、饵料、药物、投入物和与标准相关的其他要素应能够被认证机构检查；
>
> c. 常规生产体系和有机生产体系的文件和记录应分开设立；
>
> d. 有机转换养殖场应持续进行有机管理，不得在有机和常规管理之间变动。

理解要点：

（1）生产单元指一个水产养殖企业（单位）管辖着多个封闭的水体，相当于种植的多个地块。

（2）隔离措施包括水的隔离和生物隔离，距离的隔离是在保证水无交叉的前提下，基本原则是不会造成污染。

> 9.1.4　开放水域采捕区的野生固着生物，在下列情况下可以直接被认证为有机水产品：
>
> a. 水体未受本部分中禁用物质的影响；
>
> b. 水生生态系统处于稳定和可持续的状态。
>
> 9.1.5　可引入常规养殖的水生生物，但应经过相应的转换期。引进非本地种的生物品种时应避免外来物种对当地生态系统的永久性破坏。不应引入转基因生物。
>
> 9.1.6　所有引入的水生生物至少应在后 2/3 的养殖期内采用有机方式养殖。

理解要点：

（1）开放水域采捕区的野生固有生物满足 9.1.4 中 a 和 b 两个条件时，可直接被认证为有机水产品。

（2）引入常规养殖的水生生物，如某生物养殖期为 12 个月，则至少在后 8 个月内采用有机方式养殖。

> 9.2　养殖场的选址
>
> 9.2.1　养殖场选址时，应考虑到维持养殖水域生态环境和周围水生、陆生生态系统平衡，并有助于保持所在水域的生物多样性。有机水产养殖场应不受污染源和常规水产养殖场的不利影响。
>
> 9.2.2　养殖和捕捞区应界定清楚，以便对水质、饵料、药物等要素进行检查。
>
> 9.3　水质
>
> 有机水产养殖场和开放水域采捕区的水质应符合 GB 11607 的规定。

理解要点：需严格按照本条款要求进行选址，且保证水质符合 GB 11607 的规定。

> 9.4　养殖
>
> 9.4.1　养殖基本要求
>
> 9.4.1.1　应采取适合养殖对象生理习性和当地条件的养殖方法，保证养殖对象的健康，满足其基本生活需要。不应采取永久性增氧养殖方式。

9.4.1.2 应采取有效措施，防止其他养殖体系的生物进入有机养殖场及捕食有机生物。

9.4.1.3 不应对养殖对象采取任何人为伤害措施。

9.4.1.4 可人为延长光照时间，但每日的光照时间不应超过16h。

9.4.1.5 在水产养殖用的建筑材料和生产设备上，不应使用涂料和合成化学物质，以免对环境或生物产生有害影响。

理解要点：本条款是养殖的基本要求，要求符合动物健康、生理习性和生活需要，并且采取防污染、防伤害的措施。

9.4.2 饵料

9.4.2.1 有机水产投喂的饵料应是有机的、野生的或认证机构许可的。在有机的或野生的饵料数量或质量不能满足需求时，可投喂最多不超过总饵料量5%（以干物质计）的常规饵料。在出现不可预见的情况时，可在获得认证机构评估同意后在该年度投喂最多不超过20%（干物质计）的常规饵料。

9.4.2.2 饵料中的动物蛋白至少应有50%来源于食品加工的副产品或其他不适于人类消费的产品。在出现不可预见的情况时，可在该年度将该比例降至30%。

9.4.2.3 可使用天然的矿物质添加剂、维生素和微量元素；不能满足水产动物营养需求时，可使用附录B表B.1中列出的矿物质和微量元素和人工合成的维生素。

9.4.2.4 不应使用人粪尿。不应不经处理就直接使用动物粪肥。

理解要点：饵料配方应依照本条款要求编制。

(1) 100%使用有机的或野生的饵料，且动物蛋白至少应有50%来源于食品加工的副产品或其他不适于人类消费的产品，可按9.4.2.3要求添加矿物质添加剂、维生素和微量元素，不应使用人粪尿。不应不经处理就直接使用动物粪肥。

(2) 特殊条件时配方的编制依据

① 在有机的或野生的饵料数量或质量不能满足需求时，可投喂最多不超过总饵料量5%（以干物质计）的常规饵料。在出现不可预见的情况时，可在获得认证机构评估同意后在该年度投喂最多不超过20%（干物质计）的常规饵料。

② 在出现不可预见的情况时，符合条款要求的饵料中的动物蛋白含量可在该年度将比例降至30%。

③ 其他要求不变。

9.4.2.5 不应在饵料中添加或以任何方式向水生生物投喂下列物质：

a. 合成的促生长剂；

b. 合成诱食剂；

c. 合成的抗氧化剂和防腐剂；

d. 合成色素；

e. 非蛋白氮（尿素等）；

f. 与养殖对象同科的生物及其制品；

g. 经化学溶剂提取的饵料；

> h. 化学提纯氨基酸；
> i. 转基因生物或其产品。
> 特殊天气条件下，可使用合成的饵料防腐剂，但应事先获得认证机构认可，并需由认证机构根据具体情况规定使用期限和使用量。

理解要点：规定了9项禁止使用的物质；规定了合成的饵料防腐剂的使用要求。

> 9.4.3 疾病防治
> 9.4.3.1 应通过预防措施（如优化管理、饲养、进食）来保证养殖对象的健康。所有的管理措施应旨在提高生物的抗病力。
> 9.4.3.2 养殖密度不应影响水生生物的健康，不应导致其行为异常。应定期监测生物的密度，并根据需要进行调整。
> 9.4.3.3 可使用生石灰、漂白粉、二氧化氯、茶籽饼、高锰酸钾和微生物制剂对养殖水体和池塘底泥消毒，以预防水生生物疾病的发生。
> 9.4.3.4 可使用天然药物预防和治疗水生动物疾病。
> 9.4.3.5 在预防措施和天然药物治疗无效的情况下，可对水生生物使用常规渔药。在进行常规药物治疗时，应对患病生物采取隔离措施。使用过常规药物的水生生物经过所使用药物的休药期的2倍时间后方能被继续作为有机水生生物销售。
> 9.4.3.6 不应使用抗生素、化学合成药物和激素对水生生物实行日常的疾病预防处理。
> 9.4.3.7 当有发生某种疾病的危险而不能通过其他管理技术进行控制，或国家法律有规定时，可为水生生物接种疫苗，但不应使用转基因疫苗。

理解要点：可从预防措施、养殖密度要求、消毒剂要求和治疗措施四个方面理解本条款的要求。

> 9.4.4 繁殖
> 9.4.4.1 应尊重水生生物的生理和行为特点，减少对它们的干扰。宜采取自然繁殖方式，不宜采取人工授精和人工孵化等非自然繁殖方式。不应使用孤雌繁殖、基因工程和人工诱导的多倍体等技术繁殖水生生物。
> 9.4.4.2 应尽量选择适合当地条件、抗性强的品种。如需引进水生生物，在有条件时应优先选择来自有机生产体系的。

理解要点：提倡自然繁殖，减少干扰，不宜人工授精和人工孵化，禁止使用孤雌繁殖、基因工程和人工诱导的多倍体等技术繁殖。

> 9.5 捕捞
> 9.5.1 开放性水域的有机水产的捕捞量不应超过生态系统的再生产能力，应维持自然水域的持续生产和其他物种的生存。
> 9.5.2 尽可能采用温和的捕捞措施，以使对水生生物的应激和不利影响降至最小程度。
> 9.5.3 捕捞工具的规格应符合国家有关规定。

理解要点：捕捞量的要求。

捕捞措施的要求：温和，将应激和不利影响降至最小程度。

捕捞工具的要求：符合国家有关规定，如禁止使用炸鱼、毒鱼、电鱼等破坏渔业资源的方法进行捕捞等。

9.6 鲜活水产品的运输

9.6.1 在运输过程中应有专人负责管理运输对象，使其保持健康状态。

9.6.2 运输用水的水质、水温、含氧量、pH 值，以及水生动物的装载密度应适应所运输物种的需求。

9.6.3 应尽量减少运输的频率。

9.6.4 运输设备和材料不应对水生动物有潜在的毒性影响。

9.6.5 在运输前或运输过程中不应对水生动物使用化学合成的镇静剂或兴奋剂。

9.6.6 运输时间尽量缩短，运输过程中，不应对运输对象造成可以避免的影响或物理伤害。

理解要点：有机产品运输管理同生产管理一样重要，鲜活水产品的运输按照 9.6 条款要求，需提供一个好的生活条件，同时防止污染、伤害等不良影响。

9.7 水生动物的宰杀

9.7.1 宰杀的管理和技术应充分考虑水生动物的生理和行为，并合乎动物福利原则。

9.7.2 在水生动物运输到达目的地后，应给予一定的恢复期，再行宰杀。

9.7.3 在宰杀过程中，应尽量减少对水生动物的胁迫和痛苦。宰杀前应使其处于无知觉状态。要定期检查设备是否处于良好的功能状态，确保在宰杀时让水生动物快速丧失知觉或死亡。

9.7.4 应避免让活的水生动物直接或间接接触已死亡的或正在宰杀的水生动物。

理解要点：可按以上要求制定详细的有机宰杀管理规范，做好相关记录和标记，确保有机水产品的有机完整性。

9.8 环境影响

9.8.1 非开放性水域的排水应得到当地环保行政部门的许可。

9.8.2 鼓励对非开放性水域底泥的农业综合利用。

9.8.3 在开放性水域养殖有机水生生物应避免或减少对水体的污染。

理解要点：注意排水许可及减少对水体的污染。

10. 蜜蜂和蜂产品

注：因认监委 2012 年第 2 号公告《有机产品认证目录》取消了蜜蜂和蜂产品，因此此章节不再进行论述。

11. 包装、储藏和运输

11.1 包装

11.1.1　包装材料应符合国家卫生要求和相关规定；宜使用可重复、可回收和可生物降解的包装材料。

11.1.2　包装应简单、实用。

11.1.3　不应使用接触过禁用物质的包装物或容器。

11.2　储藏

11.2.1　应对仓库进行清洁，并采取有害生物控制措施。

11.2.2　可使用常温储藏、气调、温度控制、干燥和湿度调节等储藏方法。

11.2.3　有机产品尽可能单独储藏。如与常规产品共同储藏，应在仓库内划出特定区域，并采取必要的包装、标签等措施，确保有机产品和常规产品的识别。

11.3　运输

11.3.1　应使用专用运输工具。如果使用非专用的运输工具，应在装载有机产品前对其进行清洁，避免常规产品混杂和禁用物质污染。

11.3.2　在容器和/或包装物上，应有清晰的有机标识及有关说明。

理解要点：略。

二、GB/T 19630.2—2011《有机产品 第2部分：加工》标准及理解要点

4.1.1　应当对本部分所涉及的加工及其后续过程进行有效控制，以保持加工后产品的有机完整性，具体表现在如下方面：

a. 配料主要来自GB/T 19630.1所描述的有机农业生产体系，尽可能减少使用非有机农业配料，有法律法规要求的情况除外；

b. 加工过程尽可能地保持产品的营养成分和原有属性；

c. 有机产品加工及其后续过程在空间或时间上与非有机产品加工及其后续过程分开。

4.1.2　有机产品加工应当符合相关法律法规的要求。有机食品加工厂应符合GB 14881的要求，有机饲料加工厂应符合GB/T 16764的要求，其他加工厂应符合国家及行业部门有关规定。

4.1.3　有机产品加工应考虑不对环境产生负面影响或将负面影响减少到最低。

理解要点：有机产品加工过程的有机完整性：体现有机产品加工的所有环节（原料、加工、储存、运输、销售等全过程），在此过程中要能持续保证有机原料的提供。

GB 14881食品安全国家标准食品生产通用卫生规范。

GB/T 16764配合饲料企业卫生规范。

4.2.1　配料、添加剂和加工助剂

4.2.1.1　来自GB/T 19630.1所描述的有机农业生产体系的有机配料在终产品中所占的质量或体积不少于配料总量的95%。

4.2.1.2　当有机配料无法满足需求时，可使用非有机农业配料，但应不大于配料总量的5%。一旦有条件获得有机配料时，应立即用有机配料替换。

4.2.1.3 同一种配料不应同时含有有机和常规成分。

4.2.1.4 作为配料的水和食用盐应分别符合 GB 5749 和 GB 2721 的要求，且不计入 4.2.1.1 所要求的配料中。

4.2.1.5 对于食品加工，可使用附录 A 中所列的物质。使用附录 A.1 和 A.2 所列的食品添加剂和加工助剂时，使用条件应符合 GB 2760 的规定。

理解要点：4.2.1 条款提供了配方设计的依据。

(1) 依据 4.2.1.1 条款，在配方设计时，有机产品配方中有机配料的占比（以干物质计）必须≥95%；依据 4.2.1.4 条款要求，水和食用盐不计入配料中，因此计算占比时不应考虑水和食用盐的用量。

(2) 依据 4.2.1.2 条款，有机产品配方中非有机配料的占比必须<5%，这是在设计配方时必须严格遵守的要求。对于非有同配料，一旦有条件获得有机配料时，应立即用有机配料替换。

(3) 依据 4.2.1.3 规定，配方中的同一种配料不应同时含有有机和常规成分（这也可以用根 4.2.1.2 条款解释，如果该配料能获得有机的就应该全部使用有机的）。需注意的是，4.2.1.3、4.2.1.5 条款已经按照 GB/T 19630.2—2011《有机产品第 2 部分：加工》国家标准第 1 号修改单要求进行了修改，删除了有机转换成分，因为按照修改单的规定，已经取消了有机转换产品的销售。

(4) 配料的水应符合 GB 5749《生活饮用水卫生标准》的要求；食用盐应符合 GB 2721《食品安国家标准食用盐》的要求，且不计入 4.2.1.1 所要求的配料中。

(5) 4.2.1.5 对于食品加工，可使用附录 A 中所列的物质。使用附录 A.1 和 A.2 所列的食品添加剂和加工助剂时，使用条件应符合 GB 2760 的规定。需注意的是，4.2.1.5 条款已经按照 GB/T 19630.2—2011《有机产品第 2 部分：加工》国家标准第 1 号修改单要求进行了修改。

4.2.1.6 对于饲料加工，可使用附录 B 所列的饲料添加剂，使用时应符合国家相关法律法规的要求。

4.2.1.7 需使用其他物质时，首先应符合 GB 2760 的规定，并按照附录 C 中的程序对该物质进行评估。

4.2.1.8 不应使用来自转基因的配料、添加剂和加工助剂。

理解要点：附录 B 所列的饲料添加剂一般用于添加在精饲料中，而有机精饲料一般是外购，虽然有机精饲料供应商是经过认证公司认证的，但也可以向其索取饲料成分，或到供应商现场进行审核，确认其他使用的饲料添加剂是否在附录 B 中，并且符合国家相关法律法规的要求。

如果使用附录 B 以外的饲料添加剂，首先应符合 GB 2760 的规定，同时必须报认证公司按附录 C 的要求进行评估合格后方可使用。

不允许使用来自转基因的配料、添加剂和加工助剂。如果作为饲料加工厂来说，可让原料供应商提供转基因检测报告或相关证明。

4.2.2　加工

4.2.2.1　不应破坏食品和饲料的主要营养成分，可以采用机械、冷冻、加热、微波、烟熏等处理方法及微生物发酵工艺；可以采用提取、浓缩、沉淀和过滤工艺，但提取溶剂仅限于水、乙醇、动植物油、醋、二氧化碳、氮或羧酸，在提取和浓缩工艺中不应添加其他化学试剂。

4.2.2.2　应采取必要的措施，防止有机与非有机产品混合或被禁用物质污染。

4.2.2.3　加工用水应符合 GB 5749 的要求。

4.2.2.4　在加工和储藏过程中不应采用辐照处理。

4.2.2.5　不应使用石棉过滤材料或可能被有害物质渗透的过滤材料。

理解要点：

(1) 本条款规定了食品和饲料的加工方法，应以保存食品营养成分最大化为原则；加工工艺应符合本条款的要求，尤其要注意对提取溶剂的要求。食品生产厂在做有机认证时，也需要让原料供应商提供生产工艺、成分、转基因证明，对其工艺进行文审或现场审核时，也应满足此条款要求。

(2) 不应使用石棉过滤材料，因为石棉已经被全世界公认为高致癌的危害人类健康的"致命纤维"。石棉本身并无毒害，它的最大危害来自于它的粉尘，当这些细小的粉尘被吸入人体内，就会附着并沉积在肺部，造成肺部疾病，石棉已被国际癌症研究中心肯定为致癌物。此外，极其微小的石棉粉尘飞散到空中，被吸入到人体的肺后，经过 20 到 40 年的潜伏期，很容易诱发肺癌等肺部疾病。这就是在世界各国受到不同程度关注的石棉公害问题。在欧洲，据预测到 2020 年因石棉公害引发的肺癌而致死的患者将达到 50 万人。而在日本，预测到 2040 年将有 10 万人因此死亡。

4.2.3　有害生物防治

4.2.3.1　应优先采取以下管理措施来预防有害生物的发生：

a. 消除有害生物的滋生条件；

b. 防止有害生物接触加工和处理设备；

c. 通过对温度、湿度、光照、空气等环境因素的控制，防止有害生物的繁殖。

4.2.3.2　可使用机械类、信息素类、气味类、黏着性的捕害工具、物理障碍、硅藻土、声光电器具，作为防治有害生物的设施或材料。

4.2.3.3　可使用下述物质作为加工过程需要使用的消毒剂：乙醇、次氯酸钙、次氯酸钠、二氧化氯和过氧化氢。消毒剂应经国家主管部门批准。不应使用有毒有害物质残留的消毒剂。

4.2.3.4　在加工或储藏场所遭受有害生物严重侵袭的紧急情况下，提倡使用中草药进行喷雾和熏蒸处理；不应使用硫磺熏蒸。

理解要点：有害生物防治以"预防"为主，本条款规定了应优先采取的预防措施：消除有害生物的滋生条件。企业因所处地域不同，有害生物的种类也会有所不同，常见的有害生物如鼠、蚊、蝇、蟑螂、仓储害虫（如米象、印度谷螟、皮蠹等）等。

有害生物的来源，外部入侵、内部滋生。外部入侵，如从邻近环境引入，建筑物或地面引入，从物料入口进入，员工带入，供货车辆带入等；害虫在室内生存的三大条件是栖息环境、水和食物。

根据以上所述消除有害生物的滋生条件，就是通过消除有害生物的栖息环境、水、食物来实现。如从厂房设计时就考虑如何避免有害生物的滋生和繁殖；定期清理、清扫、清洗加工、储存、运输设施和仓库、运输工具等，避免积水、渗漏、卫生死角；保持加工区内外环境的清洁；采取硬化车间、仓库和厂区地面的措施，不使有害生物有生存的条件。

防止有害生物接触加工和处理设备。首先应采取措施避免有害生物从外部进入室内，其次消除室内有害生物生存条件，最后对加工和处理设备采取密封等措施，避免有害生物进入，采取清洗、消毒等方式，避免有害生物存留。通过对温度、湿度、光照、空气等环境因素的控制，防止有害生物的繁殖。

可使用防治设施或材料如下。

机械类：如机械鼠夹，捕鼠笼等。

信息素类：如信息素粘捕器等。

气味类：如驱鸟剂，多数是绿色无公害生物型的，一般采用纯天然原料（或等同天然原料），加工而成的一种生物制剂，布点使用后，缓慢持久地释放出一种影响禽鸟神经系统、呼吸系统的特殊清香气味，鸟雀闻后即会飞走，在其记忆期内不会再来。

黏着性的捕害工具：如粘鼠板、粘蝇纸等。

物理障碍：如门窗安装防护网、胶帘等；挡鼠板、栅栏等。

硅藻土：是一种硅质岩石，主要分布在中国、美国、丹麦、法国、罗马尼亚等地。它是一种生物成因的硅质沉积岩，主要由古代硅藻的遗骸所组成。其化学成分以 SiO_2 为主，可用 $SiO_2 \cdot nH_2O$ 表示，含有少量的 Al_2O_3、Fe_2O_3、CaO、MgO 等和有机质。矿物成分为蛋白石及其变种。硅藻土的物理特性，密度 1.9～2.3g/cm^3，堆密度 0.34～0.65g/cm^3，比表面积 40～65m/g，孔体积 0.45～0.98m，吸水率是自身体积的 2～4 倍，熔点 1650～1750℃，在电子显微镜下可以观察到特殊多孔的构造。

硅藻土的工业填料应用范围如下所述。

农药业：可湿性粉剂、旱地除草剂、水田除草剂以及各种生物农药。应用硅藻土优点是pH 值中性、无毒，悬浮性能好，吸附性能强，容重轻，吸油率 115%，细度在 325～500目，混合均匀性好，使用时不会堵塞农机管路，在土壤中能起到保湿、疏松土质、延长药效肥效时间，助长农作物生长效果。

复合肥料业：果木、蔬菜、花草等各种农作物的复合肥。应用硅藻土优点是吸附性能强、容重轻，细度均匀，pH 值中性无毒，混合均匀性好。硅藻土可成为高效肥料，促使农作物生长、改良土壤等方面作用。

声光电器具：如捕蝇灯等。

可使用的消毒剂：除乙醇、次氯酸钙、次氯酸钠、二氧化氯和过氧化氢以外，经国家主管部门批准的消毒剂也可以使用，比如根据卫生部办公厅印发的《食品用消毒剂原料（成分）名单》(2009 版)，有 60 多种可用于食品的消毒剂，比如季铵盐氢氧化物内盐、臭氧及臭氧水、碘、高锰酸钾、过氧乙酸、氢氧化钠等。在购买和使用消毒剂时，均需满足此条款要求。

紧急情况的处理：有害生物防治可外包给治虫公司。现在很多企业选择治虫公司进行有害生物防治，更专业、更有效，选择合格的治虫公司可从以下几个方面考虑：企业具有合法的资质，有良好的企业声誉，专业水平高，员工能提供资质证并受到良好的培训，能提供虫种鉴定服务，并能给企业提供专业培训和现场指导，协助企业建立有效的虫害风险管理系统。

> 4.2.4　包装
>
> 4.2.4.1　提倡使用由木、竹、植物茎叶和纸制成的包装材料，可使用符合卫生要求的其他包装材料。
>
> 4.2.4.2　所有用于包装的材料应是食品级包装材料，包装应简单、实用，避免过度包装，并应考虑包装材料的生物降解和回收。
>
> 4.2.4.3　可使用二氧化碳和氮作为包装填充剂。
>
> 4.2.4.4　不应使用含有合成杀菌剂、防腐剂和熏蒸剂的包装材料。不应使用接触过禁用物质的包装袋或容器盛装有机产品。

理解要点：提倡以植物为原料生产的包装材料；包装材料应符合卫生要求，如符合 GB 9685《食品容器、包装材料用添加剂使用卫生标准》、GB/T 21302《包装用复合膜、袋通则》、GB 9689《食品包装用聚苯乙烯成型品卫生标准》、GB/T 24693《聚丙烯饮用吸管》等。

包装材料应是食品级的，供应商应提供食品级证明，对内包材供应商应进行现场审核。包装材料不能含有合成杀菌剂、防腐剂和熏蒸剂。包装材料不能被禁用物质污染。

> 4.2.5　储藏
>
> 4.2.5.1　有机产品在储藏过程中不得受到其他物质的污染。
>
> 4.2.5.2　储藏产品的仓库应干净、无虫害，无有害物质残留。
>
> 4.2.5.3　除常温储藏外，可以下储藏方法：
>
> a. 储藏室空气调控；
>
> b. 温度控制；
>
> c. 干燥；
>
> d. 湿度调节。
>
> 4.2.5.4　有机产品应单独存放。如果不得不与常规产品共同存放，应在仓库内划出特定区域，并采取必要的措施确保有机产品不与其他产品混放。

理解要点：本条款规定了有机产品在储藏过程中的污染控制以及常温储藏以外的储藏方法。

> 4.2.6　运输
>
> 4.2.6.1　运输工具在装载有机产品前应清洁。
>
> 4.2.6.2　有机产品在运输过程中应避免与常规产品混杂或受到污染。
>
> 4.2.6.3　在运输和装卸过程中，外包装上的有机认证标志及有关说明不得被玷污或损毁。

理解要点：运输环节容易被忽视，在运输前应对车辆进行检查，确保车辆清洁，防止车辆对产品造成交叉污染。

如果有机产品和常规产品必须同车装运，必须确保有机产品不被污染，且标识清晰，与常规产品分类、分区摆放，避免混杂。在运输和装卸过程中，要轻拿轻放或防止过度摩擦，避免将外包装上的有机认证标志及有关说明被玷污或损毁，一旦发生玷污和损毁，应将产品进行隔离存放，进行调查，确认标识被玷污或损毁的产品，如果不能有确切证据确认产品的种类、质量，应对产品进行处理。

4.3 纺织品（略）

三、GB/T 19630.3—2011《有机产品 第3部分：标识与销售》标准及理解要点

4.1 有机产品应按照国家有关法律法规、标准的要求进行标识。

4.2 “有机”术语或其他间接暗示为有机产品的字样、图案、符号，以及中国有机产品认证标志只应用于按照GB/T 19630.1、GB/T 19630.2和GB/T 19630.4的要求生产和加工并获得认证的有机产品的标识，除非“有机”表述的意思与本标准完全无关。

4.3 “有机”、“有机产品”仅适用于获得有机产品认证的产品，不得误导消费者将常规产品和有机转换期内的产品作为有机产品。

4.4 标识中的文字、图形或符号等应清晰、醒目。图形、符号应直观、规范。文字、图形、符号的颜色与背景色或底色应为对比色。

4.5 进口有机产品的标识和有机产品认证标志也应符合本标准的规定。

理解要点

(1) 只有获得有机认证的有机产品才能按本标准要求进行有机标识。4.3条款已按照GB/T 19630.3—2011《有机产品 第3部分：标识与销售》国家标准第1号修改单的要求进行了修改，删除了“‘有机转换’、‘有机转换产品’仅适用于获得转换产品认证的产品”这一要求，原“不得误导消费者将常规产品作为有机转换产品或者将有机转换产品作为有机产品。”也修改为“不得误导消费者将常规产品和有机转换期内的产品作为有机产品。”

(2) 有机产品的标识也必须符合《中华人民共和国商标法》、GB 7718《预包装食品标签通则》、GB 28050《食品安全国家标准 预包装食品营养标签通则》、《有机产品认证管理办法》等法规要求。

5.1 有机配料含量等于或者高于95%并获得有机产品认证的产品，方可在产品名称前标识“有机”，在产品或者包装上加施中国有机产品认证标志。

5.2 有机配料含量低于95%、有机配料含量高于或者等于95%但未获得有机产品认证的产品，不得在产品、产品最小销售包装及其标签上标注含有“有机”、“ORGANIC”等字样且可能误导公众认为该产品为有机产品的文字表述和图案。

理解要点：已按GB/T 19630.3—2011《有机产品 第3部分：标识与销售》国家标准第1号修改单的要求删除了原5.2、5.4、5.5和5.6条款。并将5.3：“有机配料含量低于95%、等于或者高于70%的产品，可以产品名称前标识‘有机配料生产’，关应注明获得认证的有机配料的比例。修改为“5.2 有机配料含量低于95%、有机配料含量高于或者等于95%但未获得有机产品认证的产品，不得在产品、产品最小销售包装及其标签上标注含有‘有机’、‘ORGANIC’等字样且可能误导公众认为该产品为有机产品的文字表述和图案。”

从以上修改内容可以看出，国家对有机产品标识的要求更高了。同时根据国家质量监督检验检疫总局2014年第36号公告：质检总局关于《有机产品认证管理办法》实施相关问题的公告，现在的有机产品不得标注“有机配料生产”字样，不得在产品成分表中标明某种配料为“有机”字样。

6　有机配料百分比的计算

6.1　有机配料百分比的计算不包括加工过程中及以配料形式添加的水和食盐。

6.2　对于固体形式的有机产品，其有机配料百分比按照式（1）计算：

$$Q=W_1/W\times100\% \tag{1}$$

式中　Q——有机配料百分比，单位百分比%；

W_1——产品有机配料的总重量，单位为千克（kg）；

W——产品总重量，单位为千克（kg）。

注：计算结果均应向下取整数。

6.3　对于液体形式的有机产品，其有机配料百分比按照式（2）计算（对于由浓缩物经重新组合制成的，应在配料和产品成品浓缩物的基础上计算其有机配料的百分比）：

$$Q=V_1/V\times100\% \tag{2}$$

式中　Q——有机配料百分比，单位百分比%；

V_1——产品有机配料的总体积，单位为升（L）；

V——产品总体积，单位为升（L）。

注：计算结果均应向下取整数。

6.4　对于包含固体和液体形式的有机产品，其有机配料百分比按照式（3）计算：

$$Q=(W_1+W_2)/W\times100\% \tag{3}$$

式中　Q——有机配料百分比，单位百分比%；

W_1——产品中固体有机配料的总重量，单位为千克（kg）；

W_2——产品中液体有机配料的总重量，单位为千克（kg）；

W——产品总重量，单位为千克（kg）。

注：计算结果均应向下取整数。

理解要点：有机产品分为三种形式：固体形式、液体形式、包含固体和液体形式。以上三种形式的有机产品在配方设计时必须分别依据以上条款的要求进行计算，确保有机配料含量等于或者高于95%。需要注意的是，有机配料百分比的计算不包括加工过程中及以配料形式添加的水和食盐。

7　中国有机产品认证标志

7.1　中国有机产品认证标志的图形与颜色要求如图所示。

7.2　标识为“有机”的产品应在获证产品或者产品的最小销售包装上加施中国有机产品认证标志及其唯一编号、认证机构名称或者其标识。

7.3　中国有机产品认证标志可以根据产品的特性，采取粘贴或印刷等方式直接加施在产品或产品的最小销售包装上。对于散装或裸装产品，以及鲜活动物产品，应在销售专区的适当位置展示中国有机产品认证标志和认证证书复印件。不直接零售的加工原料，可以不加施。

C:100 M:0 Y:100 K:0

C:0 M:60 Y:100 K:0

7.4 印制的中国有机产品认证标志应当清楚、明显。

7.5 印制在获证产品标签、说明书及广告宣传材料上的中国有机产品认证标志，可以按比例放大或者缩小，但不得变形、变色。

理解要点：已按照 GB/T 19630.3—2011《有机产品 第 3 部分：标识与销售》国家标准第 1 号修改单的要求，删除了 7.1、7.2、7.3、7.4 和 7.5 条款中的“有机转换”、“有机转换产品”“中国有机转换产品认证标志”等相关的文字和图片。也就是说，修改单直接取消除了“中国有机转换产品认证标志”。

中国有机产品标志的主要图案由三部分组成：标志外围的圆形形似地球，象征和谐、安全，圆形中的“中国有机产品”和“中国有机转换产品”字样为中英文结合方式，既表示中国有机产品与世界同行，也有利于国内外消费者识别。标志中间类似种子的图形代表生命萌发之际的勃勃生机，象征了有机产品是从种子开始的全过程认证，同时昭示出有机产品就如同刚刚萌生的种子，正在中国大地上茁壮成长。种子图形周围圆润自如的线条象征环形的道路，与种子图形合并构成汉字“中”，体现出有机产品植根中国，有机之路越走越宽广。同时，处于平面的环形又是英文字母“C”的变体，种子形状也是“O”的变形，意为“China Organic”。

另外，绿色代表环保、健康，表示有机产品给人类的生态环境带来完美与协调。橘红色代表旺盛的生命力，表示有机产品对可持续发展的作用。“中国有机转换产品认证标志”中的褐黄色代表肥沃的土地，表示有机产品在肥沃的土壤上不断发展。

标识为“有机”的产品应在获证产品或者产品的最小销售包装上加施中国有机产品认证标志及其唯一编号、认证机构名称或者其标识。

如某产品，以 400g 的小袋包装后，装入小盒内，再将 10 小盒产品装入大盒内，再将 5 大盒产品装入纸箱内，此时哪个算是最小销售包装呢？这取决于销售的方式，一般很少直接以大箱形式销售，通常可以“大盒”或“小盒”形式进行销售，如果以大盒形式销售，那么只需在大盒上加施中国有机产品认证标志及其唯一编号、认证机构名称或者其标识，小盒可以不加施；但如果以大盒形式整体销售不好卖，而以小盒零售的方式销售的话，则需要在小盒上加施以上标识。

中国有机产品认证标志加施的方式如下所述。

加施在产品或产品的最小销售包装上：可以采取粘贴或印刷等方式直接加施。数量较少时，可采取粘贴的方式，比较方便，需要向认证公司提出申请，根据包装形式和大小购买不同规格的有机贴。数量较多时，最好采取印刷的方式，但需要购买有机码打印在包装上，这样同时也需要生产单位的设备具有在包装在喷印有机码的能力，并且除了有机码，还需要加印有机产品标志、认证机构标志等。

对于散装或裸装产品，以及鲜活动物产品，应在销售专区的适当位置展示中国有机产品认证标志和认证证书复印件。

不直接零售的加工原料可以不加施。

需注意，中国有机产品认证标志可以按比例放大或者缩小，但不得变形、变色。7.1条款的图示中已经给出了标志的比例、颜色要求，按比例放大或者缩小时必须按此要求严格执行。

产品有机码、有机证书查询方法：查询有机产品的真实性及有机产品生产、加工企业相关信息，可登录国家认证认可监督管理委员会（简称国家认监委）官方网站 http://www.cnca.gov.cn/，找到“有机码查询”，输入产品包装上的有机码（是唯一的），可查询到有机产品获证单位名称。

> 8　销售
>
> 8.1　为保证有机产品的完整性和可追溯性，销售者在销售过程中应采取但不限于下列措施：
>
> 有机产品应避免与非有机产品的混合；
>
> 有机产品避免与本标准禁止使用的物质接触。
>
> 建立有机产品的购买、运输、储存、出入库和销售等记录。
>
> 8.2　有机产品进货时，销售商应索取有机产品认证证书、有机产品销售证等证明材料，有机配料低于95%并标识“有机配料生产”等字样的产品，其证明材料应能证明有机产品的来源。
>
> 8.3　生产商、销售商在采购时应对有机产品认证证书的真伪进行验证，并留存认证证书复印件。
>
> 8.4　对于散装或裸装产品，以及鲜活动物产品，应在销售场所设立有机产品销售专区或陈列专柜，并与非有机产品销售区、柜分开。
>
> 8.5　在有机产品的销售专区或陈列专柜，应在显著位置摆放有机产品认证证书复印件。

理解要点：GB/T 19630.3—2011《有机产品　第3部分：标识与销售》国家标准第1号修改单中并未修改8.2条，但根据5.1、5.2条款理解要点的解释，在包装上已经不能标识“有机配为生产”字样，因此只需考虑在有机产品进货时，销售商应向供应商索取有机产品认证证书、有机产品销售证等证明材料即可。在销售中应防止有机产品被污染。

四、GB/T 19630.4—2011《有机产品 第4部分：管理体系》标准及理解要点

> 4.1　基本要求
>
> 4.1.1　有机产品生产、加工、经营者应有合法的土地使用权和合法的经营证明文件。
>
> 4.1.2　有机产品生产、加工、经营者应按GB/T 19630.1～GB/T 19630.3的要求建立和保持有机生产、加工、经营管理体系，该管理体系应按本部分4.2要求形式系列文件，加以实施和保持。

理解要点：此条款明确了实施有机产品认证的最基本要求。首先必须有合法的土地使用权和合法经营证明文件（如营业执照、生产许可证等），法人需承担有机产品品质质量控制和民事责任。其次明确了必须按有机标准要求建立和保持管理体系。

4.2　文件要求

4.2.1　文件内容

有机生产、加工、经营管理体系的文件应包括：

a. 生产单元或加工、经营等场所的位置图；

b. 有机生产、加工、经营的质量管理手册；

c. 有机生产、加工、经营的操作规程；

d. 有机生产、加工、经营的系统记录。

理解要点：本条款明确了有机管理体系文件的四种类型。

位置图：具体要求参见 4.2.3 条款。

质量管理手册：具体要求参见 4.2.4 条款。

操作规程：具体要求参见 4.2.5 条款。

系统纪录：是实施、验证和完善体系的证据，具体要求参见 4.2.6 条款。

4.2.2　文件的控制

有机生产、加工、经营管理体系所要求的文件应是最新有效的，应确保在使用时可获得适用文件的有效版本。

理解要点：文件控制要求是最新有效的、并在使用时可及时获取。可参见 GB/T 19001《质量管理体系要求》中的相关条款。

4.2.3　生产单元或加工、经营等场所的位置图

应按比例绘制生产单元或加工、经营等场所的位置图，并标明但不限于以下内容：

a. 种植区域的地块分布，野生采集区域、水产捕捞区域、水产养殖场、蜂场及蜂箱的分布，畜禽养殖场及其牧草场、自由活动区、自由放牧区、粪便处理场所的分布，加工、经营区的分布；

b. 河流、水井和其他水源；

c. 相邻土地及边界土地的利用情况；

d. 畜禽检疫隔离区域；

e. 加工、包装车间、仓库及相关设备的分布；

f. 生产单元内能够表明该单元特征的主要标示物。

理解要点：需按此条款要求按例绘制位置图，标好方向，认证公司也会要求标注风向、隔离带（种类、宽度）等，主要是为了判断生产单元或加工、经营等场所的选址以及环境是否符合要求，是否存在交叉污染等。

4.2.4　有机产品生产、加工、经营管理手册

应编制和保持有机产品生产、加工、经营组织管理手册，该手册应包括但不限于以下内容：

a. 有机产品生产、加工、经营者的简介；
b. 有机产品生产、加工、经营者的管理方针和目标；
c. 管理组织机构图及其相关岗位的责任和权限；
d. 有机标识的管理；
e. 可追溯体系与产品召回；
f. 内部检查；
g. 文件和记录管理；
h. 客户投诉的处理；
i. 持续改进体系。

理解要点：见下面的文件。

《有机生产管理手册》示例

手册目录

01 颁布令

本种植基地依据 GB/T 19630.1、GB/T 19630.3、GB/T 19630.4《有机产品》标准的有关要求制定，编制完成《有机生产质量管理手册》。

《手册》是本种植基地的有机生产管理体系的法规性文件，是指导种植基地建立并实施有机生产管理体系的纲领和行动准则。

特予批准实施，全体员工必须遵照执行。

法人：＊＊

年　月　日

02 经营方针和目标

经营方针：遵纪守法、诚信经营，为客户提供天然、无污染、优质的有机产品。

经营目标：

1 青贮玉米亩产量：≥X 吨；玉米亩产量：≥X 吨；大豆亩产量：≥X 吨；

2 客户满意率≥98%；

3 客户投诉处理率：100%；

4 重大质量事故为零；

5 环境污染投诉率为零。

法人：＊＊

年　月　日

03 种植基地简介（略）

04 组织机构图及相关人员的职责和权限

组织机构图：略

职责与权限

为保证有机生产管理体系的有效运行，种植基地法人制定员工的职责、权限。

1　管理层职责

1.1　负责贯彻国家、行业、地方的法律、法规。

1.2　负责种植基地的发展规划及战略决策。

1.3　负责制定种植基地的方针、目标。

1.4　负责确定组织机构设置，并赋予员工职责与权限。

1.5　负责种植基地生产经营的全面管理及资源配备工作。

1.6　负责组织建立有机生产管理体系并实施。

2　采购部职责

2.1　负责种植基地种子、有机肥、物资等采购工作。

3　生产部职责

3.1　负责组织各部门对本部门文件、记录进行编写和修改。负责文件和记录的发放、作废保留及销毁等工作。

3.2　负责按照有机标准对生产过程实施检查。

3.3　负责有机产品认证过程中与外部机构的沟通，配合认证机构的检查和认证。

3.4　按照有机产品标准，对种植基地的有机管理体系进行检查，形成记录，并对违反标准的内容提出修改意见。

4　仓储部职责

4.1　负责采购物料、青贮等的运输、验收、出入库管理。

4.2　物料分区分类摆放整齐，标识明确。

4.3　遵守先入先出原则，为各部门按需要准确配送和发放物料。

4.4　对库房进行检查，对即将到期产品提早进行预警，防止物品过期及不合格物品的误用。对报废物料按要求进行处理。

4.5　账、物、卡相符，为财务部提供准确的账目和实物资料。

5　种植基地职责

负责有机作物的种植、田间管理工作。

6　销售部职责

负责产品的销售，在销售过程中需确保有机产品分类分区存放，不与常规产品混淆，不被有毒有害、化学物质、有异味等物质污染。

05 职能分配表

条款 \ 职能分配 \ 部门	管理层	采购部	生产部	仓储部	种植基地	销售部
GB/T 19630.4						
4.1 通则	●					
4.2 文件要求						
4.2.1 文件内容		△	▲	△	△	△
4.2.2 文件的控制		△	▲	△	△	△
4.2.3 生产单元或加工、经营等场所的位置图			▲			
4.2.4 有机产品生产、加工、经营管理手册	●	△	▲	△	△	△
4.2.5 生产、加工、经营操作规程		△	▲	△	△	△
4.2.6 记录		▲	▲	▲	△	△
4.3 资源管理						
4.3.1 具备资源	●					
4.3.2 管理者	●					
4.3.3 内部检查员	●					
4.4 内部检查	●	△	▲	△	△	△
4.5 可追溯体系与产品召回	●	▲	▲	▲	△	△
4.6 投诉	●	△	▲	△	△	△
4.7 持续改进	●	▲	▲	▲	△	△
GB/T 19630.1						
4. 通则	●		▲			
5. 植物生产	●		▲		▲	
8.10 有害生物防治			▲	▲	▲	
8.11 环境影响	●		△	△	△	
11 包装、贮藏和运输		△		▲	△	
11.1 包装				▲	▲	
11.2 储藏				▲	▲	▲
11.3 运输	●			▲	▲	▲
GB/T 19630.3						
4. 通则	●		▲			
5. 产品的标识要求	●		▲		△	
6. 有机配料百分比的计算			▲			
7. 中国有机产品认证标志	●		▲			
8. 销售	●		▲	▲		▲

注：●主要领导 ▲主要职能部门 △相关职能

06 手册使用说明

1 总则

对本手册进行有效的管理控制。

2 生效原则

本手册经种植基地法人批准实施后即为发布日期，发放以后各部门应宣贯学习，待体系正式运行以后，宣告正式实施，各级各类人员必须严格执行。

3 修改状态和版本

3.1 修改状态由阿拉伯数字排序0～9第十次换版，手册版本号以英文字母排序版本号，依次为大写英文字母A、B、C……

3.2 本手册属于通用型，既可对外又可对内。

3.3 手册发放按发放目录编号，内部检查员应按更改通知单的要求及时修改或换页，以保持手册的现行有效和一致。

4 手册的受控和非受控

4.1 发给种植基地内相关部门人员和认证机构的为受控版本，应加盖红色受控印章。

4.2 有关部门应得到手册的有效版本。

5 发放范围

发放与有机管理体系相关的部门。

6 发放手续

6.1 领用本手册的部门均需登记签字，当要更改时，内部检查员应及时与手册持有者接洽更改或换页。

6.2 手册的发放、标识、收回、作废、销毁及存档，执行种植基地制定的《文件控制程序》的要求。

7 修订规定

7.1 对运行中出现的不适宜处进行更改时，更改项目由内部检查员填写更改通知单，报法人批准。

7.2 换版需经法人批准，新版发布时，旧版本应声明作废，由发放人收回旧版本，加盖作废印章。非受控手册修改时可收回旧手册进行修改。

7.3 种植基地发放的与有机产品管理有关的程序和规定必须符合手册要求。

8 手册持有者责任

8.1 要掌握手册的内容与要求。

8.2 各部门要妥善保管，不得外传、外借、丢失、翻印，不准私自外赠，如有遗失及时报文件发文部门申请补发。

8.3 凡由于使用造成破损需更换时，需交旧领新。

8.4 手册持有者离开种植基地需交回手册。

9 手册的归口管理

9.1 手册由内部检查员负责编写。

9.2 手册由内部检查员负责发放管理。

9.3 手册的解释权归法人。

正文

1 范围

适用于某奶牛养殖牧场种植基地采购、种植、收割、运输、储存、包装及销售等全过程。

2 规范性引用文件

2.1 GB/T 19630.1 《有机产品 第1部分：生产》

2.2 GB/T 19630.3 《有机产品 第3部分：标识和销售》

2.3 GB/T 19630.4 《有机产品 第4部分：管理体系》

2.4 有机产品认证管理办法

2.5 有机产品认证实施规则

2.6 中华人民共和国认证认可条例

其他法规参见《法规及其他要求清单》。

3 术语和定义

3.1 有机农业：遵照一定的有机农业生产原则，在生产中不采用基因工程获得的生物及其产物，不使用化学合成的农药、化肥、生长调节剂、饲料添加剂等物质，遵循自然规律和生态学原理，协调种植业和养殖业的平衡，采用一系列可持续发展的农业技术以维持持续稳定的农业生产体系的一种农业生产方式。

3.2 有机产品：按照GB/T 19630标准生产、加工、销售的供人类消费、动物食用的产品。

3.3 常规：生产体系及其产品未按照GB/T 19630标准实施管理的。

3.4 转换期：从按照GB/T 19630标准开始管理至生产单元和产品获得有机认证之间的时段。

3.5 平行生产：在同一生产单元中，同时生产相同或难以区分的有机、有机转换或常规产品的情况。

3.6 缓冲带：在有机和常规地块之间有目的设置的、可明确界定的用来限制或阻挡邻近田块的禁用物质漂移的过渡区域。

3.7 投入品：在有机生产过程中采用的所有物质或材料。

3.8 植物繁殖材料：在植物生产或繁殖中使用的除一年生植物种苗以外的植物或植物组织，包括但不限于根茎、芽、叶、扦插苗、根、块茎。

3.9 生物多样性：地球上生命形式和生态系统类型的多样性，包括基因的多样性、物种的多样性和生态系统的多样性。

3.10 基因工程技术（转基因技术）：指通过自然发生的交配与自然重组以外的方式对遗传材料进行改变的技术，包括但不限于重组脱氧核糖核酸、细胞融合、微注射与宏注射、封装、基因删除和基因加倍。

3.11 基因工程生物（转基因生物）：通过基因工程技术/转基因技术改变了其基因的植物、动物、微生物。不包括接合生殖、转导与杂交等技术得到的生物体。

3.12 辐照：放射性核素高能量的放射，能改变食品的分子结构，以控制食品中的微生物、病菌、寄生虫和害虫，达到保存食品或抑制如发芽或成熟等生理过程。

3.13 标识：在销售的产品上、产品的包装上、产品的标签上或者随同产品提供的说明性材料上，以书写的、印刷的文字或者图形的形式对产品所作的标示。

3.14 认证标志：证明产品生产或者加工过程符合有机标准并通过认证的专有符号、图案或者符号、图案及文字的组合。

3.15 销售：批发、直销、展销、代销、分销、零售或以其他任何方式将产品投放市场的活动。

3.16 有机产品生产者：按照GB/T 19630标准从事有机种植、养殖以及野生植物采集，其生产单元和产品已获得有机产品认证机构的认证，产品已获准使用有机产品标志的单位或个人。

3.17 有机产品经营者：按照GB/T 19630标准从事有机产品的运输、储存、包装和贸易，其经营单位和产品获得有机认证机构的认证，产品获准使用有机产品认证标志的单位和个人。

3.18 内部检查员：有机产品生产、加工、经营组织内部负责有机管理体系审核，并配合有机认证机构进行检查、认证的管理人员。

3.19 认证：是指由认证机构证明产品、服务、管理体系符合相关技术规范、相关技术规范的强制性要求或者标准的合格评定活动。

3.20 认可：是指由认可机构对认证机构、检查机构、实验室以及从事评审、审核等认证活动人员的能力和执业资格，予以承认的合格评定活动。

4 要求

4.1 通则

4.1.1 本种植基地承诺遵守有关的法律法规及其他要求，拥有合法的土地使用权、合法的经营资格；并保留有关文件以证明自身的合法经营能力。

4.1.2 本种植基地按照GB/T 19630标准的要求建立、实施、保持文件化的有机生产、经营管理体系，并加以实施和持续改进。

4.2 文件要求

4.2.1 文件内容 本种植基地编制的有机生产、经营管理体系的文件包括：

a. 生产单元或经营等场所的位置图；

b. 有机生产、经营的管理手册；

c. 有机生产、经营的操作规程；

d. 有机生产、经营的系统记录。

4.2.2 文件的控制 生产部负责编制《文件控制程序》、《记录控制程序》，确保有机生产、经营管理体系文件及控制管理体系所涉及的记录（包括外来的文件资料、外来记录，如标准和客户提供的图样等）的编制、审批、更新和管理等环节得到有效的控制。

生产部负责文件的控制，并确保文件是最新有效的，确保各部门在使用时可获得适用的文件的有效版本。

各相关部门负责本部门文件、记录的保管、保密工作。

4.2.3 生产单元或加工、经营等场所的位置图 由生产部负责组织按比例绘制种植地块、种植基地等场所的位置图，并按要求标明但不限于以下内容。

4.2.3.1 种植区域的地块分布。

4.2.3.2 河流、水井和其他水源。

4.2.3.3 相邻土地及边界土地的利用情况。

4.2.3.4 仓库及相关设备的分布。

4.2.3.5 生产单元内能够表明该单元特征的主要标示物。

4.2.4 有机产品生产、经营管理手册 由生产部负责编制和保持有机产品生产、经营管理手册，手册应包括但不限于以下内容。

4.2.4.1 有机产品生产、经营者的简介。

4.2.4.2 有机产品生产、经营者的管理方针和目标。

4.2.4.3　有机标识的管理。

4.2.4.4　可追溯体系与产品召回。

4.2.4.5　内部检查。

4.2.4.6　文件和记录管理。

4.2.4.7　客户投诉的处理。

4.2.4.8　持续改进体系。

4.2.5　生产、经营操作规程　由生产部负责组织相关人员制定并实施生产、经营操作规程，至少应包括以下内容。

4.2.5.1　作物种植生产技术规程。

4.2.5.2　防止有机生产和经营过程中受禁用物质污染所采取的预防措施。

4.2.5.3　防止有机产品与非有机产品混杂所采取的措施。

4.2.5.4　植物产品收获规程及收获、采集后运输、加工、储藏等各道工序的操作规程。

4.2.5.5　运输工具、机械设备及仓储设施的维护、清洁规程。

4.2.5.6　加工厂卫生管理与有害生物控制规程。

4.2.5.7　标签及生产批号的管理规程。

4.2.5.8　员工福利和劳动保护规程。

4.2.6　记录

4.2.6.1　生产部负责组织各部门编写与本部门有关的记录，上报法人审核、批准后，由内部检查员统一下发、执行，如对记录进行修改，按《文件控制程序》相关要求执行。

4.2.6.2　生产部对各部门记录的填写、保存进行监督检查。

4.2.6.3　记录填写、收集、存档、保管、销毁、索引、保存期按照《记录控制程序》执行。

4.2.6.4　种植基地应按照GB/T 19630.4《有机产品　第4部分：管理体系》标准的要求建立有机产品生产、销售等记录，记录应清晰准确，并为有机生产、经营活动提供有效证据。记录至少保存5年并应包括但不限于以下内容。

① 生产单元的历史记录及使用禁用物质的时间及使用量。

② 种子、种苗等繁殖材料的种类、来源、数量等信息。

③ 肥料生产过程记录。

④ 土壤培肥施用肥料的类型、数量、使用时间和地块。

⑤ 病、虫、草害控制物质的名称、成分、使用原因、使用量和使用时间等。

⑥ 所有生产投入品的台账记录（来源、购买数量、使用去向与数量、库存数量等）及购买单据。

⑦ 植物收获记录，包括品种、数量、收获日期、收获方式、生产批号等。

⑧ 销售记录及有机标识的使用管理记录。

⑨ 培训记录。

⑩ 内部检查记录。

4.2.7　相关文件　《文件控制程序》和《记录控制程序》。

4.2.8　相关记录

4.2.8.1　[受控文件发文审批表]

4.2.8.2　[文件更改/作废审批单]

4.2.8.3　[文件收/发登记表]

4.2.8.4 [现行有效文件控制清单]

4.2.8.5 [记录清单]

4.2.8.6 [借阅登记表]

4.2.8.7 [文件/记录销毁/保留登记]

4.3 资源管理

4.3.1 总则 法人根据种植基地有机生产的规模和技术确定并提供所需的资源，包括人力资源、基础设施和工作环境等。

4.3.2 应配备有机产品生产、经营的管理者并具备以下条件。

4.3.2.1 本单位的主要负责人之一。

4.3.2.2 了解国家相关的法律、法规及相关的要求。

4.3.2.3 了解 GB/T 19630.1、GB/T 19630.3、GB/T 19630.4 的要求。

4.3.2.4 具备农业生产和（或）经营的技术知识或经验。

4.3.2.5 熟悉本单位的有机生产、加工、经营管理体系及生产和（或）加工、经营过程。

4.3.3 配备内部检查员并具备以下条件。

4.3.3.1 了解国家相关的法律、法规及相关要求。

4.3.3.2 相对独立于被检查对象。

4.3.3.3 熟悉并掌握 GB/T 19630.1、GB/T 19630.3、GB/T 19630.4 标准的要求。

4.3.3.4 具备农业生产和（或）经营的技术知识或经验。

4.3.3.5 熟悉本单位的有机生产和经营管理体系及生产和/或经营过程。

4.3.4 相关记录

4.3.4.1 [员工培训档案]

4.3.4.2 [（ ）年（ ）月培训计划]

4.3.4.3 [培训申请表]

4.3.4.4 [员工培训测验成绩表]

4.3.4.5 [培训有效性评价]

4.4 内部检查

4.4.1 目的 通过对有机管理体系内部检查，确认种植基地有机产品的生产、销售等是否符合 GB/T 19630.1、GB/T 19630.3、GB/T 19630.4 标准要求，有机产品管理是否有效。

4.4.2 适用范围 适用于种植基地有机产品管理体系覆盖的所有区域和所要求的内部检查。

4.4.3 职责

4.4.3.1 由内部检查员负责日常检查，填写日常检查记录，对不符合标准及种植基地制度的内容提出修改意见，并监督、指导整改。

4.4.3.2 由生产部负责，成立内部检查组，每年进行一次全面的内部检查，编制有机产品的检查计划，并组织内部检查工作，编制内检报告。

4.4.3.3 各部门配合内检组完成内部检查工作。

4.4.3.4 生产部需组织相关人员配合认证机构的检查和认证。

4.4.4 内部检查程序

4.4.4.1 内部检查要求

① 内部检查由生产部负责，根据实际情况成立检查小组，组员至少 2 人，并设检查组长 1 名；内部检查员应接受过相关有机产品知识培训。

② 检查组长编制［内部审核日程计划表］，内容包括：检查目的、范围、依据、方法、受检查部门及检查时间。

③ 内部检查员根据［内部审核日程计划表］编写［内审检查表］，［内审检查表］详细列出检查的项目、依据、方法，确保无要求遗漏，检查能够顺利进行。

④ 正常情况下，内部检查每年一次，并覆盖质量管理体系所有要求，出现以下情况时，内部检查员及时组织内部检查：组织结构、有机管理体系发生重大变化；出现重大质量事故或客户对同一环节连续投诉等；生产技术发生变化等；生产环境发生了影响有机产品质量的变化；法律、法规、标准及其他要求发生变更；在有机产品证书到期换证前。

4.4.4.2　内部检查内容　有机产品检查的内容主要包括有机种植、销售及管理体系运行等三个方面，检查过程的依据是国家相关的法律法规、有机认证标准、种植基地的有机管理体系文件。

① 原材料　重点检查购进的原材料是否符合有机产品的要求，是否有有机产品认证证书，是否在有效期内，产品是否有批次号，批次号是否可以进行追溯，产品是否有检验报告，检验报告的结果是否满足有机产品的标准的规定，原料的运输和入库是否符合有机产品的相关要求，原料的包装和标识是否完整等内容。

② 有机种植　检查有机种植整个过程是否按照有机标准要求完成，记录是否完整准确，这些记录能否保证从终端产品追溯到种植的来源和每个环节。

③ 有机产品销售

销售流转程序；

有机产品的运输和终端储藏及卫生管理情况；

有机产品的销售情况，包括产品销售记录、收据、销售发票等；

有机产品销售质量跟踪系统；

有机销售标识。

4.4.4.3　检查程序

① 检查员检查前准备好检查计划、相关标准或规范、作业指导书、记录表格等；如果是再次检查，应带上前一次的检查报告，尤其是不合格项和改进要求。

② 检查员到现场后先与被检查部门的相关管理人员召开首次会议，介绍本次检查的内容、任务、目的、依据和范围，与相关的管理人员了解各类人员、生产生产情况。

③ 根据检查计划到现场检查，填写［内审检查表］；检查方法采取询问、查看、现场观察操作等。

④ 现场检查完毕后召开末次会议，通报现场检查发现的问题和事项，并签署相关文件。

⑤ 对检查中发现的不合格项，检查组向各相关部门发出［不合格项报告］，经部门领导确认，由相关部门分析原因，制定纠正措施，经检查员确认后实施，检查员负责对实施结果跟踪验证，报告验证结果。

⑥ 完成内部检查及对不合格项整改后，检查组长写出［内部审核报告］，交法人审核批准。检查报告内容包括：检查目的、方法、依据、检查部门及检查组成员、检查计划实施情况、不合格分析、不合格数量及严重程度、对体系的有效性、符合性结论及以后应改进的地方。

4.4.5　相关文件　《内部检查管理程序》。

4.4.6 相关记录

4.4.6.1 [内部检查日程计划表]

4.4.6.2 [内审检查表]

4.4.6.3 [纠正/预防措施实施表]

4.4.6.4 [不合格项报告]

4.4.6.5 [内部检查报告]

4.5 有机标识的管理

4.5.1 种植基地按照国家有关法律法规、标准的要求进行标识。

4.5.2 根据证书相应使用"有机产品"标识，不得错误使用，误导消费者。

4.5.3 标识中的图形、文字、符号等应清晰、醒目。

4.5.4 具体要求参见《有机标识管理制度》。

4.5.5 相关文件 《有机标识管理制度》。

4.5.6 相关记录 [有机标识使用管理记录]

4.6 可追溯体系与产品召回

4.6.1 可追溯体系

种植基地建立完善的可追溯体系，保持可追溯的生产全过程的详细记录，如地块图、农事活动记录、出入库记录、销售记录等。

4.6.1.1 产品标识

(1) 种植基地对产品生产过程、仓储、销售各阶段的产品进行标识。

(2) 标识的控制

① 采购的原料的标识

a. 原料建立账目，由仓储部负责标识，标识内容有产地、品名、厂家、采购日期、数量等内容，不同供方的原料应分开放置。同时做好出入库记录，以便于追溯。

b. 消毒液、清洗剂等应有明显的标识，标识的内容：产地、品名、用途、进货日期等。

c. 对易燃、易爆、有毒、腐蚀性物品要有明显标识，化学成分相互反应的不得在同一库房存放。

d. 库房内不得有明火，因混放影响成分或口感的不得在同一库房存放。

e. 所有标识应有专人检查，仓库由仓储部检查，每半月查一次，对无标识的产品及时收回、销毁。

② 批次号管理 种植作物在收割、储藏时编制生产批号，具体要求参见《标签及生产批号的管理规程》。

4.6.2 召回

4.6.2.1 种植基地建立《产品追溯及召回制度》，包括产品的召回条件、召回产品的处理、采取的纠正措施、产品召回的演练等，并保留产品召回过程中的全部记录，包括召回、通知、补救、原因、处理等。

4.6.2.2 种植基地召回分为主动召回和责令召回两种形式。

4.6.2.3 产品需要召回时，应由种植基地向社会发布召回信息，同时向政府监督部门报告，并向其提交召回计划。

4.6.2.4 种植基地在以下情况要进行主动召回。

(1) 种植基地复查生产过程、原料，出现原料误用情况，产品发往收购方的要进行召回。

(2) 将不合格产品按照合格产品发往收购方的要进行召回。

(3) 主动召回的召回计划应涵盖以下内容。

① 停止生产不安全产品的情况。

② 通知收购方停止使用不安全产品的批次。

③ 说明不安全产品的危害程度，产生的原因，影响的严重和紧急程度。

④ 回收的范围、回收的期限、种植基地联系方式、召回的具体措施等。

⑤ 召回的预期效果。

⑥ 召回产品的处理措施。

4.6.2.5 当责令召回通知发到种植基地时，种植基地接到反馈后立即令召回批次的产品，并复查相关产品。

4.6.2.6 由种植基地制定责令召回报告，经省政府监督部门核准后，实施召回，并对召回进行跟踪和报告。

4.6.2.7 种植基地负责召回产品的处置和追查原因，制定相应的纠正措施。

4.6.2.8 保持召回的记录。

4.6.2.9 具体要求参见《产品追溯及召回制度》。

4.6.3 产品召回演练 由法人负责，生产部组织相关人员每年进行一次产品召回演练，填写［产品召回演练记录］，验证召回制度的适宜性与可行性，发现不适宜时及时修改文件。

4.6.4 相关文件 《产品追溯及召回制度》

4.6.5 相关记录

4.6.5.1 ［原料出入库记录］

4.6.5.2 ［种植记录］

4.6.5.3 ［产品召回通知］

4.6.5.4 ［产品召回记录］

4.6.5.5 ［产品召回演练记录］

4.7 客户申、投诉

4.7.1 总则 种植基地建立了《客户投诉处理程序》，对客户申诉及投诉进行处理，以加强客户服务管理，提高客户满意度，提高种植基地品牌形象和价值。

4.7.2 客户申、投诉处理规程 当客户对产品质量提出异议时，由法人负责组织人员及时调查原因，以便于解决。具体要求参见《客户投诉处理程序》。

4.7.3 处理投诉类型 终止供货、退货、索赔、起诉等。

4.7.4 保留投诉处理记录，记录内容包括投诉的接受、登记、确认、调查、跟踪、反馈等。

4.7.5 相关文件 《客户投诉处理程序》。

4.7.6 相关记录 ［投诉处理记录］

4.8 持续改进

4.8.1 总则 本种植基地通过对有机管理体系审核、方针、目标、数据分析、对各类不合格采取纠正措施，对潜在不合格采取预防措施以及通过内部检查等持续改进管理体系的有效性，实现客户满意的目标。

4.8.2 工作内容

4.8.2.1 确定不符合的原因。

4.8.2.2 评价确保不符合不再发生的措施的需求。

4.8.2.3 确定和实施所需的措施。

4.8.2.4 记录所采取措施的结果。

4.8.2.5 评审所采取的纠正或预防措施。

4.8.3 相关文件 《持续改进管理规程》。

4.8.4 相关记录 [纠正/预防措施实施表]

4.2.5 生产、加工、经营操作规程

应制定并实施生产、加工、经营操作规程，操作规程中至少应包括：

a. 作物种植、食用菌栽培、野生采集、畜禽养殖、水产养殖/捕捞、蜜蜂养殖等生产技术规程；

b. 防止有机生产、加工和经营过程中受禁用物质污染所采取的预防措施；

c. 防止有机产品与非有机产品混杂所采取的措施；

d. 植物产品收获规程及收获、采集后运输、加工、储藏等各道工序的操作规程；

e. 动物产品的屠宰、捕捞、提取、加工、运输及储藏等环节的操作规程；

f. 运输工具、机械设备及仓储设施的维护、清洁规程；

g. 加工厂卫生管理与有害生物控制规程；

h. 标签及生产批号的管理规程；

i. 员工福利和劳动保护规程。

理解要点：不同地方作物种植操作规程不同，因此以下示例仅供参考。

《有机青贮操作规程》示例

1 目的

为确保有机青贮种子选择、种子播种、作物田间管理及收获、运输等工作达到有机标准要求，特制定本规程。

2 适用范围

适用于某奶牛养殖牧场种植基地。

3 职责

3.1 管理层负责合理选择有机青贮种子，并指定地块进行播种。

3.2 采购部负责有机青贮种子的采购。

3.3 种植基地负责组织人员进行播种、施肥，及有机青贮的田间管理、收获等操作。

3.4 生产部负责对有机青贮种植、田间管理、收获全过程进行检查。

4 工作内容

4.1 地块选择

4.1.1 应选择土壤肥沃、地势较高亢、交通方便、土地肥力中等、有灌溉条件、排水方便，适合青贮生长的田块内种植。应远离城区、工矿区、交通主干线、工业污染源、生活垃圾场等，产地的环境质量应符合以下要求。

4.1.1.1 土壤环境质量符合 GB 15618 中的二级标准。

4.1.1.2 农田灌溉用水水质符合 GB 5084 的规定。

4.1.1.3 环境空气质量符合 GB 3095 中二级标准和 GB 9137 的规定。

4.1.2 当存在有机生产区域受到邻近常规生产区域污染的风险时，应在有机和常规生产区域之间设置有效的缓冲带或物理屏障，以防止有机生产地块受到污染。缓冲带上种植的植物不能认证为有机产品。

4.2 青贮种植管理流程图 略

4.3 春翻或秋翻

4.3.1 每年春天或秋天翻一次地。

4.3.2 春翻：在4月中旬，重耙2遍，整平耙细，达到待播状态。

4.3.3 秋翻：在10月下旬，深松45cm左右，整地20cm左右。

4.4 施肥

4.4.1 亩施经过高温发酵，充分腐熟，以杀灭各种寄生虫和病菌、杂草种子，使之达到无害化卫生标准的优质农家肥作基肥，增施有机肥既能降低成本，又能提高青贮内在品质。为了达到高产、稳产、优质之目的，进行科学合理追肥，施肥量每亩0.5t左右。

4.4.2 若使用有机肥料，需向有机肥料供应商索取有机证书，与供应商签订购销合同，索取销售证等资质，使用前需提交认证公司进行评估。

4.4.3 底肥深度15～20cm。

4.5 选种

4.5.1 选用优质、抗倒、抗病虫、高产新品种。

4.5.2 当从市场上无法获得有机种子时，可选用未经禁止使用物质处理过的、无转基因品种的常规种子，并制定和实施获得有机种子计划。

4.6 播种

4.6.1 播种前种子处理

播种前选晴天晒种1～2天，以利提高芽势，确保一播全苗。

4.6.2 适时播种，合理密植

春播青贮的适时播期：4月中下旬开始，最迟不晚于5月10日。每亩密度在4000～4500株，行距62cm或63cm，南北行种植。

4.7 田间管理

4.7.1 定苗

确保壮苗早发：要遵照三叶间、五叶定的原则，为了达到苗期不造成苗荒、壮苗早发之目的，在青贮三叶前进行疏苗，应把弱、病苗及时拔除。在青贮生长6～7叶时，要及时定苗，去弱苗、病苗、杂株，每穴留一株健壮苗。

4.7.2 除草

4.7.2.1 人工除草：可在6月上、中旬时采用人工除草的方法，当使用非有机地块专用的锄头时，需清洁后使用。

4.7.2.2 及时中耕除草：及时中耕、除去杂草，有利于增温、保墒、除草，应在5月下旬齐苗后、定苗前进行一次中耕，第二次应在6月中旬，7～10叶前进行，不能超过6月20日，第三次结合中耕进行培土防倒伏。

4.7.3 青贮病虫害防治

4.7.3.1 青贮主要病虫害：螟虫、蚜虫。主要防治方法：首先要选择抗病虫草害的青贮种子，后期如果发现发病的植株，及时拔掉或者用赤眼蜂防治螟虫，用灯光等手段防治蚜虫。

4.7.3.2 当以上方法不能有效控制病虫草害时，可使用GB/T 19630.1附录A表A.2所列出的植物保护产品。比如可使用苦参碱，喷洒在叶片上，具体使用方法可在购买时参见使用说明书。

4.7.4 日常管理

4.7.4.1 标识 在地头竖立类似“有机青贮地”的标识，以警示相邻地块人员以及到达该地块附近的人员，不要对该地块造成污染。

4.7.4.2 防盗、防破坏 经常到有机青贮地进行检查，关注是否有可疑人员，防止青贮被盗，以及防止破坏青贮地的行为发生。

4.7.4.3 排涝、防旱工作。

(1) 采用天然雨水，如发生涝的情况，看是否可以采取排水等方式减少损失，如发生干旱的情况，看是否有必要采取灌溉的方式，如灌溉时，灌溉用水水质必须符合 GB 5084 的规定。当因涝或干旱严重影响青贮产量时，可采取调整配方的方法，或者向认证公司提出申请，按有机标准要求饲喂少量的常规青贮。

(2) 按照有机青贮地周边缓冲带情况，在必要时采取增加缓冲带、绿化植被等方法预防水土流失情况发生。

4.7.4.4 巡视 被委托的有机青贮地管理人员，以及合作社的内部检查员，需加强对有机青贮地的巡视，在巡视时需观察青贮的长势、雨水是否充分，青贮地旱涝情况、杂草情况、病虫害情况、边界污染预防情况、设备和工器具维护保养及清洁情况、设备是否有漏油现象等，确保青贮地生长状况正常，无交叉污染现象发生。

4.7.4.5 记录 以上检查、巡视工作需填写【检查记录】。

4.7.5 污染控制

参见《防止有机产品被污染的操作规程》。

4.8 水土保持和生物多样性保护，请参见《水土保持与生物多样性管理规程》。

4.9 收割、粉碎

4.9.1 当青贮下部叶片干枯，上部叶片青绿时，青贮棒色叶黄时即可收获。也可根据青贮饲料干物质含量确定收割时间。一般收割时间在 9 月下旬。

4.9.2 合理留茬。收割茬留得过低会夹杂大量的泥土，导致青贮颗粒污染；越往下，木质素含量越高，奶牛不容易消化；硝酸盐含量比较高。留茬过高的话，青贮产量低，影响经济效益，对来年的耕种会产生影响。留茬一般是 10cm 左右。

4.9.3 根据干物质的含量确定切割的长度和破碎的细度；青贮饲切割的适宜长度是 0.63～1.25cm；干物质少于 28%的时候，切割长度一般是 1.7cm；28%～34%时，切割长度是 1.1cm；大于 34%是 0.85cm。

4.9.4 青贮饲料如果切割过长，奶牛无法采食，导致饲料浪费；当青贮饲料干物质含量过低，少于 28%时，容易造成青贮被过度压实，形成严格的厌氧环境；梭菌适应的生长环境就是在刚开始制作青贮时就形成严格的厌氧环境，这会很利于梭菌的生长繁殖；但切割过短会导致水分过渡流失，营养物质损失。

4.10 运输

应使用专用运输工具，如使用非专用的运输工具，应在装载有机青贮前对其进行清洁，避免常规青贮混杂和禁用物质污染。

4.11 验收

对入厂的青贮进行验收并记录，检查外观是否清洁无污染，青贮的颜色、气味等是否正常，青贮的数量和重量是否准确。

4.12 压实和封窖

4.12.1 对青贮窖进行、清扫清洁。

4.12.2 当第一车青贮运进青贮窖时就应该开始压实，不能停止，直至封窖。

4.12.3　每层青贮的厚度以10cm为宜。

4.12.4　压实的速度要快，尽量减少青贮与空气的接触时间。

4.12.5　高出窖墙50cm即可封窖，要使用没有破洞的塑料布薄膜对青贮饲料进行覆盖，上覆轮胎。

4.12.6　对有机青贮进行标识，标识的内容为名称、批号、数量等。

4.12.7　由内检员负责对干草棚进行日常检查，确保符合有机标准要求。

4.13　污染控制

参见《防止有机产品被污染的操作规程》。

4.14　水土保持和生物多样性保护，请参见《水土保持与生物多样性管理规程》。

5　相关文件

5.1 《机械设备、工器具维修、使用、清扫操作规程》

5.2 《防止有机产品被污染的操作规程》

5.3 《水土保持与生物多样性管理规程》

6　相关记录

6.1 [有机生产计划]

6.2 [获得有机种子计划]

6.3 [生产历史记录表]

6.4 [土地、作物种植最后一次使用禁用物质记录]

6.5 [种子、种苗使用记录]

6.6 [农事活动记录]

6.7 [作物灌溉记录]

6.8 [自制有机肥记录表]

6.9 [肥料使用管理记录表]

6.10 [病虫草害防治记录]

6.11 [机械设备维修保养、清扫清洗记录]

6.12 [工器具维修保养、清洗记录]

6.13 [收割记录]

6.14 [车辆运输记录]

6.15 [原材料、产品入库单]

6.16 [标识卡]

6.17 [库房检查记录]

6.18 [检查记录]

7　附则（略）

4.2.6　记录

有机产品生产、加工、经营者应建立并保持记录。记录应清晰准确，为有机生产、加工、经营活动提供有效证据。记录至少保存5年并应包括但不限于以下内容：

a. 生产单元的历史记录及使用禁用物质的时间及使用量；

b. 种子、种苗、种畜禽等繁殖材料的种类、来源、数量等信息；

c. 肥料生产过程记录；

d. 土壤培肥施用肥料的类型、数量、使用时间和地块；

e. 病、虫、草害控制物质的名称、成分、使用原因、使用量和使用时间；

f. 动物养殖场所有进入、离开该单元动物的详细信息（品种、来源、识别方法、数量、进出日期、目的地等）；

g. 动物养殖场所有药物的使用情况，包括：产品名称、有效成分、使用原因、用药剂量；被治疗动物的识别方法、治疗数目、治疗起始日期、销售动物或其产品的最早日期；

h. 动物养殖场所有饲料和饲料添加剂的使用详情，包括种类、成分、使用时间及数量等；

i. 所有生产投入品的台账记录（来源、购买数量、使用去向与数量、库存数量等）及购买单据；

j. 植物收获记录，包括品种、数量、收获日期、收获方式、生产批号等

k. 动物（蜂）产品的屠宰、捕捞、提取记录；

l. 加工记录，包括原料购买、入库、加工过程、包装、标识、储藏、出库、运输记录等；

m. 加工厂有害生物防治记录和加工、储存、运输设施清洁记录；

n. 销售记录及有机标识的使用管理记录；

o. 培训记录；

p. 内部检查记录。

理解要点：记录的作用：是检查、验证和追溯的依据，要求真实、清晰、准确。

记 录 示 例

（　　）年种子购买记录

编号：　　　　　　　　　　　　　　　　　　　　　　NO：

日期	购买地址	种子名称	种子品种	种子生产厂家	生产批号	数量/t	购买人	劳作人数描述/(人/天)	车辆、工器具名称	车牌号	车主姓名	清扫清洁内容	清洁人	维修保养内容	操作人

（　　）年播种、镇压记录

编号：　　　　　　　　　　　　　　　　　　　　　　NO：

日期	天气	有机地号	种子品种	批号	厂家	播种面积/亩	播种量(kg)	亩播种量/(kg/亩)	震压面积/亩	劳作人数描述/(人/天)	设备、工器具名称	车牌号	车主姓名	清扫清洁内容	清洁人	维修保养内容	操作人

（　　）年草害防治记录

编号：　　　　　　　　　　　　　　　　　　　　　NO：

日期	天气	有机地号	灭草方法	人工除草面积/(亩/人)	除草剂名称	除草剂成分/%	除草剂批号	除草剂厂家	施用面积/亩	施用量	亩施用量	施用人	劳作人数描述/(人/天)	设备、工器具名称	车牌号	车主姓名	清扫清洁内容	清洁人	维修保养内容	操作人

（　　）年病、虫害防治记录

编号：　　　　　　　　　　　　　　　　　　　　　NO：

日期	天气	有机地号	施用物质	名称	成分/%	作用	批号	生产厂家	施用面积/亩	施用量	亩施用量	施用人	劳作人数描述/(人/天)	设备、工器具名称	车牌号	车主姓名	清扫清洁内容	清洁人	维修保养内容	操作人

（　　）年收获记录

编号：　　　　　　　　　　　　　　　　　　　　　NO：

日期	天气	有机地号	收获面积/亩	收获处理方法	收获产品	收获产量/kg	亩产量/kg	收获批号	入库地点	劳作人数描述/(人/天)	设备、工器具名称	车牌号	车主姓名	清扫清洁检查内容	清洁人	维修保养内容	操作人

库房检查记录

编号：

日期	地点	温度/℃	湿度/%	现场	虫、鼠害	不符合内容	整改情况	记录人

原材料、产品入库单

编号：　　　　　　　　　　　　NO：

品名	规格	数量	批号	生产厂家	供应商	备注

送货人：　　　　　　保管员：　　　　　　年　月　日

注：本单一式三联，第一联仓库记账联，第二联材料成本会计记账联，第三联返交货人作有关结算凭证或回执联。

原材料、产品出库单

编号：　　　　　　　　　　　　NO：

品名	规格	单位	数量	批号	生产厂家	供应商	备注

批准人：　　　　　保管员：　　　　　领料人：　　　　　年　月　日

注：本单一式三联，第一联仓库记账联，第二联材料成本会计记账联，第三联返交货人作有关结算凭证或回执联。

产品召回记录

编号：　　　　　　　　　　　　NO：

企业代码		生产时间	年　月　日至　年　月　日
生产数量		出厂数量	
生产批量		有效期	至　年　月　日
发货人		出厂时间	年　月　日至　年　月　日
销售地区		召回数量	
召回批号		召回时间	年　月　日至　年　月　日
召回人员		召回地域	
现存数量		召回率	
召回原因(详细描述)：			
召回品处置：			
召回方案：			
方案有效性验证：			

记录人/日期：　　　　　复核人/日期：　　　　　批准人/日期：

投诉处理记录

编号：　　　　　　　　　　　　　　NO：

投诉日期	投诉单位名称	投诉人	投诉人电话	投诉内容	投诉内容确认	确认人	原因分析	纠正措施	处理结果	处理人	处理结束日期

存栏登记表

时间	圈舍号	牛号	变动情况(数量)					转群		存栏数	备注（原因等）
			出生	调入	调出	淘汰	死亡	转入	转出		

奶牛配种记录

编号：

品种	圈号	耳标号	发情时间	卵泡发育	输精配种时间			精液来源	冻精号	输精时间	孕检结果	操作人	负责人
					一次	二次	三次						

诊疗记录

编号：

时间	耳标号	圈舍号	日龄	发病日期	发病数	病因	诊疗人	用药名称	生产厂	用药量	用药方法	治疗时间	诊疗结果

兽药使用记录

编号：

日期	名称	生产厂家	批号	数量	被治疗奶牛编号	诊断内容	治疗方法	治疗数量	开始用药时间	结束用药时间	安全生产最早日期

4.3 资源管理

4.3.1 有机产品生产、加工、经营者应具备与有机生产、加工、经营规模和技术相适应的资源。

4.3.2 应配备有机产品生产、加工、经营的管理者并具备以下条件：

a. 本单位的主要负责人之一；

b. 了解国家相关的法律、法规及相关要求；

c. 了解 GB/T 19630.1、GB/T 19630.2、GB/T 19630.3，以及本部分的要求；

d. 具备农业生产和（或）加工、经营的技术知识或经验；

e. 熟悉本单位的有机生产、加工、经营管理体系及生产和（或）加工、经营过程。

4.3.3 应配备内部检查员并具备以下条件：

a. 了解国家相关的法律、法规及相关要求；

b. 相对独立于被检查对象；

c. 熟悉并掌握 GB/T 19630.1、GB/T 19630.2、GB/T 19630.3，以及本部分的要求；

d. 具备农业生产和（或）加工、经营的技术知识或经验；

e. 熟悉本单位的有机生产、加工和经营管理体系及生产和（或）加工、经营过程。

理解要点：有机生产、加工、经营规模和技术相适应的资源，如人力资源管理者（执行 4.3.2 要求）、农业技术员或兽医等技术人员、符合 4.3.3 条款要求的内部检查员等。

设施、设备：如厂房、奶牛运动场、饲料粉碎机、清粪机、播种机、收割机、包装机、检验设备等与生产规模相匹配的设施和设备。

工作环境：如满足生产所需的温度、湿度、照明等要求。

4.4 内部检查

4.4.1 应建立内部检查制度，以保证有机生产、加工、经营管理体系及生产过程符合 GB/T 19630.1、GB/T 19630.2、GB/T 19630.3 以及本部分的要求。

4.4.2 内部检查应由内部检查员来承担。

4.4.3 内部检查员的职责是：

> a. 按照本部分，对本企业的管理体系进行检查，并对违反本部分的内容提出修改意见；
>
> b. 按照GB/T 19630.1、GB/T 19630.2、GB/T 19630.3的要求，对本企业生产、加工过程实施内部检查，并形成记录；
>
> c. 配合认证机构的检查和认证。

理解要点：内部检查包括日常内部检查，内部检查员对日常生产、加工、经营过程进行检查，根据情况可每周或每月进行一次检查。

年度内部检查：可参见GB/T 19001《质量管理体系要求》中内部审核的要求，一般每年检查一次或二次，成立内部检查小组，编写内部检查计划、检查表、检查报告、不符合报告等。

检查表示例

内部检查日程计划表

编号：

审核目的			
审核依据			
审核范围			
审核组成员			
审　核　分　组　及　时　间　安　排			
日期	时间	审核区域及条款	审核组成员
编制： 日期：　年　月　日		批准： 日期：　年　月　日	

内部检查表

编号：

不符合项报告

编号：

被审核部门		审核日期		
审核组长		审核员		
陪同人员				
依据条款	检查内容及方法	检　查　记　录		结果

被审核部门		部门负责人	
审核依据		审核日期	

不合格陈述：

判定性质：不符合标准：

不符合程序：

不合格类型：体系型（　）、实施型（　　）、效果型（　）（在括号内打√标记）

审核员：　年　月　日　　　　　部门负责人：　　　　年　月　日

不合格原因：

纠正措施计划：

部门负责人：

审核员认可：

纠正措施完成情况：

部门负责人：　　　　　　　　年　月　日

纠正措施的验证：

审核员：　　　　　　　　年　月　日

内部检查报告

编号：

内部检查报告		上次审核日期	
审核目的		本次审核日期	
审核范围		审核依据	
审核组长		审核组员	
审核中发现问题摘要：			
体系运行有效性结论性意见：			
审核组长： 日　期：　　年　月　日		管理者代表： 日　期：　　年　月　日	

4.5　可追溯体系与产品召回

有机产品生产、加工、经营者应建立完善的可追溯体系，保持可追溯的生产全过程的详细记录（如地块图、农事活动记录、加工记录、仓储记录、出入库记录、销售记录等）以及可跟踪的生产批号系统。

有机产品生产、加工、经营者应建立和保持有效的产品召回制度，包括产品召回的条件、召回产品的处理、采取的纠正措施、产品召回的演练等。并保留产品召回过程中的全部记录，包括召回、通知、补救、原因、处理等。

理解要点：

《产品追溯及召回程序》示例

1 目的

为了确保生产过程可追溯，并对不合格产品进行召回，避免和减少损失，保护消费者的利益，使可能出现的危害和不良影响降到最低程度，特建立本制度。

2 范围

适用于某奶牛养殖牧场从原材料进厂到产品销售的全过程的追溯，以及召回管理。

3 职责

3.1 内部检查员负责对合作社种植和生产过程可追溯性的检查与完善。

3.2 场长负责组织人员处理召回事件。

4 工作程序

4.1 可追溯记录

4.1.1 对合作社种植及养殖的全过程建立详细记录，如地块图、农事活动记录、养殖记录、仓储记录、出入库记录、销售记录等，详见［记录清单］。

4.1.2 按照《标签及生产批号的管理规程》建立可追踪的生产批号系统，以便于追溯。

4.2 产品召回制度

4.2.1 召回形式：主动召回和被动召回。

4.2.1.1 在以下情况要进行主动召回

(1) 合作社复查原材料、生产过程时发现不合格情况，产品发往市场的要进行召回。

(2) 合作社复检产品不合格发往市场的要进行召回。

(3) 在物流发运时，将不合格产品按照合格产品发往市场的要进行召回。

(4) 同一批次产品，多次出现消费者反馈，且反馈同一原因的要进行召回。

(5) 为合作社提供原材料的供方因造假或掺假被曝光，合作社使用其相关原料的产品，要进行召回。

4.2.1.2 在以下情况合作社要进行责令召回

(1) 新闻媒体曝光合作社产品不合格，对其批次产品召回。

(2) 国家监督抽检不合格。

(3) 国家监督部门检查合作社主动召回，实施效果不明显的。

(4) 因合作社过错造成产品危害扩大或再度发生的。

4.2.2 召回的实施步骤

4.2.2.1 制定召回计划

(1) 合作社场长指定专人负责产品召回过程的内外部协调。明确参与产品召回人员名单、职责、电话、传真、电邮地址，并制定替补工作人员，确保召回计划的顺利实施。

(2) 合作社产品需要进行主动召回时，合作社应书面上报监督部门，同时进行产品质量危害的调查和危害的评估。

① 质量危害调查的主要内容包括：

a. 是否符合法律、法规或标准的安全要求；

b. 是否使用了不合格原材料；

c. 可能存在质量危害的产品数量、批次或类别及其收购区域和范围。

② 食品安全危害评估的主要内容包括：

a. 该产品引发的食品污染、食源性疾病、或对人体健康造成的危害，或引发上述危害的可能性；

b. 不安全产品对主要收购方危害影响；

c. 危害的严重和紧急程度；

d. 危害发生的短期和长期后果。

(3) 一经确认产品属于召回产品，合作社应停止销售相应批次和品种的产品。同时在1日内发布［产品召回通知］，通知收购方停止使用。

(4) 合作社应在2日内向政府监督部门提交召回计划。

(5) 合作社提交召回计划的内容

① 停止销售不安全产品的情况。

② 通知收购者停止使用不安全产品的情况。

③ 产品安全危害的种类、产生的原因、可能受影响的人群、严重和紧急程度。

④ 召回措施的内容，包括实施组织、联系方式以及召回的具体措施、范围和时限等。

⑤ 召回的预期效果。

⑥ 召回产品后的处理措施。

(6) 自召回实施之日起，合作社在3日内向政府监督部门提交产品召回阶段性进展报告。食品生产者对召回计划有变更的，应当在食品召回阶段性进展报告中说明。

4.2.2.2 召回产品的处置

(1) 召回产品根据质量不合格原因，决定是否喂牛、喂猪或添加到饲料中，或者做销毁处理。同时填写［产品召回记录］。

(2) 场长指定人员依据召回原因制定纠正措施，避免类似的现象再发生。同时填写［纠正/预防措施实施表］。

4.2.2.3 召回后续跟踪

召回结束后，合作社应通知所有收购方召回已完成，确保问题产品已得到妥善处理。同时应组织相关人员回顾整个召回计划并对其中不足之处进行必要的修改。

4.3 产品召回演练

4.3.1 合作社每年举行一次产品召回演练。在实施演练时，不提前通知召回涉及人员，假定一个不合格原因对产品进行召回演练。同时填写［产品召回演练记录］。

4.3.2 当发生下列情况时需要进行召回演练。

4.3.2.1 组织机构中主要人员发生大的变化时。

4.3.2.2 召回文件和记录发生变化时。

5 相关文件

《持续改进管理规程》。

6 相关记录

6.1 ［记录清单］

6.2 ［产品召回通知］

6.3 ［产品召回记录］

6.4 ［不合格品处理记录］

6.5 ［纠正/预防措施实施表］

6.6 ［产品召回演练记录］

7 附则（略）

> 4.6 投诉
>
> 有机产品生产、加工、经营者应建立和保持有效的处理客户投诉的程序，并保留投诉处理全过程的记录，包括投诉的接受、登记、确认、调查、跟踪、反馈。

理解要点：

《客户投诉处理程序》示例

1 目的

为了满足顾客及相关方要求，及时处理顾客及相关方投诉或抱怨，提高客户满意度，提高品牌形象和价值，特制定本程序。

2 范围

适用于某奶牛养殖牧场所有顾客及相关方（包括：经销商、国家监督等部门）对产品质量及服务的抱怨、投诉及投诉后处理跟踪等。

3 职责

3.1 场长：负责组织相关人员对投诉或抱怨进行登记、确认、调查、反馈、处理及跟踪。

3.2 内检员：负责做好相关记录。

4 工作程序

4.1 投诉的类型

4.1.1 产品抽检（包括国家监督抽查）：是由国务院产品质量监督部门依法组织有关省级质量技术监督部门和产品质量检验机构对生产、销售的产品，依据有关规定进行抽样、检验，并对抽查结果依法公告和处理的活动。

4.1.2 媒体曝光：是指通过报纸、杂志、广播、电视、网络等传播媒介，运用各种新闻稿的形式传播本合作社的负面消息。

4.1.3 收购方投诉（收购方建议、收购方问询等）：是指收购方购买合作社产品，接受合作社提供的服务。对产品质量表示怀疑，与合作社发生消费者权益争议后，请求合作社人员协调解决，保护其消费者合法权益的行为。

4.2 投诉的接受和登记

由内检员负责对投诉信息进行登记，并填写［投诉处理记录］。

4.3 投诉的确认、反馈、调查及处理

4.3.1 由场长负责指定人员对投诉事实进行确认。

4.3.2 国家监督等部门的投诉（产品抽检投诉） 场长负责组织人员将产品送至第三方进行检验，如合格，对国家监督部门进行协调和沟通；如不合格，及时按照《产品追溯及召回制度》向收购方发布［产品召回通知］，将不合格产品召回，按要求进行销毁处理，并填写［产品召回记录］、［不合格品处理记录］，及时将处理方法与结果通报给收购方和该监督部门。

4.3.3 收购方投诉、建议、问询等：由场长负责派专人与收购方进行沟通、解释，确认事实，当确认投诉事件不属实时，应及时与顾客或相关方进行解释和协调，避免事态扩大。当确认产品质量确实存在一定问题的，经评审确认后，应及时反馈给场长，终止供货，并对已发货物进行调换或退货，给收购方造成损失的进行必要赔偿。同时对投诉属实的事件进行原因调查和分析，制定纠正措施，并填写［纠正/预防措施实施表］，对事件进行整改。由于收购方运输、储存方法不对造成的投诉，合作社不承担损失。

4.3.4 媒体曝光：应立即成立危机处理小组，对事件进行确认、调查，并指定专人与媒体进行沟通，将事件影响减少到最小。当媒体曝光事件属实时，应同时对事件进行原因调查和分析，制定纠正措施，并填写［纠正/预防措施实施表］，对事件进行整改，公布与众。

5 相关文件 《产品追溯及召回制度》

6 相关记录

6.1 ［投诉处理记录］

6.2 ［产品召回通知］

6.3 ［产品召回记录］

6.4 ［不合格品处理记录］

6.5 ［纠正/预防措施实施表］

7 附则（略）

> 4.7 持续改进
>
> 组织应持续改进其有机生产、加工和经营管理体系的有效性，促进有机生产、加工和经营的健康发展，以消除不符合或潜在不符合有机生产、加工和经营的因素。有机生产、加工和经营者应：
>
> a. 确定不符合的原因；
>
> b. 评价确保不符合不再发生的措施的需求；
>
> c. 确定和实施所需的措施；
>
> d. 记录所采取措施的结果；
>
> e. 评审所采取的纠正或预防措施。

理解要点：

《持续改进管理规程》示例

1 目的

为了持续有机生产、经营管理体系的有效性，促进有机生产、经营的健康发展，特制定本规程。

2 适用范围

适用于某奶牛养殖牧场。

3 职责

内部检查员负责组织相关人员制定纠正或预防措施。

4 术语和定义

4.1 持续改进：增强满足要求的能力的循环活动。

4.2 有效性：完成策划的活动和达到策划结果的程度。

4.3 不合格（不符合）：未满足要求。

4.4 预防措施：为消除潜在不合格或其他潜在不期望情况的原因所采取的措施。

4.5 纠正措施：为消除已发现的不合格或其他不良情况的原因所采取的措施。

5 工作内容

5.1 利用纠正措施和预防措施，持续改进有机生产管理体系的有效性，促进有机生产的健康发展，以消除不符合或潜在不符合有机生产的因素。

5.2 纠正措施、预防措施的信息来源

5.2.1 体系、过程、产品质量出现问题，或超过公司规定值（目标、指标等）时。

5.2.2 水、气、固体废弃物等排放出现异常污染现象。

5.2.3 出现法律、法规不符合现象。

5.2.4 目标、指标出现偏差。

5.2.5 水、电、原材料等能源、资源出现浪费现象。

5.2.6 出现质量、安全事故。

5.2.7 内部检查（包括内部审核和日常检查）中发现不合格/不符合项时。

5.2.8 外部审核发现不合格/不符合时。

5.2.9 日常统计数据、报表、生产记录的分析。

5.2.10 顾客及相关方的投诉。

5.2.11 其他不符合方针、目标或体系文件要求的情况。

出现以上情况各部门要及时将信息反馈给场长和内部检查员。

5.3 纠正、预防措施的实施步骤

5.3.1 确定不符合、潜在不符合的原因。

5.3.2 评价确保不符合、潜在不符合不再发生的措施的需求。

5.3.3 确定和实施所需的措施；采取的纠正措施、预防措施应与所遇到不合格、潜在不合格的影响程度相适应。

5.3.4 记录所采取措施的结果。

5.3.5 评审所采取的纠正或预防措施。

通过评审、验证，发现已制定的纠正措施、预防措施，未消除不合格、潜在不合格原因，内部检查员需组织有关部门重新分析原因，重新评价并确定需采取的措施，重新制定纠正措施、预防措施并予以实施，对实施结果进行验证和评审，直至解决问题为止。

5.4 记录

制定、实施、评审纠正和预防措施需填写［纠正/预防措施实施表］

5.5 文件的更改

5.5.1 当针对不符合、潜在不符合的原因进行整改后，管理文件中如果存在不再适应的内容时，以及经验证确定的有效措施需形成文件的，由文件编写部门对相关文件按《文件控制程序》要求进行更改，将有效的措施写入相关文件中。应确保对有机管理体系文件进行必要的更改。

5.5.2 对实施效果不够稳定的纠正措施、预防措施，不得正式纳入体系程序或文件，继续制定纠正措施、预防措施直到效果好时，由归口管理部门对相关文件进行更改，将有效的措施写入相关文件中。

6 相关记录

［纠正/预防措施实施表］

7 附则（略）

任务四 有机食品的申请与认证

一、有机食品认证的意义

有助于提高企业的生产管理水平和产品质量，提高企业形象，助于企业开拓市场，提高市场竞争力，提高经济效益。

可向社会提供高品质、健康、安全的食物，保障人体健康，满足人类对优质生活的需求；可提高我国相关产品在国际上的竞争力；保护基因多样性和农业多样性，维持生态平衡，维持和改善环境质量，保护自然资源，促进环境、自然资源的可持续发展。

二、目前我国有机认证的范围

《有机产品认证目录》（认监委 2012 年第 2 号公告）：规定了可以进行有机产品认证的产品范围，只有在目录中的产品才可以进行有机产品认证。

三、有机产品认证标准

依据国家标准《有机产品》GB/T 19630 以及相关的法规和要求。

有机产品认证费用：有机产品认证费用依据中国认证认可协会发布的中认协监〔2013〕102 号文件《关于颁布实施认证机构公平竞争规范——认证价格自律规定》的通知中的附件三《有机产品初次认证基础价格要求》，认证机构开展认证工作以此规范所确定基础价格为依据。具体参见下表。

有机产品初次认证基础价格要求

<table>
<tr><td colspan="5">第一部分：单一产品种类认证</td></tr>
<tr><td colspan="2" rowspan="2">产品种类</td><td colspan="2">认证类型及基本价格</td><td rowspan="2">影响认证费的因素</td></tr>
<tr><td>农场认证费/万元</td><td>加工认证费/万元</td></tr>
<tr><td rowspan="10">作物类</td><td>谷物、豆类和其他油料作物纺织用植物、制糖植物</td><td>1.5</td><td>1.0</td><td>面积以 2000 亩为基础，每增 2000 亩，增加认证费 3000 元；每增加一种产品，增加认证费 3000 元</td></tr>
<tr><td>蔬菜（非设施栽培）</td><td>1.5</td><td>0.8</td><td>面积以 200 亩为基础，每增加 200 亩，增加认证费 3000 元；每增加一小类产品，增加认证费 3000 元</td></tr>
<tr><td>蔬菜（设施栽培）</td><td>1.5</td><td>0.8</td><td>面积以 100 亩为基础，每增加 100 亩，增加认证费 3000 元；每增加一小类产品，增加认证费 3000 元</td></tr>
<tr><td>蔬菜（同时具有设施栽培和非设施栽培）</td><td>1.8</td><td>0.8</td><td>按设施栽培起点面积起算，非设施栽培部分按规模因素增加认证费用</td></tr>
<tr><td>食用菌</td><td>1.5</td><td>0.8</td><td>以 10 万菌棒为基础，规模每增加 5 万菌棒，增加认证费 3000 元；露地栽培类的，参考设施或非设施栽培蔬菜；每增加一种产品，增加认证费 3000 元</td></tr>
<tr><td>水果和坚果（非设施栽培）</td><td>1.5</td><td>0.8</td><td>面积以 1000 亩为基础，每增加 1000 亩，增加认证费 3000 元；每增加一种产品，增加认证费 3000 元</td></tr>
<tr><td>水果（设施栽培）</td><td>1.5</td><td>0.8</td><td>面积以 300 亩为基础，每增加 300 亩，增加认证费 3000 元；每增加一种产品，增加认证费 3000 元</td></tr>
<tr><td>水果（同时具有设施栽培和非设施栽培）</td><td>1.8</td><td>0.8</td><td>按设施栽培起点面积起算，非设施栽培部分按规模因素增加认证费用</td></tr>
<tr><td>茶叶等饮料作物</td><td>1.0</td><td>0.8</td><td>面积以 300 亩为基础，每增加 300 亩，增加认证费 3000 元</td></tr>
<tr><td>花卉、香辛料等作物产品、调香的植物</td><td>1.5</td><td>1.0</td><td>面积以 2000 亩为基础，每增 2000 亩，增加认证费 3000 元；每增加一种产品，增加认证费 3000 元</td></tr>
</table>

续表

第一部分:单一产品种类认证				
产品种类		认证类型及基本价格		影响认证费的因素
		农场认证费/万元	加工认证费/万元	
作物类	青饲料植物	1.5	1.0	面积以5000亩为基础,每增5000亩,增加认证费3000元;每增加一种产品,增加认证费3000元
作物类	植物类中药	1.5	1.0	面积1000亩为基础,面积每增加1000亩,增加认证费3000元;每增加一种产品,增加认证费3000元
作物类	野生采集	1.5	1.0	面积以5000亩为基础,每增加5000亩,增加认证费3000元。每增加一种产品,增加认证费3000元
作物类	种子与繁殖材料	1.5	1.0	面积以2000亩为基础,每增2000亩,增加认证费3000元;每增加一种产品,增加认证费3000元
作物类	注释: 此处加工认证是指针对非外购原料加工的认证,以下同。 蔬菜按薯芋类、豆类、瓜类、白菜类、绿叶蔬菜、根菜类、甘蓝类、芥菜类、茄果类、葱蒜类、多年生蔬菜、水生蔬菜、芽苗类等13类作为产品小类(与《目录》相同)			
养殖类(畜禽)	产品种类	认证类型及基本价格		影响认证费的因素
养殖类(畜禽)		农场认证费/万元	加工认证费/万元	
养殖类(畜禽)	禽与禽蛋类	1.5	1.0	存栏5000羽为基础,每增加5000羽,增加认证费3000元
养殖类(畜禽)	猪	2.0	1.0	出栏2000头为基础,每增加2000头,增加认证费3000元
养殖类(畜禽)	牛羊肉(人工养殖)	2.0	1.0	牛等大体型动物:出栏1000头为基础,每增加1000头,增加认证费3000元;羊等中小体型动物:出栏5000头为基础,每增加5000头,增加认证费3000元
养殖类(畜禽)	牛羊肉(天然牧场放牧)	2.0	1.0	牛等大体型动物:出栏5000头为基础,每增加5000头,增加认证费3000元;羊等中小体型动物:出栏10000头为基础,每增加10000头,增加认证费3000元
养殖类(畜禽)	乳用畜和乳品	2.0	2.0	奶牛等大体型动物以存栏500头奶牛为基础,每增加500头,增加认证费3000元;羊等中小体型动物以2000头为基础,每增加2000头,增加认证费3000元;以生产一种乳制品为基础,每增加一种乳制品,增加认证费5000元
养殖类(水产)	中华鳖	1.7	1.0	养殖水面200亩为基础,每增加200亩,增加认证费3000元
养殖类(水产)	中华绒螯蟹	2.0	1.0	养殖水面200亩为基础,每增加200亩,增加认证费3000元
养殖类(水产)	鱼类和其他淡水养殖动物(池塘养殖)	1.7	1.0	养殖水面500亩为基础,每增加500亩,增加认证费3000元;每增加一种产品,增加认证费3000元
养殖类(水产)	海水养殖动物(包括鱼类、虾类、蟹类、海参、贝类、藻类等)	2.0	1.0	养殖水面100亩为基础,每增加1000亩,增加认证费3000元;每增加一种品种,增加认证费3000元
养殖类(水产)	天然水库等开放性水域放养、捕捞	1.7	1.0	养殖水面5000亩为基础,每增加5000亩,增加认证费3000元;每增加一种产品,增加认证费3000元

续表

<table>
<tr><td colspan="4">第二部分：多产品种类认证</td></tr>
<tr><td rowspan="2">产品种类</td><td colspan="2">认证类型及基本价格</td><td rowspan="2">影响认证费的因素</td></tr>
<tr><td>农场认证费/万元</td><td>加工认证费/万元</td></tr>
<tr><td>综合 1：多种类别作物或动物生产认证</td><td>第一种作物或第一种动物认证费＋其他作物认证费总和×50%</td><td>第一种作物或第一种动物工厂认证费＋其他作物或动物工厂认证费总和×50%</td><td>相应的认证费用及其影响因素参照相应作物类和养殖类标准计算</td></tr>
<tr><td>综合 2：作物种植和动物养殖混合生产认证</td><td>养殖认证费＋作认证费×50%</td><td>养殖工厂认证费＋作物工厂认证费×50%</td><td>相应的认证费用及其影响因素参照作物类和养殖类标准计算</td></tr>
<tr><td colspan="4">注：以计算出认证费用最高者作为第一种作物或动物</td></tr>
<tr><td colspan="4">第三部分：外购有机原料进行加工的有机加工认证</td></tr>
<tr><td colspan="3">加工认证(100%外购有机原料)</td><td rowspan="2">视加工产品的种类及其规模、食品安全风险程度、工艺的复杂程度等因素而定，认证费用 2.0 万～8.0 万元</td></tr>
<tr><td colspan="3">加工认证(既有自有原料、又有外购原料且外购原料占 50%以上)</td></tr>
</table>

注：1. 应实施规则要求，需增加现场检查频次的项目，每增加一次现场检查，增加认证费 0.3 万元。
2. 对于小农户认证，当农户数多于 20 户时，每增加 100 户，增加认证费 0.3 万元。
3. 对于分场所，视距离和复杂程度等因素每一分场所增加收费 0.3 万～1 万元。
4. 其他未列明的产品收费标准比照列表中相近生产形式的产品收费。
5. 再认证收费不低于初次认证收费的 75%。
6. 再认证时遇增加产品、扩大规模等情况，按“影响认证费的因素”增加收费。

四、企业如何准备有机认证

以某奶牛养殖牧场为例，认证前可按以下事项进行准备。

1. 制定有机认证规划

根据市场需求量以及自有或合作饲料基地面积、能外购到的饲料数量来确定牧场是全部进行认证，还是部分进行认证，做好认证及销售规划。

2. 制定有机认证排期并实施

根据规划确定牵头责任部门，组织相关部门制定认证排期，并督促各部门按排期完成各项工作。主要的排期可参见 8.1 条款理解要点，在此基础上可将认证公司的选择、配方的制定与审核、内部检查等一些重要、具体的事项均制定到排期表中。

3. 确保有效地与认证公司进行沟通

为确保排期制定的可行性，以及按排期完成各项工作，在有机认证规划制定好后，应及时选择认证公司，并与之沟通规划的内容、排期的内容，评估其能力、价格、时间和人员安排等是否符合本单位要求。因为认证公司安排现场检查的时间受认证地点、认证机构检查员的时间安排等多种因素影响，不可能完全按照认证委托人的要求来安排，因此排期需考虑因此带来的影响。

4. 建立有机管理体系，按照有机标准要求进行生产、加工、经营管理

按照 GB/T 19630.4 标准要求建立有机管理体系，依据《有机产品认证实施规则》5.2.6 条款准备认证申请需提报的材料。同时生产按照 GB/T 19630.1 和 GB/T 19630.3 的要求进行有机产品管理，加工按照 GB/T 19630.2 和 GB/T 19630.3 的要求进行有机产品管理，销售按照 GB/T 19630.3 的要求进行有机产品管理。

5. 向认证公司提交申请并完成认证

有机管理体系实施三个月，并且完成内部检查以后，可按照本章第七节《有机食品认证的基本步骤》向认证公司提交申请材料，按排期进行有机转换认证和有机认证。

五、有机食品认证所需要的资料清单

依据《有机产品认证实施规则》5.2.6 条款，认证委托人应至少提交以下文件和资料。

(1) 认证委托人的合法经营资质文件的复印件，包括营业执照副本、组织机构代码证、土地使用权证明及合同等。

(2) 认证委托人及其有机生产、加工、经营的基本情况。

① 认证委托人名称、地址、联系方式；当认证委托人不是直接从事有机产品生产、加工的农户或个体加工组织的，应当同时提交与直接从事有机产品的生产、加工者签订的书面合同复印件及具体从事有机产品生产、加工者的名称、地址、联系方式。

② 生产单元或加工场所概况。

③ 申请认证的产品名称、品种、生产规模包括面积、产量、数量、加工量等；同一生产单元内非申请认证产品和非有机方式生产的产品的基本信息。

④ 过去三年间的生产、加工历史情况说明材料，如植物生产的病虫草害防治、投入物使用及收获等农事活动描述；野生植物采集情况的描述；动物、水产养殖的饲养方法、疾病防治、投入物使用、动物运输和屠宰等情况的描述。

⑤ 申请和获得其他认证的情况。

(3) 产地（基地）区域范围描述，包括地理位置、地块分布、缓冲带及产地周围临近地块的使用情况；加工场所周边环境（包括水、气和有无面源污染）描述、厂区平面图、工艺流程图等。

(4) 有机产品生产、加工规划，包括对生产、加工环境适宜性的评价，对生产方式、加工工艺和流程的说明及证明材料，农药、肥料、食品添加剂等投入物质的管理制度，以及质量保证、标识与追溯体系建立、有机生产加工风险控制措施等。

(5) 本年度有机产品生产、加工计划，上一年度销售量、销售额和主要销售市场等。

(6) 承诺守法诚信，接受认证机构、认证监管等行政执法部门的监督和检查，保证提供材料真实、执行有机产品标准、技术规范及销售证管理的声明。

(7) 有机生产、加工的质量管理体系文件。

(8) 有机转换计划（适用时）。

(9) 其他相关材料。

实际在认证公司认证前，除以上资料，可能还要求提交以下资料：商标注册证明复印件或商标授权使用证明（适用时）；出口企业卫生登记证书和出口企业卫生注册证书；生产/服务的主要过程的流程图；主要生产设备及检测设备清单；多现场项目清单；法律法规标准清单；生产基地有关环境质量的证明材料；环境监测报告（适用时）；土壤检测报告、灌溉用水检测报告（适用时）；水产养殖基地水体检测报告（适用时）；有机产品认证调查表；有关专业技术和管理人员的资质证明材料。

六、有机食品认证的基本步骤

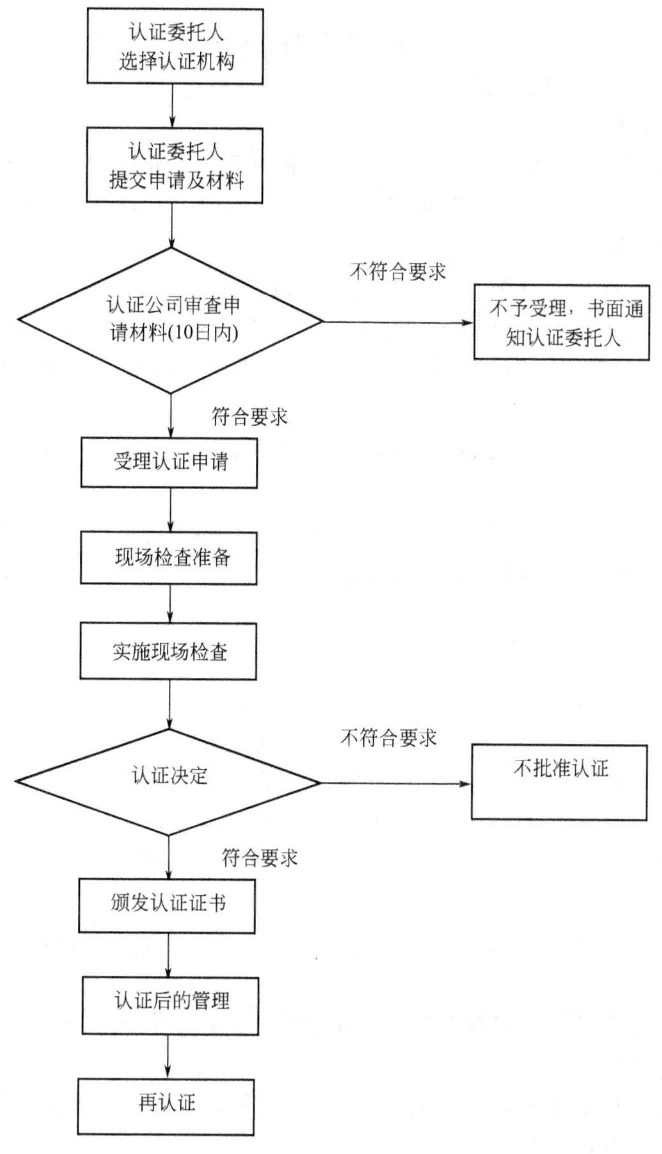

1. 认证机构的选择

有机产品认证机构应当具备《中华人民共和国认证认可条例》规定的条件和从事有机产品认证的技术能力，经国家认证认可监督管理委员会（简称国家认监委）批准，依法取得法人资格，并在批准范围内从事认证活动。可登录中国国家认证认可监督管理委员会官网（http：//www.cnca.gov.cn/），查询和联系有资质的有机产品认证机构。

从事有机产品认证检查活动的检查员应取得中国认证认可协会的执业注册资质。

2. 认证机构受理有机产品认证申请的条件

（1）认证委托人及其相关方生产、加工的产品符合相关法律法规、质量安全卫生技术标准及规范的基本要求。

（2）认证委托人建立和实施了文件化的有机产品管理体系，并有效运行3个月以上。

（3）申请认证的产品应在国家认监委公布的《有机产品认证目录》内。

（4）认证委托人及其相关方在五年内未出现《有机产品认证管理办法》第四十四条所列情况。

（5）认证委托人及其相关方一年内未被认证机构撤销认证证书。

（6）认证委托人应提交的文件和资料（略）。

3. 申请材料的审查

对符合要求的认证委托人，认证机构应根据有机产品认证依据、程序等要求，在10日内对提交的申请文件和资料进行审查并作出是否受理的决定，保存审查记录。

（1）审查要求如下

① 认证要求规定明确，并形成文件和得到理解。

② 认证机构和认证委托人之间在理解上的差异得到解决。

③ 对于申请的认证范围，认证委托人的工作场所和任何特殊要求，认证机构均有能力开展认证服务。

（2）申请材料齐全、符合要求的，予以受理认证申请；对不予受理的，应当书面通知认证委托人，并说明理由。

（3）认证机构可采取必要措施帮助认证委托人及直接进行有机产品生产、加工者进行技术标准培训，使其正确理解和执行标准要求。

（4）现场检查准备（略）。

（5）现场检查的实施（略）。

（6）认证决定（略）。

4. 认证后的管理

（1）认证机构应当每年对获证组织至少安排一次现场检查。认证机构应根据申请认证产品种类和风险、生产企业管理体系的稳定性、当地质量安全诚信水平总体情况等，科学确定现场检查频次及项目。同一认证的品种在证书有效期内如有多个生产季的，则每个生产季均需进行现场检查。

认证机构还应在风险评估的基础上每年至少对5%的获证组织实施一次不通知的现场检查。

（2）认证机构应及时了解和掌握获证组织变更信息，对获证组织实施有效跟踪，以保证其持续符合认证的要求。

（3）认证机构在与认证委托人签订的合同中，应明确约定获证组织需建立信息通报制度，及时向认证机构通报以下信息。

① 法律地位、经营状况、组织状态或所有权变更的信息。

② 获证组织管理层、联系地址变更的信息。

③ 有机产品管理体系、生产、加工、经营状况、过程或生产加工场所变更的信息。

④ 获证产品的生产、加工、经营场所周围发生重大动植物疫情、环境污染的信息。

⑤ 生产、加工、经营及销售中发生的产品质量安全重要信息，如相关部门抽查发现存

在严重质量安全问题或消费者重大投诉等。

⑥ 获证组织因违反国家农产品、食品安全管理相关法律法规而受到处罚。

⑦ 采购的原料或产品存在不符合认证依据要求的情况。

⑧ 不合格品撤回及处理的信息。

⑨ 销售证的使用、产品核销情况。

⑩ 其他重要信息。

（4）销售证

① 认证机构应制定有机认证产品销售证的申请和办理程序，要求获证组织在销售认证产品前向认证机构申请销售证。

② 认证机构应对获证组织与销售商签订供货协议的认证产品范围和数量进行审核。对符合要求的颁发有机产品销售证；对不符合要求的应当监督其整改，否则不能颁发销售证。

③ 销售证由获证组织在销售获证产品时交给销售商或消费者。获证组织应保存已颁发的销售证复印件，以备认证机构审核。

④ 认证机构对其颁发的销售证的正确使用负有监督管理的责任。

关于销售证的理解要点：销售证一般不向个人消费者发放；获证组织应保存销售证的复印件，以备认证机构审核。销售证的作用如下所述。

a. 销售证是由认证机构颁发的文件，声明特定批次或交付的货物来自获得有机认证的生产单元，是证明交易产品走向的担保性文件。

b. 证据：是验证所交易产品的有机身份的证据；是追踪追溯有机产品流向的证据；同时也是认证机构对认证产品范围和数量核实确认的参考依据。

c. 控制有机产品的数量：销售证有效保证了产品的可追溯性，对获证组织有机产品的范围、产量、数量进行有效的控制（详见销售证内容要求），防止非有机产品与有机产品混淆。

5. 再认证

（1）获证组织应至少在认证证书有效期结束前 3 个月向认证机构提出再认证申请。获证组织的有机产品管理体系和生产、加工过程未发生变更时，认证机构可适当简化申请评审和文件评审程序。

（2）认证机构应当在认证证书有效期内进行再认证检查。

因生产季或重大自然灾害的原因，不能在认证证书有效期内安排再认证检查的，获证组织应在证书有效期内向认证机构提出书面申请说明原因。经认证机构确认，再认证可在认证证书有效期后的 3 个月内实施，但不得超过 3 个月，在此期间内生产的产品不得作为有机产品进行销售。

（3）对超过 3 个月仍不能再认证的生产单元，应当重新进行认证。

思考练习题

判断题

1. 有机农业不允许使用城市工业污水污泥，但允许使用生活污水污泥。（　　）

2. 有机生产者可以根据国家标准第一部分附录 D 的准则对未列入附录 B 的物质进行评估合格后使用该物质。（　　）

3. 有机农场中不申请有机认证的套作作物可以不按照有机标准生产。（　　）

4. 利用土壤栽培食用菌的农场地块和产品都必须遵守关于转换期的规定。(　　)

5. 由于野生植物采集区的生态和环境条件普遍良好，故对其没有缓冲带的要求。(　　)

6. 只要不是采取破坏野生植物植株的采集手段，标准对野生植物产品的采集量没有作出限制。(　　)

7. 有机农场与常规农场可以使用共同的农用机械，但在机械设备投入有机地块使用前，必须对设备采取清洁措施，并记录。(　　)

8. 有机养殖场引入的常规种公畜只要在引入后严格按照有机方式饲养，可以不要求其经历转换期。(　　)

9. 鉴于转基因疫苗已经大量普遍地在畜禽养殖中使用，从实际需要出发，有机畜禽虽不允许饲喂转基因饲料和服用转基因药物，但可以接种转基因疫苗。(　　)

10. 有机养殖场自有的有机饲料基地第一年开始有机生产所收获的饲料可作为本养殖场的有机饲料，但不允许作为有机饲料出售。(　　)

11. 在任何情况下都不允许在畜禽失去知觉前就进行屠宰。(　　)

12. 某一个封闭水体面积为 1 万亩，其中的 3 号区水体水质最好，因此可以在 3 号区域实施有机水产养殖。(　　)

13. 开放水域生长的野生固着水生生物只要符合标准相关要求就有可能在申请有机认证的当年获得认证。(　　)

14. 有机蜜蜂养殖中如果使用了抗生素，则必须经过 2 倍停药期，产出的蜂蜜、蜂花粉和蜂王浆才能才能被作为有机产品销售。(　　)

15. 有机生产、加工、经营管理体系应包括如下文件：位置图、质量管理手册、操作规程、系统记录。(　　)

16. 转基因种子不能在有机农场使用，但是有机农场可以使用添加了转基因微生物生产出的肥料。(　　)

17. 某农场面积 500 亩，其中 200 亩种植了有机蔬菜，300 亩种植了常规转基因棉花，两种作物严格按照标准对并存和平行生产的要求进行管理，该 200 亩有机地块可以获得有机认证。(　　)

18. 有机农业生产基地可以利用附近湿地中的草炭资源作为有机肥料。(　　)

19. 一个农场于 2005 年获得有机认证，2006 年由于缺少市场需求，未申请认证，2007 年市场看好，有了订单，又要求给予 2007 年度有机认证，是否可以?(　　)

20. 同时进行相同品种作物有机与常规生产的农场是平行生产农场，同时进行相同作物有机与有机转换生产的农场属于平行生产。(　　)

21. 有机农业生产中不允许随意采取焚烧秸秆的措施。(　　)

22. 只要饲喂有机饲料和遵守对有机养殖的疾病防治、转换等相关标准，现代化的笼式养兔场也能获得有机认证。(　　)

23. 有机养猪场可以用经严格无害化处理过的鸡粪作为饲料配料喂养猪。(　　)

24. 可用牛骨粉作为饲料添加剂喂养有机牛。(　　)

25. 有机畜禽一律不准接受常规兽药和抗生素治疗。(　　)

26. 有机加工厂接到 100t 有机晶体糖生姜的订单，由于有机生姜原料只能满足 96t 产品的加工需求，因此购买了可生产 4t 产品的常规生姜原料，原料混合后按照有机加工标准生产出了 100t 产品，常规原料占终产品比例未超过 5%，该批糖姜可获得有机认证。(　　)

27. 只要仓库内没有有机原料或有机产品储存，则允许使用适当品种的熏蒸剂对仓库进行熏蒸，熏蒸后农场和加工厂仓库分别经过 7 天和 5 天，就可以将原料或产品移入。(　　)

28. 只要采取严格的隔离措施，允许将有机与常规产品存放在同一个仓库内。(　　)
29. 国家有机产品标志中图案的颜色不可以有变化，但形状可以根据需要变换。(　　)
30. 国家有机产品标准共分四个部分，其中的管理体系部分是我国标准的特色。(　　)
31. 有机产品标准中“限制使用”表示不允许使用某物质或方法。(　　)
32. 在无法得到有机种子时允许使用未经禁用物质处理过的非转基因常规种子。(　　)
33. 即使无法得到有机种苗，也不允许使用未经禁用物质处理过的常规种苗。(　　)
34. Bt抗虫棉由于可以大大减少对化学农药的依赖，因此是有机纺织品的重要原料来源。(　　)
35. 在别无选择的情况下，可以使用经化学农药包衣的种子，但必须事先征得认证机构同意。(　　)
36. 有机农场使用的外购有机商品肥必须获有机认证，如果不是有机认证的，则必须向有机认证机构提供商品肥的相关数据和材料，并经认证机构许可。(　　)
37. 经过充分腐熟的人粪尿可以施用在有机西红柿地块中。(　　)
38. 有机葡萄酒的加工生产原料中不允许有转基因产品，但在其发酵过程中使用的微生物则不受此限制。(　　)
39. 对有机农田使用检测合格并经认证机构批准的有机肥的使用量没有限制。(　　)
40. 对有机农田使用检测合格并经认证机构批准的有机肥的使用量没有限制。(　　)

项目四　非转基因食品的认证

任务一　转基因食品的定义和特征

一、转基因食品的定义

《转基因食品卫生管理办法》第二条规定，转基因食品系指利用基因工程技术改变基因组构成的动物、植物和微生物生产的食品和食品添加剂，包括：转基因动物、植物和微生物产品；转基因动物、植物和微生物直接加工品；以转基因动物、植物、微生物或者其直接加工品为原料生产的食品和食品添加剂。这一转基因食品的定义涵盖了供人们食用的所有加工品、半成品或未加工过的各种转基因物品和所有在食品的生产、加工、制作、处理、包装、运输或存放过程中由于工艺原因加入食品中的各种转基因物品。

二、转基因食品的特征

1. 技术特征

① 利用载体系统的重组 DNA 技术。

② 利用物理、化学和生物等方法把重组 DNA 导入有机体的技术。

2. 产品特征

① 产品具有食品或食品添加剂的特征。

② 产品的基因组构发生了改变并存在外源 DNA。

③ 产品的成分中存在外源 DNA 的表达产物及其生物活性。

④ 产品具有其本身的基因工程所设计的性状和功能。

三、转基因与非转基因食品的区别

1. 价值的区别

转基因食品与非转基因食品比较有特殊的价值，具体表现如下。

（1）成本低、产量高　因为转基因生物具有抗草、抗虫、抗病、抗旱、耐低温等性能，从而减少了农药、化肥、杀虫剂等的使用，使生产成本大大降低，产量却大幅度增加。据初步统计，利用转基因技术生产的转基因食品的成本（规模生产后的成本）是传统产品的40%～60%，而产量至少增加20%，有的增加几倍甚至几十倍。

（2）食品的品质和营养价值提高　通过转基因技术改变小麦中谷蛋白和醇溶蛋白的含量比，提高了烘焙性能；通过转基因技术提高谷物食品赖氨酸的含量，增加了营养价值等等。

（3）保鲜性能增强　西红柿不易储藏和运输，而科学家将一种能抑制西红柿内成熟衰老激素的基因转移到西红柿细胞内，从而培育成耐贮藏转基因晚熟西红柿。

2. 转基因食品与非转基因食品比较有特殊的危害

转基因食品潜在危害包括：食物内所产生的新毒素和过敏原；不自然食物所引起其他损害健康的影响；应用在农作物上的化学药品增加水和食物的污染；抗除草剂的杂草会产生；疾病的散播跨越物种障碍；农作物的生物多样化的损失；生态平衡的干扰。

有人认为基因工程带来的危险比迄今采用的技术都要大，因为许多损伤作用是不可逆的，我们必须防患于未然。诸如此类的安全性问题，已引起欧美等生物科技先进国家的重视，并针对这类产品之安全性及生物技术对环境的影响评估立法规范。

任务二　转基因食品安全管理的现状

一、国际社会上转基因食品安全管理的现状

目前，全球许多国家均已制定了转基因生物及其产品安全管理法规和条例，一个全球性的监督管理网络正在逐步形成并发挥着日益重要的作用。但是由于各个国家对生物技术，特别是基因工程技术的认识和理解上存在较大的差距，导致各国转基因食品安全管理的指导思想和行动策略都有较大的差异。目前，国际上对转基因食品有两种较具代表性的管理模式：一种是以产品为基础的管理模式，以美国、加拿大等转基因食品生产和出口大国为代表，认为基因工程技术与传统生物技术无本质区别，管理应针对生物技术产品，而不是生物技术本身；另一种是以技术为基础的管理模式，以欧盟为代表，认为基因重组技术本身具有潜在的危险性，只要与基因重组相关的活动，都应进行安全性评价并接受管理，不同的管理模式直接影响到各个国家以及广大消费者对转基因的接受、准入、管理的政策和态度。

联合国环境署和《生物多样性公约》秘书处于1996年开始就《生物安全议定书》组织了多轮谈判，终于在2000年得以通过。共有130个多个国家参加，我国是第70个签署国。该议定书的生效实施，对世界各国生物多样性保护和生物技术的发展及其产品贸易产生了重要的影响。

2000年7月，中国科学院和英国皇家学会、美国、巴西、印度、墨西哥院以及第三世界科学院就“转基因农业与世界农业”发表联合声明，指出转基因技术在消除第三世界的饥

饿和贫穷方面具有不可替代的作用。同时认为应加强转基因生物的安全性研究，以保证转基因生物研究与应用的健康发展以及环境和食用的安全性。

总体而言，随着对转基因生物技术带来的巨大利益和安全性问题认识的逐步深入，不少国家已从一开始的恐惧和极其严格的限制，逐步转向通过科学的安全性检测和评价，强化对转基因生物的安全性管理，控制转基因生物可能带来的负面影响。因此，严格管理和正确引导转基因生物的健康发展代表了目前和今后转基因食品安全管理的方向。

二、我国对转基因食品安全管理的现状

我国从1989年开始着手制定重组DNA工作的安全管理条例，经过反复讨论和修改，于1993年12月24日以中华人民共和国国家科学技术委员会第17号令颁布了《基因工程安全管理办法》，这是我国第一部基因工程安全管理的法规。农业部依此为基础，于1996年颁布了《农业生物基因工程安全管理实施办法》。2001年，中华人民共和国国务院颁布了《农业转基因生物安全管理条例》，对在我国境内从事农业转基因生物的研究、试验、生产、加工、经营和进口、出口活动的管理做出了全面的规定。规定了国务院农业行政主管部门负责全国农业转基因生物安全的监督管理工作，卫生行政主管部门依照《中华人民共和国食品卫生法》的有关规定，负责转基因食品卫生安全的监督管理工作。

2002年，卫生部依照《中华人民共和国食品卫生法》和《农业转基因生物安全管理条例》，制定颁布了《转基因食品卫生管理办法》，对在我国境内从事转基因食品生产或者进口活动的管理做出了全面的规定，卫生部建立转基因食品食用安全性和营养质量评价制度，制定和颁布转基因食品食用安全性和营养质量评价规程和有关标准，根据转基因食品食用安全性和营养质量评价工作的需要，认定具备条件的检验机构承担对转基因食品食用安全性和营养质量评价的验证工作。

对转基因食品安全管理相关法律法规的颁布和相关工作程序、方法的不断完善，标志着我国转基因食品安全管理开始进入法制化、程序化管理的时代。

我国《农业转基因生物安全管理条例》在第一条表明了转基因生物安全管理的目的是："为了加强农业转基因生物安全管理，保障人体健康和动植物、微生物安全，保护生态环境，促进农业转基因生物技术研究"。《转基因食品卫生管理办法》在第一条也表明了转基因食品安全管理的目的是："为了加强对基因食品的监督管理，保障消费者的健康权和知情权"。我国相关的法律法规充分体现了对转基因生物及其产品安全管理的指导思想是积极、稳妥、引导和扶持。

转基因食品安全性评价是安全管理的核心和基础，其主要目的是从技术上分析转基因生物及其产品的潜在危险，确定安全等级，制定防范措施，防止潜在危害。安全性评价的主要作用有如下几个方面：

① 为转基因食品的研究和发展提供科学决策的依据；

② 避免和减少转基因食品对人和环境的危害，保障人类的健康；

③ 科学、客观地回答公众对转基因食品安全问题存在的疑问，消除公众由于缺乏全面了解产生的种种误解，形成对转基因食品安全性正确的认识；

④ 为进出口转基因食品的管理提供科学、公正和国际多边互认的数据，促进国际贸易，维护国家利益；

⑤ 促进转基因食品产业的可持续发展。

任务三　转基因食品工程技术

一、基因工程技术

基因工程技术是指利用载体系统的重组 DNA 技术以及利用物理、化学和生物等方法把重组 DNA 导入有机体的技术。即在体外条件下，利用基因工程工具酶将目的基因片段和载体 DNA 分子进行“剪切”后，重新“拼接”，形成一个基因重组体，然后将其导入受体（宿主）生物的细胞内，使基因重组体得到无性繁殖（复制），并可使目的基因在细胞内表达（转录、翻译），产生出人类所需要的基因产物或改造、创造新的生物类型。

二、基因重组体的构建方法

1. 载体

在基因工程中，载体的主要作用是为基因重组体的构建提供适合的场所和框架，与目的基因、调控基因、标记基因、报告基因共同构成基因重组体，以及为基因重组体在受体生物体细胞进行扩增和表达提供必要的条件；另外，通过载体本身对受体生物细胞的转化、转染作用携带基因重组体进入受体生物体细胞，后一种作用并不是必须的，实际上目前采用的许多导入方法并不需要载体本身具有这种侵染作用。

目的基因必须与适当的载体以适当的方式进行连接，才能导入受体细胞，并实现在细胞内的复制和表达。目前常用的基因工程载体的共同特点是：

① 它们都是环状 DNA；

② 都能专一性的感染某一类细胞；

③ 都具有某种选择性标记；

④ 都具有某些内切酶的酶切位点；

⑤ 都可以随着染色体的复制而独立复制，随着细胞的分裂而扩散。

2. 基因工程工具酶

基因工程工具酶是用于剪切载体、目的基因片段和用于将基因连接起来构成基因重组体的工具。分别有限制性核酸内切酶和核酸修饰酶（连接酶、聚合酶等），在植物、动物和微生物基因工程中所用的工具酶基本上是相同的，基因工程工具酶基本上是相同的，并且基因工程工具酶并不随载体及目的基因进入受体（宿主）生物细胞。

3. 目的基因

目的基因是指以修饰受体细胞组成并表述其遗传组成并表达其遗传效应为目的基因，是与转基因生物性状改变直接相关的 DNA 片段。目的基因可从植物、微生物、动物的细胞中提取，也可通过人工合成的方法获取。

目的基因通过在生物细胞内表达生物活性物质实现其对受体生物表型和性状的修饰作用。目的基因表达产物是蛋白质（包括酶）及多肽分子。其修饰作用的类型多数属于如下几种：

① 利用表达产物本身具有的生物活性，这是目前应用最广泛的一种类型，如表达产物具有的抗除草剂、抗昆虫、抗真菌、抗重金属、抗病毒或病菌、抗盐、抗霜冻及固氮活性使转基因生物具有相应的活性；

② 通过调节受体生物中某些不利的基因，如删除受体生物中表达毒性、致病性、致敏

性、抗营养因子等物质的基因，或删除不良风味等不利性状的基因，提高食物的食用安全性、营养质量及经济价值。

4. 调控元件

（1）启动子和终止子 启动子是一类为目的基因的转录提供起始信号及起始点的特殊核酸序列，而终止子则是一类为目的基因的转录提供终结信号及终结点的特殊核酸序列。启动子和终止子的存在及目的基因的连接方式对目的基因的正确表达及表达效率具有不可或缺的作用。

（2）增强子 增强子是一类用于调节目的基因表达方式及效率的特殊基因。该基因通过表达调节产物实现对目的基因表达调控作用。

5. 标记基因和报告基因

（1）标记基因 标记基因是指基因操作中用作筛选转化细胞的带有各种抗性标记的基因，如抗性素抗性标记基因、抗除草剂抗性标记基因等。标记基因与外源基因同时导入受体生物细胞后，利用其表达产物使受体细胞对某类抗性素或除草剂产生抗性，赋予了转化细胞特定的选择优势。在特定的选择压力下，如在某种抗性素存在条件下进行培养，则转化细胞可以成为优势群体而得以与非转化细胞分离，帮助在遗传转化中筛选和鉴定转化的细胞、组织和再生植株。

（2）报告基因 报告基因是在基因操作中用作筛选转化细胞的基因。报告基因与标记基因的作用原理不同之处在于它无需依靠选择压力进行转化细胞的筛选，而只依靠本身表达的特异产物的特性与非转化细胞分离。虽然报告基因的筛选转化细胞的能力和效率低于标记基因，但在国际上普遍忧虑抗性标记基因的广泛使用可能导致安全性问题的形势下，报告基因的应用可能会越来越广泛。报告基因随着基因重组体导入受体细胞，利用其特有的表达产物为转化的细胞、组织和再生植株和筛选、鉴定提供标志，同时，报告基因特有的表达产物及其表达量，也常用作鉴别基因重组体在受体生物中表达状态的标志物。

三、基因重组体的导入方法

基因重组体导入有机体的技术从方法性质上分有物理方法、化学方法和生物学方法等。从导入对象上分有植物、动物和微生物的细胞或组织导入方法等。

任务四 转基因食品的分类和特点

一、按受体生物分类的转基因食品

1. 转基因植物食品

（1）定义 转基因植物食品是指转基因植物产生的食物或利用转基因植物为原料生产的食品或食品添加剂。

（2）生产工艺 转基因植物是用基因工程技术将外源基因插入受体植物的基因组，改变其遗传物质组成后产生的植物。转基因植物的生产工艺一般是将外源基因构建在植物表达载体上，通过生物、物理或化学等方法导入到受体植物细胞，然后由受体细胞再生出完整的转基因植株及其后代。

（3）现有主要品种 目前国内外已研究开发并商品化生产的主要转基因植物品种有大豆、玉米、水稻、马铃薯、番茄、甜瓜、西葫芦、香石竹、棉花（棉籽）、胡萝卜、向日葵、油菜、苜蓿、亚麻、甜菜、甜椒、辣椒、矮牵牛、番木瓜、芹菜、荷花、黄瓜、大白菜、莴苣、豇豆、裸大麦、烟草及藻类（如蓝藻、硅藻、海带）等。

2. 转基因动物食品

（1）定义　转基因动物食品是指由转基因动物产生的食物或利用转基因动物为原料生产的食品或食品添加剂。

（2）生产工艺　转基因动物是用基因工程技术将外源基因导入动物体细胞，或者将外源基因稳定整合到受体动物体系的生殖系，改变其遗传物质组成后产生的动物。转基因动物的生产工艺一般是利用动物细胞或组织导入方法将外源基因导入动物体细胞、动物性细胞或动物胚胎，然后将受体细胞移入母体动物的生殖系产生出完整的转基因动物及其后代。

（3）现有主要品种　目前国内外已研究开发并商品化生产的主要转基因动物品种有小鼠、牛、猪、羊免、家禽等，转基因水生生物有鲤、鲫、罗非鱼、泥鳅、金鱼、虹鳟、鲶、鲑等，以及转基因昆虫如家蚕等。

3. 转基因微生物食品

（1）定义　转基因微生物食品是指由转基因微生物产生的食物，或利用转基因微生物为原（辅）料生产（加工）的食品或食品添加剂，或以转基因微生物为农药、肥料、饲料生产的植物、动物所产生的食品。

（2）生产工艺　转基因微生物是用基因工程技术将外源基因导入微生物的基因组，改变其遗传物质组成后的微生物。转基因微生物的生产工艺一般是将外源基因构建在质粒或病毒载体上，通过转化或转染的方法导入受体微生物，产生基因组发生了改变的微生物。

（3）现有主要品种　目前国内外已研究开发并商品化生产的主要转基因微生物品种有基因改造的食用菌和食品工程菌、防病杀虫微生物、固氮微生物、防治植物霜冻微生物和基因工程微生物表达系统等。

二、按产品功能分类的转基因食品

1. 环境适应类转基因食品

通过基因工程技术改造而具有抗除草剂、抗昆虫、抗真菌、抗重金属、抗病毒或病毒、抗盐、抗霜冻及固氮等特性的农业生物产品，及以该产品为原料加工生产的食品或食品添加剂。

2. 品质改良类转基因食品

通过基因工程技术改造而使其产物具有耐储存、抗腐败、改善风味或品质等特性的农业生物产品，及以该产品为原料加工生产的食品或食品添加剂。

3. 营养改善类转基因食品

通过基因工程技术改造而使其产物改变性状、改变营养成分种类、含量及配比、增加保健功能等特性的农业生物产品，及以该产品为原料加工生产的食品或食品添加剂。

任务五　转基因食品食用安全性和营养质量的验证程序和内容

一、验证工作的作用

转基因食品食用安全性和营养质量的验证是评价工作的基础，同时也是连接农业部门转基因生物安全性评价与卫生部门转基因食品安全性评价的重要环节和纽带。按照《食品安全法》和《新资源食品管理办法》的有关规定，通过资料的查验和审查、样品的检验、信息的检索、安全等级的确认等验证工作，对影响产品食用安全性和营养质量的潜在危险因素进行定性或定量的描述，并提供科学、客观和公正的数据。根据验证结果提出对产品的使用和管理建议，为卫生部转基因食品专家委员会的评价工作提供数据和依据。

二、验证工作程序与内容

1. 验证工作程序

验证申请→验证申请受理→资料审查→制定验证方案→形成验证报告→确认产品的安全等级→信息检索→样品检验

2. 验证工作的内容

① 申请者向验证机构提出验证的申请，填写验证申请表，并提交所需要的资料和样品。

② 验证机构对申请者的基本条件、产品的基本情况及提交的资料进行查验，决定是否受理。

③ 验证机构对提交申报资料的完整性、科学性和有效性及标识的设施和内容进行审查，根据审查结果，提出补充资料和材料的要求。并与申请者协商，制定具体的产品验证方案。

④ 验证机构根据验证方案，对申报资料未能提供证据确认、而又可能影响产品食用安全性和营养质量的危险因素进行验证，包括资料和信息的检索分析，样品的相关指标检验及产品的基本卫生质量指标检验等。

⑤ 验证机构根据资料审查、样品检验和信息检索的结果，确认与产品有关的受体生物、基因操作、转基因生物、生产加工活动及转基因食品的安全等级或安全类型。

⑥ 验证机构根据安全等级确认的结果，提出对验证产品的使用和管理的建议，并形成验证报告。

三、验证机构

《转基因食品卫生法管理办法》第十条规定：“卫生部根据转基因食品食用安全性和营养质量评价工作的需要，认定具备条件的检验机构承担对转基因食品食用安全性和营养质量评价的验证工作”。

卫生部转基因食品食用安全性和营养质量评价验证机构的认定和管理办法由卫生部制定和颁发。按此办法，验证机构须经过申请、专家组技术评估、卫生部审查后，符合条件的机构被认定为卫生部转基因食品食用安全性和营养质量评价验证机构，可以开展相关的验证工作。

四、验证的受理

1. 验证受理的基本要求

（1）对申请者的基本要求

① 从事转基因食品研究、试验、生产、加工、经营的单位或个人。

② 产品研究试验者具有省级以上农业行政部门批准从事转基因生物研究、试验、生产、加工、经营的批文。

③ 产品生产者具有《食品卫生法》及相关法规规定的从事食品生产、加工、经营的卫生条件，并符合相应的卫生要求。

④ 申请进口转基因食品品种验证的单位或个人，具有产品境外所有者对本申请者的委

托授权及相关证明资料。

（2）对验证产品的基本要求

① 产品具有确认的名称、转基因食品特征、功能和用途。

② 产品与申请者之间具有明确的产权关系，或者产品所有者与申请者之间具有明确的委托代理关系。

③ 产品具有定型的生产工艺、加工工艺、产品特征及配方，其相应的转基因生物品种必须经过稳定遗传 4 代以上。

④ 具有批量生产、加工或经营的规模。

2. 申报资料

（1）申请表　申请表的格式和填写要求由卫生部统一制定，由申请者如实填写。

（2）国家有关部门颁发的批准文件　农业部对申请验证产品颁发的《农业转基因生产安全证书》。

（3）出口国（地区）相关部门的批准文件　申请进口转基因食品品种验证需提交出口国（地区）政府批准该产品在本国（地区）生产、经营、使用的证明材料。

（4）企业标准　经省级以上标准行政部门备案的产品标准，包括生产加工的工艺、条件、质量要求、检验方法等。

（5）设计包装和标识样稿　包括产品说明书、包装设计、标识设计等。

（6）与食用安全性和营养质量评价有关的技术资料

① 转基因食品的物种名称。

② 转基因食品的理化特性、用途与需要强调的功能。

③ 转基因食品可能的食品加工方式与终产品种类及主要食物成分（包括营养和有害成分）。

④ 基因修饰的目的与预期技术效果，以及对食品产品特征的预期影响。

⑤ 基因供体名称、特性、食用史，载体物质的来源、特性、功能、食用史；基因插入的位点及特性；基因操作的安全类型及划定依据。

⑥ 引入基因所表述产物的名称、特性、功能和含量。

⑦ 表达产物的已知或可疑致敏性和毒性，以及含有此种表达产物食用安全性的依据。

⑧ 可能产生的非预期效应（包括代谢产物的评价）。

（7）其他有助于食用安全性和营养质量评价资料

① 如果需要，提供表达产物动物安全性试验的材料。

② 如果需要，提供产品吸收利用试验的材料。

③ 标记基因安全性评价资料。

④ 如果需要，提供表达产物功能实验的材料。

⑤ 基因生物在遗传分化中遗传稳定性的试验材料。

⑥ 其他在验证工作中需要提供的资料。

（8）样品样本

① 转基因食品样本。

② 受体（亲本）生物样本。

③ 外源基因、标记基因、报告基因和载体供体生物样本。

④ 如果需要，提供表述产物纯品样品。

⑤ 如果需要，提供非预期望效应产物或代谢产物纯品样品。

五、资料的查验和审查

1. 资料的查验

(1) 与申请者的申报资格有关的资料查验

① 申请单位、名称、地址、联系人及联系方法等。

② 从事转基因食品生产、加工或（和）经营的条件、食品生产许可证、生产、加工或（和）经营范围、从事转基因生产研究、试验、生产的批准文件等。

③ 从事进口转基因食品加工或（和）经营的委托授权材料等。

④ 从事生产、加工或（和）经营的场所及条件是否符合食品卫生的基本要求。

(2) 与产品的申报资格有关的资料查验

① 生产的基本情况、名称、功能和用途等。

② 生产工艺、加工工艺、配方、包装、产品特征及稳定性，食品添加剂、农药肥料的使用情况等。

③ 相关的转基因生物遗传代数及遗传稳定性的证明资料。

④ 生产、加工或经营规模的证明材料，产品的农业转基因生物安全证书。

⑤ 进口产品须有中外文对照的名称、功能和用途；进口食品检验报告；产品生产国（地区）、出口国（地区）批准该产品在本国（地区）生产、经营、使用的证明材料。

⑥ 产品的产权情况，产品与申请者之间关系的证明材料；产品所有者与申请者之间关系的证明材料。

(3) 与产品的申报资料有关的查验

① 按照卫生部转基因食品食用安全性和营养质量评价的验证申报受理的有关规定，查验资料的合法性、完整性和规范性。

② 按照资料查验结果，在规定的期限内，做出是否受理申报产品验证的决定，并通知申请者。

2. 资料的审查

(1) 与受体生物安全性有关的资料审查

① 背景资料：学名、俗名和其他名称、分类学，原产地及引进时间，在国内食用史及食用安全性记录。

② 生物学特征：是否有毒性、致敏性、致病性、抗营养因子或成分，如有，审查其性质、存在的部位、检验方法及有否采取适当的措施防止或降低其危害。

③ 遗传特性：是否具有遗传稳定性及其检验方法，如发生遗传变异，审查遗传变异是否对人类健康产生不利影响。

④ 营养成分：主要营养成分的种类、含量、在可食部分和非可食部分的分布及其检验方法。

⑤ 安全等级：审查受体生物安全等级的认定依据和证明材料。

(2) 与基因操作安全性有关的资料审查

① 供体生物背景资料 外源基因、标记基因、报告基因、载体的供体生物的学名、俗名和其他名称、分类学的位。原产地及引进时间，在国内食用史及食用安全性记录。

生物学特性：是否有毒性、致敏性、致病性和抗营养性物质，如有，审查其毒害成分的基因与提供的基因在结构、序列方面的关系及其检验方法。

安全等级：审查供体生物安全类型的认定依据和证明材料。

② 载体　载体的名称、来源、结构、特性和安全性，包括载体是否有致病性以及是否可能演变为有致病性；目的基因与载体构建的图谱。

安全类型：审查载体安全类型的认定依据和证明材料。

③ 外源基因　目的基因的作用、作用原理及方法；插入、删除或调控的基因的核苷酸序列、在受体细胞中的整合位点、拷贝数及其检验方法；由目的基因推导的表达产物的氨基酸序列、表达产物的性质和功能及其检验方法；表达产物是否具有特别强调的保健用用，如有，审查其功效成分的名称、作用及检测和试验方法；表达的器官和组织及其检验方法。

启动子、终止子和其他表达调控序列的基因大小、功能、与目的基因的连接方式及其检验方法。

安全类型：审查外源基因安全类型的认定依据和证明材料。

④ 标记基因和报告基因　基因大小、功能及其检验方法；

安全类型：审查标记基因和报告基因安全类型的认定依据和证明材料。

⑤ 导入方法　对受体生物细胞或组织的转化效率及表达效率影响的试验结果。

安全类型：审查导入方法安全类型的认定依据和证明材料。

(3) 与转基因生物安全性有关的资料审查

① 转基因生物的遗传稳定性　外源基因的稳定性，整合位点、目的基因与调控元件的连接方式、拷贝数、基因序列的稳定性及其检验方法。

表达产物的稳定性：生物活性、表达器官和组织、氨基酸序列、分子量的稳定性及其检验方法。

基因组的稳定性：农艺性状和细胞特性是否发生改变，如有，审查其改变的形式及对生物安全性和营养质量的影响。

② 目的基因的表达忠实　表达产物的生物活性、氨基酸序列、分子量、表达量、表达器官及组织与设计的目标是否相同，如果不同，审查其变异对转基因生物安全性的影响；表达忠实性的检验方法。

③ 转基因生物的非预期望效应　受体生物、不同遗传代数的转基因生物的种植（养殖、培植）特性、生长特性、产物特性及目的基因和基因组表达水平的数据。

是否发生非预期效应，如有，审查其效应的性质及对安全性的影响，非预期望效应的检验方法。

④ 对受体生物不利性状的改造　删除或抑制基因表达产物的生物活性、氨基酸序列、分子量、表达量、表达器官及组织与设计的目标是否相同。如果不同，审查变异对转基因生物安全性的影响；删除或抑制基因表达特性的检验方法。

⑤ 毒害作用成分　受体生物中原有的毒性、致敏性、致病性、抗营养因子或成分的含量、存在部位是否改变，如改变，审查其改变对转基因生物安全性的影响；毒害作用成分的检验方法。

⑥ 转基因生物的安全等级　审查转基因生物安全等级的认定依据和证明材料。

(4) 与产品生产、加工活动安全性有关的资料审查

① 生产活动　种植、养殖、培植等生产活动对转基因生物及产品和功能是否有影响，如有，审查其是降低还是提高转基因生物及产品的食用安全性和营养质量。

② 加工活动　原料加工、半成品加工、成品加工等加工活动对转基因生物及产品的特性、功能和稳定性是否有影响，如有，审查其是降低还是提高转基因生物及产品的食用安全

性、营养质量或稳定性。

③ 使用方法 审查产品的用途和用法，如作为保健食品、婴幼儿食品、强化食品或食品添加剂，和供直接食用、加工后食用、食品原料、食品辅料等，对转基因生物及产品的食用安全性、营养质量或稳定性的影响。

④ 消费方式 审查食用习惯、食用部位或食用部分等消费活动对降低还是提高转基因生物及产品的食用安全性、营养质量的影响。

⑤ 安全类型 审查其安全类型的认定依据和证明材料。

(5) 与转基因食品食用安全性和营养质量有关的资料审查

① 基本卫生质量 对规定批次转基因食品或食品添加剂产品，按相应的食品或食品添加剂卫生标准进行卫生学检验，提供感官检查、理化检验、微生物检验和其他必要指标的检验结果。

② 审查转基因食品与相关的转基因生物在对人类健康影响方面的差异，如毒害作用成分的存在和含量是否存在差异等，如有，审查其影响的性质和强度。

③ 功效成分及其保健功能 审查与标识的功效成分及其保健功能有关的检验结果和检验方法。

④ 主要营养成分 主要营养成分的种类、含量、分布与受体生物及转基因生物比较是否改变，如改变，审查其改变对转基因食品营养质量的影响，主要营养成分的检验方法。

⑤ 产品稳定性 审查加工定型包装转基因食品产品的稳定性试验报告及资料。主要审查其理化性状、功效成分、营养成分在产品加工过程中的变化情况。

⑥ 安全等级 审查转基因食品安全等级的认定依据和证明材料。

(6) 与包装和标识有关的资料审查 标识、标签和包装是否符合转基因食品、保健食品及普通食品有关管理法规、规章和标准的要求；是否满足本产品储藏、运输、销售等对包装和标识的特殊要求。

六、转基因食品食用安全性和营养质量的验证

1. 制定验证方案

(1) 提出补充资料的要求 根据资料的审查，通过与申请者的交流，按照验证工作的需要，请申请者提供新的有助于验证工作的资料，或对原有的资料进行补充完善。

(2) 制定样品的检验方案

① 提出样品检验的要求：就检验项目和方法与申请者协商，共同确定检验项目和检验方法。

② 提出送检样品的要求：样品包括产品、原料、对照品、表达产物等。提出送检样品的数量、性状、包装的要求。

③ 对申请者提供的检验方法进行验证：要求申请者提供检验方法的详细资料及标准样品。

(3) 制定产品安全等级的验证方案 确定安全等级验证的具体对象（受体生物、供体生物、基因操作、生产加工、转基因生物或转基因食品）、具体内容和具体方法。

2. 样品检验

按样品检验方案进行检验。

3. 安全等级的确认

按产品安全等级的验证方案，对资料审查、样品检验和信息检索的结果进行综合分析，

确认安全等级。

七、验证报告

1. 验证报告的格式

验证报告应采用统一的格式，按卫生部“转基因食品食用安全性和营养质量评价规程”的要求编写。

2. 验证报告的内容

(1) 申请者的基本情况

① 申请者（单位名称或个人姓名）及相关内容。

② 食品生产经营卫生许可证发放单位、文号或生产经营场所预防性卫生监督文号发出单位、文号。

③ 批准从事转基因生物研究、试验、生产、加工、经营的批文发放单位、文号。

④ 进口产品的境外所有者对本申请者的委托授权文件名称。

(2) 验证产品的基本情况　转基因食品名称、功能及用途；产品研究试验者的基本情况；产品知识产权拥有者的基本情况；产品生产经营者的基本情况；生产、经营规模。

(3) 资料查验和审查结果　资料查验结果；资料审查结果。

(4) 样品检验结果　检验项目及检验方法；检验结果。

(5) 安全等级确认结果　受体生物的安全等级；基因操作的安全类型；转基因生物的安全等级；生产、加工、消费活动的安全类型；转基因食品的安全等级。

(6) 验证结论和建议　验证产品的食用安全性；验证产品的营养质量；对验证产品存在的危害因素，采取安全防范措施预防或降低危害的建议；对验证产品生产、加工、销售、使用管理的建议；对验证产品的标识、包装、企业标准和申报资料进行必要整改的建议。

八、转基因食品安全等级的确认

1. 转基因食品安全等级验证工作的意义

转基因食品是以转基因生物为原料加工生产的产品。以安全等级来描述转基因生物产品对人类健康和生态环境的危险程度，是目前国际上普遍采用的方法。以确定和验证安全等级的方法，评价和管理转基因食品的食用安全性和营养质量，有利于转基因生产各个管理环节工作的衔接；有利于转基因食品安全性评价和管理工作与国际接轨；有利于转基因食品安全性评价和管理工作与研发、生产、加工等活动接合。对提高转基因食品安全性评价和管理工作的效率及水平，促进和引导转基因食品产业和对外贸易的健康发展，具有重要的意义。

2. 转基因食品安全等级的验证方法

依据《食品安全法》、《转基因食品卫生管理办法》、《转基因生物安全管理条例》和《农业转基因生物安全评价管理办法》的有关规定，分别按照食用安全性和营养质量的要求，对受体生物、基因操作、转基因生物、生产、加工活动等对象和内容，通过资料审查、样品检验、信息检索和综合分析，验证和确定各对象的安全等级或安全类型，根据与转基因食品相关对象的组合和产生的结果，综合验证转基因食品的安全等级。

3. 受体生物的安全等级

(1) 受体生物安全等级的标准，见表 2-22。

表 2-22　受体生物安全等级及评价标准

安全等级	卫生部门的审查条件和评价标准	农业部门的审查条件和评价标准
Ⅰ	对人类健康未曾发生过不利影响	对人类健康和生态环境未发生过不利影响；或演化成有害生物的可能性极小；或用于特殊研究的短存活期受体生物，实验结束后在自然环境中存活的可能性极小
Ⅱ	可能对人类健康产生低度危险，但通过采取安全控制措施完全可以避免其危害	对人类健康和生态环境可能产生低度危险，但是通过采取安全控制措施完全可以避免其危险的受体生物
Ⅲ	可能对人类健康产生中度影响，但通过采取安全控制措施仍基本上可以避免其危害	对人类健康和生态环境可能产生中度危险，但是通过采取安全控制措施，基本上可以避免其危险的受体生物
Ⅳ	可能对人类健康产生高度危险，而且尚无适当的安全控制措施来避免其危害	对人类健康和生态环境可能产生高度危险，而且在封闭设施之外尚无适当的安全控制措施避免其发生危险的受体生物

与转基因食品生产有关的受体生物包括受体植物、受体动物和受体微生物。评价受体生物对人类健康危险性的主要指标包括：受体生物的食用习惯、天然毒性、致敏性、致病性、抗营养因子、营养成分及配比、吸收利用率、安全控制措施的有效性等。

（2）受体植物安全等级评价标准，见表 2-23。

表 2-23　受体植物安全等级及评价标准

安全等级	评　价　标　准
Ⅰ	传统食物植物，对人类健康未曾发生过不利影响
Ⅱ	传统食物植物，可能存在天然毒性物质、致敏原、抗营养因子，但已有安全控制措施完全可以避免其危害。 非传统食物植物，在分类学上具有与传统食物相同或相似的地位，经过验证与传统食物植物同等安全
Ⅲ	传统食物植物，可能存在天然毒性物质、致敏原、抗营养因子，但通过采取安全控制措施仍基本上可以避免其危害非传统食物植物，在分类学上具有与传统食物相同或相似的地位，但其安全性未经验证
Ⅳ	传统食物植物，可能存在天然毒性物质、致敏原、抗营养因子，而且尚无适当的安全控制措施来避免其危害 非传统食物植物，在分类学上不具有与传统食物植物相同或相似的地位，而且其安全性未经验证

（3）受体动物安全等级的评价，见表 2-24。

表 2-24　受体动物安全等级及评价标准

安全等级	评　价　标　准
Ⅰ	传统食物动物，对人类健康未曾发生过不利影响
Ⅱ	传统食物动物，可能存在天然毒性物质、致敏性、抗营养因子、病原体，但已有安全控制措施完全可以避免其危害 非传统食物动物，在分类学上具有与传统食物动物相同或相似的地位，经过验证与传统食物动物同等安全
Ⅲ	传统食物动物，可能存在天然毒性物质、致敏原、抗营养因子、病原体。但通过采取安全控制措施仍基本上可以避免其危害。 非传统食物动物，在分类学上具有与传统食物植物相同或相似的地位，但其安全性未经验证
Ⅳ	传统食物动物，可能存在天然毒性物质、致敏原、抗营养因子、病原体，而且尚无适当的安全控制措施来避免其危害。 非传统食物动物，在分类学上不具有与传统食物动物相同或相似的地位，而且其安全性未经验证

（4）受体微生物安全等级的评价，见表 2-25。

表 2-25　受体微生物安全等级及评价标准

安全等级	评价标准
Ⅰ	传统食物微生物，对人类健康未曾发生过不利影响；或对个体和群体无危害性或危害性很低，未必可能对人和动物致病的微生物
Ⅱ	传统食物微生物，可能存在产毒性、致病性、抗药性，但传染性有限，变异能力和变异特性清楚，并已有安全控制措施完全可以避免其危害非传统食物微生物，在分类学上具有与传统食物微生物相同或相似的地位，经过验证与传统微生物同等安全
Ⅲ	对个体有高度危害性，对群体有低度危害性。其病原体通常使人或动物产生严重疾病，但一般不会传染，通过采取安全控制措施仍基本上可以避免其危害
Ⅳ	对个体和群体均有高度危害性。其病原体通常使人或动物产生严重疾病，易于直接或间接传染。而且尚无适当的安全控制措施来避免其危害

4. 转基因生物的安全等级及评价标准（见表 2-26）。

表 2-26　转基因生物的安全等级及评价标准

受体生物安全等级	基因操作对受体生物安全等级的影响类型		
	1	2	3
Ⅰ	转基因生物安全等级仍为Ⅰ	转基因生物安全等级仍为Ⅰ	如果安全性降低很小，且不需要采取任何安全控制措施的，转基因生物安全等级仍为Ⅰ
Ⅱ	如果安全性增加到对人类健康和生态环境不再产生不利影响的，转基因生物安全等级为Ⅰ 如果安全性虽有增加，但对人类健康和生态环境仍有低度危险的，转基因生物安全等级仍为Ⅱ	转基因生物安全等级仍为Ⅱ	根据安全性降低的程序不同，转基因生物的安全等级可为Ⅱ、Ⅲ或Ⅳ
Ⅲ	根据安全性增加的程度不同，转基因生物安全等级可为Ⅰ、Ⅱ或Ⅲ	转基因生物安全等级仍为Ⅲ	根据安全性降低的程度不同，转基因生物的安全等级可为Ⅲ或Ⅳ。分级标准与受体生物的分级标准相同
Ⅳ	根据安全性增加的程度不同，转基因生物安全等级可为Ⅰ、Ⅱ、Ⅲ或Ⅳ 分级标准与受体生物的分级标准相同	转基因生物安全等级仍为Ⅳ	转基因生物安全等级仍为Ⅳ

5. 基因操作安全类型的评价

根据基因操作中各个构件及方法对受体生物安全性的综合影响程度，按照以下标准确认基因操作的安全类型（见表 2-27）。

表 2-27　基因操作的安全类型及评价标准

安全类型	卫生部门的评价标准	农业部门的评价标准
1	采用安全类型为 1 的外源基因或基因改造方法、安全类型为 1 的标记基因和报告基因、安全类型为 1 的载体、安全类型为 1 的导入方法进行的基因操作，包括：抑制、去除了受体生物中某个（些）已知具有危险的基因的表达；或提高了受体生物的食品营养质量；无非期望效应发生，外源基因结构和整合稳定	增加受体生物安全性的基因操作，包括：去除某个（些）已知具有危险的基因或抑制某个（些）已知具有危险的基因表达操作
2	采用安全类型为 2 的外源基因或基因改造方法、安全类型为 1 的标记基因和报告基因、安全类型为 1 的载体、安全类型为 1 的导入方法进行的基因操作，包括：改变了受体生物的表型或基因型而对人类健康没有影响或没有不利影响；有非预期望应发生，但对受体生物安全性没有影响	不影响受体生物安全性的基因操作，包括：改变受体生物表型和基因型而对人类健康和生态环境没有影响的基因型而对人类健康和生态环境没有不利影响的基因操作

续表

安全类型	卫生部门的评价标准	农业部门的评价标准
3	采用安全类型为3的外源基因或基因改造方法、安全类型为1或2的标记基因和报告基因、安全类型为1或2的载体、安全类型为1或2的导入方法进行的基因操作，包括：改变受体生物的表型或基因型，并可能对人类健康产生不利影响或不能确定对人物安全性有不利的影响；对外源基因的表达产物缺乏足够的了解，尚未被证实为对人类健康无不利影响的成分	降低受体生物安全性的基因操作，包括：改变受体生物表型和基因型而对人类健康和生态环境没有影响的基因操作；或改变受体生物表型和基因型而对人类健康和生态环境没有不利影响的基因操作

6. 转基因产品生产、加工活动的安全类型及评价标准

转基因产品的生产、加工活动包括转基因生物的种植、养殖、培植等生产活动，原料加工、半成品加工、成品加工等加工活动及产品的使用和消费活动。转基因产品的生产、加工活动对转基因产品的食用安全性和营养质量具有直接和重要的影响。根据生产、加工活动对产品安全等级影响的程度，按照以下标准确认其安全类型，即增加转基因生物和产品的安全性、不影响转基因生物和产品的安全性和降低转基因生物和产品的安全性（见表2-28）。

表2-28　转基因产品的生产、加工活动的安全类型及评价标准

安全类型	卫生部门的评价标准	农业部门的评价标准
1	生产、加工活动提高转基因生物及产品的食用安全性和营养质量，如降低对人和动物健康有害成分的含量和摄入量，降低有害成分的毒副作用、降低有害成分对产品的污染、提高营养成分的吸收利用率、提高产品的稳定性等	增加转基因生物安全性的生产、加工活动
2	生产、加工活动对转基因生物及产品食用安全性和营养质量没有影响	不影响转基因生产安全性的生产、加工活动
3	生产、加工活动降低转基因生物及产品食用安全性和营养质量。如种植、养殖或培植过程导致生物基因组变异、性状改变并产生有害的非目标产物，加工过程增加了有害成分的富集、毒性或摄入量，降低了产品的稳定性等	降低转基因生物安全性的生产、加工活动

7. 转基因生物安全等级的验证程序

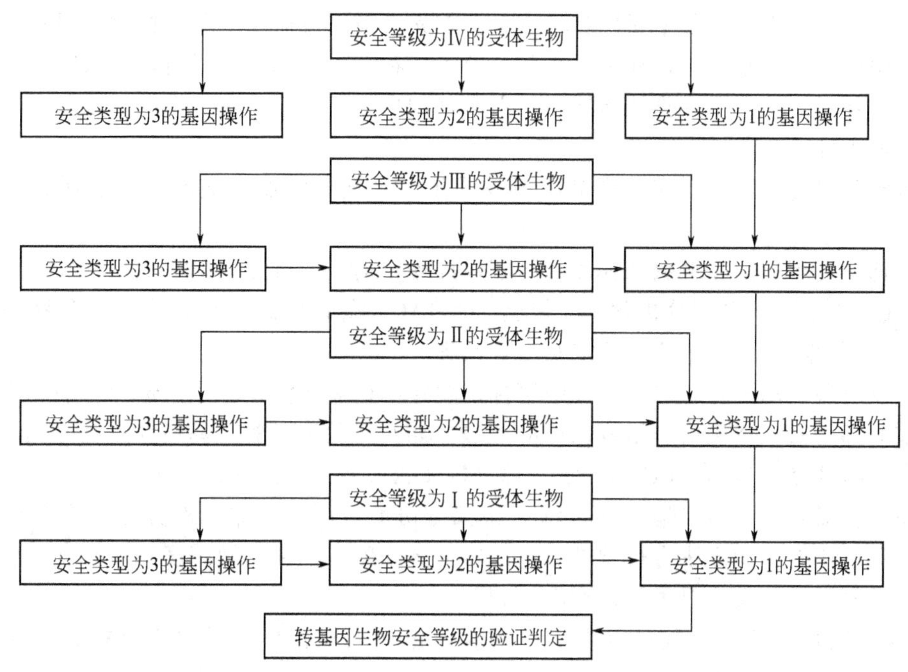

8. 转基因食品的样品检验

（1）转基因食品样品检验的目的和作用

① 鉴定样品的转基因食品特性　通过检验和鉴定样品的转基因食品特性，判定检验样品是不是转基因食品及是何种类型的转基因食品，为适用相应的管理法规标准和模式提供依据。

② 检测样品中任何可能引起危害的内源成分及其含量，并确定其危险性。通过检验，发现样品中已知的具有危害的内源成分是否存在，并确定其含量；发现可疑的具有危害的内源成分，确定其含量以及危害成分对人群健康的影响水平。为转基因食品的食用安全性评价提供依据。

③ 分析样品的卫生质量、营养质量和保健功能　通过测试分析，判定检验样品是否符合食品的基本卫生要求和营养质量，是否具有标示的保健功能。为转基因食品的卫生学评价和营养质量评价提供依据。

（2）转基因食品样品检验的类型

① 按样品检验的作用分类　转基因食品特性检验；毒害成分检验；营养质量检验；功效成分及保健功能检验；卫生质量检验。

② 按样品检验的技术分类　核酸分析：包括核酸序列、整合位点、基因多态性分析等；蛋白质分析：包括氨基酸序列、分子量、分子结构、生物活性分析等；细胞分析：包括细胞抗性分析、细胞形态分析、体细胞培养分离鉴定等；营养成分分析：包括主要营养成分分析、微量营养成分分析、抗营养因子分析等；功效成分分析：包括具有保健功效的各种成分及含量的分析等；化学、物理、微生物因子分析；毒理学试验：包括毒性、致敏性、致病性试验等；功能学试验：包括各种保健功能试验；吸收利用试验：包括动物、人体吸收利用试验；稳定性试验包括加工稳定性和储藏稳定性试验。

（3）转基因食品样品检验项目和方法的确定原则　根据转基因食品食用安全性和营养质量评价和验证工作的需要，按照危险性评价、实质等同性分析和个案处理的原则，针对检验样品的特点，制定具体的样品检验方案，确定检验项目。

确定检验项目必须兼顾全面性和侧重点。首先，应注意避免遗漏应检的项目；其次在满足评价和验证工作的基础上，减少不必要的项目。在同一指标的验证时，如果有几个相同或相似性质的项目，应选择对验证指标专一性最好的项目，而不应重复选择，以免影响验证结果判定的客观性。

在检验项目的确定时，应与产品的研发或生产者充分协商和交流，以取得共识，防止疏漏。

优先选用现行的国际组织推荐的或国家标准规定的检验方法。如FAO、WHO、国际法典委员（CAC）、美国公职分析化学家协会（AOAC）等国际组织推荐的方法和我国强制标准（GB）及推荐标准（GB/T）规定的检验方法。

如果没有现行的国际组织推荐或国家标准规定的检验方法，应优先选择产品所在国（或地区）政府部门及认定机构采用或认可的方法。如对美国进口的转基因食品进行验证时，选择该国食品与药品管理局（FDA）、农业部（USDA）、环保局（EPA）采用或认可的方法。

检验工作需要时，经申请者和验证机构双方协商，可选用非标准方法。但在样品检验前，必须对选用的检验方法进行预试验，以验证方法的特异性、敏感度和变异度。

（4）转基因食品基本卫生质量标准检验

① 检验项目：感官检验；卫生指标检验，包括理化指标、微生物指标、其他污染物

指标。

② 检验结果的意义：指示转基因食品的性状和品质；依据检验结果可以判定产品是否符合食品或食品添加剂的固有品质特征和感官质量要求；指示转基因食品的基本卫生状态。

依据检验结果可以判定产品是否符合食品或食品添加剂卫生的基本要求。

（5）转基因食品特性检验

① 检验项目：特征性状检查，包括外部特征、组织和细胞特征；外源基因检测，包括启动子、终止子和其他调控基因，目的基因，标记基因，报告基因，其他外源基因；生物活性检测，包括目的基因表述产物活性、标记基因表达产物活性、报告基因表达产物活性。转基因成分定量检测，包括生产原料中转基因成分的含量、定型产品中转基因成分的含量。

② 检验结果的意义：指示转基因食品的基本特性，判定产品是否具有预期的外部特征和产品是否具有预期的组织和细胞特性，可作为判定产品是否为转基因食品的依据之一。指示转基因食品的基因特性：

a. 判定产品中是否存在外源基因，可作为判定产品是否为转基因食品的依据之一；

b. 判定产品中是否存在目的基因，可作为判定产品是否具有转基因食品目标性状的依据。

指示转基因食品的生物活性：

a. 判定产品是否具有标记基因、报告基因表达产物活性，可作为判定产品是否为转基因食品的依据之一；

b. 判定产品是否具有目的基因表达产物活性，可作为判定产品是否具有转基因食品目标性状的依据；同时对产品的目标性状是否稳定具有提示意义。

指示转基因成分的含量：

a. 判定生产原料中转基因成分的含量，为转基因食品的生产工艺、配方设计及贸易和管理提供依据；

b. 判定产品中转基因成分的含量，为转基因食品的卫生管理和标识管理提供依据。

（6）转基因生物的遗传稳定性检验

① 检验项目：目的基因的遗传稳定性检验，包括分子量、核酸序列、拷贝数。基因插入位点的遗传稳定性检验，包括整合位点和插入序列连接方式。

② 检验结果的意义：指示转基因食品特征性状的遗传稳定性。

a. 转基因生物中目的基因的分子量、核酸序列的改变，表明其在遗传分化中发生了遗传特征的变异，提示其产品的转基因食品特性极有可能也发生了改变。

b. 目的基因核酸序列的变异形式，可作为推导或估计表达产物在氨基酸序列和特性方面了生变异的依据。

c. 转基因生物中目的基因拷贝数的下降，表明其在遗传分化中表达特性已婚改变。提示其产品中目的基因的表达量极有可能已经下降。

指示转基因食品整体性状的遗传稳定性：转基因生物中基因整合位点或插入序列连接方式的改变，表明其基因组构成已经改变。提示其产品中外源基因的表达方式和表达量，以及基因组中其他基因的表达都极有可能已经改变。

（7）目的基因的表达忠实性检验

① 检验项目

a. 目标表达产物特性的检验，包括分子量、生物活性、理化性质、功能或标志功效、表达水平或含量。

b. 目标表达产物的分子结构检验，包括蛋白质一级结构（氨基酸序列）的分析、蛋白质二级及二级以上结构的分析。

② 检验结果的意义

a. 指示转基因食品目标性状的改变目标表达产物的分子量、生产活性、理化性质的改变，是目的基因表表达特性已经改变的证据之一，提示产品可能已经不具有所设计的目标性状或修饰性状，同时也表明产品的目标性状的不稳定；目标表达产物功能或标示功效的改变或消失，是目的基因的表达特性已经改变的证据之一，提示产品可能已经不具有所设计的功能或功效性状；目标表达产物表达水平或含量的改变，也是目的基因的表达特征正在改变的证据之一，提示目的基因的表达特性不稳定。

b. 指示转基因食品目标性状改变的类型目标表达产物分子一级结构的改变，提示产品已经不具有所设计的目标性状或修饰性状；目标表达产物分子二级结构的改变，提示产品原有的目标性状或修饰性状可能已经改变。

(8) 非期望效应的检验

① 检验项目

a. 细胞和组织水平效应，包括转基因生物农艺性状分析、转基因生物体细胞性状分析。

b. 基因水平效应，包括外源基因插入位点分析、外源基因连接方式分析。

c. 表达水平效应，包括基因组表达多态性分析、基因组蛋白表达水平检验。

② 检验结果的意义

a. 指示转基因食品中非期望效应的发生及表型。

b. 指示非期望效应对基因组产生的影响类型。

c. 指示非期望效应对表达水平和特异性的影响类型。

(9) 产品生物毒素的检验

① 检验项目

a. 来自受体生物的天然毒素的检测。

b. 来自表达产物的可疑毒性的检测。

c. 来自非期望效应产物的可疑毒素的检测。

② 检测结果的意义

a. 指示产品中天然毒素的存在和变化。

b. 指示表达产物和非期望效应产物的可疑毒性。

c. 指示新受体生物和新成分的毒性。

(10) 产品致敏成分的检验

① 检验项目

a. 来自受体生物的天然致敏成分的检验。

b. 来自表达产物的可疑致敏成分的检测。

c. 来自非期望效应产物的可疑成分的检测。

② 检验结果的意义

a. 指示产品中天然致敏性物质的存在和变化。

b. 指示表达产物和非期望效应产物的致敏可能性。

c. 指示新受体生物新成分的致敏性。

(11) 转基因微生物致病性的检验

① 检验项目

a. 来自受体微生物的致病性检验，包括菌株的变异性鉴定、动物感染性试验、安全性毒理学试验。

b. 来自供体微生物的致病性检验，包括安全性毒理学试验、抗生素抗性基因转移试验。

② 检验结果的意义

a. 指示转基因微生物食品的致病性。

b. 指示转基因微生物抗生素抗性基因转移的可靠性。

(12) 转基因食品的营养质量检验

① 检验项目

a. 营养成分测定，包括正常营养成分及含量、强化或改善的营养成分及含量、营养成分组成分析。

b. 抗营养因子测定，包括来自受体生物的抗营养因子检验和来自目的基因表达产物的抗营养因子检验。

c. 食物吸收利用试验，包括动物吸收利用试验和人体吸收利用试验。

② 检验结果的意义

a. 指示转基因食品营养成分的种类和组成。

b. 指示转基因食品抗营养因子分布及含量的改变。

c. 指示转基因食品的吸收利用率。

(13) 转基因食品的保健功能学检验

① 检验项目

a. 功效成分检验，包括功效成分特性鉴定、功效成分含量。

b. 保健功能学试验，包括动物试验、人体试食试验。

② 检验结果的意义

a. 指示转基因食品的功效成分。

b. 指示转基因食品的保健功能。

(14) 转基因食品稳定性试验

① 检验项目

a. 基本卫生质量指标的检验。

b. 功效成分或营养质量指标的检验。

② 检验结果的意义

a. 指示加工和贮藏对转基因食品质量的影响。

b. 指示转基因食品的保质期。

任务六　非转基因认证

一、非转基因 IP 认证的概述

IP 认证（Identity Preservation Certification）是对企业为保持产品的特定身份（如非转基因身份）而建立的保证体系，按照特定标准进行审核、发证的过程。

IP 体系是为防止在食品、饲料和种子生产中潜在的转基因成分的污染，从非转基因作物种子的播种到农产品的田间管理、收获、运输、出口、加工的整个生产供应链中，通过严格的控制、检测、可追踪性信息的建立等措施，确保非转基因产品“身份”的纯粹性，并提高产品价值的生产和质量保证体系。

IP 体系的特点是：

① 可追踪性，为产品提供整个生产供应链的全方位信息；

② 严格的隔离，杜绝一切非受控材料的意外混入；

③ 策略性的代表性取样和检测，验证产品的非转基因身份；

④ 完善的体系文件和程序手册，产品质量保证的基础；

⑤ 严格的内外控制，确保 IP 体系有效运行。

二、非转基因市场形式简介

IP（非转基因）认证是目前欧美在非转基因农产品生产和加工系统中应用的可保存农产品“身份”（即保持产品单一性）、提高农产品质量与价值、并可提升企业形象的一套农产品生产和加工的质量控制系统。IP（非转基因）认证和服务在欧美农产品生产与加工体系中由来已久。发达国家民众、食品制造商出于对健康、环境或宗教及文化的考虑，越来越抵制转基因食品。欧盟、日本、韩国等国家对转基因产品的标签制度也日益严格，IP（非转基因）认证已经日益受到重视。欧盟 25 国已经于 2008 年 4 月 18 日正式实施有关转基因的最新法规，其明文规定：如果产品要免除转基因产品的标识，除了产品转基因含量应低于法规规定的限值以外，食品生产商还必须提供证据证明其对产品的生产“采取了合适的措施来防止转基因污染”；日本、韩国则规定，如果产品要标识为非转基因，则其生产必须基于“身份保持”体系。在国际非转基因农产品、食品贸易中，IP 和非转基因生产体系被视为生产非转基因产品的钥匙。

过去对转基因产品没有标识要求或标识要求不高，大量转基因产品与非转基因产品在市场上未做区别一起流通，消费者常常没有选择余地。一旦实行了严格的标识法规，将使消费者自主选择转基因产品或是非转基因产品。从目前欧洲及其他如日本、韩国及某些发展中国家的消费者对转基因产品不接受的态度来看，将大大影响转基因产品的销售，从而影响转基因产品的国际贸易。全球农产品原料生产商必须遵从有关法规及达到质量管理的目的。欧盟政府认为 IP 和非转基因生产体系是保护消费者安全与知情权的最有效方法。IP 认证是跨越转基因立法贸易障碍的有效手段。

我国 IP 产品从 2002 年起步，产品主要覆盖大豆、玉米、西红柿及它们的衍生产品。随着我国对国际新兴的 IP（非转基因）认证的引进，经 IP（非转基因）认证的产品数量和范围都有了较大的增长，越来越多的食品商开始执行 IP 收购政策，国内外需求逐步增大。

三、国内外消费者和企业对非转基因食品的态度

由于转基因食品安全的不明确性以及消费者对转基因食品的普遍抵制，非转基因食品的 IP 认证正为越来越多的国家和企业所重视。发达国家，尤其是欧盟和日本等国家消费者普遍抵制转基因食品，许多食品生产商和零售商，都采用非转基因政策，公开声明在其产品中将拒绝使用转基因原料或承诺使用 IP 原料，或禁止销售转基因产品。而由于新法规的出台，原先无须做出标识的众多保健品、化妆品生产商也逐步开始要求其原料供应商采用非转基因政策。一方面，转基因产品仍被日、韩、欧盟等挡在门外；另一方面，无法拿出令人信服的非转基因产品证明，令许多中国企业在国际贸易中坐失良机。

四、非转基因 IP 体系简介

IP 体系是供应链范围内的质量控制与管理、产品（原料）检测、可追溯信息及审核的

结合体。完整的IP体系建立包括三大部分：

① 技术咨询：由IP技术服务部门协助客户根据有关IP标准建立符合客户实际生产要求的体系，制定IP体系文件，并协助客户编制程序手册；

② 审核与认证：相关的认证公司负责现场审核与认证；

③ 检测：根据供应链的实际情况确定关键点，对体系内的产品（原料、中间产品或终产品）进行代表性的取样，并送交认证机构认可、具有资质的专业实验室检测，验证其非转基因的“身份”。

五、IP（非转基因）认证项目工作进展方案

1. 体系建立

① 对申请方（主要是生产基地）现场了解现有供应链的详细情况及控制措施，并根据所了解的情况进行一次有针对性的IP专业知识培训。通过IP知识的培训，说明IP体系的必要性及IP体系建立的要点，并讨论整个项目实施的计划安排。

② 现场技术结束后，根据《IP认证规范》的要求结合申请方供应链的实际情况而编写，是IP体系建立和运行的纲领性文件，内含规范中11个技术要素的具体要求。

③ 申请方评阅并接受该《体系准则》，根据其要求编写供应链控制程序文件（即IP手册），详细规定在每个供应链阶段的工作应具体如何操作。另外，为了便于可追溯信息的记录，申请方还应要求编制必要的工作表格。

④ 手册编制审核后，可正式发布实施该手册。文件的正式发布和实施标志着IP体系的建立和开始运行。

⑤ IP体系的运行应指定至少一名人员作为IP体系运行的具体管理者和体系维护者。

2. 体系和程序审核

① 申请方在IP体系正式实施以后，有效地运行IP体系至少2个月，保持必要的可追溯信息，方可进入IP外审和认证的程序中。根据标准的要求，在进入外审之前，申请方应先进行内审，内审报告应在外审时能够提供。

② 审核主要分为两大部分，即体系审核和程序审核。体系审核的依据是《IP（非转基因）认证规范》和申请方IP体系的《体系文件》，主要侧重体系的管理；程序审核的依据是IP体系的程序手册及生产记录，侧重体系的具体运行。

③ 审核员在审核现场根据答问的结果（与体系运行管理者及具体操作人员之间的交流）及申请方生产记录的信息，根据标准的要求鉴别体系内存在的不符合情况，并现场开具不符合情况报告，受审核方应根据所发现的不符合项对其进行纠正。

④ 审核员将在一个工作日之内完成审核报告，通报给申请方及审核部，并做出是否进行认证颁证的建议。

3. 体系认证

审核部根据审核员递交的客户体系文件、审核记录、不符合项报告及审核报告做出评估，并做出是否给予客户认证注册的决定。证书的生效日期即从该时间计算，有效期一年。

4. 监督审核

申请方在成功获得认证以后，应继续按照要求运行IP体系，并在6个月以后进行监督审核，以确保IP体系运行的有效状态。

六、IP项目的建议

根据可追溯范围，IP体系在国际上一般分为硬IP（HardIP）和软IP（SoftIP）两类。硬IP体系即为真正意义的IP体系，应能够追溯到种子的非转基因身份，即从供应链的源头开始对完整的供应链进行控制，供应链的末端产品应能够追溯至供应链最前端的种子身份状态，一般较适合原料及初级加工品生产企业；而软IP则只需能够追溯到原料的非转基因身份，即从原料的转基因可被检测状态阶段开始对供应链进行控制，使产品能够追溯到原料的非转基因状态，这类体系较适合于精深加工企业。基于以上不同分类，特建议如下。

（1）软IP体系　确定一个或多个具有良好信誉的普通非转基因大豆供应商，供给产自于国内的大豆原料给油脂生产企业。这些大豆应在验证非转基因身份后（即对原料大豆进行代表性取样和转基因检测，确认大豆的PCR检测的阴性结果后），方能进入受控供应链。

优点：供应链简单，成本最低，便于IP体系的运行和管理。

缺点：无法追溯的最终产品的可追溯性（无法追溯到种子）。

（2）硬IP体系

方案1：根据硬IP的要求，最终产品应能够追溯到初始种子的身份，故申请方可购买硬IP大豆（CCIC已认证多家硬IP大豆企业）用于油脂的生产。因已完成IP（非转基因）认证的大豆原料转基因风险非常低，故可降低代表性取样和检测的要求，达到降低检测成本的目的。

优点：转基因风险最低，可以降低检测及部分管理成本。

缺点：增加IP大豆原料采购成本。

方案2：确定具有良好信誉的大豆供应商（农场），与其签订IP生产管理协议，将大豆供应商（农场）一并纳入公司的IP维生素生产体系中。该IP体系即要求公司从农场生产大豆所使用的种子开始，对农场生产和初级油脂生产以及最终精炼油脂生产的完整供应链进行控制，并且这些过程都应接受内部审核和外部审核。

优点：体系完整、对整个生产供应链控制全面。

缺点：需要公司调整采购政策，指定农场进行IP大豆进行生产。

七、IP体系的建立

非转基因IP体系建立需采取两方面的措施。

（1）组织措施　受控供应链中所有参与方的承诺；建立文件体系；进行员工培训；采取控制措施；对不利事件的管理；供应商资质的审查。

（2）物理措施　隔离；可追溯性；代表性取样和分析。

豆粉生产企业IP认证案例

黑龙江省＊＊食品有限责任公司

非转基因IP体系

管理手册

受控状态：受控

编号：＊＊/IP-01-2014

版本：A/0

制定：＊＊

批准：＊＊

依据《SGS非转基因供应链认证标准》制定

发布：2016年3月1日生效：2016年3月1日

一、公司简介

〖我们的企业〗

黑龙江省＊＊食品有限责任公司，坐落于享有“中国大豆之乡”和“寒地黑土”美誉的黑龙江省＊＊市境内，这里是目前世界上仅有的黑土地三大板块之一，公司拥有两个专业级乳制品及大豆制品加工厂，是国内豆粉大型综合加工企业之一，是国内知名的大包装原料粉供应商，公司的综合实力在国内同行业居前五名。

〖我们的优势〗

基地优势得天独厚

神奇的黑土地，金色的大豆，通过国际权威机构欧盟BCS有机认证，打造了“＊＊”有机大豆生产基地的天然魅力，被国家质量监督检验检疫总局列为出口食品安全示范区，传承了有机大豆的健康品味。2014年又在黑龙江省＊＊农场建立5万亩非转基因大豆种植基地，集种植、加工、运输、销售于一体，力推精品产业战略，以合格产品销售为核心，以国际贸易业务为拓展，迈向国际化公司的发展进程中。

设备优势品质保证

主要设备是融合日本精研舍、瑞典阿拉法和丹麦尼鲁等国际一流的先进技术，同时结合国内先进技术和生产工艺，生产设备居国内同行业一流水平，生产车间按GMP标准设计、建造，公司具有完善的质量检验监测的品控中心，从原料进厂到产品出厂始终处于受控状态，实现了生产全过程质量和安全百分百的可靠性。

人力优势成就未来

黄金的地理位置，优越的生态环境，领先的科技生产，可靠的人力资源，为企业的发展壮大具备了必要的条件。

公司地址：黑龙江省＊＊＊＊＊

电话：传真：网址：

加工厂地址：黑龙江省＊＊＊＊

二、IP体系管理手册编写说明

本公司依据《SGS非转基因供应链认证标准》的要求编制完成了《非转基因IP体系管理手册》，现予以批准实施。

非转基因IP体系管理手册是公司IP体系管理的基本法规，是公司IP管理体系运行的准则，是公司对顾客的重要承诺，是对外申请非转基因认证的依据，是公司法规性、纲领性文件，全体人员必须遵照执行。

为有效地建立、实施非转基因IP管理体系并持续对非转基因IP管理体系的有效性进行改进，现任命__＊＊__为IP体系管理者代表，全权负责公司推行非转基因IP管理体系的贯彻和认证工作，全体员工必须支持其工作。

本手册主要监控本公司的大豆作物。我公司IP体系的控制范围包括：从大豆种子的采购、大豆种植、收获、晾晒、仓储、运输，即我公司非转基因大豆的生产和服务的全过程。

我公司IP大豆种植地址面积为：黑龙江省＊＊农场地块，总面积5万亩。

现正式批准发布公司《非转基因IP体系管理手册》，自2016年3月1日开始实施。

总经理：＊＊

2016年3月1日

三、管理承诺

专注客户需求，是我们服务的起点；满足客户需求，是我们服务的目标。通过服务为客户创造价值，是生存的唯一理由。

按IP产品认证标准和适用的法律、法规要求，我们建立和不懈地改进IP产品质量管理体系，打造国际品牌，以满足市场的需求，增强顾客满意度；生产出符合IP标准的产品，满足食品发展的需要，为人类提高健康水平作贡献。

我代表本公司全体员工，确保一切质量活动均遵循质量方针，实现质量目标。

在此要求全体员工必须认真理解质量方针内涵，并以实际行动坚持贯彻执行。

总经理：＊＊

日期：2016年3月1日

四、任命书

为了建立和维护公司的IP体系，特任命＊＊为IP管理体系管理者代表。

管理者代表的职责：

① 直接向最高管理者汇报IP体系的运行情况；

② 负责对客户服务意识的提升；

③ 建立和维护IP体系。

总经理：＊＊

日期：2016年3月1日

五、IP管理体系质量方针

IP产品管理方针是

(1) 科学的管理，严密的控制和监测，让危害的风险降至最低。

(2) 质量、安全、卫生，用诚信树立品牌信誉，用规范管理维护顾客的健康。

质量方针的内涵

(1) 采用科学的管理体系，严密的控制措施和监督手段，使转基因污染的可能降至最低。

(2) 以顾客为关注焦点，以维护顾客的健康为企业的生存之本。用规范的管理，从控制产品质量、安全进行管理控制，赢得顾客的信赖。

质量目标

保证公司生产种植、生产用的原料大豆100％非转基因产品，确保产品的IP特性。IP产品GMO成分＜0.1％。

总经理：＊＊

日期：2016年3月1日

六、IP体系产品供应链流程图

种子的采购-种植-收获-储存

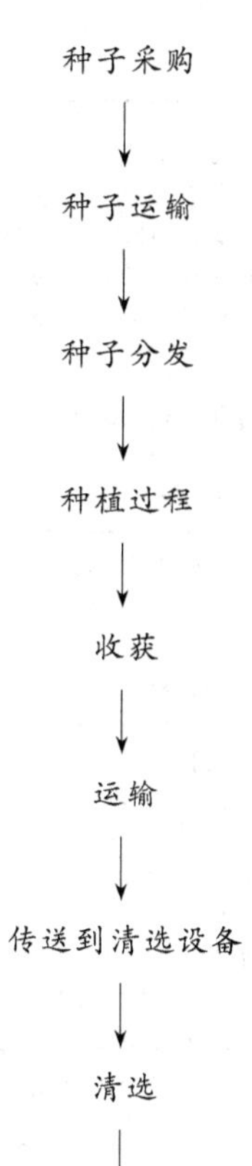

七、公司结构组织框架

略

八、IP 关键岗位

为了确保我公司产品的 IP 特性，建立 IP 关键岗位。

1. 基地负责人：＊＊

负责种子采购和发放、基地的管理和产品的收获。

2. 基地部：＊＊

(1) 负责全年的大豆种植、加工计划

(2) 负责大豆生产物资的分发和大豆种植标准的执行

(3) 负责协调种植基地与周边农户的关系，田间管理和检查，确保非转基因管理体系的顺利运行。

(4) 负责辖区地块的全程跟踪和管理

3. 仓储部：＊＊

负责种子的样品和收获的产品收集、邮寄、分析结果的接收和管理；负责产品的运输和仓储。

关键岗位的替代者

当上述关键岗位的人员不在时，其替代安排如下：由上级主管经理代为行使职权并承担相应责任。

九、岗位职责与权限

公司对与 IP 体系有关的所有人员，规定了质量职责并明确了相互间的配合关系。特别强调了人员的替岗要求。

场所	部门及人员	责任	替岗要求
公司总部地址：黑龙江省＊＊	总经理＊＊	确立并颁布质量安全方针与目标 批准《非转基因IP体系》管理手册的发布、实施 负责人员的选择与安排 负责与产品的体系有关要求的确立和评审	管理者代表＊＊在总经理不在时履行相关职责
	管理者代表＊＊	程序运作 内部控制(培训、内审、不利事件管理) 文件管理 SGS审核	企管部成员柳未征在管理者代表不在时履行相关职责
种植基地 地址：黑龙江省＊＊农场	管理者代表＊＊	操作管理员(控制基地管理者、不利事事件管理) SGS审核	基地主管＊＊在管理者代表王海利不在时履行相关职责
	基地部＊＊	大豆种植、加工计划、大豆生产物资的分发和大豆种植标准的执行；田间管理、IP产品的接收，暂存，保管，仓储，初加工，发运	管理者代表在基地部人员不在时履行相关职责
	管理区＊＊	文件管理 培训村长及相关人员 邮寄样品、分析结果的接收和管理	基地总负责人在各管理区人员不在时履行相关职责
	质检部＊＊	种子和收获产品样品收集、邮寄、分析结果的接收和管理等日常工作	基地部负责人在质检部人员不在时履行相关职责

十、各部门人员的职责

1. 总经理职责

(1) 确立并颁布质量安全方针与目标；批准《非转基因IP体系》管理手册的发布、实施，并监督政策法规的执行。

(2) 审批各部门制定的部门职责，规章等制度性文件，并监督制度性文件的执行情况。

(3) 负责设置非转基因大豆种植基地的组成人员，并对其工作质量进行评估，提出改进意见及决定。

(4) 主持全面领导工作，制定并落实公司年度工作计划，确保公司制定IP质量方针顺利完成。

2. IP管理者代表职责

(1) 程序运作。

(2) 内部控制（培训、内审、不利事件管理）

(3) 文件管理。

(4) SGS审核。

3. 基地部门职责与管理范围

(1) 甄选种子供应商。

(2) 根据《SGS非转基因供应链认证标准》的要求对大豆种子的采购进行监控。

(3) 负责对采购后的种子和收获产品送检样品的收集、邮寄、分析结果的接收和管理。

(4) 负责每年对基地发放种子，需要全程进行跟踪，并做好种子发放记录。

(5) IP产品的接收，暂存，保管，仓储，初加工，发运。

十一、种子、产品的规格和要求

1. IP种子（大豆）要求

理化指标等：水分≤13.0%，杂质≤0.5%，泥花脸≤2.0%，完整粒率≥95%，GMO成分<0.1%。

2. IP产品（大豆）要求

理化指标等：水分≤13.0%，杂质≤1.0%，蛋白质≥35，GMO成分<0.1%。

十二、通告要求

当公司发生如生产基地地块改变、关键员工离职，GMO检测结果异常时，公司承诺应该通知认证公司及客户。

通知的方法：电话、传真、电邮、信件、即时通讯（QQ，MSN，微信等）。

十三、风险评估管理

1. 目的

通过对转基因（GMO）危害关键点进行分析和预防，避免转基因或不明身份物质的污染，保证最终产品的非转基因身份。

2. 范围

适用于从大豆种子的采购、大豆种植、收获、初加工、仓储、运输的全过程GMO危害分析控制。

3. 职责

(1) 质检部负责GMO危害分析化验。

(2) 基地部负责GMO危害控制。

4. 管理程序

根据对我公司IP体系供应链的情况，分析评估方案如下：

生产活动	风险原因	风险高低	控制措施
大豆种子采购	不能正确判断所采购种子是否是非转基因大豆种子	高	索要种子非转基因证明;取样检测,现场评估供应商资质
种子运输	IP、非IP种子混运	中	公司基地只种植IP大豆,无非IP种子混杂风险
种子分发	IP、非IP种子混杂	中	公司基地只种植IP大豆,无非IP种子混杂风险
大豆种植过程	被非IP作物污染、种植工具交叉污染	中	要求严格执行种植操作规程,只种植IP大豆
大豆收获、仓储	被非IP大豆污染、收获工具交叉污染	高	基地周围邻近非IP大豆2m内大豆作为非IP大豆处理;收获工具严格执行清洁程序,储存地点只储存IP大豆
大豆初加工	加工机器的清洁情况	中	加工前严格执行清洁程序,避免混杂风险
大豆运输	运输工具没有彻底清洁	中	装运前彻底清洁,基地部专人负责检查

十四、大豆种子的检测和确认

1. 种子的取样、包装、送样

应从包装好的每1t的种子（取5袋，每袋40g）中抽取大约200g的样品增量。同时质检人员还要对每次提取的增量做化验，化验的各项指标（如水分、杂质等）应在《大豆取样及检验记录》中记录。这些样品增量应收集在一个单独的容器中，直至这些散装样品能代表一个品种的最大批100t时为止。要谨防混入任何其他材料。

在对100t的种子进行加工和取样之后，应详细说明所定义的种子批次。

该过程应在表格《非转基因大豆种子取样及检验记录》中加以记录。

这些样品应进行包装，并分别打包装入到两个坚固耐用的袋中，还应当适当粘贴标签以明确各自的起源（种子产品批次号、取样日期和地点等），而且GMO检测报告单号应在《非转基因大豆种子取样及检验记录》中加以记录。备份样品要在适合的条件下（干燥、避光、室温）存放1年或超过产品的货架期6个月。

为了获得以下样品，最多可代表100t的散装样品应充分进行混合并适当进行减量.

(1) 1×1000g作为存储的备份样品。

(2) 1×800g样品送SGS大连基因实验室检测。

(3) 1×800g样品送＊＊公司总部基因实验室进行GMO检测。

2. 种子的放行

得到公司和SGS基因实验室GMO检测结果后，将检验结果、报告编号、出结果日期等在《非转基因大豆取样及检验记录》中加以记录。只有在阴性反应的情况下，才能发行用于提交生产基地的种子批次号。

3. 出现风险情况的处理

在GMO检测结果出现阳性（检测到转基因）的情况下，应做如下处理。

(1) 拒绝接受该批次的种子。

(2) 如果该批种子已经下发给农场，那么应取消该批次号。如果未能全部取消，那么这些种植该种子的地块应被排除在IP程序外。

(3) 这些情况应在不符合情况报告中加以记录，还应将此实际情况汇报到公司IP管理者代表并及时通知SGSIP认证部。

十五、大豆种子分发过程管理

1　＊＊食品公司大豆种植专业合作社与＊＊农场签订《土地承包合同》

1.1　＊＊食品公司大豆种植专业合作社要核实各地块结构及种植面积，如果满足所有条件，那么就可签署一份《非转基因大豆收购合同》，合同应按IP标准制定。

1.2　基地部责任

1.2.1　对各地块负责人和农场相关人员进行培训和提供各种帮助。

1.2.2　对各地块负责人和农场进行监控管理。

1.3　农场责任

必须合理选择地块，并向基地部提供准确的地块位置、种植面积等情况。

1.3.1　接受基地部的培训和监控管理，并承诺遵守IP要求。

1.3.2　种植所需种子，必须是＊＊食品公司大豆种植专业合作社非转基因种子，并向基地部提供种子发放清单。

1.3.3　在指定地块种植，而且种植面积与合同面积相符合。

1.3.4　使用经过清洁或专用的生产设备、运输、储藏，并保证大豆在收获包装过程中没有混入任何其他物种。

1.3.5　产量与种植面积相匹配。产品不得转卖他人。

2　发放、运输种子到各地块

将要分配至各地块的种子量根据《IP大豆种植地块情况汇总表》来计算。要发送给各地块的种子品种、种子批号和数量都应在《种子发放记录—种植地块》中加以记录。

应将包装好的种子装运到专用洁净的卡车上，程序指定的负责人应随种子运输人员一起将种子运送到各地块。用来运输的卡车和卡车装载的种子批次及卡车载货量都应按程序记录表格进行验证。运输检验记录要在《大豆运输检验记录》中加以记录

3　剩余种子处理

当种子出现剩余时，可以采取以下处理方法。

处理方法1、由各地块负责人收集后返回基地部。

处理方法2、将剩余种子播种到非IP地块，作为非IP大豆管理，并不得与**食品公司大豆种植专业合作社IP大豆混杂在一起。

4 种子不够情况处理

当部分地块种子数量不够时，可以采取以下处理方法。

处理方法1、由基地部调配其他地块返回的多余种子。

处理方法2、当返回的种子数量仍不够时，可以再向同一种子供应商追加购买。这部分种子分发前按照种子取样原则送SGS和公司基因实验室检验。取完样后种子进行分发，播种的地块作好标识。

如果确认该批种子为阴性，则该地块纳入IP管理范围；如果为阳性，则该地块从IP管理范围剔除，作为非IP大豆进行管理。

十六、大豆在基地的接收、确认和运输

1 IP大豆的收获

1.1 在IP大豆的收获过程中使用联合收割机进行收获。

1.2 附《IP大豆收获记录》。

2 检查各地块记录及运输车辆

2.1 基地指定专人检查《各地块监控记录》，看该地块是否遵守IP种植所有规定，只有对录上的"是"项表示同意后，才能让货车装货。

2.2 派专人去各地块监督运输大豆原料，并监督做好车辆清洁。

3 大豆在生产基地接收及检验

3.1 运货车辆到达基地部收购点后，仓储部要根据《大豆运输检验记录》的内容，对大豆的来源、车号、件数等进行登记。

3.2 检验员应对每辆货车进行N个袋子分别取样。

用针刺法对至少$\sqrt{N}$个袋子（至少10个，如果$N \leqslant 100$）进行取样，在取样的同时，还要对每次提取的增量进行化验，并将化验结果在《非转基因大豆取样及检验记录》中记录，对质量不符合合同标准的货物拒绝收购。

增量（取样袋数的1%）收集到一个容器中直到收集足够样品可以代表最大重量为7000t的某品种，这些样品可避免与其他物质混杂。

某一品种达到7000t并被取样隔离开来，作为一个独立的大豆组。

取样工作应记录在《非转基因大豆取样及检验记录》中。

4 大豆样品的包装、准备和送样

4.1 取样后这批大豆用新袋重新包装，并根据品种和地块号加以标识，存放在一个规定的仓库，在《非转基因大豆取样及检验记录》和《非转基因大豆清洁记录》中记录下品名、批号、重量、存放地及设备清洁情况等。

4.2 把每个散样品用分量器进行混合，取出少量，构成两个样品。

4.2.1 1000g用作备份保存，直到混量样品获得阴性结果。

4.2.2 1000g大豆样品用作混合样品，根据《非转基因大豆取样及检验记录》记录的原始批号进行标识，送公司基因实验室进行GMO检测，以确定大豆产品的非转基因身份。

5 合格大豆产品的放行和风险情况的处理

5.1 在收到样品检测的报告证明大豆产品为非转基因后，该批产品才能够放行，并由负责人签字确认。并将报告结果及号码记录在《非转基因大豆取样及检验记录》中。

5.2 在出现有转基因风险的情况时，应记录在《非转基因大豆取样及检验记录》表上，为混合样品提供原始样品的大豆组需在现场隔离出来。

5.3 出现转基因风险的情况后，应及时汇报管理者代表并通知SGS公司，在SGS的指导下进行处理。

6 合格大豆的运输管理

6.1 发运黑龙江省＊＊食品有限责任公司。

6.2 发运黑龙江省＊＊食品有限责任公司全部使用专用汽车运输。

6.3 发运前由基地部指定人员检查车辆的清洁状态，并在《大豆运输检验记录》中记录：车厢底板是否干净、是否有污染物、是否有混载物、包装是否异常等。如果污染严重，拒绝使用或彻底进行清洁。

6.4 将批准发运的大豆按批次装在清洁状态符合要求的汽车上，并保证途中不会发生污染。

十七、大豆在加工厂的管理

1 ＊＊食品有限责任公司接收大豆

1.1 仓库保管员核实原料大豆是否与基地部提供的信息一致，在确认符合公司IP要求时，才能准许卸入仓库。

1.2 质检员按取样规则抽样，直至散装样品能代表整车重量时为止，将样品进行混合。

1.2.1 1×1000g进行包装、标识，保存起来作为留样。

1.2.2 1×1000g送基因实验室进行检测。

2 出现风险情况的处理

在GMO检测结果出现阳性（检测到转基因）的情况下，应做如下处理。

2.1.1 将该车封存，并标识出来。

2.1.2 即刻对留样进行复检，如果复检结果仍呈阳性，则把入该车的所有批次跟踪、隔离出来。

2.1.3 这些情况应在不符合情况报告中加以记录，及时将实际情况汇报到公司IP管理者代表进行处理。

3 大豆的储存

检验合格的大豆，仓库保管员根据原料大豆基地部提供的信息入库进行编号、储存，并做相应记录。

十八、清洁与检验控制

1 目的

通过对从原料运输、储藏到产品生产、运输、储藏全过程进行清洁和检验，防止GMO污染，保证最终产品的IP特性。

2 范围

适用于从种子采购到收获产品运输全过程的清洁和检验。

3 职责

3.1 质检部负责清洁和检验控制与管理。

3.2 基地部负责原料包装物、运输工具和储存设施清洁。

3.3 仓库保管员负责仓库的清洁。

4 程序

4.1　执行标准和允许范围

4.1.1　种子和收获产品执行SGS规定的IP标准。

4.1.2　控制种子和收获产品受GMO污染程度<0.1%。

4.1.3　具有转基因风险的辅料采购必须要求供货单位提供非转基因证明；采购合同中必须明确非转基因规格（转基因成分<0.1%）。

4.2　清洁和检验程序

4.2.1　种子运输过程清洁要求　所购种子由公司派专车进行运输，基地部负责监督运输车辆的清洁，严禁残留GMO成分，并严禁与其他物品混杂使用。

4.2.2　种子储存清洁要求　种子储存库房要清扫彻底，防止外来污染。种子运输入库后，由专人保管，双人双锁。

十九、附录基地地块图

略

二十、文件控制程序

1　目的

为确保与IP产品管理体系有关的所有文件处于受控状态，对本程序的文件（手册和表格）的编写、批准、发放、修改进行控制，以确定本程序的所有地点使用正确版本的手册和表格，过期的文件和记录合理保存。

2　范围

适用于本公司与IP产品管理体系有关的所有文件的控制，包括外来文件。

3　职责

3.1　企管部负责与IP产品管理体系有关的所有文件的管理。

3.2　各部门负责本部门文件的使用及管理。

4　工作程序

4.1　文件类型

4.1.1　程序文件主要描述为实施过程所涉及各职能部门的活动，是为完成某项活动而规定途径的文件。

4.1.2　各类记录文件是为完成活动，提供符合要求和IP产品管理体系有效运行的客观证据的文件。

4.1.3　外来文件为各类标准和顾客提供的技术文件。

4.2　文件的起草、审批及定稿

4.2.1　程序文件由该项质量活动的主管部门负责编写，部门负责人审核，管理者代表批准。

4.2.2　其他文件由负责实施部门编写，部门负责人审核，管理者代表批准。

4.2.3　外来文件由相关职能部门负责人审核其适用性和现行有效性，填写《外来文件登记记录》，报管理者代表批准，交企管部管理。

4.3　文件编写要求

4.3.1　幅面要求：文件采用标准A4纸张。

4.3.2　字体要求：文件一律打字复印。

4.3.3　文件内容

适用性：文件内容符合国家相关法律、法规和国家相关标准的要求，满足公司经营IP产品管理和企业发展的需要，规范企业和员工的行为，持续提高公司管理水平；准确性：语言文字简练、明确、易懂；统一性：文件的式样结构应符合规定，保持一致性；协调性：各类文件及描述同一活动的不同文件之间应协调一致，确保使用处均能获得适用文件的有效版本。

4.3.4 文件编号 程序文件编号公司名称汉语拼音/IP的第一个字母。

4.4 文件的执行

经批准发放的文件按批准的实施日期执行。各责任人员应严格按照文件规定执行相关程序和要求，不得擅自变更。

4.5 文件的内部发放

4.5.1 文件发放前，由文件的审核部门确定发放范围，经原批准人批准后执行。

4.5.2 文件的使用部门经归口管理部门批准领取所需要的文件并在文件发放登记上签字，填写《受控文件清单》。

4.5.3 当文件破损严重影响使用时，应重新到归口管理部门办理申领手续，领用时交回破损文件。

4.5.4 当文件在使用处丢失时，当事人应写丢失报告，经本部门负责人批准，到归口管理部门重新办理申领手续，在原文件发放记录上注明作废。

4.6 文件的更改

4.6.1 文件在执行过程中，如有必要应及时更改，但在更改之前仍按原文件执行。

4.6.2 文件更改由提出人填写《文件更改申请单》，经原审批部门审批后，由企管部填写《文件更改通知单》，依据《文件发放记录》下发给原文件持有部门，原文件持有部门进行更改。

4.6.3 文件更改方式为划改、换页及换版，具体采用何种方式根据文件情况及文件改动情况由综合部决定。

4.7 文件的评审

归口管理部门每两年安排对所有文件进行一次系统评审，对经评审不适宜的文件，进行更改。

4.8 文件的存档

经审核批准的文件原稿及作废保留的技术性文件由档案室归档管理，文件原稿不得借阅，以防止丢失和损坏。

4.9.1 文件持有人应做好文件维护工作，不得随意涂写，保持文件完好、无损，当人员因工作调动或机构调整时，应进行文件移交。

4.9.2 文件控制情况由综合部通过日常检查和内部审核予以监控。

4.10 外来文件的控制

外来文件由综合部及相关部门识别其适用性和现行有效性，由企管部控制其分发。

5 《IP管理手册》编写

5.1 IP体系管理者代表组织人员编写《非转基因IP管理手册》，该手册将按照《SGS非转基因供应链标准》的定义对各个现场以及规定措施的执行情况进行详细介绍。

5.2 手册应为公司及各供应商明确规定出所有与本认证程序有关的程序和相应责任。另外，各项记录要求还应加以定义，以便允许确认符合现场定义的程序及本次认证程序的有效操作。还应当包括各种有关的工作说明以及用于记录的表格。

5.3 公司有责任提供各种与控制程序相关的文件及表格的译文。还必须保证所有文件应当有管理者代表或总经理签名批准后才能发放和施行。

6 相关文件和记录表格的管理

6.1 公司和供应商应定义并记录负责管理手册和表格的人员名单，当前手册副本保存位置的地点清单应当提供。

6.2 手册在《SGS非转基因供应链标准》、公司的IP体系出现变化时能够持续更新。并将变化的情况及时通知SGS公司。

6.3 变更应当经过管理者代表的认可和签字方可执行。

6.4 更新版本的文件和生产记录的版本都需要同时更新，并发放到相关的部门，确保更新后的管理体系有效运行

6.5 所有文件与表格应有版本编号。

6.5.1 一个主清单（现有版本页或修改页），以识别所有现场使用文件的当前版本情况。

6.5.2 一个表格的主清单，以识别所有现场使用表格的当前版本情况，这里的发布日期用来识别表格版本号。

6.5.3 所有过期文件和记录应当保持清晰，注明日期，容易识别，在审核时可以按需提供。

6.5.4 所有管理手册和文件的保存期为五年。

6.5.5 所有相关生产记录的保存需超过产品的保质期一年，但至少保存两年。

7. 记录

《文件发放记录》

《文件更改申请单》

《外来文件登记记录》

《受控文件清单》

二十一、记录控制程序

1 目的

对IP产品管理体系记录进行有效控制和管理，以提供产品质量符合IP产品规定要求和IP产品管理体系有效运行的证据，为实现可追溯性提供依据。

2 范围

本程序IP产品管理体系所有记录的控制。

3 职责

3.1 企管部负责IP产品管理体系记录的归口管理与控制。

3.2 各部门负责实施本部门与IP产品管理体系记录的控制。

4 工作程序

4.1 记录的设计、审批和印制。

4.1.1 记录均由记录的产生部门根据实际需要及本程序的要求设计。

4.1.2 记录由记录的产生部门负责人审核。

4.1.3 每一记录应有明确的标识，至少包括记录名称。

4.1.4 企管部负责各种记录表格的汇总整理，按记录标识项目填写《记录汇总表》，并统一制定记录编号。

4.1.5 企管部负责各种记录表格的联系印刷，使用部门领用。

4.1.6 记录的格式不适用需进行更改时，按《文件控制程序》的规定进行修改。

4.2 记录的填写

4.2.1 填写记录时，应由相关操作和执行人员根据执行情况，按设置的项目逐项如实填写，不得有空项。如某些内容无须填写时，应用“——”明示，内容相同的可以简写。

4.2.2 记录填写字迹清晰、能准确识别、语言简练；记录人签名应写全名，日期填写一律横写且用全称（****年**月**日），不得简写。

4.2.3 记录填写完成，原则上不允许涂改，以确保其真实性和可追溯性。必须更改时应采用“划改”的形式，并在更改处签名，不得采用涂抹、贴刮等形式。

4.3 记录的收集、整理及保管

4.3.1 各部门应配备专职或兼职人员负责本部门记录的管理，应有保管记录的设施。

4.3.2 各部门对保管的记录应整理分类、按序排列、装订成册。

4.3.3 成册的记录应有封面，标注记录的名称、份数和起止时间。

4.4 记录的查阅和借阅

4.4.1 查阅和借阅须记录保存部门负责人同意。

4.4.2 原则上只限在记录保管处查阅，须外借时要填写《记录借阅单》，经记录保存部门负责人同意，管理者代表批准后方可借阅。

4.4.3 记录查阅、借阅人应爱护记录，不准乱涂、乱改、撕毁，应保持记录的完整和清洁。

4.5 记录的处理

4.5.1 记录超过保存期限时，档案管理员提出记录销毁申请，填写《记录销毁申请单》，综合部审核，管理者代表批准，方可销毁。

4.5.2 记录销毁由档案管理员执行，综合部监销，并填写《记录销毁清单》，销毁人、监销人签字认可。

4.6 记录的保留

所有与IP产品的生产有关的记录一律保留5年，当国家法律法规有要求更长的保留时间时，遵守国家的法规要求。

5 相关文件

《文件控制程序》

6 记录

《记录汇总表》

《记录借阅单》

《记录销毁申请单》

《记录销毁清单》

二十二、风险评估管理程序

1 目的

通过对转基因（GMO）危害关键点进行分析和预防，避免转基因或不明身份物质的污染，保证最终产品的非转基因身份。

2 范围

本程序适用于从大豆种子的采购、种植、收获、仓储、运输的全过程关键危害点分析控制。

3 职责

3.1 基地和工厂的质量部门负责GMO危害分析化验。

3.2 采购部负责GMO危害控制。

4 管理程序

根据对公司IP体系供应链的情况，分析评估方案如下：

生产活动	风险原因	风险高低	控制措施
大豆种子采购	不能正确判断所采购种子是否是非转基因大豆种子	高	索要种子非转基因证明;取样检测,现场评估供应商资质
种子运输	IP、非IP种子混运	中	公司基地只种植IP大豆,无非IP种子混杂风险
种子分发	IP、非IP种子混杂	中	公司基地只种植IP大豆,无非IP种子混杂风险
大豆种植过程	被非IP作物污染、种植工具交叉污染	中	要求严格执行种植操作规程,只种植IP大豆
大豆收获、仓储	被非IP大豆污染、收获工具交叉污染	高	基地周围邻近非IP大豆2米内大豆作为非IP大豆处理;收获工具严格执行清洁程序,储存地点只储存IP大豆
大豆初加工	加工机器的清洁情况	中	加工前严格执行清洁程序,避免混杂风险
大豆运输	运输工具没有彻底清洁	中	装运前彻底清洁,基地部专人负责检查

二十三、培训程序

1　目的

为了在非转基因产品生产中，使所有成员能够正确认识非转基因生产的意义，准确运用生产程序中的各种措施，维护非转基因生产的严肃性，非转基因生产管理部门要在每年适时地举办培训班。

2　参加培训人员

参与非转基因生产过程各种活动，包括管理、生产、加工、储存、运输的所有人员，都要参加公司组织的集中培训活动。在生产过程中，临时雇佣的工作人员，在工作前也必须对其进行必要的非转基因生产知识培训。对于新加入的生产人员，要将参加内部培训班作为可以进行非转基因生产的必要条件。

3　培训方式

采用公司派专人培训各地块负责人及公司内部各相关的人员，经过培训后各地块负责人返回到各农村合作社，对种植者、临时雇用的工作人员进行IP相关，培训以达到每个与IP大豆有关的部门及人员充分了解，并熟练掌握。

4　培训的组织

IP地块负责人及公司内部各相关人员的培训工作由管理者代表具体负责，保证每年对IP相关员工进行一次培训。

5　培训的内容

培训内容包括《SGS非转基因供应链认证标准》、非转基因农业发展的意义、国内外非转基因相关的法律法规、非转基因产品生产操作规程、生产中的注意事项等。

6　培训要求

6.1　SGS组织的培训班，企业要派非转基因生产基地负责人和非转基因生产管理部门相关人员参加，及时了解非转基因生产的发展动态，及时修订公司的非转基因产品发展方针、计划、规程。

6.2　公司内部培训要有针对性，内容具体，便于接受和实际应用，要求有讲课、有考试。

6.3　非转基因生产管理部门要将各类培训班的举办情况、内容及出席人员做好记录。

6.4　农场非转基因生产办公室要将各种培训记录保存3年以上。

7　培训评估

公司在对IP相关人员培训完毕后，定期对各部门执行人员以谈话或问卷的方式进行培训后的评估，以评定各部门执行人员是否能很好地掌握有关IP生产的操作规范和了解有关IP生产的常识，达到培训的目的。评估人员由公司的管理者代表或生产部经理来担当。

二十四、沟通控制程序

1 目的

通过建立沟通控制程序，使公司内部、合作社、SGS公司之间信息沟通渠道畅通，避免因信息不畅造成受GMO污染的产品流入市场。

2 范围

本程序适用于公司内部、合作社、SGS公司之间信息传递沟通。

3 职责

3.1 质检部负责将种植和收获产品检验结果传递基地部。

3.2 质检部负责将过程产品检验结果传递至生产部。

3.3 企管部负责公司与SGS公司之间信息传递。

4 程序

4.1 发生下列情形影响IP产品生产时，企管部必须及时与SGS沟通。

a. IP体系的各种控制程序发生变化时。

b. IP产品种植地块发生改变。

c. IP产品认证范围发生变化。

d. IP体系运行出现失控或失效。

e. IP种子来源区发现有大量的转基因作物种植时。

4.2 原料检测信息传递

4.2.1 每批原料进厂后，采购部应及时通知质检部按《取样和分析控制程序》的规定取样封存。

4.2.2 质检部负责将采集的样品送至基因实验室进行检测，并将检测结果及时传递至采购部。

4.2.3 采购部根据质检部提供的检测结果确认该批次原料无GMO污染后，办理入库。

4.2.4 如果原料供应商可提供IP证明，采购部负责索取证明并将证明传递至企管部，由采购部备案。

4.3 当公司质量目标或者IP生产发生变化时，即该变化能影响到产品的非转基因状态时，由企管部及时书面通知SGS和顾客。

《现场卫生检查管理办法》附件

关键控制点判定树形图

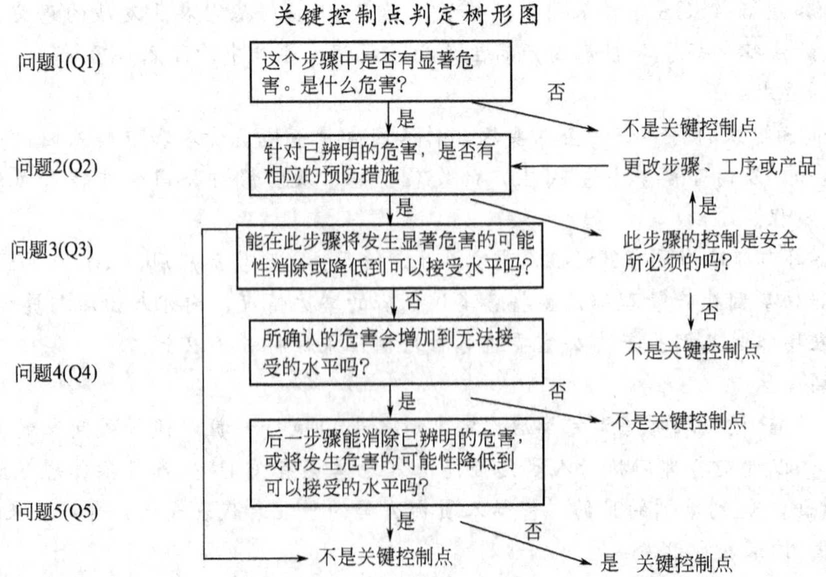

二十五、危害分析工作表

种子采购/运输	确定潜在危害类别	对潜在的危害判定提出依据	风险评估			建议的控制和预防措施	是否是关键控制点					
			可能性	严重性	显著性		Q1	Q2	Q3	Q4	Q5	CP/CCP
种子的采购	生物性：微生物、细菌	1. 外包装破损可能存在微生物或细菌。2. 贮存区域的虫害导致的交叉污染。	中	大	是	1. 种子的规格和进货检验及验收。2. 储存区域设置的防虫害装置及定期检查。3. 在储罐存放的种子，罐口及时加盖防护盖，输送管道定期清洁和检查，确保卫生和完好性。	是	是	否	是	否	CCP1
	化学性：无											
	物理性：异物	种子可能带入的异物/杂质。	中	中	否	1. 严格种子的规格和进货检验。2. 储存区域的照明均加装防护罩，罐口加盖盖子。3. 后续的筛选步骤可排除此危害。	否					
种子的运输	生物性：微生物、细菌	运输工具不清洁或不严密导致污染。	小	大	否	运输前再次对货厢的严密性进行检查确认。	否					
	化学性：无											
	物理性：外来物质	运输工具可能污染；产品洒落或溢漏；货单可能混淆。	中	中	否	1. 装货前的检查或清洁。2. 通过严密性的检查确认，减少产品的洒落和溢漏。3. 对货单及货物的核对确认。	否					

种子分发/种植	确定潜在危害类别	对潜在的危害判定提出依据	风险评估			建议的控制和预防措施	是否是关键控制点					
			可能性	严重性	显著性		Q1	Q2	Q3	Q4	Q5	CP/CCP
种子的分发	生物性：微生物，细菌	裸手操作，工器具不清洁	小	中	否	分发的人员按要求穿戴工作服，严禁裸手直接接触成品，工器具使用前进行检查和清洁。	否					
	化学性：无											
	物理性：异物	设备不清洁或清理不及时带入的异物	小	中	否	1. 严格执行岗位SOP，做好现在的防护。2. 按《清洗消SSOP》执行设备的清洁。3. 分发前做好设备的清洁工作可避免。	否					
种子的种植	生物性：微生物、细菌	可能有虫害污染	小	大	否	现场有效的防虫害装置和虫害控制的SSOP的执行可消除此危害。	否					
	化学性：无											
	物理性：杂质	1. 设备磨损可能导致异物、铁屑、杂质。2. 种植过程中出现的杂草	中	中	否	1. 定期对设备进行清理检查，确保设备的完好有效(每次耕种前、耕种后各一次)。2. 定期除草	否					

续表

收获/仓储/运输	确定潜在危害类别	对潜在的危害判定提出依据	风险评估			建议的控制和预防措施	是否是关键控制点					
			可能性	严重性	显著性		Q1	Q2	Q3	Q4	Q5	CP/CCP
收获	生物性：微生物、细菌	收获后包装中裸手操作，工器具不清洁	中	中	否	包装的人员按要求穿戴工作服，严禁裸手直接接触成品，工器具使用前进行检查和清洁	否					
	化学性：无											
	物理性：异物、粉尘	收获后包装封袋的废弃绳子，洒落的成品	中	大	是	1. 包装封袋的工具定置摆放，废弃的绳子及时收集按废弃物垃圾处理；2. 包装过程中洒落和出料洒落的成品及时收集按废弃物垃圾处理	是	是	否	否		CP
入库/储存	生物性：微生物、细菌	鼠类及其他禽畜的污染	中	中	否	仓库区域设置防虫害装置，定期进行检查记录	否					
	化学性：无											
	物理性：灰尘、外来物质	外包装破损、是否与其他产品混合	中	大	是	1. 对产品外包的检查，产品不能直接接触地面，可放置苫布和托盘；2. 按地块号堆放、并与其他地块产品隔离	是	是	否	否		CP
发货/运输	生物性：微生物、细菌	运输工具不清洁或不严密导致污染	小	大	否	发货运输再次对货厢的严密性进行检查确认	否					
	化学性：无											
	物理性：外来物质	运输工具可能污染；产品洒落或溢漏；货单可能混淆	中	中	否	1. 装货前的检查或清洁；2. 通过严密性的检查确认，减少产品的洒落和溢漏；3. 对货单及货物的核对确认	否					
平行生产	生物性：微生物、细菌	非IP大豆可能会带入	中	中	否	首先对普通大豆进行彻底清空排净，然后停进行进设备的擦拭清理，然后再加入IP大豆预加工30min，排净转入普通	否					
	化学性：无											
	物理性：外来物质	非IP大豆可能会带入杂质	中	中	否	对设备进行清理排空，擦拭，清扫	否					

二十六、生产基地和人员的管理

应制定培训计划，要求种植基地和农场相关人员进行培训，培训需要遵守IP要求：

1. 培训重点

a. 非转基因大豆的IP种植要求。

b. 合理选择地块，向生产基地提供准确的地块面积、地块位置等情况。

c. 仅种大豆合作社提供的非转基因种子。

d. 在指定地块种植，并且种植面积与合同面积相符。

e. 所交付的产品数量与种植面积相匹配。

f. 产品不得转卖他人。

g. 使用经过清洁或专用的种植、收获、运输、储藏设备，并保证收获，包装过程中没有混入任何其他物种。

h. 报告一切异常情况。

2. 培训要求

a. 必须在各程序（种子发放、种植、收获、提交产品）执行之前进行培训，确保培训有效。

b. 必须保证所有基地管理者都参加培训并签字。

c. 培训应有《培训记录》，记录培训的时间、地点、主题、内容。

二十七、纠正和预防措施控制程序

1 转基因风险

根据《SGS 非转基因供应链标准》及我公司的《IP 管理手册》规定，大豆种子和收获产品大豆的 GMO 检测结果证明转基因成分低于 0.9%时为合格；否则为不合格，出现了转基因风险情况。

2　出现转基因风险情况时的管理措施

2.1　隔离该批次产品，通过清洗相关设备确保没有进一步污染。

2.2　把备份样品送往转基因实验室复检（组合样品，独自样品）。如果结果是阳性，则把该批次产品从认证供应链中排除。

2.3　检测出呈阳性的部品必须根据中国法律加以标识，并只能作为转基因产品向市场出售。我公司有义务向顾客正确地传达此事项。

2.4　假如一批产品已经被发放到生产基地，这些种子应立即被召回。假如种子已经被种植，出现问题的农户或地块应从程序中排除。

2.5　所有的管理措施必须在改正措施报告中记录。

3　出现风险的原因

出现风险情况后，应由管理者代表调查原因，目的是改正和避免进一步的不利事件。

3.1　种子：种子的非转基因身份被确认了吗？（核查种子供应商，PCR 结果和种子批的释放）

3.2　种植：需要执行 IP 隔离吗？（核查监控记录，与检查员核实）

3.3　加工：转基因污染通过足够的清洗措施被避免了吗？（核查工厂的专用性，程序和记录）

3.4　运输：在装运之前运输车辆已经被清洗和检验了吗？（检验记录）

3.5　接收时工具：在卸货之前，非转基因身份和进来产品批次来源已经被确认了吗？（核查记录簿，相关记录）

3.6　所有的结果应在《纠正措施报告》中记录。

4　通知程序

4.1　当出现风险情况后，应汇报 IP 管理者代表并及时通知 SGS 公司；告知 SGS 发生风险的原因和措施；与 SGS 共同商讨确定更有效的管理措施，以防止风险情况的再次发生。

4.2　当 IP 产品出现问题时，应由管理者代表与公司各部门（基地部、质检部、仓储部、采购部）协商，并做出解决方案，及时处理。

二十八、不合格品管理控制和召回程序

1　目的

为确保对 IP 产品管理体系进行有效控制，防止不合格 IP 产品的非预期使用或交付，并对已流入市场的不合格 IP 产品 100%召回，确保顾客使用产品 100%为合格的 IP 产品，特制定本程序。

2 范围

本程序规定的不合格 IP 产品（GMO 污染的产品）。

3 职责

3.1 质检部负责进厂原料、最终产品不合格（不符合 IP 特性）的判定和评审。

3.2 采购部、质检部共同负责对过程不合格品的判定和评审。

3.3 销售部负责不合格品的召回。

4 工作程序

4.1 不合格品的标识、记录和隔离

4.1.1 原料不合格品的标识

对公司采购的原料由质检部依据《取样和分析监督控制程序》委托有检测能力的实验室（SGS）进行检验或验证，并出具《检验报告单》，质检部部长/授权委托人审核后，及时传递给相关部门，由生产部依据《检验报告单》对已出现的受 GMO 污染的不合格原料进行标识、隔离、记录。

4.1.2 过程产品不合格的标识

过程产品受 GMO 污染后的标识依据生产记录进行。

4.1.3 最终产品的不合格的标识：

对生产的最终产品，由企管部依据《取样和分析监督控制程序》委托有检测能力的实验室（SGS）进行检验，出具《检验报告单》，质检部部长/授权委托人审核后，及时传递给业务部，由生产部依据《检验报告单》对所出现受 GMO 污染的不合格产品进行标识、记录、隔离。

4.2 不合格品的处置

4.2.1 对原料不合格品应根据记录标识进行退货或作为转基因产品生产原料，严禁与 IP 原料混合。

4.2.2 依据过程产品生产记录发现过程产品受 GMO 污染后，应及时报采购部、采购部，对过程产品进行判定；确认过程受 GMO 污染后，按照 GMO 产品处置。严格按照《清洁和检验控制程序》规定对设备、生产线清洗后生产 IP 产品。

4.2.3 对受 GMO 污染的最终产品应采取隔离措施，严禁与 IP 产品混合存放；按照 GMO 产品处置。

4.3 不合格品的召回

4.3.1 当顾客对产品 IP 状态提出异议时，业务部须在 3 个工作日内积极做出答复。

4.3.2 当我方确认产品原辅料含有转基因成分或在产品生产运输过程中产品受到 GMO 污染，此类产品应在 24 小时内由销售部通知客户，并在 3 个工作周内 100%召回。当确定某批次产品受到 GMO 污染，应立即追溯其相邻的上下一批次的产品，同样按本办法进行处理，以避免批次间可能的互混污染使非 IP 产品流入顾客手中。

4.3.3 我方已确认产品 100%为非转基因产品，但顾客提出异议，我方应与顾客积极协商，在双方监督下对产品进行抽样检测，根据检测结果确认产品是否应当召回。

4.3.4 当 GMO 污染不明确，我方应与顾客积极协商确认最佳的解决方案。

4.3.5 当确定某批货物中有部分批次的产品受到 GMO 污染，我方将派专人配合顾客将货物进行区分，100%召回被污染的货物。

4.3.6 公司应该每年对产品进行召回演示，以测试召回程序是否有效，并根据结果进行改进。

5 不合格产品的召回程序

5.1 公司质量部发现并确定某批产品受到GMO污染，或检测结果显示转基因含量超0.9%时，立即将情况汇报总经理或管理者代表，并对该批次产品进行隔离控制和做好相关的记录；总经理或管理者情况做出召回决定并确定召回产品数量、范围及召回时间。

由质量部和销售部制定《产品召回计划》报总经理批准，并负责执行《产品召回计划》；及时将召回计划运行的情况汇报总经理和管理者代表。

5.2 当顾客对产品的非转基因特性提出异议时，由质量部负责对该批产品的样品进行送检；及时将检测结果汇报总经理或管理者代表做召回决定，并通知仓库对象应对该批次的产品进行隔离。销售部必须在3个工作日内向顾客做出积极答复，并制定《产品召回计划》，经总经理批准后执行。质量部和销售部负责《产品召回计划》的实施，并将运行情况及时汇报总经理和管理者代表。

5.3 产品召回周期

5.3.1 销往国外的产品召回期限为三个月。

5.3.2 销往国内的产品召回期限为两个月。

5.3.3 运输途中或还在公司仓库的产品召回期限为一个月。

5.4 产品召回范围和数量

5.4.1 范围：公司仓库、运输途中、客户手中未使用的不合格批次的产品

5.4.2 数量

5.4.2.1 降为转基因产品，与客户协商，力争顾客能按转基因产品接受的产品；

5.4.2.2 公司必须召回所有可能召回的产品（包括公司仓库库存、运输途中、客户未消耗使用的全部不合格品）。

6 对整个召回过程都要在《不合格产品召回记录表格中》进行记录

7 召回演示

每年定期做一次召回演示，召回演示实施方法参照《不合格产品召回计划》来进行。

8 工作程序

8.1 不合格品的分类

a. 严重不合格品：在使用中会造成经济损失、引发食品安全事故、引起顾客重大投诉的不合格产品。

b. 一般不合格品：个别或少量不合格，不影响产品质量安全，能采取措施迅速纠正的不合格品。

8.2 原料不合格品的控制

8.2.1 当采购员采购的原料入库前，经质检员检测判为不合格品的，应做书面记录。仓库保管员应将其放入不合格品区标识、隔离，并及时通知采购员与供应商联系退、换货。

8.3 生产过程中不合格品的控制

当在生产工序中经质量部检验的产品为不合格品时，应在检验报告中记录，同时对不合格品进行标识、隔离，并组织相关部门对不合格品进行处置。

8.4 成品不合格品的控制

成品经化验室检验判为不合格时，在化验单上填写“不合格”，同时对不合格品进行标识、隔离，并组织相关部门进行评审和处置。

a. 有使用价值的（不涉及安全卫生的），经返工重新检验合格后方可出厂。

b. 无使用价值的，报废。

8.5 库房中不合格品的控制

9 相关文件

《清洁和检验控制程序》(文件编号)

《取样和分析监督控制程序》(文件编号)

10 质量记录

《检验报告单》

二十九、客户投诉控制程序

1 目的

为建立一个处理投诉细节记录和方法所应遵循的程序，用于指导由于产品质量、技术、服务或标识等原因而造成的投诉问题，特制定本文件。

2 范围

本文件适用于任何涉及某一产品质量项目的潜在或明显的缺陷报告及投诉，无论其是否对消费者的健康有潜在危险。

3 责任

3.1 投诉管理小组：由采购部、生产部、销售部共同组成，质检部负责人任组长。

3.2 销售部的销售人员负责收集用户的投诉，将产品的名称、规格、批号、数量、发货日期等以书面形式记录下来，并于收到投诉后一个工作日内报告供应部。

3.3 采购部负责质量投诉的日常管理，回答来自用户的问题，对投诉进行分类，安排取样、检测投诉样品，并报告给投诉管理小组；进行投诉的调查和整改措施的制定。

3.4 生产部参与投诉事件的处理、调查和整改措施的实施。

4 程序

4.1 投诉分类：严重性；环境、健康和安全风险；复杂性；影响程度；必须立即采取行动；可立即采取行动。

4.2 处理程序

4.2.1 销售人员接到投诉后，直接填写“投诉记录”，交给采购部负责人，并由采购部负责人判定投诉的类型。化验室调查投诉并分析发生的原因，如果投诉者寄来了样品，或我方索取了样品，则进行取样检验，评价其质量是否符合法定质量标准。必要时召集相关部门或生产车间分析原因，确定整改措施。质检部负责将调查的原因和处理结果填写在“投诉记录”上，一周内返回销售部，销售部负责与客户协商处理，处理完毕后，销售部填写处理结果反馈。

4.2.2 生产部按处理决定进行细化实施，生产部和质检部专人负责进行过程监督。销售部专人负责投诉处理结果的追踪和监控，追踪结果必须确定到客户对本次投诉解决情况的认知、认可程度，追踪结果必须填入投诉记录的“处理结果反馈”一栏中，然后及时将投诉记录返回给质检部存档。

4.2.3 由于运输造成的外包装质量缺陷，包括产品短缺、包装破损、包装污染等，在报告质检部和生产部征得相应处理意见后，销售部负责向有关运输方反应解决。

4.3 投诉渠道的公布

4.3.1 销售部负责为客户提供如何投诉和向何处投诉的明显视觉信息，具体形式包括：在产品的包装和标签上、在装箱单或交货文件或检验报告上、在公司的发票或清单上、在公司的网页上。

4.3.2 客户可通过如上渠道进行投诉，销售部专人负责投诉事项的处理。

4.4 投诉的告知

销售部专人负责根据投诉记录中投诉的评定（严重性、复杂性、影响程度），应及时通知管理层和消费者。告知方式有电话、当面通知、e-mail或邮寄。销售人员负责告知的有效性。

4.5 投诉的评估及改进

销售部每年对各类投诉进行回顾评估，以总结纠正的行动措施及改进情况。

相关/支持性文件

三十、有害生物控制程序

1 目的

在厂区内设置防虫防鼠措施，以防止虫、鼠侵入对产品造成污染。

2 使用范围

公司所有厂房场地、食品生产车间、食品及原材料储存仓库等所有区域虫鼠害防治的相关活动。

3 引用文件

《卫生标准操作规范SSOP》

《GMP良好操作规范》

4 虫鼠害防治公司名称及防治人员

公司虫鼠害防治陪同人员：* *

5 主要职责与权限

5.1 办公室

5.1.1 负责公司虫鼠害防治人员的任用及联系专业机构专业培训。

5.1.2 负责虫鼠害活动趋势的分析及防治计划的拟定。

5.1.3 负责公司虫鼠害防治示意图的制定和更新。

5.2 品控部

5.2.1 品控部负责日常虫鼠害防治人员工作情况的监督检查，并负责杀虫剂、捕鼠器材的验收及配置、实施。

5.2.2 品控部负责虫害控制检查及纠正措施的验证。

5.3 已取得PCO资格的虫鼠害防治人员负责捕鼠器材的放置，蚊蝇等害虫的消杀，并做相关记录。

6 虫鼠害消杀频率

6.1 至少每月一次，根据实际情况，增加消杀频率。

6.2 5～10月每月全面检查/处理两次，其他每月全面检查处理一次。

7 工作内容

7.1 企业内部控制

7.1.1 保持厂区环境清洁卫生和排水畅通，地面无积水、垃圾，以防止鼠、蚊、蝇、昆虫等害虫滋生。

7.1.2 加工车间的各入口处设有挡鼠板、捕鼠笼进行防鼠，车间内设有灭蝇灯，门和窗均装有门帘和纱网进行防虫，车间与外界联系的排水沟设有防护罩以防虫、鼠的侵入。

7.1.3 防鼠具体措施及方法

7.1.3.1 车间下水道通口处用铁网密封。

7.1.3.2 车间外出水口下水道用密封水泥板。

7.1.3.3 物料库及其他直接与外界相通的门外两侧放置捕鼠笼或粘鼠板。

7.1.3.4 厂房外围及生活区有专职人员负责清洁卫生，及时运走生活垃圾，定期消毒杀虫，保持厂区清洁卫生。

7.1.3.5 生产区域和储存区域放置捕鼠笼，间隔最大不超过8m。

7.1.3.6 厂房外沿建筑物墙边间隔15m应摆放诱饵站，公共通道除外，距厂房外部垃圾站6m以内应布有诱饵站。

7.1.4 防虫措施及方法

7.1.4.1 各入口处必要位置安装灭蝇灯，离地面高度为1.5～2m。

7.1.4.2 定期检查和清理蛛网和蜘蛛，消除吸引蜘蛛的潜在区域如裂缝和洞眼，清走不必要的杂物。

7.1.4.3 车间废弃设备、工器具应及时清理，以防滋生害虫。

7.2 杀虫机构外部控制

7.2.1 杀虫机构应向公司办公室提交执照、保险单、防治人员资质证、使用的杀虫剂卫生证明、MSDS及《虫鼠害防治作业报告》，由办公室保存复件。

7.2.2 每次进行虫鼠害作业时，公司必须安排接受过杀虫培训的人员陪同监督杀虫的工作。

7.2.3 使用各类杀虫剂或其他药剂前，应做好对人身、食品、设备工具的污染和中毒的预防措施，用药后将所有设备、工具彻底清洗，消除污染，清洗消毒工作根据《卫生标准操作规范SSOP》执行。

7.2.4 由SGS通标标准技术公司定期对车间周围等蚊蝇密集的地方喷洒杀虫剂。

7.2.5 为了避免由于消杀作业给工厂造成安全危害或其他损失，需要对产品投保产品责任险。

7.3 诱饵站、捕鼠器、粘鼠板、灭蝇灯的标签标识管理

7.3.1 对诱饵站、捕鼠器、粘鼠板、灭蝇灯进行编号管理。

7.3.2 根据相应的设施的标签标识编制检查记录以及作业记录。

7.3.2.1 诱饵站、捕鼠器、粘鼠板5～10月每五天检查一次；11到第二年4月每十天检查一次，根据标签标识做好相应记录，发现异常及时处理（诱饵缺失、发现死鼠等）。

7.3.2.2 灭蝇5～10月每五天检查一次；11到第二年4月每十天检查一次，根据标签标识做好相应记录，并彻底清理灭蝇灯上的死蚊蝇。

8 监测以及设施维护

公司PMP人员按照防治计划检查捕鼠设备以及诱饵站、灭蝇灯，并对相应情况做好记录。对于需要维护的虫鼠害设施及时按规定清理维护或者更换设施及诱饵。

9 检查与纠正措施

9.1 厂区（车间外围所有场地、楼梯走道等）和仓库的鼠笼、粘鼠板、灭蝇灯布置区域，由QC检查员按规定进行检查并做相应的记录，不得发现鼠、蚊、蝇等害虫。如果在厂区内发现害虫，应立刻通知杀虫公司进行消杀，以防造成污染。

9.2 QC检查员每周检查一次厂区内环境卫生，是否有害虫滋生、窝藏。

9.3 各部门、车间员工如果发现有虫鼠害活动状况，均有责任立刻向QC检查员或各班主任报告，及时采取相应措施。

9.4 在厂区和车间内同一区域发现害虫达到3次或以上，相关部门应填写《纠正与预

防措施要求表》，由品控部进行原因分析和风险评估，必要时应与杀虫公司咨询是否害虫产生抗药性，考虑更换药物或紧急杀虫；同时应考虑虫害控制设施的布置是否合理，并予以纠正。

9.5　定期检查厂区、车间的防虫鼠害设施是否有效。PMP检查员负责检查厂区内、仓库的鼠笼、粘鼠板、灭蝇灯和通风排气口的纱网及挡板；生产车间各班班组长或车间主任负责检查车间出入口粘鼠板、捕鼠笼、灭蝇灯、下水道防鼠网和所有通风排气口的纱网及挡片。检查结果记录于《虫害控制检查表》。

9.6　根据发现死鼠的数量和次数以及老鼠活动痕迹的情况，及时调整防鼠方案，必要时调整捕鼠设备的疏密或更换其他类型的设备。

9.7　根据灭蝇灯检查记录以及虫害发生情况及时调整灭虫方案，必要时维修或更换或加密灭蝇灯，以及采取其他措施。

9.8　虫害鼠活动活跃的季节必要时加强措施。

9.9　若原辅料仓库内发现老鼠活动痕迹必须上报有关领导，对鼠害情况能够进行评估并做相应处理。

10　相关文件及记录

《虫害控制检查表》

《纠正与预防措施要求表》

《灭鼠情况检查记录表》

《GMP检查记录表》

《厂区杀虫记录表》

《杀虫剂的MSDS》

《杀虫剂清单、用途及使用方法》

《虫鼠害防治部署图》

《捕鼠器、灭蝇灯标签标识管理程序》

《标签和杀虫剂浓度配制程序》

《虫鼠害防治作业报告》

三十一、仓储设施及机械设备的清洁和检查程序

1　目的

通过对仓储和机械设备的清洁和检查，防止GMO污染，保证最终产品的质量和IP特性。

2　范围

本程序适用于存储设施及播种收获设备的清洁和检查。

3　职责

3.1　仓储部负责储存设施清洁和检查。

3.2　种植部负责生产过程设备清洁和检查。

4　程序

4.1　库房的清洁和检查程序

4.1.1　库房在使用前必须要清扫干净，应做到地面清洁无杂物、灰尘，墙角无蛛网；库房内作业区应随时清扫，始终保持库房干净、整洁。

4.1.2　库房内只储存IP大豆产品，不许储存常规产品，不得储存有毒、有害、易燃、易爆、易腐的物品等。

4.1.3 库房应设置通风口，并在通风口安装纱网，进行通风；使用的纱网应能防止昆虫、苍蝇、飞鸟等的侵入。

4.1.4 库房的清洁和检查由仓储部负责。

4.2 筒仓的清洁和检查程序

4.2.1 人工清仓

4.2.1.1 筒仓清仓时必须3人及3人以上同行，且系安全带，进仓人员事先与中控联系，并在中控制板筒仓按钮上加挂“有人进仓禁止操作”警示牌，且下仓人员应配拿对讲机或手机，随时与中控联系。

4.2.1.2 清仓人员进入仓内清理筒仓时，如下料口未露出，则不得打开任何进出设备；如下料口已露出且人员可以安全站稳时，则可以开启下料口下刮板机，但下料口上应有筛网，人脚不得踩筛网。人员进仓时，无论何种情况，不得开启上部入料设备。

4.2.1.3 使用清理绞龙时，清仓人员必须注意安全。

4.2.1.4 清仓结束后，应及时清理筒仓壁上粘连的大豆玉米等，避免大豆、玉米结露造成筒仓壁被腐蚀和交叉污染。

4.2.1.5 筒仓清理完毕后应在晴朗干燥的天气开启风机进行通风，并根据实际情况进行熏蒸灭虫。

4.2.2 清理机清仓

4.2.2.1 清理人员与中控室联系，保证出料刮板机停止运行。

4.2.2.2 清理人员进入筒仓查看实际情况。

4.2.2.3 若发现清理机的初始位置有剩余物料，由人工挖掘清理干净。

4.2.2.4 挖料前应先通知中控室选好料仓，刮板机运出料，挖料至隔栅后，理好电源线，通知控制人员，开启清理机。

4.2.2.5 清理结束后，关闭清理机，清理机停稳后，由人工做最后清理工作，清理完毕，通知中控关闭刮板机。

4.2.2.6 筒仓的清洁和检查确认由仓储部负责。

4.3 播种机、收获机的清洁和检查程序

4.3.1 设备使用前必须对设备卫生状况进行检查和清洁，清洁设备各部位，尤其是与产品加工制造直接接触的设备表面，使设备内外干净，无油污、锈迹、设备内部死角的料垢、杂物。

4.3.2 彻底清除机器各组成部件和各连接处，特别要注意清理逐镐器，排除回输盘上的残余物。

5 相关文件

《清理执行记录》

三十二、标识、隔离和可追溯控制程序

1 目的

为保证生产区域的状态和产品的状态能够被明确地进行标识，从而有效防止物料、产品和操作的混淆，确保追溯的有效性，特制定本文件。

2 范围

本文件适用于生产各个工序的状态标识和原料、产品的可追溯性管理。

3 职责

3.1　生产部负责生产状态标识和可追溯性的管理和监督检查，生产车间负责执行。

3.2　各职能部门负责本部门范围内的产品标识和可追溯的管理。

4　程序

4.1　标识控制

4.1.1　范围和方式

(1) 标识的范围：客户提供产品、加工过程的产品和成品。

(2) 标识的方式：挂牌、记号、记录、标签和分区域等。

4.1.2　对产品标识管理的具体要求

(1) 产品标识

●产品外包装的标识：应与所包装的原料、成品相一致。

●采购产品的标识：外购产品以标签和记录标识。

●对入库原料的标识：对入库原料应按品种、规格、数量及外包装等进行分区域、挂牌方式标识。

●生产过程中的产品标识：以分区域、挂牌、贴标签等形式进行标识。

●成品标识：产品以包装标志或标签、分区域、批次、生产日期等形式标识，成品出公司标志要齐全。

(2) 标识的保护和移植

●标识的保护

以记录形式的标识，按《记录控制程序》要求妥善保管。

以包装标志或标牌标识，在保存期内应保持字迹清晰。

●标识的移植

盛装产品的容器在改装其他产品或转序过程时，由使用的责任部门负责重新加标识。

(3) 标识不清的处理　当在各过程中出现标识不清或丢失时，应由过程负责人负责，判定后重新标识。

(4) 对在生产/加工、包装、储存、收集/传输搬运和处理等环节上洒落或溢漏的，应明确进行隔离和标识，统一收集后放于容器中，按《废弃物的处理》执行处理，严禁混淆和交叉污染。

(5) 对受GMO污染的产品一定要采取隔离措施，严禁与IP产品混放，按GMO产品处理。

4.2　可追溯性控制

4.2.1　生产部规定原料、饲料产品、包装的唯一编号/识别号，并对其有效性进行监控。具体包括：生产日期、名称、数量、批次等相关信息。可确保按此能从最终产品追溯供方信息或从原料追踪到客户信息。有可追溯性要求的物资领用时，由各领用部门做好记录，以备查询。

4.2.2　原料的追溯性　对每种原料要有可追溯性的记录（包括供货商的信息、采购合同/协议、检测报告或资质证明等），并能追溯到供应链来控制风险评估中识别出的所有危害。生产记录中应有供货原料的批次和生产日期。

4.2.3　成品的可追溯性　对每批交货的成品要有可追溯性的生产记录（包括销售合同/协议、生产加工、成品发货、仓储、运输单等），可追溯/追踪到其生产日期和生产该批成品的原料的批号。

4.2.4　当产品出现重大质量问题、产品安全问题时，综合部组织对其进行追溯或产品召回，产品的召回按《产品召回控制程序》执行，填写产品批号追溯及召回演练记录。

4.2.5 如在生产过程中，两个批次间有交叉时，生产车间应对生产的前2h成品进行剔除/隔离，生产车间应清楚地知道每一个生产的产品批次来自哪批原料。具体处理按《不合格控制程序》执行。

5 相关/支持性文件

5.1 《产品召回控制程序》

5.2 《不合格控制程序》

三十三、持续改进程序

1 目的

公司通过建立质量、环境、食品安全管理方针，制定质量、环境、食品安全管理目标和指标管理方案，通过数据分析、内审、管理评审以及实施纠正和预防措施等活动，确定质量、环境、食品安全管理承诺及改进方向、改进目标，识别改进需求，提供改进信息，寻找改进机会。通过对改进活动的策划，对改进结果的评价，实现日常的持续改进，从而改进并提高一体化安全管理体系的有效性及效率。

2 工作内容

2.1 持续改进的策划是一体化管理体系运行的策划。

2.2 重大项目改进时应考虑的内容

2.2.1 改进项目的目标和总体要求。

2.2.2 分析现有状况，确定改进方案。

2.2.3 实施改进并评价结果。

3 归口管理

3.1 涉及现有过程、产品的更改以及资源的需求等较重大决策、经公司高层领导会议研究讨论，总经理批准后实施改进，并评价改进的结果。

3.2 管理体系的改进由企管部负责，各部门配合。

3.3 生产过程质量控制改进由生产车间负责，各部门配合。

三十四、内部审核控制程序

1 目的

为保证IP体系供应链的各相关场所开展活动记录及其结果符合《SGS非转基因供应链标准》的要求；确保现场的IP生产体系持续有效的进行。

2 内审频率和时间安排

2.1 在种植季节开始之后进行一次内部审核对种子确认，种子发放和种植进行核实。

2.2 在收割及加工开始后进行一次内部审核，对农场种植收割，生产基地接收和确认，加工厂的运输和加工进行核实。

2.3 两次内审时间应定在认证方进行外部审核前大约三周时间内。假如发生不利事件和程序的重大改变应当进行进一步的内部审核。

3 审核程序

3.1 由公司统一制定内部审核计划，确定内部审核的地点、时间、内容、审核小组成员等。

3.2 将审核计划报由总经理或管理者代表批准后开始实施。

3.3 管理者代表将审核计划表发往被审核的相关基地或部门，通知所有相关人员。

3.4 内部审核：审核人员分组对各地操作是否与手册相符及各地是否按时对相关人员

进行培训进行审核，这应当以访问人员和评审记录方式来进行。

3.5　假如出现问题，纠正措施和截止日期应当与各地负责人一起来确定。

3.6　内部审核应当在《内部审核报告》中进行记录（包括审核日期，地点审核重点，结果和纠正措施）并提供给各地负责人，由各地负责人、管理者代表在审核报告上签字确认生效。

3.7　重点审核内容

文件的控制。

所有人员的培训。

文件追溯性。

IP操作程序（包括村民的审核）。

不利事件的管理。

三十五、管理评审控制程序

1　目的

按规定评审饲料原料管理体系，以确保其持续的适宜性、充分性和有效性。

2　范围

适用于对公司饲料原料管理体系的评审。

3　职责

3.1　总经理主持管理评审活动。

3.2　管理者代表/HACCP小组组长负责体系验证的实施，向总经理报告饲料原料管理体系运行情况，提出改进建议，编写相应的管理评审报告。

3.3　综合部负责评审计划的制定、收集并提供管理评审所需的资料，负责对评审后的纠正、预防措施进行跟踪和验证。

3.4　各相关部门负责准备、提供与本部门工作有关的评审所需资料，并负责实施管理评审中提出的相关纠正、预防措施。

4　程序

4.1　管理评审计划

4.1.1　每年至少进行一次管理评审，可结合内审后的结果进行，也可根据需要安排。

4.1.2　综合部于每次管理评审前编制“管理评审计划”，报管理者代表/HACCP小组组长审核，总经理批准。计划主要内容包括：评审时间、地点；评审目的、范围；参加评审部门（人员）；评审内容。

4.1.3　当出现下列情况之一时可增加管理评审频次。

a. 公司组织机构、资源配置发生重大变化与调整时。

b. 发生重大产品安全事故、用户关于产品安全有严重投诉或投诉连续发生时，或产品的合法性和质量出现问题时。

c. 当法律、法规、标准及其他要求有变化时。

d. 当总经理认为有必要时。

4.2　管理评审输入

管理评审输入应包括与以下方面有关的内容。

a. 饲料原料管理体系审核结果（包括内部、顾客、认证机构的审核报告）。

b. 客户的反馈，包括客户投诉及与客户沟通的重要信息等。

c. 重大产品安全事故的处理、产品的合法性，过程及产品质量趋势。

d. 不合格信息和外部信息，验证的结果等。

e. 饲料原料管理体系运行，包括质量安全方针、目标的适宜性和有效性，以及改进、预防和纠正措施的实施情况。

f. 以往管理评审所确定的跟踪措施的执行情况。

4.3 评审准备

4.3.1 综合部负责评审计划，由管理者代表/HACCP 小组组长审核，总经理批准。

4.3.2 综合部负责根据评审输入的要求，组织评审资料的收集和发放，评审资料由管理者代表/HACCP 小组组长确认。

4.4 管理评审会议

总经理主持评审会议，各部门负责人和有关人员对评审输入做出评价，对于存在或潜在的不合格项提出纠正和预防措施，确定责任人和整改时间。

4.5 管理评审输出

4.5.1 管理评审的输出应包括以下方面有关的措施：饲料原料管理体系及其过程的改进，包括对质量安全方针、目标、组织结构、过程控制、与客户要求有关的产品的改进，对现有产品符合要求的评价、资源需求等。

4.5.2 会议结束后，由综合部根据管理评审输出的要求进行总结，编写“管理评审报告”，经管理者代表/HACCP 小组组长审核，交总经理批准，并发至相应部门并监控执行。本次管理评审的输出可以作为下次管理评审的输入。

4.6 办公室根据会议评审结果对改进、纠正和预防措施的实施效果进行跟踪验证。

4.7 如果评审结果引起文件更改，应执行《文件控制程序》。

4.8 综合部负责管理评审产生的相关记录的保管，包括管理评审计划、评审前各部门准备的评审资料、评审会议记录及管理评审报告等。

5 相关文件

三十六、相关概念

1. 基因

Gene 基因是具有遗传信息的 DNA 片断，是控制性状的基本遗传单位。基因通过复制把遗传信息传递给下一代，通过控制蛋白质表达，决定生物的特征特性，并在繁衍过程中代代相传。

2. DNA

脱氧核糖核酸，四种脱氧核糖核苷酸经磷酸二酯键连接而成的长链聚合物，是遗传信息的载体。

3. 转基因

Genetically Modified 简称 GM，是指运用科学手段从某种生物中提取所需要的基因，将其转入另一种生物中，使与另一种生物的基因进行重组，从而产生特定的具有变异遗传性状的物质。

4. 转基因技术

是将人工分离和修饰过的基因导入到生物体基因组中，由于导入基因的表达，引起生物体性状的可遗传修饰，这一技术称之为转基因技术。

5. GMO

转基因生物，“Genetically Modified Organism”的缩写，是指遗传物质基因发生改变的生物，其基因改变的方式是通过转基因技术，而不是以自然增殖或自然重组的方式产生，包括转基因动物、转基因植物和转基因微生物三大类。

6. PCR

Polymerase Chain Reaction，聚合酶链式反应的简称，是体外酶促合成特异DNA片段的一种方法，由高温变性、低温退火及适温延伸等几步反应组成一个周期，循环进行，使目的DNA得以迅速扩增，具有特异性强、灵敏度高、操作简便、省时等特点。

7. IP

Identity Preserved（身份保持），是指对产品自生长、生产直至市场渠道的特性或特征的认证；在认证的非转基因产品生产供应链中通过采取有效的控制措施，确保始终保持产品的非转基因的特性，防止外源转基因生物对其的污染，保持产品完整的可追溯性；在风险分析的基础上，建立监控，取样和分析方案，隔离程序，通过检测对产品的非转基因身份加以验证的管理体系。

（1）Hard IP：硬IP或严格IP，需要验证整个供应链（从种子到最终产品）。

（2）Soft IP：软IP或宽松IP，生产商建立其自己的IP体系，从原料直到其最终产品。

8. 相关转基因法规

（1）欧盟

① 2001/18/EC：《有意向环境释放转基因生物（GMOs）管理条例》。

② 1829/2003/EC：《转基因食品及饲料管理条例》。

③ 1830/2003/EC：《转基因生物追溯性及标识办法以及含转基因生物物质的食品及饲料产品的追溯性管理条例》。

（2）中国

①《农业转基因生物安全管理条例》，2001年5月9日实施。

②《转基因食品卫生管理办法》，2002年4月8日颁布，7月1日起实施。

③《农业转基因生物进口安全管理办法》，2002年3月20日实施。

④《农业转基因生物标识管理办法》，2002年3月20日起实施。

⑤《农业转基因生物标签的标识-农业部869号公告》，2007年6月11日发布，2007年8月1日实施。

三十七、生产和服务提供的控制程序

1 目的

为了确保产品满足IP标准的要求，对生产和服务过程中影响IP产品特性的各个因素进行控制。

2 范围

适用于公司与IP产品管理体系有关的生产运作过程控制。

3 职责

3.1 生产部负责编制工艺操作规程，经生产经理批准后执行。

3.2 品控部是产品标识的主管部门，负责产品标识的监督、检查，并负责产品可追溯性的管理和最终产品的验证后放行。

3.3 生产部负责生产设备和监视与测量装置的管理，负责生产计划的制定并组织实施。

3.4 品控部负责生产前对原料监测结果的核实，该批原料是否为非转基因原料，符合IP要求；生产车间负责生产过程控制的具体实施。

3.5 运输部负责产品的搬运、储存和保护管理；原料、辅料、包装材料及成品的标识。

3.6 企管部负责按岗位要求组织培训。

3.7 企管部负责服务过程的管理。

3.8 各职能部门承担相应的服务职责。

4 工作程序

4.1 生产能力的确认

4.1.1 生产流程图

种子选购→检验→分发→种植→采收→运输→接收→检验→储存→加工→销售

◆大豆种子的采购→种植→收获→◆仓储→销售

◆表示IP关键控制点。

4.1.2 IP关键控制点

a. 对IP成品的质量、性能、可靠性等有直接影响的工序。

b. 在IP产品生产过程中容易被交叉污染的控制点。

4.1.3 本公司IP产品生产的关键控制点有IP种子的采购以及仓储，对这些关键控制点应按照风险评估程序规定的内容进行控制，防止出现交叉污染。

4.2 安全生产

为贯彻执行安全方针，加强劳动保护和安全生产工作，杜绝或减少各类事故发生，确保人员及设备安全，各级人员严格按《设备管理制度》和《安全生产管理制度》执行。

4.3 计划控制

4.3.1 业务部向生产部传达顾客的要求并编制《销售计划》，经总经理批准后将销售计划报送基地部。

4.3.2 基地部依据销售部的要求发放大豆产品。

4.4 工艺的执行

a. 批准后的设备技术作业指导书由基地和仓储部门具体实施，各岗生产人员做好与本岗相关的生产记录及交接班记录。

b. 各操作人员严格设备技术作业指导书操作，部门负责人进行不定期检查执行情况，并填写各工序操作记录。

4.5 状态与标识

4.5.1 状态分类：经监视和测量产品合格时的标识为合格品。

4.5.2 采购产品监视和测量状态标识

4.5.2.1 采购原料、辅料及包装材料，按《采购控制程序》采购后，质检部按《产品的识别、跟踪控制程序》进行监视和测量，并填写《检验报告单》，经质检部长/授权委托人审核后及时传递给生产部，业务部挂牌标识，同时建立明细台账。

4.5.2.2 质检部对最终产品按《产品的识别、跟踪控制程序》进行监视和测量，并填写《检验报告单》，经质检部长/授权委托人审核后，及时传递给有关部门。

4.5.2.3 仓储部按《检验报告单》区分不同产品并标识。根据《检验报告单》对质量不合格的标识产品，不准发放出厂。

4.5.3 产品的标识和可追溯性

4.5.3.1 采购原料由采购部负责必须符合IP的非转基因的产品，并有供方原料标识。

4.5.3.2 为实现原料的可追溯性，投料人员必须确认原料的标识，并认真填写投料的生产记录。

4.5.3.3 产品标识要与生产过程中的有关记录保持一致，以实现产品实物逆向跟踪追查。

4.5.3.4 生产部对每批产品建立《产品出入库台账》和出、入库记录。

4.5.3.5 生产部负责产品标识的可追溯性，该批产品由相对应原料加工的，要记清批次。

4.6 搬运

4.6.1 搬运产品时，保管员要确认产品的重量、数量和标识，与车间统计员共同办理移交手续。

4.6.2 在搬运产品时，标识不清、重量不准确、数量不相符时，保管员应及时上报生产部，并由生产部具体执行《纠正/预防措施控制程序》。

4.7 运输

原料和成品运输按照《清洁和检验控制程序》规定执行，指定专人、专车、定期清洗车辆，车辆不得运送其他货物，更不得与其他货物混装。运输过程中应有IP标识。

4.8 产品的储存

4.8.1 储存产品要按照不同标识，分区存放，出入库手续要齐全，记录准确、完整，账卡物相符。

4.8.2 储存产品要按其特性存放入清洁、无异味、无污染，符合IP产品存放的仓库。

4.9 产品的包装

生产部根据业务部制定的包装标准和包装规定，对产品进行包装。

4.10 产品保护

对入库的产品要按《仓库管理制度》的要求进行保护管理，防止产品在储存过程中损坏变质。

4.11 平行生产

主要是要确认使用的粮仓是否是专用仓，如果不是，一定要全面的清洁。

4.12 服务控制

4.12.1 服务实施

a. 向顾客提供产品质量标准及用途资料。

b. 高度重视顾客提出的问题，在弄清其目的及需要的前提下，及时、准确地予以答复。应估计可能继续出现的问题，采取预防措施，执行《纠正和预防措施控制程序》。

c. 产品发出时根据顾客要求向顾客提供合格证据。

d. 顾客走访，征询意见，收集质量信息。

e. 根据真实情况，收集顾客对本公司产品在产品质量方面的信息，填写相应记录。

4.12.2 信息传递

服务过程中收集的信息，由销售部分类传递给有关部门，按《纠正/预防措施控制程序》执行。

4.13 本程序所形成的记录，由各负责部门按《记录控制程序》进行保存。

5 相关文件

《记录控制程序》

《隔离控制程序》

《清洁和检验控制程序》

《采购控制程序》

《取样和分析监督控制程序》

《纠正/预防措施控制程序》

6 记录

《销售计划》

《生产计划》

《检验报告单》

《产品出入库台账》

三十八、取样和分析监督控制程序

1 目的

确保为顾客提供的非转基因产品真实性为100%。

2 范围

适用于非转基因产品及其原料的生产过程。

3 职责

原料供应商负责对其所生产的原料向采购部提供非转基因检测报告。

采购部负责控制不含转基因物质的原辅料进入生产流程。

生产部负责对IP生产发生改变时的转基因产品与非转基因产品的隔离。

综合部负责收集并向SGS提供IP产品的相关证明材料。

质检部负责对IP生产改变时的产品进行分别检测并对不同样品做出明确的标识。

4 程序

4.1 IP生产所需原料的非转基因确认

4.1.1 原料转基因证明索取

采购部针对购进的每批原料要求供方向本公司提供原料的非转基因证明，并将相关证明及时传递给生产部和综合部。

4.1.2 原料取样及测试

原料从根据《采购管理控制程序》确定的合格供方采购，质检部负责采集样品，按每20t种子一个批次取样留存，10个批次的混合样作为一个非转基因检测原料样送SGS检测，企管部对采购的每批原料采样留存，留存期限1年。由质检部将样品委托有检测能力的实验室进行GMO测试。

原料批次GMO测试：转基因成分≤0.1%。

生产过程中所添加的辅料必须为非转基因物质。

生产中所用辅料必须为食品化工原料。

4.3 产品的非转基因身份鉴定

4.3.1 产品取样规定

成品按每500t一个批次取样留存，留存期限1年。10个批次的混合样作为一个非转基因检测样品送SGS检测。

非转基因检测样品GMO测试：转基因成分<0.1%。

4.4 当公司质量目标或者IP生产发生变化时，即该变化能影响到产品的非转基因状态，由综合部按照《沟通控制程序》及时书面通知SGS。

5 相关/支持性文件

《沟通控制程序》(文件编号)

《清洁和检验控制程序》(文件编号)

《采购管理控制程序》(文件编号)

6 质量记录

《生产工艺记录》
《车间跟踪记录》
《产品检验报告》

思考练习题

选择题

1. 截至到2008年，全球种植转基因作物的国家达（　　）个。

a. 23　　b. 25　　c. 27
d. 30　　e. 32

2. 根据1993年国家科学技术委员会发布的基因工程安全管理办法，将转基因食品潜在的危险程度分为Ⅰ、Ⅱ、Ⅲ、Ⅳ级，分别表示对人类健康和生态环境（　　）。

a. 具有高度危险、具有中度危险、具有低度危险、尚不存在危险
b. 没有危险、尚不存在危险、具有低度危险、具有高度危险
c. 尚不存在危险、具有低度危险、具有中度危险、具有高度危险
d. 绝对无危险、具有低度危险、具有中度危险、具有高度危险

3. 目前，在转基因作物生产方面处于垄断地位的公司包括（　　）。

a. 孟山都公司　　b. 先正达公司　　c. Sigma公司
d. 杜邦公司　　e. 拜尔公司。

4. 生物多样性主要包括（　　）三个层次。

a. 遗传多样性　　b. 物种多样性
c. 生态环境多样性　　d. 生态系统多样性
e. 基因多样性

5. 转基因生物对物种多样性的影响主要体现在（　　）等几个方面。

a. 转基因作物的杂草化
b. 通过食物链对生物多样性的影响
c. 对靶标生物及相关生物物种多样性的影响
d. 对生态系统害虫地位演化的影响
e. 对非靶标生物多样性的影响

6. 转基因生物对生态系统多样性影响主要体现在（　　）等几个方面。

a. 转基因作物的杂草化　　b. 通过食物链对生物多样性的影响
c. 对生态系统害虫地位演化的影响　　d. 对土壤生态结构的影响
e. 对农业生态系统群落结构和生物多样性的影响

7. 基因漂移的途径有（　　）。

a. 通过花粉管传播在空间上逃逸　　b. 通过种子在时空间上漂移
c. 通过杂交漂移　　d. 通过转基因植物残渣及根系分泌物漂移
e. 通过食物链漂移

8. 基于核酸水平的转基因食品安全检测方法有（　　）。

a. 简单PCR扩增技术　　b. 多重PCR扩增技术
c. 巢式-PCR技术　　d. 荧光实时定量PCR检测技术
e. 核酸杂交Southern blot，Northern blot

9. 转基因植物潜在的生存竞争优势有（　　）。

a. 具有较窄的生态幅
b. 具有较宽的生态幅
c. 繁殖能力强
d. 抗病虫性和产量要比常规品种差
e. 抗病虫性和产量要比常规品种好

10. 在自然条件下，转基因和非转基因作物的生存竞争力指标主要有（　　）。
a. 种子活力种子休眠期
b. 种子的越冬越夏能力
c. 抗寒抗旱能力
d. 抗病虫能力
e. 生育期产量落粒性

11. 害虫对抗虫转基因植物抗性演化的评价过程包括如下（　　）系统：
a. 室内建立抗性害虫种群及交互抗性的验证
b. 监测室内和田间靶标害虫的抗性基线及抗性频率
c. 以抗性遗传学为基础建立抗性预测模型
d. 设置庇护所的模式

12. 转基因微生物产品安全性评价分为（　　）个阶段。
a. 中间试验
b. 环境释放
c. 生产性试验
d. 申请领取评价证书
e. 申请领取安全证书

13. 动物用转基因微生物的安全性评价主要包括（　　）三方面。
a. 对植物的安全性
b. 对动物的安全性
c. 对人类的安全性
d. 对生态多样性的影响
e. 对生态环境的安全性。

14. 目前已经进入食品领域的三类转基因生物包括（　　）。
a. 转基因牲畜
b. 转基因动物
c. 转基因蔬菜
d. 转基因植物
e. 转基因微生物

15. 转基因食品安全性评价的主要内容（　　）。
a. 划分受体生物的安全等级
b. 划分基因操作对受体生物的影响类型
c. 划分转基因生物体的安全等级
d. 转基因产品的安全等级
e. 安全性的综合评价和建议

16. 转基因食品安全性评价的目的（　　）。
a. 为科学决策提供依据
b. 保障人类健康及生态环境安全
c. 回答公众疑问
d. 促进国际贸易，维护国家权益
e. 促进生物技术可持续发展

17. 标记基因的评价内容有（　　）。
a. 标记基因有无直接毒性
b. 基因水平转移的可能性
c. 标记基因有无间接毒性
d. 未预料基因多效性
e. 标记基因编码蛋白的安全性包括直接毒性、过敏性、因蛋白的催化功能而产生不良反应。

18. 食品安全面临的主要问题有（　　）。
a. 不安全因素
b. “纯天然”食品不一定安全
c. 生物性与环境污染物
d. 新型食品的安全性问题
e. 卫生监督管理滞后

模块三 国际标准认证

项目一　出口卫生备案制度

任务一　出口卫生备案制度概述

一、出口食品生产企业备案管理规定

为了加强出口食品生产企业食品安全卫生管理，规范出口食品生产企业备案管理工作，依据《中华人民共和国食品安全法》、《中华人民共和国进出口商品检验法》及其实施条例等有关法律、行政法规的规定，制定《出口食品生产企业备案管理规定》，即142号令。规定国家实行出口食品生产企业备案管理制度。在中华人民共和国境内的出口食品生产企业备案管理工作适用本规定。国家质量监督检验检疫总局（以下简称国家质检总局）统一管理全国出口食品生产企业备案工作。

国家认证认可监督管理委员会（以下简称国家认监委）组织实施全国出口食品生产企业备案管理工作。国家质检总局设在各地的出入境检验检疫机构（以下简称检验检疫机构）具体实施所辖区域内出口食品生产企业备案和监督检查工作。

出口食品生产企业应当建立和实施以危害分析和预防控制措施为核心的食品安全卫生控制体系，并保证体系有效运行，确保出口食品生产、加工、储存过程持续符合我国有关法定要求和相关进口国（地区）的法律法规要求，以及出口食品生产企业安全卫生要求。

出口食品生产企业未依法履行备案法定义务或者经备案审查不符合要求的，其产品不予出口。本规定自2011年10月1日起施行。原国家质量监督检验检疫总局2002年4月19日公布的《出口食品生产企业卫生注册登记管理规定》同时废止。

二、出口卫生备案分类

出口食品分为两大类，即卫生注册类和卫生登记类，国家对所有出口食品企业及其产品实施编号管理制度，食品企业在申请卫生注册或卫生登记时，对本企业产品按以下分类申请。

1. 卫生注册类

① 罐头类（Z 01）：指将符合要求的食品原料，经处理、分选、修整、烹调（或不经过烹调）、装罐、密封、杀菌、冷却或无菌包装，具有一定真空度，在正常温度条件下长期储

藏的食品。其品种有肉类、禽类、水产、水果、蔬菜等类罐头。包装材料包括马口铁罐、玻璃、塑料、纸、复合薄膜材料等软、硬包装。

② 水产品类（Z 02）：包括海水、淡水中的所有冷冻鱼、虾、贝等类水生物及藻类深加工产品，不包括活品、冰鲜、晾晒、盐渍类水产品，也不包括鱼粉类产品。

③ 肉及肉制品（Z 03）：包括生、熟猪、牛、羊、鹿等偶蹄动物肉、兔肉、鸡肉与鸭肉等禽类、马肉等单蹄动物及其制品，以及野味动物产品。其加工方式包括冷冻、冰鲜、盐、腊、熏等。

④ 茶叶类（Z 04）：包括红茶、绿茶、花茶、压制茶、黑茶、白茶、乌龙茶等茶类。

⑤ 肠衣类（Z 05）：是指采用健康牲畜消化系统的食道、胃、小肠、大肠及泌尿系统的膀胱等器官，经加工，保留所需要的组织。其加工方式包括盐渍、自然晒干、烘干等。

⑥ 蜂产品类（Z 06）：是指由蜜蜂采集植物蜜腺或分泌物，加入自身消化道的分泌液而制成的蜂蜜和蜂王浆等产品。其品种分洋槐蜜、油菜蜜、枣花蜜、椴树蜜、紫云蜜等，包括速溶蜂产品及蜂王浆干粉等深加工品，不包括蜂蜡制品。

⑦ 蛋制品类（Z 07）：包括冰蛋、干蛋品，不包括鲜蛋、皮蛋、咸蛋。干蛋品是指鲜蛋经打蛋、过滤、消毒、喷雾或经发酵、干燥制成的产品。

⑧ 速冻果蔬类、脱水果蔬类（Z 08）：速冻蔬菜类包括供人类食用的速冻蔬菜与野生菜；速冻水果包括各种供人类食用的冷冻水果；脱水水果蔬菜是指用热风干燥、冷冻干燥等方式脱水的果蔬类产品。不包括保鲜水果、保鲜蔬菜、晾晒水果干与蔬菜。

⑨ 糖类（Z 09）：是指蔗糖、甜菜糖等糖类及糖果等加工制品。

⑩ 乳及乳制品类（Z 10）：包括鲜奶、奶油、炼乳及奶粉等乳制品。

⑪ 饮料类（Z 11）：是指以各种新鲜水果、蔬菜或其浓缩汁还原制成的果蔬汁、加碳酸气的汽水、矿泉水等非含酒精饮品。包括以乳品、蜂蜜、蛋品、淀粉、咖啡、可可、糖配制的固体饮料。

⑫ 酒类（Z 12）：包括直接供人类饮用的各种包装形式的啤酒、白酒、葡萄酒等酒类，不包括工业酒精。

⑬ 花生、干果、坚果制品类（Z 13）：包括花生、腰果、松子、开心果、核桃（仁）、苦杏仁、板栗等干坚果及其制品，其加工方式有烤、油炸、咸干、酱等。不包括使用炒制方式加工的上述产品。

⑭ 果脯类（Z 14）：是指以水果、蔬菜、薯类等为原料，经用糖或蜂蜜等腌制而成的产品。

⑮ 粮食制品及面、糖制品类（Z 15）：是指以粮食、面、糖为原料，通过各种加工方式生产的加工品。包括方便面等产品。不包括各种原粮。

⑯ 食用油脂类（Z 16）：包括用花生、油菜籽、芝麻、葵花籽、蓖麻籽等加工制成的油脂类，也包括用动物油脂加工的食用油脂类产品。

⑰ 调味品类（Z 17）：包括各种用于调整食品鲜、香、咸、甜、酸等味道的产品，如酱油、食醋、汤料、面酱等，但不包括天然的香辛干料及粉料。

⑱ 速冻方便食品类（Z 18）：是指用粮油、面粉、果菜、肉类、水产品等作为原料，经过速冻、冷藏的方便食品。包括速冻春卷、卷菜、包子、饺子、豆腐等。

⑲ 功能食品类（Z 19）：是指具有生物防御、生命节律调整、预防疾病、恢复健康等有关的功能因子，经过设计加工，对生物体有明显调节功能的食品。包括营养食品、抗衰老食品、抗疲劳食品、增强免疫功能食品、抗肿瘤食品、降血脂食品、降血糖及减肥食品、增强

学习记忆功能食品、美容食品、健美食品、抗衰老食品、特种作业食品等。

⑳ 食品添加剂类（Z 20）：是指食用明胶、食用色素等食品添加剂。

㉑ 腌渍菜类（Z 21），分以下两类：原料性腌渍菜指使用新鲜蔬菜为原料经腌制等简单工序加工、作为待深加工原料出口的蔬菜制品（通常外包装为木箱、塑料桶、钢桶等，内包装为大塑料袋或坛装）；即食性腌渍菜指使用新鲜蔬菜为原料经腌制、脱盐、调味、杀菌等工序加工的预包装食品。

2. 卫生登记类

卫生注册产品目录以外的食品均属此范围。

任务二　出口卫生备案建立与实施

一、出口备案申报材料清单

出口食品生产企业备案时，应当提交书面申请和以下相关文件、证明性材料，并对其备案材料的真实性负责：

① 营业执照、组织机构代码证、法定代表人或者授权负责人的身份证明；

② 企业承诺符合出口食品生产企业卫生要求和进口国（地区）要求的自我声明和自查报告；

③ 企业生产条件（厂区平面图、车间平面图）、产品生产加工工艺、关键加工环节等信息、食品原辅料和食品添加剂使用以及企业卫生质量管理人员和专业技术人员资质等基本情况；

④ 建立和实施食品安全卫生控制体系的基本情况；

⑤ 依法应当取得食品生产许可以及其他行政许可的，提供相关许可证照；

⑥ 其他通过认证以及企业内部实验室资质等有关情况。

二、出口备案现场审核及准备

直属检验检疫机构应当自出口食品生产企业申请备案之日起 5 日内，对出口食品生产企业提交的备案材料进行初步审查，材料齐全并符合法定形式的，予以受理；材料不齐全或者不符合法定形式的，应当一次告知出口食品生产企业需要补正的全部内容。

直属检验检疫机构自受理备案申请之日起 10 日内，组成评审组对出口食品生产企业提交的备案材料符合性情况进行文件审核。

需要对出口食品生产企业实施现场检查的，应当在 30 日内完成。因企业自身原因导致无法按时完成文件审核和现场检查的，延长时间不计算在规定时限内。

有下列情形之一的，直属检验检疫机构应当对出口食品生产企业实施现场检查：

① 进口国（地区）有特殊注册要求的；

② 必须实施危害分析与关键控制点（HACCP）体系验证的；

③ 未纳入食品生产许可管理的；

④ 根据出口食品风险程度和实际工作情况需要实施现场检查的。

国家认监委制定、调整并公布必须实施危害分析与关键控制点（HACCP）体系验证的出口食品生产企业范围。

经直属检验检疫机构确认，有效的第三方认证等符合性评定结果可以被采用。

食品生产企业现场审核评估表

<table>
<tr><td colspan="5">企业名称：</td></tr>
<tr><td colspan="5">生产/加工地址：</td></tr>
<tr><td>《出口食品生产企业安全卫生要求》内容</td><td>企业落实要求</td><td>企业落实情况（列出体现符合要求的证据，如文件、记录名称、事实描述等）</td><td>自我评估</td><td>对第三栏的填表说明</td></tr>
<tr><td colspan="5">第一条(基本原则) 申请出口备案的食品生产、加工、储存企业(以下简称出口食品生产企业)应依照国家和相关进口国(地区)法律、法规和食品安全卫生标准进行生产、加工、储存、运输等，并遵守以下基本原则</td></tr>
<tr><td>(1)承担食品安全的主体责任</td><td>企业遵守国内外相关法律、法规、标准并承担主体责任</td><td></td><td>□符合
□不符合</td><td>简述企业从事食品生产/加工活动的守法概况(如是否识别并遵守了相关的法规，产品是否符合相关标准，是否出现过食品安全事故，是否因食品安全问题受到行政监管部门的处罚等)</td></tr>
<tr><td>(2)建立和实施以危害分析和预防控制措施为核心的食品安全卫生控制体系，并保证体系有效运行</td><td>企业建立和有效实施以危害分析和预防控制措施为核心的食品安全卫生控制体系；体系需包含第二条和其他有程序建立要求条款中所明确的内容</td><td></td><td>□符合
□不符合</td><td>是否建立了文件化的HACCP管理体系并有效实施</td></tr>
<tr><td>(3)保留食品链的食品安全信息，保持产品的可追溯性</td><td>企业建立了保留食品链的安全信息的制度，并保持产品可追溯性。记录备查</td><td></td><td>□符合
□不符合</td><td>说明在哪个(些)文件，有相关规定，按其执行，可保持产品的追溯性(适宜时注明相关规定所在的页码、记录名称等)</td></tr>
<tr><td>(4)配备与生产相适应的专业技术人员和卫生质量管理人员</td><td>企业的专业技术人员和卫生质量管理人员的能力数量可与生产相匹配</td><td></td><td>□符合
□不符合</td><td>简要填写供两类人员的姓名、学历、工作或培训经历、资格证书等能力证明概况</td></tr>
<tr><td>(5)评估生产过程中存在的人为故意污染风险及可能的突发问题，建立预防性控制措施，必要时实施食品防护计划</td><td>企业要对可能的人为蓄意污染行为和各种突发问题建立预防控制措施，做好应急准备；在必要时，建立和实施食品防护计划。企业的应急预案和食品防护计划(必要时)备查</td><td></td><td>□符合
□不符合</td><td>哪些文件及措施体现对蓄意破坏的控制。如已建立了食品防护计划、哪些记录体现其有效实施等</td></tr>
<tr><td>(6)建立诚信机制，确保提供的资料和信息真实有效</td><td>企业建立诚信体系，为向检验检疫机构等提供的资料负责</td><td></td><td>□符合
□不符合</td><td>简要说明如何保持诚信，如已建立诚信体系或其他</td></tr>
<tr><td colspan="5">第二条(食品安全卫生控制体系组成及运行) 出口食品生产企业应建立并有效运行食品安全卫生控制体系，并达到如下要求</td></tr>
<tr><td>(1)分析产品的来源、预期用途、包装方式、消费方式及产品工艺流程等信息，识别食品本身和生产加工过程中可能存在的危害，采取相应的预防控制措施；对影响食品安全卫生的关键工序，应制定明确的操作规程，保证控制有效、及时纠正偏差、持续改进不足，做好记录</td><td>根据产品说明(包括来源、预期用途、包装方式、储存条件和消费方式)和工艺，识别食品本身和生产过程可能存在的危害，确定预防措施；对关键工序，进行监控、纠偏、持续改进不足等，并有效记录。
记录备查</td><td></td><td>□符合
□不符合
□不适用</td><td>对照检查企业的产品描述、危害分析、HACCP文件是否满足要求，并做简要描述。如已有相关文件并符合标准要求</td></tr>
</table>

续表

(2)建立并有效执行原辅料、食品添加剂、食品相关产品的合格供应商评价程序	企业建立并有效实施合格供应商评价程序。 记录备查。		□符合 □不符合 □不适用	可注明相关采购控制的文件名称或页码,有无体现文件有效实施的相关记录
(3)建立并有效执行食品加工卫生控制程序,确保加工用水(冰)、食品接触表面、加工操作卫生、人员健康卫生、卫生间设施、外来污染物、虫害防治、有毒有害物质等处于受控状态,并记录	企业建立并有效实施生产过程各环节的卫生控制程序。 记录备查		□符合 □不符合 □不适用	可注明相关采购控制的文件名称或页码,有无体现文件有效实施的相关记录
(4)建立并有效执行产品追溯系统,准确记录并保持食品链相关食品安全信息和批次、标识信息,实现产品追溯的完整性和有效性	企业建立并有效实施全过程的标识和追溯体系。 记录备查		□符合 □不符合 □不适用	明确哪个(些)文件有相关规定,按其执行,可保持产品的追溯性[适宜时注明相关规定所在的页码、记录名称(如可提供某工作日从原辅料、加工到成品入库各环节的全套追溯记录)等]
(5)建立并有效执行产品召回制度,确保出厂产品在出现安全卫生质量问题时及时发出警示,必要时召回	企业建立并有效执行产品召回制度。 记录备查		□符合 □不符合 □不适用	可注明企业是否已建立并有效执行产品召回制度。 有体现其有效实施的相关记录(包括模拟召回)
(6)建立并有效执行对不合格品的控制制度,包括不合格品的标识、记录、评价、隔离和处置等内容	企业建立和有效执行对不合格品的控制制度。 记录备查		□符合 □不符合 □不适用	可注明企业是否已建立并有效执行不合格品的控制制度。 有体现其有效实施的相关记录
(7)建立并有效执行加工设备、设施的维护程序,保证加工设备、设施满足生产加工的需要	企业建立并有效执行设备、设施的维护保养程序。 记录备查		□符合 □不符合 □不适用	可注明企业是否已建立并有效执行设备设施维护管理制度。 有体现其有效实施的相关记录
(8)建立并有效执行员工培训计划并做好培训记录,保证不同岗位的人员熟练完成本职工作	企业建立并有效执行对各类员工的培训计划并做好培训记录,培训内容应与相关岗位相匹配。 记录备查		□符合 □不符合 □不适用	可注明企业是否有相关的人员培训管理制度,包括与食品安全有关的相关人员能力的确定、培训需求的识别、培训计划的制定、培训的实施及培训效果的评估等。 有体现其有效实施的相关记录
(9)建立管理体系内部审核制度,持续完善改进企业的安全卫生控制体系	企业建立并有效执行内部审核制度,持续改进。 记录备查		□符合 □不符合 □不适用	可注明是否已建立内审制度并实施。如建立有内审控制程序,于何时实施并有相关的记录
(10)对反映产品卫生控制情况的有关记录,应制定并执行标记、收集、编目、归档、存储、保管和处理等管理规定。所有记录应真实、准确、规范并具有可追溯性,保存期不少于2年	企业建立和有效实施记录管理规定,记录真实、准确、规范。相关记录保存期不少于2年		□符合 □不符合 □不适用	可注明企业是否已编制记录控制程序并有效实施。有标记、收集、编目、归档、存储、保管和处理等实施的相关记录

续表

第三条[必须实施危害分析与关键控制点(HACCP)体系验证的企业类型]				
列入必须实施危害分析与关键控制点(HACCP)体系验证的出口食品生产企业范围的出口食品生产企业，应按照国际食品法典委员会《HACCP体系及其应用准则》的要求建立和实施HACCP体系。	列入范围的企业，需按照国际食品法典委员会的要求建立了控制所有显著危害的HACCP计划，并有效、持续地实施。 HACCP支持性文件，CCP的监控、纠偏、验证记录备查		□符合 □不符合 □不适用	可注明企业是否是按要求建立交实施了HACCP体系，并有相关的运行记录
第四条(生产和管理人员)出口食品生产企业应保证其生产和管理人员适合其岗位需要，并符合下列要求				
(1)进入生产区域应保持良好的个人清洁卫生和操作卫生；进入车间时应更衣、洗手、消毒；工作服、帽和鞋应保持清洁卫生	进入生产区域的人员应保持清洁卫生和操作卫生。应制定个人卫生检查要求，每日填写个人卫生检查表		□符合 □不符合 □不适用	可注明控制个人卫生相关文件的名称，体现其有效运行的记录
(2)与食品生产相关的人员应经体检合格后方可上岗，凡出现伤口感染或者患有可能污染食品的皮肤病、消化道疾病或呼吸道疾病者，应立即报告其症状或疾病，不得继续工作	与食品生产相关人员应定期体检、体检合格后方可上岗。 企业人员花名册和参加体检人员记录备查		□符合 □不符合 □不适用	可注明企业与食品安全相关人员健康管理的概况
	卫生管理人员应对员工的健康状况进行检查，患病后不得继续工作。员工患病后处理记录备查		□符合 □不符合 □不适用	可注明企业是否有相关文件控制处理此类情况，是否有效实施
(3)从事监督、指导、员工培训的卫生质量管理人员，应熟悉国家和相关进口国(地区)的相关法律法规、食品安全卫生标准，具备适应其工作相关的资质和能力，考核合格后方可上岗	企业的卫生质量管理人员熟悉相关法律法规标准，具备相应资质和能力；能够回答检查人员的询问。相关的国内外法律、法规、标准备查		□符合 □不符合 □不适用	可注明企业是否识别、收集、整理了适用的法律法规、食品安全卫生标准，相关人员熟悉相关要求
第五条(环境卫生)出口食品生产企业的厂区环境应避免污染，并符合下列要求				
(1)企业选址应远离有毒有害场所及其他污染源，其设计和建造应避免形成污垢聚集、接触有毒材料，厂区内不得兼营、生产、存放有碍食品卫生的其他产品	厂区选址、设计、建造时，应保证周边及内部不存在有碍食品卫生的情况。 厂区内所有房间均可开启、备查		□符合 □不符合 □不适用	可简述企业周边情况，是否有污染源
(2)生产区域宜与非生产区域隔离，否则应采取有效措施使得生产区域不会受到非生产区域污染和干扰	生产区不受非生产区的污染和干扰		□符合 □不符合 □不适用	可简述企业的实际状况
(3)建有与生产能力相适应并符合卫生要求的原料、辅料、成品、化学物品和包装物料的储存设施，以及污水处理、废弃物和垃圾暂存等设施	相应储存设施、污水处理、废弃物和垃圾暂存等设施与生产能力相匹配。 企业的生产能力、各储存库的面积和储存能力数据备查。		□符合 □不符合 □不适用	可简述企业的生产能力、库存能力、污水处理能力

续表

(4)主要道路应铺设适于车辆通行的硬化路面(如混凝土或沥青路面等),路面平整、无积水、无积尘	厂区地面符合要求。		□符合 □不符合 □不适用	可简述企业路面的实际情况
(5)避免存有卫生死角和蚊蝇滋生地,废弃物和垃圾应用防溢味、不透水、防腐蚀的容器具盛放和运输,放置废弃物和垃圾的场所应保持整洁,废弃物和垃圾应及时清理出厂	厂区内没有卫生死角和蚊蝇滋生地;盛放和运输废弃物的容器,应防溢味、不透水、防腐蚀		□符合 □不符合 □不适用	可简述企业废弃物和垃圾的放置、处理情况
	放置废弃物和垃圾的场所保持整洁,废弃物和垃圾应及时清理出厂		□符合 □不符合 □不适用	
(6)卫生间应有冲水、洗手、防蝇、防虫、防鼠设施,保持足够的自然通风或机械通风,保持清洁、无异味	厂区卫生间具有相应设施,可洗手、通风、清洁、防蝇虫、无异味		□符合 □不符合 □不适用	可简述企业卫生间实际状况
(7)排水系统应保持畅通、无异味	厂区排水没有拥堵、外溢,无异味		□符合 □不符合 □不适用	可简述企业排水系统实际状况
(8)应有防鼠、防虫蝇设施,不得使用有毒饵料;不宜饲养与生产加工无关的动物,为安全目的饲养的犬只等不得进入生产区域	企业防鼠、防蝇虫措施符合要求;若为外包,有委托书或合同。不饲养与生产无关的动物,为安全目的饲养的犬只等不得进入生产区域。 防鼠、防蝇虫图和设施备查		□符合 □不符合 □不适用	可简述企业虫害控制措施
(9)生产中产生的废水、废料、烟尘的处理和排放应符合国家有关规定	废水、废料、烟尘的处理符合国家有关规定		□符合 □不符合 □不适用	可注明是否符合相关规定
第六条(车间及设施) 食品生产加工车间及设施均应设置合理,易于进行适当的维护和清洗,与食品接触的物品、装置和设备表面均应保持清洁、光滑,以合适的频次进行有效清洗和消毒,并符合下列要求				
(1)车间的面积、高度应与生产能力和设备的安置相适应,满足所加工的食品工艺流程和加工卫生要求;车间地面应用防滑、密封性好、防吸附、易清洗的无毒材料修建,具有便于排水和清洗的构造,保持清洁、无积水,确保污水从清洁区域流向非清洁区域;车间出口及与外界连通处应有防鼠、防虫蝇措施	车间的面积、高度与生产能力相适应;布局合理。企业各车间面积和人员数量的数据备查,车间内所有房间备查		□符合 □不符合 □不适用	可对照要求检查是否符合要求
	车间地面材料符合要求、无积水,污水流向合理		□符合 □不符合 □不适用	可注明企业实际地面材质等情况
	车间出口处,排水口、通风口有有效的防虫防鼠/防虫设施		□符合 □不符合 □不适用	可注明企业实际情况,如车间出口处采用:风幕、水幕、暗道或帘子等
(2)车间内墙面、门窗应用浅色、密封性好、防吸附、易清洗的无毒材料修建,保持清洁、光滑,必要时应消毒,可开启的窗户应装有防虫蝇窗纱	车间内墙面、门窗材料符合要求;可开启的窗户装有防虫蝇窗纱		□符合 □不符合 □不适用	可注明企业实际墙面门窗材料等情况

续表

(3)车间屋顶或者天花板及架空构件应能防止灰尘、霉斑和冷凝水的形成以及脱落,保持清洁	车间屋顶、天花板及架空构件能防止灰尘、霉斑和冷凝水,保持清洁。 企业控制冷凝水的措施备查		□符合 □不符合 □不适用	可注明企业实际情况
(4)车间内应具备充足的自然或人工照明,光线以不改变被加工物的本色为宜,光线强度应能保证生产、检验各岗位正常操作;固定的照明设施应具有保护装置,防止碎片落入食品	所有车间内有足够的照明设施;光线强度适宜;固定的照明设施应具有保护装置。 所有人工照明设施均可开启、备查		□符合 □不符合 □不适用	可注明企业实际情况
(5)在有温度、湿度控制要求的工序和场所安装温湿度显示装置	在有温湿度控制要求的工序和场所,安装温湿度显示装置。关键工序的温湿度显示装置的温度准确性及校准记录备查		□符合 □不符合 □不适用	可注明企业实际情况
(6)车间应具有适宜的自然或机械通风设施,保持车间内通风良好。进排风系统在设计和建造上应便于维护和清洁,使空气从高清洁区域流向低清洁区域	车间内通风良好。空气从清洁区域流向非清洁区域		□符合 □不符合 □不适用	可注明企业实际情况
(7)在车间内适当的地点设足够数量的洗手、消毒、干手设备或者用品、鞋靴消毒设施,洗手水龙头应为非手动开关,必要时车间还应供应用于洗手的适宜温度热水	车间内有足够数量的洗手、消毒、干手设备或者用品、鞋靴消毒设施(适用时),洗手水龙头为非手动开关;必要时,车间还应供应温水		□符合 □不符合 □不适用	可注明企业实际情况
(8)设有与车间连接并与员工数量相适应的更衣室,不同清洁要求的区域设有单独的更衣室,视需要设立符合卫生要求的卫生间,更衣室和卫生间应保持清洁卫生、无异味,其设施和布局应避免对车间造成污染	更衣室与车间相连接、与员工数量匹配,不同清洁程度要求的区域设有单独的更衣室		□符合 □不符合 □不适用	可注明企业实际情况
	更衣室、卫生间保持清洁卫生,其设施和布局不得对车间造成污染。		□符合 □不符合 □不适用	可注明企业实际情况
(9)车间内宜有独立区域用于食品容器和工器具的清洗消毒,防止清洗消毒区域对加工区域的污染,清洗消毒设施应易于清洁,具有充分的水供应和排水能力,必要时供应热水	清洗消毒工器具的区域不会对加工区域造成污染;清洗消毒区设施应易于清洁,必要时,有热水工艺		□符合 □不符合 □不适用	可注明企业实际情况
(10)与食品接触的设备和容器(一次性使用的容器和包装除外),应用耐腐蚀、防锈、防吸附、易清洗的无毒材料制成,其构造应易于清洗消毒,摆放整齐并维护良好	食品接触表面材料符合要求,易于清洗消毒,无锈、无损坏		□符合 □不符合 □不适用	可注明企业实际情况

续表

(11)盛装废弃物及非食用产品的容器应由防渗透材料制成并予以特别标明。盛装化学物质的容器应标识,必要时上锁	盛装废弃物及非食用产品容器的材料符合要求且有标识		□符合 □不符合 □不适用	可注明企业实际情况
	盛装化学物质的容器有明显标识,必要时上锁		□符合 □不符合 □不适用	可注明企业实际情况
(12)应设有充分的污水排放系统并保持通畅,应设有适宜的废弃物处理设施,避免其污染食品或生产加工用水	污水排放和废弃物处置符合要求,不会污染食品或加工用水		□符合 □不符合 □不适用	可注明企业实际情况
(13)原辅料库应满足储存要求,保持卫生和整洁,必要时控制温度和湿度;不同原辅料分别存放,避免受到损坏和污染	车间内的原辅料储藏设施要符合要求,防止受到污染		□符合 □不符合 □不适用	可注明企业实际情况
第七条(水)生产加工用水(包括冰、蒸汽)应确保安全卫生,并符合以下要求				
(1)属于城市供水的,应按当地卫生行政部门要求每年检测并取得官方出具的检测合格证明	生产加工用水若使用自来水,每年一次送到官方机构进行检测,并且检测合格		□符合 □不符合 □不适用	可注明是否有检测合格的水质检测报告
(2)属于自备水源的,应在使用前经当地卫生行政部门检测合格;使用中应至少每半年检测一次并取得官方出具的检测合格证明	若为自备水源,在使用前及每半年一次送到官方机构进行检测,并且检测合格		□符合 □不符合 □不适用	可注明检测周期是否符合要求
(3)进口国(地区)对水质有明确要求的,按相关要求执行	若进口国(地区)有额外要求,需要遵照执行。 记录备查		□符合 □不符合 □不适用	适用时,可注明进口国(地区)的额外要求
(4)储水设施、输水管道应用无毒材料制成,出水口应有防止回流的装置。储水设施应建在无污染区域,定期清洗消毒,并加以防护	适用时,储水设施、输水管道须符合卫生要求;出水口应有防止回流的装置		□符合 □不符合 □不适用	注明企业实际情况
(5)非生产加工用水应在充分标识的独立系统中循环,不得进入生产加工用水系统	适用时,非饮用水管道独立且标识清楚,不得进入饮用水系统		□符合 □不符合 □不适用	注明企业实际情况
第八条(原辅料、食品添加剂、食品相关产品)出口食品生产企业应采取有效措施保证原辅料、食品添加剂、食品相关产品的安全性,符合下列要求				
(1)根据原辅料特性,应避免其初级生产过程中受到环境污染物、农业投入品、化学物质、有害生物和动植物病害等污染	对原辅料供应商现场审核时,关注初级生产过程中,是否受到环境污染物、农业投入品、化学物质、有害生物和动植物病害的污染。 记录备查		□符合 □不符合 □不适用	可注明企业对初级农产品供应商的主要控制措施,并有体现其有效实施的相关记录,适宜时包括相关的检测报告

续表

(2)应采购、使用符合安全卫生规定要求的原辅料、食品添加剂、食品相关产品,要求供应商提供许可证和产品合格证明文件,并对供应商进行全面评价;对无法提供合格证明文件的食品原辅料,应依照食品安全标准进行检验	原辅料、食品添加剂、食品相关产品的采购符合要求,要求供应商提供相应证明并对其全面评价;对无法提供合格证明文件的原辅料进行检验。 供应商评价、采购、检验记录备查		□符合 □不符合 □不适用	对照要求检查企业是否有相应的文件规定,是否有效执行规定,是否保持了相关的记录
(3)二次加工的动物源性原料应来自检验检疫机构备案的出口食品生产企业	对于次级生产商,其动物源性原料,应来自检验检疫机构备案的出口食品企业。 记录备查		□符合 □不符合 □不适用	对照要求检查企业是否有相应的文件规定,是否有效执行规定,是否保持了相关的记录
(4)不改变食品性状或仅进行简单切割、不使用其他物理或化学方法处理食品的分包装出口食品生产企业,其原料应来自检验检疫机构备案的出口食品生产企业	分包装企业,其原料来自检验检疫机构备案的出口食品企业。 记录备查		□符合 □不符合 □不适用	对照要求检查企业是否有相应的文件规定,是否有效执行规定,是否保持了相关的记录
(5)进口原辅料应提供有效的出口国(地区)证明文件及检验检疫机构出具的进口检验合格证明	进口原辅料应有出口国(地区)证明文件及CIQ的合格证明。 记录备查(适用时)		□符合 □不符合 □不适用	对照要求检查企业是否有相应的文件规定,是否有效执行规定,是否保持了相关的记录
(6)应建立食品原辅料、食品添加剂、食品相关产品进货查验记录制度,如实记录其名称、规格、数量、供货者名称及联系方式、进货日期等内容;食品的原辅料、食品添加剂、食品相关产品经进厂验收合格后方准使用;超过保质期的以及非食品用途的原辅料、食品添加剂、食品相关产品不应用于食品生产	建立进货查验制度,相关记录内容符合要求。 记录备查		□符合 □不符合 □不适用	对照要求检查企业是否有相应的文件规定,是否有效执行规定,是否保持了相关的记录
	具备原辅料、食品添加剂、食品相关产品的验收标准;每批有验收合格后才使用。 验收标准和记录备查		□符合 □不符合 □不适用	
	有对超过保质期的原辅料、食品添加剂、食品相关产品的处置符合规定。记录备查。		□符合 □不符合 □不适用	
(7)应依照国家和相关进口国(地区)标准中食品添加剂的品种、使用范围、用量的规定使用食品添加剂	企业使用食品添加剂需符合相关要求。添加剂的要求及使用记录备查		□符合 □不符合 □不适用	可注明企业是否已确认添加剂的使用符合相关法规要求
第九条(加工)。食品生产加工过程应防止交叉污染,确保产品适合消费者食用,并符合下列要求				
(1)加工工艺应设计合理,防止交叉污染;根据加工工艺和产品特性,通过物理分隔或时间交错,将不同清洁卫生要求的区域分开设置,控制加工区域人流、物流方向,防止交叉污染	加工过程应防止发生各类交叉污染;不同清洁卫生要求的区域须分开设置		□符合 □不符合 □不适用	注明企业实际情况

续表

(2)根据加工工艺、产品特性和预期消费方式，控制加工时间、产品温度和车间的环境温度，保证温度测量装置的准确性并定期进行校准	适用时，建立并有效实施对有温度控制要求的工艺，进行加工时间、产品温度和环境温度的控制；经常测量温度显示装置的准确性、定期对其校准。准确性检测和校准记录备查		□符合 □不符合 □不适用	注明企业实际情况，哪些环节有温度控制要求，通过哪些控制措施达到要求，温度计的校准等
(3)应对速冻、冷藏、冷却、热处理、干燥、辐照、化学保藏、真空或改良空气包装等与食品安全卫生密切相关的特殊加工环节进行有效控制，应有科学的依据或国际公认的标准证明该环节采取的措施能够满足安全卫生要求	适用时，企业对其特殊加工环节进行有效控制，控制措施应有依据		□符合 □不符合 □不适用	注明企业实际情况，如特殊环节名称，控制措施的依据等
(4)建立并有效执行生产设备、工具、容器、场地等清洗消毒程序，班前班后进行卫生清洁工作，专人负责检查	建立并执行车间内的清洗消毒程序，专人负责检查。 每日清洗消毒记录现场备查		□符合 □不符合 □不适用	注明企业实际情况
(5)盛放食品的容器不得直接接触地面；对加工过程中产生的不合格品、跌落地面的产品和废弃物，用有明显标志的专用容器分别收集盛装，并由专人及时处理，其容器和运输工具及时消毒	对盛放食品的容器、不合格品、跌落地面产品、废弃物的管理符合要求		□符合 □不符合 □不适用	注明企业实际情况
(6)加工过程中产生的废水、废料不得对产品及车间卫生造成污染	废水、废料不对产品和车间卫生造成污染		□符合 □不符合 □不适用	注明企业实际情况
(7)内外包装过程应防止交叉污染，必要时内外包装间应分开设置；用于包装食品的内、外包装材料符合安全卫生标准并保持清洁和完整，防止污染食品；再次利用的食品内外包装材料要易于清洁，必要时要进行消毒；包装标识应符合国家和相关进口国(地区)有关法律法规标准要求；包装物料间应保持干燥，内、外包装物料分别存放，避免受到污染	内外包装过程要防止交叉污染；包装材料要防止污染食品		□符合 □不符合 □不适用	注明企业实际情况
	包装的标识应符合国家和相关进口国(地区)有关法律法规标准的要求。 国内外对标识的要求备查		□符合 □不符合 □不适用	注明企业实际情况
	包装物料间保持干燥。内、外包材分开存放，防止受到污染		□符合 □不符合 □不适用	注明企业实际情况，如不同区域或独立库房或其他情况
第十条(储存、运输)出口食品的储存、运输过程应卫生清洁，并符合下列要求				
(1)储存库应保持清洁，定期消毒，有防霉、防鼠、防蝇虫设施；库内产品应有明显标识以便追溯，并与墙壁、地面保持一定距离；库内不得存放有碍卫生的物品	储存库及库内产品应符合要求		□符合 □不符合 □不适用	注明企业实际情况

续表

(2)预冷库、速冻库、冷藏库应满足产品温度、湿度控制要求，配备自动温度记录装置并定期校准；定期除霜，除霜操作不得污染库内产品或造成库内产品不符合温度要求	各类冷库的温度、湿度符合工艺要求，配备自动温度记录装置。每日人工检测并与自动温度记录装置比对，定期校准。记录备查		□符合 □不符合 □不适用	注明企业实际情况
	定期除霜，除霜操作不得污染库内产品或造成库内产品不符合温度要求		□符合 □不符合 □不适用	注明企业实际情况
(3)运输工具应保持卫生清洁并维护良好，根据产品特点配备防雨、防尘、制冷、保温等设施；运输过程中保持必要的温度和湿度，确保产品不受损坏和污染，必要时应将不同食品进行有效隔离	运输工具符合卫生要求，并根据产品特点配备相关设施		□符合 □不符合 □不适用	注明企业实际情况
第十一条(化学物品)企业使用化学物品应避免污染产品，并符合下列要求				
(1)厂区、车间和实验室使用的洗涤剂、消毒剂、杀虫剂、燃油、润滑油、化学试剂等应专库存放，标识清晰，建立并严格执行化学品储存和领用管理规定，设立专人保管并记录，按照产品的使用说明谨慎使用	化学物品应专库存放，标识清晰，建立并严格执行化学品储存和领用管理规定，有专人保管并记录。 记录备查		□符合 □不符合 □不适用	注明企业是否已建立并有效实施有毒有害化学品管理程序，并有体现其有效实施的相关记录
(2)在生产加工区域临时使用的化学物品应专柜上锁并由专人保管	在生产加工区域临时使用的化学物品，应专柜上锁并由专人保管		□符合 □不符合 □不适用	注明企业实际情况
(3)避免对食品、食品接触表面和食品包装物料造成污染	化学物品的使用，应避免对食品、食品接触表面、食品包装物料造成污染		□符合 □不符合 □不适用	注明企业实际情况
第十二条(检测)企业应通过检测监控产品的安全卫生，并符合下列要求				
(1)企业如内设实验室，其应布局合理，避免对生产加工和产品造成污染，应配备相应专业技术资格的检测人员，具备开展工作所需要的实验室管理文件、标准资料、检验设施和仪器设备；检测仪器应按规定进行计量或校准；应按照规定的程序和方法抽样，按照相关国家标准、行业标准、企业标准等对产品进行检测判定，并保有检测结果记录	若有内设实验室，则不可对生产加工和产品造成污染。 检验人员具备履行实验室程序和检测要求的能力		□符合 □不符合 □不适用	注明企业实际情况，检验人员是否有相关资质，能力是否满足要求
	实验室具备相应的管理文件、标准资料、检验设施和仪器设备，实验设备需经过校准和计量。相关资料备查		□符合 □不符合 □不适用	是否有相应的管理文件并有效实施
	应按照规定抽样、检验和判定，并保有相应检验记录。记录备查		□符合 □不符合 □不适用	是否有相关记录

续表

(2)企业如委托社会实验室，其承担的企业产品检测项目，应具有经主管部门认定或批准的相应资质和能力，并签订合同	如果企业有外部委托实验室，应有委托合同，被委托实验室具有相关资质		□符合 □不符合 □不适用	适用时，注明是否有委托合同和被委托实验室的资质证明
第十三条(新技术/新工艺/传统生产工艺)　新技术/新工艺应提供科学的依据或国际公认的标准证明其符合安全卫生要求				
(1)新技术/新工艺应提供科学的依据或国际公认的标准证明其符合安全卫生要求，经主管部门批准后方可应用	若有新技术/新工艺，应提供依据或证明，经主管部门批准后方可使用		□符合 □不符合 □不适用	适用时，注明相关的批准文件
(2)在保证食品安全卫生的前提下，必要时可按传统工艺生产加工产品	若有传统工艺，须有保证食品安全卫生的措施		□符合 □不符合 □不适用	适用时，注明相关的措施
企业公章： 企业负责人签字： 日期：				

三、出口备案常规管理

直属检验检疫机构应当自收到评审报告之日起 10 日内，对评审报告进行审查，并做出是否备案的决定。符合备案要求的，颁发《出口食品生产企业备案证明》（以下简称《备案证明》）；不予备案的，应当书面告知出口食品生产企业，并说明理由。直属检验检疫机构应当及时将出口食品生产企业备案名录报国家认监委，国家认监委统一汇总公布，并报国家质检总局。

《备案证明》有效期为 4 年。出口食品生产企业需要延续依法取得《备案证明》有效期的，应当至少在《备案证明》有效期届满前 3 个月，向其所在地直属检验检疫机构提出延续备案申请。直属检验检疫机构应当对提出延续备案申请的出口食品生产企业进行复查，经复查符合备案要求的，予以换发《备案证明》。

出口食品生产企业的企业名称、法定代表人、营业执照等备案事项发生变更的，应当自发生变更之日起 15 日内，向所在地直属检验检疫机构办理备案变更手续。出口食品生产企业生产地址搬迁、新建或者改建生产车间以及食品安全卫生控制体系发生重大变更等情况的，应当在变更前向所在地直属检验检疫机构报告，并重新办理相关备案事项。

项目二　BRC（食品安全全球标准）认证

任务一　BRC认证概述

一、BRC 认证背景

英国零售商协会（British Retail Consortium，缩写 BRC）是一个重要的国际性贸易协会，其成员包括大型的跨国连锁零售企业、百货商场、城镇店铺、网络卖场等各类零售商，产品涉及种类非常广泛。

1998年，英国零售商协会应行业需要，制定了BRC食品技术标准（BRC food technical standard)，用以评估零售商自有品牌食品的安全性。BRC食品技术标准开始被制定是为了满足欧盟常规食品安全立法机关的要求以及英国食品安全法案的需要。随着行业的发展，它很快被证明对UK零售商的供应者具有巨大的益处，随之是欧盟和全球范围的零售商。除此之外，BRC食品技术标准的使用者还扩展到公共饮食业。随着食品标准的广泛实行，BRC还发布了其他全球性标准，如消费品标准（Consumer Product Standard)、食品包装标准（Food Packaging Standard）等。

二、BRC认证范围

审核领域	类别编码	类别描述	产品示例	储藏条件	审核员所需具备的技术知识示例
使用前需熟制的动物生肉类产品和生鲜蔬菜	1	红生肉	牛肉/小牛肉、猪肉、羊肉、鹿肉、内脏等其他肉类	冷藏、冷冻	屠宰、初步分割和肉贩 真空包装 气调包装
	2	生禽	鸡、火鸡、鸭、鹅、鹌鹑、圈养和野生生禽类 带壳蛋	冷藏、冷冻	屠宰、初步分割和肉贩 真空包装 气调包装
	3	生制备产品（肉和蔬菜）	培根、绞碎类肉制品（如香肠)、肉布丁、即时产品、即时肉制品、比萨、蔬菜制作餐、菜团子蒸饭	冷藏、冷冻	零售分割、加工和包装 熟制、真空包装、气调包装
	4	生的鱼产品与制备	新鲜鱼、软体动物、甲壳类动物、分割鱼产品(如鱼条)、冷烟熏鱼、即时鱼产品(如鱼派)	冷藏、冷冻	击昏、捕捞 真空包装、气调包装
水果、蔬菜和坚果	5	水果、蔬菜和坚果	水果、蔬菜、沙拉、香草、坚果(未烘烤)	保鲜	清洗、分级
	6	预制水果、蔬菜和坚果	预制/半加工水果、蔬菜和沙拉，包括即食沙拉、凉拌卷心菜、冷冻蔬菜	冷藏、冷冻	漂烫、冷冻 高关注原则
用巴氏或UHT进行加热处理或者类似技术加工的食品或浆汁	7	奶、蛋液	蛋液、液奶/饮料、奶油、调茶和咖啡的稀奶油、酸奶、发酵奶制品、奶酪/奶油、黄油 冰淇淋 硬、软、熟、未经过巴氏杀菌加工过的奶酪食品 长保质期的奶、非奶制品(如豆奶)常温酸奶、奶油冻等 果汁(包括新鲜压榨的巴氏消毒、过滤的) 干乳清粉、蛋粉、奶粉/配方奶粉	冷藏、冷冻、常温	乳品加工技术(巴氏杀菌)、隔离、发酵 高风险原则
加热食品、即食或加热即食食品	8	熟肉/鱼产品	熟肉制品(如火腿、肉饼、热食派、冷食派)、软体动物(即食)、甲壳动物(即食)、鱼肉饼 热烟熏鱼、炖三文鱼	冷藏、冷冻	高/低风险原则 真空包装 加热处理

续表

审核领域	类别编码	类别描述	产品示例	储藏条件	审核员所需具备的技术知识示例
加热食品、即食或加热即食食品	9	生腌和/或发酵肉和鱼制品	帕尔玛火腿、冷冻烟熏三文鱼(如渍鲑鱼片)、风干肉/萨拉米香肠、发酵肉、鱼干	冷藏、冷冻	高/低风险原则
	10	即食便餐和三明治、即食甜点	即食便餐、三明治、调味料、意大利面、乳蛋饼、果馅饼、佐餐、奶油蛋糕、高风险混合甜点	冷藏、冷冻	高/低风险原则
用巴氏杀菌或消毒进行加热处理的常温稳定产品	11	听/玻璃装低/高酸食品	罐装产品(如豆类、汤、水果、金枪鱼) 玻璃装产品(调料、酱、咸菜) 宠物食品	常温	罐头制造 加热处理 UHT
不涉及消毒作为加热处理的常温稳定食品	12	饮料	软饮料,包括调味水、等渗类饮料、浓缩饮料、果汁饮料、甘露、矿物质饮料、瓶装矿泉水、冰、香草饮料、食品饮料	常温	水处理 加热处理
不涉及消毒作为加热处理的常温稳定食品	13	含酒精饮料和发酵/酿造产品	啤酒、葡萄酒、白酒 醋 泡泡甜酒	常温	蒸馏、发酵、强化
	14	焙烤产品	面包、面粉糕饼、饼干、蛋糕、果馅饼、面包屑	常温	烘烤
	15	干燥食品和配料	汤、香料、肉汁、调料、馅料、香草、调味品、豆类、豆荚、大米、面条、坚果质备料、水果质备料、干燥宠物食品、维生素、盐、添加剂、明胶、糖渍水果、家用烘焙粉、糖浆、糖、茶、速溶咖啡和咖啡伴侣	常温	干燥、加热处理
	16	糖果	糖、巧克力、口香糖和果冻及其他甜品	常温	加热处理
	17	谷物类和小吃	燕麦、牛奶什锦早餐、早餐谷物、烘烤坚果、薯片、印度薄饼	常温	挤出、加热处理
	18	油和脂肪	烹饪油、人造奶油、起酥油、涂抹酱、板油、酥油 沙拉酱、蛋黄酱、调味酸酱油	常温	精炼、氢化

三、BRC 认证等级

等级通知审核	等级突击审核	关键	主要	次要	纠正措施	审核频率
AA	AA+			5 项以下	28 个日历日内提供客观证据	12 个月
A	A+			6 到 10 项	28 个日历日内提供客观证据	12 个月
B	B+			11 到 16 项	28 个日历日内提供客观证据	12 个月
B	B+		1 项	10 项以下	28 个日历日内提供客观证据	12 个月

续表

等级 通知审核	等级 突击审核	关键	主要	次要	纠正措施	审核频率
C	C+			17到24项	28个日历日内提供客观证据	6个月
C	C+		1项	11到16项	28个日历日内提供客观证据	6个月
C	C+		2项	10项以下	28个日历日内提供客观证据	6个月
D	D+			25到30项	28个日历日需要重新赴厂审核	6个月
D	D+		1项	17到24项	28个日历日需要重新赴厂审核	6个月
D	D+		2项	11到16项	28个日历日需要重新赴厂审核	6个月
不予认证		1项以上			不授予证书,需要重新审核	
不予认证				31项以上	不授予证书,需要重新审核	
不予认证			1项	25项以上	不授予证书,需要重新审核	
不予认证			2项	17项以上	不授予证书,需要重新审核	
不予认证			3项或以上		不授予证书,需要重新审核	

注：深色单元格表示零个不符合项。

四、BRC认证徽标及牌匾

任务二 BRC体系标准

在本标准中，某些要求被指定为“基本”要求，这些要求将以“基本”一词进行标记，并且制定以下内容标记为符号☆。这些要求与体系相关，对于有效食品质量与安全操作规程建立和运作至关重要。所认定的基本要求包括：☆高级管理层承诺与不断改善（1.1）；☆食品安全计划HACCP（2）；☆内部审核（3.4）；☆原材料和包装供应管理（3.5.1）；☆纠正和预防措施（3.7）；☆可追溯性（3.9）；☆布局、产品流和隔离（4.3）；☆内务管理和卫生（4.11）；☆过敏原管理（5.3）；☆操作控制（6.1）；☆标签和包装控制（6.2）

☆培训：原材料整理、制作、加工、包装和储藏（7.1）。

不遵守基本要求的意向声明（即重大不符合）将导致初次审核时不予认证或后续审核认证的撤销。这将要求进行进一步的全面审核，以建立可证明的符合性证据。

一、高级管理层承诺

> 1　最高管理者承诺和持续改进
>
> ☆基础要求：
>
> 工厂的最高管理者应证明其承诺全面实施《食品安全全球标准》的要求，并促进食品安全和质量管理的持续改进。
>
> 1.1　工厂的最高管理者应提供人力资源和财务资源，以实施和改进质量管理体系的程序和食品安全计划。
>
> 1.1.1　工厂应制定成文的政策，说明工厂将竭尽义务按规定的质量生产安全合法产品以及对其客户负责的宗旨。此项政策应：
>
> ■由工厂的总负责人签署
>
> ■向全体员工传达
>
> 1.1.2　工厂的高级管理层应确保建立明确的目标，以依照质量安全与质量政策和本标准维护并改进所生产产品的安全、合法性、和质量。这些目标应：
>
> ■编制成文，而且包括要达到的目的或明确的措施
>
> ■明确地向相关员工传达
>
> ■受到监督，而且每季度至少向工厂的高级管理层报告一次结果

理解要点：公司应建立食品安全和质量方针，并由工厂总负责人批准，对其适宜性、充分性进行评审。质量方针应包括生产安全和合法的产品、对客户的责任、持续改进。公司建立书面的食品安全和质量目标，并包括具体的完成措施，至少每季度评审一次。

> 1.1.3　管理评审会议由工厂最高管理者参加，按照策划的时间间隔举行，每年至少一次。管理评审按照本标准和条款1.1.2建立的目标评审现场绩效，应包括以下方面：
>
> ■以前管理评审的纠正预防措施计划和时限
>
> ■内审、第二方和第三方审核的结果
>
> ■顾客投诉和顾客绩效评审的结果
>
> ■事故、纠正措施、不符合的结果和不合格的原料
>
> ■对HACCP、食品防护和真伪鉴别体系管理的审查
>
> ■资源需求
>
> 会议记录应形成文件并用于修订目标。管理评审的决定和商定的措施与相关员工进行有效沟通，这些措施应在商定的时间内完成。
>
> 1.1.4　工厂应建立会议制度，至少每月由最高管理者参加解决与食品安全、合法性和质量相关的问题，而且可使急需采取措施的难题得到及时解决。
>
> 1.1.5　公司最高管理者应提供人力和财务资源以确保达到本标准要求的食品安全和基于HACCP的食品安全计划实施。

理解要点：公司应建立管理评审的过程。管理评审的输入应增加食品防护和真伪鉴别的要求。管理评审形成的决议和采取的措施应同相关人员沟通，并明确时间。

公司应对质量、食品安全和法规方面的问题建立计划，至少每月一次进行会议讨论。

1.1.6 公司的高级管理层应建立相应的体系，以确保工厂及时了解并审查：

■科学和技术的最新发展

■行业实践规范

■原材料真伪鉴别的新风险

■原材料供应国、生产国和产品销售国（如知道）所实施的所有相关立法

1.1.7 公司应保持有真实的最新版标准原始书本或电子版本。而且及时了解在BRC网站上所发布的对本标准或协议的任何更改。

1.1.8 在工厂已取得本标准认证的情况下，工厂应确保在证书中所指定的审核到期日或之前进行重新认证的通知审核。

1.1.9 在进行全球食品安全标准认证审核时，负责现场生产和运营的最高管理者应参加首次会议和末次会议。相关部门的经理或他们的代表应根据需要参与审核的过程。

1.1.10 工厂最高管理者应确保根据标准进行的上次审核中所确定的不符合项的根本原因得到识别，进行有效整改并防止再发生。

理解要点：公司应建立有效渠道以获取相关的法律法规，并增加原材料真伪鉴别的新风险的要求。

1.2 组织机构、职责和管理权限

1.2.1 公司应以组织结构图的形式表明公司的管理机构，保证食品安全、合法性和质量活动的管理职责已清晰地分配到各责任管理人员并得到理解。文件应清楚地规定责任人不在时的代理安排。

1.2.2 公司最高管理者应确保所有员工知晓他们的职责。当执行的活动需要文件化的工作指导书时，相关员工应获得，并能证明其工作按照指导书来完成。

理解要点：公司应建立组织结构图，并有关键岗位的职责描述及关键岗位的替代安排制度。公司应建立了书面的作业指导书，并提供给相关人员。

二、食品安全计划——HACCP

☆基础要求：

公司应全面实施基于CAC、HACCP原理为基础的全面实施且有效的食品安全计划。

2.1 HACCP食品安全小组（食品法典步骤1）

2.1.1 HACCP计划应由跨部门人员组成的食品安全小组制定和管理。小组长应具备深入的HACCP知识，并能证明其能力与经验。小组成员应具备HACCP专业知识和相关的产品、加工及相应危害的知识。如果工厂内部缺乏适当的技术力量，可寻求外部技术力量。但日常的食品安全体系管理应由工厂负责。

2.1.2 应明确确定每一项HACCP计划的范围，包括所涵盖的产品和流程。

理解要点：HACCP小组应由生产部、质保部、设备部、人资部等部门的人员组成，这

些部门的人应接受 HACCP 方面的培训，并了解 HACCP 方面的知识。

公司应指定 HACCP 小组组长，组长应有足够的 HACCP 方面能力和经验。

2.2　前提方案

2.2.1　工厂应建立和保持环境和运作方案（前提方案），以达到生产安全和合法食品所必需的适宜环境。作为指导，它包括以下方面，但不仅限于此：

■清洁和消毒

■虫害控制

■设备和建筑物的保养计划

■人员卫生要求

■员工培训

■采购

■运输安排

■预防交叉污染的过程

■过敏原控制

对前提方案的控制措施和监控程序应予以清晰的文件化，且包含在 HACCP 方案的开发和评审中。

理解要点：公司应针对各项前提方案建立程序文件。

2.3　产品描述（食品法典步骤 2）

2.3.1　应为每一种产品或产品组制定全面的产品描述，其中应包括有关产品安全的相关信息。作为一种指南，产品描述可包括，但不限于以下各项：

■组成（如原料、成分、过敏原、配方）

■成分的原产地

■影响食品安全的物理或化学属性（如 pH、Aw）

■处理和加工（如熟制、冷却）

■包装系统（如气调、真空）

■储藏和配送条件（如冷藏、常温）

■既定储藏和使用条件下的目标安全保质期

2.3.2　所有需要进行危害分析和相关信息应予以收集、保持、文件化及更新。公司应确保 HACCP 计划建立在全面的信息来源基础上；这些信息来源根据需要能够被引用及获取的。作为指导，它包括以下方面，但不仅限于此：

■最新的科学文献

■相关特定食品产品的历史的或已知的危害

■相关的实施条例

■公认的指南

■与产品生产和销售相关的食品安全立法

■客户要求。

理解要点：公司应对所有产品都建立 HACCP 计划，并说明用于危害分析的信息来源，产品描述应充分，并满足标准要求。

2.4 识别预期用途（食品法典步骤3）

2.4.1 应对客户对产品的预期用途进行描述，确定目标消费群，包括产品对弱势群体（如婴幼儿、老人、过敏者）的适用性。

2.5 建立工艺流程图（食品法典步骤4）

2.5.1 对每个产品、产品类别或过程都应建立流程图，其应在HACCP范围内展示出食品加工的各个方面，从原料选取到加工、储存和分销。作为指导，其应包括如下内容，但并不仅限于此：

■厂区平面图和设备布局图；

■原料，包括引入的设施和其他接触的材料（如：水、包装材料）；

■各加工步骤的顺序和相互作用；

■外包过程和分包工作；

■加工参数；

■潜在加工延迟；

■返工和再利用；

■低/高风险区及洁净/污染区的隔离；

■成品、中间品/半成品、副产品和废弃物

2.6 验证流程图（食品法典步骤5）

2.6.1 HACCP食品安全小组应至少每年一次通过现场审核和自查验证流程图的准确性。应考虑和评估日常的和季节性的变化情况，流程图的验证记录应保留。

理解要点：公司应建立生产流程图，并适当对流程图进行验证。公司应建立厂区平面图、人流图、物流图，虫害控制图，厂区平面图应标注高风险区、高关注区、常温关注区、低风险区、封闭产品区、非产品区。

2.7 列出与每个加工步骤相关的所有潜在危害，实施危害分析，采取一切措施以控制识别出的危害（食品法典步骤6原理1）

2.7.1 HACCP小组应识别和记录出现在与产品、工艺和设备有关的每一个工序中的所有潜在危害，包括原料中存在的、加工过程中引入的、加工后残留的以及过敏原风险（参考条款5.2），还应考虑在加工链的前后工序步骤。

2.7.2 HACCP食品安全小组应进行危害分析，以识别危害，防止、消除或将危害降低到可接受水平。至少应考虑如下内容：

■可能出现的危害

■对消费者安全影响的严重程度

■易感人群

■相关微生物的存活和繁殖

■现存或产生的毒素、化学物质或异物

■原料、中间品/半成品或成品的污染

当消除危害不可行时，应确定终产品中危害的可接受水平，并予以说明和文件化。

2.7.3 HACCP小组应考虑采取必要的措施，防止、消除或降低危害到可接受水平。当通过现有前提方案控制时，应予以说明并确认控制方案的充分性。建议采用一个以上的控制措施。

理解要点：所有步骤的潜在危害都应识别，特别关注过敏原，危害分析应根据判断树和风险评估进行，对所有的显著危害都识别并采取充分的控制措施。

2.8　确定关键控制点（CCP）（食品法典步骤7原理2）

2.8.1　需要控制的每个危害的控制点应被评审，用以识别出哪些是关键的。

■应采用符合逻辑的方法

■使用判断树会更便捷

■CCP点是为防止、消除或降低危害到可接受水平的那些需要控制的步骤；

■如果在加工步骤中识别出某一种危害，并且对于食品安全控制是必需的，但是缺少控制方法时，应在此步骤对该产品或工艺进行修改，采取控制措施；在之前或随后的步骤对产品或工艺进行修改，采取控制措施。

2.9　建立每个CCP的关键限值（食品法典步骤8原理3）

2.9.1　对于每个CCP点，应明确合适的关键限值，用以清楚的识别该过程是否在控制状态下：

■无论如何，关键限值是可测量的，如时间、温度、pH等；

■当测量是主观的，如照片，应有清晰的指导或样本作支持。

2.9.2　HACCP食品安全小组应确认每个CCP点。记录的证据应标明所选择的控制措施和确定的关键限值能够持续控制危害达到规定的可接受水平。

理解要点：CL值建立的应有依据，并能把危害控制在可接受的范围内。CL值一般采用温度、时间、压力等可衡量限制。

2.10　对每个CCP建立监控体系（食品法典步骤9原理4）

2.10.1　应对每个CCP点建立监控体系，以确保符合关键限值，监控体系应能够监控CCP点是否失控，在任何可能的情况下及时提供信息，以采取纠正措施。作为指导，应考虑以下内容，但不仅限于此：

■联机测量；

■脱机测量；

■连续测量（如温度记录仪）；

■采用不连续测量时，系统应能确保采样可代表相应批次的产品

2.10.2　CCP点监控记录应由监控和验证的责任人签名，适当时应由授权人签字：

■记录的内容应包括日期、时间和实施测量的结果

■如果是电子版表格，应有证据表明已经得到检查和验证

理解要点：公司应对所有CCP点都建立监控体系，监控应包括联机测量、脱机测量、连续测量等。CCP点的监控记录是由指定人员验证。

2.11　建立纠正措施计划（食品法典步骤10原理5）

2.11.1　HACCP食品安全小组应详细说明和提供文件，对以下情况采取了纠正措施

■当监控的结果不符合关键限值时

■当监控的结果显示有失去控制的趋势时

■当加工过程失控时，纠正措施应由被指定人员执行

2.12 建立验证程序（食品法典步骤11原理6）

2.12.1 为确保HACCP计划，包括前提方案管理控制的有效性，应建立验证程序。验证程序包括：

■内部审核

■超过可接受限值记录的评审

■官方或顾客投诉的评审

■产品撤回或召回事故的评审

记录验证结果，并传达到HACCP食品安全小组。

2.13 HACCP文件和记录保持（食品法典步骤12原理7）

2.13.1 文件和记录的保留应充分，能够证实对HACCP的控制和保持，对前提方案管理的控制和保持。

理解要点：公司应对所有CCP点的监控建立纠偏计划，并建立潜在不合格品的控制程序。公司对HACCP计划进行验证，并形成记录。

2.14 HACCP计划的评审

2.14.1 HACCP食品安全小组应每年至少一次或在可能影响产品安全的任何变化之前，现有的程序能够对HACCP计划进行评审。作为指导，其应包括如下内容，但并不仅限于此：

■原料或原料供应商的改变；

■辅料或配方的改变；

■加工条件或设备的改变；

■包装、储存或分销条件的改变；

■消费者消费方式的改变；

■新风险的出现，例如某种辅料的掺假

■对召回的跟进

■相关辅料、加工或产品的科学信息的发展

因评审而发生的适当改变应纳入HACCP计划和/或前提方案中，并保持文件化和确认记录。

理解要点：公司应建立HACCP计划的确认程序，程序内容应能够满足标准要求。程序应能说明HACCP计划的确认频率，并形成评审记录。

三、食品安全与质量管理体系

3.1 食品安全和质量手册

本标准要求的过程和程序应文件化，并持续贯彻执行，以有利于培训和在生产安全产品的生产中谨慎处理。

3.1.1 工厂的编制成文的规程、工作方法和规范应装订成印刷形式和电子形式的手册。

3.1.2　食品安全和质量手册应得到全面实施，手册或相关内容应让关键员工随时获得。

3.1.3　所有程序和工作指导书应：

■清晰易读的

■不含糊的

■用合适的语言

■被相关员工正确使用

当书面描述不够充分时，可使用包括照片、图解或其他描画的说明（比如存在读写能力的问题或外国语言）

3.2　文件控制

公司应运行有效的文件控制体系，来确保仅有正确版的文件、记录格式可获得和使用。

3.2.1　公司应建立程序来管理组成食品安全和质量体系的文件。

包括：

■带有最新版本号的受控文件清单

■受控文件的识别和批准方法

■记录文件修改或改动理由

■现有文件更新后的替换系统

3.3　记录完成和维护

公司应保持真实的记录以证明对产品的安全性、合法性和质量的有效控制

3.3.1　记录应：

■真实清晰

■保存在良好的条件下

■可检索

■记录的任何变更应被批准，并记录变更的理由

■电子形式记录应做好备份防止丢失

3.3.2　记录应考虑以下各种情形保存一个确定的期限：

■任何法定或客户要求

■产品的保质期

■如标签上有说明，这应考虑保质期可被消费者延长的可能性（如通过冷藏）

■作为最起码的要求，记录应保存一个长达产品保质期加12个月的期限。

理解要点：公司应有书面的质量手册、程序、作业文件等（纸板或电子版），应有受控文件清单，文件的更换或修改应形成记录，应规定作废文件的管理。应确保记录的真实性、完整性，电子版记录应有预防措施以免丢失，记录保存期限至少12个月。

3.4　内审

☆基本要求

公司应表明已对食品安全计划的有效应用和食品安全全球标准的实施进行了验证。

3.4.1　应策划内审程序，范围覆盖HACCP计划的实施、前提方案和技术标准实施的程序。应根据风险的情况和上次的审核结果，确定审核范围和频率。所有活动每年至少审核一次。

3.4.2 审核员应经适当的培训具备相应的资格，需独立于被审核部门之外（即不是对他们自己的工作进行审核）。

3.4.3 应确保内审程序的实施，内审报告清楚识别和验证符合和不符合的情况。审核结果应汇报给审核的负责人员，确定纠正措施及完成的时间表，验证纠正措施的完成情况。

3.4.4 除了内审，还应建立文件化的检查程序来确保工厂环境和加工设备处于适宜的食品加工条件。检查频次应基于风险评估，在产品暴露区域不少于每个月一次，这些检查包括：

■卫生检查，以评估保洁和内务管理绩效

■加工区检查，以识别建筑物或设备对生产的风险

检查的频率应根据风险确定，但对于开放式产品区不应少于每月一次。

理解要点：公司应建立内审程序，规定内审频率。应建立年度审核计划（具体日程）。内审应包括公司的所有活动和部门。内审员应完成适当的培训，不能审核自己的工作区域。内审报告应包括所有的符合项和不符合项，内审情况应向相关区域的负责人通知。

不符合项的整改措施和时间要求应得到确认，并对纠偏措施进行验证。除了内审，应定期对卫生清洁、设施、设备、建筑定期进行检查，对于开放性产品区域频率至少每月 1 次。

3.5 供应商和原料许可和绩效监控

3.5.1 原料和包装材料供应商管理

☆基本要求

公司应建立有效的供应商批准和监控体系，来确保任何从原料（包括包装材料）到符合安全、合法和质量的成品在任何潜在风险都得到理解和管理。

3.5.1.1 公司应对每个原料或每组原料进行文件化的风险评估，来识别与产品安全、合法和质量相关的潜在风险。应考虑以下方面：

■过敏原污染

■异物风险

■微生物污染

■化学污染

■替换或欺诈（参见 5.4.2 条款）

另外还应考虑原材料对于最终产品质量的重要性。风险评估应以原材料验收和测试规程以及供应商审批和监督流程为基础。风险评估应至少每年进行一次。

3.5.1.2 公司应建立文件化的供应商批准和持续监控程序，来确保供应商在卫生条件下生产产品，并对与原料质量和安全有关的风险进行了有效管理，执行有效的追溯过程。批准和持续监控程序可基于以下一种或多种途径：

■认证（如 BRC《全球标准》或其他 GFSI 公认方案认证）

■供应商审核，范围包括由经验丰富且有证据证明合格的产品安全审核员所进行的产品安全、可追溯性、HACCP 审核和良好操作规范。或者供应商调查问卷（仅用为评估为低风险的供应商）

■在审批基于调查问卷的情况下，这些规程应至少每三年重新签批一次，而且供应商必须在此期间通知工厂任何重大变化。

当批准基于问卷表时，至少每三年要重新发布，并要求供应商告知在这期间的任何显著变化。

工厂应备有最新认可供应商一览表。

理解要点：全球食品安全倡议（GFSI）由消费品论坛管理，是一个协调并成为国际食品安全标准制定基准的项目。

公司应对每个原料或原料组进行风险评估（增加替换和欺诈的风险），频率为每年一次。公司应建立书面的供应商批准和监控程序，规定批准和监控的措施。仅仅针对低风险供应商可以采用调查问卷，其他高风险供应商应具备 GFSI 认可的认证或完成供应商审核。

公司应识别特殊采购，规定控制特殊采购程序。

3.5.2 原料和包装材料的接收和监控规程

原材料（包括包装）的接收控制应确保原料不会损害产品的安全、合法性或质量，以及适当情况下对真伪的任何权利诉求。

3.5.2.1 公司应根据风险评估（3.5.1.1 条款）制定成文的原材料和包装收货时的验收规程。原材料（包括包装）验收及其下发使用应基于以下的一项或多项。

■产品采样和测试

■收货时的目测检查

■分析证书，须针对每一批货物

■合格证书

应提供原材料（包括包装）清单和要满足的验收要求，应明确规定、实施和审查验收的参数和测试频率。

3.5.2.2 应充分执行程序并保持记录，来证明每个接收批次原料的接收准则。

3.5.3 对提供服务的供应商的管理

公司应能够体现在进行外包服务的情况下，服务是适当的，而且对食品安全、合法性和质量所呈现的任何风险均已得到评估，以确保制定有效的控制。

3.5.3.1 应建立文件化的服务供应商的批准和监控程序，这些服务可包括：

■虫害控制

■洗衣服务

■清洁外包

■设备的外包服务和保养

■运输和配送

■辅料、包装材料或产品的外部储存

■实验室测试

■餐饮服务

■废弃物管理

3.5.3.2 应与服务提供商签署并保持合同或正式协议，并应明确规定服务要求且确保与服务相关的潜在食品安全风险已受到关注。

理解要点：公司应建立书面的原料和包装接收标准，并有原料和包装物的接收记录、检测报告、证书等（分析证书应针对每批产品）。

公司应对提供服务供应商进行分险评估，并签订服务合同。

3.5.4 加工和包装外包管理

在认证范围所含的任何产品生产或包装的加工步骤分包给第三方或在另一家工厂进行的情况下，应得到管理，以确保不会削弱产品的安全、合法性、质量或真实性。

3.5.4.1 公司应能证明生产过程的外包部分或其他加工现场已向品牌所有者声明，必要时得到批准。

3.5.4.2 公司应确保分包商已通过成功完成以下的任一项得到批准并受到监督。

■对 RBC《食品安全全球标准》或其他的 GFSI 公认方案的认证

■有记录可查的工厂审核，范围包括由经验丰富且有证据证明合格的产品安全审核员所进行的产品安全、可追溯性、HACCP 审核和良好操作规范

3.5.4.3 任何外包加工或包装运营均应：

■按照所制定的合同进行，合同应明确规定任何加工和/或包装要求以及产品规格

■保持产品的可追溯性

3.5.4.4 公司应为加工或包装部分外包的产品建立验收和测试规程，取决于风险评估，可包括目测、化学和/或微生物测试。

理解要点：公司如没有加工和包装外包，此条款可以省略。

3.6 规格

应制定原材料（包括包装）、成品的和可影响成品完整性的任何产品或服务的规格。

3.6.1 原料和包装材料的规范应充分和准确，并保证符合相关食品安全和法规的要求。规范应包括影响成品质量或安全的材料特性限值（如化学、微生物或物理标准）。

3.6.2 应对所有成品制定准确、最新的规格。这应包括重要数据，以满足客户和法定要求并可协助客户安全使用产品。

3.6.3 公司应与相关当事人签署正式规格协议。如果规格未予以正式约定，公司应能够证明已采取措施以确保建立正式的协议

3.6.4 每当产品发生变化（如成分、加工方法）时都应对规格进行审查，或者至少每 3 年进行 1 次。应对审查日期和任何更改的审批进行记录。

理解要点：公司应对所有原料、辅料、包装材料、半成品和成品都建立规格书。生产指令单（作业指导书）的要求应和规格书要求一致。产品规格书应经过客户的确认。应定期对规格书进行评审，至少 3 年 1 次形成评审记录。

3.7 纠正和预防措施

☆基础要求：

工厂应能够体现他们使用来自在食品安全和质量管理体系中所查明的规章信息，以进行必要的纠正措施来防止再次发生。

> 3.7.1 公司应制定成文的规程，以处理并纠正在食品安全和质量体系中所查明的问题。
>
> 3.7.2 在不符合项可对产品安全、合法性或质量带来危险的情况下，应得到调查和记录，具体包括：
>
> ■清晰的不符合项记录
>
> ■能够胜任且经授权的适当人员对后果的评估
>
> ■解决当前问题的措施
>
> ■纠正进程的适当时间框架
>
> ■负责纠正问题的人员
>
> ■对纠正措施已得到实施且有效的验证
>
> ■对不符合项根本原因的识别和任何必要纠正措施的实施，以防再次发生。

理解要点：公司应建立纠偏和预防程序，结合内审、客户投诉、不合格品处理、管理评审、第三方审核等方面进行验证整改的执行情况。

> 3.8 不合格品产品控制
>
> 工厂应保证任何超过规范要求的产品得到有效控制，防止其放行。
>
> 3.8.1 应制定成文的不合格产品管理规程，这些规程应包括：
>
> ■对员工识别和报告潜在不合格产品的要求
>
> ■对不合格产品的醒目标识（如直接贴标签或使用IT系统）
>
> ■安全储藏，以防止意外放行（如实际或基于计算机的隔离区）
>
> ■必要情况下向品牌所有者进行查证
>
> ■对存在的问题产品的使用或处置的确定的决策责任（如销毁、返工、降级到其他标签或妥协接受）
>
> ■对产品使用或处置决策的记录
>
> ■在产品因食品安全原因进行销毁的情况下，对销毁情况的记录

理解要点：公司应有不合格品控制程序。员工应了解工厂不合格品的管理情况，应与程序描述一致，证明程序有效性。不合格品应有标识、隔离等控制。不合格品处理应有记录。

> 3.9 可追溯性
>
> ☆基础要求
>
> 公司应能够追溯所有原料产品批次（包括包装材料）从他们的供应商到加工的所有阶段，至发货到顾客，反之亦然。
>
> ■识别和追溯产品的批号
>
> ■从采购开始到形成最终产品所需过程的所有阶段
>
> ■销售成品给顾客阶段
>
> 3.9.1 原材料的标识，包括主要和任何其他相关的包装及加工成分、中间品/半成品、部分使用材料、成品和处于调查中的材料，应充分，以确保可追溯性。
>
> 3.9.2 工厂应测试各个不同产品组的追踪系统，以确保可确定从原材料到成品的可追溯性，而且反之亦然，包括质量检查/物料平衡。这应按预先确定的频率进行，而且保存结果，以供检查。测试应至少每年进行一次。全面可追溯应可在4h之内实现。

3.9.3 工厂应确保其原材料供应商拥有有效的追溯系统。在供应商的审批是基于调查问卷而非认证或审核的情况下，对供应商追溯系统的验证应在最初批准时进行，其后至少每3年进行1次。这可通过可追溯测试实现。在原材料从农场或养鱼场直接进货的情况下，对这些单位追踪系统的进一步验证是非必须的。

3.9.4 在执行返工或任何返工操作的情况下，应保持可追溯性。

理解要点：公司应建立标识和可追溯程序。所有原料、辅料、包装材料及各个阶段的产品都应标识清楚。公司应至少每年测试一次可追溯体系，并从两个方向进行（可追溯测试报告，quantity check/mass balance），要求4h内完成。公司应确保原材料供应商拥有有效的可追溯体系，可以通过现场审核或调查问卷形式。

3.10 投诉处理

应有效处理客户投诉，并应用相关信息减少投诉的重复发生率。

3.10.1 在提供充足信息的情况下，应记录和调查所有的投诉，而且应记录对问题的调查结果。应由适当经过培训的人员及时有效地根据所查明问题的严重性和频率采取相应的措施。

3.10.2 应分析投诉数据的显著变化趋势。在投诉或重大投诉呈显著增加趋势的情况下，应运用根本原因分析实施对产品安全、合法性和质量的持续改善和避免再次发生。此项分析应向相关员工提供。

理解要点：公司应建立客户投诉处理程序，对客户投诉应进行分析，以识别趋势，并采取措施。在投诉或重大投诉呈现显著增加趋势的情况下，应采取根本性原因分析，并通知到相关员工。

3.11 事故、产品撤回和召回管理

公司应建立有效的事故管理程序，包括产品撤回和召回。

3.11.1 公司应建立程序用于报告和有效管理影响产品安全性、合法性和质量的事故和潜在紧急情况，这应包括对制定应急计划的考虑，以保证食品的安全、良好质量与合法性。突发事件可包括：

■关键服务的中断，如水、能源、运输、员工和通讯；

■事故，例如火灾、水灾或自然灾害；

■蓄意的污染和破坏。

当产品是被事故影响的现场发出时，可考虑撤回和召回产品。

3.11.2

公司应建立文件化的产品撤回和召回程序，至少包括以下方面：

■指定关键人员组成召回管理小组，并清楚明确职责

■制定用来决定产品是否需召回或撤回的指导方针，保持记录

■适时更新的关键联系人清单或场所参考清单，如召回管理小组。紧急服务、供应商、顾客、认证机构、管理机构

■沟通计划，及时向顾客、消费者及官方管理机构提供信息

■必要时提供建议和支持的外部代理机构的详细情况，如专业实验室、管理机构、法律专家

■处理产品可追溯性的物流、受影响产品的回收或处置以及库存核对的计划

该规程应随时可进行操作

3.11.3　应至少每年1次的对产品召回和撤回规程进行测试，为确保有效的可操作性，应保存测试的结果，而且应包括主要活动的计时。应使用测试和任何实际召回的结果审查规程和实施必要的改进。

3.11.4　当发生产品召回事故时，应在做出召回决定的3个工作日内通知对该现场按照本标准颁发最新证书的认证机构

理解要点：公司应建立程序来进行应急处理，对应急情况进行识别，规定如何同客户进行沟通。公司应建立产品召回和撤回程序，并建立应急管理小组，包括小组名单、职责描述、联系方式（包括非工作时间的联系方式），同时具备紧急服务、供应商、客户、认证机构和权威机构的联系方式。

应急管理和召回程序应包括各方面要求，并且随时可以运行。公司应至少每年测试1次召回程序，召回测试应包括各个主要活动的时间，并将测试结果用于持续改进。

3.12　客户关注与沟通

3.12.1　在公司被请求遵守特定的客户要求、实践规范、工作方法等情况下，这些资料应向工厂内的相关员工传达了解并得到实施。

3.12.2　可行情况下，应制定向原材料和服务的供应商传达客户特定要求的有效流程。

理解要点：公司应理解客户的特定政策和要求，具体政策和要求应向员工和供应商进行有效沟通。

四、现场标准

4.1　外部标准

现场应具有适宜的面积、位置、结构和设计，以便于减少污染风险，并有助于生产安全、合法的产品。

4.1.1　应考虑可能对成品完整性产生负面影响的局部活动和场地环境，同时应采取措施防止产品污染。若已采取的为保护现场免受潜在污染的措施（来自潜在的污染物，洪水等）有任何变化时，要对采取的措施及时评估

4.1.2　外部环境应维护良好：

■建筑物周围有草坪和植物时，应定期护理和好维护

■工厂控制的外部交通线路应平整处于良好的维护，防止对产品造成污染

4.1.3　建筑构造维护良好，尽量减少对产品造成的潜在交叉污染（如除去鸟巢、管路四周缺口进行密封，防止虫害的入侵、水的进入、其他交叉污染）。

理解要点：对地沟、窗户应采取加强清洗措施，并定期评审，能保持清洁，不污染产品。加工场所外部区域的草坪定期维护，生产车间外墙均保持干净，厂区道路平整，无积

尘、无积水。车间密封较好，通往外界的出水口处应安装防护网。

4.2 安保

安保系统应保证产品不被偷窃或受到蓄意破坏，得到控制。

4.2.1 公司应进行文件化的风险评估，针对安全安排和产品受到故意污染或损害带来的潜在风险，按照不同的风险来评估每个区域，应识别敏感的或受限区域，清晰标志，进行监控和控制。应执行识别的安全安排，并每年至少评审1次。

4.2.2 应制定措施，只允许授权人员进入生产和储存区域，员工、承包商和访问人员的公司进出应得到控制。应建立访问系统。员工应得到现场安全程序的培训，并鼓励其报告无法辨认或不认识的来访人员。

4.2.3 应对外置储罐、储仓和带有外部开口的进气管设置防护栏。

4.2.4 在立法有要求的情况下，工厂应在相应的主管部门进行登记，或取得批准。

理解要点：公司应建立食品安全防护计划（FDA反恐登记），并应定期进行评审（至少每年1次），公司应建立来宾报告制度，确保安全有效实施。

4.3 布局、产品流和隔离

☆基础要求

工厂布局，加工流程和人员流动应能充分控制产品受到污染的风险和符合相应的法规要求。

4.3.1 应制定工厂平面图，以对处于不同污染风险级别的产品区（分区）进行划分：具体包括：

■高风险区

■高关注区

■常温高关注区

■低风险区

■封闭产品区

■非产品区

当对工厂的具体区域确定前提方案时，应考虑这一区划方法。

4.3.2 工厂平面图应确定：

■人员的进入点

■原材料（包括包装）的进入点

■人员移动路线

■原材料移动路线

■废料清理路线

■返工移动路线。

■员工设施的位置，包括更衣室、洗手间、食堂和吸烟区

■生产加工流程

4.3.3 承包商和来宾，包括驾驶员，都应了解厂区的所有出入规程以及他们所访问区域专门针对危害和潜在产品污染的各项要求。在产品加工区或储藏区工作的承包商应受指定人员的监督。

4.3.4 人员、原材料、包装、返工和/或废料的移动不应削弱产品的安全。应制定加工流程并采用切实有效的规程，以最大限度地减少原材料、中间品/半成品、包装和成品的污染。

4.3.5 在高风险区是生产工厂一部分的情况下，应在这些区域与工厂的其他部分之间设立实际的隔离屏障。隔离应将产品流、材料（包括包装）的性质、设备、人员、废料、气流、空气质量和公共设施的提供考虑在内。转移点的位置不得削弱高风险区与工厂其他区域间的隔离。应制定操作规范，以最大限度地减少产品污染的风险（如材料进货时进行的消毒）。

4.3.6 在高关注区是生产现场一部分的情况下，应在这些区域与现场的其他部分之间设立实际的隔离屏障。隔离应将产品流、材料的性质、设备、人员、废料、气流、空气质量和公共设施的提供考虑在内。在没有设立实际屏障的情况下，应对现场交叉感染的风险进行全面评估，而且应备有有效的备用流程，以保护产品免受污染。

4.3.7 在要求划定常温高关注区的情况下，应执行有记录可查的风险评估，以确定食源性病原体发生交叉感染的风险。风险评估应考虑微生物污染的潜在来源，而且包括：

■原材料和产品

■原材料、包装、产品、设备、人员、和废料流

■气流和空气质量

■公共设施（包括排放）

应制定有效的流程，以保护最终产品免受污染。这些流程可包括隔离、加工流程管理或其他控制措施。

4.3.8 工厂应具备充足的作业空间和储藏能力，以使所有的操作均能够按照安全的卫生条件正常进行。

4.3.9 建筑施工和整修期间所建的临时结构设计和选址应得当，以避免害虫滋生和确保产品的安全和质量。

理解要点

① 高关注区：按高标准所设计的区域，其中有关人员、组分、设备、包装和环境的规范旨在最大限度地减少产品的病原微生物污染。

② 高关注产品：储存期间要求冷却的产品，此类产品易于滋生病原体，曾接受将微生物污染减少至安全水平（通常下降1～2个队数值）的流程且随时食用或加热。

③ 高风险区：按高的卫生标准所设计的物理隔离区域，其中有关人员、组分、设备、包装和环境的规范只在预防产品的病原微生物污染。

④ 高风险产品：可随时食用/随时加热的冷冻产品或食品，具有滋生病原微生物的高风险性。

4.4 建筑物构造（原料处理、制备、加工、包装和仓储区域）

厂房、建筑物和设施的结构应符合既定目的。

4.4.1 墙壁的表面处理和维护应可预防灰尘累计，最大限度地减少冷凝和发霉，而且便于清洁。

4.4.2 地板应具有适当的耐磨性，以满足加工要求并承受保洁材料和方法。它们应具备一定的抗渗透性，得到良好的维护且便于清洁。

4.4.3 排水系统（如提供）的选址、设计和维护应可最大限度地减少产品污染风险，而且不会削弱产品的安全。机械设备和管道的布局应在一切可行的情况下将工艺废水直接引向排水口。在用水量大或直接采用排水管道不可行的情况下，地板应具备足够多的地漏，以向适当的排水系统处理各种水流或废水流。

4.4.4 高关注或高风险设施区域，就制定排水计划来表风险示流向和设备的固定位置，防止废水回流。排水系统不能对高关注/高风险区域带来污染风险。

4.4.5 天花板和吊顶的构造、表面处理和维护应可预防产品污染风险。

4.4.6 在吊顶或屋顶存在空穴的情况下，除非空穴完全封闭，否则应提供到空穴的足够大的入口，以方便检查害虫活动。

4.4.7 在存在产品风险的情况下，按设计需打开以进行通风的窗户和天窗应安装足够的滤网，以防止害虫浸入。

4.4.8 在对产品产生安全风险的情况下，玻璃窗户应进行防护，防止破碎。

4.4.9 门应得到良好的维护

■外门和装卸台较平器应安装严密或充分密封

■除非发生紧急情况，否则通向开放式产品区的外门在生产期间不得打开

在通向封闭式产品区的外门打开的情况下，应采取适当的预防措施，以防止害虫侵入。

4.4.10 应提供适当且充分的照明，以确保正确的加工操作、产品检验和高效保洁。

4.4.11 在可造成产品风险的情况下，灯泡和灯管，包括位于电子灭蝇器设备上的灯管，均应得到充分的防护。在无法提供全面保护的情况下，应配备其他的管理方法，如金属筛网或监控规程。

4.4.12 应在产品储藏和加工环境中提供充分的通风和抽风，以防止产生冷凝或过量灰尘。

4.4.13 应为高风险区提供充分的新鲜过滤空气。应将所采用的过滤器规格和换气频率编制成文，这应以风险评估为基础，统筹考虑气源和相对于周围区域保持正气压的要求。

理解要点：风险：危害的伤害发生的可能性。

风险分析：一种包含三个组成部分的过程，即风险评估、风险管理和风险通报。

风险评估：对过程所设计的风险程度进行识别、评定和估计，以确定适当的控制程序。

4.5 公用设施（水、冰、空气和其他气体）

处于生产和储存区的公用设施应受到监控，能有效控制产品交叉污染的风险。

4.5.1 所有的水（食品生产加工原料、产品的准备、设备和厂房的清洁）应充分符合质量标准。

■符合饮用水标准

■按照相关的法律规定，不会造成交叉污染的风险

■水的微生物和化学指标应至少每年测1次

■基于风险评估，确定取样点和测试频次，考虑水源、现场储存、运输设施和之前的取样历史和使用

4.5.2　现场可获得最新供水系统平面图，适用时包括存储器、水处理和水循环，平面图可用于水的取样和水质量的管理。

4.5.3　当法规允许非饮用水用于原料清洗（如鱼的储存和清洗），水应满足此加工工艺的法规要求。

4.5.4　与产品直接接触或作为产品原料的空气，其他气体和蒸汽应被监控，确保不会带来交叉污染的风险。与产品直接接触的压缩空气应过滤。

理解要点：公司应根据水源状况（自取水还是城市用水）规定水质监测频率。公司供水图应包括蓄水池、水处理和水回收，并及时更新。公司内部应对蒸汽、水、冰建立监控计划及具体监控措施。

4.6　设备

所有的加工设备均应适合预期的目的，而且其使用应能最大限度地减少产品的污染风险。

4.6.1　所有的设备均应采用适当的材料制造。设备的设计和安装应确保便于进行有效的保洁和维护。

4.6.2　与食品直接接触的设备应适合与食品接触且满足一切适用法律的要求。

4.7　维护

应运行有效的车间和设备维护计划，以预防交叉污染和减少潜在的故障。

4.7.1　应建立所有车间和加工设备的文件化维护计划或状况监控系统。新设备试车时应确定维护要求。

4.7.2　除计划维护保养外，由于设备故障，对产品造成异物交叉污染的风险时，设备应在事先预订的间隔内进行检查，对检查结果进行记录，并且采取相应的措施。

4.7.3　在对设备进行临时维修时，应对维修操作进行控制，以确保产品的安全性和合法性不受威胁。一旦可行，规定时间期限内，应对临时措施予以永久的修复。

4.7.4　公司应确保产品的安全性和合法性在维修和后续的保洁操作期间不受到损害。完成维修工作后行使成文的卫生清洁程序，这将记录产品污染的危害已从机器和设备上消除。

4.7.5　在高风险和高关注区所进行的维护活动应遵守这些区相应的隔离要求。一旦可能，工具和设备应由该区所专用和保留。

4.7.6　设备和车间维护使用的材料，直接或间接与原料、中间产品、成品接触可导致风险的材料，如润滑油，应为食品级且具备已知的过敏原状态。

4.7.7　应保持工程车间清洁、井然有序，而且应实行必要的控制，以防止工程碎屑转移到生产或储藏区。

理解要点：与食品直接接触的设备（如传送带）应适合食品生产，并有食品级检测证明。对所有设备应建立保养计划，新采购的设备也应建立保养计划，计划的制定应是基于风险评估的考虑。

对高风险的设备（如可能导致异物污染）应进行定期检查并形成记录。维修后处理应符合清洁程序。如有外部维修，应规定程序。润滑油应是食品级的，如使用食用油，应确保无过敏原污染。

4.8 员工设施

员工设施应充足且与员工人数相适应，应设计和运行员工设施，将产品污染风险降到最低。员工设施应维护良好，卫生清洁。

4.8.1 应为所有的人员提供专用的更衣设施，包括员工、来宾和承包商。这些设施的设置地点应能够允许不经过任何外部区域而直接进入生产、包装或储藏区。在无法做到这一点的情况下，应进行风险评估并实施相应规程（如配备擦鞋机）。

4.8.2 应为在原料处理、加工、制备、包装和储存区域工作的所有员工提供足够空间的设施，以存储合理的私人物品。

4.8.3 在更衣设施内，户外衣物和其他个人物品应与工作服分开存放。设施内应合理分开干净和脏的工作服。

4.8.4 在操作包含高关注区的情况下，人员应穿过位于高风险区入口处的专用更衣设施进入。更衣设施应满足以下各项要求：

■应对穿上和脱下专用防护服的更衣次序提供明确说明，以防止污染干净的衣服

■防护服应与其他区所穿的工作服看上去有所区别，而且不应在高风险区以外穿用

■更衣期间应同时提供洗手便利，以防止污染干净的防护服（即在扎头和穿鞋之后，但拿取干净的防护服之前要洗手）。

■应提供进入高风险区之前的洗手和消毒便利，而且必须使用

■应提供要在高风险区穿用的专用鞋，而且应配套有效的系统，以隔离要求穿高风险区指定鞋子和其他鞋子的区域（屏障或排椅）。作为例外，在显然可提供对鞋子的有效控制以防止将食源性病原体材料引入高风险区的情况下，可以使用擦鞋机。

应建立环境监测计划，以评估鞋子控制的有效性。

4.8.5 在操作包含高关注区的情况下，人员应穿过专用指定的更衣设施进入，这样的安排应能够确保防护服未在进入高关注区之前被污染。这应采纳以下各项要求：

■对穿上和脱下专用防护服的更衣次序的明确说明，以防止污染干净的衣服

■工厂发放的鞋子不应在厂区之外穿用

■防护服应与在低风险区所穿的工作服看上去有所区别，而且不应在高关注区以外穿用

■更衣期间应同时提供洗手便利，以防止污染干净的防护服

■应提供进入高关注区时的洗手和消毒便利，而且必须使用

应提供对鞋子进行有效控制的规程，以防止将食源性病原体原材料引入高关注区。这可通过进入该区域前的换鞋控制规程或采用受控和管理的擦鞋机实现。

应建立环境监测计划，以评估鞋子控制的有效性。

4.8.6 应在生产区入口处及其他适当区域提供适当和充足的洗手设施，此设施至少包括：

■水量充足，水温适当

■液体肥皂

■一次性的毛巾或设计和安置的烘手器

■非手动水龙头

■提示洗手的警告标志

4.8.7　应对卫生间进行充分的分隔，不能直接开向生产、包装和存区域，卫生间提供的洗手设施包括：

■洗手池，备有肥皂和适当水温度的水

■充足的干手设施

■提示洗手的警告标志

当卫生间的洗手设施是返回生产之前的唯一设施，应符合4.8.6的要求，且应有标志指导员工洗手。

4.8.8　当国家法律允许吸烟时，应提供专门的受控吸烟区域，其生产区域隔离的距离应达到烟雾不会污染产品。应保证建筑物的足够排烟能力，在内部和外部的吸烟设施内提供充足的措施处理吸烟者的废弃物。不允许使用电子香烟或将其带入生产区或储藏区。

4.8.9　员工带入工厂的所有食物应清洁且卫生，并应适当的储存，不得将食物带入储藏、加工和生产区。工作间隙，如果允许在车间外吃东西，应在指定区域内并配备适当垃圾控制措施。

4.8.10　若提供餐饮设施，应对其进行适当的控制以防止产品受到污染（如食品中毒的来源或现场过敏材料的引入）。

理解要点：设施设计应合理、完好。数量充足、卫生清洁。加工车间应设有一、二更衣室，衣架鞋架，外来人员衣柜等设施齐全。仓库、原料处理人员应设有更衣室、更衣柜、洗手消毒设施和卫生间。个人物品与工作服应分开存放。已清洗消毒工作服、未清洗工作服应分开存放。

进入卫生间应换专用拖鞋。车间入口处洗手水龙头应数量充足，并应备有皂液、干手设施、洗手程序示意图、提示手消毒时间的钟表等。吸烟区应与生产车间隔离，不接触产品。不允许个人食物带入生产区。

4.9　产品的物理和化学污染控制——原料处理、制备、加工、包装和储存区域

应具备适当的设施和程序以控制产品的物理或化学污染风险。

4.9.1　化学品控制

4.9.1.1　应制定化学品控制程序，管理非食用化学品的使用、储存和处理。其至少应包括：

■批准的化学品采购清单；

■提供材料安全数据表和规范；

■证实食品加工过程中使用的适宜性；

■避免使用有刺激性气味的产品；

■任何时候都有化学品的标签和/或识别证明；

■仅限经过授权的人员进入的隔离和安全储存区；

■指定储存区，仅限受过培训的人员使用。

4.9.1.2　当不得不使用气味强烈或具腐蚀性的材料，比如建筑工程，应建立程序防止对产品的腐蚀污染风险。

理解要点：建立物质安全数据表（MSDS），物质安全数据表的信息主要供专业人员使

用，并且应让他们在作业现场采取必要的健康和安全防护措施。物质安全数据表既可以是书面的，也可以电子版的，前提是有关人员确实能获得这些资料。

公司应建立化学品控制程序，建立有毒有害化学品一览表，编制 MSDS。所有化学品应进行危害识别，并标识。专库、专柜保管，相关人员应培训。

4.9.2　金属控制

4.9.2.1　应制定成文的政策，控制锋利金属工具使用，包括刀具、设备上的切割片、针或金属丝。这应包括对破坏情况进行检查和任何丢失物品进行调查的记录，杜绝使用可折断型刀片（美工刀）。

4.9.2.2　应避免采购原料和包材的包装材料上使用钉书钉或带来其他异物的危害。在产品暴露区域禁止使用钉书钉和回形针。一旦出现，应采取适当的防范措施，将产品污染的风险降至最低。

理解要点：公司应建立金属控制程序，规定生产区内不允许使用订书钉、回形针。对刀子应严格控制并形成检查记录。

4.9.3　玻璃、易碎塑料、陶瓷和类似的材料

4.9.3.1　产品暴露或会对产品产生交叉污染的风险区域内，应避免使用玻璃和其他易碎品材料，否则进行防护防止破碎。

4.9.3.2　建立和实施处理玻璃和其他易碎品材料的文件化程序，以确保采取必要的预防措施，程序至少应包括：

■列有详细的地点、数量、类型和状况信息的物品清单

■基于对产品影响的风险水平，确定频率，保留检查物品状况的记录

■详细描述物品的清洗和更换，以最大限度的减少对产品的潜在污染

4.9.3.3　建立和实施文件化的程序，详述在玻璃、易碎塑料和其他易碎品材料破碎时所采取的措施，包括：

■隔离受到潜在影响的产品或生产区域

■清洗生产区域

■检查生产区域，批准后方可继续生产

■更换工作服，检查工作鞋

■明确得到授权的员工来实施以上几点

■记录破碎事故

理解要点：公司应建立玻璃及易碎品管理程序，规定管理措施。玻璃和易碎品应登记，规定检查频率，形成检查记录。开放性产品区域和存在产品污染风险的产品区域不能使用玻璃和其他易碎材料，否则应采取防碎措施。如有玻璃破碎后应采取有效的处理措施，相关人员应得到适当的培训。

4.9.4　用玻璃或其他易碎容器包装的产品

4.9.4.1　容器的储藏应与原材料、产品或其他包装的储藏分开进行。

4.9.4.2　应建立体系，以管理容器保洁/检查与容器封装期间所发生的破碎问题。作为最低要求，这应包括成文指导，以确保：

■对破碎附近处于风险中产品的清理和处置；对于不同的设备或生产线对应区域可能需要区别对待

■对可能受容器碎片污染的生产线或设备的有效保洁。保洁操作不得导致碎片进一步扩散，例如通过使用高压水或高压空气

■使用专用、醒目标示的保洁设备（如颜色编码）清理容器碎片。此类设备应与其他保洁设备分开存放

■使用专用、取用方便的带盖的垃圾容器收集破碎的容器和碎片

■碎片清理完毕后对生产设备进行检查并记录，以确保清理工作已有效地排除任何一步污染风险

■完成清理后授权生产重新开始

■保持生产线周围的区域不存在破碎的玻璃

4.9.4.3　应保持对生产线上的所有容器破碎情况进行记录。在某个生产阶段期间未发生任何破碎的情况下，也应做相应的记录。应对这一记录进行审查，以识别发展趋势以及潜在的生产线或容器改进。

4.9.5　木材

4.9.5.1　除非是加工要求（如产品在木材中成熟），否则不得在开放式产品区使用木材。在不能避免使用木材的情况下，应对木材的状况进行持续监测，以确保其状况良好且不存在可导致产品污染的损坏或碎片。

理解要点：玻璃容器应单独存放，应有效控制此类容器破裂的风险。出现破裂应形成记录，并进行趋势分析及采取措施。

4.10　异物检测和清除设备

应通过有效使用异物排除和检测设备，来降低或消除产品污染的风险。

4.10.1　异物检测和清除设备

4.10.1.1　对每个生产过程应结合HACCP项目进行文件化评估，来识别使用以下设备来检测或排除异物污染：

■过滤器

■筛子

■金属探测

■磁铁

■光学筛选设备

■X射线检测设备

■其他物理性分离设备，如比重分离，流化床技术等

4.10.1.2　检测和/或排除方法，包括类型、位置和敏感度要求应文件化。工厂最佳实践与辅料、材料、产品和/或包装的产品特性相运用。设备的位置或其他影响设备敏感度的参数得到确认和调整。

4.10.1.3　应确定异物检测和排除设备的测试频率，可考虑：

■特殊顾客要求

■当设备失控时，工厂识别、叫停和防止放行任何受影响材料的能力

4.10.1.4 对设备检测和排除的异物，任何不期望的物质来源应予以调查。需运用剔除物质的信息来识别趋势，尽可能使用预防措施来降低异物污染的发生。

理解要点：书面体系文件中应识别异物检测和剔除设备的类型、位置、精度等，确定其检测频率，并对检出物进行了调查分析。

4.10.2 过滤器和筛子

4.10.2.1 用于异物控制的过滤器和筛子应有特定的筛网尺寸和规格，其设计应最大程度保护产品，应对系统保留或排除的异物进行检查和记录，来识别污染风险。

4.10.2.2 应根据风险大小确定成文的频率对过滤器和筛子的破坏情况进行检查和测试。应保持对检查进行记录。在发现过滤器或筛子存在缺陷的情况下，应对此做相应的记录，而且应调查对产品污染的可能性并采取适当的措施。

理解要点：过滤网孔径的大小应合适，并定期清理检查，形成记录。

4.10.3 金属探测器和X射线设备

4.10.3.1 应使用金属探测设备，除非风险评估证明无需用此防止成品金属污染。未使用的说明应文件化。出现此种情况一般基于有其他可选的更有效的保护方法（如使用X射线机、产品的筛选或过滤）。

4.10.3.2 金属探测器或X射线设备应满足以下各项要求：

■自动排斥设备（对于连续在线系统），应能将被污染的产品要么转移出产品流，要么转移到只有经授权人的人员方可进入的安全装置

■带报警器的皮带停止运行系统（在产品不能被自动拒绝的情况下），如对于很大的袋子

■应配备识别污染位置的在线检测器，以实现对受影响产品的有效分离。

4.10.3.3 公司应建立并实施成文的金属或X射线设备操作与检测规程。作为最低要求，这应包括：

■设备检测的责任；设备操作效率和灵敏度以及对于特定产品的任何应变调节

■检测器的检查方法和频率

■对检查结果的记录。

4.10.3.4 金属探测器检查规程应以良好实践为基础，而且作为最低要求，应包括：

■试件的使用，包括多种基于风险所选的已知直径的金属。试件应标有所含测试材料的尺寸和类型

■除非产品盛装在箔容器内，否则应使用含铁、不锈钢和典型有色金属的试件进行测试

■核实检测和排斥机制在正常工作条件下可有效工作的测试

■通过让测试袋以典型的生产线运行速度通过装置，对金属探测器内存/复位功能进行测试的检查

■检查检测和排斥设备上所配备的故障保护系统

另外，在金属探测器安装在运输机上的情况，试件应能刚好通过金属探测器的孔径中心，而且一旦有可能，应通过将试件插入测试进行时生产的明确识别的食品袋内进行测试。

在使用在线金属探测器的情况下，一旦有可能，应将试件放置在产品流中进行测试，而且应核实排斥系统清除已查明污染的正确定时。

4.10.3.5 金属探测检查程序应基于最佳实践，至少包括：

■使用的测试片含有已知的金属球体，测试片应注明材料大小、和型号

■测试块应包括 Fe，不锈钢和典型的非 Fe，除非产品在金属容器中

■用测试包连续通过的金属探测器，以检验系统的内存测试/清零功能

当金属探测设备安装在输送带上

■测试块通过时尽可能靠近金属探测器小孔的中央，在可能的情况下，测试时应尽量将测试对象放入有明确标识的食品食品包装样品中进行测试

当使用在线的金属探测设备时，尽可能将测试块放在产品流中

4.10.3.6 一旦发生测试程序识别出异物探测器失灵，公司应建立和执行纠正措施和报告程序，措施应包括自上次成功测试后所有生产产品的隔离、检验和再检验。

理解要点：金属探测器和 X 射线机安放的合适，金属探测器的类型应满足要求，应建立作业指导书；应建立纠偏程序；操作按金属机操作规范执行。

4.10.4 磁铁

4.10.4.1 磁铁的类型、地点应文件化。应有文件化的程序来执行检验、清洁、强度测试和完整性检查。所有的检查记录应保留。

4.10.5 光学筛选设备

4.10.5.1 按照制造厂商的指导和建议检查每个装置。检查应予以记录。

4.10.6 容器保洁——玻璃缸、罐及其他刚性容器

4.10.6.1 基于风险评估，应执行程序来减少来自包装容器的异物污染（如玻璃瓶、铁罐和其他使用的硬质容器）。包括使用的覆盖输送机、容器倒置、通过水淋或喷气来去除异物。

4.10.6.2 每次生产中需检查和记录容器清洗设备的有效性。当配备了剔除系统来剔除脏或损坏的容器时，应通过测试容器来测试检测和有效剔除。

理解要点：磁力棒使用应验证磁力大小及有效性。公司应建立容器清洁（玻璃瓶、铁管和其他硬质容器）程序并对有效性进行验证。

4.11 内务管理和卫生

☆基础要求

应具备清洁管理和卫生体系，确保适宜的卫生标准得到一贯保持，将污染的风险降至最低。

4.11.1 应保持厂区和设备处于干净且卫生的状况。

4.11.2 应为建筑、公共设施、车间和所有设备建立和保持文件化的清洁程序，对高关注区/高风险区加工设备、食品接触表面和环境进行保洁，保洁规程最起码应涵盖至少包含以下内容：

■清洁职责

■清洁的物品/区域

■清洁频率

■清洁方法

■清洁化学品和浓度

■使用的清洁材料

■清洁记录和验证责任

基于风险评估，确定清洁频次和方法，执行程序确保达到适当的清洁标准。

4.11.3 作为对高关注区/高风险区食品接触、加工设备和环境保洁的最低要求，应确定可接受和不可接受保洁操作的极限。这应以潜在危害性（如微生物、过敏原或异物污染或产品对产品污染）为基础。应通过外观目测、ATP生物荧光技术（参见词汇表）、微生物测试或化学测试（如适用）确定可接受的保洁水平。应对保洁和消毒的规程及频率进行验证且保持纪录。这应包括源自食品接触表面化学残留的风险。

4.11.4 可获得执行清洁的资源。如因清洁的目的需拆卸设备或进入大型清洁设备，应提前安排，必要时安排在停产阶段。清洁员工得到充分的培训，需进入设备内部清洁时应提供工程支持。

4.11.5 设备返回生产前应检查清洁程度。清洁的检查结果包括目测、分析和微生物检测，应予以记录，并用于分析清洁结果的趋势，寻求改进。清洁设备应：

■适用于用途

■预期用途的适当识别，如颜色编制或标识

■以卫生的方式来清洁或储存，防止交叉污染

4.11.6 保洁设备应：

■按卫生标准设计且适合相应的目的

■对于其预期用途进行适当的识别（如颜色编码或标签）

■以卫生的方式进行清洁和储存，以防止污染

对高关注区和高风险区进行保洁的设备，应外观显然有别且属这些区域所专用。

理解要点：ATP生物荧光技术是基于ATP（三磷酸腺苷）——一种用于细胞内能量传递且因此而在生物材料中存在的物质表面洁净度快速检测方法。

公司应建立卫生清洁程序，程序应规定清洁责任人、频率、区域、方法、使用的物料，并进行有效性验证保持记录。清洁人员应经过培训，对清洁用品和设施应进行控制，现场使用的清洁用品和设施应经过标识并防止污染产品。

产品和设备如有发生过变更，应确保现有清洁和消毒程序的有效性。

4.11.7 原位清洁（CIP）

4.11.7.1 原位清洁（CIP）设施，如采用，应得到监督和维护，以确保其有效操作。

4.11.7.2 应提供CIP系统布局的示意图。应提供检查报告或其他核准方法，以便：

■系统可按卫生要求进行设计，无死区、对液流无限制性干扰且具备良好的系统排放能力

■扫气/回流泵的操作可确保容器内无 CIP 溶液积聚

■喷液球和回转式喷液设备可通过提供全面的表面覆盖有效地清洗容器，而且其堵塞情况可得到定期检查

■CIP 设备应与运行的产品线充分隔离（如通过双座阀、手动控制链、管道隔板或配有接近开关的作为联锁机构的连接或切断装置），以阻止或预防交叉感染

在对 CIP 设备进行改动或加装后应对系统进行重新核准。应保持对 CIP 系统进行改动的日志。

4.11.7.3 CIP 设备的操作应能确保进行有效的保洁操作：

■应确定流程参数、时间、洗涤剂浓度、流速和温度，以确保清除相应的目标危害，如泥浆、过敏原、植物微生物、孢子。这应得到核准并保存核准记录

■应对洗涤剂的浓度进行例行检查

■应通过分析冲洗水和/或通过存在清洗液的生产线的首件产品，或通过测试 ATP（生物荧光技术）过敏原或微生物（如适用）对 CIP 流程进行核准

■洗涤剂罐应备满，而且应保存对罐进行排放、清洗、加液和用空时的日志。应对回收的预洗涤液进行监控，以实现洗涤罐内遗留液的积累

■过滤器如安装，因按规定的频率进行保洁和检查

理解要点：公司应制定 CIP 清洗程序，确定流程参数、时间、洗涤剂浓度、流速和温度，并验证清洁效果，保持记录。

4.12 废弃物/废弃物处置

按照法规要求管理废弃物，防止堆积、交叉污染的风险和滋生虫害。

4.12.1 在法律对废料的处置要求许可的情况下，应由持有许可证的承包商进行处置，而且应保存处置记录并供审核使用。

4.12.2 外部废料收集容器和存放废料设施的房间应得到管理，以最大限度地减少风险。这具体包括：

■明确的识别

■设计易于使用且有效保洁

■维护良好，以便于保洁及必要情况下的消毒

■以适当的频率清空

■遮盖或保持关闭（如适用）

4.12.3 如果向第三方转移不安全的产品或不达标的品牌材料以进行销毁或处置，该第三方应为安全产品或废料处置方面的专业公司，而且应提供包含所收集已进行销毁或处置的废料数量的报告。

理解要点：公司现场应对垃圾进行分类，应规定对垃圾的处理措施，并形成记录。对不符合要求的带有标签的物料应集中处理，并形成记录。

4.13 过剩食品和动物饲料管理

应建立有效的流程，以确保工厂主要加工活动副产品的安全和合法性。

4.13.1 应根据客户的具体要求处置过剩的客户品牌产品。除非客户另有授权，否则在产品进入供应链之前，应从处于工厂控制之下的过剩包装产品上移除客户的品牌名称。

4.13.2 在将不符合规格的客户品牌产品出售给员工或捐助给慈善机构或其他组织的情况下，应取得品牌所有者的事先同意。应建立流程，以确保所有产品均适合消费且满足法律要求。

4.13.3 旨在用作动物饲料的副产品和降级/过剩产品应与废料隔离储藏，而且储藏期间应得到防污染保护。应根据相关的立法要求管理动物饲料产品。

理解要点：公司应制定过剩客户品牌产品管理规定，用作饲料的副产品和废品应与废料分开存放，并具备防污染保护措施。

4.14 虫害控制

整个现场应实施有效的虫害控制计划来减少侵袭的风险，如有异常，应可获得资源来快速行动防止对产品的风险。

4.14.1 如果发现害虫活动，不得对产品、原材料或包装造成感染风险。

应在害虫防治记录中记录工厂所存在的任何害虫侵扰情况，而且应作为有效害虫防治计划的一部分，以消除或管理感染，从而使其不会对产品、原材料或包装造成风险。

4.14.2 工厂应签约使用合格害虫防治组织的服务或拥有适当培训的人员对工厂进行定期检查和处理，以制止和根除害虫侵扰。应根据风险评估确定检查的频率并进行记录。在雇佣害虫防治承包商服务的情况下，服务合同应制定明确且反映现场的活动。

4.14.3 在工厂自己进行害虫防治的情况下，应能够有效的证明：

■害虫防治操作是由经过培训且合格的人员进行的，就与现场相关的害虫的生物学原理而言，他们拥有选择适当害虫防治化学品和防范方法的充分知识且了解使用限制

■从事害虫防治活动的员工满足任何法定的培训或注册要求

■可提供充足的资源，以应对任何害虫侵扰问题

■拥有现成的获取必要专业技术知识的渠道

■了解管辖害虫防治产品使用的立法

■使用专门的上锁设施存放杀虫剂

4.14.4 应保存害虫防治文档和记录。作为最低要求，这应包括：

■全厂最新平面图、标注带编号害虫防治设备的位置

■对现场诱饵和/或监控设备的识别

■明确确定的现场管理和承包商责任

■所用害虫防治产品的详情，包括有效使用的指导和发生紧急情况时要采取的措施

■所观察到的任何害虫活动

■所进行的害虫防治处理的详情

4.14.5 诱饵站或其他灭鼠器应选址得当且得到维护，以防止对产品造成污染风险。除非是在处理活跃的侵扰，否则不得在存在开放式产品的生产区或储藏区内使用有毒的灭鼠诱饵。在使用有毒诱饵的情况下，这些诱饵应受到安全保护。

应对遗失的诱饵站进行记录、审查和调查

4.14.6 灭蝇装置和/或生化信息素诱饵应正确安放和操作。如果存在除虫装置将虫害驱赶并污染产品的危险，应使用替换系统和设备。

4.14.7 万一发生虫害，应立即采取措施，以消除危害。应采取措施识别、评估和授权放行任何可能受到影响的产品。

4.14.8 应保持详细的虫害控制检查记录、建议和采取的措施。公司有责任确保由承包商或厂内专家制定的相关防治建议得到实施和监控。纠正措施的完成应有文件证据证明。

4.14.9 应以基于风险频率进行深入、成文的害虫防治调查，但作为最低要求应由害虫防治专家至少每年进行1次，以评审现行的害虫防治措施。此项调查应：

■提供对工厂害虫活动的深入检查

■审查现有的现行害虫防治措施并提出任何整改建议

在贮藏产品存在昆虫感染的情况下，调查的时间应确定在允许接触设备以进行检查的时段。

4.14.10 虫害控制检查的结果应定期评估并分析其趋势，至少应：

■在发生虫害侵入时

■每年1次

应包括对诱捕设备捕获物的分析以识别问题区域。分析结果被用来作为改善虫害控制程序的基础。

4.14.11 员工应清楚害虫活动的迹象并知晓向指定经理报告任何害虫活动证据的要求。

理解要点：公司应建立虫害控制程序，清楚识别责任人、检查频率、产品的使用说明，并按照程序要求进行检查并记录。编制最新版本的虫害控制分布图。

虫害比较严重，应及时采取措施，如公司内负责虫害控制人员应接受了专业培训（爱卫会培训证书等）。公司应至少每年1次进行虫害控制调查，并完成虫害控制的趋势分析。员工应清楚害虫活动的迹象并报告负责的经理。

4.15 储藏设施

所有用于储存原料，半成品和成品的设施应与其用途适应。

4.15.1 在风险评估的基础上，制定文件化程序，相关员工理解并执行，保证产品的安全和质量。

■在温度控制区域进行冷藏或冷冻产品的转移

■必要时隔离产品，避免交叉污染（物理性、生物性或过敏原）或感染

■离地离墙储存原料

■特定的处理或堆垛要求防止产品损坏

4.15.2 一旦可行，包装应远离其他原材料和成品储藏。任何适合使用的部分使用包装材料应得到有效的防污染保护且明确标识，以在被运回适当的储藏区之前保持可追溯性。陈旧的包装应在单独的区内储藏，而且建立相应的体系，以防止意外使用。

4.15.3　当有温度控制要求时，储存区域应将产品温度维持在范围内。应在所有储存区域内安装带有适当报警的温度记录设备。或有人工温度记录检查体系，通常是每4小时检查1次。或规定的频次允许当温度超出安全、合法性或质量产品的限值时采取措施

4.15.4　当储存环境的空气需要控制时，应说明储存条件并有效控制。应保持储存条件的记录。

4.15.5　在有必要进行外部储藏的情况下，应对产品的污染和变质进行保护。在运回工厂之前，应对这些产品的适用性进行检查。

4.15.6　工厂应为原材料、中间品和成品在储藏期间的正确存货周转提供便利条件，而且应确保材料能够按其生产日期并在规定的保质期内按正确的顺序得到使用。

理解要点：储存过程中应按照产品质量和安全的书面程序执行。包装材料应单独存放，部分使用的包装应适当保护，废弃包装应单独存放。如果产品有温度要求，应监控温度。如果温度不是连续性监控，应定期检查，检查频率应至少4h 1次，并保持检查记录。

产品接收和发送应形成记录。如果产品有外部存放，应控制减少风险。产品运回工厂之前，应对产品的适用性进行检查。

4.16　发放和运输

应执行程序，保证发放管理、运输产品的车辆和使用的容器不会对产品的安全或质量带来风险。

4.16.1　应建立并执行文件化的程序，来保持产品在装载和运输过程中的安全和质量，可能包括：

■装载码头区域的温度控制

■车辆装载时有遮盖的平台的使用

■托盘的安全装载，防止运输时的移动

■发放前的装载检验

4.16.2　应在装载前对发货所用的所有车辆或容器进行检查，以确保它们适合相应的目的，应确保它们：

■处于适当的干净状况

■不存在可能导致产品串味的强烈气味

■处于适当的状况，以防止运输期间造成产品损坏

■装备得当，以确保维护任何温度的要求

应保持对检查进行记录。

4.16.3　当温度控制有要求时，运输设施能够在最小和最大载荷下将产品温度维持在规范规定的范围内。温度数据记录装置对其进行审查以证实时间/温度状况；或具备一套系统按照预定的频率来验证和记录制冷设备的运转正常。记录应保持。

4.16.4　应保持所有装卸设备和车辆的维护保养系统和文件化的卫生程序（如连接圆桶仓装置的软管）。采取的措施应得到记录。

4.16.5　公司应对产品运输建立文件化的程序，应包括：

■混装限制

■在运输过程中产品的安全要求，特别是停车和车辆无人时

■应对车辆故障、发生事故或制冷系统失灵时，确保产品安全的明确的作业指导书进行评估，并保持记录

4.16.6　如果公司雇用第三方承包商，应在合同中明确规定这部分规定的所有要求并进行验证，或雇用公司应为获得《储存和分销全环球标准》认证的公司，或获得其他类似全球认可的标准认证。

理解要点：公司应建立装货和运输的书面程序，并保证运输过程中产品的可追溯性。运输车辆应进行检查，保持检查记录。如有温度要求，应确保温度得到有效控制。如运输属于第三方运输，应签订外包合同，说明食品质量与安全的要求。

五、产品控制

5.1　产品设计/开发

产品设计/开发程序为管理新产品、新流程，及产品、包装材料或制造过程的任何变更，以确保能够生产安全、合法的产品。

5.1.1　公司应提供清晰的指导方针界定新产品开发的范围，来控制公司或客户不接受的危害导入（例如过敏原的引入、玻璃包装或微生物风险）。

5.1.2　所有新产品和产品配方、包装材料或加工方法的变更应得到HACCP组长或授权的HACCP成员的正式批准，保证危害通过HACCP体系得到识别、评估和适当的控制并执行，产品投产前得到批准

5.1.3　必要时使用生产设备进行试生产，以确认产品配方和生产过程能够生产出符合安全和质量要求的产品

5.1.4　应采用反映储藏和整理期间所经历条件的成文协议进行保质试验。应对结果进行记录和保存，而且应确认符合相关的微生物、化学个感官标准。在投产前进行保质期试验不可行的情况下，比如对于某些保质期长的产品，应对所指定的保质期做出书面的有科学依据的正当理由说明。

理解要点：公司建立产品设计和开发程序。对新产品应进行保质期测试，保持测试记录。公司应保证产品包装满足相关的法律法规的要求和预期用途。产品设计和开发的过程应同高层管理进行有效的沟通。

5.2　产品标签

产品标签应满足适当的法律要求且包含相关信息，以实现在食品供应链内或由客户对产品的安全搬运、陈列、储藏和制作。

5.2.1　所有产品均应贴有满足指定使用国法律要求的标签，而且应包括相关信息，以实现在食品供应链内或由客户对产品的安全搬运、陈列、储藏、制作和使用。应建立相关流程，以核实成分和过敏标签依照产品配方和成分规格正确无误。

5.2.2　应制定有效的流程，以确保每当以下各个方面有所变化时，都对标签信息进行审查：

■产品配方

■原材料

■原材料供应商

■原材料原产国

■立法

5.2.3 在产品旨在实现一种要做出的满足某个消费群体需要的承诺情况下（如营养承诺、减少糖分），公司应确保对产品配方和生产流程进行全面验证，以满足所声明的承诺。

5.2.4 在标签信息是客户或提名第三方的责任的情况下，公司应：

■提供使标签得以准确创建的信息

■每当发送可影响标签信息的变化时，提供相关的信息

理解要点：公司所有产品应贴有标签，且满足法规要求。公司应对标签的符合性进行评审。如产品配方、原材料、原材料供应商、原产国、法规发生变化时，标签应重新评审。如果要满足特定人群消费，公司应对生产品配方和生产流程进行有效的验证。如标签信息是第三方提供的情况下，需提供标签信息和变更信息。

5.3 过敏原管理

☆基础要求

公司应建立过敏原管理体系，来降低过敏原污染的风险，以满足对标签的法规要求。

5.3.1 工厂应对原料作风险评估，用以确定过敏原存在和造成交叉污染的可能性，风险评估应包括对原料规范的评审。必要时，从供应商处获得其他信息，以了解（例如通过调查问卷的形式）原材料及其成分和生产厂家的过敏原状态。

5.3.2 对需要处理含有过敏原的物料，应识别和列出清单，包括对原料、加工助剂、中间品、成品以及任何新产品开发成分或产品。

5.3.3 应完成文件化的风险评估，以识别污染的途径并建立原料、中间品、成品操作政策及规程避交叉污染。这应包括：

■考虑过敏物料的物理状态，如粉状、液体、颗粒

■识别加工流程中交叉污染的潜在位置

■每个加工步骤过敏原交叉污染风险的评估

■确定适用的控制措施，来降低或消除交叉污染的风险

5.3.4 应建立的文件化程序来确保过敏物料的有效管理，来避免产品的交叉污染，不含过敏原。适当时，包括：

■当对含有过敏原的材料进行存储、加工和包装时，应进行物理隔离或分时段进行。

■当处理过敏物料时，使用分开或其他防护服

■使用标示的、指定的设备和容器来加工

■安排生产，生产减少含过敏原产品和不含过敏原产品之间的更换。

■限制空气传播含有过敏原物质的灰尘的运动。

■废弃物管理和渗漏控制

■限制员工、参观者和承包商携带食物进入工厂

5.3.5 若使用返工制品进行返工操作时，应制定程序来保证含有过敏原的返工产品不得使用在不含过敏原的产品中。

5.3.6 如果因加工的性质，造成过敏原的交叉污染不可避免时，应在标签上加以警示。作警示声明时应使用国家指导方针或实践准则。

5.3.7 当公司发表供过敏症或敏感消费者的适用声明时，应确保其生产过程得到充分难以满足发表的声明，而且应对流程的效力进行常规审核。此应编制成文。

5.3.8 应设计设备或区域清洁程序，来去除或降低任何潜在的过敏原交叉污染到可接受水平。清洁方法应确认有效，并定期验证程序的有效性。清洁过敏原物料的清洁设备应标示，过敏原专用，仅供一次性使用，否则应清洁后确保有效清洁。

理解要点：公司应进行风险评估以识别过敏原污染的可能性。建立识别涉及到的过敏原原清单。公司应建立书面程序来控制过敏原的风险，并验证控制措施有效性。过敏源管理应至少每年培训1次。

产品标签应有效管理过敏原危害，在标签中应有警示性标语。

5.4 产品真伪、承诺和产销链

应建立相应的体系，以最大限度地减少欺诈或掺假食品原材料的采购风险，而且确保所有的产品描述和承诺均合法、准确且属实。

5.4.1 公司应建立相应的流程，以访问有关可对原材料产生掺假或冒牌风险供应链的以往和现行威胁信息。此信息可来源于：

■行业协会

■政府来源

■私有资源中心

5.4.2 应对所有食品原材料或原材料组进行脆弱性评估，以评定掺假或冒牌的潜在风险。这应考虑：

■掺假或冒牌的以往证据

■可致使掺假或冒牌更具吸引力的经济因素

■通过供应链接触到原材料的难易程度

■识别掺假常规测试的复杂性

■原材料的性质

应保持对脆弱性评估的审核，以反映可改变潜在风险不断变化的经济情况和市场情报。应对此每年进行1次正式审核。

5.4.3 在原材料被看作掺假或冒牌的特定风险的情况下，应制定相应的保障措施和/或测试流程，以减少风险。

5.4.4 在成品包装上贴有或做出取决于包括以下各项在内原材料状态的标签或承认声明的情况下：

■具体来源或原产地

■繁殖/变种承诺

■保证状态（如GLOBALGAP全球良好农业规范）

■转基因生物（GMO）状态

■身份保持

■特定商标命名成分

应核实每一批原材料的状态。

工厂应保存采购记录、原材料使用的可追溯性和最终的产品包装记录，以实现所声明的承诺。

工厂应按特定方案所要求的频率或在缺失特定方案要求的情况下，至少每6个月一次地进行成文的物料平衡测试。

5.4.5 在对生产方法（如有机、清真、合礼）作出承诺声明的情况下，工厂应维持必要的认证状态，以做出这样的承诺声明。

5.4.6 应记录做出承诺声明的产品生产的加工流程，并识别污染或身份丢失的潜在区域。应建立适当的控制，以确保产品承诺声明的完整性。

理解要点：转基因生物（GMO）是其遗传物质已通过转基因技术加以改变的生物，因此其DNA含有在通常情况下在体内不会发现的基因。

公司应建立识别真伪的规程，并建立书面的风险评估，以食品原材料中掺假和冒牌的潜在风险。应每年评审一次风险评估，对高风险的产品应制定控制措施。IP产品需要保存采购记录，确保每一批原材料的状态，并完成6个月一次的物料平衡测试。

5.5 产品包装

产品的包装应与其预期用途相适应，并在适当的条件下存储，以将污染和变质的风险降到最低。

5.5.1 当采购或指定与食品接触的包装材料时，供应商应被告知影响包材稳定性的食品特殊性质（如高脂肪含量、高pH或微波炉使用）。

包材的符合性证书或其他证据应能证实符合相关的食品安全法规和符合预期用途。

5.5.2 公司所采购的用于直接与成分或在行工作接触的产品衬垫或袋子应标记适当的颜色，且具备耐撕裂性，以防止意外污染。

理解要点：产品包装应有检测报告。如产品包装会造成风险，应建立特别的程序控制。

5.6 产品检验和实验室测试

公司应采用适宜的程序、设施和标准，自己承担或分包对证实产品的安全性、合法性和质量至关重要的检验与分析项目。

5.6.1 产品检验和测试

5.6.1.1 应建立测试方案，覆盖产品和加工环境，可能包括基于风险的微生物、化学、物理和感官测试；方法、频率和详细的限值应文件化。

5.6.1.2 应定期记录并审查测试和检验结果，以识别变化趋势；应理解外部实验室结果的显著性并采取相应的措施；应及时实施相应的措施；应关注任何不满意的结果或变化趋势。

5.6.1.3 公司应保证建立对现行货架期进行评估的体系，评估体系以风险为基础，且应包括微生物、感官和相关的化学参数测试，如pH和Aw（水分活度）。货架期测试的记录和结果可核实产品上所标的保质期。

理解要点：基于风险评估的考虑，公司应建立检测计划，应包括检测方法和频率。公司应对检测结果进行记录，并定期对检测结果进行分析。如果发生不符合，应及时处理。公司应持续进行保质期测试，保质期测试中应包括微生物、感官、理化指标。

> 5.7　产品放行
>
> 公司应确保仅在所有的放行程序被执行的情况下，才可以放行产品。
>
> 5.7.1　当产品符合所有要求放行时，应执行程序，保证所有的放行准则已经完成，放行被授权。

理解要点：公司应建立产品出货放行程序，规定产品放行审批人员，保持放行审批记录。

六、过程控制

> 6.1　操作控制
>
> ☆基础要求
>
> 公司应执行文件化的程序和作业指导书，来保证持续生产出符合期望的质量特性、安全合法的产品，并完全符合 HACCP 食品安全计划。
>
> 6.1.1　在产品生产的关键过程应可获得文件化的加工能力规范和作业指导书，来保证产品安全，合法性和质量要求。这些规范，适当时，可包括：
>
> ■配方（包括任何过敏原的识别）
>
> ■混合指导、速度、时间
>
> ■设备过程设置
>
> ■加热时间和温度时间和温度
>
> ■冷却时间和温度
>
> ■标签指导书
>
> ■打码和货架期标注
>
> ■HACCP 计划中识别的任何其他关键点
>
> 加工规范应符合约定的成品规格。
>
> 6.1.2　应实施、充分控制和记录过程监控，如温度、时间、压力和化学特性，以确保产品在需要的加工规范内进行生产。
>
> 6.1.3　在过程参数采用在线过程设施进行控制的情况下，监控设施应与适当的失效报警系统进行连接；报警系统应做定期测试
>
> 6.1.4　当对于产品的安全或质量而言，设备的加工条件可能发生关键的变化时，应基于设备的风险和表现，定期进行加工特性的确认（如杀菌釜，烤炉和加工窗口中的热分布，冷冻库和冷藏库中的温度分布等）。
>
> 6.1.5　在设备故障和加工过程出现偏差的情况下，建立产品安全性和质量的规程，以确定要采取的措施。

理解要点：本章节主要注重现场检查的结果。

公司应建立关键工序成文的规范和指导，加工规范应符合确定的产品规格。加工关键设备（如杀菌锅）的加工条件。

6.2 标签和包装控制

☆基础要求

产品标签活动的管理控制应确保可对产品正确地贴标签或编制代码。

6.2.1 应为包装材料向生产线的划拨制定正式的流程，而且应为包装区实施控制，以确保只有包装机急待使用的包装才予以提供。

6.2.2 开始生产前和改换产品后应对生产线执行成文的检查。此类检查应确保生产线已得到适当的清理且已处于生产就绪状态。当改换产品时应执行成文的检查，以确保在转入下一轮生产之前，上一轮生产的所有产品和包装均已从生产线上清除。

6.2.3 应制定成文的规程，以确保产品使用正确的包装材料包装且正确地贴标签。这应包括在以下各个时间的检查：

■包装开始时

■包装运行期间

■改换包装材料批次时

■每一轮生产运行结束时。

另外，检查还应包括对在包装阶段所进行的任何打印的验证，具体包括（如适用）：

■日期代码

■批次代码

■数量表示

■定价信息

■条码

■原产国

6.2.4 在采用联机视觉设备检查产品标签和打印的情况下，应实施相应的规程，以确保系统得到正确的设置且能够在包装信息偏离规格时发出警报或弹出产品。

理解要点：开始生产前和改换产品后应对生产线进行成文的检查。公司应制定书面的包装材料和标签的检查规范，规定检查的频率和要求，包装开始前、包装运行期间、改换包装材料批次、每一轮生产运行结束时都应完成包装盒标签的检查。检查内容包括：日期代码、批次代码、数量信息、定价信息、条码、原产国。

6.3 数量的控制（重量、体积和数目控制）

工厂应运行数量控制体系，该体系应符合产品销售国的法定要求以及行业部门的任何其他规范或客户的特定要求。

6.3.1 数量检查的频率和方法应满足管辖数量审核的相应立法要求，而且应该保持对检查进行记录。

6.3.2 如产品的数量没有法律要求时（如散装产品），产品必须保留符合客户标准的要求，而且应保留记录

6.4 测量和监控设备的校准和控制

工厂应能够证明测量设备充分准确且可靠，以提供对测量结果的信心。

6.4.1 工厂应识别用于监控关键控制点，产品安全性及合法性的控制测量设备，至少包括：

■文件化设备清单及其布局

■识别编码和校准的预期日期

■由授权员工调整

■防止破坏、磨损和误用

6.4.2　对于所有识别出的测量设备，包括新设备应作检查，必要时进行调整。应：

■基于风险评估的预定频率

■如果可能，采用可追溯到公认的国家或国际标准的方法

结果应文件化。设备应易读，符合要求的测量精度。

6.4.3　应对参考测量的设备进行校准，而且对于公认的国家或国家标准有可追溯性且坚持进行记录。当使用设备评估临界限值时，应考虑校准的不确定性。

6.4.4　当发现指定的监视和测量装置偏离规定限值运行时，应建立记录采取纠正行动的程序。当发现设备不精确时，影响产品安全或合法性，应采取措施确保存在风险的产品不会用来销售。

理解要点：公司应建立计量器具校准程序，持有计量设备的清单，并对计量设备的状态进行标识。如果计量和监控设备出现问题，应适当进行纠偏。

七、人员

7.1　培训——原材料整理、制作、加工、包装和储藏区

☆基础要求

从事影响产品安全性、合法性和质量工作的员工应获得培训、工作经验或资格，公司应确保其能够胜任所从事的工作。

7.1.1　所有相关人员，包括临时工和承包商在内，在开始工作之前应获得适当培训，并在工作期间得到充分监督。

7.1.2　当员工从事与关键控制点有关的活动时，应得到相关的培训和能力评估。

7.1.3　工厂应制定文件化的方案，覆盖相关人员的培训需求。其至少包括：

■识别出特定岗位必要的能力

■提供培训或采取其他措施确保员工获得这些必要的能力

■评审和审核实施情况、培训效果和培训教师的能力

■培训应考虑适宜受训人员的语言

7.1.4　所有相关人员、包括工程师、机构提供工作人员以及临时工和承包商，均应接受一般过敏原意识培训，而且还应接受有关工厂过敏原操作规程的培训。

7.1.5　公司应保持所有培训记录，其至少包括：

■参加培训的人员姓名及出席证明

■培训日期和持续时间

■适当的培训题目和内容

■培训师

当培训是由中介代表公司执行时，应可获得培训记录。

> 7.1.6 公司应定期评审员工能力，并适时提供相关培训。其形式可以是培训、在岗培训、训练、指导或在职经验介绍。

理解要点：所有员工应在正式开始前都接受培训，持有培训记录。公司应对各岗位的能力要求进行识别，并结合此要求建立培训计划。关键控制点的员工应接受培训，过敏原方面的培训普及到所有相关人员。对培训的执行情况和效果以及培训人员的能力应进行评审。

> 7.2 个人卫生（原料处理、制备、加工、包装和储存区域）
>
> 工厂应制定个人卫生标准，以最大限度地减少产品从人员的污染风险，应适应所生产的产品且由全体人员遵照执行，包括前来生产设施的机构工作人员、承包商和来宾。
>
> 7.2.1 个人卫生要求应文件化并传达到所有员工，至少包括以下要求：
>
> ■不应佩戴手表
>
> ■除了平滑的结婚戒指、结婚手镯外，员工不应佩戴首饰
>
> ■在身体暴露的部分如：鼻子、舌头和眉毛等处不应佩戴环状或钉状饰物
>
> ■手指甲应剪短、干净、不可涂指甲油，不准贴假指甲
>
> ■不应使用过量的香水或者须后水
>
> 以上要求的符合性应定期检查。
>
> 7.2.2 进入生产区之前应洗手，而且应按适合最大程度地减少产品污染风险的频率洗手。
>
> 7.2.3 暴露皮肤上的所有割伤和擦伤均应贴上与产品颜色不同、颜色合适且含金属探测条的创可贴（最好为蓝色）。这些物品应由公司发放且监督。在合适情况下，除创可贴外，还应戴手套。
>
> 7.2.4 在使用金属探测设备的情况下，要通过该设备对每一批创可贴的样品进行成功测试，并且保存相关的记录。
>
> 7.2.5 应制定流程和书面化的员工知道，以控制个人药品的使用和存放，进而最大限度地减少产品污染风险。

理解要点：公司应建立个人卫生要求方面的程序。个人卫生程序中应包括首饰、手表等个人饰品方面的要求，以及手清洁的频率。

如有吸烟，应有指定的吸烟区。应使用蓝色（金属）创可贴，并对其进行测试。个人药品应严格控制，不允许带入生产区。

> 7.3 医疗检查
>
> 公司应制定规程，以确保员工、机构工作人员、承包商或来宾不会成为殃及产品食品传播疾病的传染源。
>
> 7.3.1 公司应确保员工清楚将阻止人员从事开放式食品工作的感染症状、疾病或病况。工厂应制定规程，该规程应能够使员工包括临时工，得以报告他们可能已接触过或在遭受的任何相关症状、感染、疾病或病况。
>
> 7.3.2 在可能对产品安全构成风险时，来访人员、承包商应进入原料、制备、加工、包装和储藏区域之前，完成健康问卷表或确认其条件不会对产品安全带来风险。

7.3.3 应制定文件化的程序，规定在患有传染病或与传染病患者有过接触的情况下应采取的措施：

■应与员工沟通

■临时工、承包商和访客

■需要时，应咨询医学专家的建议

理解要点：所有员工应持有健康证上岗。应对所有员工进行健康安全培训（哪些疾病是禁止从事开放性食品工作）。访客应填写健康问卷，得知员工和访问人员的健康情况，让访问人员了解哪些疾病是禁止从事开放性食品工作的。

对一旦发生传染病的情况下应进行紧急处理和控制，应建立传染病控制程序，并进行适当沟通和培训。

7.4 防护服（进入生产区域的员工或来访人员）

进入生产区域的员工、承包商和来访人员，应穿着由公司提供的适当的防护服。

7.4.1 公司应建立文件化的程序，对在特殊的工作区域内，防护服的穿戴和更换进行规定，比如高关注区域和低风险区域。程序应包括对离开加工环境时更换工作服要求（如进入卫生间、饭堂、吸烟区）

7.4.2 防护服的要求

■为每个员工提供足够数量的工作服

■适当的设计以利于防止产品污染（至少腰部以上外部不应有口袋和可见的纽扣）

■头发应完全遮盖，以防止产品污染。

■如需要时，应佩戴胡须套以防止产品污染

7.4.3 防护服的清洗应由认可的承包商或内部洗衣店采用确定和核准的标准进行，以验证洗衣流程的有效性。

洗衣店必须运行可确保以下各项的规程：

■对脏和洗净衣服分开存放

■对防护服进行有效的清洗

■用于高风险或高关注区的防护服，应按照洗衣和干燥流程进行商用消毒

■使用前，应对洗净的衣服提供防污染保护（如通过使用衣服罩或袋）

有员工对工作服进行清洗属例外情况，但在防护服旨在避免员工与所操作产品接触的情况下，应得到认可，而且服装仅可在封闭的产品区或低风险区穿用。

7.4.4 在高关注区或高风险区的防护服由承包或内部洗衣店清洗的情况下，应直接或由第三方对此进行审核。这类审核的频率应以风险为基础。

7.4.5 防护服应以风险为基础，按适当的频率换穿。对于高风险和高关注区，防护服应至少每天更换一次。

7.4.6 在使用手套时，应经常更换。适当时，手套应适用于食品加工使用，为一次性的，具备特殊的颜色（可能的情况下，使用蓝色），完整无损，没有脱落的纤维。

7.4.7 当个人防护用品（如盔甲、手套和围裙）不适合洗涤时，应基于风险评估定期清洗和消毒。

理解要点：公司应建立工作服要求方面的程序，并进行适当的培训和沟通。工作服的设

计应符合要求，干净的工作服和脏的工作服应分开存放。应规定工作服的清洗要求和频率，并验证清洁的有效性。

应防止工作服在高风险区和低风险区的交叉污染，对手套使用应识别风险并进行控制。

任务三　BRC体系认证

一、认证流程

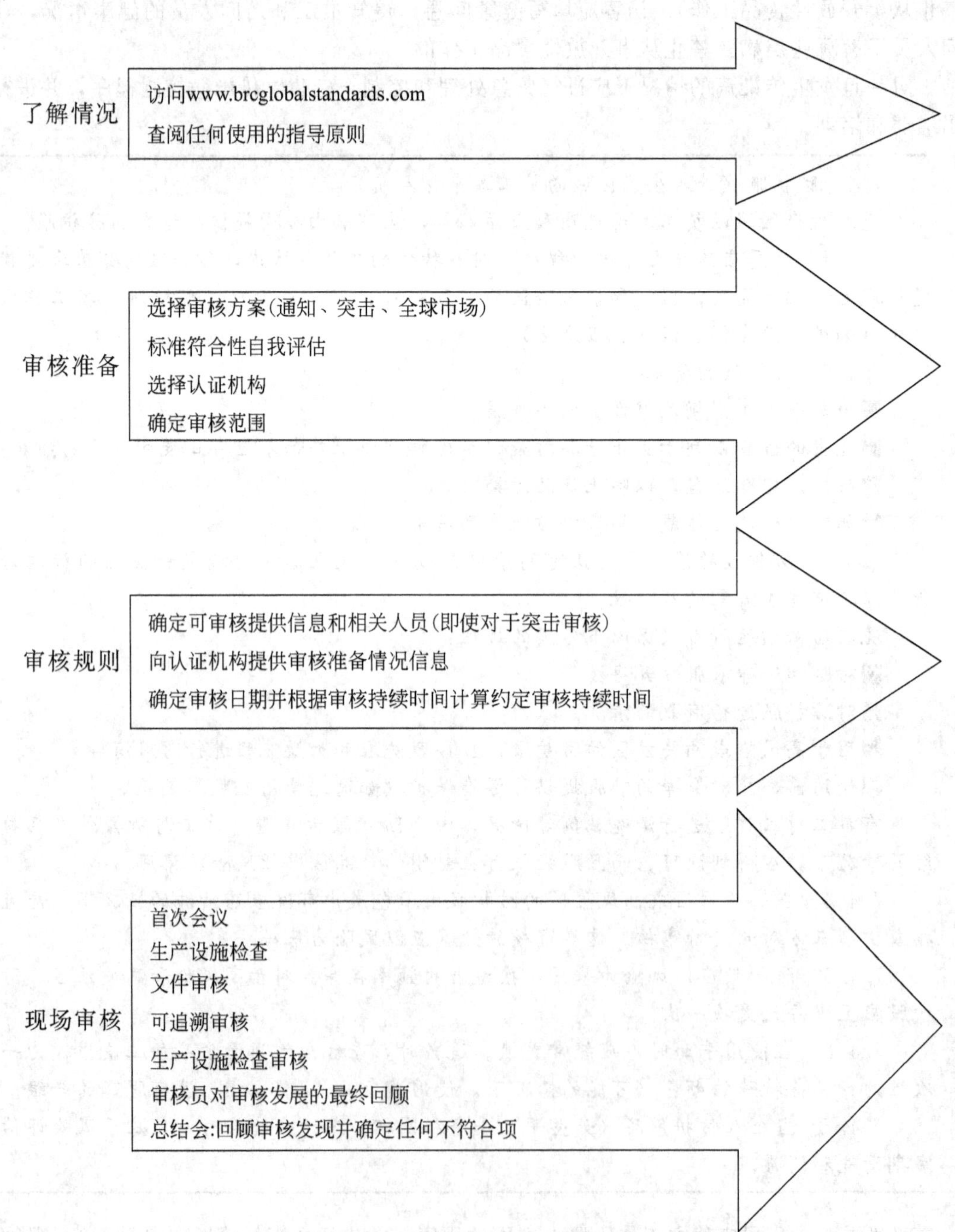

不符合项及纠正措施

取决于数量和性质,28h提供解决所发现任何不符合项的纠正措施或重新赴场考察

认证机构在14天内审核证据

如果认为纠正措施令人满意,签发审核报告和相应等级

审核后

持续维护《标准》和不断改善

获取BRC全球标准名录登陆信息并与任何必要客户分享审核报告

使用BRC徽章

与认证机构持续交流

复审到期日期之间排定复审日期

二、选择审核方案

1. 通知审核方案

该方案适合已获得认证的工厂和首次寻求认证的工厂。审核日期取决于之前与认证机构协商确定，而且根据《标准》的所有规定进行审核。

成功通过审核的工厂将获得 AA、A、B、C 或 D 级证书。认证等级取决于所发现的不符合项的数量和类型。

2. 突击审核方案

突击审核方案适用于所有工厂，但当前尚未获得认证的工厂需要认识到，审核自申请日期 1 年内可能不会发生。突击审核方案为工厂提供展示其质量体系成熟度的机会，而且取决于审核期间发现的不符合项的数量和类型。成功通过审核的工厂将获授 AA+、A+、B+、C+或 D+级证书。

根据此方案对生产设施、体系和规程进行独立、突击性审核，将有助于增强工厂客户对工厂的持续遵守标准的能力信息。这可能影响客户对工厂所进行审核以及所运用其他绩效措施的频率。

突击审核有两套方案，可允许公司决定一套适合业务要求的最佳方案，每一套方案的评级报告方法都是一样的。对于方案一，将在只有一次的赴厂突击审核中审核整个标准，通常持续 2～3 天。对于方案二，赴厂审核将分为独立的两次，每次一般持续 1～2 天。第一次赴厂是突击性的，主要依照《标准》中要求的颜色编码系统所突出显示的要求，对工厂的良好操作规范进行审核。第二次赴厂是已排定计划的，主要审核文件管理体系和记录。这一方法

允许公司确保提供合格的经理协助开展文件审核。

3. BRC全球市场计划

这一方案以GFSI全球市场计划为模型，最适合首次寻求本标准认证和其食品安全体系商处于开发中的公司。显然，许多工厂需要一点时间建立其食品安全体系和文化，以满足BRC认证的全面要求。

另外，该方案还适用于某些规模非常小的工厂，对于这些工厂而言，全面认证要求可能不总是实际的，或者对其业务不总是增值的。

该方案允许按照BRC全球标准标识为基本层次食品安全规定或中极层次食品安全规定的特定要求对工厂进行审核，而且在最终晋级为全面认证之前获得基本或者中级认可证书。这允许工厂以循序渐进的方式建立其食品安全管理流程，并展现对客户的承诺。

三、审核计划和现场审核

1. 审核范围免除内容

认证标准的履行依赖于工厂管理层对采用本标准所列最佳规范原则，以及在企业内开展食品安全文化的明确承诺。因此，只有在例行外情形下从认证范围内免除产品才是允许的。

BRC徽章只准由不存在免除内容的工厂使用。

工厂所生产产品的免除与范围只有在以下情况下才可接受：

① 被免除的产品与范围内的产品有明确的不同

② 产品在工厂的实际隔离区生产。

产品认证必须包含对原材料到最终产品发货的整个流程审核。不能排除工厂所从事加工的任何部分，不能排除本标准的任何部分。在免除内容获准的情况下，审核员应评估由被免除领域或产品所产生的任何危害（如过敏原或异物风险的引入，以及不符合项可能与被免除领域相联系而有所增加）。

2. 审核持续时间

进行审核之前，认证机构应说明审核的大概持续时间。审核的典型持续时间为在工厂2～3天（8h/天）。审核持续时间的计算基于：

员工人数，每个主班次的全职当班员工，包括临时工；

生产设施的规模，包括工厂的储藏设施；

范围所涵盖的HACCP研究项目的数量，就计算而言，一个HACCP研究项目应对应一个具体的相对风险和采用相似的生产技术的产品系列。

显然，其他因素也可能影响计算结果，但认为不是很显著，因此审核总持续时间的影响不会超过30%。这些因素包括：

生产流程的复杂性；

生产线的条数；

工厂的厂龄及其对物料流的影响；

流程的劳动力密集度；

交流难度（如语言）；

上一次审核所记录不符合项的个数；

审核期间所遇到的需要进一步调查的困难点；

工厂准备工作的质量（如文件、HACCP、质量管理体系）。

3. 现场审核

现场审核包括以下七个阶段：

首次会议（确定审核范围和流程）；

生产设施检查（审核体系的实际实施情况，包括观察产品转换规程和人员访谈）；

文件审核（审阅 HACCP 和质量管理体系文件）；

可追溯体系检查［包括对所有相关生产激励的审核（如原材料进货、生产记录、成品检查和规格），此为一种纵向审核］，如同 BRC 有关审核技术知道文件中所规定的那样；

生产设施检查审核（验证及进一步检查文件）；

审核员对审核发现的最终回顾（为总结会做准备）；

总结会（与工厂一起回顾审核发现）。

工厂将全面、全方位协助审核的工作。代表工厂出席首次会议和总结会的人员应为高级经理层人员，他们应该持有适当的权限，以确保在发现不符合项目是可推进纠正措施的实施。工厂的最高运营经理或所任命的副经理应在审核期间待命，而且出席首次会议和总结会。

审核过程的重点在于食品安全规程和通用良好操作规范的实际实施情况，审核生产和现场设施、员工面谈、观察流程和与员工一起审核生产区文件预计占审核时间的 50％。

审核期间，应对工厂对照标准的符合项和不符合项进行详细记录。这些记录将用作审核报告的基础。审核员应评估任何不符合项的性质和严重性，而且应与审核期间陪伴审核的经理一起讨论。

在总结会上，审核员应阐述他们审核发现并再次确认审核期间已发现的所有不符合项，但不得对认证过程的可能后果进行评论。必须提供有关工厂向审核员提供解决不符合项纠正措施证据的进程和时间框架信息。审核员将在总结会上或审核完成后一个工作日之内把总结会上所讨论的不符合项形成书面摘要。

授予认证的决定以及证书的等级将由认证机构管理层，继对审核报告的技术审核和不符合项在适当时间框架内的撤销后，独立授予。公司将在此项审核之后接到有关认证决定的通知。

四、审核报告及整改

1. 审核报告

每次审核后，均应按商定的格式编制全面的书面报告。报告应根据使用者的需要使用英语或其他语言书写。

审核报告应根据本标准的规定，向公司及客户或潜在的客户提供对公司的简介和准确的工厂绩效摘要。主要包括：①自上次审核以来所制定的食品安全控制措施及改进情况；②所建立的“最佳实践”体系、规程、设备或制作方法；③不符合项、所采取的纠正措施和纠正根本原因的计划（预防措施）。

2. 不符合项整改

在审核期间发现任何不符合项之后，公司必须采用纠正措施以及补救（纠正）。另外，还强烈鼓励对不符合项的背后原因（根本原因）进行分析，以允许采取任何预防措施，防止再次发生。

所提交纠正不符合项证据和预防措施示例

主要						
编号	要求援引	不符合性详情	纠正	所建议的预防措施计划（基于根本原因分析）	所提供的证据（文件/图片/考察/其他）	审核人员及日期
1	4.10.3.2	两台轧辊机上的金属探测器不排斥黑色和有色金属试件(同步错误)	工程师立即召集人员并调节同步问题 测试方法改为排斥测试包装袋。 对人员进行了培训	所建议的预防措施： 对人员进行有关金属探测器重要性及要求的再培训。(这与纠正措施所列的规程培训不同)。 将对所有金属探测器的全面具体检查纳入内部审核日程中。 内部审核计划内对所有物项的评审可确保涵盖所有相关体系和流程。 对金属探测器规程和记录单进行更新，以涵盖对相关经理(班次或一线经理)签收的要求	规程和培训记录复印件	M. Oliver 26/07/2015

案例　糖果厂 BRC 认证案例

一、公司产品

产品名称	混合胶型凝胶糖果
产品特征	以白砂糖、糖浆、明胶为主料，经溶糖熬胶、调色调香、浇注成型、烘干、内外包装而成的软糖制品。产品质地柔软，酸甜适口
产品成分	白砂糖、糖浆、明胶、山梨醇、变性淀粉、果胶、琼胶、水、柠檬酸、苹果酸、柠檬酸钠、食用香精、食用色素、防粘油
产品标准	凝胶糖果 SB 10021、糖果卫生标准 GB 9678.1 和进口国安全卫生要求
有关食品安全的化学、生物和物理特性	食品添加剂符合《GB 2760 食品添加剂使用标准》 产品干燥失重：≤20.0% 还原糖：≥10.0% 二氧化硫残留量按 GB 2760 执行 铅≤1.0mg/kg，总砷≤0.5mg/kg，铜≤10mg/kg (美国、欧盟：铅≤0.1mg/kg) 菌落总数：≤1000cfu/g 大肠菌群：≤90MPN/100g 致病菌(沙门氏菌、志贺氏菌、金黄色葡萄球菌)：不得检出 除以上要求外，还需满足进口国及其客户的食品安全卫生要求
保质期和贮存条件	常温、防潮、防压、通风、清洁的场所储存，可以保质 24 个月
包装	单个糖果预包装为(PET 托盘)OPP/CPP 膜，外包装为纸盒或塑袋，外包装为瓦楞纸箱
运输要求	运输车辆应清洁卫生。运输时应防止挤压、曝晒、雨淋，不得与有毒、有污染的物品混装、混运。装卸时应轻搬、轻放。常温或冷藏运输
预期消费者	普通大众，3 岁以下儿童慎用，对柠檬黄过敏者请勿食用
食用方法	开袋即食
分销方式	经由进口国代理商分销

二、生产工艺

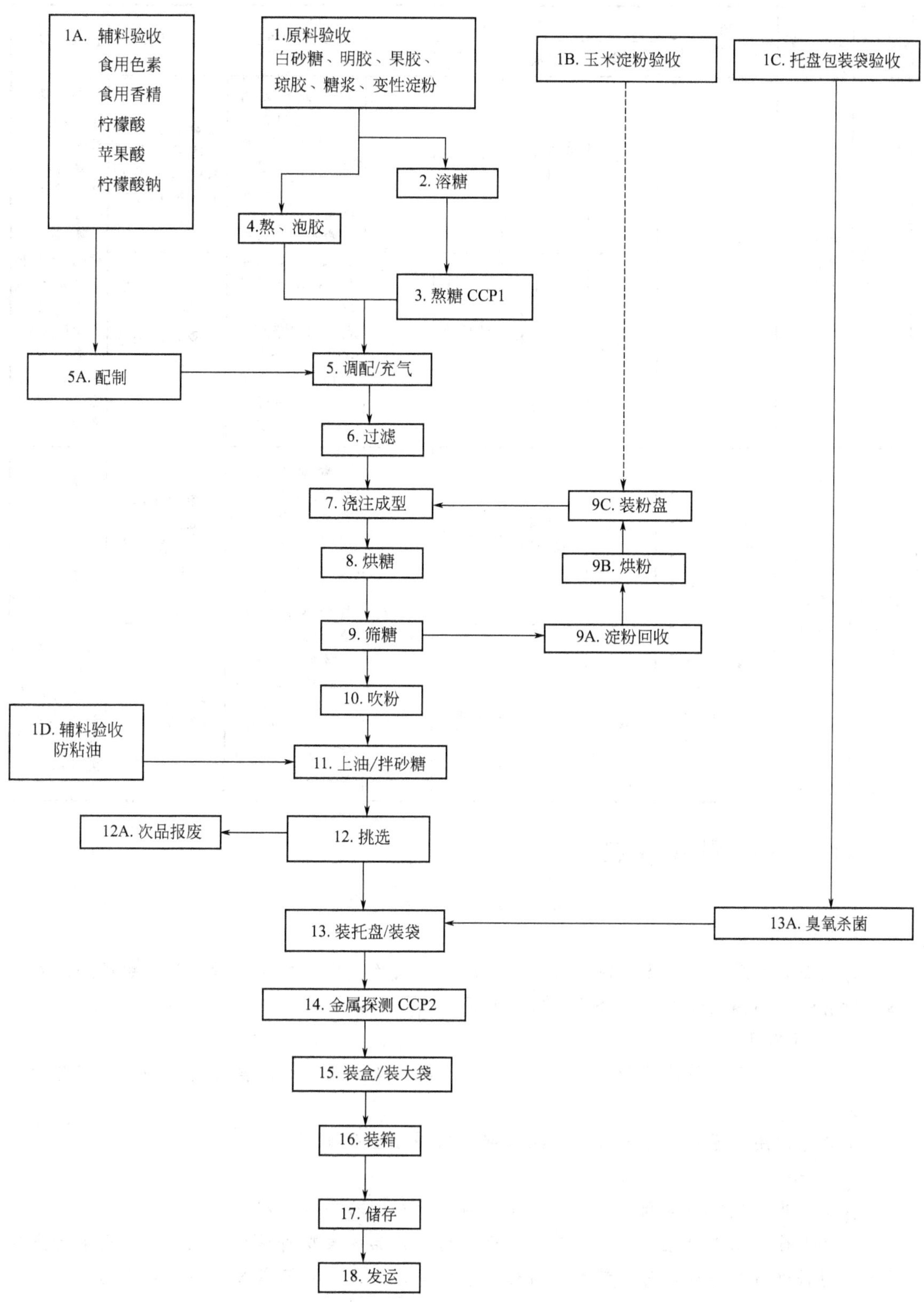
1A. 辅料验收
食用色素
食用香精
柠檬酸
苹果酸
柠檬酸钠
1.原料验收
白砂糖、明胶、果胶、
琼胶、糖浆、变性淀粉
1B. 玉米淀粉验收
1C. 托盘包装袋验收
2. 溶糖
4.熬、泡胶
3. 熬糖 CCP1
5A. 配制
5. 调配/充气
6. 过滤
7. 浇注成型
9C. 装粉盘
8. 烘糖
9B. 烘粉
9. 筛糖
9A. 淀粉回收
10. 吹粉
1D. 辅料验收
防粘油
11. 上油/拌砂糖
12A. 次品报废
12. 挑选
13. 装托盘/装袋
13A. 臭氧杀菌
14. 金属探测 CCP2
15. 装盒/装大袋
16. 装箱
17. 储存
18. 发运

三、HACCP 计划

CCP点	显著危害	每个预防措施的关键限值	监控				纠偏行动	记录	验证
			对象	方法	频率	人员			
CCP1 熬糖	微生物（致病菌）的存活	熬糖温度≥108℃	温度	用温度计测试	每釜糖	熬糖操作工	◆如检测过程，发现温度不足，应继续加热熬煮，直到温度不低于最低限值。 ◆如果温度计灵敏度出现问题，及时维修校准确认灵敏度，前一次校准到本次之间的每一釜料的产品标识隔离，等待品管化验确认才能放行	◆温度计校准及凝胶糖果熬糖温度监控记录表(CCP1)	◆定期送计量局按法定校准 ◆每天上班前用沸水进行验证 ◆每天审核《温度计校准及凝胶糖果熬糖温度监控记录表》 ◆每2釜料用沸水校准温度计的灵敏度
			温度计	每天上班前用沸水校准温度计，每2釜料校准一次	每釜糖测试一次			◆预防纠正措施报告	
CCP2 金属探测	金属异物混入	成品中不得有金属异物	金属异物	金属探测仪检测	每个软糖	金探操作员	◆如检测过程，发现有异常成品，应隔离扣留标识，并对异常逐个通过金属探测仪检测，查找金属来源，剔除金属异物。 ◆如金属探测仪灵敏度出现问题，及时维修校准确认灵敏度，前一小时的产品重新检验	◆金属探测及金探仪校准记录表(CCP2)	◆每天上班前用标准测试块进行验证 ◆每天审核《金属探测及金探仪校准记录表》 ◆每一小时用标准金属块监测金属探测仪的灵敏度
		最终产品中达到 Fe≤ϕ1.2mm Sus≤ϕ1.5mm NoFe≤ϕ2.0mm	金探仪灵敏度	用标准测试块测试	每小时测试一次			◆预防纠正措施报告	

四、典型程序文件

《防止原料掺假控制程序》

1 目的

为确保公司原辅料防止掺假，最大程度的减少欺诈或掺假食品原材料的采购风险，并且确保所有的产品描述和承诺均合法、准确且属实。

2 适用范围

本文规定了原辅料采购和接收时如何控制食品掺假风险的标准操作要求和发生问题时的处理办法。

本程序适用于原料部接收人员，品控部原辅料检验人员。

3 术语

掺假：为了谋取经济利益，向食品及配料中添加没有声明的材料。

食品欺诈：以谋取经济利益为目的，通过增加产品的表观价值或降低其生产成本对产品或者原材料进行欺诈性或蓄意替换、稀释或者掺假，或者对产品或原材料进行误传。

4 职责

4.1 品控部负责原辅料的检验并按公司的要求组织对原辅料供方进行评价。

4.2 仓库原材料接收人员负责原材料的接收和入库。

5 程序

5.1 信息的接收

5.1.1 公司品控部负责收集有关对原材料产生掺假或者冒牌风险的供应链以往或现行的威胁，主要的信息来源包括：行业协会、政府部门的信息，以及私有的资源中心（媒体等）。品控部将收集来的信息通知原料部备案。

5.2 脆弱性评估

5.2.1 由品控部、原料部和国际贸易部组成联合小组，对所有的食品原材料进行脆弱性评估，以评定掺假或者冒牌的潜在风险。在评估时充分考虑以往的证据、可导致掺假或者冒牌具有吸引力的经济因素、通过供应链接触到原材料的难易程度、识别掺假常规测试的复杂性和原材料的性质。

5.2.2 该脆弱性评估应在5.1所收集到的信息发生变化时进行重新评估，没有发生变化时每年评估一次。

5.3 一旦确定某种原材料存在掺假或者冒牌的风险，应按照以下程序进行自我保护或者测试。

(1) 产地限制产品：由原料部对产地进行核查，确保所有接收的原材料来自指定的产地。

(2) 繁殖和品种限制产品和转基因状态产品：由原料部进行核查，确保所有接收的原材料是限制的品种。由品控部每年至少一次对品种进行鉴定（若能通过第三方检测获得检测结果的，优先考虑送三方实验室检测。）

(3) 保证状态产品和身份保持产品：由采购部索取对方证书，并取得对方的承诺书。例如global gap，Korsher等。

(4) 特定商标命名成分：由采购部负责核查商标命名，品控部进行监督复查。

5.4 对于成品包装上做成承诺的原材料，联合小组除了按照5.3进行检测之外，还要负责追踪并标识每一批原料的状态，并至少每年做一次物料平衡测试。对有特殊生产方法的，要保持证书的状态是有效的，并记录承诺的流程和控制。

6 相关文件

《过敏原控制程序》

《转基因产品控制程序》

7 记录

《原料掺假风险评估表》

《过敏原控制程序》

1 目的

对产品中可能出自现的过敏原进行识别、隔离、声明，防止给消费者造成危害。

2 适用范围

对原辅料中过敏原的控制。

3 职责和权限

3.1 采购部负责获取原辅料的配料表。

3.2 品管部负责对拟采购原辅料中的过敏原进行识别，对原辅料的配料表进行确认。

3.3 仓库和生产车间负责对含过敏原的产品进行标识和隔离，防止交叉污染。

3.4 品管部负责制定产品标签，声明产品中可能含有的过敏原。

4　控制程序

4.1　公司需控制主要含过敏原包括：

含麸质的谷类（如小麦、黑麦、大麦、燕麦、斯佩尔特小麦、卡玛特麦或这些麦种的杂交品种）及其制品；

带壳作物及其制品；

鸡蛋及其制品；

鱼类及其制品；

花生及其制品；

大豆及其制品；

奶类及其制品（其中包括奶糖）；

坚果，如杏仁、榛子、胡桃、槚如树坚果；

美洲山核桃、巴西坚果、阿月浑子、马卡达米娅坚果、昆士兰坚果及其制品；

芹菜及其制品；

白羽扇豆及其制品；

软体动物及其制品；

芥末及其制品；

芝麻及其制品；

浓度为10mg/kg或10mg/L的二氧化硫和硫化物，其表达式为：SO_2。

4.2　采购人员在向供方采购原辅料前，应进行调查评估（见供方控制程序），获取其产品的真实配料表后，交由品管部确认。

4.3　品管部应准确识别原辅料中是否含有过敏原。

4.4　本公司暂时仅采购和使用一种含过敏原的原辅料：柠檬黄色素。

4.5　为保险起见，公司应做好产品的标识，并声明产品的配料表，防止未能准确识别过敏原给消费者造成伤害，同时确保一旦发现有过敏原存在及时召回。

5　相关文件

《采购控制程序》

6　记录

过敏原调查报告

《转基因产品控制程序》

1　目的

对公司产品中可能使用的转基因原辅料进行识别、隔离、声明，满足客户要求。

2　适用范围

适用于对原辅料中可能出现的转基因成分控制。

3　职责和权限

3.1　品管部负责了解转基因的应用范围和相应的法规，对公司产品应用的原辅料中可能涉及转基因进行识别。

3.2　采购部负责对供方进行调查评估和沟通。

3.3　仓库和生产车间负责对可能含转基因成分的产品进行标识和隔离，防止交叉污染。

3.4　品管部负责制定产品标签，声明产品中是否含有转基因。

4　控制程序

4.1　公司不生产转基因产品，不接受含转基因的原辅料。

4.2 我国转基因作物的概况

正在进行中间实验的转基因作物48种，涉及作物11种，其中水稻、小麦、玉米、西红柿、白菜、甜瓜、香木瓜、花生和广藿香等植物。

正在进行环境释放试验的转基因作物49种，其中水稻、玉米、大豆、马铃薯、西红柿、甜椒和线辣椒为转基因食品植物。

4.3 品管部应准确识别原辅料中可能涉及转基因的成分，提醒采购人员注意。

4.4 采购人员在向供方采购原辅料前，应进行调查评估（见采购控制程序），获取其产品的真实配料表，向供方索要转基因的检测报告或“不含转基因声明”，交由品管部确认，或向通过IP认证的供方采购。

4.5 必要时品管部对供方提供的可能涉及转基因的原辅料进行外部抽样检测。

4.6 为保险起见，公司应做好产品的标识，并声明产品的配料表，防止未能准确识别和控制转基因时，将产品隔离或及时召回。

5 相关文件

《采购控制程序》。

6 记录

转基因调查报告。

实训三 纠正与预防措施

一、实训目的

学习食品企业对不符合项的纠正与预防措施。通过对食品企业不符合项整改报告练习及预防措施练习，具有初步食品质量安全管理体系不符合纠正预防措施的能力。

二、食品企业概况

某食品企业在BRC内审中，内审员品管部小张（组长）在审核车间时发现员工在生产车间存放食物，内审员办公室小王在审核车间时发现车间入口洗手消毒没有标明手部消毒浓度，询问员工也不清楚。因此本次内审共开了2项不符合项。

三、实训练习

请根据审核情况，完成内审纠正表和纠正与预防措施表。

内审纠正表

<table>
<tr><td>被审核部门</td><td colspan="3"></td></tr>
<tr><td>不符合项内容说明</td><td colspan="3">审核组长：　　日期：</td></tr>
<tr><td>限定纠正时间</td><td colspan="3"></td></tr>
<tr><td>纠正情况记录</td><td colspan="3">被审核部门：　　日期：</td></tr>
<tr><td>纠正验证</td><td colspan="3">日期：</td></tr>
<tr><td>被审核部门负责人</td><td></td><td>日期</td><td></td></tr>
<tr><td>审核员</td><td></td><td>纠正完毕日期</td><td></td></tr>
<tr><td>审核组长</td><td></td><td>验证日期</td><td></td></tr>
</table>

纠正与预防措施表

编号	要求援引	不符合性详情	纠正	所建议的预防措施计划（基于根本原因分析）	所提供的证据（文件/图片/考察/其他）	审核人员及日期

思考练习题

一、填空题

1. 目前最新版本的 BRC 全球标准是第(　　)版。
2. 管理评审输入时，应输入(　　)、(　　)、(　　)审核的结果。
3. BRC 全球标准侧重点(　　)。
4. 可追溯性测试频率应至少(　　)进行 1 次。
5. 产品召回模拟演练频率应至少(　　)进行 1 次。
6. 为避免对产品造成风险，工厂应避免使用(　　)窗户。若使用了上述窗户，应(　　)。
7. 只有(　　)员工才能使用、储存和处置有毒有害化学品。
8. 与食品有直接或间接接触的润滑点应使用(　　)润滑油。
9. 为防止将检修工具遗忘在工作现场，尤其是生产车间，修理工应对使用前后的检修工具进行(　　)。
10. 为避免对产品造成污染应至少对(　　)车辆、(　　)车辆和(　　)车辆进行检查。

二、判断题

1. 食品安全小组成员中，不应包括生产操作的员工。(　　)
2. 食品安全小组只需组长和质检科人员精通 HACCP。(　　)
3. BRC 食品安全全球标准中包含了环境管理体系的要求。(　　)
4. 若生产现场的员工手指划破，则可使用普通创可贴包扎。(　　)
5. 领导带入工厂的来访者，可不必要求其填写相关外来人员登记等记录。(　　)
6. 为保证生产车间内通风畅通，适用时工厂应采用空气反压系统。(　　)
7. 为方便联系工作，进入车间的人员，可将手机等通信工具带到选台。(　　)
8. 因采购时间紧急，有毒有害物品采购可不经公司管理者批准。即可实施采购。(　　)
9. 员工出车间后，未接触任何不洁物，再次进车间时可不必再洗手消毒。(　　)
10. 因公司库房紧张，储存无菌袋的库房内，可储存食堂使用的任何采购物品。(　　)
11. 根据新版出口卫生注册的规定要求，列入《目录》的六类产品企业如果没取得 HACCP 认证，就无法获得出口卫生注册。(　　)
12. 罐头食品生产通常要进行热力杀菌，因此企业没有必要控制卫生条件。(　　)
13. 企业建立和实施 HACCP 体系时，HACCP 计划必须经过最高管理者批准。(　　)
14. 在食品中发现头发、苍蝇、玻璃等都属于安全危害。(　　)
15. 企业实施了 HACCP 之后，就可以忽略其他有关食品加工方面的法规。(　　)
16. 微生物试验一般多用于 HACCP 体系的认证，而不用于对 CCP 的监控。(　　)
17. 大肠菌群指标可以反映出受肠道细菌污染的程度，常用于验证手段。(　　)

18. 根据“HACCP 认证管理办法”，凡是列入《目录》的六类产品企业必须要获得 HACCP 验证。　(　　)

19. 消毒剂的浓度越高杀菌效果越好。(　　)

20. 两个企业生产速冻水产品的生产线完全相同，他们的 HACCP 计划也一定完全相同。(　　)

21. 在同一车间的两条生产线在制定和实施 HACCP 体系时，其 SSOP 计划可以为一个。(　　)

22. 与加工环境和人员有关的危害通常实施 SSOP 来控制，与加工工艺和产品有关的危害通常实施 HACCP 来控制。(　　)

23. 饮料业可以实施 HACCP 体系。(　　)

24. 进入生产车间，不得戴首饰、手表，但可以化妆。(　　)

25. 洗洁精和洗衣粉也应列入有毒化学物品的控制之内。(　　)

三、选择题

1. 出口食品加工企业建立卫生质量体系最基本的依据是(　　)。

a. ISO 9000 标准　　b. HACCP 原理

c. 国家有关食品生产企业卫生要求方面的法规　　d. SSOP

2. “HACCP 不是一个零风险的体系”这句话的意思是(　　)。

a. 有效的 HACCP 体系可以提高生产管理水平，而不能确保食品产品的安全。

b. 有效的 HACCP 体系只对普通的食品安全危害起作用，而对异常的食品安全危害不起作用。

c. 有效的 HACCP 体系可以最大限度的减少食品安全危害至可接受水平并可以持续改进，而非消除所有危害。

d. HACCP 体系只对大部分食品安全危害起作用，而其他的食品安全危害只通过传统的检验方法来解决。

3. 虫害防治“三步曲”是（1）(　　)、（2）预防进入、（3）杀灭(　　)。

a. 使用灭鼠药　　b. 使用杀虫剂　　c. 把好车间入口　　d. 消除滋生地

4. 交叉污染控制的是食物加工车间的(　　)。

a. 人流和物流　　b. 水流和气流　　c. a 和 b　　d. 食品卫生要求

5. 以下哪些工作须经培训有资格的 HACCP 专业人员来完成？(　　)

a. 进行危害分析和制定 HACCP 计划

b. HACCP 计划确认、在采取纠正措施时涉及到的验证与修改 HACCP 计划

c. 有关记录审核

d. 以上都是

项目三　IFS Food（食品质量与食品安全的审核标准）认证

任务一　IFS Food认证概述

一、IFS Food 标准的历史

多年来，供应商审核已成为在零售商体系和程序中固定的组成部分。直到 2003 年，供

应商审核都是由零售商、批发商和食品服务机构的质量部门来执行的。随着顾客要求的不断上升，以及零售商、批发商和食品服务机构对质量可靠性要求的不断提升，法律的日益严格和产品供应链的全球化，这些都有效促使了制定统一的产品质量与食品安全标准。还应找到一个解决方案来减少审核的数量，为零售商与供应商节约时间。

德国零售联盟的成员德国零售业联合会（HDE）与其法国的搭档法国批发和零售联合会（FCD）为了用统一的标准来评估供应商的食品安全与产品质量管理体系，共同起草了有关零售商品牌食品的产品质量与食品安全的标准：国际食品标准（IFS）。该标准现由 FCD 和 HDE 所属的公司——IFS 管理有限公司进行管理，并适用于所有除农场收获外的食品加工阶段。IFS Food 标准已与 GFSI 指南文件进行了比对，并经 GFSI（全球食品安全倡议）的认可。IFS 第三版由德国零售业联合会（HDE）在 2003 年发布并执行。2004 年 1 月，在法国批发和零售联合会（FCD）的协助下，第四版 IFS 发布并出版。从 2005 年到 2006 年，意大利零售联合会（ANCC）同样表现出了对国际食品标准（IFS）的兴趣。IFS Food（第五版）现在是由来自德国、法国、意大利及瑞士、奥地利等国的零售业联合同盟共同推出。而 IFS Food 标准（第六版）除了零售商、相关方以及行业协会、食品服务机构、认证机构的代表外，也有来自法国、德国、意大利的工作组和国际技术委员会的积极参与。在 IFS Food 标准第六版编制期间，IFS 还得到了最近刚成立的 IFS 北美工作组和西班牙、亚洲、南美洲零售商的大力支持。

二、审核类型

1. 首次审核

首次审核是企业通过 IFS Food 标准所接受的第一次审核。审核时间由企业与认证机构双方商定。首次审核的内容包括整个企业的相关文件及过程。在审核过程中，审核员将评估 IFS Food 标准的全部条款要求。如果有预审核，负责预审核的审核员不能与进行首次审核的审核员是同一人。

2. 跟踪审核

当审核结果（首次审核或换证审核）未能达到颁发证书的要求时，将安排跟踪审核。跟踪审核主要关注上次审核中针对主要不符合项所采取的纠正措施的执行情况。跟踪审核应在距前一次审核的 6 个月内进行。一般来说，应由审核中确定主要不符合项的审核员进行跟踪审核。若主要不符合项涉及生产过程的偏离，则跟踪审核需在前一次审核的 6 周后至 6 个月间进行；若为其他类型的不符合项（如文件管理），则跟踪审核的时间可由认证机构决定。若跟踪审核未在 6 个月内完成，则需重新进行全面审核。如果跟踪审核不合格，则需重新进行全面审核。主要不符合项的关闭应经过审核员现场观察。

3. 换证审核（再次认证）

换证审核在首次审核后进行，执行的周期将在证书上注明。换证审核将对组织进行一次全面的审核，并换发新的证书。审核期间，审核员将对 IFS 所有条款进行评估，审核的重点将放在上次审核发现的不符合项和与此相关的纠正及预防措施的有效性以及执行情况上。

应注意，即使从上次审核到现在，其时间已经超过一年，审核员也应对上次审核的纠正措施计划进行评审。因此受审核公司应就过去是否进行了 IFS 认证通知其认证机构。

换证审核的日期应从上次审核的日期开始起算，而不应从颁发证书的日期起算。换证审核可安排在证书到期日的前 8 周至后 2 周。证书由企业自行保管。所有通过 IFS 认证的企业会在证书到期 3 个月前收到通过 IFS 在线网上的审核门户网站发出的提示，认证机构也会提前联系企业并确定新的审核日期。

一般而言，每次审核的预计日期应至少在审核日期前 2 周（14 个日历天）通过日志功能上传到审核客户端（以便对审核日期进行短期调整）。

4. 扩展审核

在某些特别情况下，如经 IFS Food 认证的公司有新产品和（或）新工艺需要纳入审核范围，或认证证书上审核范围的更新，则无需进行一次完整的重新审核，但要在现有证书有效期内组织一次现场的扩展审核。认证机构负责决定需审核的相应条款及审核时间。扩展审核的报告应以附件的形式加入现有的审核报告。扩展审核的通过条件与正常审核相同（相对分数≥75%），但仅限于受审条款，原始的审核分数不改变。若扩展审核通过，证书将更新范围，并上传至审核客户端。更新后的证书应与现有证书的有效期保持一致。如在扩展审核中发现主要不符合或 KO 项，则整个审核不通过，现有证书将依据规定被暂停。

三、审核范围

见表 3-1 和表 3-2。

表 3-1　产品类别

IFS Food 第六版 新产品类别
1. 红、白肉，家禽及肉制品
2. 水产及水产品
3. 蛋及蛋类产品
4. 奶制品
5. 果蔬
6. 谷物、谷物产品、烘焙产品、糕点、糖果、小吃
7. 复合产品
8. 饮料
9. 油脂
10. 干燥食品、其他食品原料和配料
11. 宠物食品

注：关于产品和其在产品类别中所处位置的例证表格可见 IFS 网站 www. ifs-certification. com。

表 3-2　技术类别

<table>
<tr><th>IFS
技术类别</th><th colspan="2">IFS 加工步骤
包括加工/处理/使用/储存</th><th>考虑了产品风险的技术分类</th></tr>
<tr><td>A</td><td>P1</td><td>杀菌(如罐头)</td><td>以杀灭致病菌为目的的杀菌方式
(最终包装产品)：最终包装中的杀菌(如高压灭菌)产品</td></tr>
<tr><td>B</td><td>P2</td><td>巴氏杀菌、UHT/无菌灌装、热灌装，其他巴杀技术，如高压巴杀、微波</td><td>以降低食品安全危害为目的的巴氏杀菌和 UHT 过程</td></tr>
<tr><td rowspan="3">C</td><td>P3</td><td>食品辐照</td><td rowspan="3">已加工的产品：通过食物保藏技术和其他加工工艺以改变产品形态和/或延长保质期和/或降低食品安全危害为目的的处理过程。
注意例外情况：虽然辐照目的是破坏微生物，也归于此类别</td></tr>
<tr><td>P4</td><td>保存：盐渍、卤制、糖渍、酸化/酸渍、干制、烟熏等，发酵、酸化</td></tr>
<tr><td>P5</td><td>蒸发/脱水、真空过滤、冻干、微孔过滤(孔径小于 10μm)</td></tr>
</table>

续表

IFS技术类别	IFS加工步骤 包括加工/处理/使用/储存		考虑了产品风险的技术分类
D	P6	包括储存在内的冷冻(-18℃以下)、速冻、冷藏、冷却过程和低温储存	保持产品完整性和或安全性的系统的处理方式:包括消除和/或预防污染的处理措施在内的以保持产品质量和/或完整性为目的的处理过程
	P7	抗菌浸泡/喷雾、熏蒸	
E	P8	气调包装、真空包装	预防产品污染的系统和处理措施。 在处理、处置和/或加工和或包装(如气调包装)中,通过高清洁控制和/或特殊设施预防产品污染,特别是微生物的污染
	P9	通过高标准的卫生控制和/或在操作、处理和/或加工过程中使用特殊的设施,如无菌室技术、"绝尘室",以食品安全为目的的车间温度控制、清洗后消毒、正压系统(如过滤、清洗后消毒)等以预防产品污染,特别是微生物污染的过程	
	P10	特殊的隔离技术:如反向渗透过滤、活性炭过滤	
F	P11	蒸煮、烘焙、装瓶、酿造、发酵(如酒类)、干燥、油炸、烘烤、挤压	A、B、C、D、E中没有列出的其他操作、处理和加工过程
	P12	包衣、裹粉、打浆、分割、切片、切丁、分割、搅拌/混合、填充、屠宰、分选、控制条件(空气)下的储存(除温度)	
	P13	蒸馏、纯化、蒸煮、水煮、氢化、碾磨	

注:只有技术类别(A~F)用于确定IFS审核范围,加工步骤(P1~P13)仅用于确定审核时间。

四、认证过程

1. 审核准备

审核之前,企业应仔细学习IFS Food标准的所有要求。审核当日在被审核现场应能获得标准的最新版本,企业应持有IFS最新版本的标准;为了更好地迎接首次审核,企业可进行预审,预审只在做内部使用,不带有任何推荐性意见。如果不是首次审核,被审核公司应通知其认证机构,以便审核员检查上次审核中的纠正措施计划。首次或换证审核的计划日期由认证机构通过IFS客户端与IFS办公室沟通确认。

2. 审核时间

IFS基于以下标准,使用工具来计算最少的审核时间。

① 总人数,包括兼职员工、倒班员工、临时员工、管理人员等。

② 产品类别的数量。

③ 加工步骤的数量,"P"步骤。

该工具可从网站www.ifs-certification.com获得。

审核时间计算举例:对于一个生产冰淇淋的公司而言,审核范围应参照产品类别4(乳制品)和技术类别B(巴氏杀菌),D(冷冻/冷藏)和F(调配)。计算审核时间时应选择以下的产品类别和加工步骤:产品类别4(乳制品),P2(巴氏杀菌),P6(冷冻/冷藏)和P12(调配)。

3. 制定审核计划

认证机构负责制定审核计划。审核计划包括具体的审核范围和审核复杂性,同时也要有足够地灵活性,以应对现场认证审核期间可能发生的不可预测情况。审核计划要考虑到审核报告和有关上次审核的纠正计划(无论上次审核在何时进行),同时也要详细说明所审核企业的产品或产品范围。审核时,审核范围内的产品应处于生产状态。审核计划应在审核前送达受审核方，以便审核当日相关的负责人员在场。如果是审核组，审核计划应明确哪个审核员负责哪部分的审核工作。如果IFS审核与其他标准进行结合审核，审核计划应明确何时审核何种标准或其部分。

审核由以下五个部分组成：①首次会议；②通过核查有关文件（HACCP，质量管理），对现有的质量和食品安全体系状况进行评价；③现场审核并与员工交谈；④准备审核结论；⑤末次会议。

4. 对要求的评估

审核要对偏离或不符合项的性质和重要性进行评估。为了判定是否符合IFS的要求，审核员须逐项评估标准的要求。对审核发现可以有多种分级方法。

（1）偏离的得分要求　在IFS中，有4种得分的可能性。

A：完全符合标准规定的要求。

B：几乎完全符合标准的要求，但是发现有小的偏离。

C：只执行了少部分的要求。

D：没有执行标准的要求。

按照表3-3对各项要求打分。

表3-3　得分

结果	解释	得分
A	完全符合	20分
B	(偏离)基本符合	15分
C	(偏离)部分符合	5分
D	(偏离)没有执行标准条款	－20分

审核员在审核报告中应就得分为B、C、D的项进行说明。除评分外，审核员可通过判“KO”或Major（主要不符合项），并从总分中扣除相应分数。

（2）Major（主要不符合）　在IFS中，有两种不符合项：Major（主要不符合）和KO，这两种不符合项都会导致从总分中扣分。如果企业有一个这种不符合项，将不能授予证书。

主要不符合项定义如下：任何非KO项都可判为主要不符合项。当出现实质性的标准条款不符合时，包括不符合食品安全和/或生产国和销售目的地国的法律要求时，可判为主要不符合。当被识别出的不符合项会导致严重的健康危害时，也可以视为主要不符合项。每个主要不符合项将扣除总分数的15%。

（3）KO项　在IFS中，有特定要求的条款被确定为KO项。如果审核期间审核员发现企业这些要求不合格，将导致不能发证。在IFS中，以下10个要求被定义为KO要求：

1.2.4　高级管理层职责

2.2.3.8.1　每个关键控制点的监控体系

3.2.1.2　员工卫生

4.2.1.2　原材料标准规格书

4.2.2.1　配方规范

4.12.1　异物管理

4.18.1　追溯系统

5.1.1　内审

5.9.2　撤回和召回的程序

5.11.2　纠正措施

KO项要求根据表3-4规则进行评分。

表3-4　KO项要求的分数

结果	解释	可得分数
A	完全符合	20分
B	(偏离)基本符合	15分
C	(偏离)部分执行	"C"级不评分
KO(=D)	没有执行标准条款	从总分数中扣除50%=不予发证

(4) 对N/A（不适用）的评分规定　当审核员决定某项要求不适用时，审核员可以用N/A表示。

N/A：不适用，并作简短的解释。N/A可用于IFS Food检查表中除KO项之外（除了KO项2.2.3.8.1和4.2.2.1）的任何条款。N/A的条款要求应不包含在纠正措施计划大纲中，但是应在审核报告中单独的表格中列出。如果不适用的条款数量较多，那么用总分作为审核分数可能会产生误解。IFS Food标准的评分体系用得分率代替总得分，并用以确定工厂的状况，如基础级或高级。

五、证书颁发

见表3-5。

表3-5　评分以及发证

审核结果	状态	纠正措施计划	报告形式	发证
出现了1个KO项	不批准	协商重新进行审核	报告描述现状	否
>1主要不符合项和/或条款符合率<75%	不批准	协商重新进行审核	报告描述现状	否
只有1个主要不符合项，并且条款符合率≥75%	采取纠正措施并经跟踪审核确认后方批准	在收到首次审核报告之后的2周内提交纠正措施计划 首次审核后的6个月内做跟踪审核	报告中包含对现状采取的纠正措施	如主要不符合项在跟踪审核中已整改，发基础级证书
75%≤总分<95%	接受纠正措施计划后批准为基础水平	在收到首次审核报告后的2周内提交纠正措施计划	报告中包含对现状采取的纠正措施	是，为基础级，证书有效期12个月
总分≥95%	接受纠正措施计划后批准为高级水平	在收到首次审核报告后的2周内递交纠正措施计划	报告中包含对现状采取的纠正措施	是，为高级，证书有效期为12个月

注：总分计算规则为：总分=(IFS要求条款总数−判为N/A的条款数量)×20；最终得分(按百分比)=得分/总分

任务二　IFS Food审核要求

一、高级管理层职责

1　高级管理层职责

1.1　企业方针/企业原则

1.1.1　企业高级管理层应制定和实施企业的方针。应至少包括：

-以客户为中心
-保护环境的责任
-可持续
-道德和员工职责
-产品要求（包括产品的安全性、质量、合法性、过程和规格书）
-企业方针应传达给所有员工

1.1.2　企业方针应在相关部门分解成具体的目标，各部门应明确其完成目标的职责和时限。

1.1.3　根据企业的方针，企业的质量和食品安全目标应传达给各个相关部门的员工，并应得到切实执行。

1.1.4　最高管理者应确保定期评审所有目标的完成情况，至少每年一次。

1.1.5　企业应确保所有与食品安全和质量有关的信息能有效并及时地向有关人员通报。

1.2　组织结构

1.2.1　企业应建立组织结构图，表明其组织结构。

1.2.2　应明确规定职责和权限，包括职责代理。

1.2.3　应明确描述从事影响产品要求工作的员工职责。

1.2.4　第一个KO项：最高管理者应确保员工都了解其与食品安全和质量有关的职责，并且建立机制，以监控其操作的有效性。此机制须明确并形成文件。

1.2.5　对产品要求有影响的员工，应意识到自己的职责，并应能够证明他们了解自己的职责。

1.2.6　企业应有最高管理者任命的一位IFS代表。

1.2.7　最高管理者应提供充足的资源，以满足产品的要求。

1.2.8　负责质量和食品安全管理的部门应直接向最高管理者进行报告。

1.2.9　企业应确保相关员工了解所有程序（文件化的和非文件化的）并且持续应用。

1.2.10　企业应建立相应的体系，以确保及时掌握与食品安全和质量有关的法规、科学和技术的发展，以及行业规范方面的信息。

1.2.11　企业应尽快通知其顾客与产品规格有关的任何问题，特别是由主管当局指出的可能发生的，已经发生的或者曾经发生的与产品安全性和/或合法性有关的所有不符合，这些问题包括但不限于警示问题。

1.3　以客户为关注焦点

1.3.1　应建立文件化的程序，以识别顾客的基本需求和期望。

1.3.2　应对识别的结果进行评估，并以此来确定质量和食品安全目标。

1.4　管理评审

1.4.1　最高管理者应确保定期评审质量和食品安全管理体系，至少每年一次，当体系有变化时应增加评审的频率。此评审须至少包括：审核的结果，顾客反馈，过程符合性和产品符合性，预防和纠正措施的状态，上次管理评审的整改情况，可能影响食品安全和质量管理体系的变化和对于持续改进的建议。

1.4.2　管理评审应包括评估质量和食品安全管理体系的控制措施，以及持续改进的过程。

1.4.3 企业应识别并定期评审（例如通过内部审核或现场检查）满足符合产品要求所需的基础设施。至少应包括以下内容：

-建筑物

-供应系统

-机器及设备

-运输

评审的结果应为投资规划提供参考，并充分考虑到风险。

1.4.4 企业应识别并定期评审（例如通过内部审核或现场检查），满足符合产品要求所需的工作环境。至少应包括以下内容：

-员工设施

-环境条件

-卫生条件

-工作场所设计

-外部影响（如噪声、振动）。

评审的结果应为投资规划提供参考，并充分考虑到风险。

理解要点：1.1参照BRC1.1.1和1.1.2；1.2参照BRC1.2；1.3参照BRC3.12；1.4参照BRC1.1.3。

二、质量与食品安全管理体系

2 质量和食品安全管理体系

2.1 质量管理

2.1.1 文件要求

2.1.1.1 食品安全和质量管理体系应形成文件并得到执行，体系文件应保存在适当的地方（体系文件指纸质或电子版的食品安全和质量手册）。

2.1.1.2 应建立文件化的文件及其修改控制程序。

2.1.1.3 所有文件应清晰易读，意思明确、完整，并能随时供相关人员使用。

2.1.1.4 为符合产品要求所需的所有文件应是最新版本。

2.1.1.5 应记录任何修改文件的原因，特别是修改与产品要求相关的文件的原因。

2.1.2 记录保存

2.1.2.1 所有与产品要求相关的记录都应完整，详尽，得到妥善的保管，并应在需要时予以提供。

2.1.2.2 记录应清楚、真实，应得到妥善保管，禁止事后修改记录。

2.1.2.3 所有记录的保存期限应符合法规的要求，并至少保存至货架期结束后一年。对于没有货架期的产品，记录保存时间应有合理的理由，并且理由应形成文件。

2.1.2.4 任何记录修改只能由经过授权的人员实施。

2.1.2.5 记录应安全保存，并容易获得。

2.2 食品安全管理

2.2.1　HACCP 体系

2.2.1.1　企业的食品安全控制体系应基于食品法典委员会的原则，应是系统的、综合的、全面实施的 HACCP 体系。应考虑到以上原则之外的生产国和目的国的法规要求，HACCP 体系应在每个生产场所予以实施。

2.2.1.2　HACCP 体系应涵盖所有原材料，产品或产品系列，以及从产品到发货的所有过程，包括产品开发和产品包装。

2.2.1.3　企业应确保 HACCP 体系的建立参考了与产品生产和程序有关的科学文献或技术资料，并应随着新技术的发展及时更新。

2.2.1.4　应评审 HACCP 体系，且当产品、加工过程或任何步骤有任何变更时，HACCP 体系应有必要的修订。

2.2.2　HACCP 小组

2.2.2.1　组建 HACCP 小组（步骤 1）

HACCP 小组应是多学科的，并且包括操作人员。HACCP 小组成员应具有 HACCP 体系的专门知识，了解产品工艺知识及相关的危害。当公司内人员能力不充分时，应获得外部专家的建议。

2.2.2.2　负责建立和维护 HACCP 体系的人员应有一个内部的 HACCP 组长，并应接受足够的关于 HACCP 原理应用方面的培训。

2.2.2.3　HACCP 小组应获得高层管理的有力支持，应在整个组织内部得到组建和充分传达。

2.2.3　HACCP 分析

2.2.3.1　产品描述（步骤 2）

全面描述与产品安全有关的信息，例如：

-成分

-物理、感官、化学和微生物参数

-产品的食品安全法规要求

-处理方法

-包装

-保质期（货架期）

-储存条件，运输和配送方法

2.2.3.2　识别预期用途（步骤 3）

产品预期用途须考虑到使用该产品的最终消费者，包括敏感消费群体的利益。

2.2.3.3　制定工艺流程图（步骤 4）

每种产品或产品类别都应有生产流程图，并包括所有过程和子过程的变化（包括返工和重新加工）。流程图应标注日期，注明所有的 CCP 及编号。有任何变化时，流程图应更新。

2.2.3.4　现场确认流程图（步骤 5）

HACCP 小组应通过现场检查验证流程图中的所有操作步骤，适当时应对流程图进行修订。

2.2.3.5　对每一个步骤进行危害分析（步骤 6 原则 1）

2.2.3.5.1　危害分析应包括各种潜在的物理、化学和生物的危害，包括过敏原。

2.2.3.5.2 危害分析应考虑危害发生的可能性和危害对消费者健康影响的严重性。

2.2.3.6 确定关键控制点（步骤7原则2）

2.2.3.6.1 关键控制点（CCP's）须通过判断树或其他工具的协助来确定，表明其推理方法符合逻辑性。

2.2.3.6.2 所有与食品安全有关但没有被识别为CCP的步骤，企业应运行书面的控制点（CP's）。应执行适当的控制措施。

2.2.3.7 确定关键限值（步骤8原则3）

应确定每个CCP的关键限值，以便确定过程是否失控。

2.2.3.8 为每一个CCP建立监控体系（步骤9原则4）

2.2.3.8.1 第二个KO项：应为每个CCP建立具体的监控程序，从而判断CCP是否失控。监控记录应保留相应的时间。每个CCP都应受到监控。应通过记录来证实每个CCP的监控。记录应注明负责人、日期和监控活动结果。

2.2.3.8.2 执行CCP监控的操作人员应接受专门的培训/指导。

2.2.3.8.3 应检查CCP监控记录。

2.2.3.8.4 应监控控制点，并保留监控记录。

2.2.3.9 建立纠正措施（步骤10原则5）

如果监控表明某个CCP或CP失控，应采取相应的纠正措施，并保留记录。纠正措施应考虑到不合格产品。

2.2.3.10 建立验证程序（步骤11原则6）

应建立验证程序，以确认HACCP体系的有效性。对HACCP体系的验证应至少每年进行一次。验证活动包括：

-内部审核

-分析

-抽样

-评审

-官方和客户的投诉

此验证的结果应纳入HACCP体系。

2.2.3.11 建立文件和记录保存（步骤12原则7）

文件应涵盖所有生产过程、相关的程序、控制措施和记录。文件和记录的保存应与企业的性质和规模相符合。

理解要点：2.1参照BRC3.2和3.3；2.2参照BRC2。

三、资源管理

3 资源管理

3.1 人力资源管理

3.1.1 基于危害分析和相关风险评估，所有参与影响产品安全性、合法性和质量的人员应通过教育、工作经验和/或培训获得与其职责要求相称的能力。

3.2 人力资源

3.2.1 个人卫生

3.2.1.1 应有文件化的个人卫生要求。至少包括：

-防护服

-洗手和消毒

-吃饭和饮水

-吸烟

-伤口或皮肤创伤的处理措施

-指甲、首饰及个人用品

-头发和胡须

这些要求应基于危害分析和与产品、过程相关的风险评估。

3.2.1.2 第三个KO项：应制定个人卫生要求，并适用于所有员工、承包商和来宾。

3.2.1.3 应定期检查与个人卫生要求的符合性。

3.2.1.4 不得佩戴可见的首饰（包括身体上穿孔或环、坠类装饰品）及手表。任何例外情况都应基于危害分析和与产品、过程相关的风险评估，以上情况应得到有效的管理。

3.2.1.5 割伤和皮肤擦伤应使用带颜色的创可贴/绑带（与产品不同颜色），在适当情况下，含有金属条。在手部外伤处，除了创可贴还应戴上一次性手套。

3.2.2 员工、承包商和来宾的防护服

3.2.2.1 企业应建立相应的程序，以确保所有员工、承包商和来宾都知道在指定的区域根据产品的要求穿着和更换防护服。

3.2.2.2 在工作区要求佩戴发网和/或胡须套，头发应被完全覆盖以免产品受到污染。

3.2.2.3 需要戴手套（颜色不同于产品的颜色）的工作/活动区域，应有明确的使用规则。应定期检查对这些规则的遵守情况。

3.2.2.4 应为员工提供足够数量的防护服。

3.2.2.5 所有防护服应定期进行彻底清洗，根据危害分析和相关风险的评估，同时要考虑公司的过程和产品，来确定工作服是由外包的洗衣房，还是由工厂内的洗衣房，或由员工自己清洗。

3.2.2.6 应制定防护服清洗指导书，并建立制度，对其清洁程度进行检查。

3.2.3 传染病程序

应为员工、承包商和来宾建立针对传染病或疑似病例的沟通措施，特别是那些有可能威胁食品安全的传染病，一旦有传染的报告，应采取行动来减少产品污染的风险。

3.3 培训和指导

3.3.1 企业应制定文件化的培训和/或指导计划，应考虑到产品的要求和不同岗位员工的培训需求。内容包括：

-培训内容

-培训频率

-员工的任务

-语言

-有资格的培训师/讲师

-评估方法

3.3.2 文件化的培训和/或指导计划应涵盖所有人员，包括季节工、临时工和外部公司的员工。在员工入职时和上岗工作之前，应当按计划对其进行相应的培训。

3.3.3 培训活动应当记录：

-参训人员名单及签字

-日期

-课时

-内容

-培训师/讲师的姓名

应建立程序或计划来验证培训和/或指导计划的有效性。

3.3.4 应定期评估和修订培训和/或指导内容，并考虑到企业的具体问题、食品安全、食品相关的法律法规要求和产品/过程的变更。

3.4 卫生设施，个人卫生设备和员工设施

3.4.1 企业应提供与其规模和数量相适应的员工设施，其设计和使用可以减少食品安全的风险，这些设施应保持清洁并且状况良好。

3.4.2 应评估并减少由员工设施造成的产品异物污染风险，也应考虑员工自带的食品。

3.4.3 应制定规则并提供相关的设施来正确管理员工个人物品和由员工带入工作区域的食品、来自餐厅的食品和自动售货机的食品。这些食品应在指定的区域存放和/或使用。

3.4.4 企业应为员工、分包商和来宾提供适当的更衣室，必要时，户外服装和工作防护服应分开存放。

3.4.5 厕所不得直接通向食品加工区域。厕所应当设置充分的洗手设施。卫生设施应当有足够的自然通风或机械通风。机械通风的空气流向应避免从污染区流向洁净区。

3.4.6 生产区的入口处和生产区内应提供充足的洗手设施以及员工设施。基于危害分析和相关风险的评估，其他领域（如包装区）也应配备这些设施。

3.4.7 洗手设施应至少提供：

-有适合温度的自来水

-皂液

-适当的干手设施

3.4.8 易腐败变质食品的加工区，洗手设施还应满足下列要求：

-非手动开关

-手消毒设施

-充分的清洁设施

-标识和洗手示意图

-突出手清洁要求的标识

-非手动开启的垃圾箱

3.4.9 基于危害分析和相关风险的评估，应制定控制手部卫生有效性的计划。

3.4.10 更衣室的布局应能让员直接进入食品加工区。对于可能出现的例外情况，应该在危害分析和相关风险的评估时予以考虑和管理。

3.4.11 如果危害分析和相关风险的评估结果显示需要清洁设施时，应提供靴子、鞋子和防护服的清洁设施。

理解要点

(1) 胡须套。

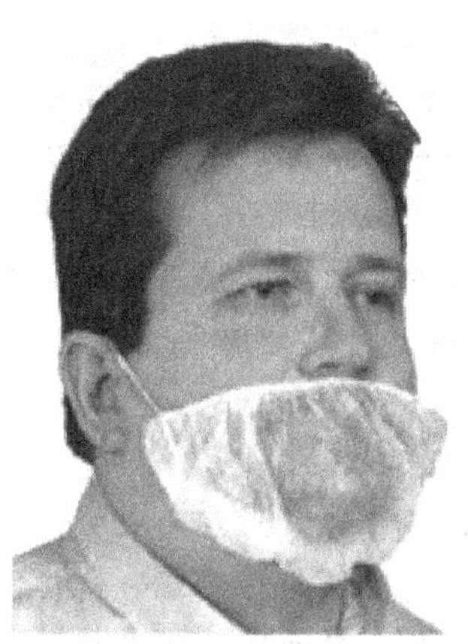

(2) 3.1、3.2 和 3.3 参照 BRC7；3.4 参照 BRC4.8。

四、策划和产品实现过程

4 策划和产品实现过程

4.1 合同评审

4.1.1 在书面的供货合同签订之前，合同方之间应确定产品的要求和可接受程度。所有与产品质量和安全相关的要求，应传达至所有相关部门。

4.1.2 应在合同方之间对已商定合同的修改进行协商和沟通，并将变化之处文件化。

4.2 产品规格书和配方

4.2.1 产品规格书

4.2.1.1 应为所有成品建立产品规格书，产品规格书应及时更新、明确，并符合法规和顾客的要求。

4.2.1.2 第四个 KO 项：应制定所有原材料（原料/成分，添加剂，包装材料，返工产品）的产品规格书。产品规格书应及时更新、明确，且符合法规要求，适用时，包括顾客要求。

4.2.1.3 当顾客要求时，产品规格书应经过正式的确认。

4.2.1.4 产品规格书和/或内容应提供给相关部门和人员。

4.2.1.5 应建立程序控制过程所有部分的产品规格书的制定、修改和批准，如果产品规格书已经顾客确认，则应包括顾客的初步验收。

4.2.1.6 产品规格书控制程序应包括以下各因素的变更而导致的成品规格书的更新，包括：

-原料

-配方和配料

-对成品有影响的过程

-对成品有影响的包装

4.2.2 配方和配料

4.2.2.1 第五个KO项：所有与客户确认的配方、配料和技术要求都应得到遵守。

4.3 产品开发/产品变更/生产过程变更

4.3.1 应建立包含危害分析原理的产品开发程序，并与HACCP体系一致。

4.3.2 应通过工厂试制和产品测试来建立和确认产品配方、加工过程、加工参数和产品要的符合情况。

4.3.3 应采用货架期试验或类似的过程，来验证产品的配方、包装、制造和储存条件，并据此建立“使用期”或“最佳食用期”。

4.3.4 对产品货架期进行建立或确认时（包括长货架期产品，如标明“最佳使用日期”），应考虑产品感官评定的结果。

4.3.5 产品开发应考虑到感官评定的结果。

4.3.6 应建立相应流程，确保标签符合目的销售国法规要求和顾客要求。

4.3.7 应提供食品的制备和食用方法。适当时，应包括顾客的要求。

4.3.8 企业应通过研究和/或执行相关的测试来确认标签上提到的营养信息或声明。这适用于新产品和产品销售的各个阶段。

4.3.9 应适当的记录产品开发的进展和结果。

4.3.10 企业应确保在产品配方发生改变时，包括返工和包装，对过程特性进行评审以满足产品要求。

4.4 采购

4.4.1 通用的采购要求

4.4.1.1 企业应控制采购过程来确保所有来自外部影响食品安全和质量的材料和服务符合要求。当企业选择的外包过程可能影响食品安全和质量时，其应确保这些过程受控。应识别对外包过程的控制，并在食品安全和质量管理体系中描述。

4.4.1.2 应建立程序批准和监控供应商（内部和外部）、外包生产的全部或部分活动。

4.4.1.3 批准和监控程序应有明确的评估标准，例如审核、检测报告、供应商的可靠性和投诉情况，以及要求的考核标准。

4.4.1.4 应对供应商的评估结果进行定期评审。评审应基于危害分析和相关风险的评估。应记录评审及评审后所采取的措施。

4.4.1.5 应按照现行的规格书对所购买的产品进行验收。验收的计划应至少考虑到下列准则：产品的要求、供应商的状态（按照其评估结果）和采购的产品对成品的影响。如果规格书中提到，应检查其源头。

4.4.1.6 应按照现行的规格书对采购的服务进行验收，验收的计划应最少考虑如下项目：服务的要求、供应商的状态（按照其评估结果）和对成品的影响。

4.4.2 贸易制成品

4.4.2.1　若公司对制成品进行贸易，应确保建立并运行供应商批准和监控程序。

4.4.2.2　若公司对制成品进行贸易，对供应商的批准和监控过程应包括清晰的评估标准，例如审核、检测报告、供应商可靠性、抱怨和要求的考核标准。

4.4.2.3　对于自有品牌，应按照顾客要求建立供应商批准体系，对成品或半成品的准供应商进行评估。

4.5　产品包装

4.5.1　基于危害分析和相关风险、预期用途的评估，企业应确定包装材料的关键参数。

4.5.2　所有包装材料应有详细规格书，并应符合现行法规的要求。

4.5.3　对所有可能影响产品的包装材料，应有符合性证明，表明其符合现行的法规要求。当没有特定的法规要求时，应有证据证明包装材料符合预期用途。这适用于可能影响原料、半成品和成品的包装材料。

4.5.4　基于危害分析和相关风险的评估，企业应验证每种产品包装材料的适用性(如通过感官分析、储存试验、化学分析和迁移测试)。

4.5.5　企业应确保包装材料适用于包装的产品。应定期检查包装材料的正确使用，应文件化检查的结果。

4.5.6　标识的信息应是可读的和不易擦除的，并应符合顾客的产品规格书。应定期检查，应文件化检查的结果。

4.6　工厂位置

4.6.1　企业应当调查工厂的环境（如地面、空气等）对产品安全和产品质量造成不利影响的因素，并制定相应的控制措施。应定期评审所采取措施的效果（例如空气中的大量灰尘、浓重的气味)。

4.7　工厂外部环境

4.7.1　工厂的周围应当保持干净和整洁。

4.7.2　工厂内所有外部区域应当维护良好，如果自然排水不畅，应当安装相应的排水系统。

4.7.3　尽量减少在室外存放的情况发生，如果货物要存放在室外，应进行危害分析和相关风险的评估以保证没有污染的风险或对质量和食品安全产生不良的影响。

4.8　工厂布局和加工流程

4.8.1　应制定计划清楚地描述所有内部流程，包括成品、包装材料、原材料、废弃物、人员和水等，应有包含所有建筑设施在内的厂区平面图。

4.8.2　从原料接收至发货的整个生产加工流程，应当避免原材料、包装材料、半成品和成品受到污染。要采取有效的措施降低交叉污染的风险。

4.8.3　如果有易污染微生物的生产区域，这些区域应当运行良好并得到监控，以确保产品安全不受影响。

4.8.4　实验室设施和其过程控制应不影响产品的安全性。

4.9　生产和仓储区域建筑要求

4.9.1　建筑要求

食品制备、处理、加工和储藏车间的设计和构造应能保证食品的安全。

4.9.2　墙

4.9.2.1 墙壁的设计和建造应能够防止灰尘的堆积，减少冷凝水的凝集和霉菌的生长，并易于清洁。

4.9.2.2 墙面应维护良好，并易于清洁。墙壁的表面应防渗和耐磨损。

4.9.2.3 墙壁、地板和天花板的连接处应易于清洁。

4.9.3 地面

4.9.3.1 地面的设计应满足生产的需要，维护良好，并易于清洁，地面应防渗和耐磨损。

4.9.3.2 废水的处理应符合卫生要求。排水系统的设计应易于清洁和避免对产品的污染（如有虫害进入等）。

4.9.3.3 通过合适的措施，使得下水系统易于排水或其他液体，地面不应出现积水。

4.9.3.4 在食品处理的区域，如可能，应安装将生产废水直接排入下水系统的管道装置。

4.9.4 天花板/顶棚

4.9.4.1 天花板（如果无天花板时，则房顶的内面）和屋顶装置（包括管道、线缆和灯）在设计和建造上应能减少灰尘的堆积，且不造成物理的和/或微生物污染的风险。

4.9.4.2 当使用吊顶时，应设置进入顶层的入口，以便实施清洁、维护作业和检查虫害控制情况。

4.9.5 窗户和其他开口

4.9.5.1 窗户和其他开口在设计和建造上应能避免灰尘的堆积，并维护良好。

4.9.5.2 如果会导致产品污染，在生产时应将窗户和天窗关闭并加以固定。

4.9.5.3 如果窗户和天窗被用于通风，应当用抽取式的、良好的防虫网或其他措施加以密封，以避免污染。

4.9.5.4 在产品裸露区的窗户应采取防爆裂措施。

4.9.6 门和入口

4.9.6.1 门和入口应维护良好（如无裂缝或油漆剥落，无腐蚀），并易于清洁和消毒。

4.9.6.2 外部的门和入口应能自动关闭，并在设计上能防止虫害的进入。

4.9.7 灯光

4.9.7.1 所有的工作区域应有充足的光线。

4.9.7.2 所有照明设施应安装防爆罩防护并减少破碎的风险。

4.9.8 空调与通风系统

4.9.8.1 所有区域要有足够的自然和/或人工通风设施。

4.9.8.2 如果安装通风系统，应当使用容易清洁或替换的组件。

4.9.8.3 空调设备和人工气流不应引起任何产品安全或质量风险。

4.9.8.4 粉尘较多的区域应安装防除尘设施。

4.9.9 供水

4.9.9.1 作为产品成分的水或清洁用水应达到饮用水质量，并且水量充足；这同样适用于在生产区域使用的蒸汽和冰，任何时候都应有饮用水的供应。

4.9.9.2　生产中循环使用的水应不会对造成产品污染，水质要符合适用的饮用水法规要求，并有符合性的检测记录。

4.9.9.3　水、蒸汽或冰的质量应通过基于风险的抽样方案来监控。

4.9.9.4　非饮用水管道应独立传送，采用不同的标识加以区分。这些管道应不会与饮用水管路连通，并且不会因回流而污染饮用水系统。

4.9.10　压缩空气

4.9.10.1　与食品或内包装直接接触的压缩空气的质量应依据危害分析和相关风险的评估定期监测。

4.9.10.2　压缩空气不应有造成污染的风险。

4.10　清洁和消毒

4.10.1　依据危害分析和相关风险的评估，建立并执行清洁和消毒计划。计划中要说明：

-目标

-职责

-清洁消毒使用的产品及其说明书

-清洗消毒的区域

-清洁频率

-记录要求

-危害标志（必要时）

4.10.2　清洁和消毒计划应形成文件，并有效运行。

4.10.3　只有胜任的员工才能实施清洁和消毒。员工应通过培训和再教育来满足执行清洁计划的要求。

4.10.4　基于危害分析和相关风险的评估，按照相应的程序制定抽样计划，来验证和记录清洗与消毒方法的有效性和安全性，并记录相应的纠正措施。

4.10.5　如需要，如产品变化、过程变化或清洁设备变化，应评估和修改清洁和消毒计划。

4.10.6　应明确规定清洁工具的预期用途，清洁工具的使用应避免污染。

4.10.7　应有在用化学品和清洗剂的物质安全数据表（MSDS）和使用说明书，并随时可以获得。负责清洁工作的人员应理解说明书上的规定。

4.10.8　清洁用化学品应有清晰的标识，并单独存放，以避免污染的风险。

4.10.9　清洁活动应在不生产时进行。如果无法做到，应确保清洁活动受控，不会对产品构成影响。

4.10.10　当公司雇佣第三方服务提供商来实施清洁和消毒活动时，所有4.10章节的要求应在合同中明确规定。

4.11　废弃物处置

4.11.1　应建立并运行废弃物管理程序，以防止交叉污染。

4.11.2　废弃物处理应符合相应的法规规定。

4.11.3　食品加工区应及时清理食品废料和其他废弃物，避免废料的堆积。

4.11.4　存放废弃物的容器要有清晰的标识、设计合理、维护良好、便于清洗，并在必要时进行消毒。

4.11.5 存放废弃物的房间和容器（包括垃圾捣碎机）在设计上应能保持清洁，避免招引和滋生害虫。

4.11.6 应按照不同的处理方法将废弃物分类存放于不同的容器。废弃物只能由具有相应资质的第三方处理。企业应保存废弃物的处理记录。

4.12 异物、金属、碎玻璃和木制品的风险

4.12.1 第六个 KO 项：基于危害分析和相关风险的评估，应建立程序来避免异物的污染，被污染的产品应按不合格品处理。

4.12.2 危害分析和相关风险的评估已经识别有潜在产品污染的区域，例如原料处理、加工、包装和仓储，应避免使用木制品；当木制品的使用是不可避免的，应控制风险，木制品应清洁且状态良好。

4.12.3 当需要使用金属和/或异物探测器时，应当配置相应的设备以确保转往下道工序的产品尽可能的不受异物的污染。探测器应定期维护以防止出现故障。

4.12.4 应隔离可能受污染的产品。仅有获得授权的人才能按照确定的程序，进一步处理或检查这些被隔离的产品。检查后，被污染的产品应按照不合格产品进行处理。

4.12.5 应确定探测器适当的测量精度，应定期检查探测器的性能状况。当金属和/或异物探测器出现异常或故障时，应确定、实施并记录所采取的纠正措施。

4.12.6 当使用特定的设备和方法来检测异物时，应进行适当的确认和保持。

4.12.7 危害分析和相关风险的评估已经识别有潜在产品污染的区域，例如原料处理、加工、包装和仓储，应避免使用玻璃和易碎材料。当无法避免使用玻璃和易碎塑料时，应采取适当措施防止破碎。

4.12.8 在原材料处理、加工、包装和储存区域，所有由玻璃或易碎材料构成的固定物品都应列在指定的登记表中，并详细记录其准确位置。应定期对这些物品的登记状况和实际状况进行核对并记录。应有文件来证实检查频率。

4.12.9 应记录所有玻璃和易碎品的破损。如有例外情况，应被证明是合理的，并保留说明理由的文件。

4.12.10 应建立玻璃或易碎品破碎处理程序。该程序应包括确定需隔离的产品范围，明确负责处理的人员，对生产环境的清理，以及生产线放行重新开始生产。

4.12.11 根据危害分析和相关风险的评估，应对在生产过程中进行的玻璃包装、玻璃容器或其他容器的处理采取相应的预防措施（翻转、吹瓶、冲洗等）。应确保此步骤后不会存在污染的风险。

4.12.12 如使用目视方法检查异物，员工应接受培训，并且员工应按照一定的频率轮换，以便最大程度地保证过程的有效性。

4.13 虫害监控/虫害控制

4.13.1 公司应建立虫害控制体系并符合当地法规要求，至少要考虑：

-工厂环境（潜在的虫害）

-使用虫害控制装置的布局图（诱饵布点图）

-诱饵站的现场标识

-职责（内部和外部的）

-使用的药品/化学试剂及使用和安全说明书

-检查的频率

虫害控制系统应基于危害分析和相关风险的评估。

4.13.2 企业应有具备相应资质且经过培训的内部员工和/或聘用有资质的外部服务商。若聘用外部服务商，现场服务内容应写入合同。

4.13.3 应记录虫害控制检查和随后所采取的措施。应监控和记录措施的执行情况。

4.13.4 应在适当的位置安放足够数量的，有效的诱饵、诱捕装置和害虫驱除剂。这些设施的结构和放置不能造成任何污染的风险。

4.13.5 收货时应在到货现场检查有无害虫，如果有虫害应加以记录，并采取相应的控制措施。

4.13.6 应通过定期的趋势分析来监控虫害控制的有效性。

4.14 货物接收和储存

4.14.1 应对所有采购的物资，包括包装材料和标签，进行收货检查，至少应当依据产品规格书中规定的交货要求和检查计划来确认这些物资的符合性。检查计划应当基于风险，应记录检查结果。

4.14.2 原材料、半成品、成品以及包装材料的存放条件（如冷藏、遮盖）应符合相应的产品要求，并不会对其他产品造成不良影响。

4.14.3 原料、包装材料、半成品和成品应储存良好，避免产生交叉污染的风险。

4.14.4 应有适当的储存设施来管理和储存生产物料、加工助剂和添加剂。负责管理储存设施的人员应经过培训。

4.14.5 库内的所有物品应当标识清楚，货物周转按“先进先出”或“先到期先使用”的原则领用。

4.14.6 如果企业的仓储活动外包给第三方服务提供商，该提供商应遵从IFS物流标准的有关要求；如果第三方服务提供商没有获得IFS物流标准认证，则应当满足所有企业自有仓库的管理要求，而且这些要求应当清楚地列入相应的合同里。

4.15 运输

4.15.1 运输车辆在装载之前应接受检查（如有无异味、积尘、潮湿、虫害和霉菌）。必要时，采取相应的纠正措施。

4.15.2 车辆运输过程中应执行程序防止污染发生（食品/非食品/不同种类的货物）。

4.15.3 如果货物应在特定温度条件下运输，在装载之前应检查车厢内部的温度，并保持记录。

4.15.4 如果货物应在特定温度条件下运输，应确保货物在运输过程的温度维持在适当的范围内，并保持记录。

4.15.5 应建立所有运输车辆和装/卸载设备（如筒仓的进料软管）的清洁要求。应当记录所采取的措施。

4.15.6 装卸区应设置必要的设备以防止运输的产品受到外界的影响。

4.15.7 如企业雇佣第三方运输服务提供商，4.15条款所规定的要求应列入合同，或者服务提供商遵从IFS物流方面的要求。

4.15.8 运输车辆的安全性应当得到适当的维护。

4.16 保养与维修

4.16.1 为符合产品要求，应建立充分的、文件化的、覆盖所有主要设备（包括运输工具）的维护体系。适用于内外部的维护保养活动。

4.16.2 在设备保养和维修活动的实施过程中和完成后，均应符合产品的要求，并能防止污染。应保留维修保养活动及采取的纠正措施记录。

4.16.3 维修保养所采用的材料应符合预期的使用目的。

4.16.4 应记录和评审包含在维护体系内的工厂设施和设备（包括运输工具）所发生的故障，用于修订维护体系。

4.16.5 为确保产品要求不受影响应进行临时性维修，应保留记录，并确定消除故障的时限。

4.16.6 当企业雇佣第三方维修保养服务提供商时，公司规定的所有上述关于材料和设备的要求都应得到清晰的、文件化的确定，并保持。

4.17 设备

4.17.1 设备的设计应与预期用途相适应，并详细说明。正式投入使用之前，应验证其能保证满足产品的要求。

4.17.2 直接与食品接触的所有设备和工具都应有符合性的证明，以证明其满足现行的法规要求。如果没有适用的专门法规要求，应提供证据表明所有的设备和工具是适合使用的。这也适用于直接与原材料、半成品和成品接触的所有设备和工具。

4.17.3 设备的设计和布局应便于清洗和保养作业的有效进行。

4.17.4 企业应确保所有生产设备的状况良好，并且不会造成食品安全的不良影响。

4.17.5 当设备和加工方法出现变化时，应再次评估过程特性，确保符合产品要求。

4.18 可追溯性（包括转基因和过敏原）

4.18.1 第七个KO项：应建立可追溯性体系，以识别产品批次与其原材料、直接接触食品的包装材料、预期可能直接接触食品的包装材料批次之间的关系。追溯体系应包括所有接收、加工和分销记录。直到产品交付顾客，都应确保和文件化产品的可追溯性。

4.18.2 应获得追踪记录（从生产现场到顾客）。评审这些记录的时间应符合客户要求。

4.18.3 应建立追溯体系来识别成品批次与其标签的关系。

4.18.4 应定期测试追溯体系，至少一年一次或者在每次追溯体系发生变化时。测试应验证追溯的回溯和追踪能力（从交货到原材料，以及相反方向），包括数量检查。应记录测试结果。

4.18.5 应实现对生产过程各环节的追溯，包括加工过程、后处理和返工。

4.18.6 为了实现对货物清晰地追溯，半成品或成品的批次标识应当在包装时直接加贴。如果是稍后加贴标识，在临时存放的货物上应采用专用的标识。货物标识上标注的货架期（如保质期）应从产品的原生产批次开始计算。

4.18.7 如果顾客要求，可识别的、代表生产批次的样品应被适当保存直到成品“使用日期”或“保质期”结束。如果需要，确定一个更长的期限。

4.19　转基因（GMOs）

4.19.1　当货物交付的顾客或国家有转基因要求时，企业应建立相应的体系和程序，以识别由转基因组成、含转基因或由转基因生产的产品，包括配料、添加剂和调味料。

4.19.2　应保留原料规格书和交货记录，其中应注明由转基因组成、用转基因生产的产品，或含转基因的产品。应通过与供应商的合同来获得有关原料转基因状态的声明或通过相关技术文件来获得转基因的状态。对在用的转基因原料，企业应保存一份及时更新的目录，同时要识别所有配料和配方中添加的转基因原料。

4.19.3　应建立相应的程序，确保当由转基因组成的或含转基因的产品生产时，不会对非转基因产品构成污染。应采取相应的控制措施，避免转基因交叉污染的发生。应通过测试的方法对这些程序的有效性进行监控。

4.19.4　含转基因的成品或标识显示不含转基因的成品应按照现行法规的要求做相应的声明。交货记录应包含所涉及的转基因物质。

4.19.5　企业要明确执行客户在转基因方面的要求。

4.20　过敏原和特定的生产条件

4.20.1　企业应保留识别产品销售国所要求声明的过敏原的原料规格书，以及持续更新的在工厂内使用含过敏原的原料清单，并在清单中注明使用含有过敏原原料的混合料和配方。

4.20.2　含需声明的过敏原的成品生产加工过程应尽可能减少交叉污染。

4.20.3　含需声明的过敏原的成品要按照现行的法规要求进行过敏原声明。对于偶然或不经意的引入，法定要求的过敏原标识和追溯应当基于危害分析和相关风险的评估。

4.20.4　如果客户明确要求成品中不得含有某种物质或成分（如麸质，猪肉等），和不得使用某种生产工艺或处理方法，应建立可证实满足以上要求的程序。

理解要点：

(1) 过敏原（欧盟）：由食物引起的，以免疫反应为主要症状的不良反应。

确定的过敏原有：含麸质的谷类食品，例如小麦、黑麦、大麦、燕麦、斯佩耳特小麦、卡姆（kamut）以及其杂交品种及其制品；甲壳类动物及制品；鸡蛋以及蛋制品；鱼以及鱼制品；花生及花生制品；大豆以及豆制品；牛奶以及奶制品（包括乳糖）；坚果类，例如杏仁（Amygdalus communisL.）、榛实（Corylus avellana）、胡桃（Juglans regia）、腰果（Anacardium occidentale）、山核桃［Carya illinoiesis（Wangenh.）K. Koch］、巴西坚果（Bertholletia excelsa）、阿月浑子果实（Pistaciavera）、澳大利亚坚果、昆士兰坚果（Macadamia ternifolia）及其制品；芹菜及其制品；羽扇豆及其制品；软体动物及其制品；芥末及其制品；芝麻籽及其制品；二氧化硫和亚硫酸盐（以 SO_2 计，含量超过 10mg/kg 或 10mg/L）。

(2) 4.1 合同评审应建立书面程序，规定合同方的要求，并与相关部门沟通确认完成。

(3) 4.2 参照 BRC 3.6；4.3 参照 BRC 5.1；4.4 参照 BRC 3.5；4.5 参照 BRC 5.5；4.6、4.7 参照 BRC 4.1；4.8 参照 BRC 4.3；4.9 参照 BRC 4.4、4.5；4.10 参照 BRC 4.11；4.11 参照 BRC 4.12；4.12 参照 BRC 4.9；4.13 参照 BRC 4.14；4.14 参照 BRC 4.15；4.15 参照 BRC 4.16；4.16 参照 BRC 4.7；4.17 参照 BRC 4.6；4.18 参照 BRC 3.9；4.19 参照 BRC 5.4；4.20 参照 BRC 5.3。

五、测量分析和改进

5 测量、分析和改进

5.1 内部审核

5.1.1 第八个KO项：应按照确定的内审方案实施有效的内部审核，并至少涵盖IFS标准的所有要求。应通过危害分析和相关风险的评估来确定内部审核的范围和频率。该条款同样适用于非现场的自有或租赁的仓储设施。

5.1.2 与食品安全和产品规格书有关的活动的内部审核应至少每年进行一次。

5.1.3 审核员应具备从事审核工作所需要的能力，并独立于被审核的部门。

5.1.4 审核结果应与最高管理者和相关部门的负责人进行沟通，应确定需采取的纠正措施和执行计划，文件化并通知所有相关的人员。

5.1.5 应验证内部审核后所采取纠正措施的完成方式和完成时间，并形成文件。

5.2 工厂现场检查

5.2.1 应制定并实施工厂进行定期检查计划（如产品控制、卫生、异物危害、个人卫生和现场管理等）。每个区域（包括户外区域）和每个单个活动的检查频率须依据危害分析、相关风险评估及以往的检查结果。

5.3 过程确认和控制

5.3.1 应明确规定过程确认和控制的标准。

5.3.2 当生产过程和工作环境的参数（温度、时间、压力、化学性质等）对实现产品要求至关重要时，应连续和/或定期的监控这些参数，并记录。

5.3.3 应验证、监控和记录所有的返工，返工不应对产品质量构成不良影响。

5.3.4 应制定适宜的程序，对通告、记录和监控任何设备故障和过程偏离情况进行管理。

5.3.5 应使用与产品安全和加工过程有关的数据来实施过程确认。如果发生实质性的改变，应重新进行确认。

5.4 监视和测量设备的校准、调整和检查

5.4.1 企业要对满足产品要求所需的监视和测量设备进行识别，并对这些设备进行记录和标识。

5.4.2 所有测量设备应根据监控体系规定的周期，按照确定的认可标准/方法进行检查、调整和校准，应记录检查、调整和校准的结果。需要时，应对设备、过程或产品采取相应的纠正措施。

5.4.3 所有测量设备只能应用于规定的用途。当显示表明测量设备出现故障时，应及时对故障设备进行维修或更换。

5.4.4 测量仪器的校准状况应清楚地加以标识（在机器上贴标签或在仪器总表中标明）。

5.5 数量检查（数量控制/灌装量）

5.5.1 应确定数量检查的频率和方法，以确保标识的数量符合法规要求、顾客要求或指南等。

5.5.2 应建立程序确定批次数量检查标准的符合性。本程序尤其应考虑皮重、密度和其他关键因素。

5.5.3　应按照能够代表生产批次的抽样计划执行数量检查，并记录。

5.5.4　检查结果应符合即将发货产品标准的要求。

5.5.5　从第三方购入的预包装产品，应当有证据表明其标识数量符合法规要求。

5.5.6　如适用，所有用于最终检查的设备应符合法规要求。

5.6　产品分析

5.6.1　应建立程序，确保产品符合规定的要求，包括法规要求和产品规格书。为此，要对相关的微生物、物理和化学指标进行分析（由内部和/或外包进行）。

5.6.2　与食品安全相关的分析应由经过认可（ISO 17025）的实验室实施，如果由工厂实验室或没有经过认可的实验室进行分析，结果应定期得到认可实验室的验证。

5.6.3　应建立程序，以确保企业依照官方认可的分析方法所得到结果的可靠性，应通过比对实验或水平测试得到证明。

5.6.4　应以原材料、半成品和成品及加工设备和包装材料的危害分析或相关风险的评估为基础制定内部和外部检测计划，必要时，包括环境检测，应记录检测结果。

5.6.5　分析的结果应即时评价。当出现不满意结果时，应及时采取相应的措施。应定期评审分析结果，进行趋势分析，应关注潜在不满意结果的趋势。

5.6.6　应为内部分析工作配备具有相应资质并经过培训人员，以及必要的设施和设备。

5.6.7　为了验证成品质量，应定期在内部进行感官测试，以确保符合产品规格书和影响产品特性有关的参数，结果应形成记录。

5.6.8　基于任何可能影响食品安全的、内部的或外部的风险，公司应更新其控制计划和/或采取合理的措施来控制对成品的影响。

5.7　产品隔离（扣留和封存）和产品放行

5.7.1　应以危害分析和相关风险的评估为基础，建立所有原材料、半成品、成品和包装材料的隔离（扣留和封存）和放行的程序。该程序应确保只有合格的产品和原料方可放行和使用。

5.8　官方和客户投诉的管理

5.8.1　应建立产品投诉控制程序。

5.8.2　所有的投诉应由具备相应能力的人员进行评估。如果确认属实，应采取相应的措施，必要时，应立即采取相应的措施。

5.8.3　应对投诉进行分析以采取预防措施，避免不合格再次发生。

5.8.4　投诉数据的分析结果应报告相关责任人和最高管理者。

5.9　应急管理，产品撤回和产品召回

5.9.1　应建立、实施和保持应急管理程序，至少包括经过任命和培训的应急管理小组、紧急联系名单、司法建议及可利用的资源（必要时）、联系方法、客户信息、撤回和/或召回的产品以及沟通方案（包括通知消费者）。

5.9.2　第九个KO项：应建立一个有效的、能将所有产品撤回和召回的程序，要确保尽快地通知相关客户，该程序应包括明确的职责分工。

5.9.3　应有更新的紧急联系人信息（如供应商、客户和主管当局的名字和电话号码）。公司应授权一人启动应急事件管理程序，此人应随时可以取得联系。

5.9.4 对撤回程序的可行性、有效性以及响应时间进行内部测试，测试频率可依据危害分析和相关风险评估的结果，但每年至少进行一次。测试的方式应确保该程序能有效的执行和操作。

5.10 不合格和不合格品管理

5.10.1 应建立管理不合格的原材料、半成品、成品、加工设备和包装材料的程序。该程序至少应包括：

-隔离/检疫程序

-危害分析和相关风险的评估

-标识（如标签）

-进一步处理的决定（如放行、返工/后处理、隔离、检疫、拒收/废弃）

5.10.2 应明确不合格品的管理职责。要让相关员工了解不合格品的处理程序和要求。

5.10.3 应针对不合格品即时采取相应的措施，以确保产品符合要求。

5.10.4 与自有品牌相关的不满足要求的成品或包装材料，不可投放市场。例外情况应在合同各方通过书面进行确认。

5.11 纠正措施

5.11.1 应建立对不合格的记录和分析程序，以便通过纠正和预防措施防止不合格的再次发生。

5.11.2 第十个 KO 项：应明确的表述、记录和采取纠正措施，及时避免不合格的再次发生。应明确规定实施纠正措施的责任人和期限。相关文件应妥善保管并便于取阅。

5.11.3 应记录纠正措施的执行情况，并对效果进行验证。

理解要点

(1) 产品召回：采取任何措施，旨在收回生产者或分销商已经供应或被消费者获得的不安全食品。

(2) 产品撤回：旨在阻止进一步分销、展示或向消费者提供危险产品的任何措施。

(3) 5.1、5.2 参照 BRC 3.4；5.3 参照 BRC 6.1；5.4 参照 BRC 6.4；5.5 参照 BRC 6.3；5.6 参照 BRC 5.6；5.7 参照 BRC 5.7；5.8 参照 BRC 3.10；5.9 参照 BRC 3.11；5.10 参照 BRC 3.8；5.11 参照 BRC 3.7。

六、食品防护和外部检查

6 食品防护和外部检查

6.1 防护评估

6.1.1 应明确规定食品防护的责任。责任人应由关键员工或高级管理团队担任，且应证实他们在此领域有能胜任的知识。

6.1.2 应实施食品防护危害分析和相关风险的评估，并形成文件。基于评估和法规要求，应识别与安全有关的关键区域。应每年执行食品防护危害分析和相关风险的评估，或当有影响食品完整性的变化时执行。应建立一个适当的预警系统，并定期测试其有效性。

> 6.1.3　如果法规需要登记或者现场检查，应提供证据。
>
> 6.2　现场安全
>
> 6.2.1　基于危害分析和相关风险的评估，已识别的与安全有关的关键区域应有足够的保护来防止非授权的进入，各种入口应受控。
>
> 6.2.2　应建立程序来防止破坏和/或识别破坏的迹象。
>
> 6.3　员工和来宾安全
>
> 6.3.1　参观政策应包含食品防护计划方面的内容。应识别接触产品的运输和卸货人员，并遵守进入公司的规则。应识别在产品仓储区域的来宾和外部服务提供者，并在进入时登记，应告知他们现场政策，且进入时应受控。
>
> 6.3.2　所有员工应每年、或计划发生显著改变时接受食品防护的培训。培训应形成记录。员工终止雇佣和合同结束时，应在法律许可的范围内考虑安全方面的因素。
>
> 6.4　外部检查
>
> 应建立文件化的程序来管理外部检查和定期参观，相关员工应接受培训来执行此程序。

理解要点：食品防护是美国食品药品管理局（FDA）、美国农业部（USDA）、国家安全部（DHS）等部门通用的术语，是指所有与保护国家的食品供应免于受到蓄意或者故意的污染或破坏的相关活动。食品防护涉及其他相似的内容，例如生物恐怖主义（BT）、反恐怖主义（CT）等。美国农业部食品安全检验局对于食品防护的定义：保护食品免于受到故意的生物的、化学的、物理的或者放射性掺杂。

实训四　多体系整合

一、实训目的

学习食品企业在多体系运行下体系整合方法。通过对食品企业质量手册、程序文件等的整合练习，具有初步食品企业对体系整合能力。

二、食品企业概况

某食品企业由于客户的要求，需要申请 BRC 认证和 IFS 认证，由于这两项体系标准要求相似，品管经理决定将食品质量安全手册及程序文件手册整合成为一套文件，减少不必要的重复工作。

三、实训练习

请根据食品企业的实际需求，整合 BRC 和 IFS 食品质量安全手册和程序文件手册，完成食品质量安全手册目录对照表及程序文件清单对照表。

食品质量安全手册目录对照表

手　册 章节号	手册内容	BRC V7 对应条款	IFS V6 对应条款
0.0	目录及标准条款对照		
0.1	颁布令		
0.2	授权书		
0.3	企业概况		
0.4	质量安全方针、目标		

续表

手　册 章节号	手册内容	BRC V7 对应条款	IFS V6 对应条款
0.5	组织机构图		
0.6	职能分配表		
1	适用范围		
2	引用标准		
3	术语和定义		
4	质量安全管理体系		
4.1	总要求		
4.2	文件要求		
4.2.1	总则		
4.2.2	管理手册		
4.2.3	文件控制		
4.2.4	产品规范		
4.2.5	记录控制		
5	管理职责		
5.1	管理承诺		
5.2	以顾客为关注焦点		
5.3	质量安全方针		
5.4	策划		
5.4.1	质量安全目标		
5.4.2	管理体系策划		
5.5	职责和权限		
5.6	管理者代表及食品安全小组组长		
5.7	沟通		
5.8	危机管理		
5.8.1	应急准备和响应		
5.8.2	撤回/召回		
5.9	管理评审		
6	资源管理		
6.1	资源提供		
6.2	人力资源		
6.2.1	总则		
6.2.2	能力、意识和培训		
7	产品策划和实现		
7.1	总则		
7.2	前提方案		
7.2.1	建立前提方案的目的		
7.2.2	建立前提方案的要求		

续表

手册章节号	手册内容	BRC V7 对应条款	IFS V6 对应条款
7.2.3	前提方案的内容		
7.2.4	工厂选址		
7.2.5	工厂外部环境		
7.2.6	工厂布局和流向		
7.2.7	建筑物和设施		
7.2.8	空气和水		
7.2.9	设备		
7.2.10	维修和维护		
7.2.11	人员设施、设备		
7.2.12	人员卫生		
7.2.13	工作服		
7.2.14	人员进入和流动		
7.2.15	传染病的管理		
7.2.16	货物的接收和存储		
7.2.17	运输		
7.2.18	清洁管理和卫生		
7.2.19	废弃物的处理		
7.2.20	虫害控制		
7.2.21	化学品的控制		
7.2.22	异物的控制		
7.2.22.1	金属的控制		
7.2.22.2	玻璃及类似物的控制		
7.2.22.3	木制品的控制		
7.2.22.4	其他异物的控制		
7.2.22.5	异物探测		
7.2.23	转基因物质(GMO)		
7.2.24	过敏原和特定的生产条件		
7.2.25	安全管理		
7.3	实施危害分析的预备步骤		
7.3.1	总则		
7.3.2	食品安全小组		
7.3.3	产品特性		
7.3.4	预期用途		
7.3.5	流程图、过程步骤和控制措施		
7.4	危害分析		
7.5	操作性前提方案的建立		
7.6	HACCP 计划的建立		

续表

手册 章节号	手册内容	BRC V7 对应条款	IFS V6 对应条款
7.6.1	HACCP 计划		
7.6.2	CCP 的确定		
7.6.3	CL 的确定		
7.6.4	CCP 的监视系统		
7.6.5	监视结果超出 CL 时采取的措施		
7.7	预备信息的更新、规定前提方案和 HACCP 计划文件的更新		
7.8	与顾客有关的过程		
7.8.1	与产品有关的要求的确定		
7.8.2	与产品有关的要求的评审		
7.8.3	顾客沟通与投诉处理		
7.9	设计和开发		
7.10	采购控制		
7.11	生产和服务提供		
7.11.1	生产和服务提供的控制		
7.11.2	标识和可追溯性		
7.11.3	产品包装与防护		
8	验证、测量、分析和改进		
8.1	总则		
8.2	控制措施组合的确认		
8.3	监视和测量		
8.3.1	监视和测量装置的控制		

程序文件清单对照表

序号	编号	程序名称	BRC V7 对应条款	IFS V6 对应条款
1	SP-QP-01	《文件控制程序》		
2	SP-QP-02	《记录控制程序》		
3	SP-QP-03	《沟通控制程序》		
4	SP-QP-04	《应急准备和响应控制程序》		
5	SP-QP-05	《管理评审控制程序》		
6	SP-QP-06	《人力资源管理程序》		
7	SP-QP-07	《生产设备管理程序》		
8	SP-QP-08	《顾客要求评审管理程序》		
9	SP-QP-09	《产品设计和开发管理程序》		
10	SP-QP-10	《采购管理程序》		
11	SP-QP-11	《标识和可追溯性控制程序》		
12	SP-QP-12	《产品防护控制程序》		

续表

序号	编号	程序名称	BRC V7 对应条款	IFS V6 对应条款
13	SP-QP-13	《产品交付控制程序》		
14	SP-QP-14	《金属异物控制程序》		
15	SP-QP-15	《玻璃控制程序》		
16	SP-QP-16	《木制品控制程序》		
17	SP-QP-17	《有毒化学品控制程序》		
18	SP-QP-18	《过敏原控制程序》		
19	SP-QP-19	《转基因控制程序》		
20	SP-QP-20	《验证控制程序》		
21	SP-QP-21	《监视和测量装置控制程序》		
22	SP-QP-22	《产品监视和测量控制程序》		
23	SP-QP-23	《顾客投诉处理及顾客满意度控制程序》		
24	SP-QP-24	《内部审核控制程序》		
25	SP-QP-25	《不符合控制程序》		
26	SP-QP-26	《撤回控制程序》		
27	SP-QP-27	《纠正/预防措施控制程序》		
28	SP-QP-28	《前提方案控制程序》		
29	SP-QP-29	《HACCP 计划控制程序》		
30	SP-QP-30	《留样管理程序》		

手册章节号	手册内容	BRC V5 对应条款	页次
8.3.2	工厂检查		
8.3.3	过程的监视和测量	6.1	60
8.3.4	数量检查	6.2	60
8.3.5	产品检验和分析	5.5	60
8.3.6	产品放行	5.7	61
8.3.7	顾客满意度的测量	3.4.4	61
8.4	不符合控制	5.6	61
8.4.1	总则		62
8.4.2	潜在不安全产品的处置		62
8.4.3	不合格品的处置		62
8.5	质量安全管理体系的验证	2.11	62
8.5.1	单项验证策划		63
8.5.2	内部审核	3.5	63
8.5.3	单向验证结果的评价		63
8.5.4	验证活动结果的分析		64
8.6	改进		64

续表

手册章节号	手册内容	BRC V5对应条款	页次
8.6.1	持续改进		64
8.6.2	纠正和预防措施	3.8	64
8.6.3	质量安全管理体系的更新	2.13	65
9	质量安全管理体系手册的管理		66
附录1	质量安全管理体系手册修改履历表		67

项目四 其他国际标准认证

任务一 SQF 2000体系认证

一、SQF 2000体系概述

SQF 2000认证（Safety Quality Food）是全球食品行业安全与质量体系的最高标准，是用来确认食品安全和质量风险以及验证/监控食品安全标准所必需的质量管理体系要求的食品安全标准，它源自于澳大利亚农业委员会为食品链相关企业制定的食品安全与质量保证体系标准。SQF 2000的全球认证权归属美国的FMI（食品零售业信息公会），该组织的成员拥有全美国三分之二的零售额。

SQF 2000是目前世界上唯一将HACCP和ISO 9000这两套体系完全融合的标准，同时也最大程度地减少了企业在质量安全体系上的双重认证成本。该标准具有很强的综合性和可操作性。通过SQF 2000认证，食品企业可以将认证标志直接使用在企业的广告和产品包装上，这也是SQF 2000与其他认证体系（诸如HACCP、ISO 9000等）的最大区别。在由独立第三方认证审核机构的监督管理下，该标志体现了企业展示其生产高质量安全食品的能力和承诺，通过实施SQF 2000认证体系，企业能够提升其良好的社会效益，扩大产品市场占有率。世界上主要的采购商、经销商和零售商都认识到了对产品的原料、生产过程和服务进行独立监督的重要性，因此SQF 2000这一标准在全球范围内获得市场的共同认可。

SQF 2000帮助和督促食品加工企业实施食品质量及安全计划，如果食品企业正在申请HACCP、ISO 9000等认证，建议采用SQF 2000认证可更合算。通过SQF 2000标准认证体系的有效实施，可体现对企业的保护并增强品牌价值、提高客户购买产品的信心、使产品能够满足市场及法规的要求。SQF 2000标准的主要内容包括承诺、供应商、生产控制、检验与测试、文本控制及质量记录、产品识别和追踪等。认证程序包括认证培训、提交认证计划和申请书、申请资料的审阅、预审、正式认证审核、注册及跟踪监督等。

二、SQF 2000体系标准

SQF 2000体系的认证作为广受全球食品行业认可和推崇的食品安全与质量保证体系，现在正在被越来越多的食品企业了解和采用。下面对这一标准所包含的内容做一个简要介绍。

(一) 围

SQF 2000 体系质量体系标准（2001）规定了应用于食品行业所有部门的质量体系要素。它不是食品安全的保险锁，但可以最大限度地减少产品安全品质方面的风险。它要求产品供应方和客户应当首先明确产品的主要品质和安全标准，通过应用危害分析及关键控制点（HACCP）的概念、原理及其支持性程序，如良好操作规范（GMP）、良好卫生规范（GHP）、良好农业规范（GAP），供应商在生产过程中确定的安全和质量风险，最终形成文件并实施安全卫生质量控制，以便生产出合格产品。

(二) 定义

ISO 8402:1994《质量管理及质量保证——术语》所列定义及下述定义适用于本标准。

（1）合格供应方：一个实体，已具备一个被客户认可的质量管理体系，这个管理体系应当将产品分析、控制措施、验证程序和所有记录文件化，以满足客户对产品的安全质量要求。

（2）企业：从事食品、饮料、纤维素生产与加工、包装、储存、运输、批发、销售等活动一个组织。

（3）HACCP：危害分析及关键控制点。参考下列两个获国际认可的准则和定义：

① 由 FAO/WHO 下设的国际食品法典委员会产生的 HACCP 导则《危害分析及关键控制点（HACCP）体系及应用导则》。

② 由美国国家食品微生物标准委员会（NACMCF）产生的导则《危害分析及关键控制点（HACCP）原理及应用指南》。

（4）HACCP 方法：按照 CAC 导则和 NACMCF 导则的 HACCP 原理实施的应用方法。SQF 2000^{cm} 标准运用 HACCP 方法对食物生产销售各个环节的食品安全和品质危害进行控制。

（5）SQF：意为安全质量食品。SQF 2000^{cm} 质量体系应用 HACCP 方法、原理和概念来确保食品安全质量。

（6）获认可的 SQF 体系培训：为 SQF 实行者和 SQF 审核员进行的两天课程培训，使学员对 SQF 1000^{cm} 质量体系标准和 SQF 2000^{cm} 质量体系标准有具体认识和理解。这些培训必须得到 FMI 或其指定的机构的许可。

（7）SQF 实行者：持有 SQFI 或其指定的机构颁发的证书人员，负责制定、验证和审核 HACCP 方案，这些人员必须参加认可的 HACCP 培训，获得对其资质证书，同时应具备相应的专业知识和经验。

（8）SQF 体系：包括 SQF 1000 体系或 SQF 2000 体系，使用哪个体系可根据具体情况确定。

（9）SQF 2000 体系：一种风险管理和预防体系。它包括食品企业为确保食品质量而进行 SQF 2000^{cm} 方案运作的实施结果。这个体系由 SQF 实行者制定，由 SQF 审核员进行审核，当达到 SQF 2000^{cm} 标准要求时，由经许可的认证机构批准认证。

(三) SQF 2000 体系要素

1. 承诺

（1）质量政策　企业的业主或高层管理者在其质量政策申明中，必须阐明一个实现企业目标和满足客户需求和期望的质量承诺，并形成由业主或高层管理者签字的质量手册文件。

（2）质量手册　企业应该具备一本概述企业要达到标准要求所使用方法的质量手册。

（3）组织结构　企业必须述明本企业相关人员在食品安全与品质保证方面职责及其相互关系的组织结构。

（4）培训　负责危害分析和确定关键控制点步骤的人员必须经过相应的培训。有一份明确的工作指导书，具体交待这方面的工作怎么做，企业中至少有一个人必须对 SQF 体系有完整的认识，并保存一份相关人员在这方面接受过培训的记录。

2. 标准规格

（1）供应方规格　对那些需要采购的、关系产品安全和质量的各种原料，企业必须具有书面的标准规格。该标准规格必须明确这些原料的主要安全品质指标。

（2）购进的原料　企业必须有书面资料证明，所用原料在使用前已经检验合格，或已经供应商评定合格。

（3）最终产品的规格　所记载的最终产品规格必须获得有关方面的认可和接受。

3. 生产控制

（1）生产过程控制　为了生产出安全并符合客户要求的产品，必须制定一个 SQF 2000 体系方案。该 SQF 2000 体系方案必须列明为保证产品安全质量所采取的措施。

（2）纠偏措施和预防性措施　企业必须有一个专门的程序，描述企业如何采取纠偏和预防措施。该程序必须概述当食品安全品质的关键控制限被超出时，查明问题和确定纠偏措施的方法和责任，并保存纠偏和预防措施记录。

（3）不合格产品　应该建立一个叙述如何在接收、加工、包装、储存、发运过程中，将已被识别的不合格产品隔离并加以标识的程序。不合格产品应通过一种合理的方式处理，最大限度地减少被混淆和不恰当使用的危险，并保存对不合格产品的处理记录。

（4）食品法规　在将产品发送给客户之前，企业必须确保所提供的食品符合国家对该产品的相关法规要求。

4. 验证程序

（1）校验程序　所有 SQF 2000 体系方案列明的、用于监测的检验设备必须按照要求进行经常性的校验。同时应具有一个明确所有设备校验和复检文件程序，并保存设备校验和复检记录。

（2）内部审核　企业应该建立内部审核程序文件，明确谁负责安排和指挥内部审核。该程序还应包括一个审核程序表，并详述内部审核如何去验证 SQF 2000 体系和 SQF 2000 体系方案的有效性。内部审核一般由各个被审核区域或不同职责的人员执行，这些人必须经过专门培训。内部审核应保存一切审核记录。

（3）体系的评审　企业必须建立一个程序性文件，明确执行 SQF 2000 体系和每个 SQF 2000 方案评审工作的责任人，SQF 2000 体系和每个 SQF 2000 方案至少每年都必须进行评审。当产品配方、加工工艺、工艺控制手段或其他任何影响产品安全、质量的因素发生改变时，SQF 2000 方案也必须进行复审。SQF 2000 方案的变化必须由 SQF 实行者负责制定、验证、审核并形成文件。对 SQF 2000 体系和每个 SQF 2000 方案的验证程序和变化情况必须形成文件。

（4）客户投诉　企业对客户投诉事件，应明确谁负责调查客户投诉的原因和解决方法，并形成程序文件。企业对客户的投诉事件应当采取高效、有力处理措施，并保存客户投诉及调查情况记录。

5. 文件控制和质量记录

（1）文件控制　应该保存一份现行文件和修改文件目录，并列明正在使用的文件。

（2）质量记录 必须保存质量记录，证明 SQF 2000[cm]方案中所确定的生产过程、检验或检测已经执行完成等。质量记录必须妥善保存，防止损坏。所有记录必须保持 12 个月以上。另外文件保存期应该满足客户或法规规定要求。

6. 产品的标识和可追溯性

（1）产品标识 制成品必须明确标识名称和通过 SQF 2000[cm]认证的企业代号。产品标识体系必须形成文件并予以保存。

（2）产品追踪 制成品对客户而言必须是可追溯的。其追溯体系必须形成程序文件并明确职责，保存记录。

（3）产品回收 产品回收体系必须形成程序文件，清楚叙述行使的责任、管理方法和草案，并经过验证和审核，保存所有产品回收记录。

另外，该体系还有《SQF 纲要——认证机构进行 SQF 体系评估认证的总体要求》、一套完整的 SQF 2000 认证体系、SQF 2000 认证标志使用准则，通过 SQF 2000 认证的企业可以将 SQF 2000 认证标志用在产品上和向公众展示的企业文件上。SQF 2000 体系的监督评审每两年进行一次，对于高风险食品的评审一般每 4 个月进行一次。对于季节性生产企业，一个全面的监督评审通常要在生产旺季进行。如果企业拥有了良好的评审历史，在第一个 3 年以后，评审频率可以减少，以后的认证评审可以每 3 年进行一次。

总之，SQF 2000 体系标准为发展中国家的食品企业有效地进入全球市场提供了一个良好发展平台。它是企业实现自身发展、满足顾客需求、适应当代食品行业形势发展的一个先进管理体系标准。

任务二 MSC认证

一、MSC 认证概述

海洋管理理事会（MSC，全称 Marine Stewardship Council）是一家独立的、全球性的、非盈利的组织。MSC 认证包括 MSC-Fishery 和 MSC-COC。MSC-Fishery 是指渔场认证；MSC-COC 认证是指水产品产销监管链认证，是对于捕渔业以及加工流通阶段（水产品从原产海洋区域的鱼类及其运输、加工、流通直至最终消费者的整个过程）管理的认证，是由 MSC 所认定的机构根据 MSC 标准进行的。

MSC 为海产品捕捞业的良好发展和有效管理设立了一个环境标准，其通过产品标签来证明捕捞者对环境的责任和良好捕捞管理。MSC 认证的宗旨是降低因海产品的过度捕捞而对海洋环境的负面影响。

MSC 海鲜可追溯性产销监管链标准确保 MSC 环保标志仅显示于来自经 MSC 认证的可持续渔场的产品上，这意味着消费者及海鲜买家可对产品追根溯源，直至符合 MSC 可持续捕捞环境标准的渔场，若希望产品最终显示 MSC 环保标志，供应链中的各家公司均须由独立第三方认证机构进行认证。

目前，MSC 已成功地获得 20 多个国家超过 100 个组织支持，上百家公司（销售商和生产商）已经取得认证，29 个组织已经签署了 37 个标志许可使用协议。

关心水产品是否被过度捕捞、是否破坏海洋环境、是否对社会造成负面影响的消费者，日益选择经过 MSC 标准认证并贴有生态标签的水产品。因此，MSC 在全球有着强大的市场需求和前景，也预示着 MSC 认证全球化发展的必然性。

二、MSC 认证要求

MSC 是一家独立的、全球性的、非盈利的组织，其总部位于英国伦敦，目前已在美国、日本、澳大利亚及荷兰成立办事处。

起初 MSC 由海产品购货商联合利华（Unilever）和国际保护组织世界野生生物基金会（WWF）在 1997 年创立，自 1999 起，MSC 开始独立运作。MSC 于 2000 年 3 月 1 日正式成立；主要支持机构包括主要的欧洲及美国零售商，制造商以及食品服务运营机构。

1. MSC 组织的目标

（1）保护世界未来渔业供应，和鼓励可持续发展的水产业。

（2）和各个利益方建立合作关系：包括水产捕捞者，零售商，消费者以及资源保护者。

（3）在产品标签上以明确的标志说明：捕捞来源于良好的海洋环境；此产品可持续捕捞。

2. MSC 认证三大原则

原则 1：不能过度捕捞，并且捕捞是在可持续发展的基础上。

原则 2：水产业的经营应遵循保证维护渔业的生态系统，生产力以及生态物种多样性（包括生长环境，多物种相互生存）。

原则 3：水产渔业遵循有效的管理系统原则，遵守相应的地方、国家及国际法律和标准，保证资源的可持续发展性。MSC 更重要的是维持海洋渔业的可持续发展。

3. MSC 认证范围

（1）渔场认证（fishery certification） 渔场符合“可持续的，良好管理的”水产业环保标准，以促进负责任捕鱼。通过认证的渔场为可持续和管理良好的渔场。

（2）产销监管链的认证（chain of custodycertification） 对于捕渔业以及加工流通阶段管理（COC）的认证，是由 MSC 所认定的机关根据 MSC 的标准进行的。水产品产销监管链认证是对水产品从原产海洋区域的鱼类及其运输、加工、流通直至最终消费者的整个过程进行认证。由于水产品从原产海洋区域的鱼类到产品再到达最终消费者手中这个过程形成了一个链，所以水产品认证又称为产销监管链认证。

4. MSC 监管链标准（MSC chain of custody standard）

认证的目的是为供方提供担保来证明和主张其源自 MSC 认证渔场的产品，同时减少由于公众对于鱼及鱼产品有无认可的混淆而带来的危害。

通过渔业行为管理，使之不能过度捕捞而实现渔业的可持续发展，提高资源的承受能力，维护渔业赖以生存的环境。

为了实现这些目的，必须建立渔业全链可追溯体系，以使得产品能从采购开始从上游向下游跟踪，同时也可从销售开始从下游向上游回溯。

该标准使企业在不花费其他不必要费用的前提下，对其使用来自 MSC 认可渔场的水产品并贴有 MSC 生态标签的产品提供了高标准的信用保证。

该标准的范围是为了保持来自经 MSC 标准认可渔场的水产品监管链的必备条件。它本身并不涉及食品安全或质量。

5. 认证流程

对于水产企业，若想获得 MSC 认证，首先要找到 MSC 的原料。其次，企业应具备相应的追溯/标识/隔离体系，能够完成从原料的接收、储存、加工到成品的发运各个环节均得以实现。再次，提出申请，填写申请表，注明原料的来源、企业信息的详细内容，并商定费用。最后与认证机构商定审核时间。如果产品是以鱼为主要原料，并且该鱼种有 MSC 原料，即可进行认证（见表 3-6）。

表 3-6　认证选项

序号	选项	适用于单个机构或组织
1	认可的 COC 认证	两者
2	认可的 COC 联合审核	两者
3	集团/组织认证	组织
4	临时认证	两者

认可的认证：除其他三类外的组织/机构的审核/认证选项。

认可的结合审核：含有 MSC 要求的标准，可以与 MSC 结合审核，认证机构需要提供结合标准与 MSC 的差异分析。目前认可标准：BRC、IFS、SQF 2000、ISO 22000、ISO 9001、HACCP。

组织认证：多个场所的组合（集团、合作社）。

临时认证：在准许鱼或鱼产品进入监管链之前无法进行一次完整的现场审核。建立在风险低并可控的基础上，由 MSC 授予。有效期三个月。

6. 临时认证

① MSC 监管链认证的基本原则：潜在客户满足 MSC 监管链标准，并且认证机构通过现场审核验证符合性。

② 实际上存在例外情况，第二条无法立即执行但又没有必要影响认证过程的开展。例外情况时，在向 MSC 表明证书发放前现场审核不可行，而对 MSC 标签公正性的风险降到了最低，“临时认证”是可以批准的。

③ MSC 不负责在获得有效期三年证书前的临时性审核产生的任何费用。

④ 认证机构在 MSC 数据库中申请临时认证，需提交以下材料：即时的现场审核不可行的书面理由；表明 MSC 监管链失控的可能性降到最低风险分析的结果；后续措施，包括三个月内执行现场审核的范围和时间的全面时间表。

⑤ 只有 MSC 行政官对以下满意时：标准认证过程，包括现场审核不可行；风险可接受；三个月内可以完成现场审核，方可颁发临时认证许可。

⑥ 临时认证在颁发三个月以后失效，如果三个月内没有完成现场审核并颁发监管链证书，临时认证终止，所有 MSC 标签、声明、状态立即终止。

三、MSC 监管链流程示意图

在 MSC 监管链中需进行认证的各个参与方及在全链中的位置如下：

已认证的水产品原料（供应方）

↓

已认证的水产品原料（贸易公司）

↓

已认证的水产品原料（加工厂）

↓

已认证的水产品原料（贸易公司）

↓

客户

四、MSC监管链标准（Version 2.1，2010年5月1日）

标准第一部分

控制体系主要涉及：企业要有组织架构和相应的职责权限，以体现其有能力在原料接收到发运的追溯能力。MSC并不强制要求必须有“MSC手册”来说明MSC的控制体系，只要有相关的规定和记录体现其追溯的能力和效果即可

第1部分：控制体系

1.1 组织应具有管理体系，保证阐明以下各部分内容。

1.2 除非在以后的部分中有特殊要求，管理体系不必要求文件支持，除非缺乏文件会对产品的认证状态产生风险时适用。

1.3 组织应对分包商的所有实施工作负责，并能对其保持控制，能够表明其保持追溯的能力以及满足本标准的要求。

注：管理体系指建立方针和目标并实现这些目标的体系（见ISO 9000：2000）。

标准第二部分：原料接收的确认

关注确认的方法及证据，对于原料供应商的MSC证书、装箱单和发票要认真核实，必要时可上网核实MSC证书。

国内很多加工厂的原料是经过多次倒手买来的，经常会出现证书所有者与装箱单/发票不一致，这时要有充分的证据来体现追溯。这从另一方面说明为什么原料贸易公司也需要MSC认证。

第2部分：原料接收的确认

2.1 组织应执行体系确保原料经过认证，来自于被MSC标准认证的水产品或COC认证的供应商。

2.2 有关被MSC认证原料的记录应被保持，包括供应商的名称、MSC监管链认证的号码、认证有效性的证据和其他细节内容，确保必要时能够将原料追溯到供应商。

标准第三部分：已认证和未认证原料的隔离和/或区分

首先要有文件化的规定：确保自原料的接受、储存、加工的各个环节能够将已认证和未认证原料区分出来。通常，经过物理隔离及标识的方法来实现，特别要关注由未认证的原料制备的调味品可以应用在已认证的原料制备的调味品，但最大允许量是终产品中水产品总量的2%。

第3部分：已认证和未认证原料的隔离和/或区分

3.1 组织应执行体系确保已认证的原料能够在所有阶段被清晰识别，包括储存、加工、包装、标识和处理过程。

3.2 在加工和生产阶段，已认证和未认证的原料要保持分离。可通过以下方法。

3.2.1 已认证和未认证产品生产线的人为分离。

3.2.2 已认证和未认证产品的生产时间分离。

3.3 已认证和未认证的原料不能被混合。

3.4 由未认证的原料制备的调味品可以应用在已认证的原料制备的调味品应用的地方，这只适合于已认证的原料制备的调味品在商业上不能获得的情况。如果未认证水产调味品被应用，那么其最大允许量是终产品中水产品总量的2%。

3.5 在未认证原料制备的调味品应用的地方，产品名称不能提及未认证原料的名称。

3.6 在一明确的生产段内，有关已认证和未认证水产品原料及其产品的体积和重量的数据应被记录在有MSC标识的产品中，包含未认证的水产调味品成分的百分含量的计算依据。

a. 用未认证的水产调味品成分的净重（除去水分和盐分）除以终产品中所有水产调味品的总重（除去水分和盐分）。

b. 如果终产品为液体，用未认证水产调味品成分的体积（除去水分和盐分）除以终产品中所有水产调味品的总体积（除去水分和盐分）。如果液态产品由浓缩液重组而成，计算应基于单独浓缩成分和终产品的量。

c. 对于同时包含液态和固态未认证水产调味品的产品，用未认证的固态和液态调味品的总重量（除去水分和盐分）除以终产品中的水产调味品的总重量（除去水分和盐分）。

d. 海产品中未认证调味品成分含量四舍五入至整数。

e. 在包装中贴有 MSC 标签的组织应确定百分含量。组织可根据供应商提供的相关信息确定百分比。混合成分的产品不能包括由已认证和未认证产品的同样调味品成分，如果已认证的水产品调味品是适用的，将不能用未认证的水产调味品。

标准第四部分：产品标识的管理

MSC 产品的储存、加工，发货过程中的标识明确、清晰，便于追溯。

第 4 部分：安全产品标识

4.1　组织应执行安全体系，确保生产、储存和应用中产品标签具有 MSC 认证状态或 MSC 标识，并保证只有被 MSC 认证的产品被标识。

第五部分：认证产品输出的识别

主要关注两点：①出货的箱单、发票信息要体现相关内容；②成品与原料的用量核实，包括出成率。

追溯体系

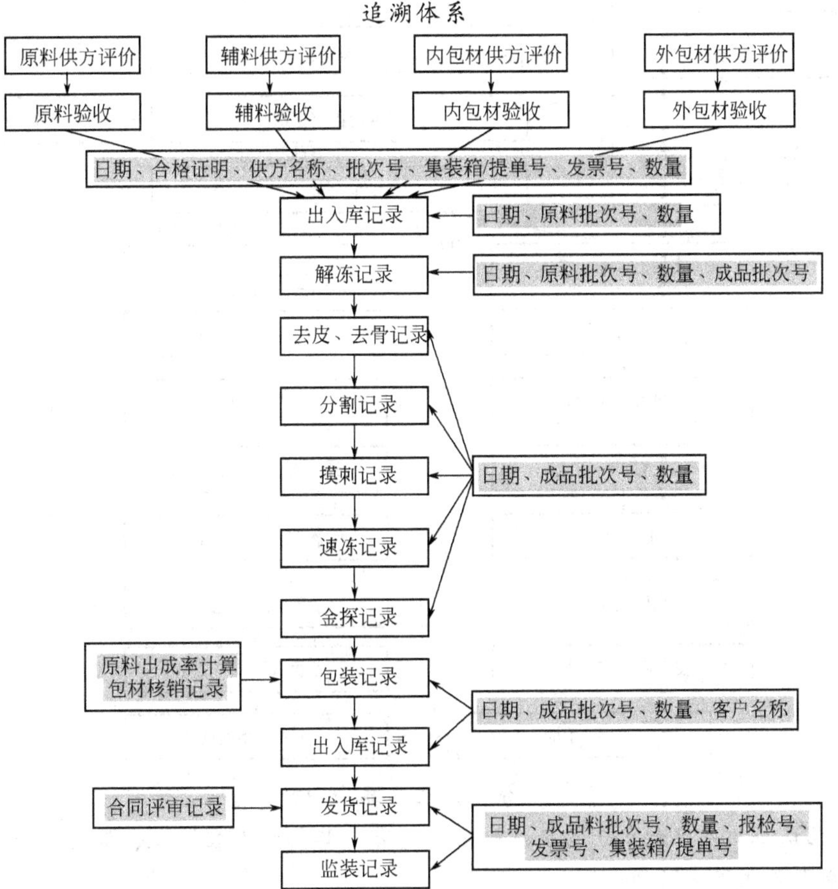

原料核销记录

原料名称：					批次号：				
供应商：					发票号/集装箱号：				
验收状态：									
日期	入库数	出库数	加工日期	成品批号	规格	成品数量	出成率	成品库号	发货客户

追溯、召回体系

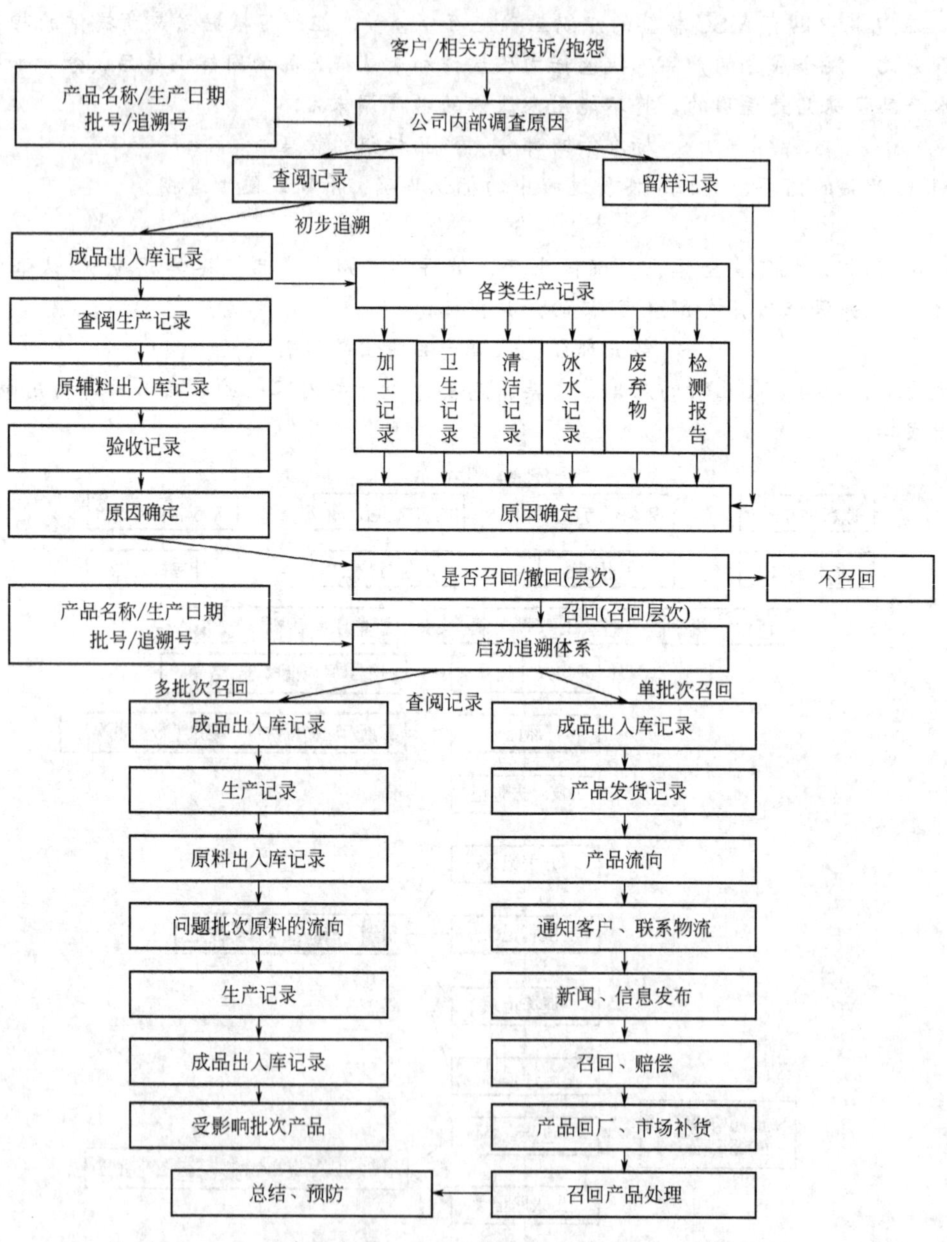

第5部分：认证产品输出的识别

5.1 已认证的水产和水产品应被标识，或者有其他方式在包装、储存、处理和运输过程中能够识别来确保其追溯性。

5.2　组织应执行体系确保被销售的产品能够被追溯到销售发票上。

5.3　组织应执行文件体系，确保已认证的水产和水产品具有同产品相关的信息，保证其追溯性。

5.3.1　有关产品的描述。

5.3.2　有关产品体积、质量以及销售对象、运输和与之相关的数据记录。

标准第六部分：记录保持

从原料到成品发货的相关追溯记录要完整，包括原料证书、加工记录，发货记录等，记录的保存年限至少 3 年。

第 6 部分：记录保持

6.1　组织应保留所有已认证水产和水产产品的进货、加工和出货记录。

6.2　记录要足以保证已认证产品的出货能够追溯到已认证产品的进货。

6.3　记录应充分保证任何阶段已认证产品的进货到出货时的生产得率。

6.4　记录至少保持 3 年。

其他内容

(1) 确认输入。

(2) 隔离和/或区分 MSC 认证的与非认证的鱼的输入及所有相关过程（接收、存放、加工、包装、供应）。

(3) 产品标记的安全。

(4) 识别认证的产品的输出。

(5) 交货时记录批次号。

(6) 保持从最终加工和包装的产品到产品输入批次的追溯性，反之亦然。

如客户在审核时不加工潜在范围中列出的所有产品，认证机构需要抽一个或多个与此产品类似的样品（如在此生产线上加工的非认证的鱼，或外观类似的品种），收集体系运作的证据。认证机构验证体系足够强大，以在客户处理 MSC-评估或 MSC 认证的鱼时保持监管链及追溯产品。

评估中的鱼　MSC-assessment

将 MSC-评估中的鱼包含在客户的范围中，审核员需验证以下内容。

(1) 客户满足以下任一项：①在储存以前拥有鱼的所有权；②第一个储存鱼的公司；③直接从第一个储存鱼的公司购买产品；④是监管链的第一个环节，鱼在 MSC-评估中的渔场的认证范围内的下属公司储存。

(2) 每一批 MSC-评估中的鱼的采购，有证据表明客户采取体系记录以下内容：①供应商的名称及其 MSC 监管链登记号；②捕获日前；③足够的其他信息。便于这些输入产品向其供应商的追溯。

(3) MSC-评估中的鱼用供应商的名称和捕获日期进行标识或识别。

(4) MSC-评估中的状态在发票上标识，但不得在待销售的产品上标识。

(5) 符合 (1) 中③或④的公司，有体系确保在渔场获得正式认证以前，所有 MSC-评估中的状态信息在产品销售时移除。

不符合与制裁

(1) 轻微不符合（继续认证的情况）：客户没有遵从标准，但是这些问题不危害监管链的完整性。①对初次认证，当详细记录不符合的纠偏措施方案被认证机构认可时，客户可被推荐认证。方案必须涵盖对执行纠偏措施及时间计划的简要描述。②监督审核中发现的轻微不符合需在下一次审核中验证。

(2) 主要不符合(认证前整改的情况):当监管链的完整性受到危害,认证不能通过或保持。①对初次认证,主要不符合需要客户在认证授予前完成整改,期限为审核后3个月,并需要复审。认证机构需要在关闭主要不符合或降级为轻微不符合前评估纠偏/预防措施的有效性。②认证通过后发现主要不符合是严重的,监管链的完整性处于风险中,通过认证的客户需要在最长1个月内完成整改。认证机构需要评估纠偏/预防措施的有效性。如果1个月的最长期限内没有关闭不符合,证书将被暂停或取消,需要重新进行全面审核。

(3) 当客观证据表明由于客户行为或漠视导致监管链的破坏,已经或即将装船的MSC认证的或MSC-评估中的鱼产品为非MSC认证的或MSC-评估中的鱼产品,认证机构应立即采取措施,监管链认证证书暂停直到问题圆满解决。24h内通知MSC此事件及对监管链的进一步影响。

证书获得

成功现场审核以后,没有未解决的主要不符合,认证机构可以授予客户MSC监管链证书。

对于认可的结合审核,确保MSC监管链标准的所有元素的到满足。认证机构应使用MSC的差异分析。

在准许鱼或鱼产品进入监管链之前无法进行一次完整的现场审核。建立在风险低并可控的基础上,由MSC授予临时认证。有效期三个月。

证书涵盖的内容

(1) 公司名称(实施审核的公司的名称)。

(2) 场所地址(实施审核的物理场所的地址)。

(3) 客户的贸易地址(可选的):如果适用认证机构可以添加贸易地址。此种情况下,此地址的主要活动需要在证书中注明以避免与场所地址的混淆。

(4) 认证机构的名称和地址。

(5) MSC监管链证书注册号。

(6) 一句表明公司遵守MSC监管链标准(包括标准号)的话。

(7) MSC的2009版商标,横的或竖的(遵守MSCI商标许可要求)。

(8) 证书颁发日期。

(9) 失效日期。

(10) 颁发者姓名。

(11) 授权人签字。

(12) 认证机构的许可号。

(13) 关于MSC网站的陈述,认证范围(证书和范围的最新信息资源)的报告地点。

(14) 认证机构需要的附加注释。

认证范围的扩展

如果一个获得认证的客户期望扩展其认证的范围,认证机构决定其同一管理体系是否适合增加的场所、产品类型和/或新种类及对MSC监管链标准的符合性的维持。

认证机构完成所有信息的评审并决定是否需要在监管链认证修改以前增加现场审核。

如果无需增加现场审核,认证机构需要作出判断记录。

现场审核需要按照初次审核的程序执行。

认证机构应在MSC数据库中升级客户的认证范围，并在必要时10日内颁发一份新的范围目录。

认证机构只有当其产品在MSC网站出现以后才能通知客户进行其证书新增MSC产品的标识和贸易，提供给客户商标许可协议。

认证——监督审核

认证机构确定每一个认证的业务按照风险识别确定的恰当频率规定的现场审核。

初次认证后，认证机构进行书面的风险分析以恰当的监督水平。每次监督完成后对分析分析进行更新，以便认证机构确定监审的频率直至下次监审。进行风险分析的方法及频率见后面内容。

认证机构需要记录上次审核后处理的所有产品的清单，涵盖以下内容：①公司名称；②MSC监管链证书注册号；③证书颁发日期；④上次现场审核的日期；⑤审核日期；⑥详细的上次监督/认证审核后加工的产品的清单。

认证机构需要从加工产品目录上去除任何从上次审核后未加工的产品，可增加加工过的产品。

监管链认证三年内的监督审核按照以下分布：

风险分析确定持续监督审核的水平

<table>
<tr><th colspan="9">监督频率</th></tr>
<tr><th>序号</th><th>监督类型</th><th>初次审核</th><th colspan="2">第一年</th><th colspan="2">第二年</th><th colspan="2">第三年</th></tr>
<tr><td>1</td><td>加强的</td><td>现场</td><td>现场</td><td>现场</td><td>现场</td><td>现场</td><td>现场</td><td>再认证</td></tr>
<tr><td>2</td><td>正常的</td><td>现场</td><td></td><td>现场</td><td></td><td>现场</td><td></td><td>再认证</td></tr>
<tr><td>3</td><td>简化的</td><td>现场</td><td colspan="2">现场①</td><td colspan="2"></td><td></td><td>再认证</td></tr>
<tr><td>4</td><td>远距的</td><td>现场</td><td colspan="5">桌面的</td><td>再认证</td></tr>
</table>

① 适用于10～18个月。

因素与判分确定合适的持续监审水平

（1）紧随初次认证，及每次监督审核，获得认证的机构将被认证机构依据风险分析分类或再分类为四个持续监审的类别，分别是：①加强监督，每6个月现场审核；②正常监督，每12个月现场审核；③简化监督，认证后每10～18个月现场审核；④远距监督，认证后每10～18个月书面（文件）审核。

（2）风险分析应依据因素及评分决定监审频率表进行，监督类型确定依据监督审核的频率表。这些因素并不是认证机构进行危害分析时需要考虑的详尽的问题清单，适当时，危害分析需考虑其他信息。

（3）对一个满足简化或远距监督的机构，认证机构需考虑从表1的得分并记录其决定的理论依据。

（4）桌面审核远距离进行并需要包含现场审核的相同活动。

因素及评分决定监审频率

风险因素	分数	给分
1. 行为（涉及：界定范围的扩展）		
贸易（买与卖）（行为1）	4	
运输（行为2）	4	

续表

风险因素	分数	给分
储存(行为3)	4	
批发和/或分销未密闭保存的整条鲜鱼(行为4,5)	8	
批发和/或分销预包装的产品(行为4,5)	4	
收获(行为6)	8	
包装或再包装(行为7)	15	
加工,合同加工(行为8,9)*	20	
*如果加工企业的地理位置同时加工非MSC认证的渔场的相同品种的鱼,导致有加工非MSC鱼的风险,需要考虑:		
高风险,加:	8	
中风险,加:	2	
低风险,加:	0	
直接面向消费者的零售/食品服务(行为10,11)	8	
2.产品处理		
公司拥有产品的所有权,产品由一个分包商加工*	8	
*对每一个增加的未认证的分包商,加分:	3	
公司拥有产品的所有权,产品由一个分包商再包装*	6	
*对每一个增加的未认证的分包商,加分:	2	
公司拥有产品的所有权,产品由一个分包商储存和/或运输*	3	
*对每一个增加的未认证的分包商,加分:	1	
公司未拥有产品的所有权,和/或未使用分包商	1	
3. 处理的种类		
现场同时处理同类的经认证和未经认证的产品	8	
现场同时处理不同类的经认证和未经认证的产品	4	
现场只处理经认证的品种	1	
现场没有鱼	0	
4. 公司拥有最近12个月内的其他认证		
无	4	
经认可的三方认证机构依据有追溯要求的标准的认证(BRC,IFS,SQF,2000,HACCP,ISO9001等)	1	
5. 公司在最近一次MSC审核中的表现		
发现一个或多个主要不符合(或最近12个月内认证暂停过)	加强监督	
发现≥3个轻微不符合	8	
发现1或2个轻微不符合	4	
未发现主要或轻微不符合(或初次审核)	0	
6. 来自其他审核及调控机构的信息		
被指控未执行调控要求	加强监督	
最近24个月发现食品安全和/或调控要求方面的主要不符合	7	
最近24个月未发现食品安全和/或调控要求方面的主要不符合或调控	0	
7. 使用标签或作出标签使用决定的员工(标签管理、使用)的数量		
≥11	3	

续表

风险因素	分数	给分
3～10	2	
≤2	1	
产品上不贴标签	0	
8. 运行国在国际透明度组织最新腐败评估表中的等级(最新等级见 http://www.transparency.org/policy _ research/surveys _ indices/cpi)请参考最近年份 CPI 分数的柱状图		
≤2	28	
3～6	16	
≥7	4	

监督审核的频率

因素及评分决定监审频率表得分	监督审核频率
≥50	加强的监督
30～55	正常的监督
16 ～35	简化的监督
≤15	远距简化的监督

注：本表中的范围故意重叠，当遇到此类情况（如分数为 30～35 或 50～55），认证机构决定采用何种监督审核方式，并记录其做出此决定的原因。

认证和复审

认证证书有效期 3 年，3 年后依据监管链标签全面复审。

认证机构评审机构的 MSC 产品加工目录以确定其正确性并保持了更新。如果某产品从上一次监督审核后并未作为 MSC 认证的产品进行加工/销售，此产品见被从目录上删除。

Logo

Logo 共有 3 种。①面向消费者（零售包装）：包括零售和独立品牌的带 MSC 标签的水产品，食品供应链批发商的名单上和“直接面向消费者”的网站。②非面向消费者：包括认证水产品的分包装，食品供应链餐饮业价格表和网站。③非商业用途：包括媒体的 Logo 使用，慈善和教育组织，水产市场和代表实体，认可的认证实体和书的作者。前 2 种是针对水产品销售公司的。

标志使用

MSC 标签是 MSC 认可的商标。如果没有 MSCI 书面的许可任何组织或个人都无权使用该标签。MSC 的授权标签应符合 MSCI 的具体要求。

任何情况下，客户在公开出版的刊物和广告上都应充分的注意区分认可和非认可的产品和服务。客户也不应做任何对消费者产生误导的声明，使其相信并没有人可的产品、体系、服务、地点或组织包含在证书内。

Logo 费用

Logo 使费用由企业直接向 MSCI 提出申请，认证机构不负责此费用的收取。年费的水平依据或许可贴有 MSC 标签产品的销售额，具体如下：

带 MSC 标志的产品的销售	面向消费者(年费＋销售版税)	非面向消费者
0～200000 美元	250 美元＋0.5%的销售额	250 美元
200001～500000 美元	1000 美元＋0.5%的销售额	1000 美元
＞500000 美元	2000 美元＋0.5%的销售额	2000 美元

费用中的年费

年划分：4月1日到9月30日；10月1日到翌年3月31日。在每一个“版税年”的开始要支付。对于已获得许可的客户，用前一个“版税年1”的销售额来确定年费。对于新客户，按计划的销售额计算。如果希望今年的销售要按新的标准执行，请与MSCI联系。在“版税年”末，针对实际销售和去年的销售/计划的出入进行协调。如果不同，多退少补。年费中，如果在“版税年”的后6个月（10月1日到翌年3月31日）第一次销售带有MSC标签的产品，那么年费减半。MSCI（MSC International）相当于MSC的一个下属公司，拥有商标权。

费用中的销售版税

Volume royalty 销售版税

• 版税年划分：4月1日到9月30日；10月1日到翌年3月31日。销售版税按销售产品的0.5%计算。适当时，许可人将被问及非面向顾客销售的产品（以使MSCI能保留所有MSC标签的产品）。注：如果公司销售面向消费者和非面向消费者的产品，年费按照总数计算，版税仅按面向消费者的计算。

• 要想使用MSC Logo的企业，必须向MSCI申请，发出申请后，会收到MSCI发回的许可协议，许可协议上规定了使用Logo的详细要求，在签订许可协议及确认完包装版面后，企业即可使用该MSC Logo。

• 每一个许可人使用一个Logo许可协议，付一次年费。

• MSC的Logo协议，要与MSCI签署，是英文的。

• Logo费用举例：公司MSC产品销售额100000美元，在“版税年”的开始需交纳250美元（4月）。然后，在每个缴费期（4～9和10～翌年3月），都要计算总销售额。如在4～9月MSC标签产品销售30000美元，需交纳30美元。如在10～翌年3月销售70000美元，需付70美元。因此，该年总费用为750美元（250美元＋150美元＋350美元）。

MSC网站 www.msc.org

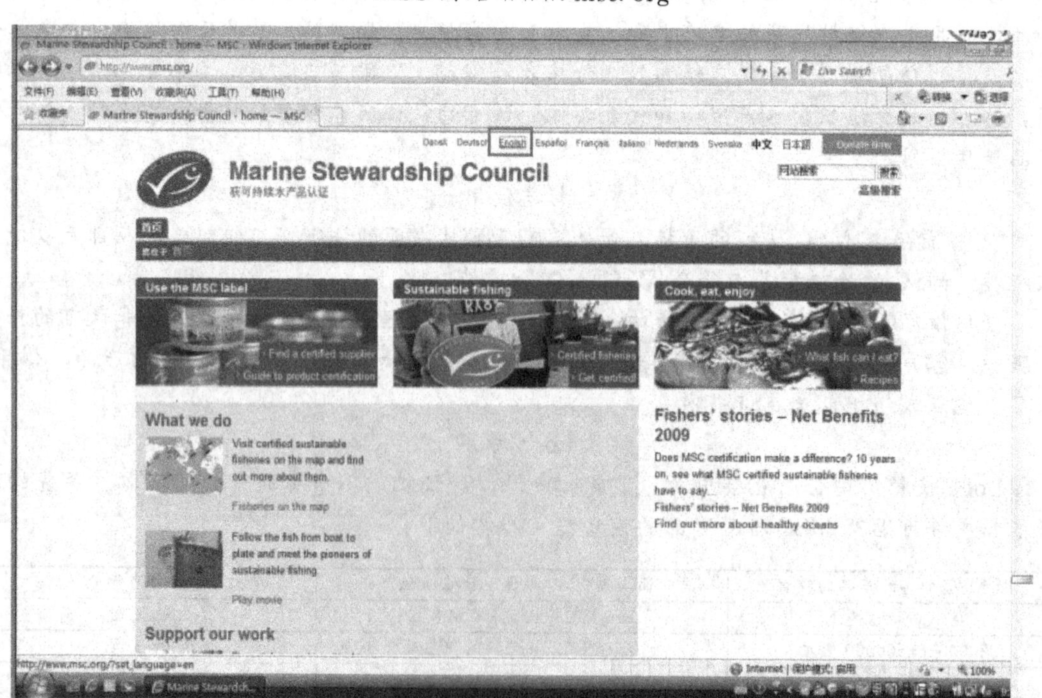

Marine Stewardship Council
Certified sustainable seafood
Home About us Healthy oceans Track a fishery Get certified! Business support Where to buy Cook, eat, enjoy Newsroom Documents
Use the MSC label
Sustainable fishing
Cook, eat, enjoy
Latest news
What we do
Fishers' stories – Net Benefits 2009
U.S. Atlantic spiny dogfish fishery

MSC 网站-寻找供应商

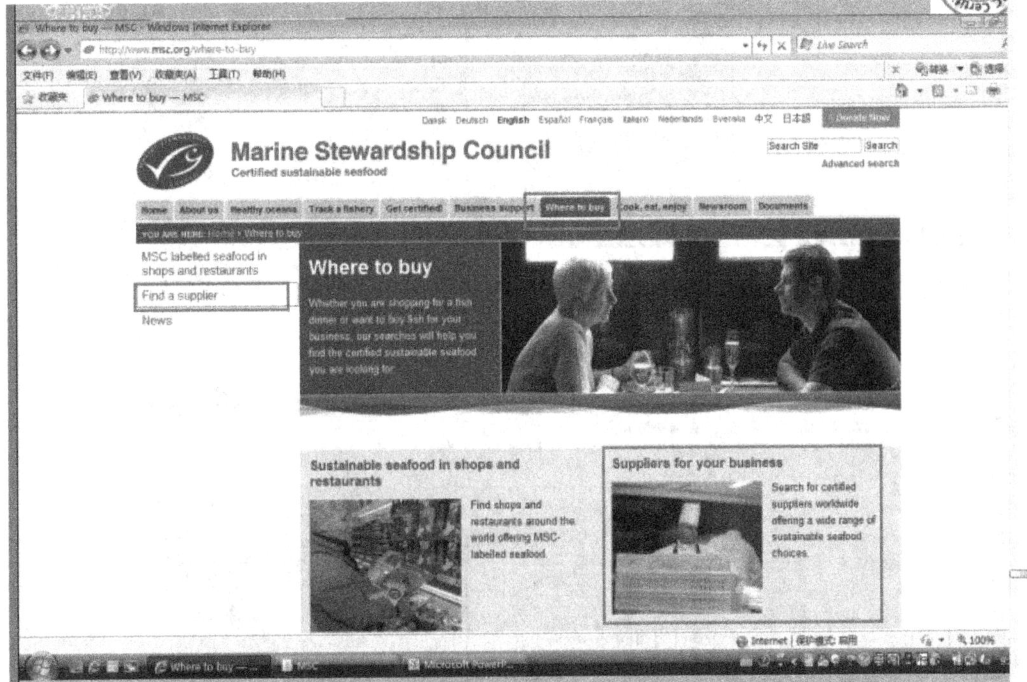
Marine Stewardship Council
Certified sustainable seafood
Where to buy
MSC labelled seafood in shops and restaurants
Find a supplier
News
Sustainable seafood in shops and restaurants
Find shops and restaurants around the world offering MSC-labelled seafood.
Suppliers for your business
Search for certified suppliers worldwide offering a wide range of sustainable seafood choices.

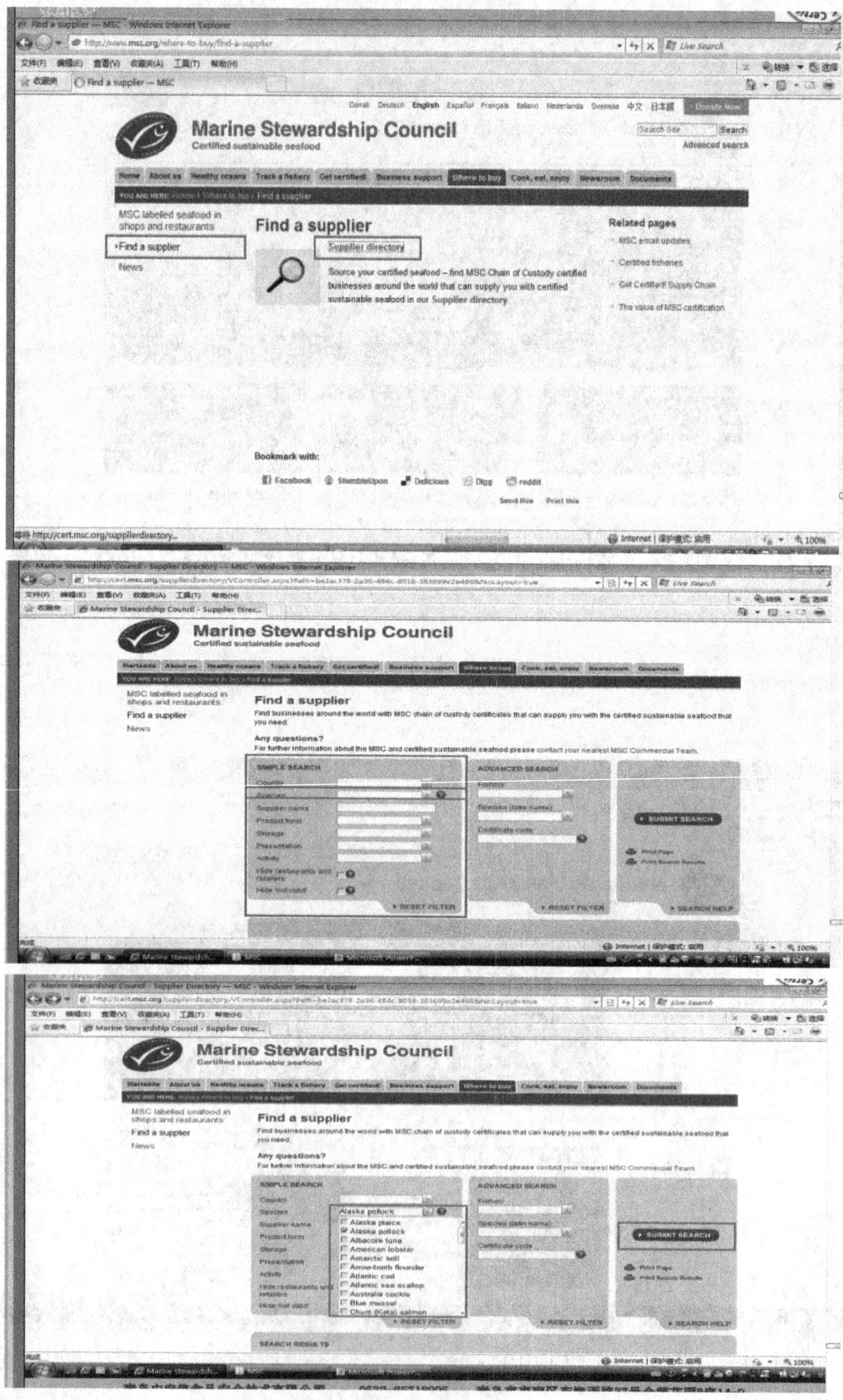
Marine Stewardship Council
Certified sustainable seafood
MSC labelled seafood in shops and restaurants
Find a supplier
News
Find a supplier
Supplier directory
Source your certified seafood – find MSC Chain of Custody certified businesses around the world that can supply you with certified sustainable seafood in our Supplier directory
Related pages
MSC email updates
Certified fisheries
Get Certified! Supply Chain
The value of MSC certification
Bookmark with:
Facebook
StumbleUpon
Delicious
Digg
reddit
Send this
Print this
Marine Stewardship Council
Certified sustainable seafood
Find a supplier
Find businesses around the world with MSC chain of custody certificates that can supply you with the certified sustainable seafood that you need
Any questions?
For further information about the MSC and certified sustainable seafood please contact your nearest MSC Commercial Team.
SIMPLE SEARCH
ADVANCED SEARCH
SUBMIT SEARCH
RESET FILTER
SEARCH HELP
Marine Stewardship Council
Certified sustainable seafood
Find a supplier
Alaska pollock
Alaska plaice
Alaska pollock
Albacore tuna
American lobster
Antarctic krill
Arrow-tooth flounder
Atlantic cod
Atlantic sea scallop
Australia cockle
Blue mussel
Chum (Keta) salmon
SUBMIT SEARCH
SEARCH RESULTS

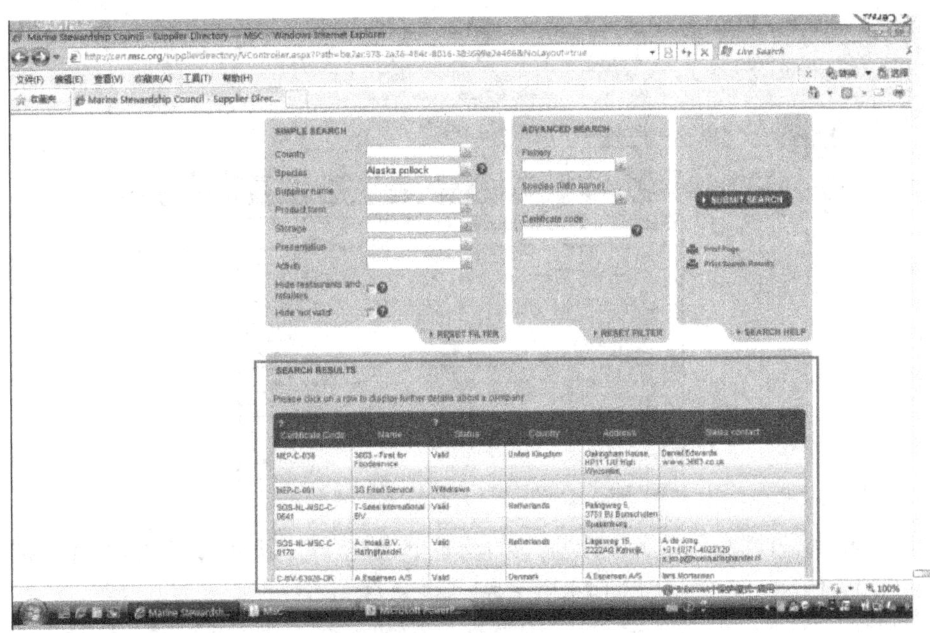

MSC 网站-渔场验证

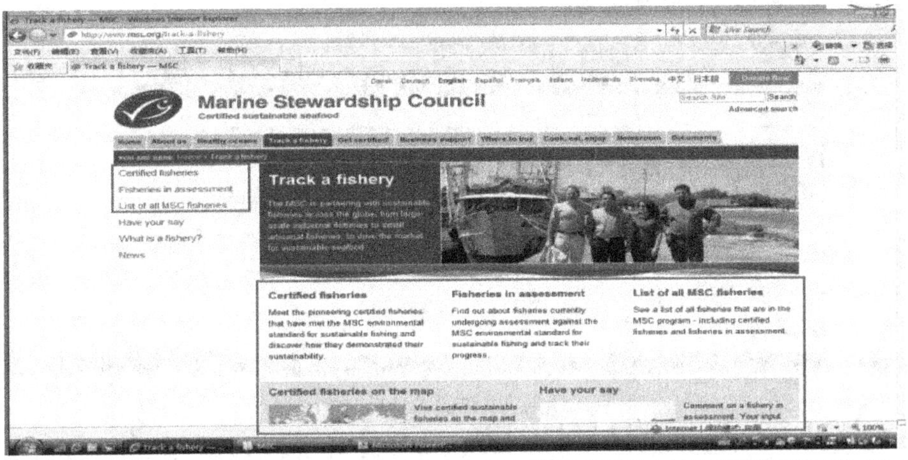

Marine Stewardship Council
Certified sustainable seafood

Track a fishery

Certified fisheries
Fisheries in assessment
List of all MSC fisheries
Have your say
What is a fishery?
News

Certified fisheries

Meet the pioneering certified fisheries that have met the MSC environmental standard for sustainable fishing and discover how they demonstrated their sustainability.

Fisheries in assessment

Find out about fisheries currently undergoing assessment against the MSC environmental standard for sustainable fishing and track their progress.

List of all MSC fisheries

See a list of all fisheries that are in the MSC program - including certified fisheries and fisheries in assessment.

Certified fisheries on the map

Have your say

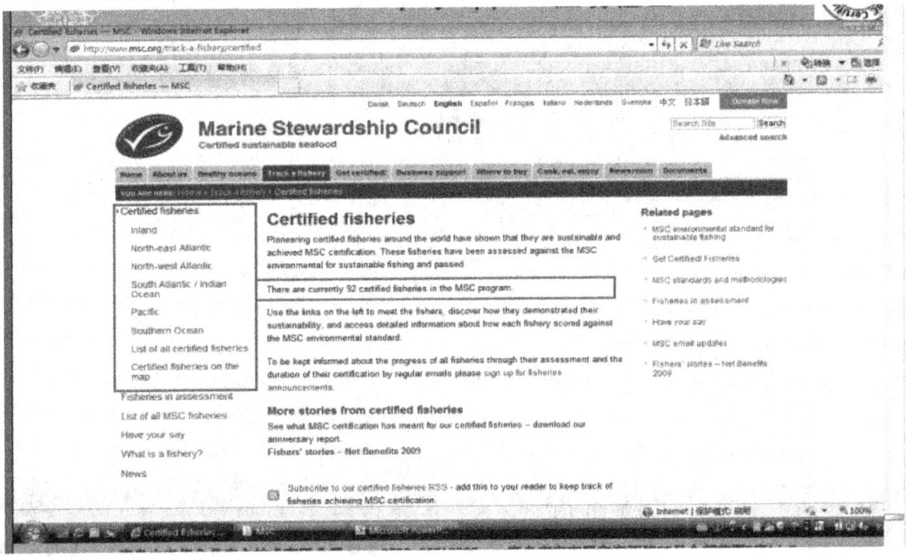

Marine Stewardship Council
Certified sustainable seafood

Certified fisheries

Inland
North-east Atlantic
North-west Atlantic
South Atlantic / Indian Ocean
Pacific
Southern Ocean
List of all certified fisheries
Certified fisheries on the map
Fisheries in assessment
List of all MSC fisheries
Have your say
What is a fishery?
News

Certified fisheries

Pioneering certified fisheries around the world have shown that they are sustainable and achieved MSC certification. These fisheries have been assessed against the MSC environmental standard for sustainable fishing and passed.

There are currently 92 certified fisheries in the MSC program.

Use the links on the left to meet the fishers, discover how they demonstrated their sustainability, and access detailed information about how each fishery scored against the MSC environmental standard.

To be kept informed about the progress of all fisheries through their assessment and the duration of their certification by regular emails please sign up for fisheries announcements.

More stories from certified fisheries

See what MSC certification has meant for our certified fisheries – download our anniversary report.
Fishers' stories – Net Benefits 2009

Subscribe to our certified fisheries RSS - add this to your reader to keep track of fisheries achieving MSC certification.

Related pages

MSC environmental standard for sustainable fishing
Get Certified! Fisheries
MSC standards and methodologies
Fisheries in assessment
Have your say
MSC email updates
Fishers' stories – Net Benefits 2009

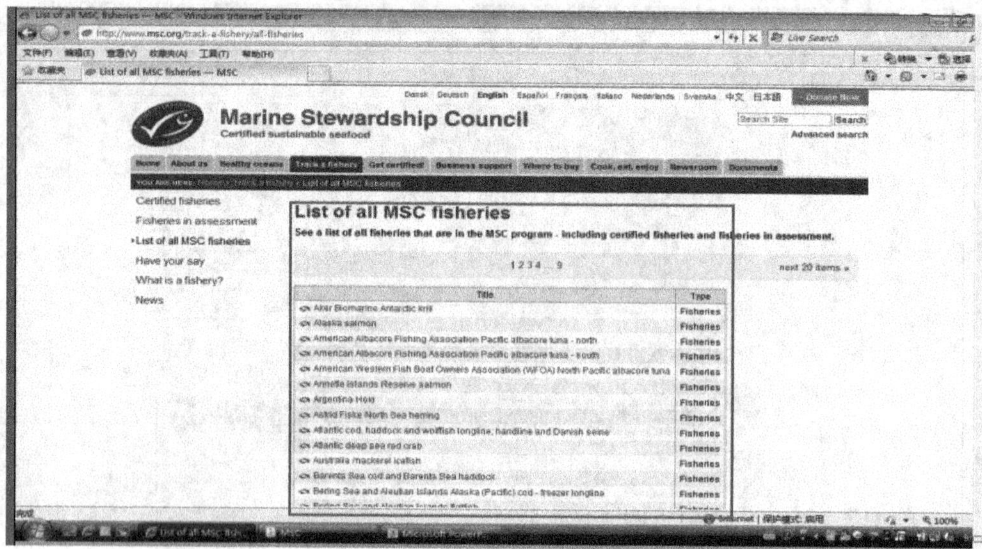

MSC 网站-文件获取

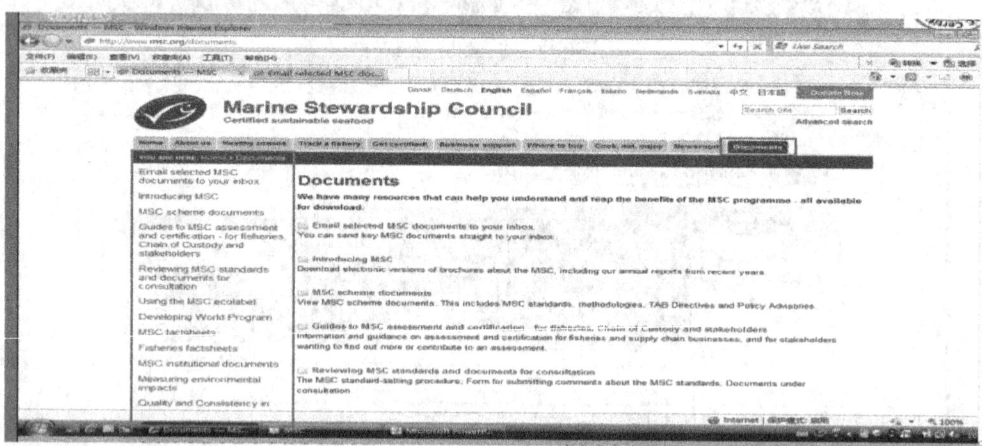

MSC 网站-文件获取 Logo

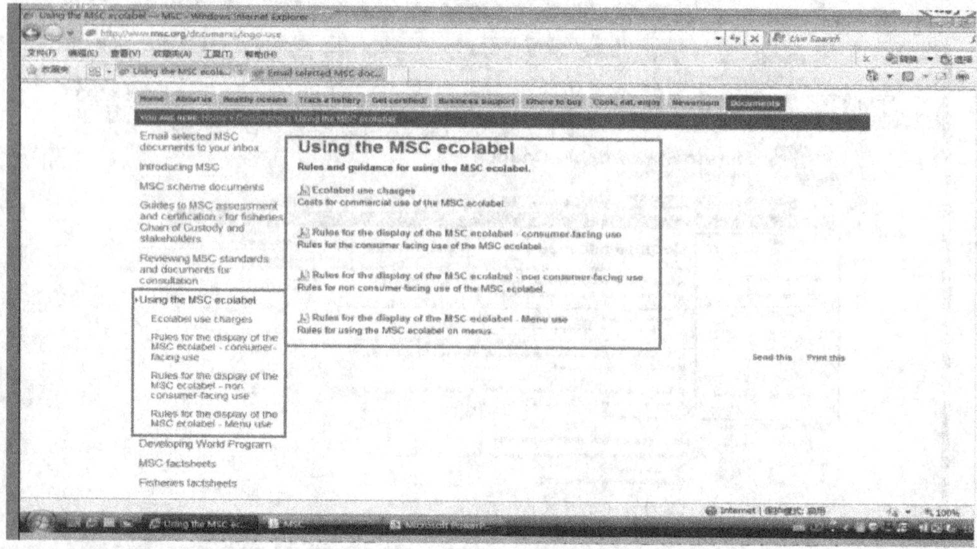

MSC 监管链标准并不复杂，最后还是要强调一下它的范围，这样可以更好的理解标准，

该标准的涉及范围仅限于经 MSC 认可的捕捞鱼种，所以企业在进行 MSC 认证时应该到官方网站上查询一下相关的信息（网站如何使用已经介绍），同时也是寻找供货商的一种途径，这是进行 MSC 认证前的必备步骤。

目前，MSC 已经得到了很多国家和组织的认可，在前面也有介绍。可见这种保护环境和资源的意识在全球范围内已经越来越强，当然也会影响而且已经影响到我国，从公司近一年来的 MSC 客户增长量来看这种趋势是非常明显的。

参 考 文 献

[1] 中国认证人员与培训机构国家认可委员会编. 食品安全管理体系培训教程. 北京：中国计量出版社，2005.
[2] 中国进出口商品检验总公司编. 食品生产企业 HACCP 体系实施指南. 北京：中国农业科学技术出版社，2002.
[3] 中国进出口商品检验总公司编. 食品生产企业 HACCP 体系咨询与审核. 北京：中国农业科学技术出版社，2002.
[4] 陈宗道，刘金福，陈绍军编. 食品质量管理. 第二版. 北京：中国农业大学出版社，2011.
[5] 夏延斌，钱和. 食品加工中的安全控制. 第二版. 北京：中国轻工业出版社，2008.
[6] 钱和. HACCP 原理与实施. 北京：中国轻工业出版社，2003.
[7] 中国国家认证认可监督管理委员会编. 食品安全控制与卫生注册评审. 北京：知识产权出版社，2002.
[8] 张建新编. 食品质量安全技术标准法规应用指南. 北京：科学技术文献出版社，2004.
[9] 食品卫生学编写组编. 食品卫生学. 北京：中国轻工业出版社，2006.
[10] IFS 国际技术委员会. IFS Food. 第六版. IFS Food 官方网站，2012.
[11] 英国零售商协会. BRC. 第七版. BRC 官方网站，2015.
[12] 北京国通认证技术培训中心. 食品安全管理体系内部审核员培训教程.